自动化装备与生产线设计

芮延年　主　编

科 学 出 版 社

北　京

内 容 简 介

本书编写的目的是使学习自动化装备与生产线设计课程的学生和在企业初步从事这方面设计工作的工程技术人员，通过本书的学习，能尽快掌握自动化装备与生产线设计理论及应用的基本方法。

全书共分 11 章。第 1 章为绪论，第 2 章为自动化装备与生产线的基本设计方法，第 3 章为常用自动化传动机构与选型设计，第 4 章为机械制造过程自动化，第 5 章为检测过程自动化，第 6 章为计算机视觉检测技术，第 7 章为装配过程自动化，第 8 章为自动化制造系统的物料供给与储运，第 9 章为工业机器人在自动化制造中应用及选型设计，第 10 章为自动化制造过程的控制技术，第 11 章为自动化装备与生产线的设计范例。

本书可作为高等教育智能装备、智能制造相应课程的教材，也可供相关工程技术人员参考学习。

图书在版编目(CIP)数据

自动化装备与生产线设计/芮延年主编. —北京：科学出版社，2021.6
ISBN 978-7-03-069125-5

Ⅰ.①自…　Ⅱ.①芮…　Ⅲ.①自动化设备②自动生产线-设计　Ⅳ.①TP23②TP278

中国版本图书馆 CIP 数据核字(2021)第 109165 号

责任编辑：邓　静　张丽花 / 责任校对：王　瑞
责任印制：张　伟 / 封面设计：迷底书装

科学出版社出版
北京东黄城根北街 16 号
邮政编码：100717
http://www.sciencep.com
北京盛通商印快线网络科技有限公司 印刷
科学出版社发行　各地新华书店经销
*
2021 年 6 月第　一　版　开本：787×1092　1/16
2023 年 7 月第四次印刷　印张：23 1/4
字数：596 000

定价：168.00 元
(如有印装质量问题，我社负责调换)

前　言

工业发达国家在20世纪广泛实现了制造自动化，各种自动化装备与生产线的使用不仅使其产品以高性能、高质量、一致性等优势在市场竞争中占据领先的地位，同时也大幅地提高了其工业技术水平和国家综合实力。自动化装备与生产线的设计和制造能力从一定程度上反映了一个国家工业技术的水平。

改革开放以来，我国先后从国外引进了大量的自动化技术装备与生产线，但是因为种种原因，在一段时间内我国没有能够从引进、消化吸收中逐步发展形成自动化装备与生产线的自主创新能力。

目前发达国家将制造业大量转移到我国，转而输出技术和品牌。我国虽然已逐步发展成为世界制造业大国，但离制造业强国还有一定的距离，除了自动化装备的自主设计开发能力相对较弱外，许多行业的关键设备仍然依靠进口，而且高端自动化装备几乎被国外产品所垄断，如近来国外对我国用于高端芯片的光刻机、等离子溅膜等高端装备进行了技术封锁。

自动化装备是为快速适应生产领域而专门设计制造的设备，相对于通用标准化设备来说，其应用已越来越多。特别是自“德国工业 4.0”和“中国制造 2025”提出以来，我国很多地方都提出了“机器换人”的要求；我国生产中使用的自动化装备和生产线从过去以国外引进为主，已逐步过渡到以自主研发为主；相应众多的自动化装备和生产线设计制造公司也应运而生。特别是近年来随着劳动人力资源的匮乏，未来一段时间自动化装备与生产线市场将快速增长，相应的设计人才需求量将日益增加。

国内在自动化装备这一先进制造技术领域的人才培养严重滞后于制造业发展的需要，制造业急需大量熟悉先进自动化装备与生产线的设计、制造和管理人才。但直至目前，国内高等院校及高职高专院校中只有极少数学院设置了相关的专业和课程，有关自动化装备与生产线设计的书也极为匮乏，企业的设计人员要找到一本适合自学的相关书籍非常困难。

基于以上种种原因，我们编写了本书。本书由苏州大学芮延年教授主编，负责编写第 1 章、第 2 章、第 10 章；苏州富强科技有限公司林杰高级工程师负责编写第 8 章和第 11 章的设计范例 4；吴江市金澜机械制造有限公司卞青澜工程师负责编写第 7 章和第 11 章的设计范例 3；苏州斯莱克精密设备股份有限公司安旭高级工程师、王炳生高级工程师和周宏伟工程师合作编写第 3 章和第 11 章设计范例 1；苏州日和科技有限公司谢言高级工程师编写第 6 章和第 11 章的设计范例 2；苏州江锦自动化科技有限公司黄冬梅女士、苏高峰高级工程师负责编写第 5 章、第 9 章；苏州青林自动化设备有限公司余永先生、张卫华工程师、胡帅工程师合作编写第 4 章；全书由芮延年教授统稿，苏州富强科技有限公司吴家富先生负责主审。

限于编者的水平，书中疏漏或不足之处在所难免，恳请读者批评指正。

作　者

2021 年 4 月于苏州-彩虹居

目　　录

第 1 章　绪论……1
1.1　自动化装备与生产线的定义、组成及特点……1
1.1.1　自动化装备与生产线的定义……1
1.1.2　自动化装备与生产线的基本构成……2
1.2　制造自动化技术的国内外发展现状及方向……4
1.2.1　制造自动化技术发展现状……4
1.2.2　制造自动化未来发展方向……4
第 2 章　自动化装备与生产线的基本设计方法……8
2.1　一般设计流程……8
2.2　规划设计阶段……9
2.2.1　方案设计……10
2.2.2　生产率……11
2.2.3　工艺方案的技术经济分析……13
2.2.4　投资经济效益分析……17
2.2.5　设计方案评价……19
2.3　概念设计阶段……21
2.3.1　概念设计的内涵……21
2.3.2　产品概念设计原理……22
2.3.3　产品概念设计原则……23
2.4　详细设计阶段……26
2.5　定型设计阶段……29
第 3 章　常用自动化传动机构与选型设计……30
3.1　同步带传动与选型设计……30
3.1.1　同步带传动……30
3.1.2　同步带的选型设计……31
3.2　滚珠丝杠螺母传动与选型设计……36
3.3　直线导轨传动与选型设计……41
3.3.1　直线导轨概述……41
3.3.2　直线导轨结构……43
3.3.3　直线导轨的固定方式及选型……44
3.3.4　直线导轨的使用与安装……47
3.4　直线轴承传动与选型设计……50

3.4.1　直线轴承结构及类型规格……50
3.4.2　直线轴承的固定与安装……54
3.4.3　直线轴承选用要点及配套直线轴设计……56
3.5　皮带输送与选型设计……57
3.5.1　皮带输送的特点……57
3.5.2　皮带输送的结构……58
3.5.3　皮带输送设计要点……59
3.6　减速器、电磁离合器及选型设计……65
3.6.1　减速器……65
3.6.2　电磁离合器……70
第 4 章　机械制造过程自动化……77
4.1　机械制造自动化的基本概念……77
4.1.1　机械制造自动化技术的定义……77
4.1.2　自动化制造系统的概念……78
4.1.3　机械制造自动化的类型和主要研究内容……81
4.2　机械制造自动化加工设备及分类……82
4.3　机械制造自动化系统技术方案设计……86
4.3.1　单机自动化制造方案……86
4.3.2　数控机床制造方案……89
4.3.3　加工中心自动化制造方案……91
4.3.4　机械加工自动化生产线方案……93
4.3.5　柔性自动化制造系统……97
4.4　机械制造自动化切削用量的选择……99
4.4.1　切削用量对生产率和加工精度的影响……99
4.4.2　切削用量选择的一般原则……101
4.4.3　钻铰镗铣切削用量的选择……102
4.5　切削力与切削功率的计算……104
4.5.1　查表法……104
4.5.2　扭矩、力和切削功率计算……105
4.5.3　铣削力及铣削功率计算……107
4.5.4　磨削功率计算……108
4.6　工艺规程的制定……109
4.7　工艺方案的技术经济分析……112
第 5 章　检测过程自动化……115
5.1　概述……115
5.1.1　检测自动化技术的地位、作用和内容……115
5.1.2　自动检测系统的组成……115
5.1.3　自动化检测技术的发展趋势……116

5.1.4 检测过程自动化常用传感器及分类……117
5.2 温度传感器……120
5.2.1 金属热电阻……121
5.2.2 半导体热敏电阻……123
5.3 液位、物位、浓度、流量传感器……125
5.3.1 液位传感器……125
5.3.2 密度、浓度、浊度传感器……127
5.3.3 流量传感器……129
5.4 位移传感器……133
5.4.1 电感式传感器……133
5.4.2 电容式位移传感器……137
5.4.3 光栅数字传感器……139
5.4.4 感应同步器……140
5.4.5 角数字编码器……142
5.5 速度与加速度传感器……144
5.5.1 速度传感器……144
5.5.2 加速度传感器……145
5.6 力、压力和扭矩传感器……146
5.6.1 电阻应变式传感器原理……146
5.6.2 应变片测力传感器……151
5.6.3 压力传感器……153
5.6.4 转矩(扭矩)传感器……154
5.7 加工过程在线测量与监测……155
5.7.1 孔径的自动测量……155
5.7.2 探针式红外自动测量系统……156
5.7.3 加工误差在线检测与补偿系统……157
5.7.4 在线检测加工尺寸和刀具磨损情况……157
5.7.5 刀具状态的智能化在线监控系统……158
第6章 计算机视觉检测技术……160
6.1 概述……160
6.1.1 计算机视觉……160
6.1.2 计算机视觉检测系统……161
6.1.3 计算机视觉测量技术的应用……162
6.1.4 计算机视觉检测技术发展趋势和主要研究内容……163
6.2 计算机视觉检测的理论基础……165
6.2.1 摄像机与视觉系统的模型……165
6.2.2 摄像机与视觉系统的标定……168
6.2.3 计算机视觉光学测量法……170

6.2.4　立体视觉测量 …… 175
6.2.5　单摄像机测量 …… 177
6.2.6　光束平差测量 …… 180
6.3　计算机视觉检测系统及选型设计 …… 182
6.3.1　机器视觉系统的一般工作过程 …… 183
6.3.2　相机的分类及主要特性参数 …… 184
6.3.3　图像采集卡的原理及种类 …… 189
6.3.4　图像数据的传输 …… 190
6.3.5　光源的种类与选型 …… 191
6.3.6　偏振技术应用和大视场成像技术 …… 195
6.3.7　图像处理技术 …… 196
第7章　装配过程自动化 …… 200
7.1　概述 …… 200
7.2　自动化装配工艺 …… 203
7.2.1　制订自动化装配工艺的依据和原则 …… 203
7.2.2　装配工艺规程的内容 …… 204
7.2.3　零件结构对装配自动化的影响 …… 206
7.2.4　自动装配工艺设计的一般要求 …… 210
7.3　自动化装配关键技术及结构 …… 210
7.3.1　运动部件 …… 210
7.3.2　定位机构 …… 213
7.3.3　连接方法 …… 216
7.4　自动化装配设备 …… 220
7.4.1　装配设备分类 …… 221
7.4.2　自动化装配机 …… 222
7.4.3　装配工位 …… 227
7.4.4　装配间 …… 228
7.4.5　装配中心 …… 229
7.4.6　装配系统 …… 229
7.4.7　自动化装配设备的选用 …… 229
第8章　自动化制造系统的物料供给与储运 …… 231
8.1　概述 …… 231
8.2　卷料自动供料装置 …… 232
8.2.1　卷料的支承、张紧装置 …… 233
8.2.2　卷料校直装置 …… 234
8.2.3　卷料送料装置 …… 234
8.3　板料自动供料装置 …… 237
8.4　定长供料机构设计与计算 …… 238

8.5 单件及板片料供料机构 …… 241
8.5.1 单件物品形态分析及定向方法 …… 241
8.5.2 料仓式供料机构 …… 243
8.5.3 料斗式自动供料装置 …… 249
8.6 工件的分配及汇总机构 …… 251
8.6.1 工件的自动分配装置 …… 251
8.6.2 工件的自动汇总装置 …… 252
8.6.3 工件的变向供送装置 …… 253
8.7 电磁振动供料装置 …… 255
8.7.1 振动供料装置的分类及组成 …… 255
8.7.2 电磁振动供料装置工作原理 …… 256
8.7.3 电磁振动供料装置主要参数与设计计算 …… 257
8.8 物料输送装备 …… 262
8.8.1 物流刚性输送装备 …… 262
8.8.2 物流柔性输送装备 …… 268

第 9 章 工业机器人在自动化制造中应用及选型设计 …… 274

9.1 概述 …… 274
9.2 工业机器人 …… 274
9.2.1 工业机器人及其系统组成 …… 274
9.2.2 工业机器人的基本构成 …… 274
9.2.3 工业机器人主要技术参数 …… 275
9.3 工业机器人机械结构及组成 …… 277
9.4 工业机器人手部结构设计 …… 280
9.4.1 夹钳式手部 …… 281
9.4.2 吸附式手部 …… 283
9.5 机器人在自动化制造中的应用 …… 285
9.5.1 搬运机器人的应用 …… 285
9.5.2 喷涂机器人的应用 …… 286
9.5.3 装配机器人的应用 …… 287
9.6 机器人自动化制造应用的选型设计 …… 288
9.6.1 机器人概述 …… 288
9.6.2 点焊机器人的选型设计 …… 290

第 10 章 自动化制造过程的控制技术 …… 295

10.1 概述 …… 295
10.2 传统工业电气控制 …… 295
10.2.1 工业电气控制电路的控制过程 …… 297
10.2.2 升降机的自动化控制 …… 298
10.3 PLC 控制技术 …… 302

10.3.1 PLC 的基本构成 ········ 302
10.3.2 PLC 的种类和结构特点 ········ 307
10.3.3 PLC 的技术应用 ········ 311
10.4 交流伺服与变频控制技术 ········ 315
10.4.1 变频器和伺服驱动器 ········ 316
10.4.2 变频控制技术应用 ········ 324
第 11 章 自动化装备与生产线的设计范例 ········ 333
11.1 概述 ········ 333
11.2 激光加工机的设计(范例 1) ········ 334
11.2.1 激光加工机简介 ········ 334
11.2.2 轴的伺服传动系统设计 ········ 335
11.2.3 x 轴的伺服传动系统设计 ········ 338
11.3 键盘外观质量视觉智能检测(范例 2) ········ 341
11.3.1 系统设计案例 ········ 341
11.3.2 光源设计 ········ 342
11.3.3 相机选择 ········ 343
11.3.4 硬件平台设计 ········ 343
11.3.5 系统检测原理 ········ 344
11.4 汽车水泵自动装配生产线设计(范例 3) ········ 346
11.4.1 课题来源 ········ 346
11.4.2 汽车水泵自动装配生产线总体方案设计 ········ 346
11.4.3 汽车水泵性能检测 ········ 351
11.4.4 装配生产线机械视觉测量与定位 ········ 352
11.5 手机前置摄像头组件自动组装设备的设计(案例 4) ········ 354
11.5.1 课题来源 ········ 354
11.5.2 治具、传动系统、定位机构的布局规划和设计 ········ 356
11.5.3 前置相机组件 Ring 的自动供料系统设计 ········ 357
参考文献 ········ 361

第1章　绪　　论

本章重点：本章是本书的总论，通过对自动化装备与生产线的基本概念、定义组成及特点、基本构成，以及国内外技术发展方向的介绍，使读者对自动化装备与生产线有一个总体概括的了解，为后续内容的学习奠定基础。

1.1　自动化装备与生产线的定义、组成及特点

多年来，发达国家因人力资源成本高，一直十分重视自动化装备与生产线的研发，自动化装备与生产线在汽车、电子、家电、轻工、机械、物流等各行各业的制造及相关领域得到了广泛的应用。例如，轿车壳体冲压自动化生产系统、汽车车体机器人自动焊装生产系统、3C 电子产品（即计算机(Computer)、通信(Communication)和消费电子产品(Consumer Electronic)）的自动化生产系统、柔性制造系统、物流与仓储自动化系统等，这些自动化装备与生产线的应用极大地提高了产品的质量与生产效率，推动了这些制造行业的快速发展，同时也提升了技术水平和创新能力。例如，日本丰田某汽车制造分厂，总共 12000 名员工，主要生产过程采用自动化装备与生产线，年生产 60 万辆轿车和卡车，以每辆 2 万美元计算就有 100 万美元的人均年产值。可见，自动化装备与生产线对企业提高产品质量、降低制造成本、提高核心技术竞争力起到了极其重要的作用。

目前，我国正在从制造业大国向制造业强国迈进，产业正在从劳动密集型向技术密集型转变，大量自动化装备与生产线的研发与投入使用可以极大地加速这一进程，因此得到越来越多企业的关注和重视。

1.1.1　自动化装备与生产线的定义

顾名思义，"自动化装备与生产线"首先与"制造自动化"有关。人们一般传统地将"制造"理解为产品的加工过程或工艺过程。例如，著名的 Longman 词典对"制造(manufacture)"的解释为"通过机器进行(产品)制作或生产，自动化装备与生产线特别适用于大批量生产"。

随着科学技术进步以及生产力的发展，"制造"的概念和意义已经在"范围"和"过程"两个方面大大拓展。范围方面，制造所涉及的工业领域远非局限于机械制造，而是包括了机械、电子、电气、五金、化工、轻工、食品、医药、军工等国民经济的很多行业。

"自动化(automation)"是美国人 Harder 于 1936 年提出的。当时他在通用汽车公司工作，他认为在一个生产过程中，机器之间的零件转移不用人去搬运就是"自动化"。这实质上是早期制造自动化的概念。

自动化装备与生产线显然是指装备与生产线中的具有自动化生产特点的产品，包括自动化专机、自动化生产线、自动化装配线、自动化检测装置等，典型的例子如汽车轮毂自动加工机、电子产品高速自动贴片机、手机、计算机、电视机等电子产品自动组装生产线，电路板自动检测生产线，各种柔性加工装备和生产线等。当然，自动化装备与生产线也具有不同

的水平，有的需要人的参与，如生产流水线、半自动生产线等；对于全自动以及智能自动化装备与生产线等，可以在无人干预的情况下按规定的程序或指令自动进行生产。

正是因为自动化的生产特点，过去人们将制造自动化理解为以机械的动作代替人力操作，自动地完成特定的作业，这实质上是指用自动化代替人的体力劳动。随着电子和信息技术的快速发展，计算机的出现和广泛应用，制造自动化的概念已扩展为用机器(包括计算机)不仅代替人的体力劳动还代替或辅助人的脑力劳动，以自动的方式完成特定的作业。

现在，制造自动化已远远突破了上述传统的概念，具有更加宽广和深刻的含义。制造自动化的含义至少包括以下几方面。

(1) 在形式方面，制造自动化包括三个方面的含义：①代替人的体力劳动；②代替或辅助人的脑力劳动；③制造系统中人、机器及整个系统的协调管理及控制和优化。

(2) 在功能方面，制造自动化代替人的体力劳动或脑力劳动仅仅是制造自动化系统功能的一部分。制造自动化功能是多方面的，已形成一个有机体系，其功能主要体现在以下方面：①能缩短产品制造周期，加快新产品上市的时间；②提高生产效率和产品质量；③降低生产成本，提高经济效益；④利用自动化技术，更好地做好市场服务工作；⑤利用自动化技术，替代或减轻制造人员的体力和脑力劳动，直接为制造人员服务；⑥有利于充分利用资源，减少废弃物和环境污染，有利于实现绿色制造。

(3) 在范围方面，制造自动化不仅涉及具体生产制造过程，还涉及产品生命周期的所有过程(包括服务)。

1.1.2　自动化装备与生产线的基本构成

一个较完善的自动化装备与生产线系统，应包含以下几个基本要素：机械本体、动力部分、传感与检测部分、执行机构、信息处理与控制等部分，如图 1-1 所示。这些组成部分内部及其相互之间，通过接口耦合、运动传递、物质流动、信息控制、能量转换等有机结合集成一个完整的自动化装备与生产线系统。

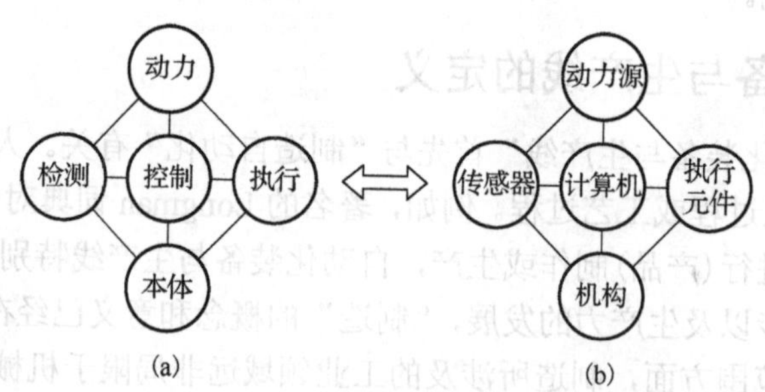

图 1-1　自动化装备与生产线的组成基本要素

1. 机械本体

机械本体是自动化装备与生产线系统的基本支持体，主要包括机身、框架、连接等。自动化装备与生产线系统技术性能、水平和功能的提高，要求不但机械本体在机械结构、材料、加工工艺以及几何尺寸等方面能适应自动化装备与生产线的功能，而且还有可靠性、节能、小型、轻量、美观等要求。

2. 动力部分

自动化装备与生产线系统的显著特征之一是用尽可能小的动力输入，获得尽可能大的功能输出。自动化装备与生产线系统不但要求驱动效率高、反应速度快，而且要求对环境适应性强、可靠性高。

3. 传感与检测部分

传感与检测技术是自动化装备与生产线技术中的关键技术，传感器将物理量、化学量、生物量等(如力、速度、加速度、距离、温度、流量、pH、离子活度、酶、微生物、细胞)等能量转换成电信号，即引起电阻、电流、电压、电场、频率、pH、电导等物理、化学、生物参数的变化，通过信号检测装置将其反馈给控制与信息处理系统进行处理和调节。

4. 执行机构

执行机构根据控制信息和指令，完成要求的动作。执行机构通常由传动或运动部件担任，一般采用机械、液压、气动、电气以及机电相结合的方式。根据自动化装备与生产线系统的匹配性要求，需要考虑改善其性能，如提高执行机构的刚性，减轻重量，提高可靠性，实现标准化、系列化和模块化等。

5. 信息处理与控制

信息处理与控制对来自各传感器的检测信息和外部输入命令进行集中、储存、分析、加工等处理，使之符合控制要求。实现信息处理的主要工具是计算机。在自动化装备与生产线中，计算机与信息处理装置监测指挥着整个生产过程的运行，信息处理是否正确及时，将直接影响系统工作的质量和效率。信息处理一般由计算机、可编程控制器(PLC)、数控装置、逻辑电路、A/D与D/A转换装置、I/O(输入/输出)接口及外部设备等组成。

自动化装备与生产线系统的基本特征是给“机械”增添头脑(计算机信息处理与控制)，信息处理只是把传感器检测到的信号转化成可以控制的信号，系统如何运动还需要通过控制系统来控制，其控制方式主要包括线性控制、非线性控制、最优控制、智能控制等控制技术。

部分常见自动化装备与生产线如图1-2～图1-5所示。

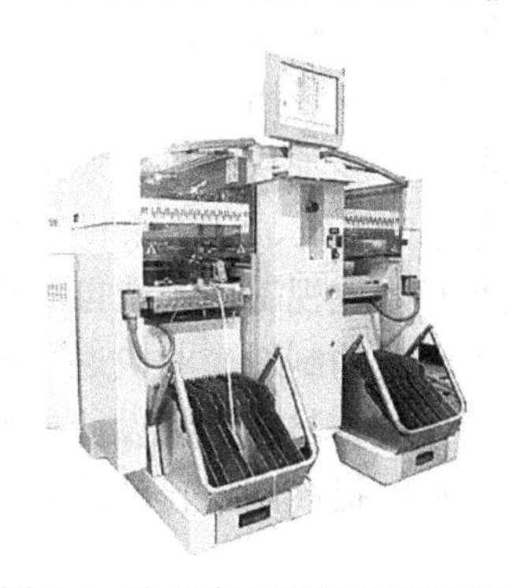

图1-2 电子产品高速自动贴片机

图1-3 真空自动封罐机

图1-4 汽车焊接自动生产线

图1-5 电池组装自动生产线

1.2　制造自动化技术的国内外发展现状及方向

1.2.1　制造自动化技术发展现状

我国从 20 世纪 80 年代开始，从国外引进了大量的自动化装备与生产线等，包括模具、非标专机、生产线等，涉及很多行业，家电、电子、轻工、汽车制造业最为集中。另外，随着外资引入国内，成立了很多独资企业或合资企业，他们大量采用国外先进的生产自动化装备与生产线。我国有许多来自德国和日本的数控机床与汽车生产线设备，来自意大利、德国的高档纺织机械，就连制鞋业的很多自动化装备与生产线也是国外进口。

20 多年过去了，目前我国已成了制造业大国，但并不是制造业强国。我国在一些领域还没有很好地掌握核心技术，自主开发设计的能力仍然不太强，目前国内一些高端的自动化装备与生产线主要还是依靠进口，不仅花费了大量外汇，而且大大限制了行业、企业的跨越式发展。还有一些企业面临的实际困难与机遇：一是目前企业存在着招人难、管理难、产量低、质量差、能耗高、附加值低等问题，设备改造升级及发展的潜在需求量相当大，这是市场需求；二是设备与国外的技术和产品还有一定的差距，这是内在动力；三是国家实施企业升级转型，促进产业结构调整政策，对制造设备有新的要求，这是外部动力。这些都会加速推动我国自动化装备与生产线产业的发展。另外，制造自动化必将是今后的主要生产模式，尤其是经济全球化的大环境下，要参与竞争必须要有一流的工艺和制造装备，因此自动化装备与生产线是制造自动化发展的必然趋势。

特别是“德国工业 4.0”和“中国制造 2025”的提出，使国内制造自动化的概念逐渐深入人心，有许多公司和部门正在大力从事这方面的研究开发工作，国内设计生产的自动化装备与生产线也开始用于工业、农业、军事、科学研究、交通运输、商业、医疗、服务和家庭等方面，在小型设备上有大量的新产品被研发出来，并且开始有少量出口。例如，各种专用机床、膨胀螺丝组装机、自动粘贴机、低压电气全自动装配机、多轴攻丝机、弹簧自动视觉检测机、塑胶件称重挑选机、多件套瓶盖自动组装机、静电除尘系统、自动涂装生产线等。

近年来，随着劳动力成本的不断提高，越来越多的企业开始重视工厂制造自动化，这也给这一行业带来了发展商机。当前我国生产自动化装备与生产线的制造企业快速发展起来，但是大多规模较小，技术含量低、同质化竞争，特别是自动化装备与生产线设计技术相对落后。因此，如何更好地参与这一行业的竞争成为一个新的挑战，提高制造自动化装备技术水平是自动化装备与生产线生产行业的当务之急。

1.2.2　制造自动化未来发展方向

“德国工业 4.0”、“中国制造 2025”等的提出预示着制造的最终归宿是智能制造，也就是说智能化是自动化制造发展的方向，其中智能化对制造提出的要求很高，到目前为止即使是工业发达的国家也不能说他们的制造已经完全实现智能化了。首先，智能是根据人的需要而言的，是相对的；其次，智能化要求制造过程是主动的，让机器自己根据认知能力对生产做出判断和选择，这就要求机器本身要具备较高的自主学习能力，在某种意义上机器就等于人，就目前的技术发展水平来说，在短期内真正实现智能化制造还是有一定难度的。但是给制造自动化的发展方向指明了道路。

未来的智能制造将结合人工智能、物联网、大数据等技术，进一步改变产品配置、生产计划和实时决策，从而优化盈利能力。智能制造中使用更多尖端的技术，如物联网将工厂里所有人、产品和设备连接起来，使人类和机器能够协同工作，从而创建更高效、更具成本效益的业务流程。

智能制造产业链涵盖智能装备(机器人、数控机床、服务机器人及其他自动化装备)，工业互联网(机器视觉、传感器、RFID、工业以太网)、工业软件(ERP/MES/DCS 等)、3D 打印以及将上述环节有机结合的自动化系统集成及生产线集成等。

从全球范围来看，很多国家和地区都在积极布局智能制造的发展。除了美国、德国和日本走在全球智能制造前端，欧盟也将发展先进制造业作为重要的战略，在 2010 年制定了“第七框架计划(FP7)”的制造云项目，并在 2014 年实施欧盟“2020 地平线”计划，将智能型先进制造系统作为创新研发的优先项目。

根据工业和信息化部的统计，2015 年以来我国制造业产值规模占全球的比重为 19%～21%。2017 年，我国智能制造行业产值规模达 15870 亿元。2018 年以来全球智能制造呈现持续高速增长的态势，2020 年产值规模已达到 2 万亿美元左右。

1. 全球智能制造装备发展现状

1) 全球工业机器人行业发展现状

工业机器人是智能制造业最具代表性的装备。根据 IFR(国际机器人联合会)发布的最新报告，2018 年以来全球工业机器人销量继续保持高速增长。2018 年全球工业机器人销量约 34 万台，同比增长 15%。其中，中国工业机器人销量 11.2 万台，同比增长 33%。IFR 预测，未来十年，全球工业机器人销量年平均增长率将保持在 12%左右。2020 全年，全球工业机器人销量突破 40 万台。

2) 全球数控机床发展现状

数控机床是智能制造业的重要组成部分，近年来数控机床不断高端化、智能化，为智能制造行业的发展提供了有力保障。在 2018 年全球机床电子市场中，数控系统的市场规模为 247 亿美元，占机床电子市场总规模的 64.8%；2020 年数控系统的市场规模达到 325 亿美元左右。

2. 全球智能制造发展前景及趋势

2017 年以来，具有连接和感知能力的机器人引领着智能制造技术的发展，随着人工智能技术的发展，工业机器人也变得更加智能，并能够感知、学习和自己做决策。工业和信息化部前瞻产业研究院结合当前全球智能制造的发展现状和趋势指出：未来几年全球智能制造行业将保持 15%左右的年均复合增速，预计到 2023 年全球智能制造行业的产值将达到 23100 亿美元左右。

未来智能实验室是人工智能学者与科学院相关机构联合成立的人工智能、互联网和脑科学交叉研究机构。

未来智能实验室的主要工作包括：建立人工智能系统智商评测体系，开展人工智能智商评测；开展互联网(城市)云脑研究计划，构建互联网(城市)云脑技术和企业图谱，提升企业、行业与城市的智能水平服务。

3. 智能制造关键技术

在智能制造的关键技术当中，智能产品与智能服务可以帮助企业带来商业模式的创新；

从智能装备、智能生产线、智能车间到智能工厂，可以帮助企业实现生产模式的创新；智能研发、智能管理、智能物流与供应链则可以帮助企业实现运营模式的创新；而智能决策则可以帮助企业实现科学决策。智能制造主要涉及的关键技术如下。

(1) 智能产品。智能产品通常包括机械、电气和嵌入式软件，具有记忆、感知、计算和传输功能。典型的智能产品包括智能手机、智能可穿戴设备、无人机、智能汽车、智能家电、智能售货机等，企业应该思考如何在产品上加入智能化的单元，提升产品的附加值。

(2) 智能服务。智能服务主要是基于传感器和物联网，可以感知产品的状态，从而进行预防性维修、维护，也可以通过对产品运行状态的了解，帮助客户带来商业机会。还可以采集产品运营的大数据，辅助企业进行市场营销。

(3) 智能装备。智能装备经历了机械装备到数控装备，目前正在逐步发展为智能装备。智能装备具有检测功能，可实现在机、在线的检测和加工误差及热变形补偿，提高加工精度；一些对环境要求很高的精密装备，可以通过闭环检测与补偿方式，来降低对环境的要求。

(4) 智能生产线。智能生产线主要是指很多行业的企业高度依赖的自动化生产线，如钢铁、化工、制药、食品饮料、烟草、芯片制造、电子组装、汽车整车和零部件制造等，实现自动化加工、装配和检测；一些机械标准件生产早已应用了自动化制造装备和生产线，如螺栓、螺母、轴承等的生产制造早就采用自动化制造的方式。但是，目前还有不少企业还是以离散制造为主。很多企业的技术改造重点，就是建立自动化生产线、装配线和检测线。

(5) 智能车间。一个车间通常有多条生产线，这些生产线只是生产产品的一部分，因此生产线就有着上下游的关系。要实现车间的智能化，需要对生产状况、设备状态、能源消耗、生产质量、物料消耗等信息进行实时采集和分析，通过对工艺、工序进行合理安排，来提高设备的利用率。

(6) 智能工厂。一个工厂通常由多个车间组成，大型企业有多个工厂。作为智能工厂，不仅生产过程应实现自动化、透明化、可视化、精益化，同时，产品检测、质量检验和分析、生产物流也应当与生产过程实现闭环集成。一个工厂的多个车间之间要实现信息共享、准时配送、协同作业。一些离散制造企业也建立了类似流程制造企业那样的生产指挥中心，对整个工厂进行指挥和调度，及时发现和解决突发问题，这也是智能工厂的重要标志。智能工厂必须依赖无缝集成的信息系统支撑，包括 PLM、ERP、CRM、SCM 和 MES 五大核心系统。

(7) 智能研发。现在离散制造企业在产品研发方面，已经应用了 CAD/CAM/CAE/CAPP/EDA 等工具软件和 PDM/PLM 系统，企业要开发智能产品，需要多学科的协同配合，深入应用仿真技术，建立虚拟数字化样机，实现多学科仿真，通过仿真减少实物试验。智能研发需要贯彻标准化、系列化、模块化的思想，以支持大批量客户定制或产品个性化定制。

(8) 智能管理。智能管理的核心是运营管理系统，包括人力资产管理系统（HCM）、客户关系管理系统（CRM）、企业资产管理系统（EAM）、能源管理系统（EMS）、供应商关系管理系统（SRM）、企业门户（EP）、业务流程管理系统（BPM）等。办公自动化（OA）作为一个核心信息系统，统一管理企业的核心主数据，辅助智能管理和智能决策，最重要的是将基础数据与运营管理系统无缝集成。

(9) 智能物流。随着社会发展和科学技术进步，越来越多的制造企业在重视生产自动化的同时，也越来越重视物流自动化，自动化立体仓库、无人引导小车、智能吊挂系统等得到了广泛的应用；在制造企业和物流企业的物流中心，智能分拣系统、堆垛机器人、自动辊道系统的应用日趋普及。仓储管理系统(WMS)和运输管理系统(TMS)也受到制造企业和物流企业的普遍关注。

(10)智能决策。企业在运营过程中，产生了大量的数据。一方面，是来自各个业务部门和业务系统产生的核心业务数据，如与合同、回款、费用、库存、现金、产品、客户、投资、设备、产量、交货期等有关的数据，这些数据一般是结构化的数据，可以进行多维度的分析和预测，这就是BI，即业务智能技术的范畴，也称为管理驾驶舱或决策支持系统。另一方面，企业可以应用这些数据提炼出企业的KPI，并与预设的目标进行对比，对KPI进行层层分解，来对干部和员工进行考核，这就是EPM，即企业绩效管理的范畴。

第2章　自动化装备与生产线的基本设计方法

本章重点：本章通过对自动化装备与生产线系统设计一般流程(规划设计(包括设计方案评价)、概念设计、详细设计和定型设计等内容)的介绍，使读者对自动化装备与生产线系统设计流程和方法有一个概括的了解。

2.1　一般设计流程

自动化装备与生产线系统覆盖面很广，虽然在系统构成上有着不同的层次，但在系统设计方面有着相同的规律。自动化装备与生产线系统设计是根据系统论的观点，运用现代设计方法构造产品结构、赋予产品性能并进行产品设计的过程。

虽然，自动化装备与生产线系统设计类似于一般设备的设计流程，但由于其设计的独特性要求，具有对创新成分要求较高的特点，有时需要反复修改设计方案才能成功。自动化装备与生产线系统设计过程通常分为规划设计(包括设计方案评价)、概念设计、详细设计和定型设计四个阶段，一般设计流程如图2-1所示。

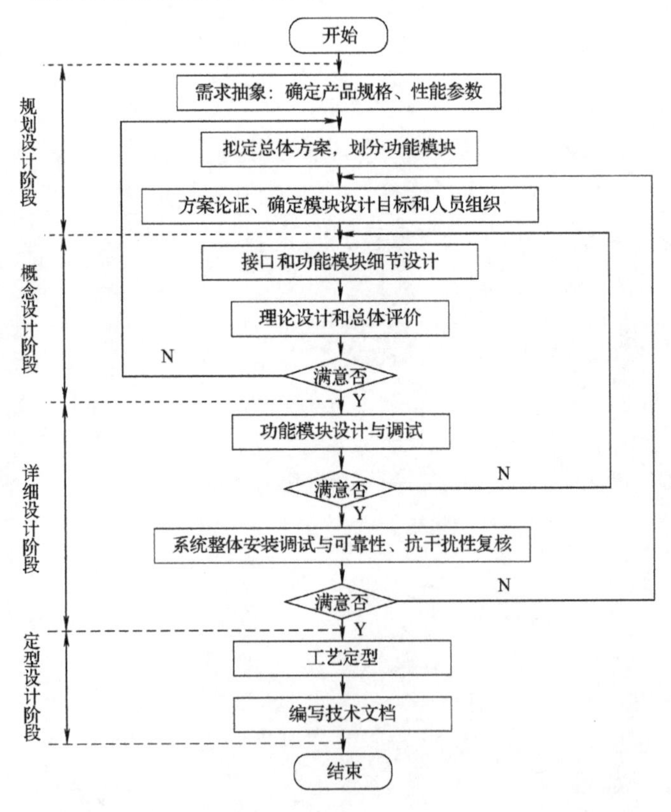

图2-1　一般设计流程

从图 2-1 可以看出，自动化装备与生产线系统(产品)开发设计可划分为以下四个阶段。

1. 规划设计阶段

产品规划要求根据用户需求，通过对设计参数及制约条件的分析，给出设计任务书，作为产品设计、评价和决策的依据。在这个阶段中首先对设计对象作用机理进行分析和理论抽象，确定产品规格、性能参数；然后根据设计对象的要求，进行技术分析，拟订系统总体设计方案，划分组成系统的各功能模块，通过对各种方案的对比分析，最后确定总体设计方案。

2. 概念设计阶段

需求是以产品功能来体现的，功能与产品设计的关系是因果关系。体现同一功能的产品可以有多种多样的工作原理。因此，这一阶段的最终目标就是在功能分析的基础上，通过创新构思、搜索探求、优化筛选取得较理想的工作原理方案。对于自动化装备与生产线系统产品来说，是需要在功能分析和工作原理确定的基础上进行工艺动作构思和工艺动作分解，初步拟定各执行构件动作相互协调配合的运动循环图，进行机械运动方案的设计等。

该阶段中首先根据设计目标、功能要素和功能模块，画出机器工作时序图和机器传动原理简图；对于有过程控制要求的系统应建立各要素的数学模型，确定控制算法；计算各功能模块之间接口的输入输出参数，确定接口设计的任务归属。然后以功能模块为单元，根据接口参数的要求对信号检测及转换、机械传动及机构、控制微机、功率驱动及执行元件等进行功能模块的选型、组配、设计。最后经过技术经济评价，挑选出综合性能指标最优的设计方案。

3. 详细设计阶段

详细设计是将自动化装备与生产线的设计方案(主要是指运动方案、控制方案等)具体转化为产品及其零部件的合理构形。也就是要完成产品的总体设计、零部件设计以及电气系统的设计。

详细设计时要求零部件设计满足机械的功能要求；零件结构形状要便于制造加工；常用零部件尽可能标准化、系列化、模块化；总体设计还应满足总功能、人机工程、造型美学、包装和运输等方面的要求。

4. 定型设计阶段

该阶段的主要任务是对调试成功的系统进行工艺定型，整理出设计图纸、软件清单、零部件清单、元器件清单及调试记录等；编写设计说明书，为产品投产时的工艺设计、材料采购和销售提供详细的技术档案资料。

纵观系统的设计流程，设计过程的各阶段均贯穿着围绕产品设计的目标所进行的“基本原理—总体布局—细部结构”三次循环设计，每一阶段均构成一个循环体，即以产品的规划为中心的可行性设计循环、以产品的最佳方案为中心的概念性设计循环、以产品性能和结构优化为中心的技术性设计循环。循环设计使产品设计在可行性规划和论证的基础上求得最佳方案，再在最佳方案的基础上进行技术优化，使系统设计的效率和质量大大提高。

2.2　规划设计阶段

根据用户需求，在对设计参数及制约条件进行分析的基础上，就可以开展产品的规划设计(初步设计)。规划设计的主要任务是建立产品的功能模型，以创新思维的方式提出总体初步设计方案，然后通过对总体初步设计方案的生产效率和技术经济效益的分析，拟订实施计划等，其主要工作内容如下。

2.2.1 方案设计

在自动化装备与生产线系统设计程序中，方案设计是自动化装备与生产线系统设计的前期工作，首先构建出满足功能要求的产品简图，其中包括结构类型和尺度的示意图及相对关系，这就勾画出了产品的初步方案，这个初步设计方案可作为构形设计的依据。方案设计的关键是确定产品运动方案，通常又称为机构系统设计方案。

产品运动方案设计通常有下列步骤。

(1) 进行产品功能分析。

(2) 确定各功能元的工作原理。

(3) 进行工艺动作过程分析，确定一系列执行动作。

(4) 选择执行机构类型，组成产品运动和机构方案。

(5) 根据运动方案进行数学建模。

(6) 通过综合评价，确定最优运动和机构方案。

设计方案很重要的一个环节是创新设计。重视产品的创新设计是增强自动化装备与生产线产品竞争力的根本途径。产品的创新设计就是通过设计人员运用创新设计理论和方法设计出结构新颖、性能优良和高效的新产品。照搬照抄是不可能进行创新设计的。当然，创新设计本身也存在着创新多少和水平高低之分。判断创新设计的关键是新颖性，即原理新、结构新、组合方式新。

构思一种新的工作原理就可以创造出一类新的产品，例如，激光技术的应用，产生了激光加工机床；创造一种新的执行机构就可能造就一种新的机器，例如，通过在抓斗机上采用多自由度的差动滑轮组和复式滑轮机构，创造发明了“异步抓斗”；采用新的组合方式也可创造出一种新的机器，例如，美国阿波罗 13 号飞船是在没有重新设计和制造一个零部件的情况下，通过选用现有的元器件及零部件组合而成，这就是组合创新。

由此可见，创新设计的含义是十分广泛的，产品创新设计的内容一般应包括以下三个方面。

(1) 功能解的创新设计。这属于方案设计范畴，其中包括新功能的构思、功能分析和功能结构设计、功能元理解创新、功能元结构解创新、结构解组成创新等。从自动化装备与生产线方案创新设计角度来看，其中最核心的部分还是运动和结构方案的创新与构思。所以，运动和结构方案创新设计是自动化装备与生产线产品创新设计的主要内容。

(2) 零部件的创新设计。产品方案确定以后，产品的构形设计阶段也有不少内容可以进行创新设计，如对零部件进行新构形设计以提高产品工作性能、减小尺寸重量；又如采用新材料以提高零部件的强度、刚度和使用寿命等，这些都是机电产品创新设计的内容。

(3) 工业产品艺术造型的创新设计。为了增强机电产品的竞争力，还应该对自动化装备与生产线产品的造型、色彩、面饰等进行创新设计。自动化装备与生产线产品的工业艺术造型设计得法，可令使用者心情舒畅、爱不释手，同时也可使机电产品功能得到充分的体现，因此，工业产品艺术造型的创新也是自动化装备与生产线产品创新设计的重要内容。

2.2.2　生产率

生产率是自动化装备与生产线的重要技术指标，因此有必要研究影响生产率的主要因素，以便掌握其内在规律，寻求提高生产率的途径。

自动化装备与生产线的生产率是指单位时间内所能生产产品的数量。它的单位可以是件/min、kg/min、瓶/min 等。

自动化装备与生产线的生产率分为三种：理论生产率、工艺生产率和实际生产率。

自动化装备与生产线在正常工作状态运转时，单位时间内所生产的产品数量称为理论生产率，常用 k 表示。

假定加工对象在自动化装备与生产线上单位时间内的全部时间都连续加工，而没有空行程的损失，这时的生产率就称为自动化装备与生产线的工艺生产率，常用 k' 表示。因此，工艺生产率是在某种工艺条件下，自动化装备与生产线在单位时间内可能生产或完成加工产品的最大数量。

考虑发生故障、检修或其他因素引起的停机时间之后而算出的单位时间内生产的产品数量，称为自动化装备与生产线的实际生产率，常用 k'' 表示。

按自动化装备与生产线生产过程的连续与否，自动化装备与生产线可分为间歇作用型和连续作用型两大类。它们的生产率计算方法也是不相同的，现分述如下。

1. 间歇作用型自动化装备与生产线(第 1 类自动机)的生产率

间歇作用型自动化装备与生产线的特点是，产品在自动化装备与生产线上的被加工、传送和处理等工作，是间歇周期进行的。因此，该自动化装备与生产线的理论生产率取决于生产节拍，即加工对象在自动化装备与生产线上的加工循环时间 t_p。对于多工位自动化装备与生产线，t_k 是加工对象在各工位上的工作循环时间，t_f 为工作循环内的辅助操作时间，如电子产品自动贴片生产线。这类自动化装备与生产线的理论生产率可表示为

$$Q=\frac{1}{t_p}=\frac{1}{t_k+t_f} \tag{2-1}$$

由式(2-1)知，t_k 是完成产品加工工艺要求必须保证的时间，一般可随加工工艺先进程度而变化。t_f 是辅助操作时间，如工作返回时间或空行程时间等，在保证产品质量和运行规定的情况下，t_f 应尽量减少。这两个时间均是设计人员要认真考虑的，只有设法减少了 t_k 和 t_f，自动化装备与生产线理论生产率 Q 才能提高，这就是自动化装备与生产线理论生产率的本质所在。

当 t_f 减少到零时，这就是下面要介绍的连续作用型自动机。为论述方便，工程上常把间歇作用型自动化装备与生产线称为第 I 类自动化装备与生产线，把连续作用型自动化装备与生产线称为第 II 类自动化装备与生产线。

自动化装备与生产线的实际生产率总是低于其理论生产率，其原因是任何一台自动化装备与生产线均存在循环外时间损失。循环外时间损失是指自动化装备与生产线的各执行机构发生故障、更换加工产品时的调整、运动部件磨损后的修复或更换，以及其他种种原因造成自动化机械的停机等的时间损失，常用 t_n 表示。所以，第 I 类自动化装备与生产线的实际生产率 Q_p 就表示为

$$Q_p = \frac{1}{t_k + t_f + t_n} \tag{2-2}$$

由式(2-2)可以看出，当自动化装备与生产线完全无任何停机时间损失(即$t_n = 0$)时，$Q_p = Q_f$，但这是不可能的。实际生产中t_n总是大于零的，所以Q_p总是小于Q_f。

实际上，自动化装备与生产线的理论生产率就是其设计生产率，而自动化装备与生产线的实际生产率是自动化装备与生产线在使用过程中显示出来的生产率，若自动化装备与生产线的工作可靠性高、故障少，实际生产率就接近理论生产率。而自动化装备与生产线的工作可靠性好坏，与自动化装备与生产线本身的工艺、结构、动力特性、制造精度、机件材料、产品和工具的特性，以及自动化装备与生产线的控制、检测系统的完善程度等因素都有很大关系。

2. 连续作用型自动化装备与生产线(第Ⅱ类自动机)的生产率

连续作用型自动化装备与生产线的特点是，产品在自动化装备与生产线上的被加工、传送和处理等工作是连续不断进行的，辅助操作时间与工艺时间重合，即被工艺时间t_k包容。因此，这类自动化装备与生产线的理论生产率完全取决于加工对象在加工中移动的速度或自动化装备与生产线的加工工艺速度。自动化装备与生产线的加工工艺速度与所选择的工艺方案及其参数有关，可通过改进工艺或采用先进工艺等途径提高工艺速度，使自动化装备与生产线的理论生产率随工艺速度的增加而增加。

如高速贴片生产线，转盘式液体灌装机，电池包装生产线，塑料制袋、封口、切断、连续作业包装机等，都属于连续作用型自动化装备与生产线。这类自动化装备与生产线的理论生产率完全取决于产品在自动化装备与生产线上的传送移动速度，移动速度越快，工艺时间越短，生产率越高。

式(2-3)是计算第Ⅱ类自动化装备与生产线理论生产率的公式。对于多工位连续作用型自动化装备与生产线，其理论生产率可表示为

$$Q_f = \frac{1}{t_p} = \frac{1}{1/n_p \cdot N} = n_p \cdot N \tag{2-3}$$

式中，n_p为自动化装备与生产线的速度(如 r/min、mm/min 等)；N为输送带或输送转盘上产品工位数。

如液体自动灌装机就属这类机型。在实际生产中，转盘转速受到灌装角(转盘旋转一周过程中实际灌装液体所占的角度)大小与灌装工艺时间的限制，在灌装角选定的情况下，转盘的转速n_p为

$$n_p < \frac{\alpha}{360° \cdot t_k} \tag{2-4}$$

式中，t_k为液体由灌装阀流满瓶内所需的灌装工艺时间(min)，它与液体的黏度、压力、灌装阀的结构等因素有关。

当灌装工艺时间t_k已选定时，增加工位数N可以提高理论生产率。因此，多工位连续作用型自动化装备与生产线正朝增加工位数的方向发展。例如，我国啤酒饮料灌装生产线已从8000 瓶/h、20000 瓶/h 发展到 48000 瓶/h，灌装机的工位数分别从 40 头、60 头发展到 120 头。国外已推出更大生产能力的灌装机，如 192 头的 80000 瓶/h 玻璃瓶啤酒灌装机，164 头的 120000 罐/h 易拉罐灌装机等。

2.2.3　工艺方案的技术经济分析

1. 工艺方案设计的技术标准和经济标准

反映工艺方案设计优劣的技术标准是工程能力(也称工序能力)，指工序在机器、工具、材料、操作人员、工艺方法、环境条件等因素的共同作用下，能够稳定地生产符合设计质量要求的产品的能力。在成批生产情况下，工序工程能力的大小用工程能力指数表示。

$$C_P = \frac{T}{\beta} = \frac{T}{6\sigma} \tag{2-5}$$

式中，C_P 为工程能力指数；T 为质量特性值公差范围标准；β 为质量特性值实际分布范围；σ 为质量特性值的实际标准偏差。

用工程能力指数评价工艺方案中工序工程能力的标准，如表 2-1 所示。

表 2-1　工程能力的评价标准

C_P 值	评价标准
C_P >133	工序能力能充分满足质量要求。若过大，则重新研究对公差的要求，并对工艺条件进行分析，避免造成设备精度浪费
C_P =133	工序能力处于理想状态，是比较好的工艺方案
1≤ C_P <133	工序能力比较理想，但当 C_P 值接近于 1 时，有出现不合格的可能，工序方案虽可采用，但应加强工艺管理
C_P <1	工程能力不足，工艺方案不可取

设计出工艺方案后，要首先评价方案的工程能力。如果方案的工程能力达不到产品的设计质量要求，则此方案在技术上是不可取的。

(1) 最少的加工时间。最少的加工时间反映在生产率指标上。生产单位产品用的时间越少，在单位时间内生产的产品数量就越多。

(2) 最低的工艺制造成本。最低的工艺制造成本指的是以最低成本制造出一件产品。如果单件产品的价格一定，则最低成本意味着能获得最大的经济纯收入。

(3) 最大的利润。最大的利润指在规定的时间内，得到的利润最大。利润与投资回收或投资收益率有关。在投资一定的情况下，年利润越多，则投资回收期越短或投资收益率越高。

工艺成本及其组成在评价选择工艺方案时，一般都用各工艺方案的工艺成本进行比较。工艺成本是指实现工艺过程或个别工序的费用总额。工艺成本项目通常包括：主要材料费或毛坯费、基本生产工人工资及附加费、设备的折旧费、与使用机器设备有关的费用、工夹具的维修费和调整费、机器设备的调整费、车间经费和企业管理费等。工艺成本费用按费用与产品产量的关系，可分为变动费用和固定费用。变动费用是随着产量的变化而变化的，其中包括生产工人工资、通用机器设备和工夹具的维修费与折旧费、主要材料费和能耗等。固定费用与产量无关，或与产量在一定范围内变化无关，其中包括调整工人的工资、专用设备和工夹具的折旧费与维修费用。采用某种工艺方案的年度工艺成本可表示为

$$C_m = C_V Q + F \tag{2-6}$$

式中，C_m 为工艺方案的年度工艺成本；C_V 为工艺成本中单位产品可变费用；Q 为工艺方案的年产量；F 为工艺成本中固定费用。

采用某工艺方案的单位产品的工艺成本 C_{ng} 的计算公式为

$$C_{ng} = C_V + \frac{F}{Q} \tag{2-7}$$

上述公式所表示的年度工艺成本与年产量的关系见图 2-2；单位产品工艺成本与年产量的关系见图 2-3。

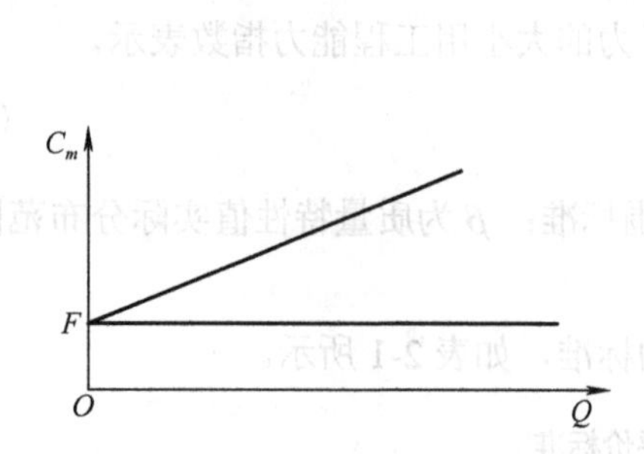

图 2-2　年度工艺成本与年产量的关系

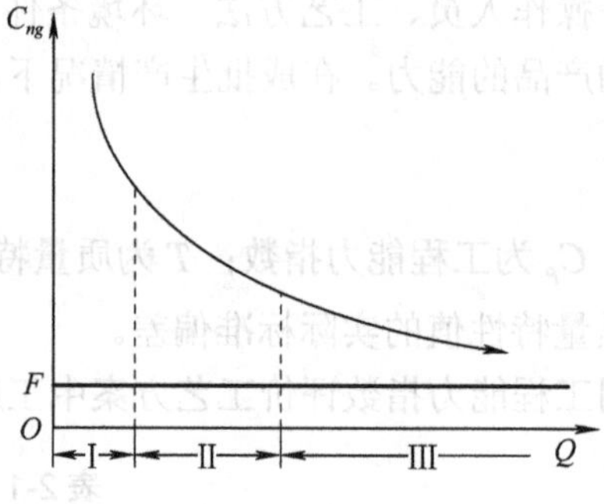

图 2-3　单位产品工艺成本与年产量的关系

其各项费用的计算方法如下。

(1)材料费(M_1)：

$$M_1 = S_P H_g - S_a H_b K \tag{2-8}$$

式中，S_P 为材料单位重量的价格；H_g 为每件毛坯的重量；S_a 为废料单位重量的价格；H_b 为废料重量；K 为废料利用系数。

在比较方案时，若材料或毛坯有变化则须比较此项，否则不必计算。

(2)机床工人工资(L_W)：

$$L_W = \frac{L_n T}{60} \tag{2-9}$$

式中，L_W 为本工序的工资；L_n 为每人每小时工资数；T 为加工单位产品的工时。

(3)机床使用费(C_{mn})：包括电费、修理费、油料费、冷却液费等。

(4)机器设备折费(A)：

① 专用机器设备折旧费，即

$$A = \frac{S_{mn} r_a}{Q} \tag{2-10}$$

式中，S_{mn} 为机器设备的价值(包括运输安装费)，约占机器设备原值的 15%；r_a 为机器设备的定额年度折旧率；Q 为产品年产量。

② 通用机器设备折旧费，在工艺方案中按使用工时来分摊。

(5)夹具费用(C_n)：

① 专用夹具费用的计算，即

$$C_n = \frac{S_{ah}\left(A_h + U_\tau\right)}{Q} \tag{2-11}$$

式中，S_{ah} 为夹具成本；A_h 为夹具折旧率(%)；U_τ 为使用费占夹具购置费的百分比(%)。

② 通用夹具费用的计算，在工艺方案中按使用工时来分摊，实际计算中常略去而不计。

从图 2-3 可知，在单件小批生产的条件下(Ⅰ区)，产品产量微小的变化将造成产品单位工艺成本(C_{mg})的急剧变化。而在大批大量生产的条件下(Ⅲ区)，尽管产量变化很大，但对单位工艺成本的影响却很小。Ⅱ区相当于成批生产，产量的变化对单位产品工艺成本有一定影响。

2. 工艺方案技术经济分析的方法

工艺方案的技术经济分析，可通过工艺成本节约额、投资费用节约额和追加投资回收期等指标进行方案对比，常用的方法有以下几种。

1) 工艺方案成本比较法

成本比较法是通过对几个不同方案的工艺成本进行对比分析，确定最优方案。

设现有 1、2 两个工艺方案，其固定费用分别表示为F_1、F_2，可变费用分别为C_{V1}、C_{V2}，总工艺成本分别为C_{m1}、C_{m2}，如图 2-4 所示。

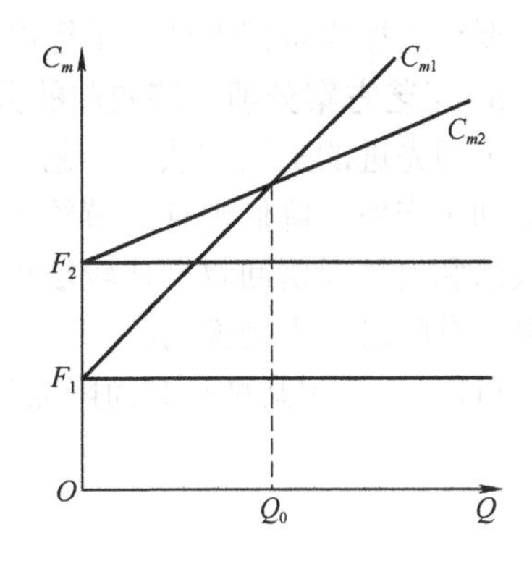

图 2-4　两个对比工艺方案和生产量的关系

当两个方案的成本相等，即生产量为Q时，存在以下关系。因为

$$C_{m1}=C_{V1}Q_0+F_1,\quad C_{m2}=C_{V2}Q_0+F_2$$

当$C_{m1}=C_{m2}$时有

$$C_{V1}Q_0+F_1=C_{V2}Q_0+F_2$$

所以

$$Q_0=\frac{F_2-F_1}{C_{V1}-C_{V2}} \tag{2-12}$$

由图 2-4 可知，当实际产量$Q>Q_0$时，应采用方案Ⅱ；当实际产量$Q<Q_0$时，应采用方案Ⅰ。称Q_0为对比工艺方案的临界产量。它是分析方案经济性的一个临界点。

对三个以上的多方案进行选优时，同样可用上述方法确定方案的取舍。

2) 追加投资回收期法

追加投资回收期法，是在工艺方案需增加新的投资时，通过计算追加投资回收期来确定最优工艺方案。其计算公式为

$$t_a=\frac{K_1-K_2}{C_{m2}-C_{m1}}=\frac{\Delta K}{\Delta C_m} \tag{2-13}$$

式中，t_a为追加投资回收期(年)；K_1、K_2分别为方案Ⅰ、方案Ⅱ的投资费用；ΔK为方案Ⅰ比方案Ⅱ多投资数额；ΔC_m为方案Ⅰ比方案Ⅱ年工艺成本的降低额。

t_a说明方案Ⅰ比方案Ⅱ多投的资要经过多少年，才能用方案Ⅰ比方案Ⅱ的年工艺成本降低额收回来。当然，t_a应小于标准投资回收期，且越小越好。

采用追加投资回收期法时，两个不同工艺方案的生产效率不同，可按下述方法进行比较。

设K_1、K_2分别为方案Ⅰ、Ⅱ的投资，q_1、q_2分别为方案Ⅰ、Ⅱ的小时生产率，C_{h1}、C_{h2}分别为方案Ⅰ、Ⅱ的小时工艺成本，将K_1/q_1和K_2/q_2，C_{h1}/q_1、C_{h2}/q_2进行比较。

若$K_2/q_2<K_1/q_1$，且$C_{h2}/q_2<C_{h1}/q_1$，则方案Ⅱ优于方案Ⅰ。

若$K_2/q_2>K_1/q_1$，且$C_{h2}/q_2>C_{h1}/q_1$，则需进行方案的追加投资回收期的计算为

$$t_a = \frac{K_2 - K_1}{\left(\frac{C_{h1}}{q_1} - \frac{C_{h2}}{q_2}\right)Q} \tag{2-14}$$

要求追加投资回收期小于标准投资回收期，且越小越好。

3. 工艺方案分项经济效益的分析

采用先进的加工方法及工艺装备，选择合理的工艺路线及生产组织形式，都将有助于提高劳动生产率、降低消耗、节约成本等。因此，对工艺方案的技术经济评价，除了采用成本比较法和追加投资回收期比较法外，还可通过分项计算经济效益来分析工艺方案的经济性。现以夹具的采用为例说明。

(1) 由于采用某种夹具而降低加工单位零部件的劳动量：

$$\Delta t = \frac{\sum_{i=1}^{m} t_{1i} - \sum_{i=1}^{m} t_{2i}}{M_S} \tag{2-15}$$

式中，Δt 为加工单位零部件节约的劳动时间；t_{1i}、t_{2i} 分别为采用夹具前、后的零部件加工时间；M_S 为制造一个零件的工艺方案中夹具的种数。

(2) 由于采用某种夹具而节约的生产工人基本工资：

$$\Delta L = \frac{\sum_{i=1}^{m} t_{1i}L_{1i} - \sum_{i=1}^{m} t_{2i}L_{2i}}{M_S} \tag{2-16}$$

式中，ΔL 为工人基本工资节约额；t_{1i}、t_{2i} 分别为第 i 道工序在采用工艺装备前、后的小时工资率(元/h)。

(3) 采用机械夹紧的工具和工艺装备之后，比手动夹紧劳动生产率的增长率：

$$V_n = \left(1 - \frac{t_B + t_m}{t_P + t_m}\right) \times 100\% \tag{2-17}$$

式中，V_n 为劳动生产率增长率；t_m 为零件加工的时间(min)；t_B 为机械夹紧零件的时间(min)；t_P 为手动夹紧零件的时间(min)。

但是，采用机械夹具是要付出费用的，故除计算因采用机械夹具而提高的劳动生产率外，还要将采用机械夹具所付费用与其所带来的节约额进行对比，要求年度节约费用应大于所支付的费用。其计算公式为

$$(C_i + L_n)\frac{T_{i3} - T_{i2}}{60} Q \geqslant C_n \tag{2-18}$$

式中，C_i 为完成某道工序的台时成本；L_n 为小时工资(元/h)；T_{13}、T_{12} 分别为无夹具加工和采用机械夹具加工的单件工时；Q 为年计划产量；C_n 为采用机械夹具的年度费用。

在评价经济效益时，除考虑节约额外，还应考虑采用机械夹具使产品质量提高、废品率减少等因素。

上述是着重从工艺成本分析、评价和选择工艺方案的。实际工作中，选择工艺方案时还必须进行：产品的加工精度和质量指标的比较；不同方案的生产率比较；材料利用率和废品率的对比；厂房面积与生产工人数量的对比；不同方案的设备维修量与工夹具调整时间的比较；不同方案动力消耗的比较；不同方案的劳动条件的比较。

2.2.4 投资经济效益分析

投资经济效益分析在具体应用中有各种不同的方法，各种方法常按其评价指标取名，如投资回收期法、净现值法、内部收益率法、年费用法等。这些方法不仅形式不同，而且在技术经济分析中作用也不同，由于篇幅所限，下面仅介绍总投资回收期法和追加投资回收期法。

投资回收期法又称投资偿还期或返本期法，是指技术方案投产后获得的净收益收回实施方案投资所需的年限，是评价技术方案经济效益好坏不可缺少的指标。投资回收期按收回投资是单方案全部投资还是两方案之间相对投资，可分为总投资回收期和追加投资回收期，其中按是否考虑资金的时间价值又各自分为静态投资回收期和动态投资回收期。

1. 总投资回收期法

1) 静态总投资回收期法

静态总投资回收期不考虑资金的时间价值，是年净收益收回全部投资所需的时间。其计算方法有两种。

(1) 按年盈利偿还投资计算。其静态总投资回收期计算式为

$$T_S = \frac{K}{R} \tag{2-19}$$

式中，K 为方案实施总投资(包括固定资产和流动资产投资)；R 为年净收益(包括利润和税金)。

(2) 按累计盈利偿还投资计算。按累计盈利计算的投资回收期是从技术方案正式投产之日起，累计提供的盈利总额达到投资总额之日止所经历的时间。

投资回收期(T_S)等于累计现金流量开始出现正值年份数的前一年$(n-1)$，加上上年累计净现金流量的绝对值除以当年的净现金流量 NCF 的商，即

$$T_S = n - 1 + \frac{\left|\sum_{i=0}^{n-1} \mathrm{NCF}_i\right|}{\mathrm{NCF}_n} \tag{2-20}$$

【例 2-1】 某工程项目总投资 $K = 1000$ 万元，各年现金流量和累计净现金流量如表 2-2 所示，求项目投产后的投资回收期。

表 2-2　工程项目现金流量和累计净现金流量

n	0	1	2	3	4	5	6
NCF_n /万元	−1000	200	250	310	350	80	45
$\sum_{i=0}^{n-1}\mathrm{NCF}_i$ / 万元	−1000	−800	−550	−240	110	51	96

解：

$$T_S = 3 + \frac{34}{35} = 3.97\ (\text{年})$$

说明方案投产后不到四年就能收回全部投资。

2) 动态总投资回收期法

动态总投资回收期是在考虑资金时间价值的情况下，回收全部投资所需的时间。其计算方法也有两种。

(1) 动态总投资回收期直接计算法。考虑资金时间价值，根据资金回收公式

$$R = K\frac{i(1+i)^{T_{12}}}{(1+i)^{T_{12}}-1} \tag{2-21}$$

两边取对数得

$$T_D = \frac{-\lg\left(1-\frac{K_i}{R}\right)}{\lg(1+i)} \tag{2-22}$$

式中，T_{12} 为动态总投资回收期；K 为方案总投资；R 为方案年收益；i 为折现率或银行利率。

【例 2-2】 某工程项目总投资额为 1000 万元，预计投产后每年获净利 250 万元，假定银行利率为 8%，试计算此工程投产后几年可以回收？

解：静态总投资回收期

$$T_S = \frac{K}{R} = \frac{1000}{250} = 4\ (年)$$

动态总投资回收期

$$T_D = \frac{-\lg\left(1-\frac{K_i}{R}\right)}{\lg(1+i)} = \frac{-\lg\left(1-\frac{1000\times 0.08}{250}\right)}{\lg(1+0.08)} = 5.01\ (年)$$

动态总投资回收期比静态总投资回收期更能准确反映实际情况。

(2) 动态总投资回收期累计计算法。动态总投资回收期等于累计净现金流量折现值开始出现正值年份的前一年 $(n-1)$，加上上年累计净现金流量折现值的绝对值除以当年净现金流量的净现值 NCFI 的商，即

$$T_D = n-1+\frac{\left|\sum_{i=1}^{n-1}\mathrm{NCFI}_i\right|}{\mathrm{NCFI}_n} \tag{2-23}$$

总投资回收期法用于评价技术方案全部投资回收的时间，把计算结果与标准投资回收期比较，技术方案的投资回收期小于标准投资回收期，越小越好。在例 2-2 中，若工程项目的标准投资回收期为 6 年，因为 $T_D = 5.01$ 年小于 $T_D = 6$ 年，所以该项目是可行的。

2. 追加投资回收期法

追加投资回收期是一个相对投资效果指标，是指一个方案比另一个方案所多增加的投资，用其年经营费用的节约额或年收益的增加额来回收所需的时间。

(1) 静态追加投资回收期 ΔT_S 为

$$\Delta T_S = \frac{K_2-K_1}{C_1-C_2} = \frac{\Delta K}{\Delta C} \tag{2-24}$$

或

$$\Delta T_S = \frac{K_2-K_1}{R_2-R_1} = \frac{\Delta K}{\Delta R} \tag{2-25}$$

式中，ΔT_S 为静态追加投资回收期；K_1、K_2、C_1、C_2 分别为方案 Ⅰ 和方案 Ⅱ 的总投资和年经营费用；R_1、R_2 分别为方案 Ⅰ 和方案 Ⅱ 的年收益；ΔK、ΔC、ΔR 分别为两方案的投资之差、年经营费用的节约额和收益之差。

(2)动态追加投资回收期T_D、ΔT_D分别为

$$T_D = \frac{-\lg\left(1-\dfrac{K_i}{C}\right)}{\lg(1+i)} \tag{2-26}$$

$$\Delta T_D = \frac{-\lg\left(1-\dfrac{\Delta K_i}{\Delta C}\right)}{\lg(1+i)} \tag{2-27}$$

【例 2-3】 某企业进行一个技改项目，现有两个方案，有关资料见表 2-3，银行利率 10%，求其追加投资回收期。

表 2-3　某企业技改投资回收期

方案	投资/万元	年经营费用/万元
I	4000	2000
II	8000	2400

解：

$$\Delta T_S = \frac{8000-4000}{2400-2000} = 10 \text{（年）}$$

$$\Delta T_D = \frac{-\lg\left(1-\dfrac{1600\times 0.1}{400}\right)}{\lg(1+10\%)} = 5.36 \text{（年）}$$

求出的追加投资回收期也要与标准投资回收期比较。如果追加投资回收期小于标准投资回收期，应选投资较大的方案；反之，则应选投资较小的方案。若上述项目的标准投资回收期为 6 年，因为ΔT_D=5.36 年小于ΔT_D=6 年，则应选择方案Ⅰ。

从上述分析可以看出，投资回收期法的最大优点是简便易行，能反映资金的补偿速度，因此特别适用于有风险、强调方案清偿能力的方案评价。回收期的主要缺点是不能反映投资回收后方案的经济效果，标准投资回收期的确定又缺乏一定的科学性。所以这种方法一般只适用于方案的初选和概略评价。在实际应用中常需和净现值法、内部收益率法等方法一起使用。

2.2.5　设计方案评价

通常理想的设计方案并非一味追求最快、最精确、最坚固或最经济。事实上，只有使产品性能、使用寿命和成本几个方面达到完美平衡的解决方案才是最理想的选择。这是一般设计方案评价的原则。

对于设计方案评价，因还无详细的结构设计，所以只能从技术和经济环保等方面进行初步的综合评价。通过方案评价，进行决策，最后确定进行下一步详细技术设计的设备设计原理图或机构简图。

具体评价方法有以下几种。

1. 简单评价法

方法特点：①对方案作定性的评价和优劣排序；②不反映评价目标的重要程度和方案的理想程度。

如名次计分法就是由一组专家对n个方案进行评价，每人按方案优劣排出名次，最佳方

案得 n 分，最差方案给 1 分，对每个方案得分相加，总分高者为佳。

如 6 个专家对某自动搅拌机的 5 个方案按名次排比，分别给分(最佳 5 分，最差 1 分)，并计算总分。结果由表 2-4 可以得出，方案优劣/顺序为 1-2-3-4-5。

表 2-4 专家打分表

专家代号	A	B	C	D	E	F	总分
方案 1	5	5	5	4	5	5	29
方案 2	4	4	4	5	4	3	24
方案 3	3	2	1	3	2	4	15
方案 4	2	3	3	2	3	1	14
方案 5	1	1	2	1	1	2	8

对于专家的意见是否一致，可以用一致性系数 C 来评价，C 越接近 1，意见越一致。意见完全一致时 C=1。一般 $0 \leqslant C \leqslant 1$，其计算公式为

$$C=\frac{12s}{m_2\left(n^3-n\right)} \tag{2-28}$$

式中，$s=\sum x_i^2=\frac{\left(\sum x_i\right)^2}{n}$；$m$ 为专家数；n 为方案数；x_i 为方案 i 所得的总分和。

2. 技术经济评价方法

技术经济评价方法的评价依据是相对值，同时考虑技术价与经济价，以及各技术评价目标的加权系数，通过分析能有针对性地改进技术或降低成本。

(1) 技术价计算公式：

$$W_1=\frac{\sum_{i=1}^{n}P_i g_i}{P_{\max}\sum_{i=1}^{n}g_i}=\frac{\sum_{i=1}^{n}P_i g_i}{P_{\max}} \tag{2-29}$$

式中，P_i 为各技术评价指标的评分值；g_i 为各指标加权系数；$P_{\max}$ 为最高分值。

$W_i \leqslant 1$，值越大表示技术性能越好，理想值为 1；$W_i \leqslant 0.6$ 为技术不合格。

(2) 经济价计算公式：

$$W_W=H_i/H \tag{2-30}$$

式中，H_i 为理想成本，常取允许生产成本的 70%；H 为实际成本。

$W_W \leqslant 1$，值越大表示经济性能越好，理想值为 1；$W_W \leqslant 0.6$ 为生产成本不合格。

(3) 技术经济综合评价：

可以按以下公式来评价方案的技术经济综合性能的优劣。

① 均值法：
$$W=\left(W_1+W_W\right)/2 \tag{2-31}$$

② 双曲线法：
$$W=\sqrt{W_1}\times\sqrt{W_W} \tag{2-32}$$

从式(2-31)和式(2-32)可以看出，技术经济综合评价相对值越大，表示技术经济综合性能越好，一般要求 $W \geqslant 0.65$。

2.3　概念设计阶段

2.3.1　概念设计的内涵

很早以前，我国民间曾流传一种说法：将一把已经折断的钥匙作为挂坠挂到经常生病的孩子颈部，就意味着体弱多病的孩子可以从此不再吃药，并且能够走向健康。这是因为“断钥”的谐音是“断药”，在经常生病的孩子颈部挂上“断钥”的挂坠之后，暗示着孩子从此可以断药(不再吃药)。这一传说虽然带有明显的、不科学的迷信色彩，但是它同时体现出人们向往健康的、美好的、理想化的概念设想。这种概念设想的形成过程实际上就是传统意义的概念设计。如今，如果将“断钥”(断药)的概念物化到医疗器具产品设计中，例如，为疗养院、医院以及不能自理的老人、残障人士设计专用座椅时，以折断的钥匙作为椅架构形设计的主题，则可以构思并创意出形形色色的新型专用座椅构形设计方案，从而产生以“断钥”(断药)为主题的专用座椅概念产品。这种概念产品的构思意境实际上再现了传统意义上的概念设计。

“产品”即人之观念的物化，设计是一种思维行为，概念设想是创造性思维的体现，概念产品则是概念设想中理想化的物质形式。由于人类的创作智慧是无穷的，在创造性思维指引下，概念的构思亦是丰富多彩的，这样，概念产品的类型便是多种多样的。

概念设计首先要弄清设计要求和条件，即确定设计任务书，再利用简图形式表达广义解。概念设计阶段，对设计师的要求较高，并且要求显著提高产品的性能。因此，需要将工程科学、专业知识、产品加工方法以及商业运作知识融合在一起，以做出产品生命周期内最重要的决策。

德国学者 Pahl 和 Beitz 于 1984 年在 *Engineering Design* 一书中提出“概念设计”的概念。书中将概念设计描述为：在确定设计任务之后，通过抽象化，拟定功能结构，寻求适当的作用原理及其组合等，确定出基本求解途径，得出求解方案的设计工作。

综合英国学者 French 和德国学者 Pahl 关于概念设计的描述，可以将概念设计的内涵归纳为三个方面：①明确并抽象描述设计需求；②寻求作用原理和求解途径；③得到解决方案并做出决策。

随着社会进步和发展，人们对于概念设计的认识和理解还在不断地深化，不论哪一类设计，它的前期工作均可统称为概念设计。例如，很多汽车展览会展示出概念车，就是用样车的形式体现设计者的设计理念和设计思想，展示汽车设计方案。一座闻名于世的建筑，它的建筑效果图就体现出建筑师的设计理念和建筑功能表达，这是概念设计的范畴。

概念设计是设计的前期工作过程，其结果是产生设计方案。但是，概念设计不只局限于方案设计。概念设计应包括设计人员对设计任务的理解、设计灵感的表达、设计理念的发挥，还应充分体现设计人员的智慧和经验。因此，概念设计前期工作应允许设计人员充分发挥他们的形象思维。概念设计后期工作则将较多的注意力集中在构思功能结构、选择功能工作原理和确定机械运动方案等方面，与传统的方案设计没有多大区别。由于概念设计内涵广泛，可使设计人员在更大范围内进行创新和发明。

2.3.2　产品概念设计原理

产品概念设计通常分为需求设计、功能设计、原理设计和构形设计四个阶段。产品概念设计原理，实际上就是这四个阶段设计原理的综合。

随着科学技术的发展，一些设计学者注意到，产品概念设计过程与自然界中生物胚胎的发育过程非常相似。其相似之处主要表现为三个方面。

(1)生物发育过程中的外界环境变化与产品设计过程中市场需求的变化有类似之处。

(2)生物细胞中基因组类似于概念模型。

(3)生物的繁衍过程类似于产品概念设计的过程模型。

生物细胞发育成一个成熟的个体后，这个成熟的个体就会不断繁衍，由少变多，由简到繁。这与产品概念设计过程：需求设计(获得一个成熟的设计目标)→确定功能→获取原理解→进行构形设计(实现目标的概念实体)，有类似之处。也与概念设计中各个阶段采用的设计原理或方法相类。例如，功能设计阶段的功能分解；构形设计阶段“从无到有”(确定结构形式)，“从有到精”(优化构形、配置色调和图案等)的设计过程，均与生物界的繁衍过程非常相似。由于自然界中生命体的诞生及成长发育过程与产品概念设计过程有类似之处，一些学者尝试将生命科学理论运用于产品概念设计的不同阶段，并由此探讨概念设计的原理和方法，如生命科学原理法。

生命系统理论(Living System Theory，LST)是美国学者 Miller 于 1978 年正式提出的跨学科综合性理论。该理论中的“生命系统”不仅指生物系统，而且包括生物系统和社会系统在内的所有生命系统。产品，作为人类制造的实物，虽然不具备生命性质，却与生命系统有着极大的相似性。例如，人类制造的产品——机器，用以完成某一或某些功能，这样，可以将机器和机器完成的功能视为“生命系统”中的两个层次，机器所在的层次高于其完成功能的层次。

从这个意义而言，也可以将产品看成有机体层次上的“生命系统”。这个“生命系统”有其自身的子系统，并进行着相关的物质、能量和信息处理。由此可见，生命系统理论同样可以用于非生命系统的建模。即生命系统理论能为产品设计提供有用的框架，尤其在产品概念设计阶段，设计人员关注的是产品的功能和性能，生命系统理论能提供两种以图符为基础的语言来表示产品的功能需求，从而忽略实现功能的细节，有益于从整体上考虑设计活动的思想方法。例如，欲设计一个将能量转化为动力的机械装置，采用 Miller 提出的生命系统表示这一体系，不必具体指出能源的种类是电能、机械能、太阳能、热能还是风能等，也无须说明机械装置的类型是齿轮机构、凸轮机构还是带传动机构等。这样，设计人员在产品概念设计阶段，即设计的早期阶段，就可以将注意力集中于产品的功能和性能方面，由此增加了设计的自由度，提高了设计的灵活性，扩展了产品创新设计的空间。

图 2-5 是采用生命系统图符描述洗衣机“洁净衣物”原理解的框架。在概念层次上，实现“洁净衣物”的原理解就是去除衣物上的污渍，这些污渍包括灰尘、油脂、粉尘、油漆等物理微尘和化学微尘。常见的“洁衣”原理如下。

① 水洗，即利用相对运动原理“洁衣”。

② 干洗，通过化学原理实现“洁衣”，即利用挥发性洗涤剂带走衣物中的微尘。

现以水洗“洁衣”原理为例，采用生命系统图符描述其原理框架。

图 2-5 中，吸收器接收衣物、能量、水及洗涤剂。然后，由分配器将系统的输入送到不同的子系统：衣物、水和洗涤剂送到存储器；能量输送给原动器；输入变换器接收外界指令，并传递给原动器，由原动器将来自分配器的能量转换为适当的能量形式，向存储器提供动力，对存储器中的衣物进行操作。衣物洁净之后，由排出器送出衣物和脏水，并通过输出变换器向外界发出信息，表明工作状态。支撑器用以保证系统有一个良好且稳定的空间支撑。为了实现水洗衣物的相对运动工作原理，需要不断搅拌和更换洗涤液，何时搅拌、何时换水，以及搅拌时间和换水量等，都需要进行控制。为满足这一要求，在洗衣机的原理框架中，还必须有决策器和计时器。采用生命系统图符描述洗衣机的原理框架，在设计的早期阶段就可以得到比较完整的原理解概念。图 2-5 高度抽象地描述了洗衣机的物质流、能量流和信息流之间的关系，但是，并没有涉及洗衣机的具体结构和工作原理。

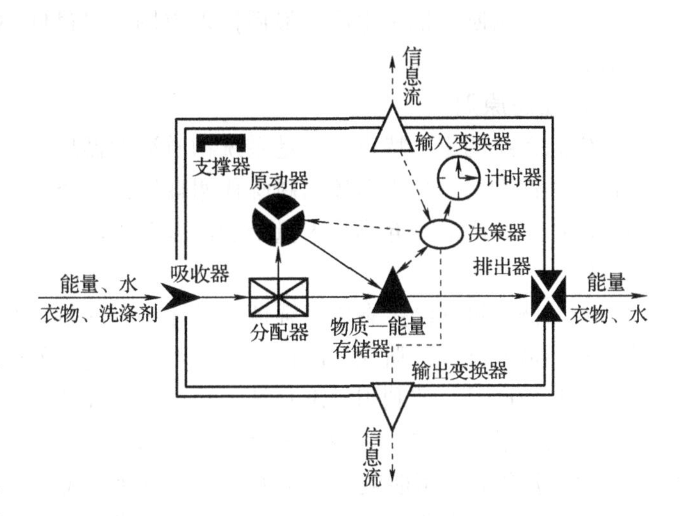

图 2-5　采用生命系统图符进行洗衣机功能设计

借助生命科学的研究成果和科学结论，选取生命科学中对设计活动富有启发的思维方式和研究手段，改进现有的设计理论和方法，揭示概念设计的规律，是一件非常有意义的事。

2.3.3　产品概念设计原则

产品概念设计活动过程中，为了确保产品设计的成功率，少走弯路，避免引起产品投产后修改造成的时间和资金方面的浪费，必须遵循下述设计原则。

1. 需求原则

产品概念设计过程起始于认识市场需求，终止于满足市场需要。即市场需求是产品概念设计的出发点，没有市场需求，就没有功能要求，也就没有产品概念设计欲解决的问题和约束条件。因此，进行产品概念设计，应重视市场调查，进行市场预测，这样构思和开发出的概念产品才易于市场接受。

2. 适应原则

进行产品概念设计，一方面要适应市场需求，另一方面，也要与生产发展需求相适应，符合现有技术条件和生产条件，能够与现有的生产要素相适应，包括生产和推广概念产品的原材料、厂房、生产设备、技术人才等。成功的概念设计下进行超越概念设计能力的产品概念设计活动必然走向失败。概念设计能力越强，就越能把握概念设计过程中的技术风险和生产风险，也越容易将概念设计成果推向市场，获得较快的投资回报。

3. 经济效益原则

良好的效益是进行产品概念设计的根本动力。当今市场竞争日趋激烈，产品概念设计已经成为促进发展、增强竞争能力的重要途径。经济合理是进行产品概念设计必须考虑的因素之一，例如，概念产品开发的经济性、新概念产品投入批量生产的经济性等。进行产品概念设计，应以最小的研究开发成本获得符合人类需要的概念产品方案，如果一个产品的设计方案不具备市场可以接受的价格，就不可能走向市场。此外，开发概念产品时，还需将概念产品设计与预期效益联系在一起，例如，使新概念产品在批量生产过程中能够节约能源，降低各种消耗，保证概念产品质量要求。同时，进行可行性分析，才有可能使概念产品方案付诸实践，进入试制、批量生产，最后投入市场，以最低的成本费用获取最大的经济效益和社会效益。

4. 生态原则

生态系统的重要特点之一是系统物质流的循环性。在生物生态系统中，生命体产生的每一种东西都为另一种生命体的新陈代谢耗用。人类社会发展的历史是把自然过程变为工业过程，然而工业产品废弃物的大量增加，以及能源的大量消耗，已经成为威胁人类生存的全球性问题。

产品概念设计的生态原则强调：设计过程的每一个决策都应充分考虑到环境效益，尽量减少对环境的破坏。概念产品设计应着眼于人与自然的生态平衡关系，尽可能是无废料生产消费的科技产品。即利用生态系统的物质循环和能量流动原理，以闭路循环的形式，在产品生产及消费过程中实现资源充分合理的利用，使产品的整个生产消费过程保持高度生态效率和环境零污染，尽可能减少物质和能源的消耗，减少有害物质的排放，充分考虑产品的回收、再生循环和重新利用，协调地融入自然，以确保人类社会可持续发展。

图 2-6 是“布赖恩特公园 1 号”美国银行塔的设计效果图。这幢摩天大厦 2008 年在美国纽约落成，是当时全球最环保的建筑。这幢高 54 层的整幢建筑全部采用玻璃幕墙，施工采用的混凝土中大约 55%为炼铁废渣，不但变废为宝，而且减少了工厂在生产水泥过程中释放出的大量二氧化碳。

5. 结构设计材料选用原则

产品概念设计中，功能载体构形设计阶段，应尽可能集成各类功能载体的功能，合理确定功能载体的结构形状和可拆卸性，以减少功能载体的数量及其制造所需的原材料，减少产品所用材料的种类，这样，有利于产品回收、拆卸和再利用。此外，根据概念产品中的各类功能载体的结构构成，合理选择材料，尽量采用新型材料、轻型材料或用塑料代替金属，由此减小产品的质量和体积，降低运动型产品在使用过程中的能量损耗，节省能源。以汽车为例，采用玻璃钢复合材料 SMC(片状模塑料)制成的车体，其自身质量比一般车体轻 20%，能源消耗也比传统汽车低 8%～10%，同时还降低了废气排放量。美国富翁冒险家福塞特于 2006 年 2 月挑战环球持续飞行 80h 世界纪录时，其驾驶的新型“环球飞行者”如图 2-7 所示，采用了很轻的碳化纤维制作飞机的机壳，以减少飞机飞行的能源消耗。

6. 人性化原则

产品设计的核心是以“人”为中心，设计的成果应充分适应并满足人的需求。在技术水平、市场需求、美学趣味等条件不断变化下，产品设计的好坏很难有一个永恒评判的标准。但是，无论人们的需求产生何种变化，在评判设计标准中，有一点恒定不变，即产品设计首先应关注人的需求。人性化设计原则是在符合人类物质需求的基础上，同时考虑人的精神和情感需求。这一原则综合了产品的安全性、方便性、舒适性和鉴赏性等要求，强调设计中应注重产品内部环境的扩展和深化。大至宇航设备、建筑设施、机械设备、交通工具，小到生活中的家具、服装、文具以及盆、杯、碗筷等各种产品，设计和制造时都必须将“人”作为首先要考虑的因素。

图 2-6　“布赖恩特公园 1 号”美国银行塔

图 2-7　美国富翁冒险家福塞特驾驶的“环球飞行者”

如图 2-8 所示，美国“普鲁蒂·艾戈”住宅区是专供低收入家庭居住的住宅区，由日本建筑设计师山崎设计，建于 1954 年。由于房屋设计只注重其功能性，没有考虑人的感官和精神需求，房屋的外观工整有致，给人的感觉却是冷漠无情的，如同监狱，它很快变成了令人绝望的高犯罪率危险街区。住宅区建设完毕后，从 20 世纪 50～70 年代，其居住率不足 1/3。

鉴于这种情况，如图 2-9 所示，市政府于 1972 年将该住宅区全部炸毁，以重建新型建筑。这笔失败的建筑产品设计说明，产品设计不仅要考虑人类的物质需求，还应兼顾人的精神和情感的需要。纯理性、非人性化的产品设计不会受到消费者青睐。

图 2-8　美国“普鲁蒂·艾戈”住宅区初建图

图 2-9　美国“普鲁蒂·艾戈”住宅区全部炸毁图

产品设计人性化，是社会、个体及设计本身多重因素综合作用的结果。当社会经济发展处于较低水平时，人们对产品的要求只是实用；而在社会经济发展到一定水平后，人类对产品的需求也在逐步提升，不仅要求产品使用安全、方便、舒适，还会产生心理和精神文化方面的需求。

18 世纪工业革命之初，当大量的机械制品以人们意想不到的速度和数量，伴随着隆隆的机器轰鸣声源源推向欧洲市场时，那里的人们欢呼雀跃，因为在低水平的生产力条件下，“有”胜于“无”。第二次世界大战，20 世纪 50 年代左右，世界经济恢复期，由于经济落后，物质匮乏，产品设计主要遵循简洁、实用和耐用的原则。经过 70 年代经济快速持续发展，社会物质财富急剧增加，许多国家进入了丰裕社会时期，人们的心理和精神需求开始萌生。产品不仅要能够满足生理需求，还要满足心理和精神需要，要求能够赋予人们审美、情感、文化等精神方面的意蕴。到了 90 年代人性化已成为产品设计应遵循的原则之一。

人性化设计也是人类需求阶梯化上升的内在要求。产品设计的目的在于满足人的生理和心理需求，需求成为人类进行产品设计的原动力，并且影响和制约着产品设计的内容与方式。我国古代著名思想家墨子曾言“衣必常暖，而后求丽；居必常安，而后求乐”。这一名言精髓地映射出人类需求从满足实用要求向精神文化需求逐级提升的条件和必然趋势。

产品设计师只有用心关注人和人性，才会以饱满的精神状态为“人”设计产品，产品设计者才有可能成为真正的“生活学者”。例如，将鸣叫水壶的哨子改成能够吹出和声的汽笛，这样，壶中的水烧开时，人不会因尖锐的哨子声而惊惶，同时最大限度地减少了高频噪声对人的伤害；设计具有自动调节功能的床，并能够集小憩、休息和按摩于一体，以适合各种人群的需要。图 2-10 中高低交错的感应式自来水洗手池可以让儿童及成年人都能够方便地洗手。图 2-11 是一家日本公司于 2005 年推出的防水 CD 播放器，这款播放器具有四级防水功能，可供人们在各种浴场、个人浴室内收听广播、播放 CD 盘片。

图 2-10　高低交错的洗手池

图 2-11　防水 CD 播放器

2.4　详细设计阶段

详细设计主要是对系统总体方案进行具体实施步骤的设计，其主要依据是总体方案框架，从技术上对其细节逐步展开，直至完成试制产品样机所需的全部技术图纸和文档。自动化装备与生产线产品的详细设计主要应包括以下内容。

1. 机械本体设计

机械本体主要是指用于支撑机械传动部件和电气驱动部件的支撑件，如轴承座、机架等。为保证机械系统的传动精度和工作稳定性，在设计中常对机械本体提出强度、刚度、稳定性等要求。

2. 机械传动系统设计

机械传动主要包括齿轮传动、带传动、链传动、连杆传动、凸轮传动、挠性传动、间隙传动、液压传动、气动传动等其他形式传动。一部机器必须完成相互协调的若干机械运动，每个机械运动可由单独的电动机驱动、液压驱动、气动驱动，也可以通过传动件和执行机构相互协调驱动。在自动化装备与生产线产品设计中，这些机械运动通常由控制系统来协调与控制。这就要求在机械传动系统设计时要充分考虑到机械传动控制问题。

随着自动化装备与生产线技术的发展，如今的机械传动装置，已不仅是变换转速和转矩的变换器，还有伺服系统的组成部分，都要根据控制要求来进行选择设计。近年来，由伺服控制电动机直接驱动负载的技术得到了很大的发展。但是对于低转速、大转矩传动系统，目前还不能取消减速传动链。影响自动化装备与生产线系统传动的主要因素一般有以下几个。

(1) 负载的变化。负载包括工作负载、摩擦负载等。要合理选择驱动电动机和传动链使之与负载变化相匹配。

(2) 传动链惯性。惯性既影响传动链的启停特性，又影响控制系统的快速性、定位精度和速度偏差等。

(3) 传动链固有频率。固有频率影响系统谐振和传动精度。

(4) 间隙、摩擦、润滑和温升。它们影响传动精度和运动平稳性。

3. 传感器与检测系统设计

在自动化装备与生产线中，传感器主要用于位移、速度、加速度运动轨迹及加工过程参数等机械运动参数的检测。传感器一般由敏感元件、转换元件、基本转换电路三部分组成。

敏感元件是能直接感受被测量，并以确定关系输出某一物理量的元件，如弹性敏感元件可将力转换为位移或应变；转换元件可将敏感元件输出的非电物理量转换成电路参数量；基本转换电路可将电路参数量转换成便于测量的电信号，如电压、电流、频率等。

传感器可以按不同的方式进行分类，例如，按被测物理量、工作原理、转换能量、输出信号的形式(模拟信号、数字信号)等进行分类。按传感器作用可分为检测自动化装备与生产线系统内部状态的信息传感器和检测外部对象及外部环境状态的外部信息传感器。

内部信息传感器包括检测位置、速度、力、力矩、温度及变换的传感器，外部信息传感器包括视觉传感器、触觉传感器、力觉传感器、接近觉传感器、角度觉(平衡觉)传感器等。因此，传感器是产品自动化装备与生产线的重要标志之一。

传感器的特性主要是指输入与输出的关系。当传感器的输入量为常量或随时间缓慢变化时，传感器的输出与输入之间的关系为静态特性；当传感器的输出量相应随时间变化时，输入量的响应称为传感器的动态特性。

传感器的基本参数为量程、灵敏度、静态精度和动态精度。在传感器设计选型时，应根据实际需要，确定其主要性能参数。一般选用传感器时，应主要考虑的因素是精度和成本，通常应根据实际要求合理确定静态、动态精度和成本的关系。

4. 接口设计

自动化装备与生产线系统由许多要素或子系统构成，各要素和子系统之间必须能顺利进行物质、能量和信息的传递与交换。为此，各要素和各子系统相接处必须具备一定的联系条件，这些联系条件就可称为接口(interface)。从系统外部看，机电一体化系统的输入/输出是与人、自然及其他系统之间的接口；从系统内部看，机电一体化系统是由许多接口将系统构成要素的输入/输出联系为一体的系统。其各部件之间、各子系统之间往往需要传递动力、运动、命令或信息，这都是通过各种接口来实现的。

从这一观点出发，系统的性能在很大程度上取决于接口的性能，各要素和各子系统之间的接口性能就成为综合系统性能好坏的决定性因素。机电一体化系统是机械、电子和信息等功能各异的技术融为一体的综合系统，其构成要素或子系统之间的接口极为重要，从某种意义上讲，自动化装备与生产线系统设计就是接口设计。

机械本体各部件之间、执行元件与执行机构之间、检测传感元件与执行机构之间通常是机械接口；电子电路模块相互之间的信号传送接口、控制器与检测传感元件之间的转换接口、控制器与执行元件之间的转换接口通常是电气接口。根据接口用途的不同，又有硬件接口和软件接口之分。

广义的接口功能有两种：一种是输入/输出；另一种是变换/调整。根据接口的输入/输出功能，可将接口分为以下四种。

(1)机械接口。根据输入/输出部位的形状、尺寸、精度、配合、规格等进行机械连接的接口。例如，联轴器、管接头、法兰盘、万能插口、接线柱、插头与插座及音频盒等。

(2)物理接口。受通过接口部位的物质、能量与信息的具体形态和物理条件约束的接口，称为物理接口。例如，受电压、频率、电流、电容、传递扭矩的大小、气体成分(压力或流量)约束的接口。

(3)信息接口。受规格、标准、法律、语言、符号等逻辑、软件约束的接口，称为信息接口。例如，GB、ISO、ASCII码、RS232C、FORTRAN、C、C++等。

(4)环境接口。对周围环境条件(温度、湿度、磁场、水、火、灰尘、振动、放射能)有保护作用和隔绝作用的接口，称为环境接口。例如，防尘过滤器、防水连接器、防爆开关等。

根据接口的变换/调整功能，可将接口分成以下四种。

(1)零接口。不进行任何变换和调整，输出即为输入，仅起连接作用的接口，称为零接口。例如，输送管、插头、插座、接线柱、传动轴、导线、电缆等。

(2)无源接口。只用无源要素进行变换、调整的接口，称为无源接口。例如，齿轮减速器、进给丝杠、变压器、可变电阻器及透镜等。

(3)有源接口。含有有源要素、主动进行匹配的接口，称为有源接口。例如，电磁离合器、放大器、光电耦合器、D/A 转换器、A/D 转换器及力矩变换器等。

(4)智能接口。含有微处理器，可进行程序编制或可适应性地改变接口条件的接口，称为智能接口。例如，自动变速装置，通用输入/输出 LSI(8255 等通用 I/OLSl)、GP-IB 总线、STD 总线等。

目前，大部分硬件接口和软件接口都已标准化或正在逐步标准化。硬件设计时可以根据需要选择适当的接口，再配合接口编写相应的程序。

5. 微控制器设计

单片机应用系统亦称微控制器或嵌入式微处理器。微控制器设计包括硬件设计和软件设计，其一般设计步骤如下。

(1)制订控制系统总体方案。控制总体方案应包括选择控制方式、传感器、执行机构和计算机系统等，最后画出整个系统方案图。

(2)选择单片机及其扩展芯片。选择单片机及其扩展芯片应遵循如下原则：单片机及其扩展芯片应是主流产品，市场有售，另外尽量选择那些自己比较熟悉的芯片，可以缩短设计开发周期，同时应兼顾性价比。程序存储器和数据存储器应适当留有余量。

(3)硬件系统设计。画出单片计算机应用系统逻辑电路原理图，目前有多种电子电路 CAD 软件可供选用，画好后可通过打印机或绘图机输出。

(4)绘制印刷线路图。可由 Protel 200 等在电路原理图的基础上自动形成连接数据文件，然后布置封装器件，按照连接数据文件自动布线。自动布线一般可完成 60%～90%的工作，其余不能自动布线的部分，可通过键盘或鼠标来完成。印刷线路板的设计直接影响系统的抗干扰能力，一般需要一定的实践经验。

(5) 制作印刷线路板(PCB)。印刷线路板一般由专门厂家来制作。

(6) 焊接芯片插座及其他电子元器件，并组装成单片机应用系统。

(7) 微控制器软件设计。单片机控制系统软件一般可分为系统软件和应用软件两大类。系统软件不是必需的，根据系统复杂程度，可以没有系统软件。但应用软件则是必需的，要由设计人员自己编写。近年来随着单片机应用技术的发展，应用软件也开始模块化和商品化。

(8) 微控制器硬件调试。微控制器样机制作完成后，即可进入硬件调试阶段。调试工作的主要任务是排除样机故障，其中包括设计错误和工艺性故障。

(9) 软件调试。将样机与开发系统联机调试，借助开发机进行单步、断点和连续运行，逐步找出软件错误，同时也可发现在硬件调试时未能发现的故障，或软件与硬件不相匹配的地方，反复修改和调试。

(10) 现场调试。软件经调试无故障后，可移至现场做进一步调试，经现场调试无故障后，即可将应用软件固化，然后脱机运行，做长时间运行考察，考察其运行的可靠性。

2.5　定型设计阶段

对调试成功的产品，通常需要在产品投产之前进行产品设计定型程序(技术鉴定)。整理出设计图纸、软件清单、零部件清单、元器件清单及调试记录等；编写设计说明书，为自动化装备与生产线投产时的工艺设计、材料采购和销售提供详细的技术档案资料。新产品设计定型的目的如下。

(1) 确定新产品的性能是否达到全面设计任务书规定的技术要求。

(2) 确定新产品的性能是否达到全面设计任务书规定的经济技术指标。

(3) 确定新产品的设计文件是否完整、正确，是否能保证生产和使用要求。

新产品的设计定型工作是新产品研发的最后一道程序，是对新产品设计工作的全面检测和确认，目的是为新产品全面投入生产奠定好基础。

新产品的设计定型工作以新产品技术鉴定会的形式结束。如新产品技术鉴定会圆满通过，则表示新产品研发阶段结束，可以投入批量生产。

新产品的设计定型评审会以下列方式进行。

(1) 组织。由学会或行业协会组织相关专家组成鉴定委员会。

(2) 参加人员。参加新产品研发的技术、生产、实验、销售人员和公司领导。

(3) 会议程序。课题组介绍新产品研发经过、主要性能指标、实验数据、技术主要创新点、关键技术解决过程，以及自我的评价。

(4) 参观现场，观看实验。

(5) 审阅评审资料。主要包括新产品研制报告、实验报告和设计文件(全套)。

(6) 专家质询。专家对研发的新产品相关问题进行提问，课题组回答专家提出的问题。

(7) 鉴定结论。经过专家讨论，对鉴定的技术或产品水平形成鉴定意见。

第 3 章　常用自动化传动机构与选型设计

本章重点：本章主要介绍自动化装备与生产线设计过程中常用到的同步带、滚珠丝杠螺母、直线导轨、直线轴承、皮带输送、减速器和电磁离合器等自动化传动机构与选型设计。

3.1　同步带传动与选型设计

在自动化装备与生产线系统中除了使用皮带传动、链轮链条、尼龙绳等挠性传动部件外，还大量使用同步齿形带，本节主要介绍同步带传动与选型设计。

3.1.1　同步带传动

1. 同步带传动的特点

同步带传动是综合了普通带传动和链轮、链条传动优点的一种新型传动机构。它在带的工作面及带轮外周上均制有啮合齿，通过带齿与轮齿作啮合传动。与一般带传动相比，同步带传动具有如下特点。

(1) 传动比准确，传动效率高。

(2) 工作平稳，能吸收振动。

(3) 不需要润滑、耐油水、耐高温、耐腐蚀，维护保养方便。

(4) 中心距要求严格，安装精度要求高。

(5) 制造工艺复杂，成本相对较高。

2. 同步带的分类及应用

同步带的分类及应用见表 3-1。

表 3-1　同步带的分类及应用

<table>
<tr><th>分类方法</th><th colspan="2">种类</th><th>应用</th><th>标准</th></tr>
<tr><td rowspan="7">按用途分</td><td colspan="2">一般工业用同步带
(梯形齿同步带)</td><td>主要用于中、小功率的同步带传动，如各种仪器、轻工机械中传动等</td><td>ISO 标准、各国国家标准</td></tr>
<tr><td colspan="2">大转矩同步带
(圆弧齿同步带)</td><td>主要用于重型机械的传动中，如运输机械(飞机、汽车)，石油机械和机床、发电机等</td><td>尚无 ISO 标准，仅限于各国国家标准，和各国家企业标准</td></tr>
<tr><td colspan="2">特种规格的同步带</td><td>根据某种机械特殊需要，设计的特殊规格同步带传动。如工业缝纫机用、汽车发动机用同步带传动等</td><td>汽车同步带有 ISO 标准和各国标准。日本有缝纫机同步带标准</td></tr>
<tr><td rowspan="4">特殊用途的同步带</td><td>耐油性同步带</td><td>用于经常黏油或浸在油中传动的同步带</td><td rowspan="4">尚无标准</td></tr>
<tr><td>耐热性同步带</td><td>用于环境温度在 90～120℃的高温下使用</td></tr>
<tr><td>高电阻同步带</td><td>用于要求胶带电阻大于 6 MΩ 以上</td></tr>
<tr><td>低噪声同步带</td><td>用于大功率、高速但要求低噪声的地方</td></tr>
</table>

续表

分类方法	种类	应用	标准
按规格制式分	模数制：同步带主要参数是模数 m，根据模数确定同步带型号及结构参数	20 世纪 60 年代用于日、意、苏联等，后逐渐被节距制取代，目前仅俄罗斯及东欧各国使用	各国国家标准
	节距制：同步带主要参数是带齿节距 P_b，按节距大小，相应带、轮有不同尺寸	世界各国广泛采用的一种规格制度	ISO 标准、各国国家标准

3.1.2　同步带的选型设计

1. 结构、材料

同步齿形带一般由带背、承载绳、带齿组成。在以氯丁橡胶为基体的同步带上，其齿面还覆盖了一层尼龙包布，梯形齿同步带结构如图 3-1 所示。同步带分为开环结构和闭环结构两种形式，分别如图 3-2、图 3-3 所示。

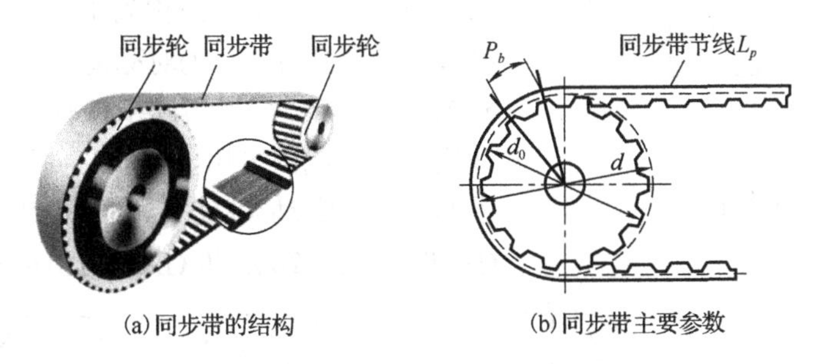

(a) 同步带的结构　　(b) 同步带主要参数

图 3-1　同步带结构和主要参数

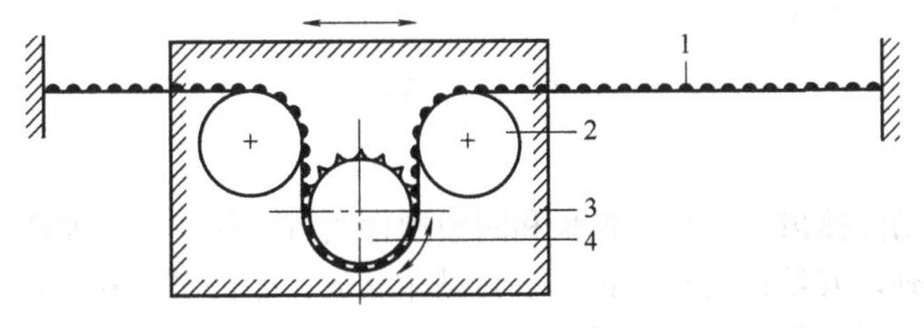

1.同步带；2.换向轮；3.移动工作台；4.同步轮

图 3-2　同步带开环结构

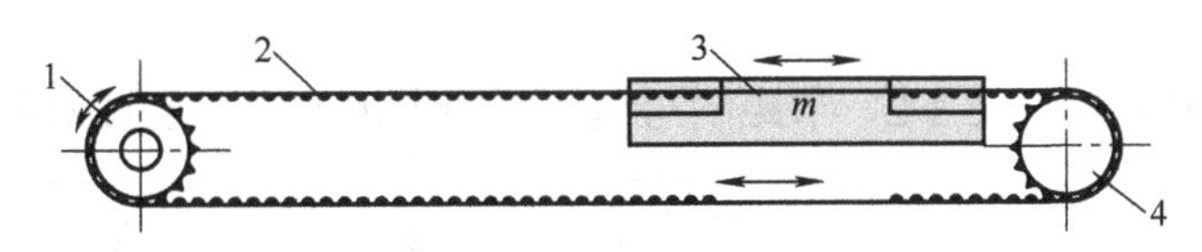

1.主动轮；2.同步带；3.移动工作台；4.从动轮

图 3-3　同步带闭环结构

同步带带齿是直接与钢制带轮啮合并传递扭矩的。因此它不仅要求有高的抗剪强度和耐磨性，还要求有高的耐油性和耐热性。用于连接、包覆承载绳的带背，在运转过程中要承受弯曲应力。因此要求带背有良好的韧性和耐弯曲疲劳的能力，以及与承载绳有良好的黏结性能。带背和带齿一般采用相同材料制成，常用的有聚氨酯橡胶和氯丁橡胶等几种材料。

包布层仅用于以氯丁橡胶为基体的同步带，它可以增加带齿的耐磨性，提高带的抗拉强度，一般用尼龙或绵纶织成。

2. 主要参数和规格

同步带主要参数是节距与节线，如图 3-1(b)所示。在规定张紧力下，相邻两齿中心线的直线距离称为节距，以 P_b 表示，它是同步带传动最基本的参数。当同步带垂直其底边弯曲时，在带中保持原长度不变的周线称为节线，节线长以 L_P 表示，同步轮节圆直径以 d 表示，同步轮实际外径以 d_0 表示。此外，目前同步带齿形有梯形齿和弧齿两类，其中弧齿又有三种系列，即圆弧齿、平顶圆弧齿和凹顶抛物线齿等。

1)梯形齿同步带

最初的同步带是以梯形齿出现的，但梯形齿有不合理的应力分布及跳齿现象。梯形齿同步带分单面有齿和双面有齿两种，简称为单面带和双面带。双面带又按齿的排列方式分为对称齿型和交错齿型，如图 3-4 和图 3-5 所示。梯形齿同步带有两种尺寸制：节距制和模数制。我国采用节距制，并根据 ISO 5296 制定了同步带传动相应标准 GB/T 11361—2018 和 GB/T 11362—2008 和 GB/T 11616—2013。

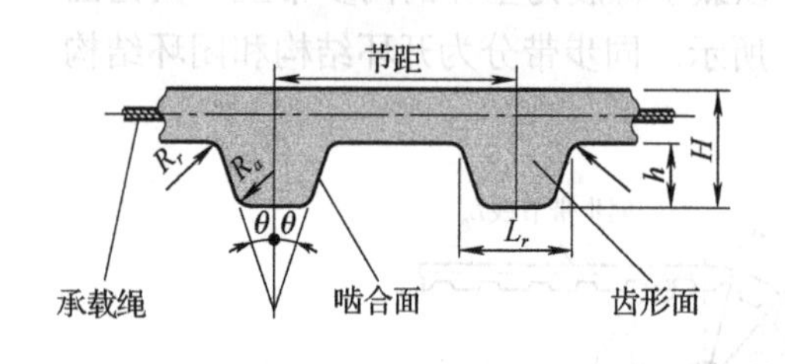

图 3-4 梯形齿

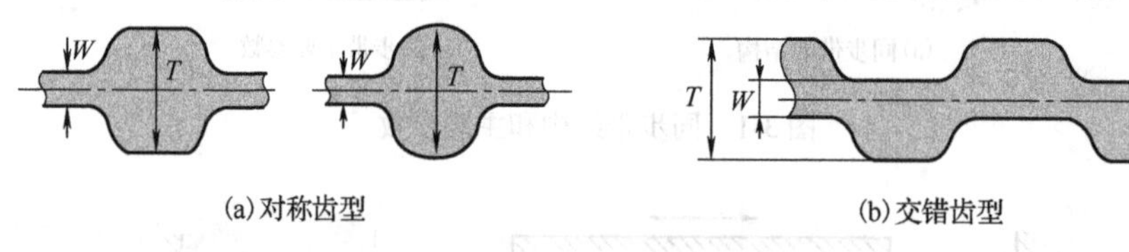

(a)对称齿型 (b)交错齿型

图 3-5 双面齿

2)弧齿同步带

弧齿同步带包括圆弧齿、平顶圆弧齿和凹顶抛物线齿三种齿形，如图 3-6～图 3-8 所示。除了齿形为曲线形外，其结构与梯形齿同步带基本相同，带的节距相当，其齿高、齿根厚和齿根圆角半径等均比梯形齿大。带齿受载后，应力分布状态较好，平缓了齿根的应力集中，提高了齿的承载能力。故弧齿同步带比梯形齿同步带传递功率大，且能防止啮合过程中齿的干涉。同步带齿形发展到圆弧齿及抛物线齿，其应力分布更加合理，跳齿现象得到改善，传动效率和精度得到很大的提升。

同步齿形带主要参数见表 3-2，节距制与模数制同步齿形带主要技术参数见表 3-3。

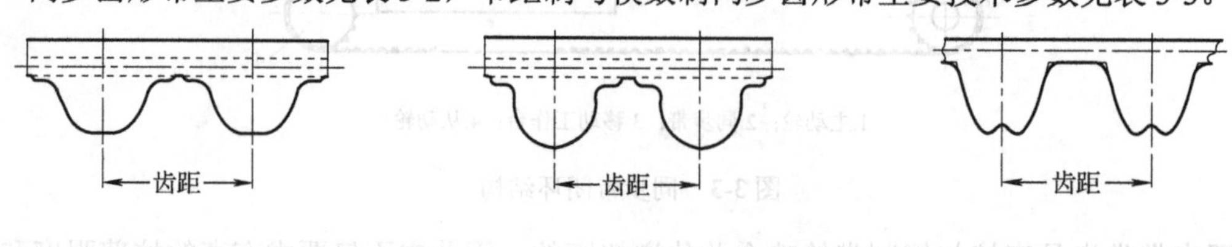

图 3-6 圆弧齿 图 3-7 平顶圆弧齿 图 3-8 凹顶抛物线齿

表 3-2 同步齿形带主要参数

齿形	齿距制式	型号	节距	基准带宽所传递功率范围/kW	基准带宽/mm	说明
梯形	节距制	MXL	2.032	0.0009～0.15	6.4	GB/T 11616—2013 GB/T 11362—2008
		XXL	3.175	0.002～0.25	6.4	
		XL	5.080	0.004～0.573	9.5	
		L	9.525	0.05～3.76	25.4	
		H	12.700	0.6～55	76.2	
		XH	22.225	3～81	101.6	
		XXH	31.750	7～125	127	
	模数制	m1	3.142	0.1～2		考虑大量引进设备配套设计需要
		m1.5	4.712	0.1～2		
		m2	6.283	0.1～4		
		m2.5	7.854	0.1～9		
		m3	9.425	0.1～9		
		m4	12.566	0.15～25		
		m5	15.708	0.3～40		
		m7	21.991	0.3～60		
		m10	31.416	1.5～80		
	特殊节距制	T2.5	2.5	0.002～0.062	10	
		T5	5	0.001～0.6		
		T10	10	0.007～1		
		T20	20	0.036～1.9		
圆弧形		3M	3	0.001～0.9	6	JB/T 7512.1—2014 JB/T 7512.3—2014
		5M	5	0.004～2.6	9	
		8M	8	0.02～13.8	20	
		14M	14	0.16～42	40	
		20M	20	2～267	115	

表 3-3 节距制与模数制同步齿形带主要技术参数

型号		节距 P_b/mm	齿形角 2β/(°)	齿根厚 s/mm	齿高 h_t/mm	齿根圆角半径 r_a/mm	齿顶圆角半径 r_r/mm	带高 h_s/mm	带宽 b_s/mm			
节距制	MXL	2.032	40	1.14	0.5	0.13		1.14	公称尺寸	3.0	3.8	6.4
									代码	0.12	0.19	0.25
	XXL	3.175	50	1.73	0.76	0.2	0.3	1.52	公称尺寸	3.0	3.8	6.4
									代码	3.0	3.8	6.4
	XL	5.080		2.57	1.27	0.38		2.3	公称尺寸	6.4	7.9	9.5
									代码	0.25	0.31	0.37

续表

型号		节距 P_b/mm	齿形角 2β/(°)	齿根厚 s/mm	齿高 h_t/mm	齿根圆角半径 r_a/mm	齿顶圆角半径 r_r/mm	带高 h_s/mm	带宽 b_s/mm			
节距制	L	9.525	40	4.65	1.91	0.51		3.60	公称尺寸	12.7	19.1	25.4
									代码	0.50	0.75	100
	H	12.700		6.12	2.29	1.02		3.30	公称尺寸	9.1 5.4	38.1 150	76.2
									代码	0.75 100	50.8 200	300
	XH	22.225		12.57	6.35	1.57	1.19	11.20	公称尺寸	50.8	76.2	101.6
									代码	200	300	400
	XXH	31.750		19.05	9.63	2.29	1.52	15.7	公称尺寸	50.8 76.2 101.6 127		
									代码	200 300 400 500		
模数制	m1	3.142	40	1.44	0.6	0.10	1.2	1	0.25	4.8,10		
	m1.5	4.172		2.16	0.9	0.15	1.65	1.5	0.375	8,10,12,16,20		
	m2	6.283		2.57	1.2	0.20	2.2	2	0.500	10,12,16,20,25,30		
	m2.5	7.854		3.59	1.5	0.25	2.75	2.5	0.625	10,12,16,20,25,30,40		
	m3	9.425		4.31	1.8	0.30	3.3	3	0.750	12,16,20,25,30,40,50		
	m4	12.566		5.75	2.4	0.40	3.4	4	1.000	16,20,25,30,40,50,60		
	m5	15.708		7.18	3.0	0.50	5.5	5	1.250	20,25,30,40,50,60,80		
	m7	21.991		10.05	3.2	0.70	7.7	7	1.750	25,30,40,50,60,80,100,40,		
	m10	31.416		13.37	6.0	1.00	11.0	10	2.500	50,60,8,100,120		

3. 同步齿形带传动设计计算

计算时，已知条件：传递功率 P，转速 n_1、n_2，传动布置的空间和工作条件。

计算的目的：确定齿形带的模数 m，宽度 b，齿数 Z，初定的节线长度 L_{0P}，带轮的齿数 Z_1、Z_2，节圆直径 D_1、D_2，实际中心距 a。同步齿形带传动计算方法与步骤见表 3-4。

表 3-4 同步齿形带传动计算方法与步骤

计算项目	单位	公式及数据	说明
设计功率 P_d	kW	$P_d = K_A P$	K_A 为工况系数；P 为传动功率，kW
节距 P_b 和模数 m		根据 P_d 和 n_1 及节距制、特殊节距制、模数制、圆弧齿分别选取	n_1 为小带轮转速，r/min。 为使传动平稳，应提高带的柔性，增加啮合齿数，节距应尽可能选取较小值；对模数制的也尽可能选取较小值，特别是在高速时
小带轮齿数 Z_1		$Z_1 \geqslant Z_{\min}$（$Z_{\min}$ 查相关手册）	带速 v 和安装尺寸允许时，Z_1 尽可能选用较大值
小带轮节圆直径 D_1	mm	节距制、特殊节距制及圆弧齿： $D_1 = \dfrac{P_b Z_1}{\pi}$；模数制 $D_1 = mZ_1$	节距制、圆弧齿查相关手册

续表

<table>
<tr><th>计算项目</th><th>单位</th><th>公式及数据</th><th>说明</th></tr>
<tr><td>带速 v</td><td>m/s</td><td>$v=\frac{\pi D_1 n_1}{60\times 1000}\leqslant v_{max}$</td><td><table><tr><td>型号</td><td>MXL，XXL，
XL，T2.5，T5
3M，5M</td><td>H
T10
8M,14M</td><td>XH,XXH
T20
20M</td></tr><tr><td>模数</td><td>1，1,5，2,2.5</td><td>3,4,5</td><td>7,10</td></tr><tr><td>v_{max}</td><td>40～50</td><td>35～40</td><td>25～35</td></tr></table>若 v 过大，则应减少 Z_1 或选用较小的 P_b</td></tr>
<tr><td>传动比 i</td><td></td><td>$i=\frac{n_1}{n_2}\leqslant 10$</td><td>$n_2$ 为大带轮转速，r / min</td></tr>
<tr><td>大带轮齿数 Z_2</td><td></td><td>$Z_2=iZ_1$</td><td></td></tr>
<tr><td>大带轮节圆直径 D_2</td><td>mm</td><td>节距制、特殊节距制及圆弧齿：
$D_2=\frac{P_b}{\pi}Z_1=iD_1$
模数制：$D_2=mZ_2$</td><td></td></tr>
<tr><td>初定中心距 a_0</td><td>mm</td><td>$0.7\left(D_1+D_2\right)<\alpha_0<2(D_1+D_2)$</td><td>可根据结构要求定</td></tr>
<tr><td>初定带的节线长度 L_a</td><td>mm</td><td>$L_a=2a_0+\frac{\pi}{2}(D_2+D_1)+\frac{(D_2-D_1)^2}{4a_0}$</td><td></td></tr>
<tr><td>实际中心距 a</td><td>mm</td><td>中心距可调整：$a=a_0+\frac{L_P-L_{0P}}{2}$
中心距不可调整：$a=\frac{D_2-D_1}{2\cos\frac{\alpha_1}{2}}$
$\mathrm{inv}\frac{\alpha_1}{2}=\frac{L_P-\pi D_2}{D_2-D_1}=\tan\frac{\alpha_1}{2}$</td><td>最好采用中心距可调的结构，其调整范围可查相关手册：对于中心距不可调的结构，其中心距极限偏差可查相关手册。
α_1 为小带轮包角：
$\mathrm{inv}\frac{\alpha_1}{2}$ 为角 $\frac{\alpha_1}{2}$ 的渐开线函数，根据算出的 $\mathrm{inv}\frac{\alpha_1}{2}$ 值，由相关手册可查得 $\frac{\alpha_1}{2}$，即可得精确的 a 值</td></tr>
<tr><td>小带轮啮合齿数 Z_m</td><td></td><td>节距制、特殊节距制及圆弧齿
$Z_m=\mathrm{ent}\left[\frac{Z_1}{2}-\frac{P_bZ_1}{2\pi^2\alpha}(Z_2-Z_1)\right]$
模数制，上式中 P_b 用 m 代替</td><td>一般 $Z_m\geqslant Z_{m\min}=6$；
对 MXL、XXL 和 XL 型 m=1 或 1.5；
对于 T2.5、T5 和圆弧齿 3M、5M，必要时 $Z_{m\min}=4$</td></tr>
<tr><td>基准额定功率 P_0
（模数制无此项计算）</td><td>kW</td><td>节距制：$P_0=\frac{\left(T_a-mv^2\right)v}{1000}$
或根据带型号、n_1 和 Z_1，由相关表格选取</td><td>T_a 为带宽为 b_{s0} 的许用工作拉力，N；
m 为带宽为 b 的单位长度的质量，kg/m</td></tr>
<tr><td>带宽 b_s</td><td>mm</td><td>节距制：
$b_s\geqslant b_{s0}\sqrt[1.14]{\frac{P_s}{K_sP_0}}\ F_e m_b v^2$</td><td>$b_{s0}$ 为选定型号的基准宽度，mm；
节距制范围为 6.4（XL）～127（XXH）；
K_Z 为小带轮啮合齿数系数，对应有<table><tr><td>Z_m</td><td>≥6</td><td>5</td><td>4</td><td>3</td><td>2</td></tr><tr><td>K_Z</td><td>1.00</td><td>0.80</td><td>0.60</td><td>0.40</td><td>0.20</td></tr></table>m_b 为带的单位宽度、单位长度的质量，kg/mm·m；
F_e 为单位带宽的离心拉力，N/mm</td></tr>
<tr><td>剪切应力验算
（模数制计算用）</td><td>MPa</td><td>$\tau=\frac{P_d\times 10^3}{1.44mb_sZ_mv}\leqslant\tau_P$</td><td>$\tau_P$ 为许用剪切应力，N/mm</td></tr>
</table>

续表

计算项目	单位	公式及数据	说明
压强验算 P（模数制计算用）	MPa	$P=\frac{P_d\times10^3}{0.6mb_sZ_mv}\leqslant P_P$	P_P 为许用压强，N/mm
作用在轴上的力 F_r	N	节距制、模数制：$F_r=\frac{P_d\times10^3}{v}$	

3.2　滚珠丝杠螺母传动与选型设计

滚珠丝杠螺母传动又称为滚珠丝杠副传动，其螺杆与旋合螺母的螺纹滚道间置有适量滚动体，使螺纹间形成滚动摩擦。在转动螺旋的螺母上有滚动体返回通道，与螺纹滚道形成闭合回路，当螺杆(或螺母)转动时，使滚动体在螺纹滚道内循环，如图 3-9 所示。由于螺杆和螺母之间为滚动摩擦，从而提高了螺旋副的效率和传动精度。

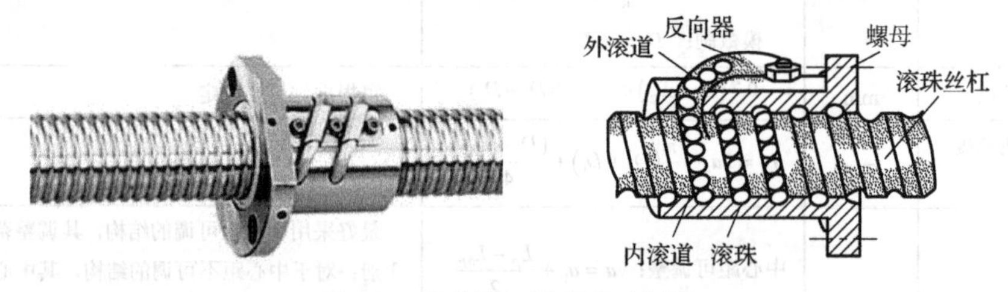

图 3-9　滚珠丝杠螺母传动结构

1. 滚珠丝杠副结构类型及选择

滚珠丝杠副中滚珠的循环方式有内循环和外循环两种。

内循环方式的滚珠在循环过程中始终与丝杆表面保持接触。如图 3-10 所示，在螺母 2 侧面孔内装有接通相邻滚道的反向器 4，利用反向器引导滚珠 3 越过丝杠 1 的螺纹顶部进入相邻滚道，形成循环回路。在同一螺母上装有 2～4 个滚珠用反向器，并沿螺母圆周均匀分布。

内循环方式的优点是滚珠循环的回路短、流畅性好、效率高、螺母的径向尺寸也较小。其不足之处是反向器加工困难，装配调整也不方便。

浮动式反向器的内循环滚珠丝杠副如图 3-11 所示。其结构特点是反向器 1 上的安装孔有 0.01～0.015mm 的配合间隙，反向器弧面上加工有圆弧槽，槽内安装拱形片弹簧 4，外有弹簧套 2，借助拱形片弹簧的弹力，始终给反向器一个径向推力，使位于回珠圆弧槽内的滚珠与丝杠 3 表面保持一定的压力，从而使槽内滚珠代替了定位键而对反向器起自定位作用。

滚珠丝杠副外循环方式中的滚珠在循环反向时，离开丝杠螺纹滚道，在螺母体内或体外做循环运动。从结构上看，外循环有螺旋槽式、插管式和端盖式三种形式，如图 3-12～图 3-14 所示。

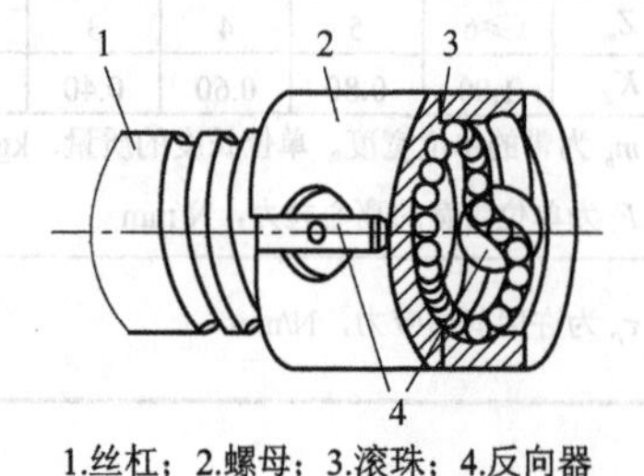

1.丝杠；2.螺母；3.滚珠；4.反向器

图 3-10　滚珠丝杠内循环结构

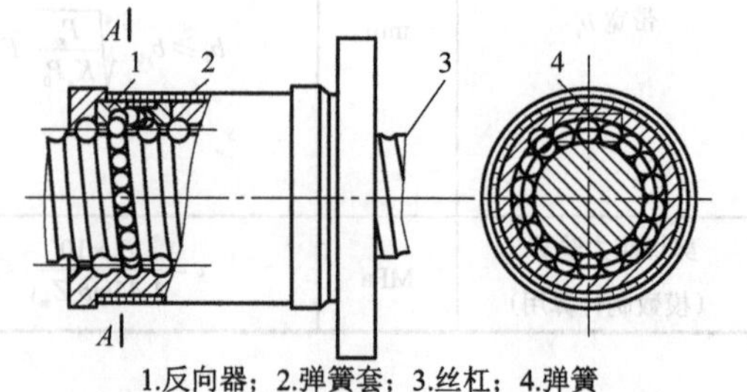

1.反向器；2.弹簧套；3.丝杠；4.弹簧

图 3-11　滚珠丝杠浮动式反向器内循环结构

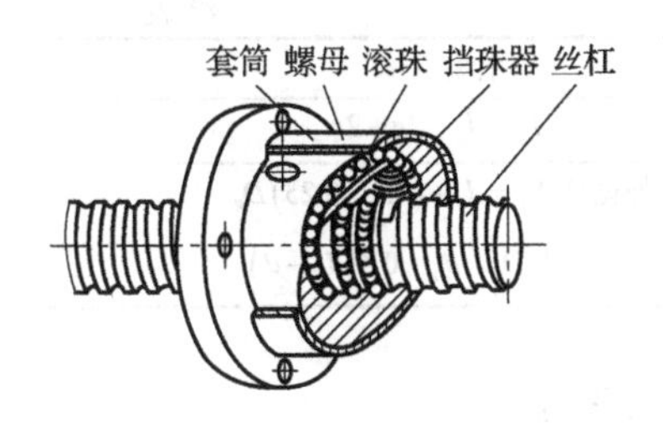

图 3-12　螺旋槽式外循环结构

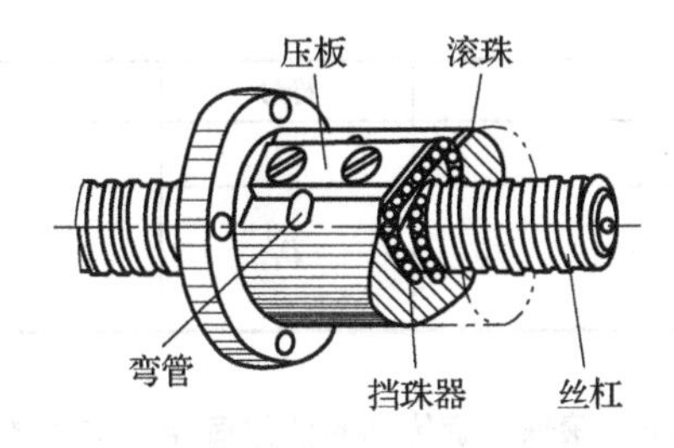

图 3-13　插管式外循环结构

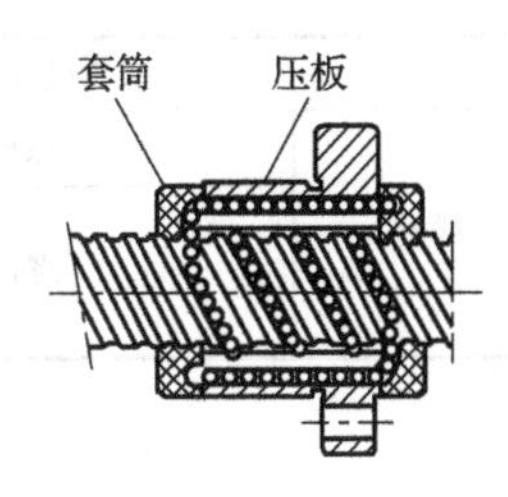

图 3-14　端盖式外循环结构

2. 滚珠丝杠副的设计计算

滚珠丝杠副主要尺寸及计算分别如图 3-15 和表 3-5、表 3-6 所示。

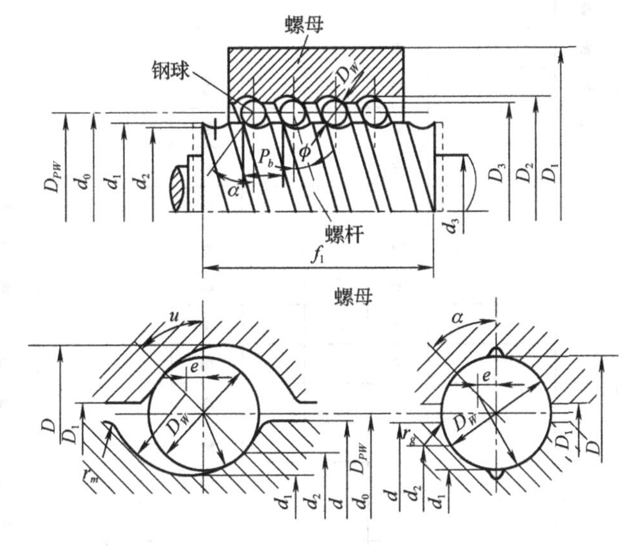

图 3-15　滚珠丝杠副主要尺寸

表 3-5　滚珠丝杠副主要尺寸的计算

主要尺寸		符号	计算公式
螺纹滚道	公称直径、节圆直径	d_0、D_{PW}	一般 $d_0 = D_{PW}$，标准系列见表 3-6
	导程	P_b	标准系列见表 3-6
	接触角	α	$\alpha = 45°$
	钢球直径	D_W	$D_W = 0.6P_b$
	螺杆、螺母滚道半径	r_g、r_m	$r_g(r_m) = (0.51 \sim 0.56)D_W$
	偏心距	e	$e = [r - (D_W/2)]\sin\alpha$
	螺纹导程角	φ	$\varphi = \arctan\dfrac{P_b}{\pi d_0} = \arctan\dfrac{P_b}{\pi D_{PW}}$
螺杆直径	螺杆大径	d	$d = d_0 - (0.2 \sim 0.25)D_W$
	螺杆小径	d_1	$d_1 = d_0 + 2e - 2r$
	螺杆接触点直径	d_2	$d_2 = d_0 - D_W\cos\alpha$
	螺杆牙顶圆角半径（内循环用）	r	$r = (0.1 \sim 0.15)D_W$
	轴直径	d_3	由结构和强度确定

续表

主要尺寸		符号	计算公式
螺母	螺母螺纹大径	D	$D=d_0-2e+2r$
	螺母螺纹小径	D_1	外循环 $D_1=d_0+(0.2\sim0.25)D_W$ 内循环 $D_1=d_0+0.5(d_0-d)$

表 3-6　滚珠螺旋传动的公称直径 d_0 和基本导程 p_h

公称直径 d_0	基本导程 p_h														
	1	2	2.5	3	4	5	6	8	10	12	16	20	25	32	40
6			●												
8			●												
10			●			●									
12			●			●			●						
16			●			●			●						
20					○	●			●			●			
25						●			●			●			
32					○	●			●			●			
40						●	○		●			●			●
50						●	○	○	●	○		●			●
63						●		○	●	○		●			●
80									●			●			●
100									●			●			●
125									●			●			●
180												●			●
200												●			●

注：应优先采用有●的组合；优先组合不够用时，推荐选用有○的组合；只有优先组合和推荐组合都不够用时，才选用框内的普通组合。

1)推力与扭矩的计算

如图 3-16 所示，当施加推力(螺母上)或扭矩(丝杠上)时，滚珠丝杠匀速运动下所需的扭矩或推力可用以下公式进行计算。

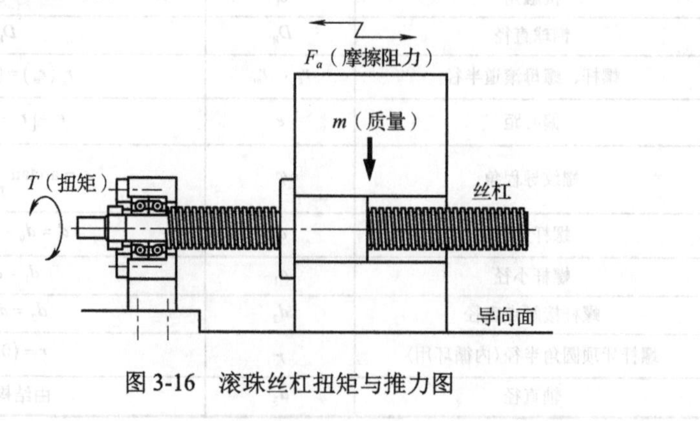

图 3-16　滚珠丝杠扭矩与推力图

为获得所需的推力，则驱动扭矩为

$$T = \frac{F_a \cdot p_h}{2\pi \cdot \eta} \tag{3-1}$$

式中，T 为驱动扭矩(N·mm)； p_h 为滚珠丝杠的导程(mm)； F_a 为导向面上的摩擦阻力(N)，即推力，按 $F_a = \mu \times mg$ 计算，其中 μ 为导向面上的摩擦因数，g 为重力加速度(9.8m/s^2)，m 为工件的质量(kg)。

施加扭矩时，产生的推力为

$$F_a = \frac{2\pi \cdot \eta_1 \cdot T}{p_h} \tag{3-2}$$

2)滚珠丝杠的寿命计算

当滚珠丝杠副承受轴向载荷时，滚珠与滚道型面间便产生接触应力。对滚道型面上某一点而言，其应力状态是交变压力。在这种交变接触应力的作用下，经过一定的应力循环次数后，就要使滚珠或滚道型面产生疲劳点蚀。在设计滚珠丝杠副时，必须保证在一定的轴向载荷作用下，回转 100 万转后，在其滚道上没有由于受滚珠的压力而导致的点蚀现象，此时所能承受的轴向载荷，称为这种滚珠丝杠副的最大动载荷 C_a。

在设计高速度下长时间工作的滚珠丝杠副时，因疲劳点蚀是其破坏形式，故应按疲劳寿命选用，先从工作载荷 F 推算出最大动载荷 C_a，由滚珠丝杠副动力学与设计基础知识得

$$L = \left(\frac{C_a}{F}\right)^3 \tag{3-3}$$

$$C_a = \sqrt[3]{L} \cdot F \tag{3-4}$$

式中，C_a 为最大动载荷(N)； F 为工作载荷(N)； L 为寿命(以 100 万转为 1 个单位，如 1.5 即为 150 万转)。

使用寿命 L 按下式计算为

$$L = \frac{60 \times \pi \times T}{10^6} \tag{3-5}$$

式中，n 为滚珠丝杠副的转速(r/min)； T 为使用寿命(h)。

各类机器滚珠丝杠副的使用寿命可参考表 3-7。

表 3-7 各类机器滚珠丝杠副的使用寿命

机器类别	使用寿命 T/h	机器类别	使用寿命 T/h
通用机械	5000～10000	仪器装置	15000
普通机床	10000	航空机械	10000
自动控制机械	15000		

如果工作载荷 F 和转速 n 有变化，则需要算出平均载荷 F_m 和平均转速 n_m 为

$$F_m = \frac{F_1^3 n_1 t_1 + F_2^3 n_2 t_2 + \cdots}{n_1 t_1 + n_2 t_2 + \cdots} \tag{3-6}$$

$$n_m = \frac{n_1 t_1 + n_2 t_2 + \cdots}{t_1 + t_2 + \cdots} \tag{3-7}$$

式中，F_1、F_2为工作载荷(N)；n_1、n_2为转速(r/min)；t_1、t_2为时间(h)。

如果工作载荷在F_{min}和F_{max}之间单调连续或周期单调连续变化，其平均载荷F_m可按下面的近似公式计算为

$$F_m = \frac{2F_{max} + F_{min}}{3} \tag{3-8}$$

式中，F_{max}为最大工作载荷(N)；F_{min}为最小工作载荷(N)。

如果考虑滚珠丝杠副在运转过程中有冲击振动和考虑滚珠丝杠的硬度对其寿命的影响，则最大动载荷C_a的计算公式可修正为

$$C_a = \sqrt[3]{L} f_W f_H F \tag{3-9}$$

式中，f_W为运转系数，查表3-8。f_H为硬度系数，查表3-9。

表 3-8　运转系数

运转状态	运转系数 f_W
无冲击的圆滑运转	1.0～1.2
一般运转	1.2～1.5
有冲击的运转	1.5～2.5

表 3-9　硬度系数

硬度 HRC	60	57.5	55	52.5	50	47.5	45	42.5	40	30	25
硬度 f_H	1.0	1.1	1.2	1.4	2.0	2.5	3.3	4.5	5.0	10	15

3. 滚珠丝杠副常用材料

滚珠丝杠副常用的材料及其特性与应用场合见表3-10。

表 3-10　滚珠丝杠副常用的材料及其特性与应用场合

材料	主要特性	应用场合
GCr15	耐磨性好、接触强度高；弹性极限高，淬透性好；淬火后组织均匀，硬度高	用于制造各类机床、通用机械、仪器仪表、点子设备等配套的滚珠丝杠副
GCr15SiMn	淬透性更好，同时具有GCr15的优良特性	尤其适用大型机械、重型机床、仪器仪表、电子设备等配套的滚珠丝杠副
9M2V	具有极高的回火稳定性，淬火后的硬度较高，耐磨性好，但是退火硬度仍较高，加工性能差	适用于长径比较大，精度保持性要求高，在常温下工作的精密滚珠丝杠副
CrWMn	淬透性好、耐磨性好，淬火变形小，但是淬火后直接冰冷处理时容易产生裂纹，磨削性能差	用于d为40～80mm、长度≤2mm的普通机械装置的滚珠丝杠副
3Cr13 4Cr13	淬透性好，硬度高，耐磨，耐腐蚀	用于有高强度和高硬度要求，在弱腐蚀场合下工作的滚珠丝杠副
38CrMoAlA	经氮化处理后，表面具有较高的硬度、耐磨性和抗疲劳强度，具有一定的抗腐蚀能力；当采用离子氮化工艺时，零件变形更小，耐磨性更高	用于制造高精度、耐磨性好、抗疲劳强度高、较大长径比的滚珠丝杠副

3.3　直线导轨传动与选型设计

3.3.1　直线导轨概述

直线导轨运动的作用是支撑和引导运动部件，按给定的方向做往复直线运动。依摩擦性质而定，直线运动导轨可以分为滑动摩擦导轨、滚动摩擦导轨、弹性摩擦导轨、流体摩擦导轨等种类。直线轴承在自动化机械上使用得比较多，如进口的机床、折弯机、激光焊接机等都使用直线导轨，当然直线轴承和直线轴是配套用的。直线导轨主要是用在精度要求比较高的机械结构上，直线导轨的移动元件和固定元件之间不用中间介质，而用滚动钢球。

目前常用的直线导轨多用直线滚动导轨，是由钢珠在滑块与导轨之间无限滚动循环，从而使负载平台沿着导轨轻易作高精度线性运动，并将摩擦系数降至平常传统滑动导引的 1/50，能轻易地达到很高的定位精度。

新的直线导轨系统使机床可获得快速进给速度，在主轴转速相同的情况下，快速进给是直线导轨的特点。直线导轨与平面导轨一样，有两个基本元件：一个作为导向的为固定元件，另一个是移动元件。由于直线导轨是标准部件，对机床制造厂来说，唯一要做的只是加工一个安装导轨的平面和校调导轨的平行度。当然，为了保证机床的精度，床身或立柱少量的刮研是必不可少的，在多数情况下，直线导轨安装是相对比较简单的。作为导向的导轨为淬硬钢，经精磨后置于安装平面上。与平面导轨比较，直线导轨横截面的几何形状比平面导轨复杂，复杂的原因是导轨上需要加工出沟槽，以利于滑动元件的移动，沟槽的形状和数量取决于机床要完成的功能。

机床的工作部件移动时，钢球就在支架沟槽中循环流动，把支架的磨损量分摊到各个钢球上，从而延长直线导轨的使用寿命。为了消除支架与导轨之间的间隙，预加负载能提高导轨系统的稳定性，预加负荷的获得是在导轨和支架之间安装超尺寸的钢球。钢球直径公差为±20μm，以 0.5μm 为增量，将钢球筛选分类，分别装到导轨上，预加负载的大小，取决于作用在钢球上的作用力。

导轨系统的设计，力求固定元件和移动元件之间有最大的接触面积，这不但能提高系统的承载能力，而且能承受间歇切削或重力切削产生的冲击力，把作用力扩散，扩大承受力的面积。为了实现这一点，导轨系统的沟槽形状多种多样，具有代表性的有两种，一种称为哥特式(尖拱式)，形状是半圆的延伸，接触点为顶点；另一种为圆弧形，同样能起相同的作用。无论哪一种结构形式，目的只有一个，力求更多的滚动钢球半径与导轨接触(固定元件)。决定系统性能特点的因素是：滚动元件如何与导轨接触，这是问题的关键。

直线导轨如图 3-17 所示，用于支撑和引导运动部件做直线往复运动，可在高负载的情况下实现高精度的直线运动，相对于后面介绍的直线轴承有更高的额定负载。其特点是工作时能无间隙轻快地运动，同时可以承担一定的力矩，适用于多种工作环境，能长期保持高精度，但是价格相对较高。图 3-18～图 3-23 为典型的应用案例，以及应用结构的不同搭配。

目前市场上日本 THK 的直线导轨作为业界顶级品牌之一，其特点是品质可靠，种类丰富。其他常用品牌有日本 MISUMI、IKO，中国台湾 HIWIN、PMI、ABBA 等。下面以 THK 及中国台湾 HWIN 为范本介绍直线导轨，以便设计时选用。

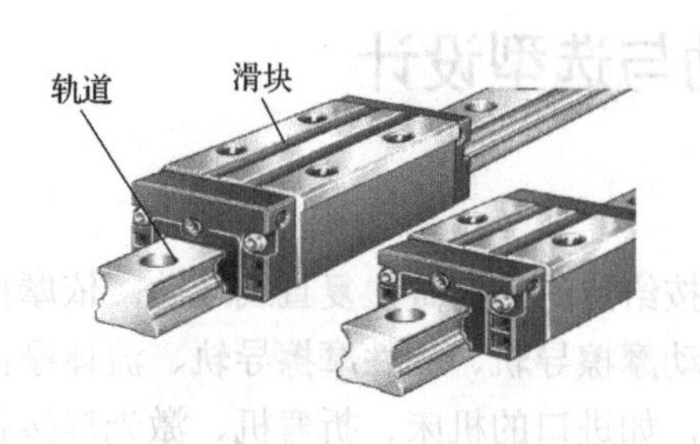

图 3-17　直线导轨

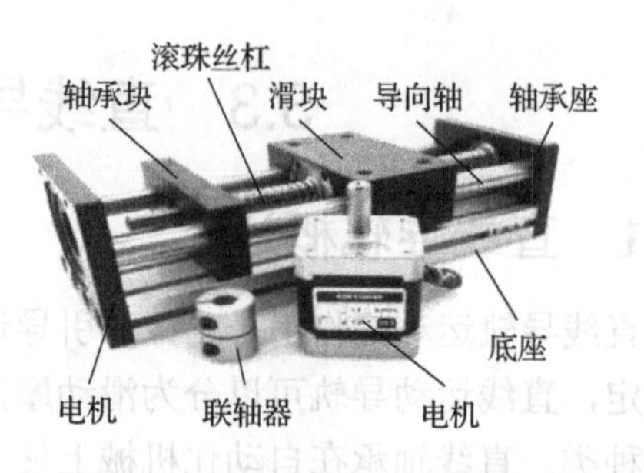

图 3-18　滚珠丝杠驱动直线导轨

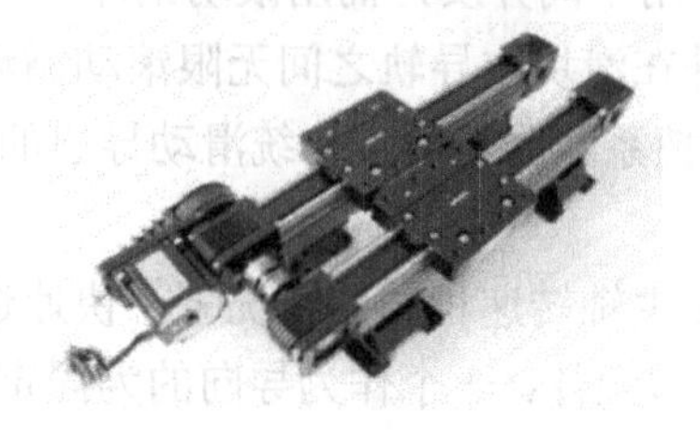

图 3-19　同步带驱动直线导轨

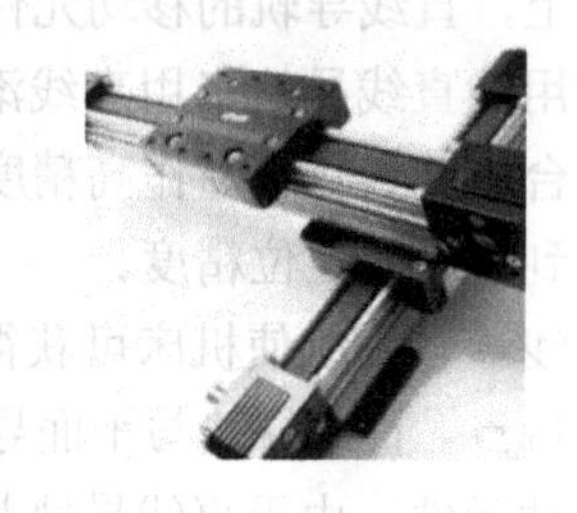

图 3-20　双层同步带驱动直线导轨

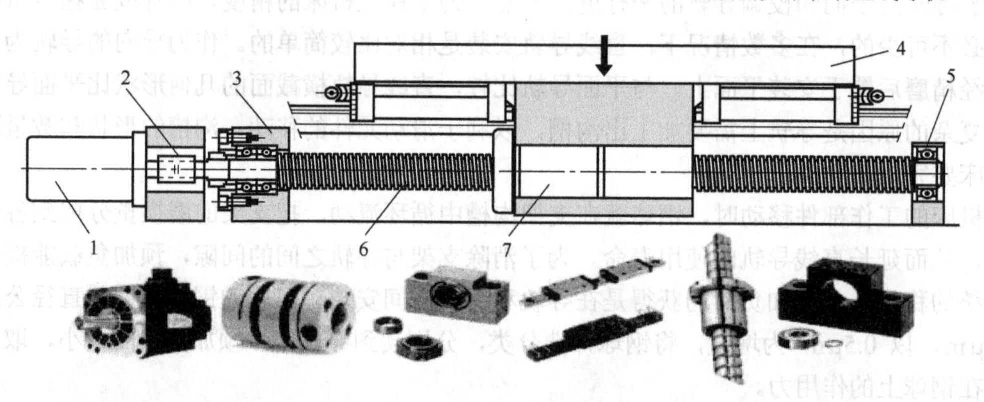

1.电机；2 联轴器；3.固定侧组件；4.工作台；5.支撑侧组件；6.滚珠丝杠；7.滚珠螺母

图 3-21　典型的单轴滑台（滚珠螺杆驱动型）结构及分解

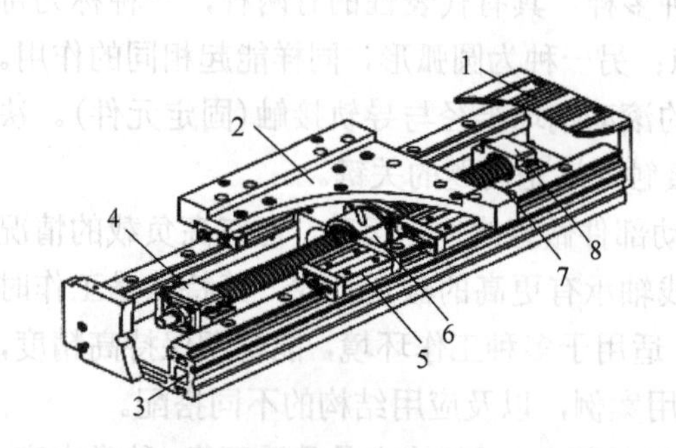

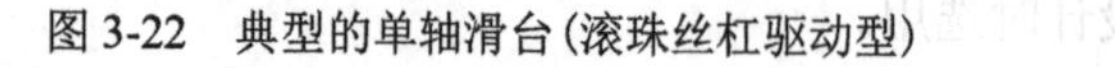
1.保护罩；2.工作台；3.固定件；4.安装基座；5.直线导轨；
6.滚珠丝杠螺母；7.滚珠丝杠；8.支撑件

图 3-22　典型的单轴滑台（滚珠丝杠驱动型）

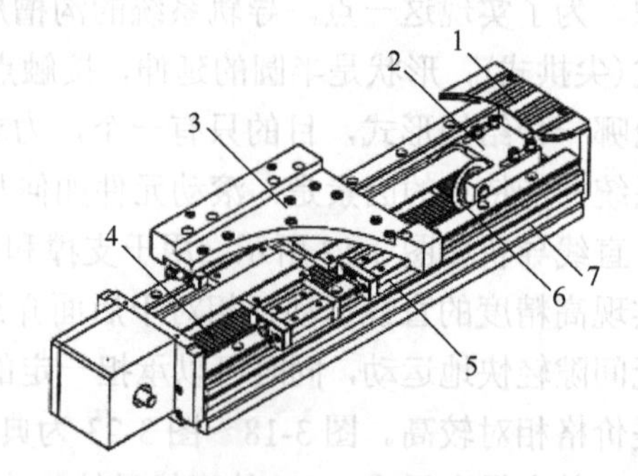

1.保护罩；2.胀紧装置；3.工作台；4.同步带；
5 直线导轨；6.同步轮；7.安装基座

图 3-23　典型的单轴滑台（同步驱动型）

3.3.2　直线导轨结构

1. 内部导向结构

根据滑块的内部滚动体结构，直线导轨主要分为钢球型(图 3-24、图 3-25)和滚柱型(图 3-26、图 3-27)两种。

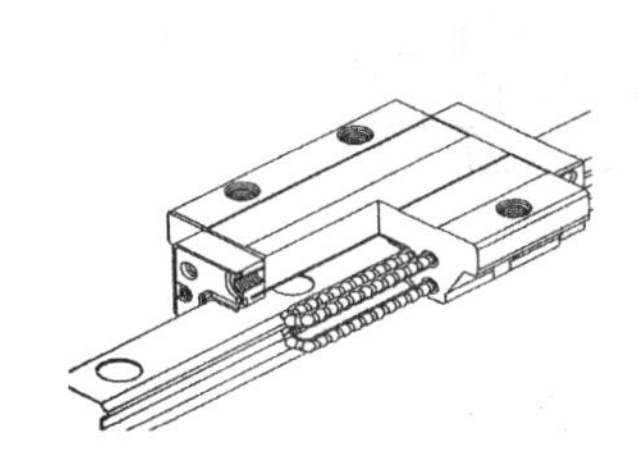

图 3-24　钢球型直线导轨(带保持器型)

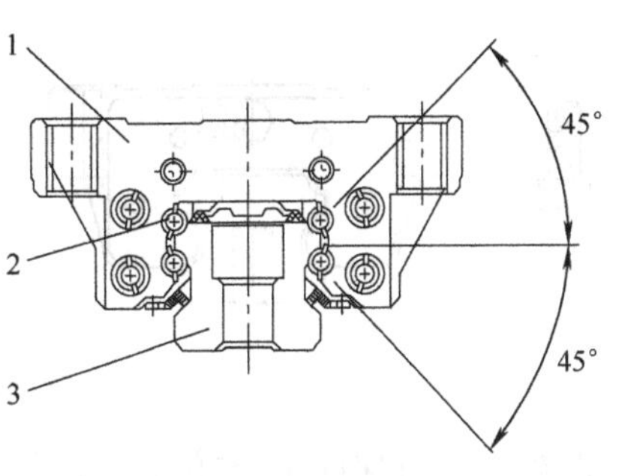

图 3-25　钢球型直线导轨(截面图)

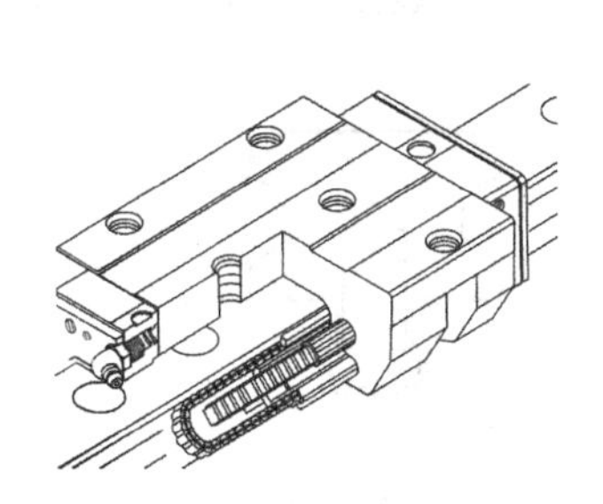

图 3-26　滚柱型直线导轨

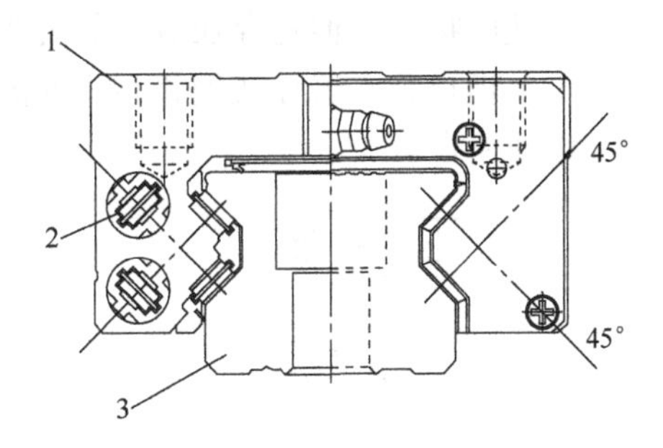

图 3-27　滚柱型直线导轨(截面图)

2. 滑块外形

直线导轨的滑块从宽度及长度外形上分为短型、标准型、长型、加宽型、加长型等几种。

(1) 从滑块的宽度(轴向端面)形状上分为四方形及法兰型两种。四方形减小了滑块宽度(*W*)，配有两个及以上的螺纹孔，有的还带有定位孔，适用于工作台宽度空间不足场所。安装螺栓从滑块的上部进行安装，见图 3-28。

(2) 法兰型的法兰部分分为光孔或螺纹孔两种类型，可根据不同的需要决定螺栓的安装方向，如图 3-29 所示。当法兰上安装孔为螺纹孔，且螺栓只能选择从下往上安装时，螺栓必须比螺纹孔小一个型号才能连接紧固。

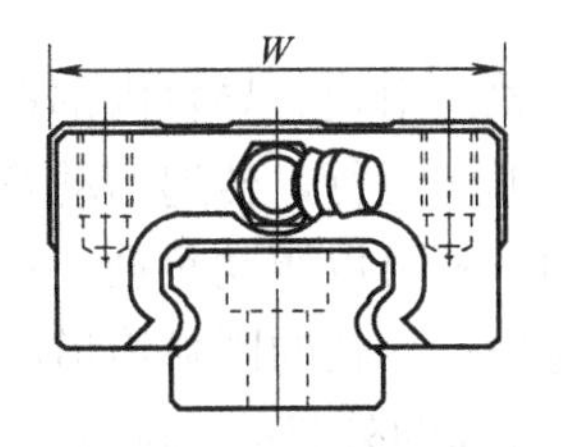

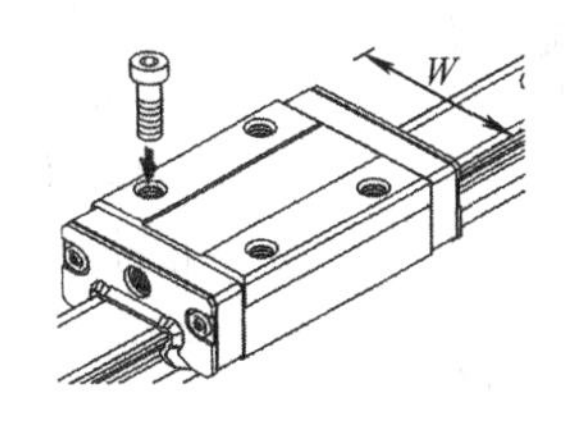

图 3-28　四方形滑块及螺栓安装方向

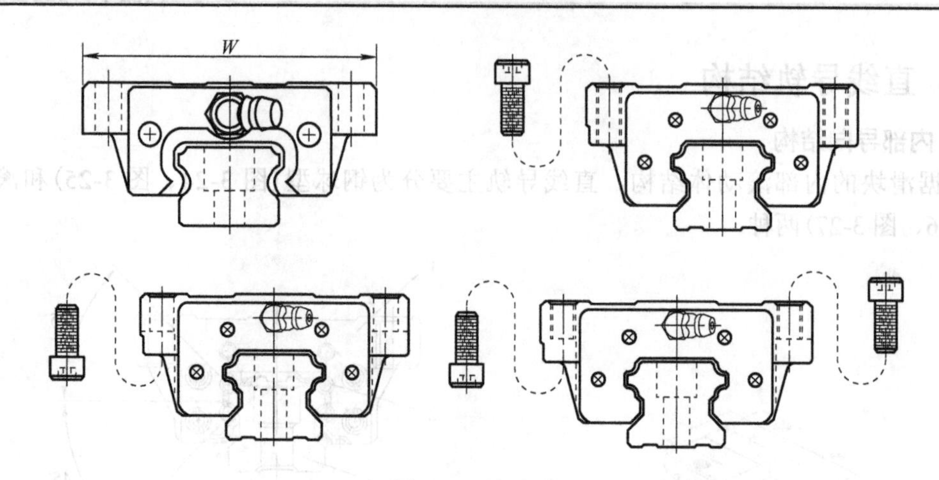

图 3-29　法兰型

3.3.3　直线导轨的固定方式及选型

1. 固定方式

直线导轨固定最常用的是上锁式和下锁式两种方式，分别如图 3-30 和图 3-31 所示。上锁式具有安装方便的特点，但是存在着安装沉头孔中易存在油污、垃圾问题；下锁式具有导轨面整洁的特点，但也存在着导轨调整不方便的问题。在直线导轨安装固定具体设计中，要根据具体情况设计而定。

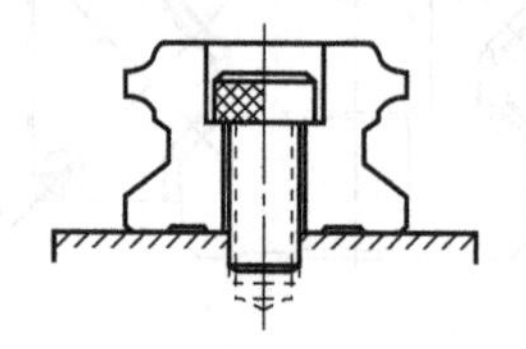

图 3-30　轨道上锁式

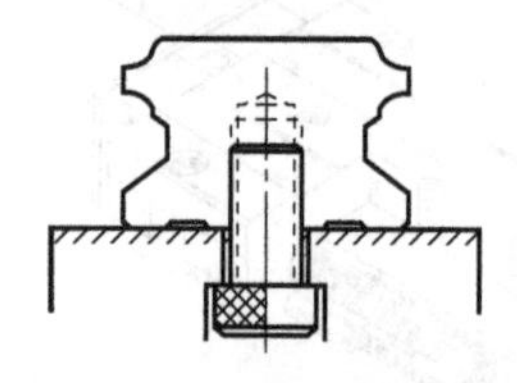

图 3-31　轨道下锁式

直线滚动导轨的导向定位精度决定了执行机构的运动精度，导轨精度分为普通级、高级、精密级、超精密级、超高精密级共五级。直线滚动导轨有四个重要的平面：两个装配面及两个侧面定位基准面，都经过了精密的磨削加工，如图 3-32 所示。

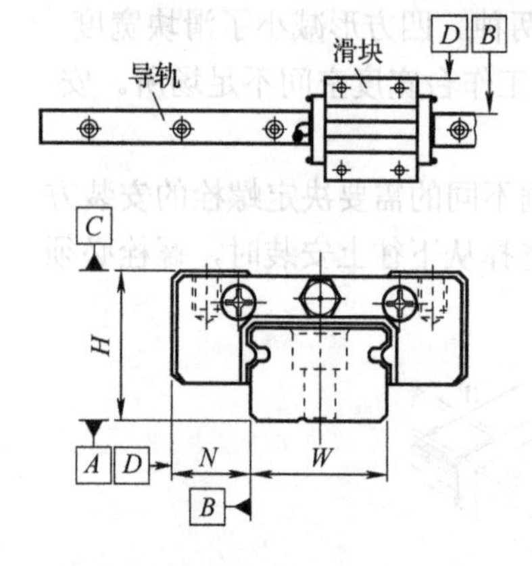

图 3-32　导轨的装配面及定位面

两个装配面指滑块上表面 C 面及导轨下表面 A 面是滑块、导轨在高度方向的装配定位基准，分别用来安装工作台负载及固定导轨。两个侧面定位基准面 D 面、B 面是滑块、导轨在宽度方向的装配定位基准，作用是在装配及工作时找正导轨及负载。

直线滚动导轨的滑块、导轨内部都设计有圆弧滚道，滚珠在圆弧滚道内循环运行，传递运动及动力，运动阻力非常小，很小的推动力就可以驱动负载，实现稳定的高精度、高速直线运动。滑块、导轨的圆弧滚道能够承受来自水平、垂直、倾斜等不同方向的外载荷，施加一定的预紧力后零间隙，多个方向同时具有高刚度，以适应重型机械装备的需要。直线滚动导轨在工作时可以承受垂直于滑块安装面的径向载荷及反径向载荷，可以承受平行于滑块安装面的横向载荷，如图 3-33 所示，还可以承受来自三个不同方向的力矩载荷 M_A、M_B、M_C，如图 3-34 所示。力载荷、力矩载荷可以单一作用，也可以合成作用，导轨工作时力载荷、力矩载荷或合成载荷首先传递给滑块，滑块传递给滚珠，滚珠传递给导轨，导轨传递给基准安装面。

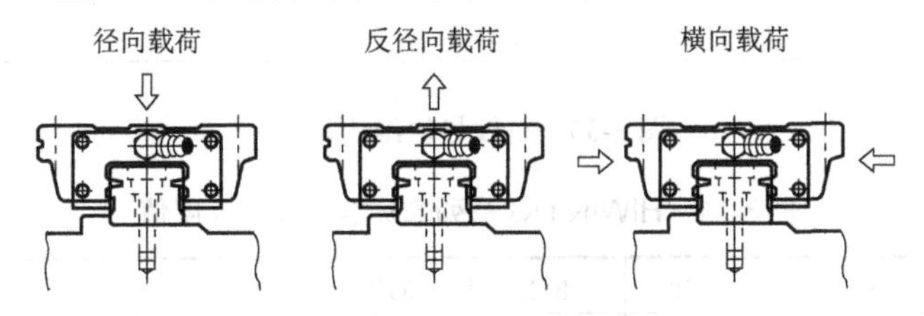

图 3-33　导轨承受的受力载荷

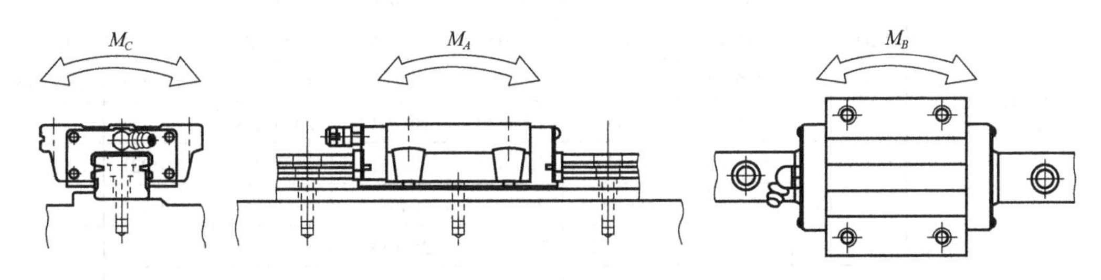

图 3-34　导轨承受的力矩载荷

2. 公称尺寸的选择

为了满足不同用户各种不同场合的需要，制造商对同一系列的直线导轨按公称尺寸的大小设计制造了一系列的规格供用户选用。常用的公称尺寸系列为 15、20、25、30、35、45、55、65。

公称尺寸的选择方法如下。

(1) 根据经验初步选定一种公称尺寸，在此基础上根据使用条件(如负载质量、速度、加速度、行程等)对负载的大小进行详细计算。然后根据有关公式计算出所选导轨的额定寿命，将寿命计算结果与期望的额定工作寿命进行比较，如果能够满足额定寿命要求则该系列及公称尺寸符合要求，否则需要重新选定具有更大公称尺寸的导轨进行核算。

(2) 直线导轨的公称尺寸包括导轨和滑块的尺寸，由于它们是成套使用的，所以导轨和滑块都是按相同的公称尺寸配套供应的，通常在订购直线导轨时都按制造商规定的编号规则进行编号，其中有一组数字就表示公称尺寸。负载越大，导轨所需要的公称尺寸也相应越大。

3. 导轨长度的选择

导轨长度是根据负载的运动行程来设计的，负载运动行程越大，导轨长度就越长。如图 3-35 所示，轨道的长度 L 在不同的型号中有不同的长度系列。端面距离 E 的尺寸最好不要大于 $1/2P$，防止因 E 的尺寸过大导致装配后端部不稳定，从而降低精度；也不要取过小的 E 值，以避免螺栓孔破孔。所以，在设计中尽可能选择标准值，而不要随意确定。如表 3-11 为 HIWIN HG 系列的标准及最大长度值。

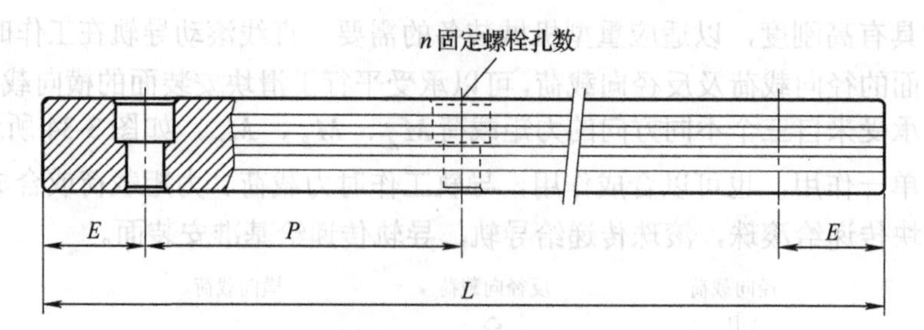

图 3-35　直线导轨结构尺寸

表 3-11　HIWIN HG 系列的标准及最大长度值

型号	HG15	HG20	HG25	HG30	HG35	HG45	HG55	HG65
标准长度 L_n/mm	160(3)	220(4)	220(4)	280(4)	280(4)	570(6)	780(7)	1270(9)
	220(4)	280(4)	280(5)	440(6)	440(6)	885(9)	1020(9)	1570(11)
	280(5)	340(6)	340(6)	600(8)	600(8)	1200(12)	1260(11)	2020(14)
	340(6)	460(8)	460(8)	760(8)	760(10)	1620(16)	1500(13)	2620(18)
	460(8)	640(11)	640(11)	1000(13)	1000(13)	2040(20)	1980(17)	
	640(11)	820(14)	820(14)	1640(21)	1640(21)	2460(24)	2580(22)	
	820(14)	1000(17)	1000(17)	2040(26)	2040(26)	2985(29)	2940(25)	
		1240(21)	1240(21)	2520(32)	2520(32)			
			1600(27)	3000(38)	3000(38)			
间距 P/mm	60	60	60	80	80	105	120	150
标准端距 E_a/mm	20	20	20	20	20	22.5	30	35
标准端距最大长度/mm	1960(33)	4000(67)	4000(67)	3960(50)	3960(50)	3930(38)	3900(33)	3970(27)
最大长度/mm	2000	4000	4000	4000	4000	4000	4000	4000

注：(1)一般滑轨 E 尺寸公差为 0.5–(–0.5) mm，滑轨接牙件端距 E 尺寸公差较严格，为 0–(–0.3) mm；

(2)标准端距最大长度是指左、右端距都是标准端距的滑轨最大长度。

$$L = N \times P + 2E \tag{3-10}$$

式中，L 为导轨长度(mm)；P 为螺钉孔中心距(mm)；N 为螺钉孔的数量；E 为导轨两端距离第一个螺钉孔的距离(mm)。

4. 滑块数量的选择

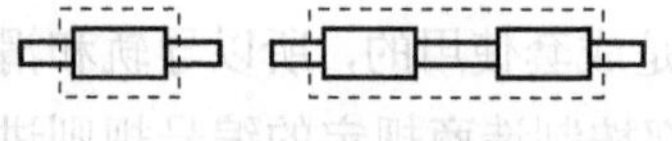

图 3-36　单滑块与双滑块结构导轨

使用直线滚动导轨时，有一根导轨上装配一个滑块(单滑块)、一根导轨上装配两个滑块(双滑块)、一根导轨上装配三个滑块(三滑块)的结构，如图 3-36 所示。

如果导轨在工作时主要承受径向载荷(工作台重量)及反径向载荷，当负载中心正好位于滑块中心时，负载简化为作用点位于滑块中心的集中力，此时应选用单滑块结构；当负载沿导轨长度方向的尺寸较短时，只要导轨承载能力足够，也可以采用单滑块结构。

如果工作台尺寸远大于滑块尺寸，负载沿导轨长度方向存在一定程度的偏心，滑块除了承受负载重力外，还将承受因为偏心结构而产生的 M_A 方向的偏心力矩负载，力矩载荷传递到滚珠，部分滚珠将长期承受较大的局部载荷，造成滚珠的非正常磨损，降低滑块的使用寿命，降低导轨的工作寿命，此外负载加减速运动时的惯性力也会产生 M_A 或 M_B 方向的附加力矩载荷。此时导轨有必要增加负载支承点，采用双滑块结构，使偏心结构成为平衡结构，降低或消除偏心力矩载荷的影响，导轨承受 M_B 方向附加力矩的能力也将提高；当径向载荷较大但结构空间(如高度尺寸)不够时，为减小导轨公称尺寸也可采用双滑块结构承载。

5. 导轨数量的选择

直线滚动导轨有单导轨、双导轨、三导轨之分，图3-37(a)为单导轨单滑块结构，图3-37(b)为双导轨单滑块结构，图3-37(c)为双导轨双滑块结构，图3-37(d)为三导轨双滑块结构。但数根导轨中只有一根是基准导轨，非基准导轨对基准导轨有平行度要求。

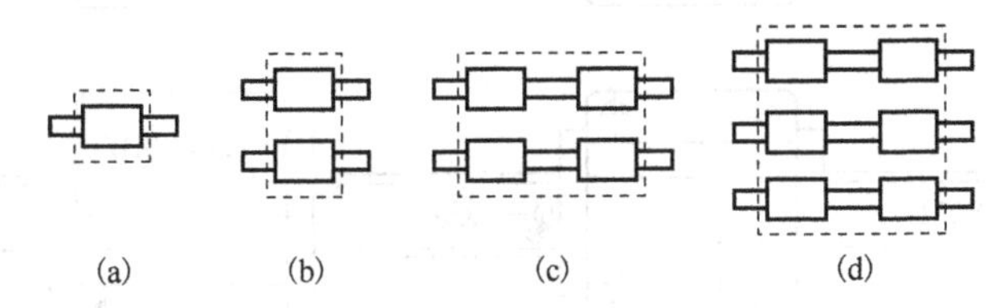

图3-37　导轨与滑块的组合使用

选择导轨数量要分析外载荷的类型、大小、方向、作用点及分布，当导轨安装在水平面上，负载在滑块宽度方向尺寸较小且没有偏心结构时，可以采用单导轨结构。

如果导轨安装在水平面上，负载在滑块宽度方向不对称有偏心，将会产生 M_C 力矩载荷，M_C 力矩载荷会加重部分滚珠负荷，影响导轨工作寿命。单滑块承受 M_C 力矩载荷的能力是有限的，一旦超过其承载能力就需要增加负载支承点，就要采用双导轨；当导轨安装在水平面上，负载在滑块宽度方向尺寸较大时，为保证机构运动处于稳定平衡状态，应选用双导轨。

如果负载重量非常大、负载工作台在滑块宽度方向尺寸又很大，为保证机构运动处于稳定平衡状态，需要采用三导轨。

3.3.4　直线导轨的使用与安装

1. 导轨安装方式的选择

根据机器的传动性能及工作载荷的空间结构，导轨的安装方式有水平平面上安装、竖直平面上安装、倾斜平面上安装三种，大部分为水平平面上安装，一般是导轨固定、滑块运动，根据工况条件，也可以是滑块固定、导轨运动。

2. 导轨预紧

导轨预紧有无预压、轻预压、中预压三个等级，预紧就是导轨出厂前对滚珠、滑块、导轨接触部施加内应力，消除滚珠与滑块圆弧滚道、导轨圆弧滚道之间的间隙，使滚珠与滑块圆弧滚道、导轨圆弧滚道接触部位预先产生弹性小变形量，导轨工作时承受的外载荷会被内应力吸收、缓冲，减少弹性变形，提高导轨刚度，提高导轨承载能力，这种结构称为负间隙结构。但过大的预紧力会使滚珠与滑块、导轨之间产生过大的应力，反而会缩短导轨的工作寿命，因此预紧力的大小要合理控制，原则上预紧力不应超过轴向载荷的1/3，导轨预紧力越大，导轨安装要求也越高。

3. 直线导轨的基准面一致性

在直线导轨中，滑块与轨道均有自己的加工基准面。为了保证直线导轨使用时达到精度要求，在滑块装入轨道时，必须保证它们的基准面方向一致。滑块的基准面是有商标的相反一面，轨道的基准面是标有一条线或一道小槽的一面。

当组合使用两条以上直线导轨时，务必确保它们的制造编号方向在同一侧，如图 3-38 所示。

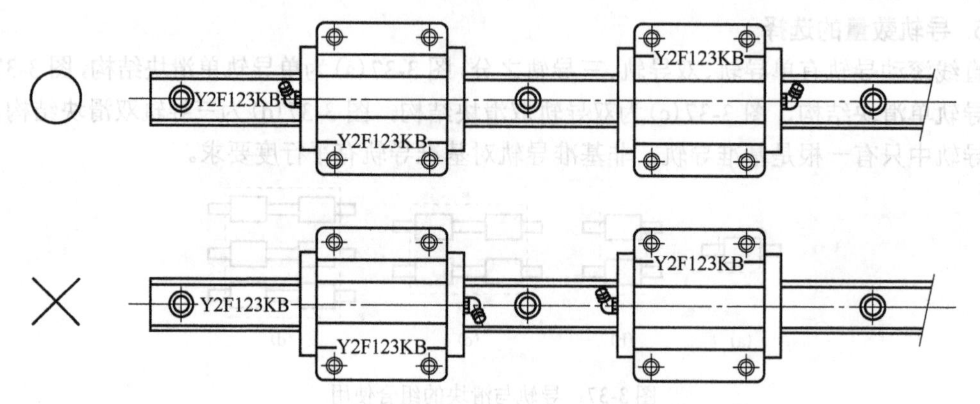

图 3-38　制造编号应保持相同的安装方向

4. 直线导轨使用方位配置

直线导轨可承受上、下、左、右方向的载荷，所以使用时配置可以有不同方式。图 3-39 为单轨水平使用，图 3-40 为双轨水平使用，图 3-41 为双轨水平反向使用，图 3-42 为双轨垂直使用，图 3-43 为双轨倾斜使用，图 3-44 为双轨垂直反向使用，图 3-45 为双轨垂直对向使用，图 3-46 为双轨背向使用。

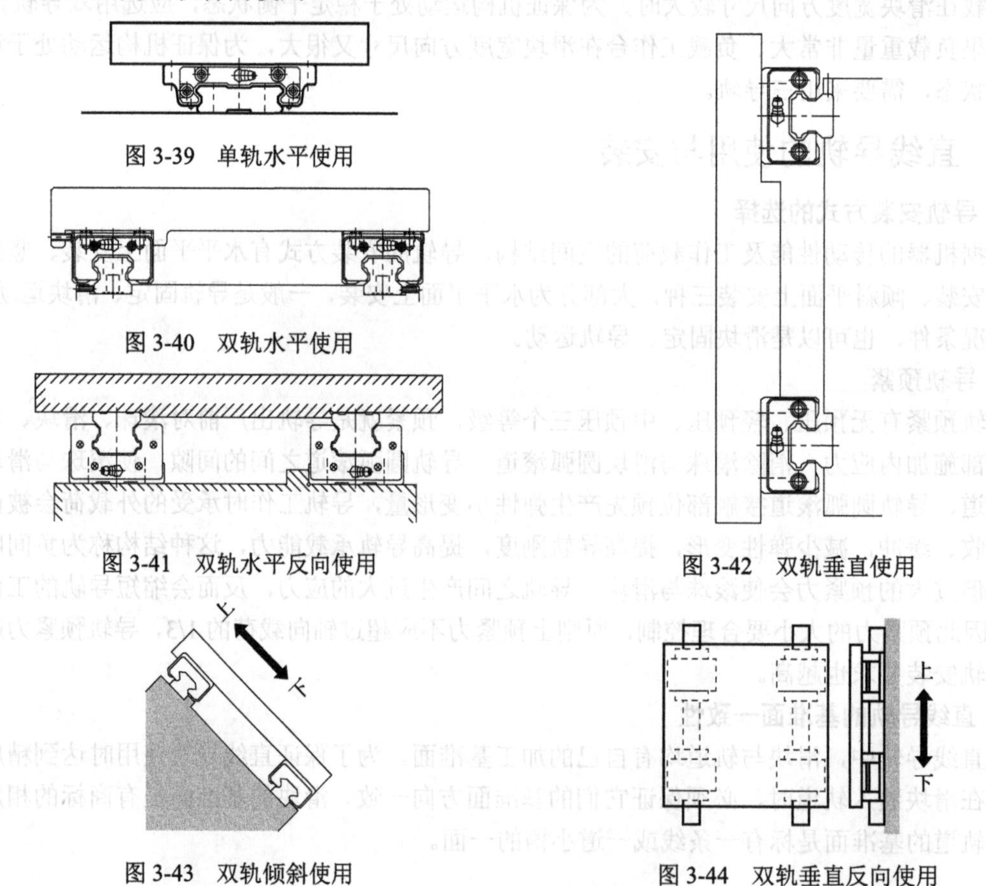

图 3-39　单轨水平使用

图 3-40　双轨水平使用

图 3-41　双轨水平反向使用

图 3-42　双轨垂直使用

图 3-43　双轨倾斜使用

图 3-44　双轨垂直反向使用

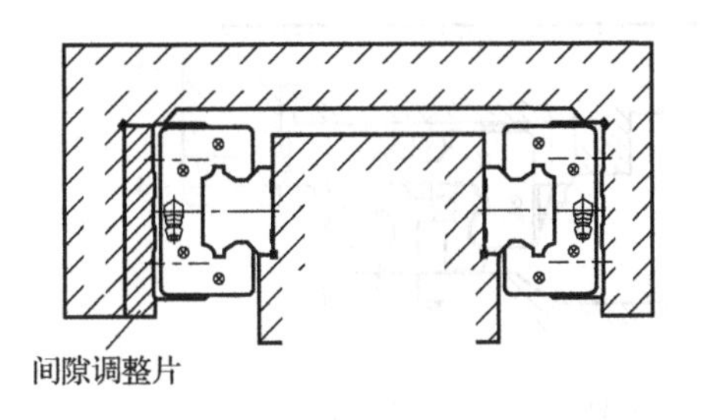

图 3-45　双轨垂直对向使用

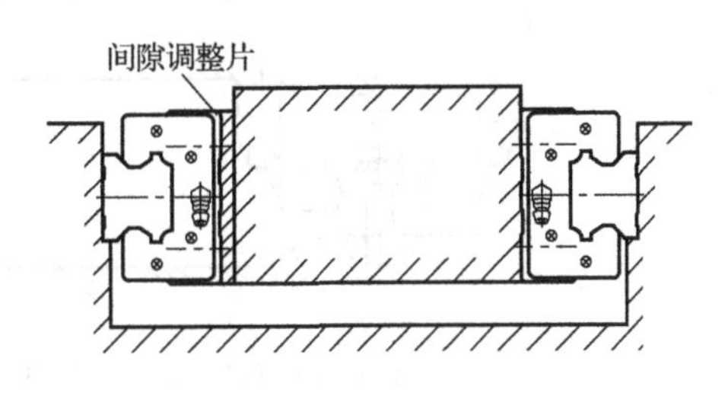

图 3-46　双轨背向使用

5. 直线导轨的安装设计

直线导轨在安装时通常采用螺栓从上或从下的方式进行连接固定。但是当机械中有冲击力作用时，滑块及轨道有可能偏离原来的位置，从而影响精度。为避免偏离情况发生，可以根据使用情况的不同，采用图 3-47～图 3-53 所示不同的固定方式，以保证机台的运行精度。

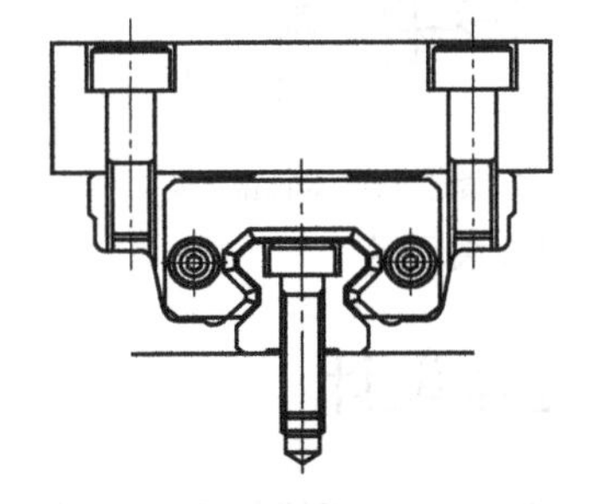

图 3-47　轻载、自由式

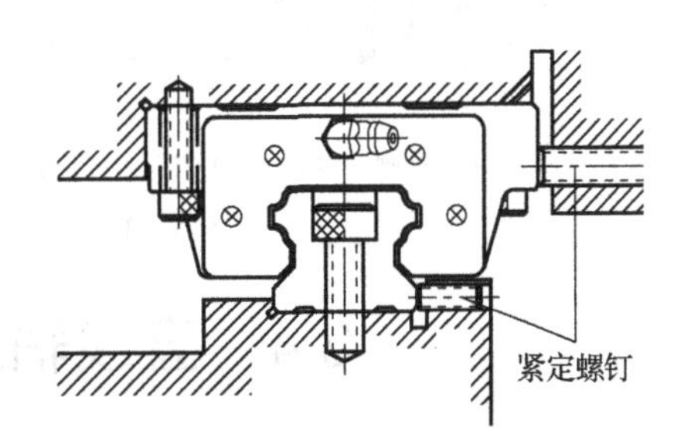

图 3-48　紧定螺钉固定式自由式

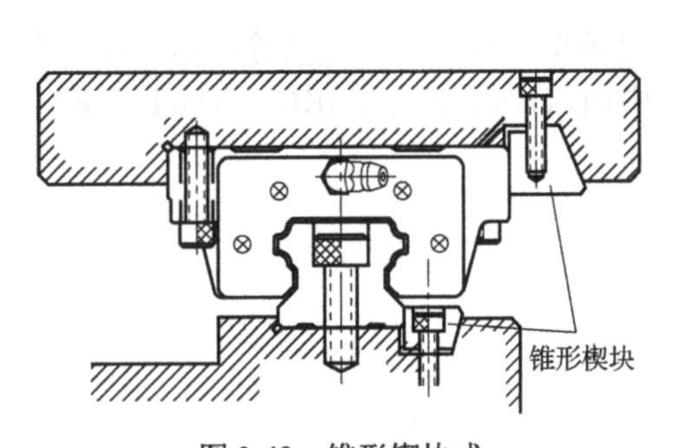

图 3-49　锥形锲块式

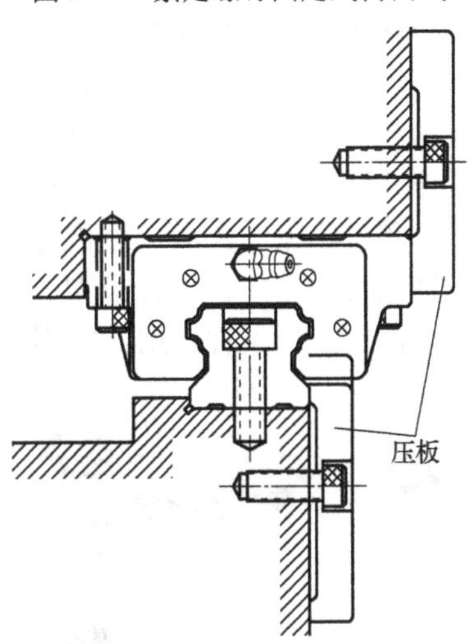

图 3-50　压板固定式

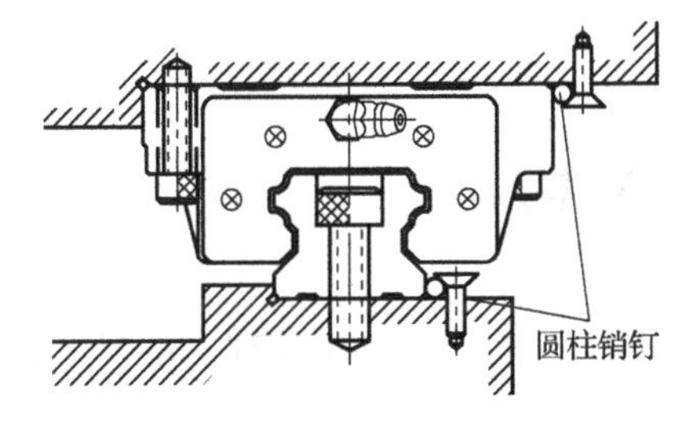

图 3-51　圆柱销钉固定式

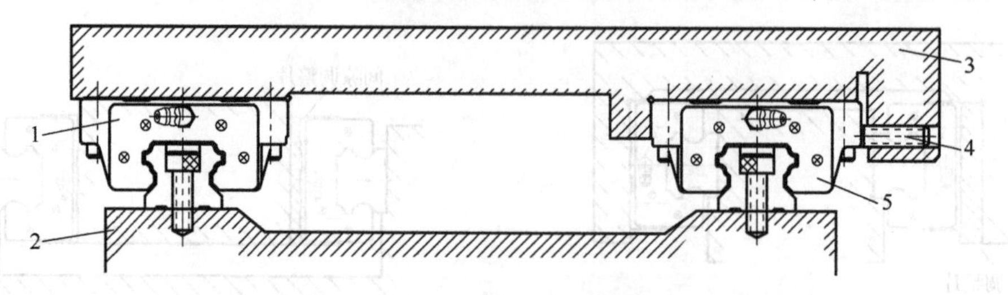

1.从动侧直线导轨；2.床身；3.工作台；4.紧定螺钉；5.基准侧直线导轨

图 3-52　中轻型冲击振动的直线导轨安装示例

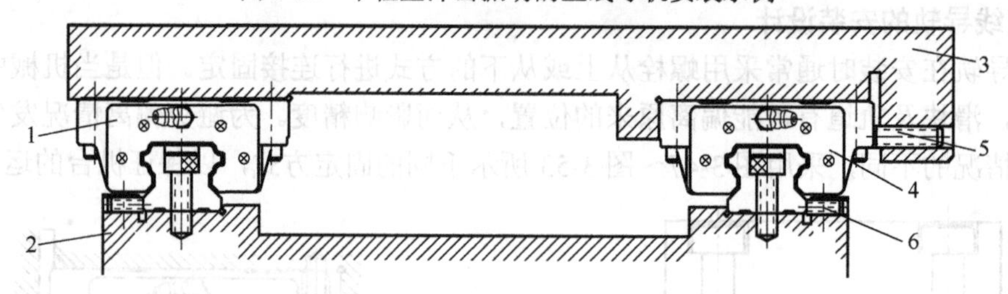

1.从动侧直线导轨；2.床身；3.工作台；4. 基准侧直线导轨；5. 紧定螺钉；6.抗振垫板

图 3-53　重型冲击振动的直线导轨安装示例

3.4　直线轴承传动与选型设计

直线轴承如图 3-54 所示。其特点是因其内部滚动体钢球与导向直线轴之间为点接触，容许承受负荷较小，但可以在最小摩擦阻力情况下实现高精度与轻快曲直线运动。通常与导向轴(也称直线轴)和支承座一起配套使用，如图 3-55 所示。

直线轴承与直线导轨比较，刚度和承载能力差很多，但价格十分便宜，从几十元至几百元不等，使开发成本大大降低。所以，广泛应用于包括办公设备、各种测量仪、多轴钻床、工具磨床、印刷机械、食品包装机等机械的滑动部位。

直线轴承种类繁多，有标准型、开口型、预压可调型、长型和法兰型等，由专业厂家生产，用户可根据工作条件选用。常用的品牌有 LB(中国)THK、NSK、IKO、HIWIN 等。

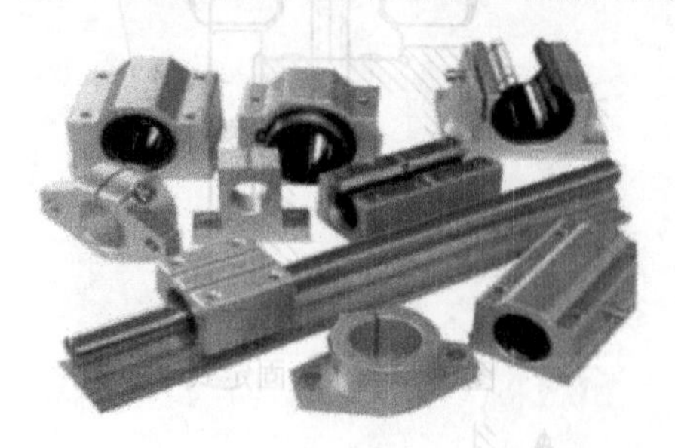

图 3-54　直线轴承

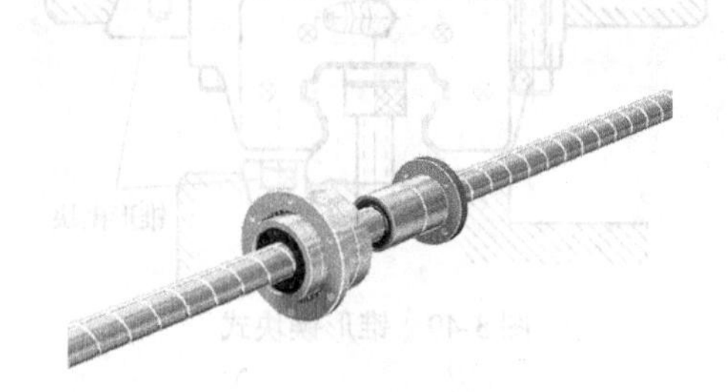

图 3-55　直线轴承应用

3.4.1　直线轴承结构及类型规格

1. 直线轴承结构

直线轴承结构如图 3-56 所示，钢球分布有 3 列、4 列、5 列、6 列四种布局形式，如图 3-57 所示。

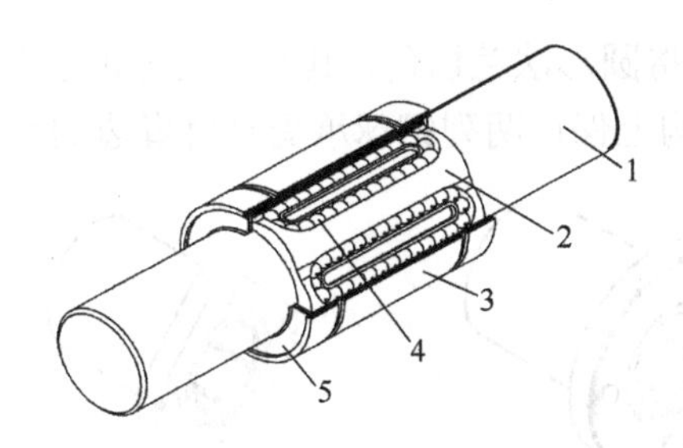

1. 导向轴；2.保持器；3.轴承套；4.钢球；5.密封挡板

图 3-56　直线轴承结构

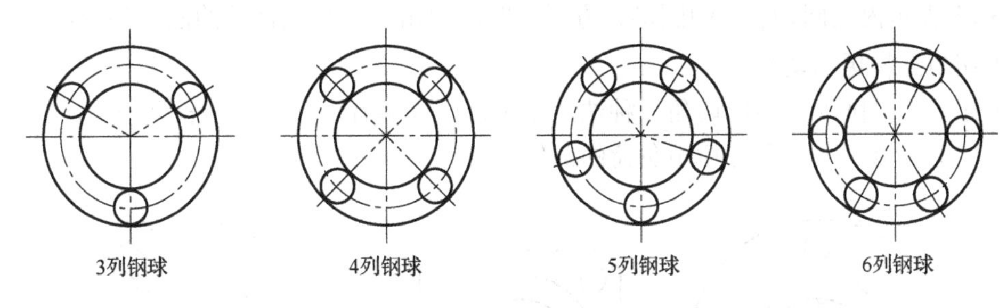

图 3-57　钢球布局形式

2. 直线轴承类型

直线轴承类型很多，下面以日本 THK 为例介绍直线轴承类型。

(1)标准型：直线轴承的轴承套为精度最高的圆柱形，见图 3-58。

(2)开口型：轴承套部分切开，开口弧度相当于一列钢球(50°～80°)，如图 3-59 所示。在一些场合为避免导向轴的挠曲变形，需在整个长度方向固定导向轴，则可使用此类型。另外，还可以通过预压方便地调整间隙，一般需与支承座组合使用。

(3)预压可调型：此类型与标准型的尺寸相同，见图 3-60，但是轴承套在导向轴方向上有一条缝隙。通过将直线轴承安装在内径可调的支承座中使用，从而可以很容易地调整导向轴和支承座之间的工作间隙(预压)。

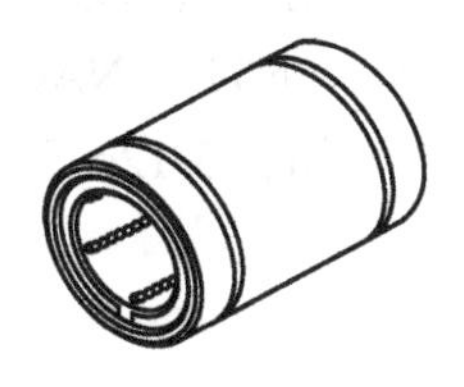

图 3-58　标准型

图 3-59　开口型

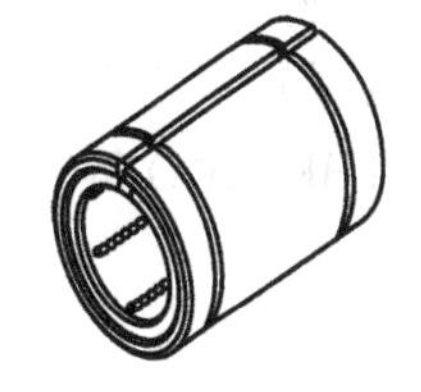

图 3-60　预压可调型

(4)长型：这种类型装有两个标准保持器，最适合有扭矩负荷的部位使用，并能减少安装所需工时，见图 3-61。

(5)法兰型(圆形)：标准型直线轴承的轴承套与法兰成一体结构，可以用螺钉直接将直线轴承固定于支撑座上，因此安装简单，见图 3-62。

(6)法兰型(方形)：将圆法兰切割为方形，使其中心高度比圆法兰型低，因此可以实现紧凑型设计，见图 3-63。

(7)法兰型(圆形切角)：将圆形法兰切角，其高度比方形法兰还低，因此可以实现更紧凑型设计，见图 3-64。另外结构上保证两列钢球承受来自直边的负荷，工作寿命可以提高。

图 3-61　长型

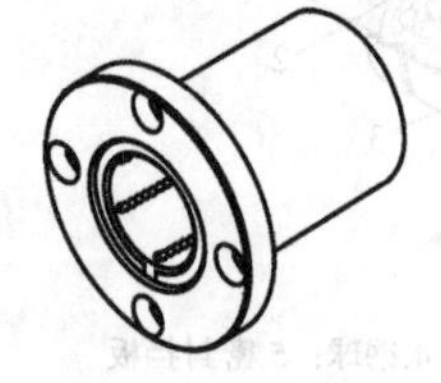
图 3-62　法兰型(圆形)

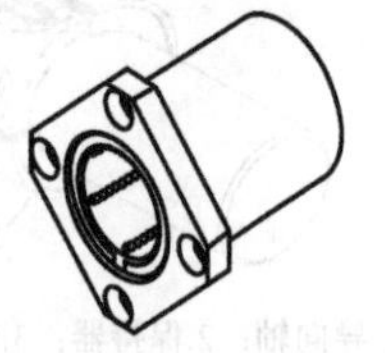
图 3-63　法兰型(方形)

图 3-64　法兰型(圆形切角)

图 3-65 表示内径同为$\phi20$的圆形、方形、圆形切角三种直线轴承的法兰外形尺寸比较，可见圆形切角结构更加紧凑。

在上述方形、圆形、圆形切角三种法兰型中，同样备有加长型。与长型一样，它们也装有两个标准保持器，适合于有扭矩负荷的部位使用。

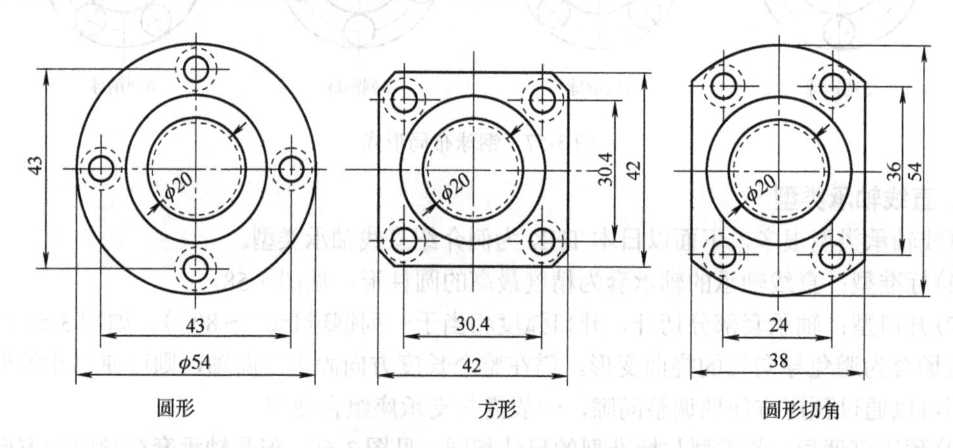

图 3-65　三种直线轴承的法兰外形尺寸比较

3. 直线轴承尺寸规格

每一种类型直线轴承，制造商都按结构系列地设计有各种规格尺寸，用户只需根据使用要求查相关产品手册选用。这里主要介绍 LB 型(中国)及日本相关 NSK、NTN、NACHI、EASE、THK、IKO 等公司直线轴承，如图 3-66～图 3-68 所示，尺寸参数表如表 3-12～表 3-14 所示。

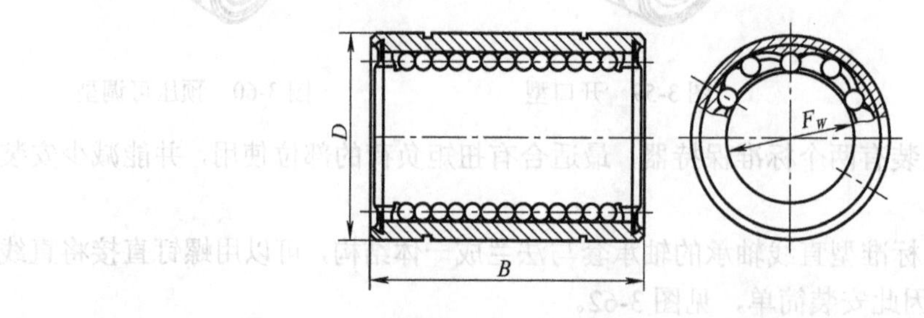

图 3-66　LB 型套筒型直线运动轴承

表 3-12　LB 型套筒型直线运动轴承尺寸中外对照

主要尺寸/mm			中国	日本	日本 NTN	日本	日本	日本	日本 IKO
F_W	D	B	轴承代号	NSK		NACHI	EASE	THK	
3	7	10	LB3710	LB3Y	KLM03			LM3	
4	8	12	LB4812	LB3Y	KLM04			LM4	
5	10	15	LB51015		KLM05			LM5	
6	12	9	LB6129	LB6NY	KLM06	SM6	SDM6	LM6	LM61219
8	15	24	LB81524	LB8NY	KLM08-1	SM8	SDM8	LM8	LM81524
5	12	22	LB51222			KB5	SDE5	LME5	LME51222
8	16	25	LB81625			KB8	SDE8	LME8	LME81625
10	19	29	LB101929	LB10NY	KLM10	SM10	SDM10	LME10	LME101929
12	22	32	LB122232		KLM12	KB10	SDE12	LM12	LME122232
16	26	36	LB162636				SDE16	LME16	LME162636
20	32	45	LM203245			K20	SDE20	LME20	
25	40	58	LB254058			KB25	SDE25	LME25	LME254058
30	47	68	LB304768			KB30	SDE30	LME30	LME304768
35	52	70	LB355270	LB35NY	KLM35	KB35	SDM35	LM35	LME355270
40	62	80	LB406280			KB40	SDE40	LME40	LME406280
50	75	100	LB5075100			KB50	SDE50	LME50	LME5075100
60	90	125	LB6090125			KB60	SDE60	LME60	
80	120	165	LB80120165			KB80	SDE80	LME80	
100	150	175	LB100150175		KLM100	KB100	SDM100	LME100	

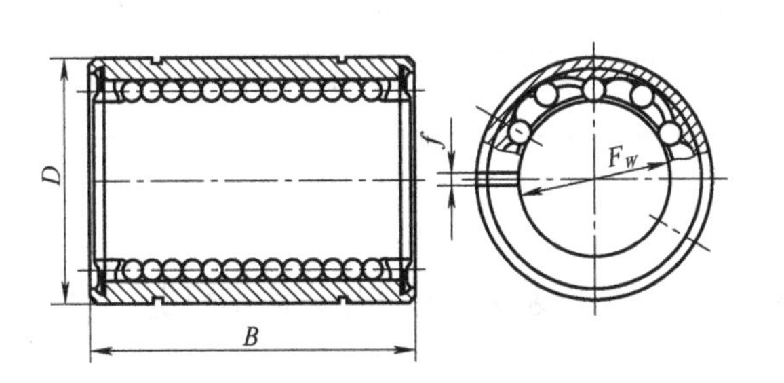

图 3-67　LB-AJ 调整间隙型直线运动轴承

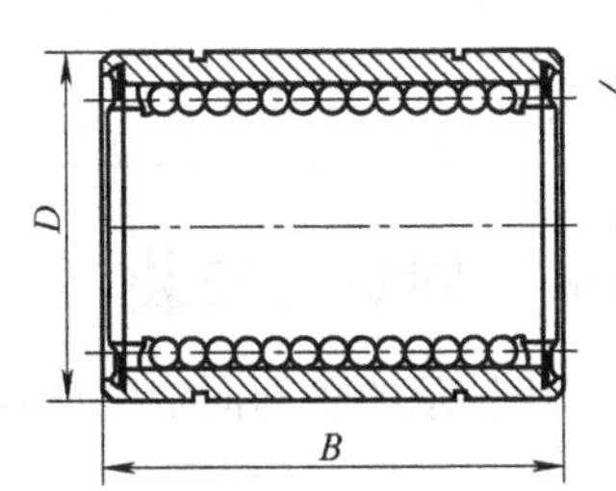

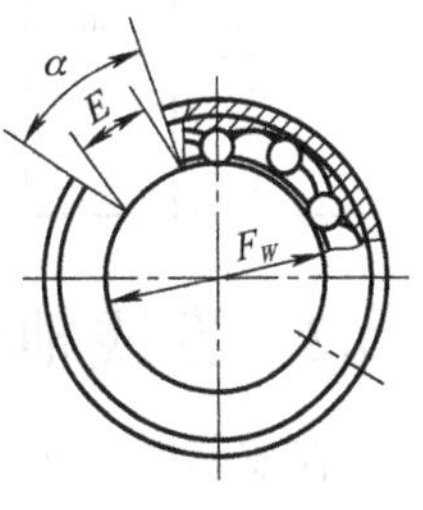

图 3-68　LB-OP 开口型直线运动轴承

表 3-13　LB-AJ 调整间隙型套筒型直线运动轴承中外对照

主要尺寸/mm				中国	日本	日本	日本	日本	日本 IKO
F_W	D	B	f	轴承代号	NSK	NACHI	EASE	THK	
6	12	19	1.0	LB61219AJ	LB6NTY	SM6G-AJ		LM6-AJ	
9	15	24	1.0	LB61219AJ	LB8NTY	SM8G-AJ		LM8-AJ	
5	12	22	1.0	LB51222AJ		KB5G-AJ		LME5-AJ	
6	13	22	1.0	LB61322AJ		KB6G-AJ			
8	16	25	1.0	LB81625AJ				LME8-AJ	

续表

主要尺寸/mm				中国	日本	日本	日本	日本	日本 IKO
F_W	D	B	f	轴承代号	NSK	NACHI	EASE	THK	
10	19	29	1.0	LB101929		SM10G-AJ		LM10-AJ	
12	22	32	1.5	LB1222232AJ		KB12G-AJ	SDE12AJ	LM12-AJ	LME122232-AJ
16	26	36	1.5	LB162636AJ		KB16G-AJ	SDE16AJ	LM16-AJ	LME162636-AJ
20	32	45	2.0	LB203245AJ		KB20G-AJ	SDE20AJ	LM20-AJ	
25	40	58	2.0	LB254058AJ		KB25-AJ	SDE25AJ	LM25-AJ	LME254058-AJ
30	47	68	2.0	LB304768AJ		KB30G-AJ	SDE30AJ	LM30-AJ	LME304668-AJ
35	52	70	2.5	LB355270AJ		KB35-AJ	SDE35AJ	LM35-AJ	
60	90	125	3.0	LB6090125AJ		KB60-AJ	SDE60AJ	LM60-AJ	
80	120	165	3.0	LB80120165AJ		KB80-AJ	SDE80AJ	LM80-AJ	
100	150	175	3.0	LB100150175AJ		SM100-AJ	SDE100AJ	LM100-AJ	

表 3-14　LB-OP 开口型直线运动轴承中外对照

主要尺寸/mm				α/(°)	中国	日本	日本	日本	日本
F_W	D	B	$E_{\min}$		轴承代号	THK	IKO	NACHI	EASE
10	19	29	6.0	65	LB101929OP		LME101929-OP		
12	22	32	6.5	65	LB122232OP		LME122232-OP		
16	26	36	9.0	50	LB162636OP		LME162636-OP		
25	40	58	11.0	50	LB254058OP		LME254058-OP		
30	47	68	12.5	50	LB304768OP	LME30-OP	LME304768-OP	KB30-OP	SDE30OP
35	52	70	15.0	50	LB355270OP				
40	62	80	16.5	50	LB406280OP	LME40-OP	LME406280-OP		SDE40OP
50	75	100	21.0	50	LB5075100P	LME50-OP	LME5075100-OP	KB50-OP	SDE50OP
80	120	165	36.0	50	LB80120165OP				

3.4.2　直线轴承的固定与安装

在安装时一般直线轴承的轴向固定强度要求不高，但应避免只将其压入而不固定。

1. 标准型安装

标准型直线轴承一般直接设计安装在负载滑块的圆孔内，可以有三种安装方式。图 3-69 为外侧卡簧安装，图 3-70 为内侧卡簧安装，图 3-71 为固定环安装。

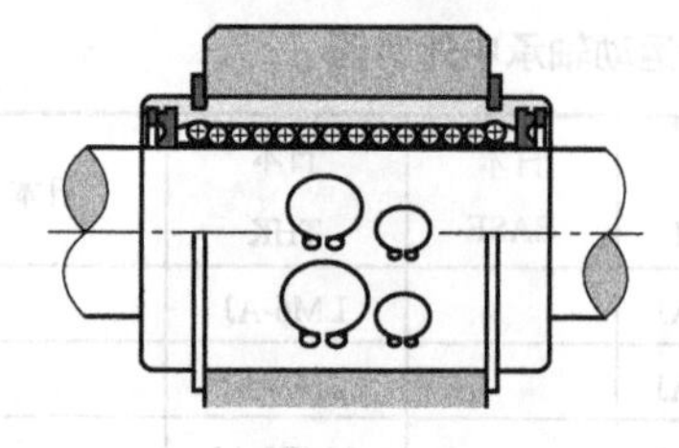

图 3-69　外侧卡簧安装

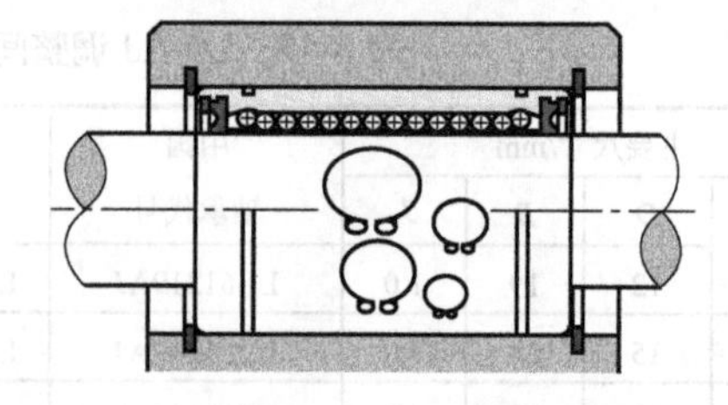

图 3-70　内侧卡簧安装

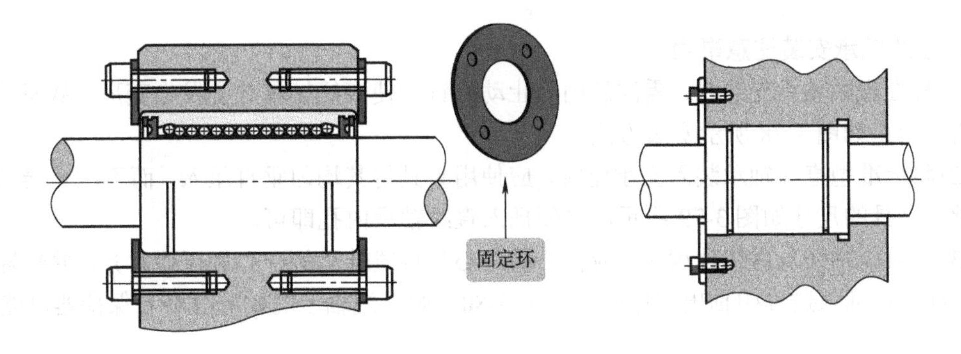

(a) 外侧双固定环安装　　　　(b) 内孔台阶+固定环安装

图 3-71　固定环安装

2. 法兰型安装

法兰与轴承套为一体化结构，可以通过法兰方便地进行固定安装，见图 3-72。

3. 预压可调型安装

预压的调整需使用允许调整轴承套外径的支承座，通过调整支承座对直线轴承的预压，从而调整直线轴承与导向轴之间配合间隙，见图 3-73。在安装时，若能将直线轴承的缝隙与支承座的缝隙成 90°，则能保证直线轴承在圆周方向上变形均匀，见图 3-74。

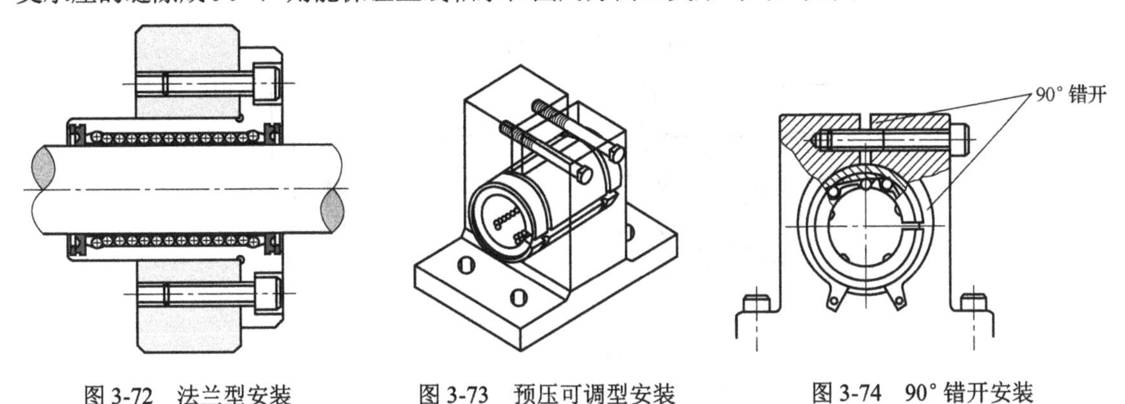

图 3-72　法兰型安装　　　　图 3-73　预压可调型安装　　　　图 3-74　90° 错开安装

4. 方座型安装

只需要简单地从顶部或底部使用螺栓固定即可，如图 3-75 和图 3-76 所示。

5. 开口型安装

开口型应与可调整间隙(预压)的支撑座配合使用。一般用于轻预压情况，应注意不能施加过大的预压，见图 3-77。

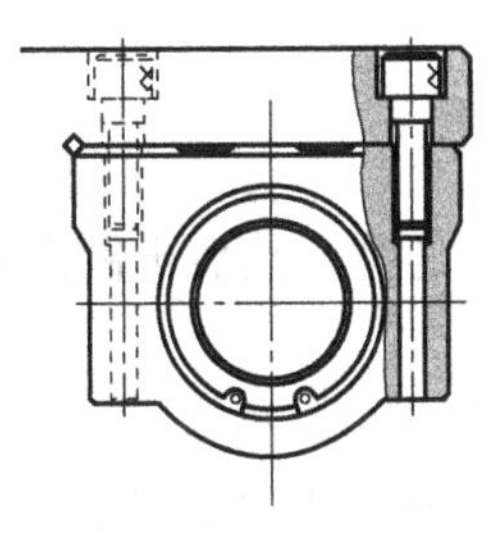

图 3-75　顶部固定安装

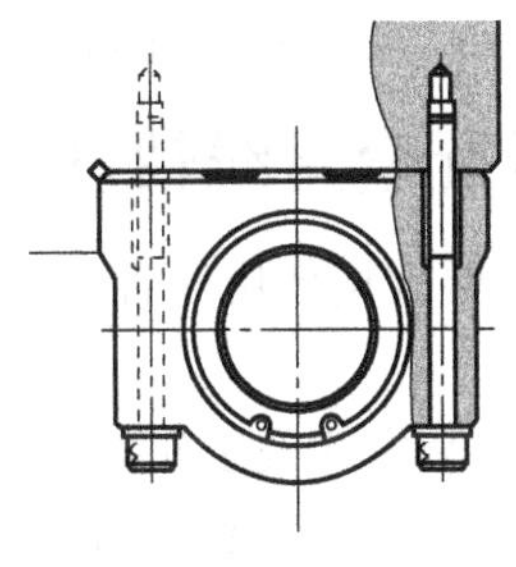

图 3-76　底部固定安装

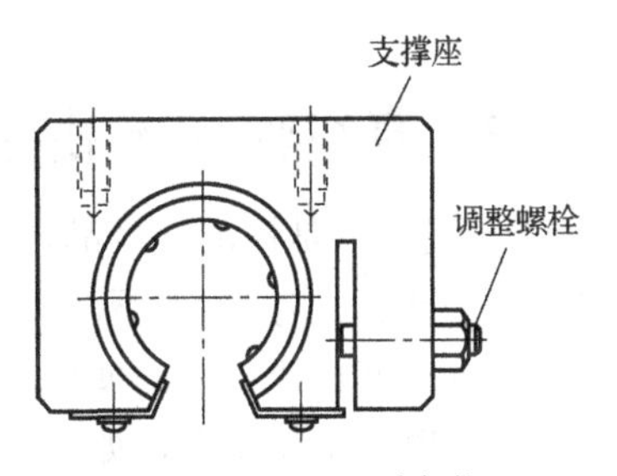

图 3-77　开口型安装

6. 直线轴承安装注意事项

(1) 标准直线轴承安装时，需注意由于止动螺钉会使直线轴承外壳发生变形，从而影响精度，所以禁止如图 3-78 所示安装方式。

(2) 将标准型直线轴承装入支承座时，应使用夹具将其均匀垂直压入，而不能直接用击直线轴承。夹具的尺寸如图 3-79 所示，方便插入直线轴承内孔即可。

(3) 将导向轴插入直线轴承时，应使轴的中心与直线轴承的中心尽可能对齐，并轻轻平直插入。如果在插入过程中轴出现倾斜，见图 3-80，则直线轴承的钢球容易者保持器可能产生变形。

(4) 由于结构上的原因，大部分直线轴承只能做直线运动，而不能做旋转运动，故装配后禁止相对旋转，见图 3-80。

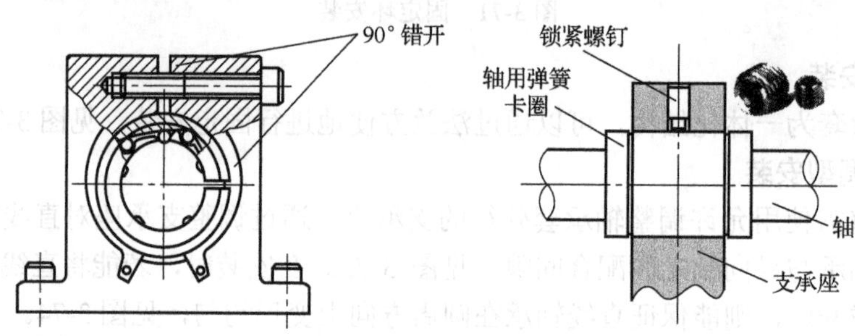

图 3-78　止动螺栓引起变形

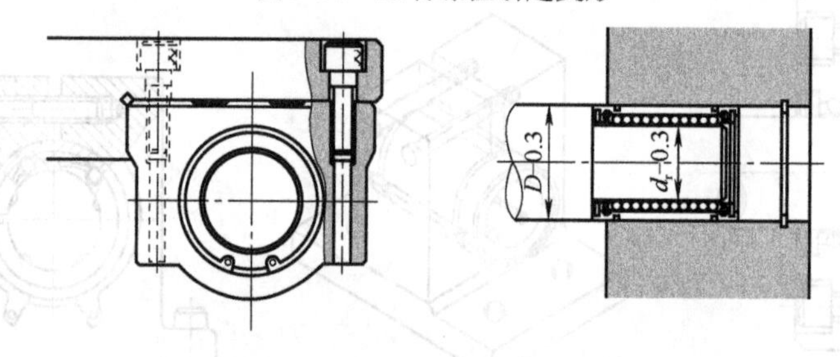

图 3-79　直线轴承装配示意图

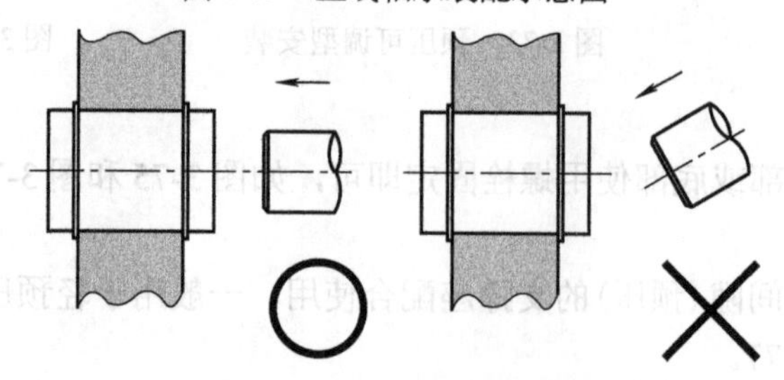

图 3-80　禁止直线轴承相对转动

3.4.3　直线轴承选用要点及配套直线轴设计

直线轴承是标准化产品，用户主要根据使用场合、工作条件进行选型，然后再做必要的校核。一般工作步骤如下。

(1) 根据直线轴承的使用场合、安装方式及工作条件，选定其结构类型。

(2) 根据工作要求，如载荷情况、空间位置等，确定导向轴和直线轴承数量、位置布置。

(3) 初步选定直线轴承的公称尺寸。

(4) 根据载荷分析计算每个轴承所受的工作载荷(通常制造商给出典型条件下载荷的计算方法)。

(5) 校核每个轴承的静安全系数 n_s，即

$$n_s = \frac{C_0}{P_m} \geqslant n_0 \tag{3-11}$$

式中，C_0、P_m、n_0 分别为直线轴承额定静载荷(需按实际加载情况修正)、轴承最大工作载荷、制造商推荐的最小静安全系数。

(6) 额定寿命计算及校核为

$$L = 50\frac{f_u f_T f_C C}{f_W P_C} \tag{3-12}$$

式中，C 为额定动载荷(需按实际加载情况修正)；P_C 为平均工作载荷计算值，其他计算系数查阅直线轴承产品手册。

(7) 配套导向轴设计。直线轴要求较高，一般向专业厂商订购。长度和直径尺寸要满足制造商提供的标准系列。因为直线轴的形状和尺寸公差以及表面硬度是保证直线轴承运动精度的关键因素，因此设计时必须严格控制，具体指标如下。

直径公差：普通精度按 g6，精密配合按 h6 或 h5。

直线度：50μm /300mm。

表面粗糙度：1.5μmR_{max}。

硬度：HRC58～HRC64 以上。

硬化层深度：0.8～2.5mm。

3.5　皮带输送与选型设计

皮带输送系统是最基本、应用非常广泛的输送方式，广泛应用于各种手工装配流水线、自动化专机、自动化生产线中，尤其在各种手工装配流水线及自动化生产线中大量应用，与各种移载机械手相配合，可以非常方便地组成各种自动化生产线。

在自动化机械设计中，需要大量使用皮带输送，对于大型的皮带输送线通常向专业制造商配套订购，而用于自动化专机上的小型皮带输送机构通常则需要自行设计制造。皮带输送机构属于自动化机械的基础结构，而且在其设计中还包括了电机的选型与计算这一重要内容，因此，熟练地进行皮带输送机构的设计是进行自动化机械设计的重要基础。本章将对皮带输送的典型结构及设计方法进行介绍。

3.5.1　皮带输送的特点

1. 制造成本低廉

皮带输送具有结构简单、制造成本低廉等特点，是自动化工程设计中最优先选用的连续输送方式。之所以制造成本低廉，是因为组成皮带输送线的各种材料和部件都已经标准化并大批量生产，如皮带输送铝型材机架及专用连接附件、电机、减速器、调速器、各种工业皮带、链条、链轮等，上述材料和部件都可以通过外购获得，因而制造周期大为缩短。

2. 使用灵活方便

由于广泛采用标准的铝型材结构，铝型材表面专门设计有供安装螺钉螺母用的各种型槽，因而铝型材在装配连接方面具有高度的柔性。通过对铝型材进行切割加工，既可以方便地组成各种形状与尺寸的机架，也可以非常方便地在皮带输送线上安装各种传感器、分隔机构、挡料机构、导向定位机构等，并可以非常方便地对上述机构的位置进行调整。

皮带输送的灵活性还体现在以下方面。

(1)皮带的运行速度可以根据生产节拍的需要进行调整。

(2)皮带的宽度与长度可以根据需要灵活选用。

(3)不仅可以在水平面内输送，还可以在具有一定高度差的倾斜方向上实现倾斜输送。

(4)既可以采用单条的皮带输送线，也可以同时采用两条或多条平行的皮带输送线并列输送；各条输送线的方向既可以相同也可以相反，以将不合格的产品反方向送回。

(5)既可以作为大型的输送线用于生产线，也可以作为小型或微型的输送装置用于通常对空间非常敏感的自动化专机上。

3. 结构标准化

皮带输送的结构相对比较简单，目前基本上已经是标准化的结构，大部分元件与材料都已经实现标准化并可以通过外购获得，这样就可以实现快速设计、快速制造、低成本制造，提高企业的市场竞争力。

3.5.2 皮带输送的结构

各种皮带输送虽然在形式上有些差异，但其结构原理是一样的。典型的皮带流水线内部驱动结构有以下三种。

(1)端部驱动。零件数量最少，结构最简单，适用于较短的皮带线体，如图 3-81 所示。

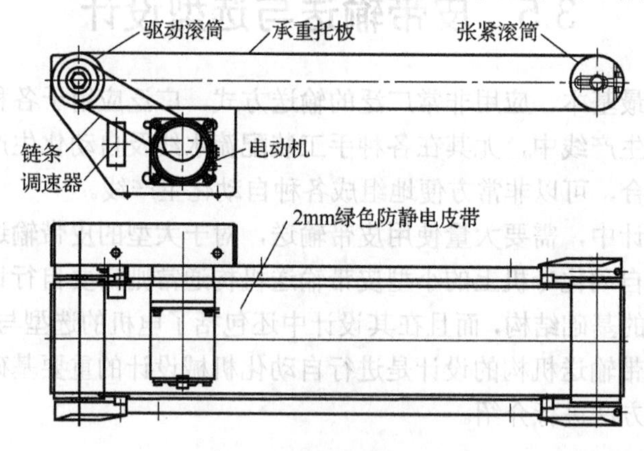

图 3-81　皮带输送端部驱动结构

(2)中间驱动。最常用的一种流水线结构之一，便于线体的水平及张紧调整，如图 3-82 所示。

(3)偏置驱动。也是最常用的一种流水线结构之一，同样便于线体的水平及张紧调整，如图 3-83 所示。

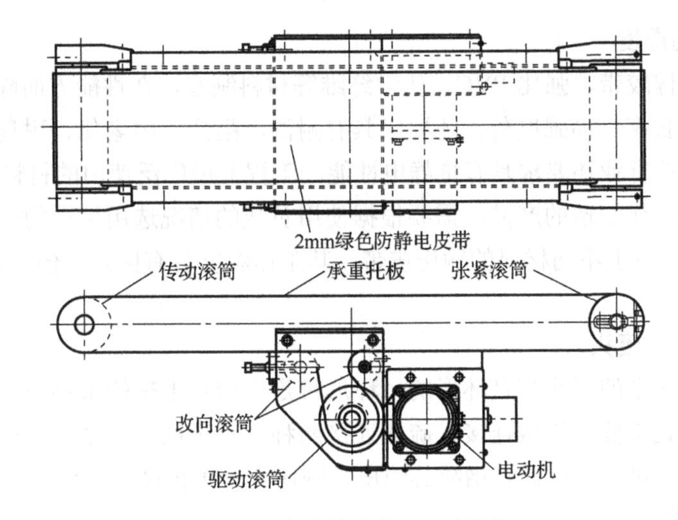

图 3-82　皮带输送中间驱动结构

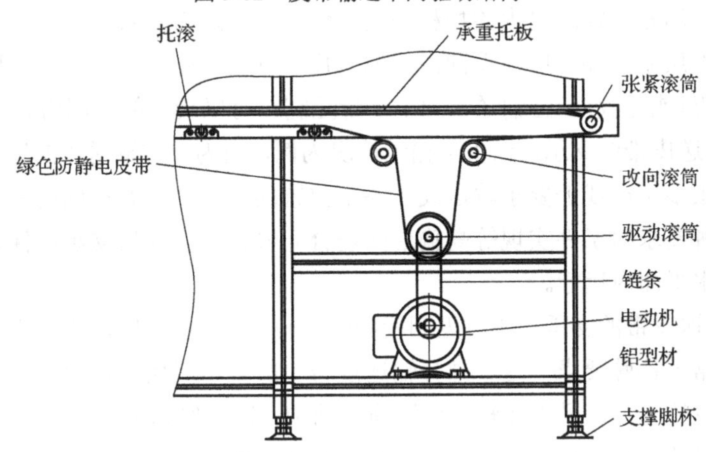

图 3-83　皮带输送偏置驱动结构

3.5.3　皮带输送设计要点

在皮带输送的设计中，需要掌握以下结构设计要点。

1. 皮带速度

皮带输送中皮带的速度一般为 1.5～6m/min，可以根据生产线或机器生产节拍的需要通过速度调节装置进行灵活调节。

根据皮带运行速度的区别，实际工程中皮带输送线可以按以下三种方式运行，即等速输送、间歇输送和变速输送。

(1) 等速输送就是输送皮带按固定的速度运行。通过调节与电机配套使用的调速器将皮带速度调整到需要值，调速器由人工调节设定后，皮带就以稳定的速度运行。

(2) 间歇输送是指当需要输送工件时输送皮带运行，当输送皮带上暂时没有工件时皮带停止运行。其主要目的是根据生产节拍的需要，减少空转时间，节省能源。

(3) 变速输送是指根据输送皮带上工件的数量来灵活调节输送皮带的运行速度，如在用皮带输送线输送工件的生产线上，当某一专机的待操作工件短缺时加快输送皮带的速度，反之当某一专机的待操作工件较多时降低输送皮带的速度。其主要目的也是根据生产节拍的需要，节省能源，它是通过对电机的变频控制来实现的。

2. 皮带材料与厚度

输送皮带常用橡胶带、强化 PVC、化学纤维等材料制造，在性能方面除要求具有优良的耐屈绕性能、低伸长率、高强度外，还要求具有耐油、耐热、耐老化、耐臭氧、抗龟裂等优良性能，在电子制造行业还要求具有抗静电性能。工程上最广泛使用的材料是 PVC 皮带。

输送皮带是专业化制造的产品，需要根据使用负载的情况选用标准的厚度，最常用的皮带厚度为 1～6mm。对于不同材料的输送皮带，其工作温度各有区别，但通常的范围为-20～110℃。

3. 皮带的连接与接头

一般情况下输送带的形状都是环形的，环形带是由切割下来的带料通过接头的形式连接而成的，连接的方式主要有机械连接、硫化连接两种。对于橡胶皮带及塑料皮带工程上通常采用硫化连接接头，对于内部含有钢绳芯的皮带则通常采用机械式连接接头。

4. 托辊(或托板)

输送带要实现的是一定距离内的物料输送，但由于输送带自身具有一定的质量，加上运送物料(或工件)的质量，输送段及返回段的输送皮带都会产生一定的下垂，因此必须在输送带的下方设置托辊(或托板)，将输送带的下垂量控制在可以接受的范围内。

(1)输送段输送皮带的支承。以水平输送情况为例，因为上方输送段的输送皮带直接输送工件或产品，在很多生产线上要求输送线上各个位置的工件都具有相同的高度，不允许皮带下垂，因此在这种要求对工件实现等高输送的场合一般都采用托板支承，保证上方的输送皮带及工件在一个水平面内运行。

(2)返回段输送皮带的支承。下方返回段的输送皮带因为只起到循环作用，不承载工件，所以对下垂量通常无特殊要求。这一部分输送皮带一般直接采用结构简单的托辊支承，以减少皮带因摩擦产生的磨损，采用托辊还可以简化结构，降低制造成本。

在某些对皮带的下垂量无特殊要求的场合有时也将输送段及返回段的输送皮带都采用托辊支承，而且由于在下方的返回段皮带仅包括皮带的自重，因此下方皮带支承托辊的间距可以比上方托辊的间距更大。

根据所输送物料类型的区别，在散料的输送线上托辊也可以采用分段倾斜安装，使皮带呈两侧高、中部偏低的形状，保证散料集中在皮带的中部而不会向外散落。

5. 辊轮

辊轮是皮带输送系统中的重要结构部件之一，前面已经介绍，在典型的皮带输送系统中通常包括主动轮、从动轮、张紧轮。在小型的皮带输送装置中，为了简化结构、节省空间，经常将从动轮与张紧轮合二为一，直接采用两个辊轮即可。

6. 包角与摩擦系数

由于皮带传动在原理上属于摩擦传动，电机是通过主动轮与皮带内侧之间的摩擦力来驱动皮带及皮带上的负载的，因此主动轮与皮带内侧之间的摩擦力是非常重要的因素，直接决定了整个输送系统的输送能力。

显然，主动轮与皮带内侧之间的摩擦力取决于以下因素：皮带的拉力、主动轮与皮带之间的包角以及主动轮与皮带内侧表面之间的相对摩擦系数。

1) 包角

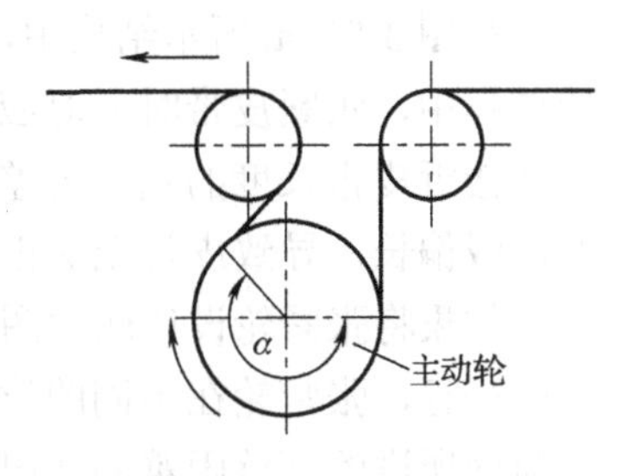

图 3-84　皮带包角示意图

皮带工作时，主动轮表面与皮带内侧的接触段实际上为一段圆弧面，该段圆弧面在主动轮端面上的投影为一段圆弧，该圆弧所在区域对应的圆心角即为主动轮与皮带之间的包角，如图 3-84 所示，一般用 α 表示。从后面的分析可以知道，包角直接决定了主动轮与输送皮带之间的接触面积，对整个输送系统的输送能力至关重要，通常要尽可能增大皮带的包角。

2) 摩擦系数

摩擦系数指主动轮外表面与输送皮带内侧表面之间的摩擦系数，它决定了在一定的接触压力下单位接触面积上能产生的摩擦力大小，一般用 μ_0 表示。

该摩擦系数越大，在一定的包角 α 、一定的皮带张力下所产生的摩擦力也越大，该摩擦力也就是传递扭矩、驱动皮带及其上工件的有效牵引力。从后面的分析可以知道，工程上希望该摩擦系数尽可能大。

7. 合理的张紧轮位置及张紧调节方向

张紧轮不仅可以调节输送皮带的张紧力，还可以达到增大皮带包角的目的。在皮带输送系统的设计中，如果皮带的包角太小而且又是不能改变，则这种设计就是一个有缺陷的设计，可能会出现后面要介绍的皮带打滑现象。

(1) 张紧轮调节方向与皮带包角的关系。良好的设计方案应该是皮带具有足够大的包角，而且张紧轮在加大皮带张紧力的同时还应能增大皮带的包角，因此张紧轮的调整方向在设计时具有一定的技巧。

(2) 张紧轮调节方向对皮带长度的影响。张紧轮的位置设计不仅与皮带包角的调整有关，还与皮带的长度有关，并直接影响皮带的订购及装配调试。

在安装皮带时通常是通过张紧轮的位置变化来调整皮带的松紧程度的，而张紧轮位置的调整具有一定的范围，在张紧轮的两个极限位置之间，所需要的皮带理论长度是不同的，上述两个极限位置对应的皮带理论长度分别为最大长度与最小长度。

假设张紧轮在上述两个极限位置之间调整时，皮带的理论长度差别很小，那么有可能造成以下问题：由于皮带长度在订购时存在一定的允许制造误差，调整张紧轮时可能出现理论上皮带应该最紧的位置却仍然无法张紧，而在理论上皮带应该最松的位置却不够长导致皮带无法装入，这种情况是不允许出现的。图 3-85 表示了两种张紧轮的设计方案示例及其效果对比。

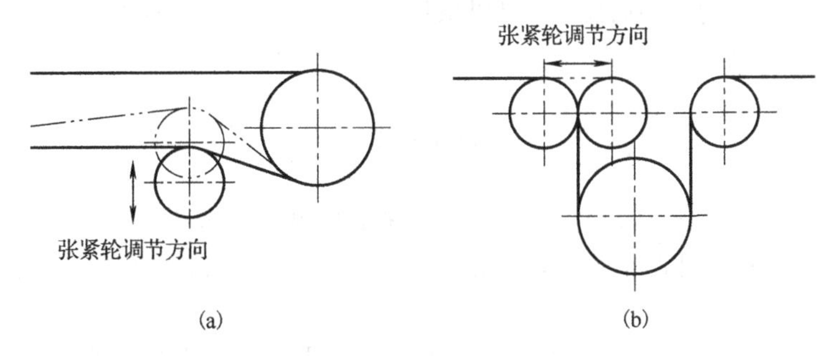

图 3-85　两种张紧轮的设计方案对比

在图 3-85(a)所示结构中，张紧轮位置的调节方向为垂直于皮带输送方向。在调整张紧轮的过程中，张紧皮带时所对应的皮带理论长度变化实际上较小。如果皮带理论长度变化量过小或接近皮带长度的制造公差值，尤其是当皮带长度较大时，就有可能出现调整时皮带长度偏短或偏长，导致皮带无法正常调节的情况。

如果将张紧轮设计成如图 3-85(b)所示的结构则非常有利，张紧轮的调整方向与皮带输送方向平行，张紧轮在不同的位置张紧皮带时所对应的皮带理论长度变化较大，这样就不会出现前面所讲的调整困难的情况，而且在调整张紧轮使皮带变紧的过程中，皮带的包角也在明显加大，因而有利于提高皮带与主动轮之间的摩擦力。

工程上通常将张紧轮调节方向尽可能设计为对皮带长度影响最大的方向，即在张紧轮的两个极限位置之间所需要的皮带理论长度差别最大，这一方向实际上就是图 3-85(b)所示的与皮带输送方向平行的方向。

8. 皮带长度设计计算

设计皮带输送系统时一项很重要的工作就是按一定的规格向皮带的专业制造商订购皮带。皮带的订购参数包括材料种类、长度、宽度、厚度和颜色等。其中，皮带的宽度根据所需要输送工件的宽度尺寸来设计；皮带的材料种类主要根据输送物料的类型、使用环境温度来选取；皮带的颜色则根据需要的外观效果来选取；皮带的长度需要根据实际结构中各辊轮的位置、直径进行数学计算与校核。由于皮带的连接需要采用专门的设备和工艺，如果计算的长度有错误或因其他原因更改设计长度，虽然可以重新加工连接改变皮带的长度，但一般只将皮带长度改短而不加长，改短可以避免材料浪费，加长则增加了连接接头。这种重新加工一般要将皮带退回给供应商返工，实际经验表明这样重新返工的费用几乎与重新订购新皮带的费用相近，所以皮带的长度一定要仔细计算核准，以免使用安装时发现错误而无法使用。

皮带输送系统中皮带长度的计算需要注意以下几点。

(1) 设计和订购皮带时，为了保证尺寸的统一，工程上皮带长度一般都是指皮带中径(皮带厚度中央)所在的周长，而不是皮带内径或外径所在的周长，单位一般为毫米。

(2) 由于皮带张紧时的实际变形量很小，所以设计皮带长度时一般不考虑皮带张紧变形对长度的影响。

(3) 皮带长度的计算由上述各几何尺寸确定。当张紧轮的位置确定后，只要分别根据各段轮廓线(直线段和圆弧)的长度累加即可得出该位置所需要的皮带理论长度，这些长度可以在 CAD(如 AutoCAD 等)设计界面上非常方便地直接量取求得，而不需要进行专门的数学计算。皮带的基准长度 L_d 和传动的中心距 a，可以依据 $0.7(D_1+D_2)\leqslant a_0\leqslant 2(D_1+D_2)$ 进行计算，其中 a_0 为初选中心距，有

$$L_d = 2a_0 + \frac{\pi}{2}(D_1+D_2) + \frac{(D_2-D_1)^2}{4a_0} \tag{3-13}$$

这种计算方法没有考虑皮带的厚度，因为皮带的厚度通常很小，对皮带长度的影响较小，而且皮带本身有一定的长度调整范围，所以计算皮带长度时通常不考虑其厚度，也就是假设其厚度为零。

(4) 皮带长度的确定。显然，当张紧轮处于不同位置时所需要的皮带理论长度是不同的，张紧轮处于皮带最松位置时所需要的皮带理论长度最短，张紧轮处于皮带最紧位置时所需要

的皮带理论长度最长。在张紧轮的两个极限调节位置，只要分别根据各段轮廓线(直线段和圆弧)的长度累加即可得出所需要的皮带最小及最大理论长度。

工程上设计皮带长度时通常按接近最小长度来设计，保证皮带安装后能进行张紧调节，如果按最长的长度设计则安装后就无法张紧了。

设张紧轮处于皮带最紧和最松张紧位置时，所需要的皮带最小理论长度、最大理论长度分别为 L_1、L_2，则理论上皮带长度的最大允许调节量 $\varDelta$ 为

$$\varDelta = L_2 - L_1 \tag{3-14}$$

为了保证皮带仍然具有一定的调节范围，皮带设计长度 L 一般按式(3-12)来设计。

9. 皮带宽度与厚度

皮带宽度根据实际需要输送的工件宽度尺寸来设计，对于小型皮带输送线通常情况下皮带宽度必须比工件宽度加大 10～15mm。

皮带的厚度则根据皮带上同时输送工件的总质量来进行强度计算校核，并且所选定的皮带材料及厚度能够在所设计的最小辊轮条件下满足最小弯曲半径的需要，然后从制造商已有的厚度规格中选取确定。例如，对于电子制造行业中小型电子、电气产品的输送，皮带厚度一般选择为 1.0～2.0mm。

在电动机、减速器的选型中，需要确认负载工况。在此基础上对负载进行计算，从而定配套的电动机、减速器型号，进而可以根据安装要求确定电动机、减速器的安装结构形式。

10. 皮带输送的负载计算

$$P_L = \left(P_1 + P_2 + P_3\right)\frac{100}{\eta} \tag{3-15}$$

式中，输送带空载功率 $P_1 = 9.8\mu qVL(\mathrm{W})$；输送带上物品的水平做功功率 $P_2 = \dfrac{\mu QL}{367}(\mathrm{W})$；输送带上物品的垂直做功功率 $P_3 = \pm\dfrac{QH}{367}(\mathrm{W})$；$\eta$ 为效率(%)。其中，L 为输送带长度(m)；q 为输送带比重(kg/m)；μ 为摩擦因数；V 为输送带的速度(m/s)；Q 为输送能力(m^3/s)；H 为输送带两端的高度差(m)。

在负载功率 P_1 确定后，可以计算负载转矩 T_1。然后进行相关的计算和选用配置。

11. 皮带输送能力计算

$$Q = 3.6W_{\mathrm{m}} \cdot V \tag{3-16}$$

式中，W_{m} 为线载荷量，kg/m；V 为带速，m/s。

12. 选型举例

如图 3-86 所示，AC 电动机驱动，设已知参数：皮带与工作物的总质量 $m_1 = 20\mathrm{kg}$，滑动工件与皮带间的摩擦系数 $\mu = 0.3$，滚轮的直径 D=100mm，滚轮的质量 m_2=1kg，皮带与滚轮的效率 $\eta = 90\%$，皮带的速度 V = (140±10%)mm/s，电动机电源单相 220V/60Hz，工作时间 1 天 8 小时运转。

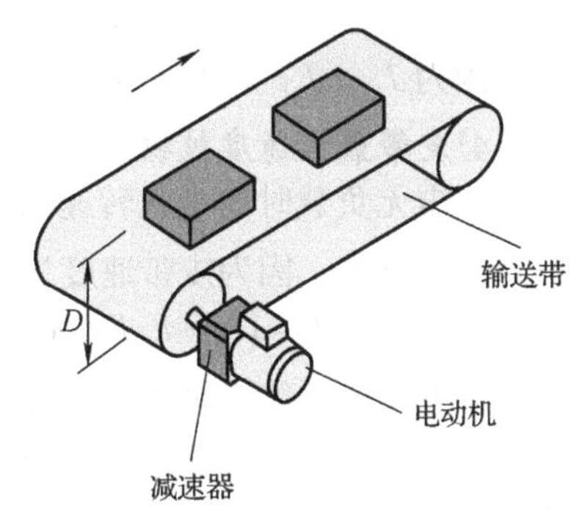

图 3-86　举例皮带机结构示意图

1)确定减速器的减速比

输出轴转速

$$n_G = \left(V \times 60\right) / \left(\pi \times D\right) = \left(140 \pm 14\right) \times 60 = 26.7 \pm 2.7(\mathrm{r/min})$$

而电动机(4 极)在 60Hz 时的额定转速为 1450～1550r/min，所以减速器的减速比

$$i=(1450\sim1550)/n_G=(1450\sim1550)/(26.7\pm2.7)=49.3\sim64.6$$

因此，选择在此范围内的减速比 $i=60$。

2)计算需要的转矩

输送带起动时所需的转矩为最大，故先计算启动时所需转矩。因为滑动工件的摩擦力

$$F=\mu m_1 g=0.3\times20\times0.870=58.8\,(\text{N})$$

所以负载转矩

$$T_L=F\times D/(2\times\eta)=(58.8\times100\times10^{-3})/(2\times0.9)=3.27(\text{N}\cdot\text{m})$$

由于此负载转矩为减速器输出轴的值，所以需换算成电动机输出轴的值。设减速器的传动效率 $\eta_G=0.66$，则电动机输出轴上的转矩为

$$T_m=T_1/(i\times\eta_G)=3.27/(60\times0.66)=0.0826\text{N}\cdot\text{m}=82.6\text{mN}\cdot\text{m}$$

按使用电源电压波动(220±10%)V 等角度考虑，设定安全系数为 2，则电动机起动所需转矩为 82.6×2=165mN·m。

选用 JSCC 电动机 90YS40GVll，其起动转矩 180mN·m，额定转矩为 260mN·m，较实际负载转矩为大，因此可以满足使用要求。

3)确认负载惯量

皮带与工作物的惯量

$$J_{m1}=m_1\times(D/2)^2=20\times(100\times10^{-3}/2)^2=500\times10^{-4}(\text{kg}\cdot\text{m}^2)$$

滚轮的惯量

$$J_{m2}=1/2\times m_3\times(D/2)^2=1/8\times1\times(100\times10^{-3})^2=12.5\times10^{-4}(\text{kg}\cdot\text{m}^2)$$

则减速器输出轴的全负载惯量为

$$J_L=500\times10^{-4}+12.5\times10^{-4}\times2=525\times10^{-4}(\text{kg}\cdot\text{m}^2)$$

选用减速器型号：JSCC 型 90GK60H，其输出转速为 26r/min，额定转矩为 10N·m，容许负载惯量为

$$J=0.75\times10^{-4}\times60^2=2700\times10^{-4}(\text{kg}\cdot\text{m}^2)$$

因为 $J_L<J$，即负载惯性惯量为容许值以下，故可以使用。

4)皮带最大速度校核

依据无负载时的电机转速 n_M（约 1750r/min)来计算皮带的速度，确认前面所选结果是否符合给定要求。因为皮带速度为

$$V=(n_M\cdot\pi\cdot D)/(60\cdot i)=(1750\times\pi\times100)/(60\times60)=152.7(\text{mm/s})$$

可见，结果能满足设计条件规定要求(小于最大速度 154mm/s)。

综上所述，对负载工况的分析、负载计算，是选用电动机、减速器的基础。有关详细的计算可参阅机械设计手册的相关章节。

3.6　减速器、电磁离合器及选型设计

3.6.1　减速器

根据用途不同，减速器可分为通用和专用两类，由于通用减速器实现了系列化、标准化、专业化生产，产品选购和配件获得容易，是一般用户的首选，只有在特殊用途或选不到合适的产品时才考虑设计和选用专用减速器。在自动化设备中，一般很少有非常特殊的场合，通常以选用通用减速器为主。

1. 传统减速器产品介绍

目前，传统减速器的种类很多，如图 3-87 所示，它们的特点及应用见表 3-15。

(a)两级圆柱齿轮减速器

(b)圆锥齿轮减速器

(c)蜗杆减速器

(d)行星齿轮减速器

图 3-87　各类传统减速器

表 3-15　传统减速器特点及应用

<table>
<tr><th colspan="2">名称</th><th>推荐传动比</th><th>机械效率</th><th>特点及应用</th></tr>
<tr><td colspan="2">单级圆柱齿轮减速器</td><td>$i \leqslant 8 \sim 10$</td><td rowspan="5">单级
97%～98%
两级
95%～96%</td><td>应用广泛，结构简单，精度容易保证。轮齿可做成直齿、斜齿和人字齿。直齿用于速度较低、载荷较轻的传动；斜齿轮用于速度较高的传动；人字齿轮用于载荷较重的传动</td></tr>
<tr><td rowspan="4">两级圆柱齿轮减速器</td><td>展开式</td><td>$i = i_1 i_2$
$i = 8 \sim 60$</td><td>结构简单，但齿轮相对于轴承的位置不对称，要求轴有较大的刚度。用于载荷比较平稳的场合。高速级一般做成斜齿，低速级做成直齿</td></tr>
<tr><td>分离式</td><td>$i = i_1 i_2$
$i = 8 \sim 60$</td><td>结构复杂，由于齿轮相对于轴承对称布置，与展开式相比载荷沿齿宽分布均匀、轴承受载较均匀。适用于变载荷的场合。高速级一般用斜齿，低速级可用直齿或人字齿</td></tr>
<tr><td>同轴式</td><td>$i = i_1 i_2$
$i = 8 \sim 60$</td><td>减速器横向尺寸较小，两对齿轮浸入油中深度大致相同。但轴向尺寸大和重量较大，且中间轴较长、刚度差，沿齿宽载荷分布不均匀，高速轴的承载能力难以充分利用</td></tr>
<tr><td>同轴分离式</td><td>$i = i_1 i_2$
$i = 8 \sim 60$</td><td>每对啮合齿轮仅传递全部载荷的 1/2，输入轴和输出轴只承受扭矩，中间轴只受全部载荷的 1/2，故与传递同样功率的其他减速机相比，轴颈尺寸可以缩小</td></tr>
<tr><td rowspan="2">三级圆柱齿轮减速器</td><td>展开式</td><td>$i = i_1 i_2 i_3$
$i = 40 \sim 400$</td><td rowspan="2">—</td><td>与两级展开式相同</td></tr>
<tr><td>分流式</td><td>$i = i_1 i_2 i_3$
$i = 40 \sim 400$</td><td>与两级展开式相同</td></tr>
</table>

续表

<table>
<tr><th colspan="3">名称</th><th>推荐传动比</th><th>机械效率</th><th>特点及应用</th></tr>
<tr><td colspan="3">单级圆锥齿轮减速器</td><td>$i \leqslant 8 \sim 10$</td><td>93%～96%</td><td>轮齿可做成直齿、斜齿或曲线齿。用于两轴垂直相交的传动中，也可用于两轴垂直相错的传动中。由于制造安装复杂、成本高，所以仅在传动布置需要时采用</td></tr>
<tr><td colspan="3">两级圆锥—圆柱齿轮减速器</td><td>$i = i_1 i_2 i_3$
直齿圆锥齿轮：
$i = 8 \sim 22$
斜齿或曲线齿锥齿轮：
$i = 8 \sim 40$</td><td>94%～98%</td><td>特点同单级圆锥齿轮减速器，圆锥齿轮在高速级，以使圆锥齿轮尺寸不致太大，否则加工困难</td></tr>
<tr><td colspan="3">三级圆锥—圆柱齿轮减速器</td><td>$i = i_1 i_2 i_3, i = 25 \sim 75$</td><td>—</td><td>特点同两级圆锥—圆柱齿轮减速器</td></tr>
<tr><td colspan="2" rowspan="3">单级蜗轮蜗杆减速器</td><td>蜗杆下置式</td><td>$i = 10 \sim 80$</td><td rowspan="5">50%～80%</td><td>蜗杆在蜗轮下方，啮合处冷却和润滑都较好，蜗杆轴承润滑也方便，但当蜗杆圆周速度高时，搅油损失大，一般用于蜗杆圆周速度 v<10m/s 的场合</td></tr>
<tr><td>蜗杆上置式</td><td>$i = 10 \sim 80$</td><td>蜗杆在蜗轮上方，蜗杆的圆周速度可高些，但蜗杆轴承润滑不太方便</td></tr>
<tr><td>蜗杆侧置式</td><td>$i = 10 \sim 80$</td><td>蜗杆在蜗轮侧面，蜗轮轴垂直布置，一般用于水平旋转机构的传动</td></tr>
<tr><td colspan="3">两级蜗杆减速器</td><td>$i = i_1 i_2, i = 43 \sim 3600$</td><td>传动比大，结构紧凑，但效率低</td></tr>
<tr><td colspan="3">两级齿轮—蜗轮蜗杆减速器</td><td>$i = i_1 i_2, i = 15 \sim 480$</td><td>有齿轮高速级传动和蜗杆高速级传动两种形式。前者结构紧凑，而后者传动效率高</td></tr>
<tr><td rowspan="3">行星齿轮减速器</td><td rowspan="2">NGW（2K-H）型减速机</td><td>单级</td><td>$i = 2.8 \sim 12.5$</td><td rowspan="2">单级：
97%～98%</td><td rowspan="2">体积小、重量轻、承载能力大、效率高、工作平稳。与普通圆柱齿轮减速器比较，体积和重量可减少50%左右、效率提高3%。但制造精度要求高、结构复杂</td></tr>
<tr><td>两级</td><td>$i = i_1 i_2$,
$i = 14 \sim 160$</td></tr>
<tr><td>N（K-H-V）型少齿差减速机</td><td>单级</td><td>$i = 10 \sim 160$</td><td>平均90%</td><td>传动比大，齿形加工容易，装拆方便，结构紧凑</td></tr>
</table>

一般而言，普通齿轮减速器（包括圆锥齿轮减速器）具有效率高、适应性强等优点，其缺点是外形尺寸较大，适用于空间充裕、长期或连续大功率工作的场合。蜗杆减速器具有工作平稳、无噪声的特点，比普通齿轮减速器体积小、质量轻、结构紧凑；缺点是传动效率低，只适用于中小功率和间歇工作的场合。在条件允许的情况下，应尽量采用圆弧齿圆柱蜗杆传动或圆弧面蜗杆传动等方式，承载能力和传动效率都比较高。行星齿轮减速器传动比范围大、体积小、质量轻、精度高，在合理选择传动类型的情况下，传动效率也比较高，是非常优秀的减速器，广泛应用于伺服、步进、直流等传动系统中。其缺点是某些类型结构稍复杂，如选型不当会导致效率过低，甚至在大传动比时出现自锁。

2. 新型减速器产品简介

除了不断改进材料品质、提高工艺水平外，传动原理和传动结构的创新也是减速器技术发展的一个方面，在大功率、大传动比、小体积、高机械效率以及长使用寿命的发展方向不断有优良性能的新型减速器出现，但制造工艺都比较复杂。目前，美国、德国、日本等在新型减速器的开发和研制上处于领先地位，如日本住友重工研制的 FA 型高精度减速器，美国 Alah-Newton 公司研制的 X-Y 式减速器，都是目前比较先进的齿轮减速器。

图 3-88 为摆线针轮减速器，是一种采用摆线针轮啮合行星传动原理设计制造的新型减速器，属于行星齿轮减速器的一种。最常用的是单级和两级摆线针轮减速器，若要求大传动比，则采用多级串联的方式。可广泛应用于纺织印染、轻工食品、冶金矿山、石油化工、起重运

输及工程机械领域中的驱动和减速装置。

目前，国内生产摆线针轮减速器分为 B、X 两大系列，其内在原理相同，主要区别在输出轴的尺寸，且根据不同的使用场合，分为立式(L)、卧式(W)、电动机直联型(D)等多种形式。因此，可以根据减速器的结构、使用等因素，参考制造商提供的选型表进行选择。

图 3-89 为少齿差减速器，利用一个齿轮在平动发生器的驱动下做平面平行运动，通过齿廓啮合驱动另一个齿轮做定轴减速转动，实现减速功能。相比摆线和谐波减速器，它能实现更大的功率传动，可广泛应用于机械、冶金、矿山、建筑、航空、军事等领域，特别在需要较大减速比和较大功率的各种传动中有巨大的市场。

图 3-88　摆线针轮减速器

图 3-89　少齿差减速器

图 3-90 为谐波减速器。它也属于行星齿轮减速器的一种，利用柔性元件可控的弹性变形来传递运动和动力。当三个基本构件，即波发生器、柔轮、刚轮中任意固定一个，其余两个一为主动、一为从动时，可实现减速或增速(固定传动比)；也可变换成两个输入，一个输出，组成差动传动。

另外还有一种如图 3-91 所示的在机器人中常用的 RV 减速器，它是采用渐开线行星齿轮传动和摆线针轮行星传动构成两级封闭式行星传动装置。RV 减速器具有长期使用不需再加润滑剂、传动比范围大、刚性好、承载能力好、体积小、运动精度高、弹性回差小、传动效率高等优点。表 3-16 为几种较新型减速器的特点和应用介绍，供设计自动化设备时参考。

图 3-90　谐波减速器

图 3-91　RV 减速器

表 3-16　几种较新型减速器的特点和应用

名称	推荐传动比	效率	特点及应用
摆线针轮减速机	单级：$i=11\sim87$ 二级：$i=121\sim5133$ 三级：$i=20339$	单级：90%～94%	传动比大，承载能力强、传达效率高、使用寿命长(其体积和重量为相同情况的普通齿轮减速机的 50%～80%)等显著优点，运转平稳噪声低、过载和耐冲击能力较强，故障少等，适用性广

续表

名称	推荐传动比	效率	特点及应用
谐波齿轮减速机	单级：$i=50\sim300$ 优选 $i=75\sim250$ 双级：$i=3000\sim6000$ 复波：$i=200\sim14000$	$i=100$ 时 $\eta=90\%$； $i=400$ 时 $\eta=80\%$	传动比大，范围宽；传动效率高，承载能力大，双波传动中受载时同时啮合齿数可达总齿数 20%～ 40%；元件少，体积小，重量轻(相同条件下比一般齿轮减速器体积和重量减少 20%～25%)；运转平稳，噪声低等。主要适用于小功率、大传动比的场合或仪表及控制系统中，也可用于高精度微调传动
少齿差减速器	单级：$i=11\sim90$ 二级：$i_{max}=980$	单级：92%～98%	传动比范围大，结构紧凑，体积小，重量轻(比现有的齿轮减速器减少 1/3 左右)；相比摆线针轮和谐波(一般小于 40kW)承载能力高，传递功率不受限制，输出转矩高达 400kN · m；且减速器的效率将不随传动比的增大而降低；使用寿命长，噪声低，过载能力强；零件种类少，齿轮精度要求不高，无特殊材料且不采用特殊加工方法就能制造，造价低、适应性广、派生系列多
RV 减速器	29、59、83、119	单级：95%～97% 二级：93%～94% 三级：90%～93%	高精度，传动精度小于 1Arc.min，适用于精密传动；高刚性；体积小、重量轻，占用空间小；速比大，可达 153：1，采用二级减速机构；寿命长，达 5500h；传动效率高，可达 85%以上； 长期使用无须再加润滑脂；有中空式，中心穿线，应用方便、简单；拓展带法兰整机，使用更方便，传动更精密

3. 减速器的设计计算

通常来说减速器因其受力大小、工作方式、环境不同，其选型方法不同，本节通过一个设计实例来介绍减速器一般通用选型设计方法。

1) 电机功率、减速机扭矩、速比计算式

速比 = 电机输出转数 ÷ 减速机输出转数(速比也称传动比)

知道电机功率和速比及使用系数，求减速机扭矩的公式：

减速机扭矩 = 9550 × 电机功率 ÷ 电机功率输入转数 × 速比 × 使用系数

知道扭矩和减速机输出转数及使用系数，求减速机所需配电机功率的公式：

电机功率 = 扭矩 ÷ 9550 × 电机功率输入转数 ÷ 速比 ÷ 使用系数

扭矩 = $\mu mg \times R$

启动扭矩 = 1.5(估计) × 扭矩

尽量选用接近理想减速比：

减速比 = 伺服马达转速 / 减速机出力轴转速

扭力计算：对减速机的寿命而言，扭力计算非常重要，并且要注意加速度的最大转矩值(TP)，是否超过减速机的最大负载扭力。

适用功率通常为市面上的伺服机种的适用功率，减速机的适用性很高，工作系数都能维持在 1.2 以上，但在选用上也可以以自己的需要来决定：

(1) 选用伺服电机的出力轴径不能大于表格上最大使用轴径；

(2) 若经扭力计算工作转速可以满足平常运转，但在伺服全额输出有不足现象时，可以在电机侧的驱动器上做好流控制，或在机械轴上做扭力保护，这是很必要的。

2)减速器规格选择

通用减速器的选型包括提出原始条件、选择类型、确定规格等步骤。

相比之下，类型选择比较简单，而准确提供减速器的工况条件，掌握减速器的设计、制造和使用特点是通用减速器正确合理选择规格的关键。

规格选择要满足强度、热平衡、轴伸部位承受径向载荷等条件。

通用减速器和专用减速器设计选型方法的最大不同在于，前者适用于各个行业，但减速只能按一种特定的工况条件设计，故选用时用户需根据各自的要求考虑不同的修正系数，工厂应该按实际选用电动机功率(不是减速器的额定功率)；后者按用户的专用条件设计，该考虑的系数，设计时一般已作考虑，选用时只要满足使用功率小于等于减速器的额定功率即可，方法相对简单。

通用减速器的额定功率一般是按使用(工况)系数 $ka=1$(电动机或汽轮机为原动机，工作机载荷平稳，每天工作 3～10h，每小时启动次数≤5 次，允许启动转矩为工作转矩的 2 倍)，接触强度安全系数 SH≈1，单对齿轮的失效概率≈1%等条件计算确定的。所选减速器的额定功率应满足：

$$P_c = P_g k_a k_s k_r \leqslant P_N \tag{3-17}$$

式中，P_c 为计算功率(kW)；P_N 为减速器的额定功率(kW)；P_g 为工作机功率(kW)；k_a 为使用系数，考虑使用工况的影响；k_s 为启动系数，考虑启动次数的影响；k_r 为可靠度系数，考虑不同可靠度要求。

世界各国所用的使用系数基本相同。虽然许多样本上没有反映出 k_s、k_r 两个系数，但由于知己(对自身的工况要求清楚)、知彼(对减速器的性能特点清楚)，国外选型时一般均留有较大的富裕量，相当于已考虑了 k_s、k_r 的影响。

由于使用场合、重要程度、损坏后对人身安全及生产造成损失大小、维修难易不同，因而对减速器的可靠度的要求也不相同。系数 k_r 就是实际需要的可靠度对原设计的可靠度进行修正。它符合 ISO6336、GB 3480 和 AGMA2001—B88(美国齿轮制造者协会标准)对齿轮强度计算方法的规定。国内一些用户对减速器的可靠度尚提不出具体量的要求，可按一般专用减速器的设计规定(SH≥1.25，失效概率≤1/1000)，较重要场合取 $k_r=1.25\sim1.56$。

3)热平衡校核

通用减速器的许用热功率值是在特定工况条件下(一般环境温度 20℃，每小时 100%，连续运转，功率利用率 100%)，按润滑油允许的最高平衡温度(一般为 85℃)确定的。条件不同时按相应系数(有时综合成一个系数)进行修正。所选减速器应满足

$$P_{ct} = P_z \cdot k_T \cdot k_w \cdot k_p \leqslant P_t \tag{3-18}$$

式中，P_{ct} 为计算热功率(kW)；k_T 为环境温度系数；k_w 为运转周期系数；k_p 为功率利用率系数；P_t 为减速器许用热功率(kW)。

4)校核轴的载荷

通用减速器常常须对输入轴、输出轴的轴伸中间部位允许承受的最大径向载荷(即对应的弯矩)给予限制，应予校核，超过时应向制造厂提出加粗轴径和加大轴承等要求。

减速器的承载能力受机械强度和热平衡许用功率两方面的限制。因此，减速器的选用必须通过两个功率表。

首先按减速器机械强度许用公称功率 P_1 选用，如果减速器的实用输入转速与承载能力表

中的三档(1500、1000、750)转速之某一挡转速相对误差不超过 4%，可按该挡转速下的公称功率选用相当规格的减速器；如果转速相对误差超过 4%，则应按实用转速折算减速器的公称功率选用。然后校核减速器热平衡许用功率。

5)实例计算

输送大件物品的皮带输送机减速器，驱动电动机转速 $n_1 = 1200\text{r/min}$，传动比 $i = 4.5$，负载 P_2=380kW，轴伸承受纯扭矩，每日工作 24h，启动不超过五次，最高环境温度 $t = 38$ ℃，厂房较大，通风冷却，油池润滑。要求选用第Ⅰ种装配形式的标准减速器。

(1)按减速器的机械强度功率表选取，要计入工况系数 k_a，还要考虑安全系数 S_a、启动系数 k_s。

查相关表得，皮带输送机负荷为中等冲击，减速器失效会引起生产线停产。查相关表得

$$k_a = 1.5,\quad S_a = 1.5,\quad k_s = 1$$

计算功率 P_{2m} 为

$$P_{2m} = P_z k_a S_a K_s = 380 \times 1.5 \times 1.5 \times 1 = 855(\text{kW})$$

要求 $P_{2m} \leqslant P_1$。

按 $i = 4.5$ 及 $n_1 = 1200\text{r/min}$ 接近公称转速 1000r/min，查相关表：ZDY355 型减速机 $i = 4.5$，$n_1 = 1000\text{r/min}$，$P_1 = 953\text{kW}$。当 $n_1 = 1200\text{r/min}$ 时，折算公称功率为

$$P_1 = 953 \times 1200 / 1000 = 1143.6(\text{kW})$$

$P_{2m} = 855\text{kW} \leqslant P_1 = 1143.6\text{kW}$ 可以选用 ZDY355 型减速器。

(2)校核热功率 P_{2t} 能否通过。要计入系数 f_1、f_2、f_3，应满足：

$$P_{2t} = P_2 f_1 f_2 f_3 \leqslant P_{ct}$$

查相关表得

$$f_1 = 1.35 - (1.35 - 1.25)/(40 - 30) \times (40 - 38) = 1.31$$

$$f_2 = 1\ (\text{每日 24h 连续工作})$$

$$f_3 = 1.25$$

$$(P_2 / P_1 = 380 / 1143.6 = 0.332 = 33.2\% \leqslant 40\%)$$

$$P_{2t} = 380 \times 1.31 \times 1.25 = 622.3(\text{kW})$$

查相关表：ZDY355 型减速机，$P_{c1} = 320\text{kW}$，$P_{c1} < P_{2t}$。

只有采用盘状管冷却时 $P_{c2} = 790\text{kW} > P_{2t}$，因此可以选定：ZDY355-4.5-Ⅰ型减速器，并采用油池润滑，盘状水管通水冷却润滑油。如果不采用盘状管冷却，则需另选较大规格的减速器。按以上程序重新计算，应选 ZDY500-4.5-Ⅰ型减速器。

最后，减速器的许用瞬时尖峰负荷 $P_{2\max} \leqslant 1.8P_1$。

3.6.2 电磁离合器

1. 概述

磁性离合器按照磁力的形成可分为永磁式、磁滞式、电磁式以及它们的组合。按接合元件性质可分为啮合式(牙嵌式)、摩擦式(片式、圆锥式、扭簧式、磁粉式等)、感应式(转差式)。表 3-17 列出常用的几种磁性离合器的性能及应用范围比较。

表 3-17　常用的几种磁性离合器的性能及应用范围比较

<table>
<tr><th>类别</th><th colspan="2">优点</th><th>缺点</th><th>应用范围</th></tr>
<tr><td>永磁式</td><td colspan="2">利用永磁替代电磁，功能不受电源波动的影响。无摩擦部件，冲击小，动、静转矩几乎相同。无摩擦粒子，不污染机械。非机械连接，装置密封。结构简单，使用寿命长</td><td>工作温度受磁性材料性能限制。改变滑脱转矩需停机手工进行。滑动时间长会造成退磁</td><td>密封要求严格的设备，如分力泵、全封闭阀门、搅拌设备，柔性启动与过载保护，如瓶盖开启工具、自动扳手。用于提供稳定的传动转矩、阻尼转矩或张力矩的机构，如电线电缆、光纤光缆、编织纺织中的收放线机械</td></tr>
<tr><td>牙嵌式</td><td colspan="2">结构简单，外形尺寸小，离合动作快，传递转矩大，传动比恒定无滑差，无摩擦发热和磨损，不需调节，重复精度高，使用寿命长，干、湿两用</td><td>需在静态或低转速差时接合，否则会发生冲击和噪声，无缓冲作用</td><td>适于低速(相对转速在 100r/min 以下)、低转动惯量，接合不太频繁的小型机械</td></tr>
<tr><td rowspan="4">摩擦片式</td><td>干式单片</td><td>结构简单，价格低；动作快，允许接合力大，接合频率高，无空载转矩，转矩调节方便</td><td>径向尺寸大，摩擦片磨损需调整和更换，温升太高会出现摩擦性能衰退现象</td><td>对径向尺寸没有限制的场合，操作频率高及要求动作迅速的传动</td></tr>
<tr><td>干式多片</td><td>动作灵敏，空转转矩极小，结构紧凑，径向尺寸小</td><td>摩擦片有磨损；对一般人工调节机构，在机械布局上要提供调整方便的条件；允许接合功率小，温升太高时会出现摩擦性能衰退现象</td><td>适于快速接合、操作频率高的设备，在起重运物机、包装机、纺织机、机床等设备中广泛应用</td></tr>
<tr><td>湿式多片(线圈回转)</td><td>结构紧凑，外形尺寸小。摩擦片几乎没有磨损，使用寿命长，不必调整工作间隙</td><td>有空转转矩，高速时更要注意。接合与脱开动作较迟缓，接合频率不宜太高，要求有供油装置</td><td>不允许摩擦片有磨损产生磨屑的场合，多油的场合；要求外形尺寸小，接合功不大和装拆不大方便的场合</td></tr>
<tr><td>湿式多片(线圈静止)</td><td>线圈不动，接线容易，转动惯量小，有利于电路的设计和布置。无电刷不发生火花，安全可靠，防爆性好，有一定耐振性，结构紧凑，操作方便。磨损小，寿命长</td><td>有空转转矩，接合和脱开较慢，要有供油装置，结构较复杂，成本高</td><td>不允许摩擦片有磨损产生磨屑的场合和多油的场合；要求转速较高，转动惯量较大的传动，以及要缩短接合时间对动作精度要求较高的场合、防爆场合</td></tr>
<tr><td>磁粉式</td><td colspan="2">励磁电流与转矩呈线性关系，转矩控制范围广，精度高，响应快；接合与制动时无冲击，运转平稳，低噪声，控制功率小，易于实现自动控制</td><td>高频度操作部分易老化，使用寿命短，价格较贵。磁粒子间有摩擦，产生热量。高转矩稳定性、再现性差</td><td>需要有连续滑动的工作场合。要求恒转矩的传动系统。如绕线机、印刷机、板材、线材的恒张力控制系统</td></tr>
<tr><td>转差式</td><td colspan="2">启动平稳，无冲击，主动轴恒速，从动轴可作无级调速。无摩擦，可靠，寿命长，转矩大小可调节</td><td>承载能力低，传递转矩小；动作极慢。低速和转速差大时效率低。有涡流热产生</td><td>短时间需要有较大滑差的场合，需要有恒转矩的场合，在原动机恒速下可调节工作机的转速。适用于纺织、造纸、印刷等机械</td></tr>
</table>

永磁联轴器与离合器应用磁学原理，建立在无摩擦设计的基础上。因此，它比摩擦式、机械式联轴器、离合器具有传动平稳、寿命长、无噪声、无污染、无冲击、操作再现性和可控性好等一系列优点。

自动化装备与生产线常用的电磁离合器是线圈的通断电来控制离合器的接合与分离。电磁离合器可分为干式电磁离合器(图 3-92)、牙签式电磁离合器(图 3-93)、磁粉式电磁离合器(图 3-94)等多种形式。电磁离合器按工作方式又可分为通电结合和断电结合等多种方式。

线圈旋转多片摩擦电磁离合器结构如图 3-95 所示：线圈通电时产生磁力，在电磁力的作用下，使衔铁的弹簧片产生变形，动盘与衔铁吸合在一起，离合器处于接合状态；线圈断电时，磁力消失，衔铁在弹簧片弹力的作用下弹回，离合器处于分离状态。

图 3-92　干式电磁离合器

图 3-93　牙签式电磁离合器

图 3-94　磁粉式电磁离合器

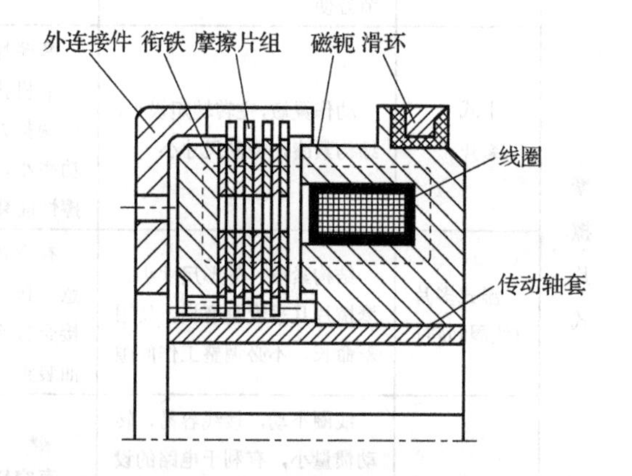

图 3-95　线圈旋转多片摩擦电磁离合器结构

磁粉离合器如图 3-94 所示：在主动转子与从动转子之间放置适度磁粉，不通电时磁粉处于松散状态，离合器处于分离状态；线圈通电时，磁粉在电磁力的作用下，将主动转子与从动转子连接在一起，主动端与从动端同时转动，离合器处于合的状态。

优点：可通过调节电流来调节转矩，允许较大滑差，是恒张力控制的首选元件。

缺点：较大滑差时温升较大，相对价格高。电磁离合器一般用于环境温度 -20～50℃，湿度小于 85%，无爆炸危险的介质中，其线圈电压波动不超过额定电压的 ±5%。

1) 特点

(1) 高速响应：因为是干式类所以扭力的传达很快，可以达到便捷的动作。

(2) 耐久性强：散热情况良好，而且使用了高级的材料，即使是高频率、高能量的使用，也十分耐用。

(3) 组装维护容易：属于滚珠轴承内藏的磁场线圈静止型，所以不需要将中蕊取出也不必利用碳刷，使用简单。

(4) 动作确实：使用板状弹片，虽有强烈震动亦不会产生松动，耐久性佳。

2）扭矩变化

由于干式单片电磁离合器的静摩擦转矩与动态摩擦转矩都极为相近，因此工作很平稳。但是干式单片电磁离合器的电枢吸引、转矩上升、消失的时间与电磁制动器的稍微有些差异。

以下为干式单片电磁离合器扭矩上升与消失时间相关参数。

静摩擦转矩（单位 N·m）：5.5、11、22、45、90、175、350。

动摩擦转矩（单位 N·m）：5、10、20、40、80、160、320。

额定电压（单位 V）：11、15、20、25、35、45、60。

额定电流（单位 A）：0.46、0.63、0.83、1.09、1.46、1.88、2.5。

电极吸引时间（单位 s）：0.020、0.023、0.025、0.040、0.050、0.090、0.115。

扭矩上升时间（单位 s）：0.041、0.051、0.063、0.115、0.160、0.250、0.335。

扭矩消失时间（单位 s）：0.020、0.030、0.050、0.065、0.085、0.130、0.210。

3）电磁转差

电磁转差离合器的基本原理如图 3-96 所示，电动机 1 定速旋转，电动机 1 和铸钢圆筒构成的电枢 2 通过联轴器 5 连接，电动机 1 带动电枢 2 旋转，磁极 4 上的励磁绕组 3 通过集电环电刷 6 通有晶闸管整流器 7 的直流电压，励磁绕组 3 的电流使磁极 4 建立磁场，旋转的电枢 2 因切割磁场而感应电动势 U_f，该感应电动势在电枢中产生涡流，该涡流与磁场相互作用而产生电磁力，该电力的运作方向是阻碍电枢 2 和磁极 4 之间的相对运动，根据作用力和反作用力，磁极 4 跟随电枢 2 旋转起来，这就使电动机 1 和负载 8 处于“合”的状态；当励磁绕组 3 上的直流电压 $U_f = 0$ 时，电枢 2 中的电磁力消失，磁极 4 不会跟随电动机 1 旋转，电动机 1 和负载 8 处于“离”的状态。改变励磁电压 U_f 可以改变电枢 2 中的涡流大小，也就改变了电枢 2 中电磁力的大小和磁极 4 的转速，随之改变负载 8 的速度。电磁转差离合器的电磁转矩及磁场分布如图 3-96 所示。

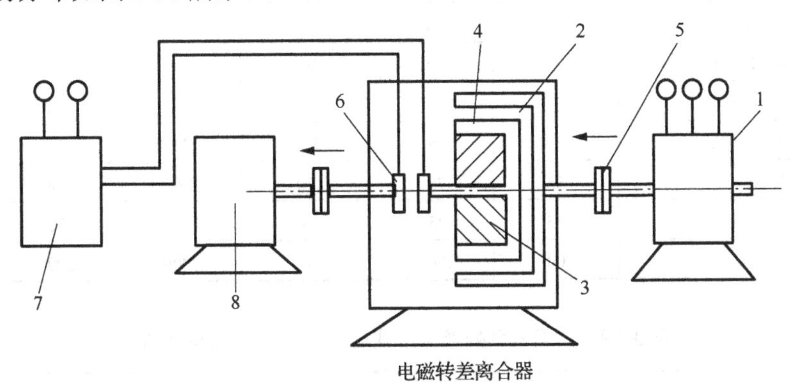

图 3-96　电磁转差离合器的调速原理

2. 摩擦片式电磁离合器的基本参数和主要尺寸

DLD2 系列是无滑环干式摩擦片式电磁离合器，通电型工作的单片电磁离合器，线圈不旋转，一个摩擦副，结构紧凑，传递力矩大，响应迅速，无空载损耗。适用于高频动作的机械传动系统，可在主动部分运转的情况下，使从动部分与主动部分结合或分离。广泛适用于自动化装备与生产线中。

DLD2 系列摩擦片式电磁离合器的基本参数和主要尺寸如图 3-97 和表 3-18、表 3-19 所示。

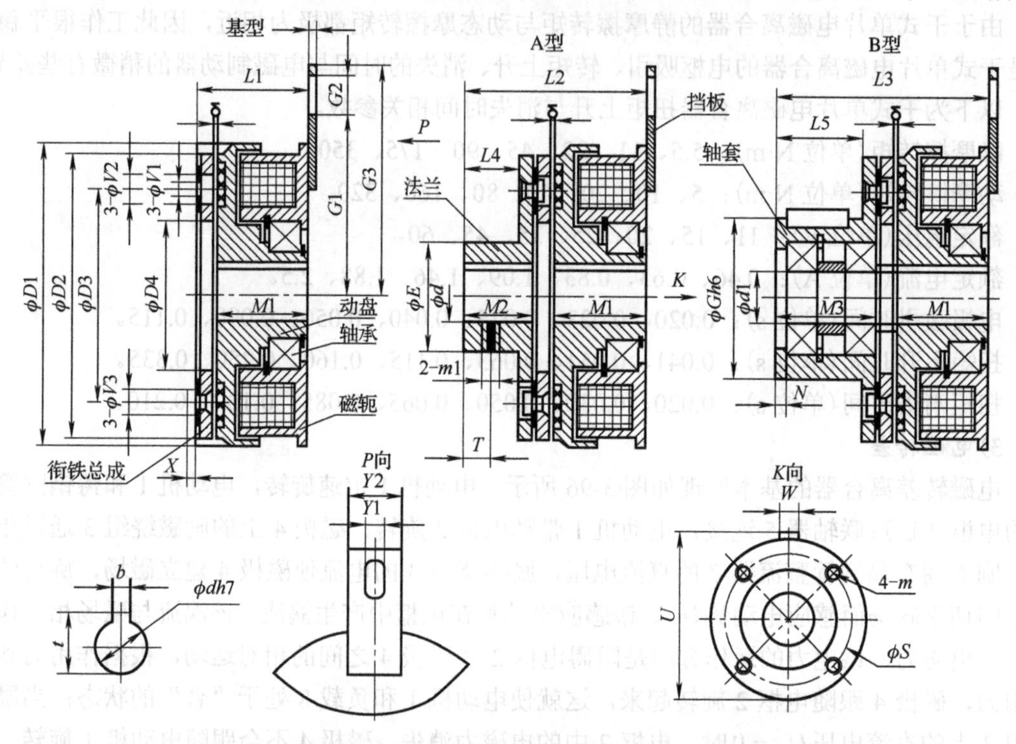

图 3-97　DLD2 系列摩擦片式电磁离合器的结构

表 3-18　DLD2 系列摩擦片式电磁离合器的技术参数规格

技术参数规格	5	10	20	40	80	160
额定动扭矩/(N・m)	5	10	20	40	80	160
额定电压/(DC・V)	24	24	24	24	24	24
额定功率(W，20°C)	11	15	20	25	35	45
接合时间/ms	55	75	120	140	200	230
断开时间/ms	15	25	35	45	90	110
最高转速/(r/min)	3000	3000	3000	2000	2000	1500

表 3-19　DLD2 系列摩擦片式电磁离合器的结构尺寸

规格	D1	D2	D3	D4	E	d	b	t	d1	G	S	W	U	m	M1	M2	M3	L1
5	67.5	63	46	35	26	12	4	13.8	12	38	33	4	39.5	M3 深 4	26	15	23.5	30
10	85	80	60	42	31	15	5	17.3	15	45	37	6	48	M4 深 6	29	20	29	33.5
20	106	100	76	52	41	20	6	22.8	20	55	47	6	57.5	M4 深 6	33	25	35	39
40	133	125	95	62	49	25	8	28.3	25	64	52	8	67	M4 深 6	40	30	46	47

续表

规格	D1	D2	D3	D4	E	d	b	t	d1	G	S	W	U	m	M1	M2	M3	L1
80	169	160	120	80	65	30	8	33.3	30	75	62	8	78	M5 深 8	45	38	57	54
160	212	200	158	100	83	40	12	43.3	40	90	74.5	10	93	M5 深 8	52	45	69	63

规格	L2	L3	L4	L5	0	G1	G2	G3	R	Y1	Y2	X	V1	V2	V3	N	T	M1	δ
5	45	53.5	11.5	20	12	38	9.5	50	2	4.5	14	2	3.1	7	5	2	6	M4	0.2
10	53.5	62	16	25	18	51.5	11.5	65	2	6.5	16	2	4.1	9	7	3	8	M5	0.2
40	77	93	24	40	30	71.5	11.5	85	2	6.5	16	2.5	6.2	12	10	3	12	M6	0.3
80	92	111	31	50	35	91	18.5	112	3	8.5	25	3	8.2	16	12	3	15	M8	0.3
160	108	132	36	60	35	112	18.5	133	3	8.5	25	4	10.3	20	13	6	18	M8	0.5

3. 离合器的安装事项和使用目的

1) 安装注意事项

(1) 请在完全没有水分、油分等的状态下使用干式电磁离合器。如果摩擦部位沾有水分或油分等物质，会使摩擦扭力大为降低，离合器的灵敏度也会变差，为了在使用上避免这些情况，请加设罩盖。

(2) 在尘埃很多的场所使用时，请使用防护罩。

(3) 用来安装离合器的长轴尺寸请使用 JIS0401 H6 或 JS6 的规格。用于安装轴的键请使用 JIS B1301 所规定的其中一种。

(4) 考虑到热膨胀等因素，安装轴的推力请选择在 0.2mm 以下。

(5) 安装时请在机械上将吸引间隙调整为规定值的±20%以内。

(6) 请使托架保持轻盈，不要使用离合器的轴承承受过重的压力。

(7) 关于组装用的螺钉，请利用弹簧金属片、黏结剂等进行防止松弛的处理。

(8) 利用机械侧的框架维持引线的同时，还要利用端子板等进行连接。

2) 使用目的

(1) 实现连接与切离动作：如图 3-98(a)所示，离合器安装在驱动部位与起动部位之间，则无须停止驱动处，起动处会依必要反应做连接与切离的动作。

(2) 实现变速：如图 3-98(b)所示，作业途中有相互转换速度的情形时使用离合器，则不须关闭驱动处即可变速。

(3) 实现正反转：如图 3-98(c)所示，负荷点的正反转切换时，配合离合器使用，则驱动处只要顺向回转即可。

(4) 实现高频运转：如图 3-98(d)所示，在快速循环中要断续运转，若反复利用电动机上的 ON、OFF 所提供的频度是很有限的。因此使用离合器，可使之迅速反应，高精度制动。

(5) 实现寸动：如图 3-98(e)所示，机械开始运动与位置接合时，只需用离合器瞬时运动即可。

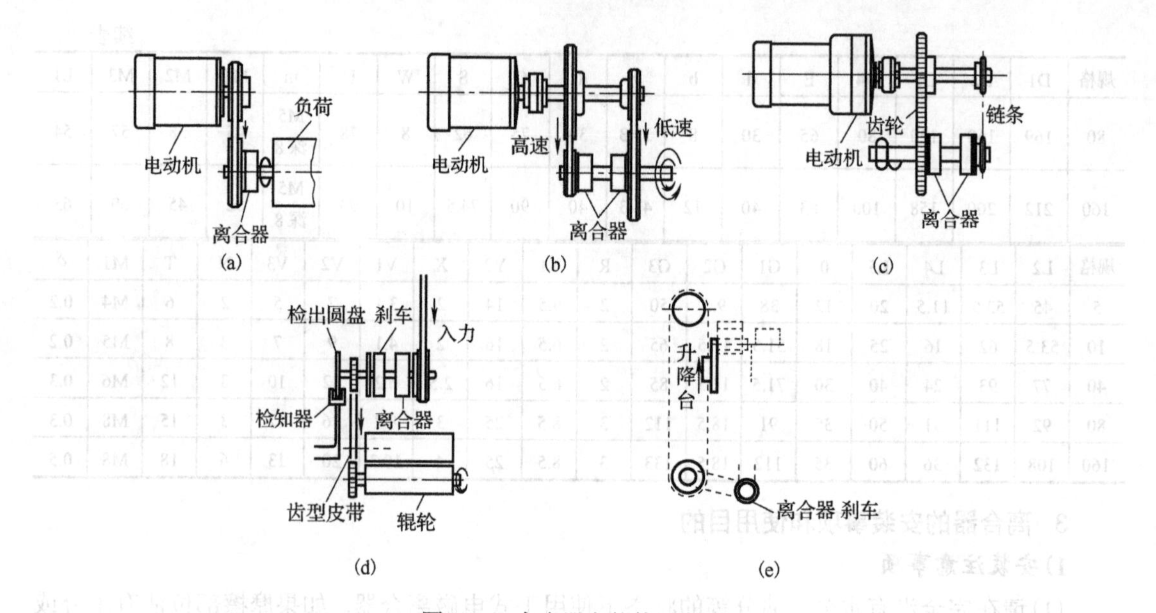

图 3-98 离合器安装使用方法

第 4 章　机械制造过程自动化

本章重点：本章主要介绍机械制造自动化的基本概念、机械制造自动化加工设备、机械制造自动化系统方案设计、机械制造自动化切削用量的选择、切削力与切削功率计算、工艺规程的制定和工艺方案的技术经济分析等内容。

4.1　机械制造自动化的基本概念

机械工程制造水平的高低是衡量一个国家工业实力的重要标准，在中国机械制造业是以支柱型产业的形式存在的，对社会大众日常生产生活的影响极大。自从进入 21 世纪，我国的经济实力与科学技术水平都实现了跨越式的进步，各行各业都逐渐开始了信息化、数字化和智能化的转型。

4.1.1　机械制造自动化技术的定义

机械制造自动化，又可以简称制造自动化，是指在“广义制造”的概念下，在产品整个生命周期中，采用自动化技术，实现产品设计自动化、加工过程自动化、物料储运自动化、质量控制自动化、装配自动化以及生产管理自动化等，产品制造全过程以及各个环节综合集成自动化。以使产品制造过程高效、优质、低耗、清洁，最终实现缩短产品上市时间、提高产品质量、降低产品成本、提高服务质量和保护资源环境的目标。

制造自动化促使制造业逐渐由劳动密集型产业向技术密集型和知识密集型产业转变。制造自动化技术是制造业发展的重要标志，代表先进制造技术的发展水平，也体现了一个国家科技水平的高低。

制造自动化经历了由低级到高级、由简单到复杂、由不完善到完善的发展过程。随着制造自动化程度的提高，以体力劳动为主的蓝领工人在逐渐减少，而以脑力劳动为主的白领工人在不断增多。

目前，就制造自动化技术和自动化制造系统的发展水平来看，生产制造过程中的设计、运输、加工、装配、检验、控制和管理，都可以由自动机器、机器人、自动化仪器及计算机等来自动完成。在机械制造过程中，制造自动化通常分为以下三个层次。

(1) 自动化装备。自动化装备又称自动机，是面向工序自动化的制造装备。自动化装备仅代替人完成一个工序或有限几个工序的加工及辅助工作，是一种典型的单机自动化。

(2) 自动化生产线。自动化生产线是面向产品全工艺过程的生产自动化，即产品工艺过程中加工、检验、清洗等工序以及工序之间的输送联系环节等都实现自动化，生产制造过程连续而有节奏地按照工艺流程进行，工人只需要完成对生产线的启动、监控等工作。

(3) 自动化制造系统。自动化制造系统是制造自动化发展的高级阶段，是将生产制造过程中的设计、运输、加工、装配、检验、控制和管理，都由自动机器、机器人、自动化仪器及计算机等来自动完成，人主要操纵和监控计算机，做机器不能做的复杂性工作。

自动化制造系统是将人、技术与生产管理进行有效集成，并将生产制造过程中的物质流(机床、工件、刀具、仓库、运输装置等)、能量流(电能、气能、液压能等)和信息流(图纸、工艺规程、生产计划、标准规范等)进行有效有机集成的一种综合自动化制造系统。如柔性制造系统、计算机集成制造系统是当今最典型的自动化制造系统。

4.1.2 自动化制造系统的概念

广义地讲，自动化制造系统是由一定范围的被加工对象、一定的制造柔性和一定的自动化水平的各种设备与高素质的人组成的一个有机整体，它接收外部信息、能源、资金、配套件和原材料等作为输入，在人和计算机控制系统的共同作用下，实现一定程度的柔性自动化制造系统，最后输出产品、废料和对环境无污染。

自动化制造系统是制造自动化技术的物理表现，它集中体现了制造自动化技术的发展水平，只有将制造自动化技术转变为自动化制造系统，才能真正实现产品的自动化生产制造。现代自动化制造系统本质上都是人机一体化的制造系统，人在系统中处于非常重要的位置，人的智能和柔性是任何机器所不能取代的。无人化制造、无人化工厂虽然在技术上是可行的，但是是被实践证明所否定的。在现实生产过程中，人们必须衡量成本和效益之间的关系，具体来说，在自动化制造系统的设计过程当中，必须考虑自动化程度与实现此自动化程度所花费成本之间的关系。

图 4-1 所示为人机一体化自动化制造系统的概念模式。

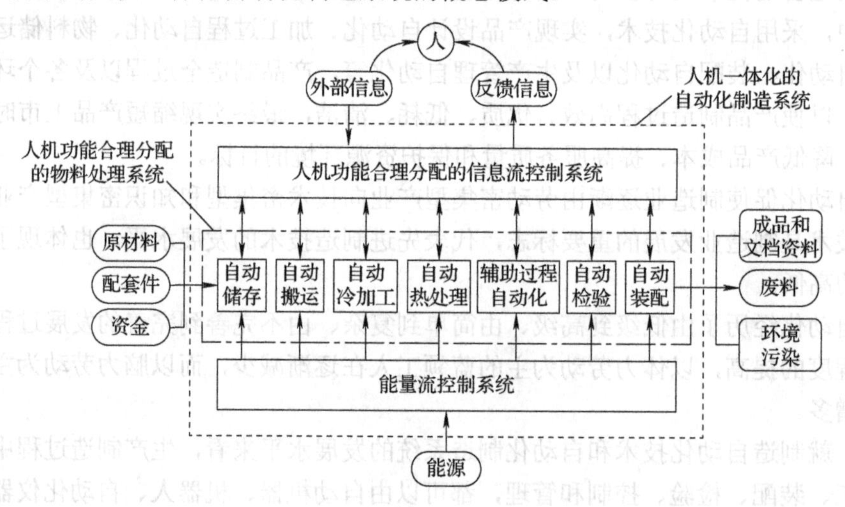

图 4-1 人机一体化自动化制造系统

从人机一体化自动化制造系统可以看出，自动化制造系统具有以下 5 个典型要素。

(1)具有一定技术水平和决策能力的人。现代自动化制造系统是充分发挥人的作用的、人机一体化的柔性自动化制造系统。因此，系统的良好运行离不开人的参与。对于自动化程度较高的制造系统如柔性制造系统，人的作用主要体现在对物料的准备和对信息流的监视与控制上。对于物流自动化程度较低的制造系统如分布式数控系统，人的作用不仅体现在对信息流的监视和控制上，还体现在要更多地参与决策和物流过程上。总之，自动化制造系统对人的要求不是降低了，而是提高了，它需要具有一定技术水平和决策能力的人来参与。

(2)一定范围的被加工对象。现代自动化制造系统能在一定的范围内适应被加工对象的变化，变化范围一般是在系统设计时就设定了的。现代自动化制造系统加工对象的划分一般是基于成组技术(Group Technology，GT)原理的。

(3)信息流及其控制系统。自动化制造系统的信息流不仅控制着物流过程，也控制着成品的制造质量。系统的自动化程度、柔性程度和与其他系统的集成程度都与信息流控制系统关系很大，应特别注意提高它的控制水平。

(4)能量流及其控制系统。能量流为物流过程提供能量，以维持系统的运行。在供给系统的能量中，一部分用来维持系统运行，做了有用功；另一部分能量则以摩擦和传送过程的损耗等形式消耗掉，往往会对系统产生各种危害。所以，在制造系统设计过程中，要格外注意能量流系统的设计，以优化利用能源。

(5)物料流及物料处理系统。物料流及物料处理系统决定自动化制造系统的主要运作形式，它在人的帮助下或自动地将原材料转化成最终产品。一般来讲，物料流及物料处理系统包括各种自动化或非自动化的物料储运设备、工具储运设备、加工设备、检测设备、清洗设备、热处理设备、装配设备、控制装置和其他辅助设备等。各种物流设备的选择、布局及设计是自动化制造系统设计的主要内容。

图 4-2 所示为一个柔性制造系统实例，其展示了一个铸造生产过程自动化制造系统。

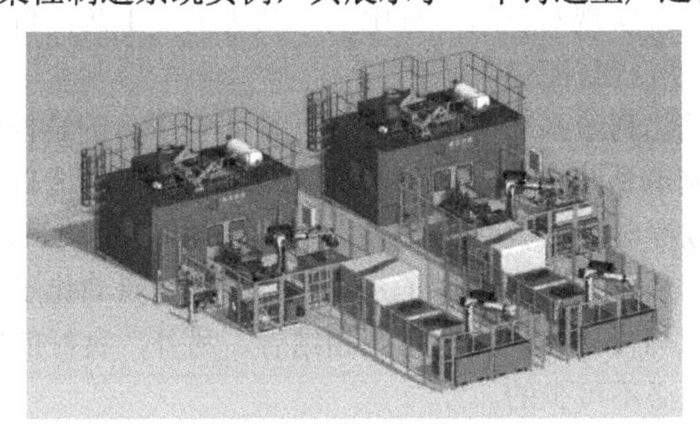

图 4-2　铸造生产过程自动化制造系统

铸造生产过程自动化包括自动制芯、自动浸涂、自动组芯、自动浇铸，工序之间通过 AGV 小车+机械手实现工件之间自动搬运。铸造过程自动化生产过程中制砂芯、取砂芯、修砂芯毛刺和组装砂芯等工序分别如图 4-3～图 4-6 所示。

一般来说，在一个工序中，如果所有的基本动作都自动化了，并且使若干个辅助动作也自动化了，工人所要做的工作只是对这一工序做总的操纵与监督，就称为工序自动化。

一个工艺过程通常包括若干个工序，如果每一个工序都实现了工序自动化，并且把若干个工序有机地联系起来，则整个工艺过程(包括加工、工序间的检测和输送)都自动进行，而操作者仅对这一整个工艺过程做总的操纵和监控，这样就形成了某一种加工工艺的自动生产线，这一过程通常称为工艺过程自动化。

图 4-3　铸造生产自动制砂芯

图 4-4　铸造生产自动取砂芯

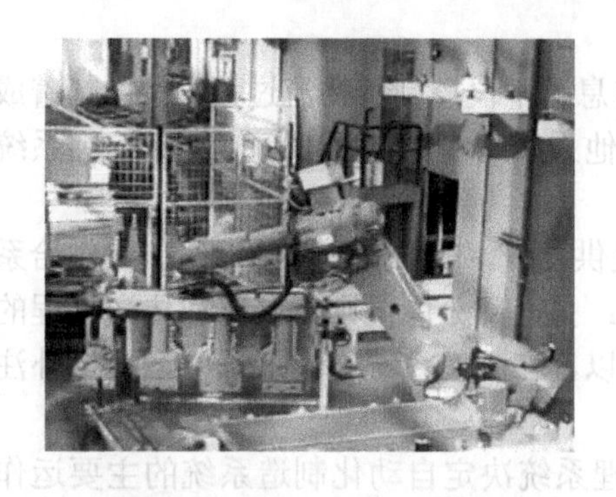

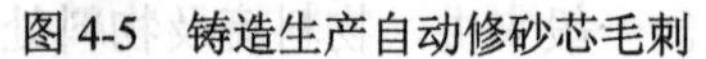
图 4-5　铸造生产自动修砂芯毛刺

图 4-6　铸造生产自动组装砂芯

一个零部件(或产品)的制造包括若干个工艺过程，如果每个工艺过程都自动化，即它们之间是自动地、有机地联系在一起，也就是说从原材料到最终产品的全过程都不需要人工干预，这就形成了制造过程自动化，机械制造自动化的高级阶段就是自动化车间或自动化工厂。机械制造过程自动化，可以实现对制造过程中的产品质量、工艺，自动监测、自动调整、自动管理，这就形成了制造过程智能化。

一个完整的生产自动化制造系统的组成可以用图 4-7 所示的结构图来表示。可以看出，一个典型的生产自动化制造系统主要由以下子系统组成：毛坯制造自动化子系统、热处理过程自动化子系统、储运过程自动化子系统、机械加工自动化子系统、装配过程自动化子系统、辅助过程自动化子系统、质量控制自动化子系统和系统控制自动化子系统。人作为自动化制造系统的基本要素，可以与任何自动化子系统相结合。另外，良好的组织管理对于设计及优化运行自动化制造系统是必不可少的。

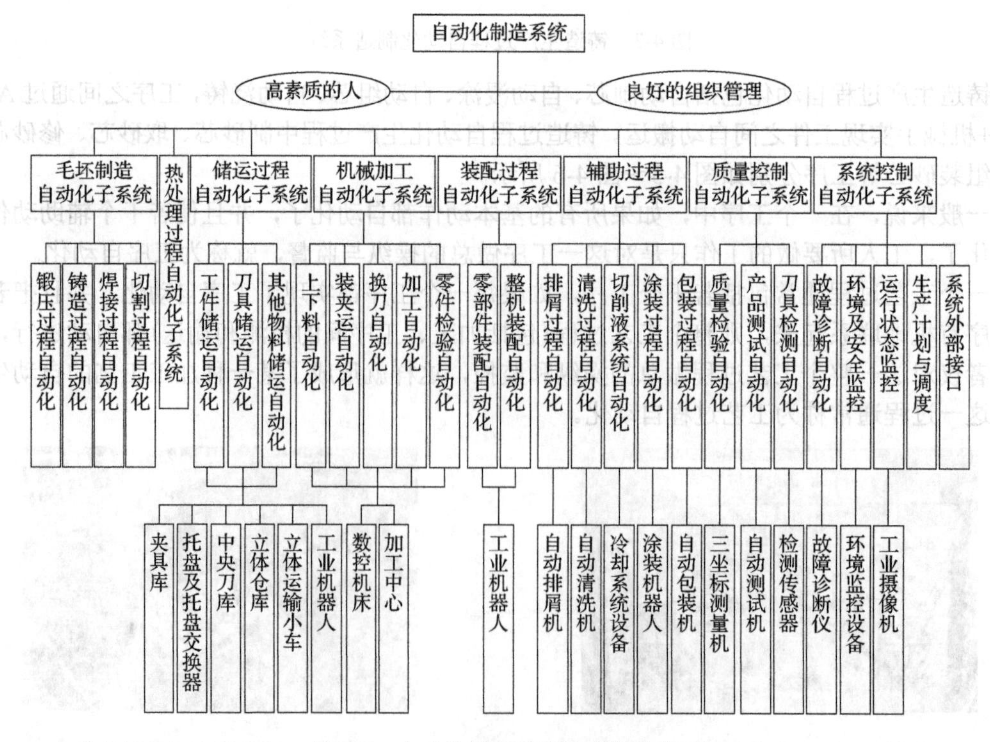

图 4-7　自动化制造系统的功能组成

由前述可知，在“广义制造”的概念下，制造自动化是包括产品设计自动化、加工过程自动化、物料储运自动化、质量控制自动化、装配自动化以及生产管理自动化等产品制造全过程的综合集成自动化。值得注意的是，图 4-2 所示的铸造生产自动化制造系统并没有包括产品设计和生产管理自动化等内容。事实上，将产品设计自动化系统独立出来是符合常理的，它本质上是一个相对独立的信息流系统；而自动化制造系统是一个以物料流为主线的物质流、能量流和信息流集成统一的系统。因此，可以将产品设计自动化系统看成自动化制造系统的前处理系统。图 4-7 是以物质流为主体的功能模块图，它主要包含“人机功能合理分配的信息流控制系统”，因此生产管理自动化系统作为以信息流为核心功能的子系统隐含在其中。

4.1.3　机械制造自动化的类型和主要研究内容

1. 机械制造自动化的类型

(1) 机械制造的智能自动化。智能自动化主要指的是人工智能自动化技术，即利用计算机技术和模拟技术将人类的思维潜移默化地植入机器的内部，最终实现机器能够通过完成简单的类人化的动作而完成相应的操作。必须说明的是智能自动化也有其弊端，如其维修成本高、维修复杂，所以智能自动化的应用受到一定的限制。

(2) 机械制造的集成自动化。在普通的机械生产过程中，通常将产品的生产分为几大部分，需要大量的工人控制和监督每一环节的质量，此方法虽然能够实现产品质量，但却极大地延长了生产周期，对于工厂而言，其收益相对较低。尤其是高新产品的制造，其过程更加繁杂。

机械制造的集成自动化生产的优点是能够整合各个制造环节，实现高效化、高品质，同时减少人力、降低成本。

(3) 机械制造的柔性自动化。柔性自动化生产指的是工厂生产中，对某些软性指标进行分析推理得出产品的数量。如某一产品在生产前期可通过对某些软性指标的分析和推断，从而确定产品的数量。柔性化极大地提高了物料的周转，有效避免了囤货过多的现象。除此之外，柔性自动化还可以根据企业的管理目标进行其他的数据测量，并且使得公司在这些数据的指导下进行生产活动，从而使得公司的产品能够符合市场的需求。

(4) 机械制造的虚拟自动化。机械制造的虚拟自动化主要是指计算机绘图的能力，这一过程的实现主要是通过 CAD、CAPP 等技术与计算机制图技术的融合。相对于传统的手工制图而言具有绝对的优势，这不仅是由于计算机制图易于修改，还由于计算机制图易于保留。机械制造的虚拟自动化能够快速进行调整，使产品更具竞争力。

2. 机械制造自动化的主要研究内容

(1) 机械加工部分的自动化主要有上下料自动化、装夹自动换刀自动化、加工过程自动化及零件检测自动化。

(2) 物料储运自动化主要包括工件储运自动化、刀具储运自动化以及其他储运自动化。

(3) 装配自动化技术包含零部件供应自动化技术和装配过程自动化技术。

(4) 质量控制自动化系统分为零件检测自动化、刀具检测自动化以及加工过程的在线控制等。

4.2　机械制造自动化加工设备及分类

自动化加工设备根据自动化程度、生产率和配置形式不同，可以分为不同的类型。自动化加工设备在加工过程中能够高效、精密、可靠地自动进行加工。高效就是生产率要达到一定高的水平；精密即加工精度要求成品公差带的分散度小，成品的实际公差带要压缩到图样中规定的一半或更小，期望成品不必分组选配，从而达到完全互装配，便于实现“准时方式”的生产；可靠就是其设备极少出现故障，利用班间休息时间按计划换刀，能常年三班制不停地生产。此外，还应能进一步集中工序和具有一定的柔性。

随着科学技术的发展，加工过程自动化水平不断提高，先后开发了适应不同生产率水平要求的自动化加工设备。机械制造自动化加工设备及其分类情况如下。

自动化加工设备按自动化程度可以分为全(半)专用自动化机床、组合机床、数控机床、加工中心(MC)、柔性制造单元、自动化生产线和计算机集成制造系统等。

1. 全(半)自动单机

全(半)自动单机又分为单轴和多轴(全)自动单机两类。

它利用多种形式的全(半)自动单机固有的和特有的性能来完成各种零件与各种工序的加工，是实现加工过程自动化普遍采用的方法。机床的形式和规格要根据需要完成的工艺、工序及坯料情况来选择；此外，还要根据加工品种数、每批产品和品种变换的频率等来选用控制方式。在半自动机床上有时还可以考虑增设自动上下料装置、刀库和换刀机构，以便实现加工过程的全自动。如汽车轮毂自动化抛光设备就属于全自动单机，工件经上件装夹后，利用高速介质喷射冲击方法以去除毛刺、飞边和实现精整的喷射抛光加工，汽车轮毂自动化抛光机床，如图 4-8 所示。罗伯泰克自动化有限公司设计制造了用于轮毂表面粗磨的汽车轮毂自动抛光机器人工作站。该工作站由五台抛光机器人组成，工作效率高，60～80s 可完成一个汽车轮毂抛光工作。

(a) 高精度轮毂抛光中心

(b) 轮毂抛光机器人

图 4-8　汽车轮毂自动化抛光机床

2. 专用自动机床

专用自动机床是专为完成某一工件的某一工序而设计的，常以工件的工艺分析作为设计机床的基础。其结构特点是传动系统比较简单，夹具与机床结构联系密切，设计时往往作为机床的组成部件来考虑，机床的刚性一般比通用机床要好。这类机床在设计时所受的约束条件较少，可以全面地考虑实现自动化的要求。因而，从自动化的角度来看，它比改装通用机床优越。此外，有时由于新设计的某些部件不够成熟，要花费较多的调整时间。如果用于单件或小批量生产，则造价较高，只有当产品结构稳定、生产批量较大时才有较好的经济效果。例如采用裂解加工技术对连杆盖处进行裂解，裂解面呈现犬牙交错的自然断裂特征，因此裂解面具有极高的配合精度。在后续的连杆与盖的装配过程中，以断裂剖分面进行定位，能够实现连杆盖与连杆体的精确啮合和相互锁定，保证两者之间的精确重复定位和装配。同时犬牙交错的断裂面增加了连杆体与连杆盖的啮合面积，大大提高了连杆承载能力和抗剪能力，有效地改善了连杆在装配中的大头孔失圆问题，极大地提高了发动机的生产技术水平。轻型发动机连杆裂解专用机床如图 4-9 所示。

(a)定向裂解工艺

(b)连杆裂解槽加工机床

图 4-9　轻型发动机连杆裂解专用机床

3. 组合机床

组合机床由 70%～90%的通用零、部件组成，可缩短设计和制造周期，可以部分或全部改装。组合机床是按具体加工对象专门设计的，可以按最佳工艺方案进行加工，加工效率和自动化程度高；可实现工序集中，多面多刀对工件进行加工，以提高生产率；可以在一次装夹下多轴对多孔加工，有利于保证位置精度，提高产品质量；可减少工件工序间的搬运。

组合机床大量使用通用部件使得维护和修理简化，成本降低。组合机床主要用于箱体、壳体和杂体类零件的孔及平面加工，包括钻孔、扩孔、铰孔、镗孔、车端面、加工内外螺纹和铣平面等。由于组合机床是用来加工指定的一种或几种特定工序，因而主要适用于大批量生产。汽车发动机箱体加工组合机床和活塞镗铣加工组合机床分别如图 4-10、图 4-11 所示。

图 4-10　汽车发动机箱体加工组合机床

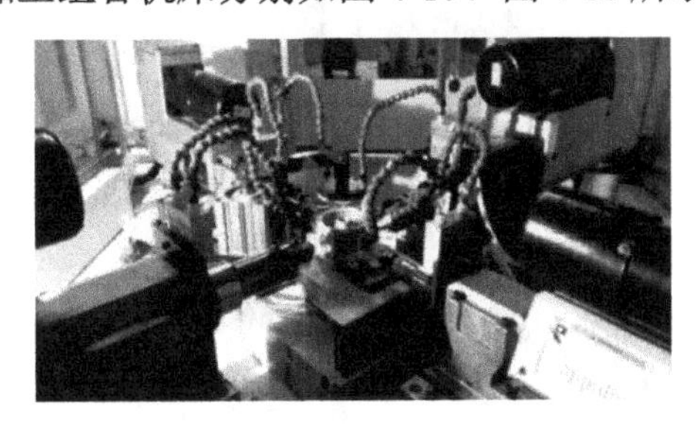

图 4-11　活塞镗铣加工组合机床

4. 数控机床

数控(NC)机床是一种数字信号控制其动作的新型自动化机床，是按指定的工作程序、运动速度和轨迹进行自动加工的机床。现代数控机床常采用计算机进行控制，即称为 CNC，加工工件的源程序(包括机床的各种操作、工艺参数和尺寸控制等)可直接输入具有编程功能的计算机内，由计算机自动编程，并控制机床运行。当加工对象改变时，除了重新装夹零件和更换刀具外，只需更换数控程序，即可自动地加工出新零件。数控机床主要适用于加工单件、中小批量、形状复杂的零件，用于复杂零件批量生产，相对通用机床，数控机床能提高生产率，减轻劳动强度，特别适应产品改型，可用来组成柔性制造系统或柔性自动线。常见的数控车床、数控铣床分别如图 4-12 和图 4-13 所示。

图 4-12　数控车床

图 4-13　数控铣床

5. 数控加工中心(MC)

数控加工中心(MC)是带有刀库和自动换刀装置的多工序数控机床，工件经一次装夹后，能对两个以上的表面自动完成铣、镗、钻、铰等多种工序的加工，并且有多种换刀或选刀功能，使工序高度集中，显著减少原先需多台机床/工序加工带来的工件装夹、调整机床间工件运送和工件等待时间，避免多次装夹带来的加工误差，使生产率和自动化程度大大提高。加工中心根据功能可分为镗铣加工中心、车削加工中心、磨削加工中心、冲压加工中心以及能自动更换多轴箱的多轴加工中心等；适用于加工复杂、工序多、要求较高、需各种类型的普通机床和众多刀具夹具，需经过多次装夹和调整才能完成加工的零件，或者是形状虽简单，但可以成组安装在托盘上进行多品种混流加工的零件；可适用于中小批量生产，也可用于大批量生产，具有很高的柔性，是组成柔性制造系统的主要加工设备。常见的铣削加工中心和镗铣加工中心分别如图 4-14、图 4-15 所示。

图 4-14　铣削加工中心

图 4-15　镗铣加工中心

6. 柔性制造单元

柔性制造单元(FMC)一般由 1～n 台数控机床和物料传输系统组成，柔性制造单元如图 4-16

所示。单元内设有刀具库、工件储存站和单元控制系统。机床可自动装卸工件、更换刀具、检测工件加工精度和刀具磨损情况；可进行有限工序的连续加工，适于中小批量生产。

(a)多台数控机床

(b)物料传输系统

图 4-16 柔性制造单元

7. 自动化生产线

由工件传输系统和控制系统将一组自动机床和辅助设备按工艺顺序连接起来，可自动完成产品的全部或部分加工过程的生产系统，简称自动线。在自动线工作过程中，工件以一定的生产节拍，按工艺顺序自动经过各个工位，完成预定的工艺过程。按使用的工艺设备，自动线可分为通用机床自动线、专用机床自动线、组合机床自动线等类型。典型的汽车缸体加工自动化生产线和汽车组装加工自动化生产线分别如图 4-17、图 4-18 所示。

图 4-17 汽车缸体加工自动化生产线

图 4-18 汽车组装加工自动化生产线

8. 计算机集成制造系统

计算机集成制造系统(Computer Integrated Making System，CIMS)如图 4-19 所示。在这个系统中，集成化的全局效应更为明显。在产品生命周期中，各项作业都已有了相应的计算机辅助系统，如计算机辅助设计(CAD)、计算机辅助制造(CAM)、计算机辅助工艺规划(CAPP)、计算机辅助测试(CAT)、计算机辅助质量控制(CAQ)等。这些单项技术 CA×原来都是生产作业上的“自动化孤岛”，单纯地追求每一单项技术上的最优化，不一定能够达到企业的总目标——缩短产品设计时间，降低产品的成本和价格，改善产品的质量和服务质量以提高产品在市场的竞争力。计算机集成制造系统就是将技术上的各个单项信息处理和制造企业管理信息系统(如 MRP-Ⅱ等)集成在一起，将产品生命周期中所有的有关功能，包括设计、制造、管理、市场等的信息处理全部予以集成。其关键是建立统一的全局产品数据模型和数据管理及共享的机制，以保证正确的信息在正确的时刻以正确的方式传到所需的地方。

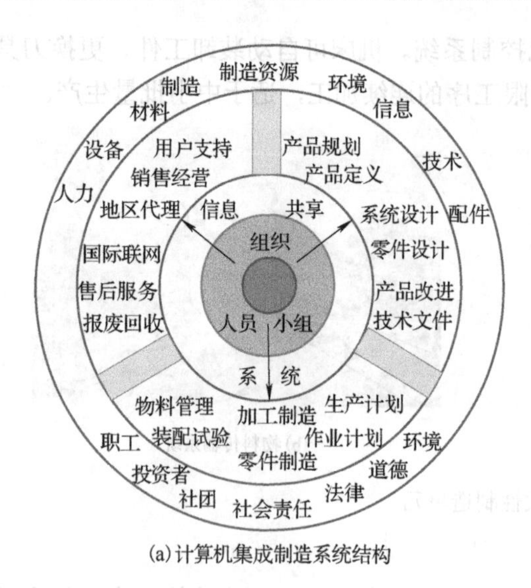

(a)计算机集成制造系统结构

(b)计算机集成制造系统应用

图 4-19　计算机集成制造系统

可以看出 CIMS 技术的关键点是集成，即通过计算机网络技术、数据库技术等软硬件技术，把企业生产过程中经营管理、生产制造、售后服务等环节联系在一起，构成了一个能适应市场需求变化和生产环境变化的大系统。CIMS 不仅把技术系统和经营生产系统集成在一起，还把人(人的思想、理念及智能)也集成在一起，使整个企业的工作流程、物流、信息流都保持通畅和相互有机联系，所以，CIMS 是人、经营和技术三者集成的产物。

计算机集成制造系统是目前最高级别的自动化制造系统，但这并不意味着 CIMS 是完全自动化的制造系统。事实上，目前意义上 CIMS 的自动化程度甚至比柔性制造系统还要低。CIMS 强调的主要是信息集成，而不是制造过程物流的自动化。CIMS 的主要缺点是系统十分庞大，包括的内容很多，要在一个企业完全实现难度很大。但可以采取部分集成的方式，逐步实现整个企业的信息及功能集成。

4.3　机械制造自动化系统技术方案设计

自动化制造系统技术方案的制订是在综合考虑被加工零件种类、批量、年生产纲领和零件工艺特点的基础上，结合工厂实际条件，包括工厂技术条件、资金情况、人员构成、任务周期、设备状况等约束条件，建立生产管理系统方案。实现机械制造自动化的技术方案主要有单机自动化、数控机床、加工中心、自动化生产线、柔性制造单元(或系统)和自动化辅助生产设备等自动化制造技术方案等。自动化制造系统技术方案的制订，还涉及工艺技术方案和经济效益分析等内容。

4.3.1　单机自动化制造方案

单机自动化是大批量生产过程中提高生产率、降低成本的重要途径。单机自动化往往具有投资省、见效快等特点，因而在大批量生产中被广泛采用。

1. 实现单机自动化的方法

实现单机自动化的方法主要有以下四种。

1) 采用通用自动化或半自动机床实现单机自动化

这类机床主要用于轴类和盘套类零件的加工自动化，如单轴自动车床、多轴自动车床或半自动车床等。使用单位一般可根据加工工艺和加工要求向制造厂购买，不需特殊订货。这类自动机床的最大特点是可以根据生产需要，在更换或调整部分零部件(如凸轮或靠模等)后，即可加工不同零件，适合于大批量多品种生产。

2) 采用组合机床实现单机自动化

采用组合机床能够实现对箱体类和杂件类的零件的平面、各种孔和孔系的加工自动化。组合机床是一种以通用化零部件为基础设计和制造的专用机床，一般只能对一种(或一组)工件进行加工，往往能在同一台机床上对工件实行多面、多孔和多工位加工，加工工序可高度集中，具有很高的生产率。

3) 采用专用机床实现单机自动化

专用机床是为生产专有零件而专门设计的自动化制造机床。这类机床的设计、制造时间往往较长，投资也较多，因此采用这类机床时，必须考虑以下基本原则。

(1) 被加工的工件除具有大批量的特点外，还必须结构定型。

(2) 工件的加工工艺必须是合理可靠的。在大多数情况下，需要进行必要的工艺试验，以保证专用机床所采用的加工工艺先进可靠，所完成的工序加工精度稳定。

(3) 采用一些新的结构方案时，必须进行结构性能试验，待取得较好的结果后，方能在机床上采用。

(4) 必须进行技术经济分析。只有在技术经济分析认为效益明显后，才能采用专用机床实现单机自动化。

4) 通过改装通用自动化设备实现单机自动化

为了充分发挥设备潜力，可以通过对通用机床进行局部改装，增加或配置自动上、下料装置和机床的自动工作循环系统等，实现单机自动化。由于对通用机床进行自动化改装要受到改装机床原始条件及加工工件工艺要求不同的限制，所以改装涉及的问题比较复杂，必须有选择地进行。总的来说，机床改装的投资少，见效快，是实现单机自动化的途径之一。

2. 自动化机床的“自动”的含义

自动化机床的“自动”主要体现在自动化机床的加工过程运动循环自动化、装卸工件自动化、刀具自动化和检测自动化四个方面，其自动化大大减少了空程辅助时间，降低了工人的劳动强度，提高了产品质量和劳动生产率。

以下主要介绍加工过程运动循环自动化。

加工过程运动循环是指在工件的一个工序的加工过程中，机床刀具和工件相对运动的循环过程。切削加工过程中，刀具相对于工件的运动轨迹和工作位置决定被加工零件的形状与尺寸，实现了机床运动循环自动化，切削加工过程就可以自动进行。

加工过程运动自动循环控制通常主要有气动、液压传动和机电一体化传动等方式。其控制一般采用 PLC 控制器、数字控制和微机控制等方式。

1) 气动和液压传动的自动循环

由于气动和液压传动的机械结构简单，容易实现自动循环，动力部件和控制元件的安装都不会有很大困难，故应用较广泛。

在机床改装中，还经常采用气动—液压传动，即用压缩空气作动力，用液压系统中的阻尼作用使运动平稳和便于调速。动力气缸与阻尼液压缸有串联和并联两种形式。实现气动和液压自动工作循环的方法相同，都是通过方向阀来控制的。

图 4-20 所示为气压或液压传动的快速变慢速的各种方法。图 4-20(a)为挡块直接压下行程阀，行程阀压下时为慢速，放开时为快速。在挡块压下行程阀的回程中也是慢速运动。图 4-20(b)为用挡块压单向行程阀，前进过程中单向阀关闭，行程快慢取决于挡块是否压下行程阀；回程时单向阀打开，全部为快速行程。图 4-20(c)为挡块压电气行程开关，通过继电器控制电磁阀，电磁阀通电为慢速，断电为快速。图 4-20(d)为挡块压气压或液压开关，由发出的信号控制二通阀，实现快慢速转换。

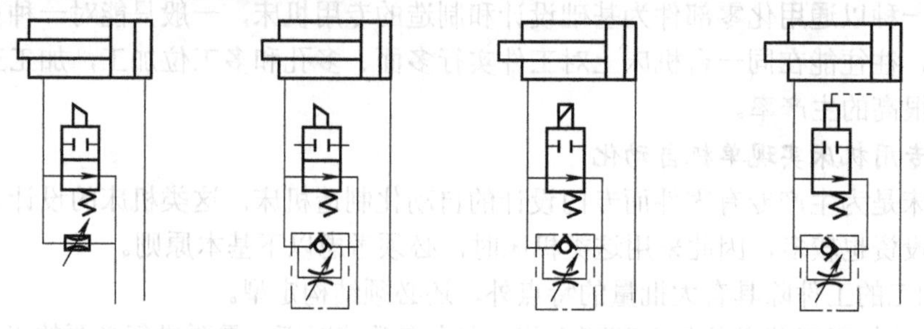
(a)挡块直接压下行程阀　(b)挡块压单向行程阀　(c)挡块压电气行程开关　(d)挡块压气压或液压开关

图 4-20　气压或液压传动的快、慢速进给

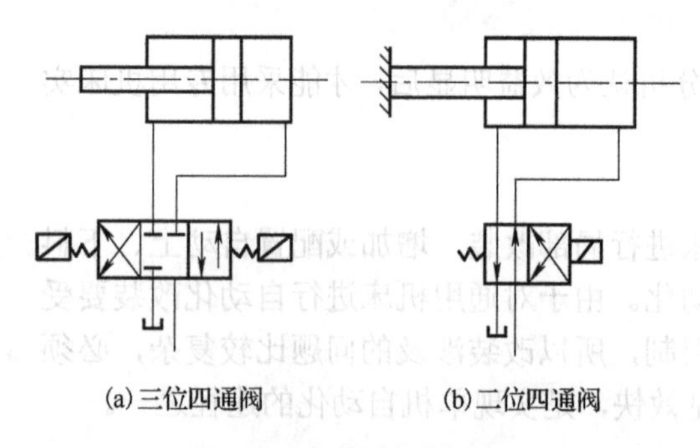
(a)三位四通阀　(b)二位四通阀

图 4-21　停止运动方式

气压或液压传动系统中，运动的接通和切断靠换向阀控制，可以切断液压源或用固定挡块来使运动停止。前者一般用三位四通阀控制，如图 4-21(a)所示；后者可用三位四通阀，也可用二位四通阀，如图 4-21(b)所示。气动传动系统与此类似，但因气体有可压缩性，用切断动力源的方法停止运动时，工作不准确，一般都用固定挡块定位。

2)机电一体化传动系统自动化控制

现代机械传动系统运动循环自动化中，运动的接通和停止主要有位置传感器+电动机控制、光栅尺+伺服电机控制和直线电机驱动控制等多种控制方式。它们的原理及优缺点如下。

(1)位置传感器+电动机控制。其控制原理是通过有接触的行程开关和无接触的光电开关等位置传感器，结合对电动机的控制实现机械传动系统运动循环自动化。这种方式具有控制精度一般、造价低等特点。

(2)光栅尺+伺服电机控制。其控制原理是通过光栅尺对运动位置进行测量，再通过对伺服电机的控制，实现高精度位置控制。其特点是控制精度高、造价偏高，主要应用于精密装备。

(3)直线电机驱动控制。其控制原理是通过直线电机直接驱动运动部件。具有驱动速度快、控制精度高、造价偏高等特点，主要应用于精密装备。

4.3.2　数控机床制造方案

1. 数控机床的基本概念

数字控制(Numerical Control，NC)，简称数控，是一种使用数字量或数字化的指令作为控制信号的自动控制技术。采用数控技术的系统称为数控系统，而装备了数控系统的机床就称为数控机床。

数控机床和数控技术是微电子技术同传统机械技术相结合的产物，是一种技术密集型的产品和技术。数控机床是计算机在机械制造领域中应用的主要产物，它综合了计算机技术、自动控制、精密检测和精密制造等方面的科技成果。

数控机床根据机械加工的工艺要求，使用计算机技术对整个加工过程进行信息处理与控制，实现加工过程的自动化、柔性化。数控机床改变了传统的使用行程挡块和行程开关控制运动部件位移量的程序控制机床的控制方式，不但以数字指令形式对机床进行程序控制和辅助功能控制，还对机床相关切削部件的位移量进行坐标控制和速度控制。与普通机床相比，数控机床不但具有适应强、加工效率高、加工质量稳定和精度高的优点，而且易于实现多坐标联动，能加工出普通机床难以加工的空间曲线和曲面。数控加工是实现多品种、中小批量生产自动化的最有效方式。

2. 数控机床的组成

数控机床主要是由数控装置、包含伺服电动机及检测装置的伺服系统、机床本体三大部分组成的，如图 4-22 所示。

1)数控装置

数控装置是数控机床实现自动加工的控制核心，包括硬件和软件两大部分。其中，硬件包括微处理器(CPU)及其总线、存储器(ROM、RAM)、键盘、显示器、输入/输出(I/O)接口以及位置控制器等；软件包括管理软件(操作系统、零件程序的输入输出、显示及诊断软件等)和控制软件(译码、刀具补偿、速度控制、插补运算及位置控制软件等)。由于现代数控装置通常由小型、微型或嵌入式计算机及其控制软件组成，因此数控装置也称为 CNC 装置。

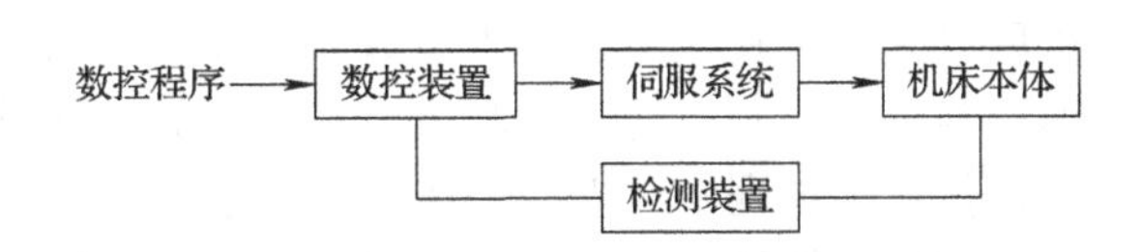

图 4-22　数控机床的组成

CNC 装置的功能如下。

(1)数控机床是在 CNC 装置的控制下，自动地按给定的程序进行机械零件的加工。

(2)CNC 装置根据输入的零件加工程序，计算出理想的运动轨迹，然后输出到执行部件，加工出需要的零件。

(3)CNC 装置完成对进给坐标控制、主轴控制、刀具控制、辅助功能控制等功能。

(4)CNC 装置还利用计算机很强的计算能力来实现一些高级复杂功能，如零件程序编辑、坐标系偏移、刀具补偿、图形显示、公英制变换、固定循环等。

近年来，随着计算机技术尤其是嵌入式技术的发展，CNC 装置在功能越来越强大的同时，其体积也不断缩小，形成了很多独立的 CNC 装置，同一 CNC 装置可以适配多种数控机床。图 4-23、图 4-24 所示为数控机床和嵌入式 CNC 装置控制界面。

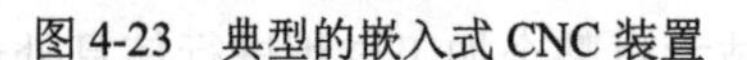
图 4-23　典型的嵌入式 CNC 装置

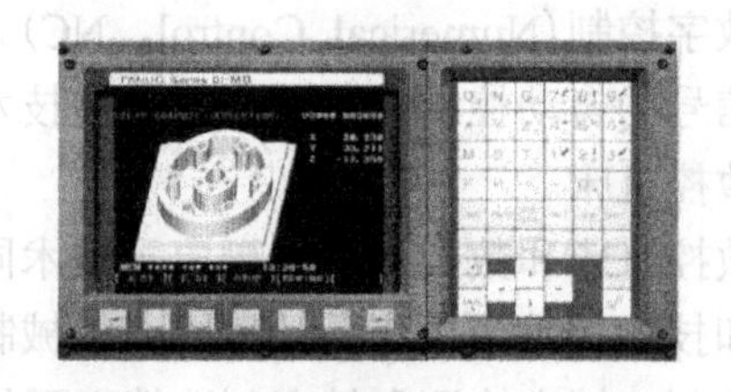
图 4-24　典型的嵌入式 CNC 装置控制界面

2) 机床本体

机床本体指的是数控机床的机械构造实体，包括床身、立柱、主轴、工作台、刀架、刀库、丝杠、导轨等机械部件。与普通机床相比，数控机床的机械本体具有以下特点。

(1) 采用高性能的主传动及主轴部件，具有传递功率大、刚度高、抗振性好及热变形小等优点。

(2) 进给传动为数字式伺服传动，传动链短，结构简单，传动精度高。

(3) 有较完善的刀具自动交换和管理系统，工件一次安装，自动完成所有加工工序。

(4) 采用高效传动件，较多地采用滚珠丝杠副、直线滚动导轨副等。

(5) 机架具有很高的动、静刚度。

3) 伺服系统

数控机床的伺服系统是数控装置与机床本体间的电传动联系环节，它是以机床移动部件(工作台)的位置和速度作为控制量的自动控制系统，用来接收数控装置插补生成的进给脉冲或进给位移量，驱动机床的执行机构运动。伺服系统主要由伺服电动机、驱动装置以及部分机床具有的位置检测装置等组成，主要实现对主轴驱动单元的速度控制和对进给驱动单元的速度与位置控制，前者控制机床主轴的旋转运动，后者控制机床各坐标轴的切削进给运动，并提供切削过程中所需要的转矩和功率。

伺服系统的性能，在很大程度上决定了数控机床的性能。数控机床工作台最高移动速度、重复定位精度等主要指标均取决于伺服系统的动态性能和静态性能。数控机床移动工作台位置调节伺服系统的典型结构如图 4-25 所示。

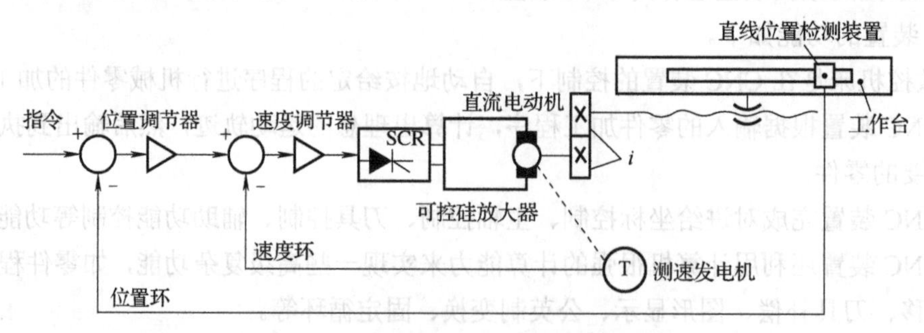

图 4-25　位置调节伺服系统结构

4) 伺服控制方式

根据数控机床的控制系统有无检测反馈元件及检测装置，数控机床可分为开环控制数控机床、闭环控制数控机床和半闭环控制数控机床。

(1) 开环控制数控机床。开环控制数控机床是指没有位移检测反馈装置的数控机床。数控装置发出的控制指令直接通过驱动装置控制步进电动机运转，然后通过机械传动系统转化成刀架或工作台的位移，如图 4-26(a) 所示。

(2) 闭环控制数控机床。闭环控制数控机床是以直接测量机床移动部件输出的被控量作为反馈量的数控机床。这类数控机床带有位置检测反馈装置，其位置检测反馈装置通常采用直线位移检测元件，直接安装在机床的工作台上，将测量结果直接反馈到数控装置中，通过比较数控装置中插补器发出的指令信号与工作台测得的实际位置反馈信号，根据其偏差不断地进行反馈控制，进行误差修正，直至误差在允许的范围之内，如图 4-26(b) 所示。

(3) 半闭环控制数控机床。大多数数控机床都采用半闭环控制系统，它的检测元件(如主同步器或光电编码器等)安装在电动机的端头或丝杠的端头，通过检测其转角来间接检测机床工作台的位移，如图 4-26(c) 所示。半闭环系统的控制精度介于开环与闭环之间，与开环系统相比具有精度好、结构简单、安装调试方便、稳定性好等优点，因而被广泛采用。

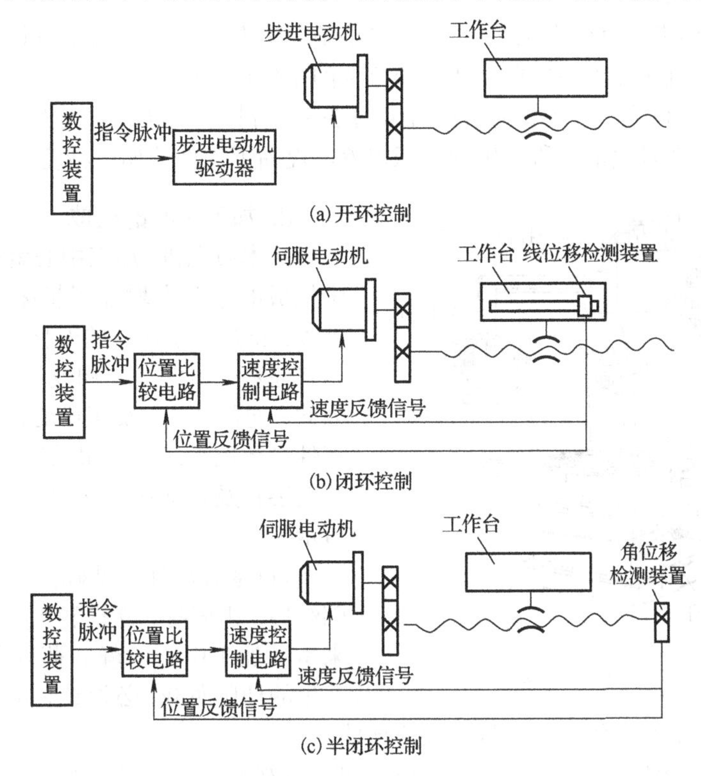

图 4-26　伺服控制方式

4.3.3　加工中心自动化制造方案

1. 加工中心的概述

加工中心(Machining Center，MC)是为适应现代制造业发展需要而迅速发展起来的一种自动换刀数控机床，它将数控铣床、数控镗床、数控钻床等多种功能集于一台加工设备上，具有刀窿和自动换刀装置，可在一次安装工件后，按不同的加工工序要求自动选择和更换刀具，自动改变扩-床主轴转速、进给量和刀具相对工件的运动轨迹及其他辅助功能，依次完成多面和多工字的加工。

加工中心是目前世界上产量最高、应用最广泛的数控机床，主要用于箱体类和复杂曲面零件的加工，可在一次工件装夹中，完成铣平面、铣沟槽、镗孔、钻孔、倒角、攻丝等加工，自动完成或接近完成工件各表面所有工序的加工。加工中心不仅减少了工件的装夹次数，从而减少了工件的装夹时间、测量和调整时间，也减少了工件等待、搬运时间，因此大大提高了机床的自动化程度、机床利用率和加工效率，提高了工件的加工精度。

加工中心是一种具有刀库和自动换刀装置，能按预定程序自动更换刀具，对工件进行多工序加工的高效数控机床。与普通数控机床相比，加工中心具有以下特征。

加工中心是在数控机床的基础上增加了刀库和自动换刀装置，使工件一次装夹，可以自动地、连续地完成对工件表面的多工序加工，工序高度集中。

(1) 加工中心一般带有自动分度回转工作台或主轴箱，可自动转动角度，从而使工件一次装夹后，自动地完成多个表面或多个角度位置的多工序加工。

(2) 加工中心能在程序的控制下自动改变机床的主轴转速、进给量和刀具相对工件的运动轨迹及其他辅助功能。

(3) 加工中心如果带有交换工作台，一个工件在工作位置的工作台上进行加工的同时另外的工件可在不停止机床加工的情况下在装卸位置的工作台上进行装卸。

(4) 加工中心的利用率达到普通数控机床的 3～4 倍甚至更高，大大提高了劳动生产率，同时避免了由于工件多次定位所产生的累积误差，提高了零件的加工精度。

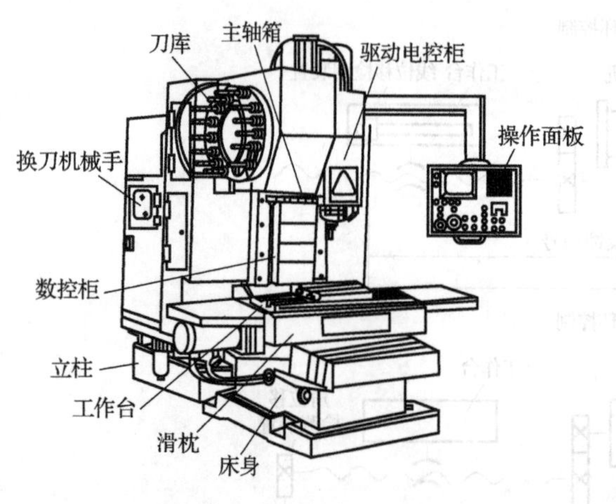

图 4-27　加工中心的组成

2. 加工中心的组成

从本质上讲，加工中心就是在普通数控机床组成的基础上增加了机床刀库和自动换刀装置。正是由于这样的变化，引起了加工中心与普通数控机床在结构及外形上的明显差别。因此，通常认为，加工中心由基础部件、主轴部件、数控系统、伺服系统、自动换刀系统、辅助装置及自动托盘交换系统组成，如图 4-27 所示。

(1) 基础部件。基础部件是加工中心的基础结构，由床身、立柱和工作台等组成，它用来承受加工中心的静载荷以及在加工过程中产生的切削负载，必须具有足够的静态和动态刚度，通常是加工中心中体积和质量最大的部件。

(2) 主轴部件。主轴部件由主轴、主轴电动机、主轴箱和主轴轴承等零件组成。主轴的启动与停止、正反转以及转速均由数控系统控制，并且通过安装在主轴上的刀具进行切削。主轴部件是切削加工的功率输出部件，是影响加工中心性能的关键部件。

(3) 数控系统。加工中心的数控系统由 CNC 装置、可编程控制器组成。与普通数控机床相比，它不仅是加工中心执行顺序控制动作和控制加工过程的中心，同时，刀库和换刀动作也由它来控制。

(4) 伺服系统。伺服系统将数控装置传来的电信号转换为机床移动部件的运动，通常由伺服驱动装置、检测装置等组成，其性能是决定机床加工精度、表面质量和生产效率的主要因素之一。加工中心普遍采用闭环、半闭环的多路反馈控制方式。

(5) 自动换刀系统。自动换刀系统通常由机床刀库和换刀机械手组成。当需要换刀时，数控系统发出指令，由机械手将指定刀具从刀库中取出并装入主轴孔。常见的机床刀库有盘式、转塔式、守链式等多种形式，容量从几十把到上百把不等。换刀机械手根据刀库与主轴之间的相对位置及结构的不同有单臂式、双臂式、回转式和轨道式等。有的加工中心不用机械手而直接利用主轴或刀库的移动实现换刀。

双臂式换刀机械手是目前应用最多的换刀机械手，其一端从机床刀库中取出将要使用的刀具，另一端从机床主轴上取下已经用过的刀具，机械手旋转将两把刀互换位置，一端将用过的刀具放回机床刀库，另一端将要使用的刀具装入机床主轴孔内，这样既可缩短换刀的时间又有利于机械手保持平衡。常用的双臂式换刀机械手的结构形式有勾手、伸缩手、抱手和叉手等。

(6) 辅助装置。辅助装置包括润滑、冷却、排屑、液压、气动等部分。辅助装置虽然不直接参与切削运动，但对加工中心的加工效率、加工精度和可靠性起到保障作用，因此也是加工中心不可缺少的部分。

(7) 自动托盘交换系统。为了进一步缩短非加工时间，有的加工中心配有两个自动交换工件的托盘，一个安装在工作台上加工，另一个则位于工作台外进行工件装卸。当一个工件完成加工后，两个托盘位置自动交换，进行下一个工件的加工，这样可减少辅助时间，提高生产效率。图 4-28 所示为一种典型的加工中心回转式自动托盘交换系统的结构。

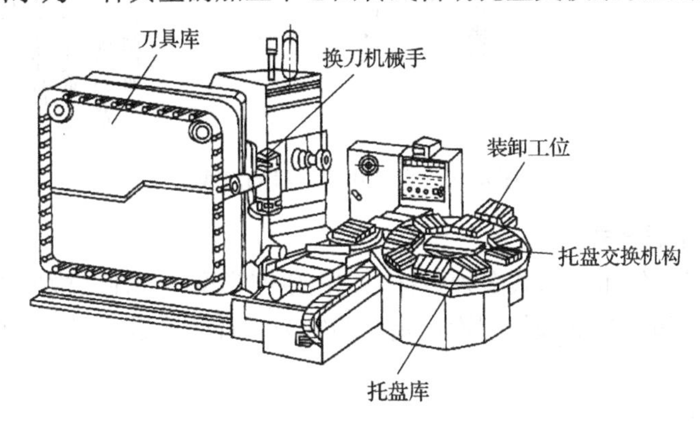

图 4-28　典型的自动托盘交换系统结构

加工中心根据其结构和功能的不同，可以有不同的分类方式。按照主轴特征，加工中心通常分为卧式加工中心、立式加工中心、复合加工中心和多工作台加工中心等多种类型，在选择时，要根据加工工件具体情况来确定。

4.3.4　机械加工自动化生产线方案

1. 自动化生产线概述

机械加工自动化生产线(简称自动线)是一组用运输机构联系起来的由多台自动机床(或工位)、工件存放装置以及统一自动控制装置等组成的自动加工机器系统。

自动线是在流水线的基础上发展起来的，它具有较高的自动化程度和统一的自动控制系统，并具有比流水线更为严格的生产节奏性等。在自动线的工作过程中，工件以一定的生产节拍，按照工艺顺序自动地经过各个工位，在不需工人直接参与的情况下，自行完成预定的工艺过程，最后成为符合设计要求的制品。

自动线能减轻工人的劳动强度，并大大提高劳动生产率，减少设备布置面积，缩短生产周期，缩减辅助运输工具，减少非生产性的工作量，建立严格的工作节奏，保证产品质量，加速流动资金的周转和降低产品成本。自动线的加工对象通常是固定不变的，或在较小的范围内变化，而且在改变加工品种时要花费许多时间进行人工调整。另外，其初始投资较多。因此，自动线只适用于大批量生产的场合。

2. 自动化生产线的组成

自动化生产线通常由工艺设备、质量检测装置、控制和监视系统、检测系统以及各种辅助设备等组成。由于工件的具体情况、工艺要求、工艺过程、生产率要求和自动化程度等因素的差异，自动线的结构及其复杂程度常常有很大的差别。但是其基本部分大致是相同的，如图 4-29 所示。

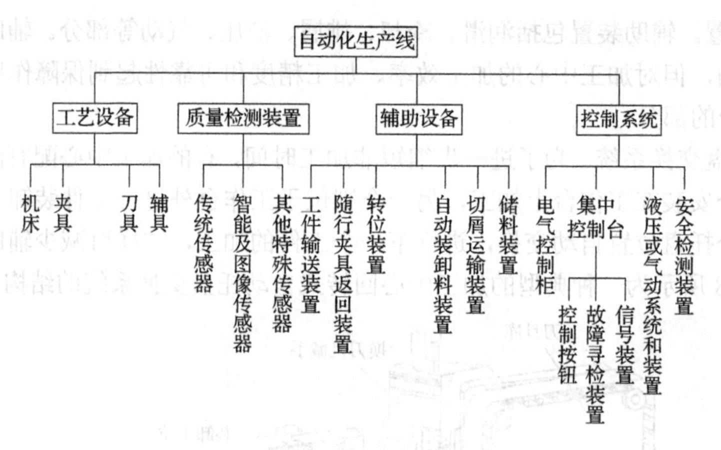

图 4-29　自动化生产线的组成

3. 生产线总体布局形式

机械加工生产线总体布局形式多种多样，它由生产类型、工件结构形式、工件输送方式、车间条件、工艺过程和生产纲领等因素决定。通常分为直接输送方式、带随行夹具方式和悬挂输送方式等。

1) 直接输送方式

这种输送方式是工件由输送装置直接输送，依次输送到各工位，输送基面就是工件的某一表面。其可分为通过式和非通过式两种。通过式又可分为直线通过式、折线通过式、框形式和非通过式等。

(1) 直线通过式生产线布局。直线通过式生产线布局形式如图 4-30 所示。工件的输送带穿过全线，由两个转位装置将其划分成三个工段，工件从生产线始端送入，加工完后从末端取下。其特点是：输送工件方便，生产面积可充分利用。

(2) 折线通过式生产线布局。当生产线的工位数多、长度较长时，直线布置常常受到车间布局的限制，或者需要工件自位，可布置成折线式，如图 4-31 所示。生产线在两个拐弯处工件自然地水平转位 90°，并省了水平转位装置。还可以根据需要设计成多种折线通过和并联支线形式。

(3) 框形式生产线布局。这种布局适用于采用随行夹具输送工件的生产线，随行夹具自然地循环使用，可以省去套随行夹具的返回装置。图 4-32 所示为框形式生产线布局。

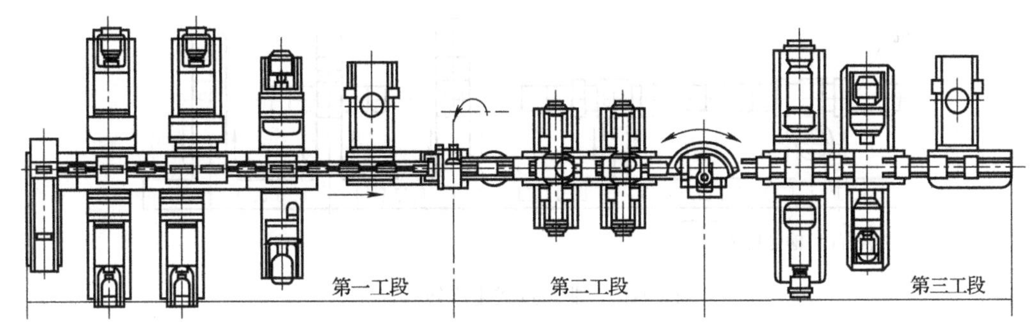

图 4-30　直线通过式生产线布局形式

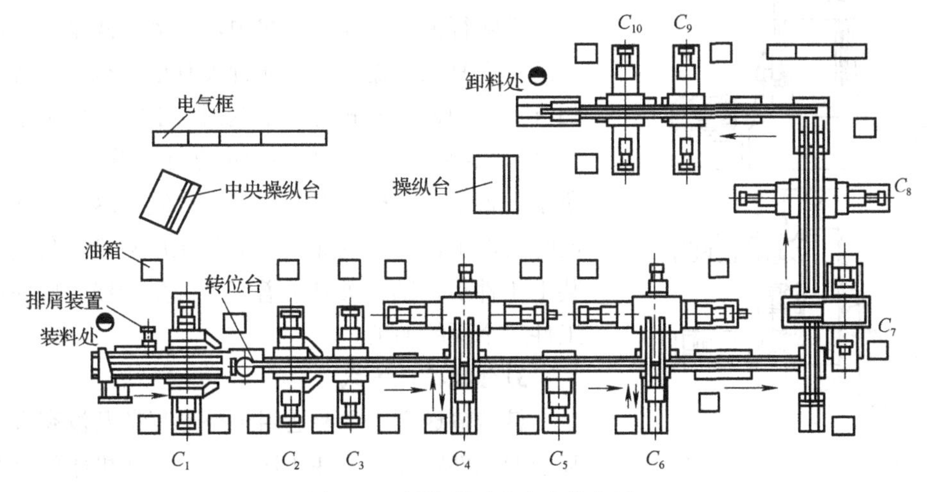

图 4-31　折线通过式生产线布局

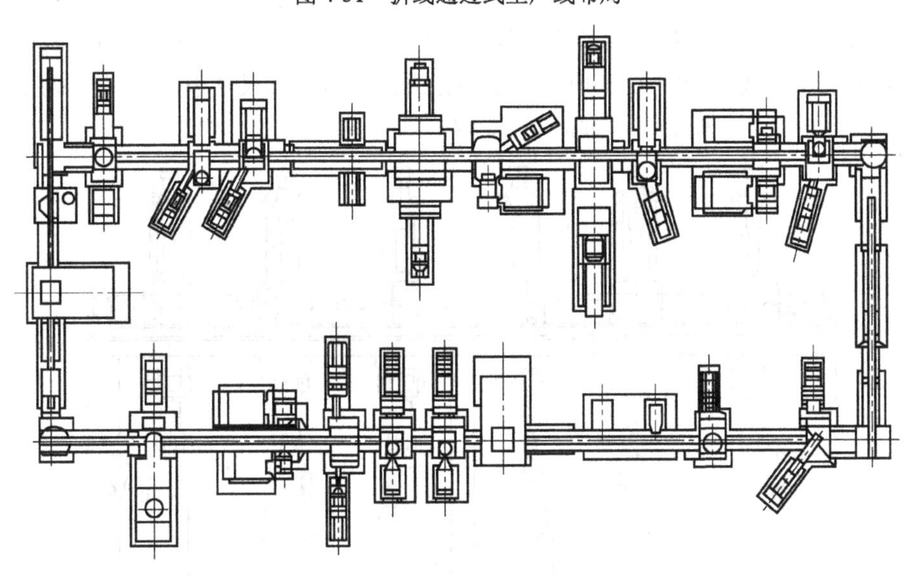

图 4-32　框形式生产线布局

(4) 非通过式生产线布局。非通过式生产线的工件输送装置位于机床的一侧，如图 4-33 所示。当工件在输送线上运行到加工工序位时，通过移载装置将工件移入机床或夹具中进行加工，并将加工完毕的工件移至输送线上。该方式便于采用多面加工，保证加工面的相互位置精度，有利于提高生产率，但需增加横向运载机构，生产线占地面积较大。

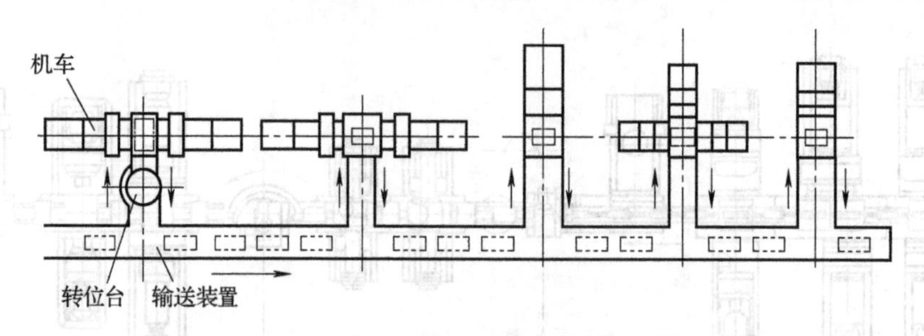

图 4-33　非通过式生产线布局

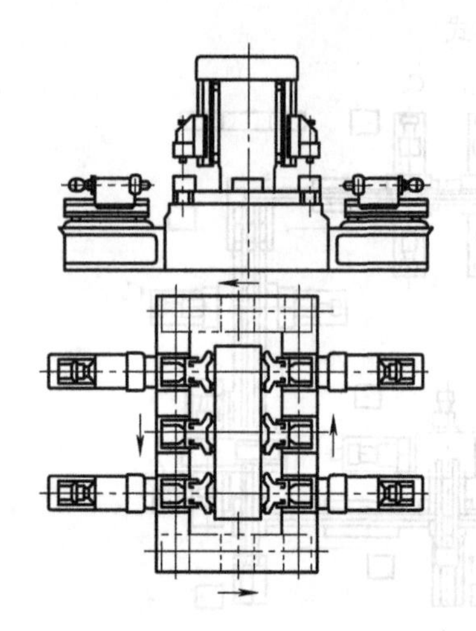
图 4-34　带中央立柱的随行夹具生产线

2）带随行夹具方式

带随行夹具方式生产线中，一类方式是将工件安装在随行夹具上，输送线将随行夹具依次输送到各工位。随行夹具的返回方式有水平返回、上方返回和下方返回三种形式；另一类方式是由中央立柱带随行夹具，图 4-34 所示为带中央立柱的随行夹具生产线。这种方式适用于同时实现工件两个侧面及顶面加工的场合，在装卸工位装上工件后，随行夹具带着工件绕生产线一周便可完成工件三个面的加工。

3）悬挂输送方式

悬挂输送方式主要适用于外形复杂及没有合适输送基准的工件零件，工件传送系统设置在机床的上空，输送机械手悬挂在机床上方的桁架上。各机械手之间的间距一致，不仅完成机床之间的工件传送，还完成机床的上下料。其特点是结构简单，适用于生产节拍较长的生产线，如图 4-35 所示。这种输送方式适用于尺寸小、形状较复杂的工件。

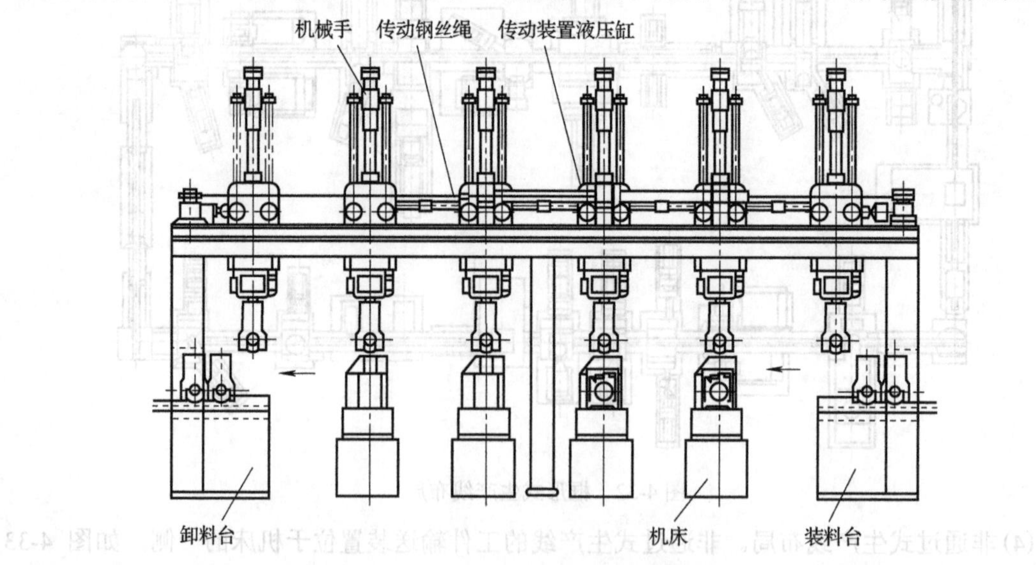

图 4-35　悬挂输送式机械手生产线

4.3.5 柔性自动化制造系统

1. 概述

柔性制造系统是由统一的信息控制系统、物料储运系统和一组数字控制加工设备组成的，能适应加工对象变换的自动化机械制造系统(Flexible Manufacturing System，FMS)。一组按次序排列的机器，由自动装卸及传送机器连接并经计算机系统集成一体，原材料和代加工零件在零件传输系统上装卸，零件在一台机器上加工完毕后传到下一台机器，每台机器接受操作指令，自动装卸所需工具，无须人工参与。

FMS 的工艺基础是成组技术，它按照成组的加工对象确定工艺过程，选择相适应的数控加工设备和工件、工具等物料的储运系统，并由计算机进行控制，故能自动调整并实现一定范围内多种工件的成批高效生产(即具有“柔性”)，并能及时地改变产品以满足市场需求。

FMS 兼有加工制造和部分生产管理两种功能，因此能综合地提高生产效益。FMS 的工艺范围正在不断扩大，可以包括毛坯制造、机械加工、装配和质量检验等。投入使用的 FMS，大都用于切削加工，也有用于冲压和焊接的。

图 4-36 是一个典型的柔性制造系统。在装卸站将毛坯安装在早已固定在托盘上的夹具中。然后物料传送系统把毛坯连同夹具和托盘输送到进行第一道加工工序的加工中心旁边排队等候，一旦加工中心空闲，零件就立即送上加工中心进行加工。每道工序施工完毕后，物料传送系统将该加工中心完成的半成品取出并送至执行下一工序的加工中心旁边排队等候。如此不停地进行，直至完成最后一道加工工序。在完成零件的整个加工过程中除进行加工工序外若有必要还要进行清洗、检验以及压套组装等工序。

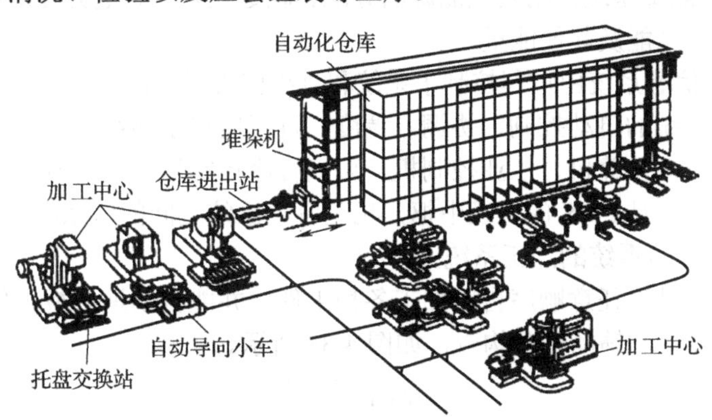

图 4-36　典型的柔性制造系统

FMS 具有较好的柔性，但是，这并不意味着一条 FMS 就能生产所有类型的产品。事实上，现有的柔性制造系统都只能制造一定种类的产品。据统计，从工件形状来看，95%的 FMS 用于加工箱体类或回转体类工件。

2. 柔性自动化制造系统的组成

从生态系统的角度来看，柔性自动化制造系统(FMS)主要是由物质(流)系统、能量(流)系统和信息(流)系统组成的，而物质(流)系统由加工系统和物流系统组成，如图 4-37 所示。

(1)加工系统。加工系统是 FMS 的主体部分，主要用于完成零件的加工。加工系统一般由两台以上的数控机床、加工中心、工件的上下料装置、自动更换夹具装置、自动换刀装置以及其他的加工设备构成，包括清洗设备、检验设备、动平衡设备和其他特种加工设备等。加工系统的性能直接影响着 FMS 的性能，加工系统在 FMS 中是耗资最多的部分。

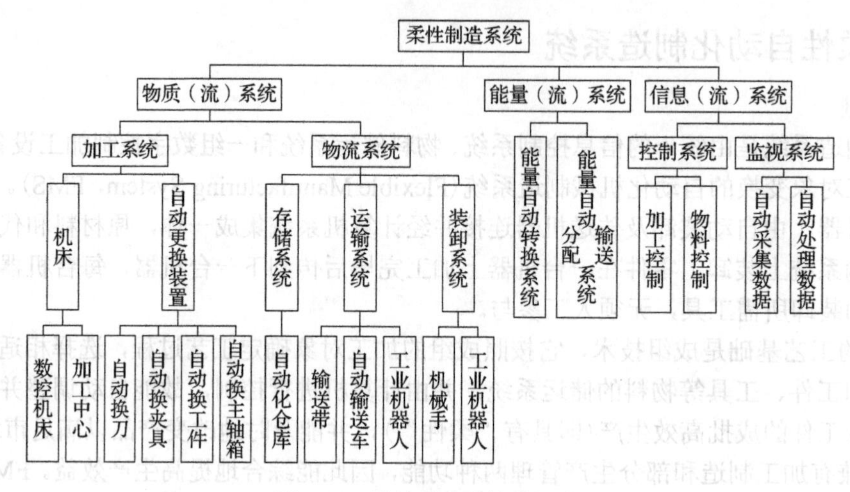

图 4-37　柔性制造系统的组成

(2) 物流系统。物流系统是由存储、运输和装卸三个子系统组成的，它也是物质系统的一部分。该系统包括运送工件、刀具、夹具、切屑及冷却润滑液等加工过程中所需“物流”的搬运装置、存储装置和装卸与交换装置。搬运装置有传送带、轨道小车、无轨小车、搬运机器人、上下料托盘等；存储装置主要由设置在搬运线始端或末端的自动仓库和设在搬运线内的缓冲站构成，用以存放毛坯、半成品或成品；装卸与交换装置负责 FMS 中物料在不同设备或工位之间的交换或装卸，常见的装卸与交换装置有托盘交换器、机械手、工业机器人等。

(3) 能量系统。能量系统自动实现能源的分配、输送及转换，它是 FMS 系统的动力源，包括电能、液压能、气能及其他能量。

(4) 信息系统。信息系统由过程控制子系统和过程监视子系统组成。过程控制子系统实现对加工系统和物流系统的自动控制、协调、调度，过程监视子系统实现在线状态数据自动采集和处理。信息系统由计算机、工业控制机、可编程序控制器、通信网络、数据库和相应的控制与管理软件构成，是 FMS 的神经中枢，也是各子系统之间的联系纽带。

3. 柔性自动化制造系统的加工系统

加工系统的功能是以任意顺序自动加工各种工件，并能自动地更换工件和刀具。其通常由加工设备、测量设备和辅助设备构成，如图 4-38 所示。

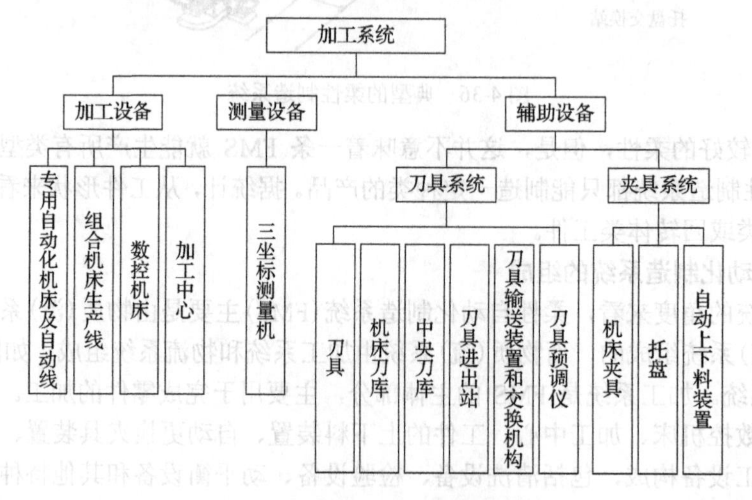

图 4-38　FMS 的加工系统组成

目前 FMS 的加工对象主要有两类工件：棱柱体类(包括箱体形、平板形)和回转体类(长轴形、盘套形)。通常用于加工棱柱体类工件的 FMS 由立、卧式加工中心、数控组合机床(数控专用机床、模块化多动力头数控机床等)和托盘交换器等构成；用于加工回转体类工件的 FMS 由数控车床、车削中心、数控组合机床和上下料机械手及棒料输送装置等构成。

4. 柔性自动化制造系统的物流系统

物流系统(或称物料储运系统)是柔性制造系统的重要分系统，它负责物料(毛坯、半成品、成品及工具等)的存储、输送和分配及其控制与管理。一个工件由毛坯到成品的整个生产过程中，只有相当一小部分的时间是用在机床上进行切削加工的，而大部分时间是用于物料的传递过程。FMS 中的物流系统与传统的自动线或流水线有很大的差别，它的工件输送系统是不按固定节拍强迫运送工件的，而且也没有固定的顺序，甚至是几种工件混杂在一起输送的。也就是说，整个工件输送系统的工作状态是可以进行随机调度的，而且均设置有储料库以调节各工位上加工时间的差异。统计资料表明：在柔性机械制造系统中，物料的传输时间占整个生产时间的 80%左右，物料传输与存储费用占整个零部件加工费用的 30%～40%。由此可见物流系统的自动化水平和性能将直接影响柔性制造系统的自动化水平和性能。伴随着制造过程的进行，柔性制造系统中的物流系统主要包括三个方面：原材料、半成品、成品所构成的工件流；刀具、夹具所构成的工具流；托盘、辅助材料、备件等所构成的配套流。

其中最主要的是工件、刀具等的流动，这是加工系统中各工作站间的纽带，用以保证柔性制造系统正常有效地运行。

柔性制造系统的物流系统由物料存储系统、物料输送系统和物料搬运系统组成，如图 4-39 所示。

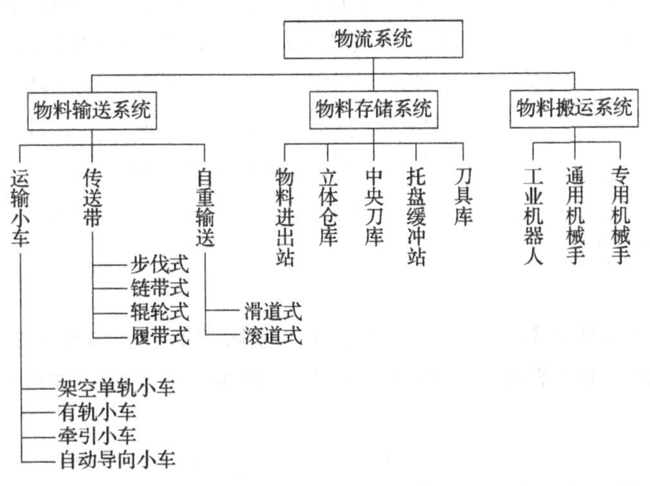

图 4-39　柔性制造的物流系统

4.4　机械制造自动化切削用量的选择

4.4.1　切削用量对生产率和加工精度的影响

1. 切削用量对生产率的影响

在连续生产的机床上加工一个工件的单件循环时间为

$$T = t_j + t_f + t_n \tag{4-1}$$

式中，T 为机床上加工一个工件的时间(min)；t_j 为机加工工件时间(min)；t_f 为辅助时间，包括空行程、上下料、检验和清洗机床上的切屑等(min)；t_n 为加工循环外的时间消耗，即机床停顿分摊到每个零件上的时间，包括换刀、修理机床、调整个别机构、重新装料等(min)。

机床的生产率 Q 为

$$Q = \frac{1}{T} = \frac{1}{t_j + t_f + t_n} \tag{4-2}$$

加工时间 t_j 与切削用量有直接关系。若采用提高切削速度的办法来减少机加工时间，以提高生产率，在开始时，生产率会上升，但由于切削速度提高后，刀具耐用度会下降。切削速度与刀具耐用度经验关系式为

$$T_d = \frac{A}{v^m} \tag{4-3}$$

式中，T_d 为刀具耐用度(min)；v 为切削速度(m/min)；A 为常数；m 为刀具的切削指数。

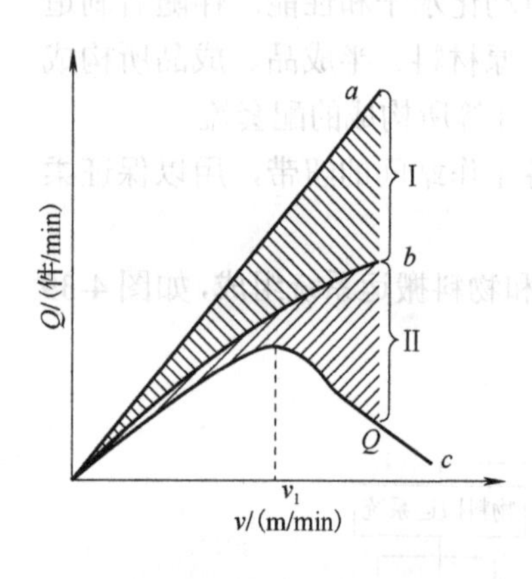

图 4-40　生产率与切削速度的关系

由式(4-3)可以看出，切削速度提高时，刀具耐用度急剧降低，从而造成频繁地换刀而使机床的利用率降低。由刀具引起的停机时间是换刀次数与每次换刀所需的时间的乘积。换刀次数频繁，每次换刀时间越长，则停机时间越长。到某一程度时，生产率便下降。如图 4-40 中曲线 c 所示，当切削速度直接到 v_1 时，生产率增长；采用大于 v_1 的切削速度时，生产率便下降。图中 I 是加工循环内的辅助时间消耗，II 是与刀具有关的循环外时间消耗；曲线 a 是不考虑工件与 II 的时间消耗，生产率随切削速度变化曲线，曲线 b 是不考虑 II 的时间消耗，生产率随切削速度变化曲线。

2. 切削用量对加工精度的影响

切削用量对残留面积和积屑瘤的产生有较大的影响，从而影响加工表面的粗糙度。

1) 残留面积

以车削为例，当刀具副偏角 $\kappa_r' > 0$ 时，工件上被切削的表层金属并未全部被切下，而是小部分残留在工件的已加工表面上，形成“刀花”，使加工表面的平面度精度下降。

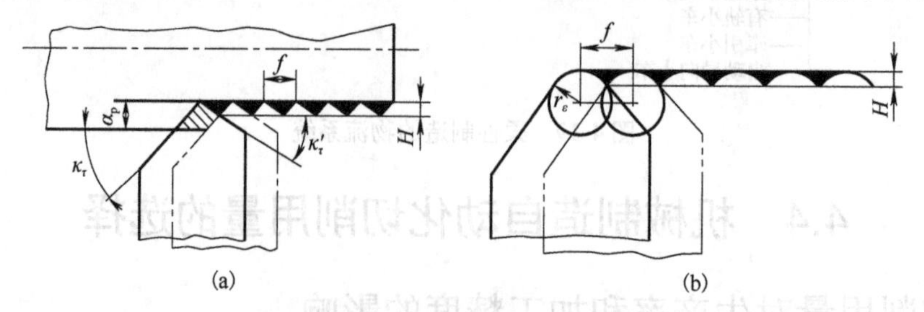

图 4-41　车削时残留面积的高度

从图 4-41(a)中可看出：当刀尖圆弧半径 $r_\varepsilon = 0$ 时，残留面积的高度 H 为

$$H = \frac{f}{\cos\kappa_{\tau}' + \cos\kappa_{\tau}'} \tag{4-4}$$

式中，f 为进给量(mm/min)；κ_{τ}' 为刀具的副偏角；κ_{τ} 为刀具的主偏角。

当刀尖圆弧半径 $r_{\varepsilon} > 0$ 时，由图 4-20(b)可知：

$$H \approx \frac{f^2}{8r_{\varepsilon}} \tag{4-5}$$

式中，r_{ε} 为刀尖圆弧半径(mm)。

由式(4-5)可知，进给量 f 增加，则残留面积高度 H 增大，表面粗糙度升高。

2)积屑瘤

切削用量中，以切削速度 v 对积屑瘤的影响最大，进给量 f 次之。试验表明，切削中碳钢，当 $v = 5 \sim 80\text{m}/\text{min}$ 时，都可能产生积屑瘤，其中以 $v = 5 \sim 30\text{m}/\text{min}$ 时产生的积屑瘤最高。而用 $v = 1 \sim 2\text{m}/\text{min}$ 以下的低速或用 $v = 80 \sim 100\text{m}/\text{min}$ 以上的高速来切削时，很少产生积屑瘤。此时加工表面粗糙度较低。当进给量 f 较小时，积屑瘤高度 H 较小，当进给量 f 增大时，积屑瘤高度 H 也增大，表面粗糙度下降。

精加工钢料时，为了获得较低的表面粗糙度，应选择较小的进给量，同时切削速度应在较高或较低的范围内选择，以避免产生积屑瘤。例如，在精镗时，选择较高的切削速度，以避开积屑瘤，同时选用较小的进给量，以减少残留面积。而精铰时，选择较低的切削速度避开积屑瘤，降低表面粗糙度。但从刀具结构上采取措施以避免增大进给量，f 对表面粗糙度的不利影响；铰刀的刀齿较多，主偏角较小，所以每齿进给量 f 及切削厚度较小，可以减少积屑瘤，降低表面粗糙度。此外铰刀上做有副偏角 $\kappa_{\tau}' = 0$ 的修光刃，减小了残留面积。

4.4.2　切削用量选择的一般原则

切削用量选择的一般原则如下。

(1)切削用量的选择要尽可能合理利用所有刀具，充分发挥其性能。当机床中多种刀具同时工作时，如钻头、铰刀、镗刀等，其切削用量各有特点，而动力头的每分钟进给是一样的。要使各种刀具能有较合理的切削用量，一般采用拼凑法解决，即按各类刀具选择较合理的转速及每转进给量，然后进行适当调整，使各种刀具的每分钟进给量一致。这种方法是利用中间切削用量，各类刀具都不是按照最合理的切削用量来工作的。如果确有必要，也可按各类刀具选用不同的每分钟进给量，通过采用附加机构，使其按各自需要的合理进给量工作。

(2)复合刀具切削用量选择的特点：每转进给量按复合刀具最小直径选择，以使小直径刀具有足够的强度；切削速度按复合刀具最大半径选择，以使大半径刀具有一定的耐用度。如钻铰复合刀具，进给量按钻头选择，切削速度按铰刀选择；扩铰复合刀具的进给量按扩孔钻选择，切削速度按铰刀选择。

(3)同一主轴上带有对刀运动的镗孔主轴转速的选择：在确定镗孔切削速度时，除考虑要求的加工表面粗糙度、加工精度、镗刀耐用度等问题外，当各镗孔主轴均需要对刀时(即在镗杆送进或退出时，镗刀头需处于规定位置)，各镗孔主轴转速一定要相等或者成整数倍。

(4)在选择切削用量时，应注意工件生产批量的影响。在生产率要求不高时，就应选择较低的切削用量，以免增加刀具损耗。在大批量生产中，组合机床要求较高的生产率，也只是提高那些“限制性”工序刀具的切削用量，对于非限制性工序刀具仍应选用较低的切削用量。在提高限制性刀具切削用量时，还必须注意不致影响加工精度和刀具的耐用度。

(5) 在限制切削用量时，还必须考虑通用部件的性能，如所选的每分钟进给量一般要高于动力滑台允许的最小进给量，这在采用液压驱动的动力滑台时更加重要，所选的每分钟进给量一般应较动力滑台允许的最小值大 50%。

总之，必须从实际出发，根据加工精度、加工材料、工作条件和技术要求进行分析，考虑加工的经济性，合理选择切削用量。

4.4.3　钻铰镗铣切削用量的选择

由于数控机床有大多都有自动换刀刀库，实行连续化生产，生产率较高。为了提高刀具使用寿命，所选取的切削用量比一般万能机床单刀加工要低一些。但是，也不是无论何时都用降低切削用量来改善加工情况的做法是不正确的。比如，在铸铁零件上钻孔时，如果进给量选得太小，钻头寿命不仅不会延长，反而加快磨损，且耗费功率大，并有尖叫声。对同一个工件，加工工序和刀具不同，其切削用量也不相同，因此，合理地选择切削用量是十分重要的。以下推荐一些切削用量选择的经验数据。

1. 钻孔切削用量

表 4-1 所列数值是用高速钢钻头加工铸铁件的切削用量。表 4-2 是用高速钢钻头加工钢件的切削用量。当采用硬质合金钻头时，切削速度一般为 20～30m/min。在铝和铝合金以及黄铜和青铜的工件上钻孔，其切削用量可按表 4-3 和表 4-4 选取。

表 4-1　用高速钢钻头加工铸铁件的切削用量

加工直径	HB=160～200		HB=200～241		HB=300～400	
d/mm	v/(m/min)	$S_{转}$/(mm/r)	v/(m/min)	$S_{转}$/(mm/r)	v/(m/min)	$S_{转}$/(mm/r)
1～6	16～24	0.07～0.12	10～18	0.05～0.1	5～12	0.03～0.08
6～12		0.12～0.2		0.1～0.18		0.08～0.15
12～22		0.2～0.4		0.18～0.25		0.15～0.20
22～50		0.4～0.8		0.25～0.4		0.20～0.30

注：采用硬质合金钻头加工铸件时 v = 20～30m/min。

表 4-2　用高速钢钻头加工钢件的切削用量

加工直径	σ_b = 520～700(钢35、45)		σ_b = 700～900(15Cr、20Cr)		σ_b = 1000～1100(合金钢)	
d/mm	v/(m/min)	$S_{转}$/(mm/r)	v/(m/min)	$S_{转}$/(mm/r)	v/(m/min)	$S_{转}$/(mm/r)
1～6	18～25	0.05～0.1	12～20	0.05～0.1	8～15	0.03～0.08
6～12		0.1～0.2		0.1～0.2		0.08～0.15
12～22		0.2～0.3		0.2～0.3		0.15～0.25
22～50		0.3～0.6		0.3～0.45		0.25～0.35

表 4-3　用高速钢钻头加工铝和铝合金的切削用量

加工直径 d/mm	切削速度 v/(m/min)	每转进给量 $S_{转}$/(mm/r)		
		纯铝	铝合金(长切削)	铝合金(短切削)
3～8	20～50	0.03～0.2	0.05～0.25	0.03～0.1
8～25		0.06～0.5	0.1～0.60	0.05～0.15
25～50		0.15～0.8	0.2～1.0	0.08～0.36

表 4-4　用高速钢钻头加工黄铜和青铜的切削用量

加工直径	黄铜、青铜		硬青铜	
d/mm	v/(m/min)	$S_{转}$/(mm/r)	v/(m/min)	$S_{转}$/(mm/r)
3～8		0.06～0.15		0.05～0.15
8～25	60～90	0.15～0.3	25～45	0.12～0.25
25～50		0.3～0.75		0.25～0.5

2. 扩孔铰孔切削用量

表 4-5 是高速钢刀具扩孔加工的切削用量。表 4-6 是用高速钢刀具铰孔加工的切削用量。

表 4-5　用高速钢刀具扩孔、钻扩孔加工的切削用量

加工直径	铸铁				钢、铸铁				铝、铜			
	扩通孔		锪沉孔		扩通孔		锪沉孔		扩通孔		锪沉孔	
d/mm	v/(m/min)	$S_{转}$/(mm/r)	v/(m/min)	$S_{转}$/(mm/r)	v/(m/min)	$S_{转}$/(mm/r)	v/(m/min)	$S_{转}$/(mm/r)	v/(m/min)	$S_{转}$/(mm/r)	v/(m/min)	$S_{转}$/(mm/r)
10～15		1.15～0.2		0.15～0.2		0.12～0.2		0.08～0.2		0.15～0.2		0.15～0.2
15～25		0.2～0.25		0.15～0.3		0.2～0.3		0.2～0.25		0.2～0.25		0.15～0.2
25～40	10～18	0.25～0.3	8～12	0.15～0.3	12～20	0.3～0.4	8～14	0.25～0.3	30～40	0.25～0.3	20～30	0.15～0.2
40～60		0.3～0.4		0.15～0.3		0.4～0.5		0.3～0.4		0.3～0.4		0.15～0.2
60～100		0.4～0.6		0.15～0.3		0.5～0.6		0.4～0.6		0.4～0.5		0.15～0.2

表 4-6　用高速钢刀具铰孔加工的切削用量

加工直径	铸铁		钢及合金钢		铝、铜及其合金	
d/mm	v/(m/min)	$S_{转}$/(mm/r)	v/(m/min)	$S_{转}$/(mm/r)	v/(m/min)	$S_{转}$/(mm/r)
5～10		0.3～0.5		0.3～0.4		0.3～0.5
11～15		0.5～1		0.4～0.5		0.5～1.0
16～25	2～6	0.8～1.5	1.2～6	0.4～0.6	8～12	0.8～1.5
26～40		0.8～1.5		0.4～0.6		0.8～1.5
41～60		1.2～1.8		0.5～0.6		1.5～2

注：采用硬质合金铰刀铰加工铸件时 $v = 8～10\text{m/min}$；铰加工钢件时 $v = 12～20\text{m/min}$。

对钢件铰孔要想获得低的粗糙度，除铰刀需保证合理几何形状及冷却液充分的条件外，重要的一点是合理选择切削用量。采用硬质合金扩孔钻孔加工铸件时，一般是速度低一些好，但是进给量不宜太小，一般取 30～40mm/min；加工钢件时，进给量一般取 35～60mm/min；用硬质合金铰刀加工铝件时，速度可以达到 $v = 120 \sim 200\text{mm/min}$。

3. 镗孔切削用量

表 4-7 是镗孔加工的切削用量。镗孔切削用量的选择与加工精度及刀具材料有很大关系。在精镗 7 级精度、直径为 60～100mm 的孔时，孔径公差为 0.03～0.035 mm，当孔为 6 级精度时，孔径公差为 0.019～0.022mm，在刀具材料质量不高、精镗速度选得太高时，镗刀会很快磨损，使孔径超差，而不得不经常停车刃磨、调刀。

表 4-7　镗孔加工的切削用量

工序	刀具材料	铸铁		钢		铝及其合金	
		v/(m/min)	$S_{转}$/(mm/r)	v/(m/min)	$S_{转}$/(mm/r)	v/(m/min)	$S_{转}$/(mm/r)
粗镗	高速钢	20～25	0.25～0.8	15～30	0.15～0.4	100～150	0.5～1.5
	硬质合金	35～50	0.4～1.5	50～70	0.35～0.7	—	—
半精镗	高速钢	20～35	0.1～0.3	15～50	0.1～0.3	100～200	0.2～0.5
	硬质合金	50～70	0.15～0.45	95～135	0.15～0.45		
精镗	硬质合金	70～90	H6 级≤0.08 H7 级 0.12～0.15	100～150	0.12～0.15	150～400	0.06～0.1

4. 铣削切削用量

表 4-8 是用硬质合金端铣刀的铣削用量。铣削切削用量的选择与要求的加工粗糙度及其效率有关系。当要求较高铣削粗糙度时，铣削速度应高一些，每齿走刀量应小一些。若生产率要求不高，可以取很小的每齿走刀量，一次铣削 0.5～1mm 余量的铸件可达到 $Ra1.6\,\mu m$ 的粗糙度，每齿的走刀量一般为 0.05～0.20mm/r。

表 4-8　用硬质合金端铣刀的切削用量

加工材料	工序	铣削深度/mm	铣削速度 v/(m/min)	每齿走刀量 $S_{转}$/(mm/r)
钢 $\sigma_b = 520$～700 MPa	粗	2～4	80～120	0.2～0.4
	精	0.5～1	100～180	0.05～0.20
钢 $\sigma_b = 700$～900 MPa	粗	2～4	60～100	0.2～0.4
	精	0.5～1	90～150	0.05～0.15
钢 $\sigma_b = 1000$～1100 MPa	粗	2～4	40～70	0.1～0.3
	精	0.5～1	60～100	0.05～0.10
铸铁	粗	2～5	50～80	0.2～0.4
	精	0.5～1	80～130	0.05～0.2
铝及其合金	粗	2～5	300～700	0.10～0.4
	精	0.5～1	500～1500	0.05～0.3

4.5　切削力与切削功率的计算

对于自动化加工机床的切削力、切削功率、切削扭矩和刀具耐用度确定的方法有查表法、计算法等，现介绍如下。

4.5.1　查表法

可以根据相关《机床加工工艺及切削用量》手册，针对不同材质的刀具对不同材料的加工对象，根据拟订的加工方法，选定切削用量有关的切削参数。再根据切削参数，在对应的表中，直接查找到线速度 v、转速 n、切削力 P、切削扭矩 M 和切削功率 N。

4.5.2　扭矩、力和切削功率计算

1. 钻削时的扭矩及轴向力

$$M = C_M \cdot D^{q_M} \cdot S^{y_M} \cdot K_{料P} \tag{4-6}$$

$$P_o = C_P \cdot D^{q_P} \cdot S^{y_P} \cdot K_{料P} \tag{4-7}$$

式中，D 为钻头直径(mm)；S 为钻头走刀量(mm/r)。

2. 用钻头扩孔时的扭矩及轴向力

$$M = C_M \cdot D^{q_M} \cdot t^{x_M} \cdot S^{y_M} \cdot K_{料P} \tag{4-8}$$

$$P_o = C_P \cdot D^{q_P} \cdot t^{x_P} \cdot S^{y_P} \cdot K_{料P} \tag{4-9}$$

式中，$t = 0.5(D-d)$，D 为钻头直径(mm)，d 为工件扩孔前直径(mm)。

式(4-6)～式(4-9)中 $C_M, C_P, q_M, q_P, x_M, x_P, y_M, y_P$ 查表 4-9；$K_{料P}$ 值查表 4-10、表 4-11。

表 4-9　钻头钻孔、扩孔公式中的系数及指数

<table>
<tr><th rowspan="3">工件材料</th><th rowspan="3">工序名称</th><th rowspan="3">刀具材料</th><th colspan="8">系数及指数</th></tr>
<tr><th colspan="4">扭矩 M</th><th colspan="4">轴向力 P_0</th></tr>
<tr><th>C_M</th><th>q_M</th><th>x_M</th><th>y_M</th><th>C_P</th><th>q_P</th><th>x_P</th><th>y_P</th></tr>
<tr><td rowspan="2">结构铁、铸钢 $\sigma_b = 75$</td><td>钻</td><td rowspan="4">高速钢</td><td>0.0315</td><td>2.0</td><td>—</td><td rowspan="2">0.8</td><td>68</td><td>1.0</td><td>—</td><td rowspan="3">0.7</td></tr>
<tr><td>扩</td><td>0.09</td><td>1.0</td><td>0.9</td><td>37.8</td><td></td><td>1.3</td></tr>
<tr><td>1Cr18Ni9T</td><td rowspan="3">钻</td><td>0.041</td><td rowspan="2">2.0</td><td rowspan="3">—</td><td>0.7</td><td>143</td><td rowspan="2">1.0</td><td rowspan="3">—</td></tr>
<tr><td rowspan="3">灰铸铁 HT190</td><td>0.021</td><td rowspan="6">0.8</td><td>42.7</td><td>0.8</td></tr>
<tr><td>硬质合金</td><td>0.012</td><td>2.2</td><td>42</td><td>1.2</td><td>0.75</td></tr>
<tr><td>扩</td><td rowspan="2">高速钢</td><td>0.085</td><td>1.0</td><td>0.75</td><td>23.5</td><td>—</td><td>1.2</td><td>0.4</td></tr>
<tr><td rowspan="2">可锻铸铁 HB150</td><td rowspan="3">钻</td><td>0.021</td><td>2.0</td><td rowspan="3">—</td><td>43.3</td><td>1.0</td><td rowspan="3">—</td><td>0.8</td></tr>
<tr><td>硬质合金</td><td>0.01</td><td>2.2</td><td>32.5</td><td>1.2</td><td>0.75</td></tr>
<tr><td>铜合金 HB00~140</td><td>高速钢</td><td>0.012</td><td>2.9</td><td>31.5</td><td>1.0</td><td>0.8</td></tr>
</table>

表 4-10　钢及铸铁的 $K_{料P}$ 取值

<table>
<tr><td colspan="2">工作材料</td><td colspan="2">结构钢及铸钢</td><td colspan="3">灰铸铁</td><td colspan="2">可锻铸铁</td></tr>
<tr><td colspan="2">$K_{料P}$</td><td colspan="2">$K_{料P} = (\sigma_b / 75)^{n_p}$</td><td colspan="3">$K_{料P} = (\mathrm{HB} / 190)^{n_p}$</td><td colspan="2">$K_{料P} = (\mathrm{HB} / 150)^{n_p}$</td></tr>
</table>

<table>
<tr><td rowspan="2">指数</td><td rowspan="2">工作材料</td><td colspan="2">P_x</td><td colspan="2">P_y</td><td colspan="2">P_z</td><td rowspan="2">钻、扩 M 及 P</td></tr>
<tr><td>硬质合金</td><td>高速钢</td><td>硬质合金</td><td>高速钢</td><td>硬质合金</td><td>高速钢</td></tr>
<tr><td rowspan="2">n_p</td><td>结构钢 $\sigma_b \leqslant 60(\mathrm{kgf/mm^2})$
铸钢 $\sigma_b \leqslant 60(\mathrm{kgf/mm^2})$</td><td>0.75</td><td>0.35
0.75</td><td>1.35</td><td>2.0</td><td>1.0</td><td>1.5</td><td>0.75</td></tr>
<tr><td>灰铸铁和可锻铸铁</td><td>0.4</td><td>0.56</td><td>1.0</td><td>1.5</td><td>0.8</td><td>1.1</td><td>0.6</td></tr>
</table>

表 4-11　铜合金及铝合金的 $K_{料P}$ 取值

<table>
<tr><td colspan="6">铜合金</td><td colspan="4">铝合金</td></tr>
<tr><td colspan="2">多相的</td><td rowspan="2">铅铜合金，含铅<10%</td><td rowspan="2">均质的</td><td rowspan="2">铜</td><td rowspan="2">铅铜合金，含铅>15%</td><td rowspan="2">铝及硅铝合金</td><td colspan="3">硬铝</td></tr>
<tr><td>HB=120</td><td>HB>120</td><td>$\sigma_b = 25$</td><td>$\sigma_b = 35$</td><td>$\sigma_b > 35$</td></tr>
<tr><td>1.0</td><td>0.75</td><td>0.55～0.70</td><td>1.8～2.2</td><td>1.7～2.1</td><td>0.25～0.45</td><td>1.0</td><td>1.5</td><td>2.0</td><td>2.75</td></tr>
</table>

3. 锪钻及铰孔的扭矩

因为锪孔及铰孔时轴向力较小不必计算，只需计算其扭矩。其公式为

$$M = \frac{C_P \cdot{}^{x_P} \cdot S_x^{y_P} \cdot K_{料P} \cdot Z}{2 \cdot 1000} \tag{4-10}$$

式中，$S_Z = \dfrac{S}{Z}$(mm/齿)，S 为走刀量(mm/r)，Z 为齿数，S_Z 为每齿走刀量。C_P, x_P, y_P 值查表 4-12 中车削力 P_x 的系数及指数；$K_{料P}$ 查表 4-10、表 4-11 中 P_x 的材料修正系数。

表 4-12　车削(镗、刨)力的系数和指数

被加工材料	刀具材料	加工类型	P_x				P_y				P_z			
			C_P	x_P	y_P	n_P	C_P	x_P	y_P	n_P	C_P	x_P	y_P	n_P
结构钢及铸钢	硬质合金	外圆、端面和镗	300	1	0.75	−0.15	243	0.0	0.0	−0.3	239	1	0.5	−0.4
		带修光刃*	254	0.9	0.9		355	0.8	0.8		241	1.05	0.2	
		切断、切槽	408	0.78	0.8	0	173	0.73	0.57	0	—	—	—	—
		车螺纹	148	—	1.07	0.71	—	—	—	—	—	—	—	—
	高速钢	外圆、端面和镗	200	1	0.75	0	125	0.9	0.75	0	67	1.2	0.55	0
		切断、切槽	247	1	1	0	—	—	—	—	—	—	—	—
		成形	212	1	0.75	0	—	—	—	—	—	—	—	—
1Cr18Ni9T1 HB=141	硬质合金	外圆、端面和镗	204	1	0.75	0	—	—	—	—	—	—	—	—
灰铸铁 HB=190		外圆、端面和镗	92	1	0.75	0	54	0.9	0.75	0	46	1	0.4	0
		带修光刃*	123	1	0.85	0	61	0.4	0.5	0	24	1.05	0.2	0
		车螺纹	103	—	0.3	0.82	—	—	—	—	—	—	—	—
	高速钢	切断、切槽	158	1	1	0	—	—	—	—	—	—	—	—
可锻铸铁 HB=150	硬质合金	外圆、端面和镗	81	1	0.75	0	43	0.9	0.75	0	38	1	0.4	0
	高速钢	外圆、端面和镗	100	1	0.75	0	88	0.9	0.75	0	40	1.2	0.65	0
		切断、切槽	159	1	1	0	—	—	—	—	—	—	—	—
铝合金 HB=120	高速钢	外圆、端面和镗	55	1	0.56	0	—	—	—	—	—	—	—	—
		切断、切槽	75	1	1	0	—	—	—	—	—	—	—	—
铝及合金		外圆、端面和镗	40	1	0.75	0	—	—	—	—	—	—	—	—
		切断、切槽	50	1	1	0	—	—	—	—	—	—	—	—

*带有修光刃的车、镗刀，其修光刃宽度 $f_{修} = (1.2 \sim 1.8)S$；不太深及简单的成型车刀，切削力将下降 15%～30%。

4. 切削功率

$$N = \frac{M \cdot n}{97.4} \tag{4-11}$$

式中，$n = \dfrac{1000v}{\pi D}$ 为刀具或工件的转速(r/min)，v 为切削速度(m/min)，D 为刀具直径(mm)。

4.5.3　铣削力及铣削功率计算

1. 铣削分力

铣削时的切削分力(图 4-42)有：P_Z为圆周力，即主切削力；P_H为走刀力，即水平分力；P_y为径向力，即铣刀所受的径向切削力；P_O为轴向力；P_v为压轴力(垂直分力)。

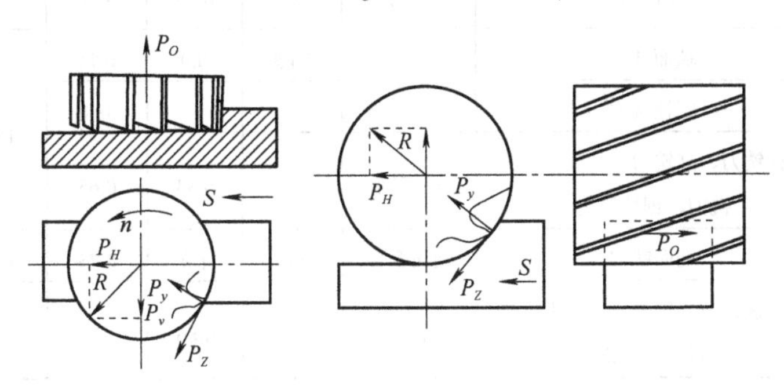

图 4-42　切削分力

2. 铣削圆周力的计算

铣削圆周力的计算公式；

$$P_Z = \frac{C_P \cdot t^{x_P} S_Z^{y_P} \cdot B^{u_P} \cdot Z}{D^{q_P} \cdot n^{\omega_P}} K_{料P} \tag{4-12}$$

式中，D为铣刀直径(mm)；t为铣削深度(mm)；Z_Z为每齿走刀量(mm/齿)；B为铣削宽度(mm)；Z为铣刀齿数；n为铣刀转速(r/min)；$K_{料P}$为材料改变时的修正系数(见表 4-13)。

铜合金及铝合金工件材料改变时的修正系数$K_{料P}$可查车削时材料的修正系数表 4-13。C_P是系数，q_P、x_P、y_P、u_P、ω_P是指数，查表 4-14。

表 4-13　被加工材料改变时的修正系数 $K_{料P}$

工件材料	结构钢及铸钢		灰铸铁		可锻铸铁	
$K_{料P}$	$K_{料P}=(\sigma_b/75)^{n_P}$		$K_{料P}=(\sigma_b/100)^{n_P}$		$K_{料P}=(\sigma_b/150)^{n_P}$	
刀具材料	高速钢	硬质合金	高速钢	硬质合金	高速钢	硬质合金
n_P	0.3	0.3	0.3	1	0.55	1

表 4-14　铣削力计算公式中的系数及指标

铣刀类型		刀具材料	系数和指数					
			C_P	x_P	y_P	u_P	ω_P	q_P
加工碳素结构钢：$\sigma_b=75\text{kgf/mm}^2$	端面铣刀	硬质合金	82.5	1.0	0.75	1.1	0.2	1.3
		高速钢	82.2	0.95	0.8			1.1
	平面圆柱铣刀	硬质合金	101	0.88	0.75	1.0	0	0.37
		高速钢	68.2	0.86	0.72			0.36
	立铣刀	硬质合金	12.5	0.85	0.76	1.0	−0.13	0.73
		高速钢	68.2	0.86	0.72		0	0.86
	片铣刀(切断、切槽铣刀)	硬质合金	261	0.9	0.8	1.1	0.1	1.1
		高速钢	68.2	0.86	0.72	1.0	0	0.86
	成形铣刀和角度铣刀	高速钢	47					

续表

铣刀类型		刀具材料	系数和指数					
			C_P	x_P	y_P	u_P	ω_P	q_P
加工不锈钢 1Cr18Ni9Ti HB141	端面铣刀	硬质合金	218	0.92	0.78	1.0	0	1.15
	立铣刀	高速钢	82	0.75	0.5			0.86
加工灰铸铁 HB190	端面铣刀	硬质合金	54.5	0.9	0.74	1.0	0	1.0
	圆柱铣刀		58		0.8			0.9
	圆柱铣刀、立铣刀、片铣刀、槽铣刀、锯片铣刀	高速钢	30	0.33	0.65			0.83
加工可锻铸铁 HB150	端面铣刀	硬质合金	491	1.0	0.75	1.1	0.2	1.3
	圆柱铣刀、立铣刀、片铣刀、槽铣刀、锯片铣刀	高速钢	30	0.86	0.72	1.0	0	0.86

铣削扭矩

$$M = \frac{P_Z \cdot D}{2 \times 1000} \tag{4-13}$$

式中，P_Z 为铣削圆周力(kgf·m)；D 为铣刀直径(mm)。

铣削功率

$$N = \frac{P_Z \cdot v}{6120} \tag{4-14}$$

式中，v 为铣削速度(m/min)。

4.5.4　磨削功率计算

外圆磨、平面磨功率计算

$$N = C_N \cdot V_I^{\gamma} \cdot t^x \cdot S^y \tag{4-15}$$

内圆磨、无心磨功率计算

$$N = C_N \cdot V_I^{\beta} \cdot t^x \cdot S^y \cdot d_I^q \tag{4-16}$$

切入磨(外圆、无心磨)功率计算

$$N = C_N \cdot V_I^{\gamma} \cdot S_P^x \cdot d_Z^q \cdot b^2 \tag{4-17}$$

端面磨功率计算

$$N = C_N \cdot V_I^{\gamma} \cdot t^x \cdot b^2 \tag{4-18}$$

式中，C_N 为与工件材料、砂轮性能、磨削方法等有关的功率系数(表 4-15)；V_I 为工件旋转或移动速度(m/min)；t 为磨削深度(mm)；S 为外圆、内孔、无心磨削的纵向进给量(mm/r)，平面磨横向进给量(mm/双(单)行程)；S_P 为切入磨的横向进给量($\text{mm/r}_{\text{工件}}$)；d_I 为工件直径(mm)；b 为磨削宽度，切入磨时为工件长度，端面磨时为工件表面横向宽度(mm)；γ, x, y, q, Z 为指数(表 4-15)。

表 4-15　磨削功率公式的系数及指数

磨削形式	工件材料	砂轮系数及指数							
		粒度	硬度	C_M	γ	x	y	q	z
双程进刀 外圆磨、单程进刀	淬火及未淬火钢	50～40	$ZR_1—ZR_2$	1.3	0.75	0.85	0.7	—	—
		50	ZR_2	2.2	0.5	0.5	0.55		
		40	$ZR_1—Z_1$	2.65			0.55		
切入磨		50	Z_1	0.14	0.8	0.8	—	0.2	1.0
内磨	未淬火钢	40		0.27	0.5	0.4	0.4	0.3	
	淬火钢	5～40	$ZR_1—Z_1$	0.36	0.35				
		25	ZR_1	0.3					
	铸钢	40		0.81	0.55	1.0	0.7		
无心磨：通过式	未淬火钢	40～25	$Z_1～ZY_1$	0.1	0.85	0.6		0.5	
		25	ZR_2	0.075					
	淬火钢	40	$ZR_1—Z_1$	0.28	0.6		0.5		
		25		0.34					
无心磨：切入式	淬火及未淬火钢	40		0.07	0.65	0.65	—		1.0
平磨：方工作台	未淬火钢	50	ZR_2	0.52	1.0	0.8	0.8	—	
			Z_1	0.59					
			ZY_2	0.68					
平磨：圆工作台	淬火钢	50～40	$R_3～Z_1$	0.53	0.8	0.65	0.7		
			$R_3～ZR_1$	0.7	0.7	0.5	0.5		
端面平磨： 方工作台	未淬火钢	125	R_2	0.17①					0.6
			Z_1	0.39①					
			ZY_1	0.59①					
		80～50	$R_1～ZR_2$	1.9②	0.5				
		50	R_3	1.31③					
端面平磨： 圆工作台	淬火钢	50～89	$R_1～ZR_2$	5.2②	0.3	0.25			0.3
			R_3	3.8③					
	铸铁	50	$ZR_1～ZR_2$	4.0②	0.4	0.4			0.45
			ZR_2	2.6③					

注：①树脂砂轮；②环形砂轮；③扇形组合砂轮，磨料，刚玉砂轮加工钢，碳化砂轮加工铸铁。

4.6　工艺规程的制定

工艺规程就是一系列不同工序的组合，用表格(文字)的形式写成工艺文件，它主要包括工艺过程卡、工序卡、检验卡等，用来指导和组织生产，这就是机械加工工艺规程。

1. 工艺规程选择的因素和依据

(1)生产规模是决定生产类型的主要因素，生产类型可按照投入生产批量或生产的连续性分成单件、批量和大批量三种类型。生产规模是设备、工具、自动化程度的选择依据。

生产纲领就是包括备品和废品在内的该零件的年产量 K，它与产品年产量 N(N 为台/年)的关系式为

$$K = N \cdot n \cdot (1 + a\% + b\%) \tag{4-19}$$

式中，n 为每台产品的零件数；$a\%$ 为备品率；$b\%$ 为废品率。

(2)制造零件所用的坯料或型材的形状、尺寸和精度以及它们的工艺性，是选择加工总余量和加工过程中头几道工序的决定因素。

① 零件的表面粗糙度是决定表面上光、精加工工序的类别和次数的主要因素。

② 特殊的限制条件，如企业的设备和用具的条件也是选择工艺规程的因素。

③ 产品装配图和零件工作图等原始资料是选择工艺规程的主要依据。

④ 零件材料的特性(如硬度、可加工性、热处理在工艺路线中排列的先后顺序等)，它是决定热处理工序和选用设备及切削用量的依据。

⑤ 零件的制造精度，包括尺寸公差、几何公差以及零件图上所指定或技术条件中各项条款和补充指定的要求。

2. 制定工艺规程程序和方法

(1)分析研究产品装配图和零件图，首先要熟悉产品的性能、用途和工作条件，了解零件在产品中所起的作用，找出主要技术要求和关键技术问题，分析零件结构、工艺性能。

(2)确定各工序的加工余量，选择切削用量，计算工序尺寸及公差，尤其是对生产流水线和自动线尤为重要。

(3)确定各主要工序的技术要求及检验方法。

① 确定各工序所需设备、刀具、夹具、量具和辅助工具。

② 制定工时定额。

③ 拟订工艺路线，填写有关工艺文件。

④ 要掌握工厂现有的生产条件，如设备规格、性能、精度以及刀具、夹具、量具量规和使用情况；工人技术水平；制造专用设备和工艺装备的能力等，使工艺规程制定得切实可行。

⑤ 不断了解国内外先进生产技术发展情况，以便针对具体工厂和现有条件探讨采用先进工艺和先进技术的能力与可能性，以便制定出符合工厂实际情况的先进工艺规程。

⑥ 拟订工艺路线，是制定工艺规程的关键一步，由于生产规模和各企业的具体情况不同，对同一零件的工艺规程的制定可能提出多种方案，对各方案应进行分析比较，从中确定一个最经济、最安全可靠的方案。

⑦ 一般情况下工艺规程拟订，必须根据工艺条件和经济条件用逐次修正方法进行。

3. 生产流水线设计程序和方法

1)确定流水线的形式和节拍

流水线形式取决于产品(零件)的年产量和劳动量，在全面参考了企业的生产任务和现有条件，对制品结构和工艺稳定性进行综合分析以后，决定流水线的形式。节拍是流水线的最重要的因素，它表明了流水线的生产速度的快慢或生产率的高低。节拍计算公式如下：

$$\text{流水线节拍}=\frac{\text{计划期有效工作时间}}{\text{计划期产品产量}} \tag{4-20}$$

2)工序同期化

通过各种可能的技术措施来调整或压缩各工序的单件时间定额，使它们等于流水线节拍或与节拍呈整数倍关系。它是组织连续流水线的必要条件，也是提高设备负荷系数、提高劳动生产率和缩短生产周期的重要方法。

3)计算设备数量和设备负荷系数

为使制品在流水线上各工序间平行移动，每道工序的设备数目应当是工序时间和流水线

节拍之比，即

$$\text{流水线某道工序的设备数}=\frac{\text{某道工序单件时间定额}}{\text{流水线节拍}} \tag{4-21}$$

设备的负荷系数是反映设备负荷情况的指标，其计算公式为

$$\text{设备负荷系数}=\frac{\text{流水线某道工序设备的数量}}{\text{采用的设备数量}} \tag{4-22}$$

设备负荷系数决定了流水线作业的连续程度，在一般情况下，若这一系数在 0.75～0.85，以考虑采用间断流水线为宜。

4) 计算工人人数

以手工劳动为主的流水线，工人人数按下列公式计算：

第某道工序的工人人数＝采用的设备数量×第某道工序每一工作场地同时工作人数×每日工作班次　(4-23)

整个流水线所需的工人人数就是所有工序人数之和，该种流水线不考虑后备工人。

以设备为主(自动化程度相对高)的流水线，工人人数按下列公式计算：

流水线工人总数＝(1+考虑代替缺勤工人和从流水线替换下来的后备工人的百分比)×工序数×(采用的设备数量×每日工作班数/第某道工序每个工人的设备看管定额)　(4-24)

先进的流水线上配桁架机械手(机器人)，工人人数大为减少。

5) 确定流水线节拍的性质和实现节拍的方法

选择节拍的主要依据是工序同期化程度和制品的重量、体积、精度、工艺性等特征，进行节拍选择。节拍分为自由节拍或强制节拍。

强制性节拍流水线采用分配式、连续式和间歇式工作传动带等三种类型的传送带。

自由节拍流水线一般采用连续式运输传送带、滚道、平板运输车、滑道等。

强制节拍流水线一般采用滚道、重力滑道、手拖车、叉车、吊车等。

4. 自动化加工工艺方案的制订

工艺方案是确定自动化加工系统的加工方法、加工质量及生产率的基本工艺文件。自动化加工工艺方案制订的正确与否，关系到自动化加工系统的成败。所以，对于工艺方案的制订必须给予足够的重视，要密切联系实际，力求做到工艺方案可靠、合理、先进。

1) 工件毛坯

旋转体工件毛坯，多为棒料、锻件和少量铸件。箱体、杂类工件毛坯，多为铸件和少量锻件，目前箱体类工件更多地采用钢板焊接件。

供自动化加工设备加工的工件毛坯应采用先进的制造工艺，如金属模型、精密铸造和精密锻造等，以提高工件毛坯的精度。

工件毛坯尺寸和表面形状公差要小，以保证加工余量均匀；工件硬度变化范围小，以保证刀具寿命稳定，有利于刀具管理。这些因素都会影响工件加工工序和输送方式，毛坯余量过大和硬度不均会导致刀具耐用度下降，硬度的变化范围过大，还会影响精加工质量的稳定。

为了适合自动化加工设备加工工艺的特点，在制订方案时，可对工件和毛坯做某些工艺和结构上的局部修改，有时为了实现直接输送，在箱体、杂类工件上要做出某些工艺凸台、工艺销孔、工艺平面或工艺凹槽等。

2) 工件定位基面的选择

工件定位基准应遵循一般的工艺原则，旋转体工件一般以中心孔、内孔或外圆以及端面或台肩面做定位基准，直接输送的箱体工件一般以“两销一面”作为定位基准。此外，还需注意以下原则。

(1) 应当选用精基准定位，以减少在各工位上的定位误差。

(2) 尽量选用设计基准作为定位面，以减少两种基准的不重合而产生的定位误差。

(3) 所选的定位基准，应使工件在自动化设备中输送时转位次数最少，以减少设备数量。

(4) 尽可能地采用统一的定位基面，可以减少安装误差，有利于实现夹具结构的通用化。

(5) 所选的定位基面应使夹具的定位夹紧机构简单。

(6) 对箱体、杂类工件，所选定位基准应使工件露出尽可能多的加工面，以便实现多面加工，以确保加工面间的相对位置精度，且减少机床台数。

3) 直接输送时工件输送基面

(1) 旋转体工件输送基面。旋转体工件输送方式通常为直接输送。

① 小型旋转体工件，可借其重力，在输送料道中进行滚动和滑动输送。滚动输送一般以外圆作为支承面，两端面为限位面。为防止输送过程中工件在料槽中倾斜、卡死，要注意工件限位面与料槽之间保持合理的间隙。

② 当难以利用重力输送或为提高输送可靠性，可采用强迫输送。轴类工件以两端轴颈作为支承，用链条式输送装置输送或以外圆作支承，从一端面推动工件沿料道输送。盘、环类工件以端面作为支承，用链板式输送装置输送。

(2) 箱体工件输送基面。箱体工件加工自动线的工件输送方式有直接输送和间接输送两种。直接输送工件不需随行夹具及其返回装置，并且在不同工位容易更换定位基准，在确定设备输送方式时，应优先考虑采用直接输送。当采用步进式输送装置输送工件时，输送面和两侧限位面在输送方向上应有足够的长度，以防止输送时工件偏斜。

4.7　工艺方案的技术经济分析

图 4-43 (a) 所示是在一般生产条件下和在自动化生产条件下制造一定数量的零件的劳动消耗结构，其中 T_1 和 T_1' 是制造生产设备的劳动消耗，即物化劳动；T_2 和 T_2' 是制造给定产品的劳动消耗，即活劳动。从图中可以看出，采用自动化方式时，只有在 $T_1'+T_2' < T_1+T_2$ 的条件下，才能提高劳动生产率。当产品的生产纲领减少为 $1/k$ 时，T_2 和 T_2' 的劳动消耗分别按比例缩减到 T_2/k 和 T_2'/k (图中虚线所示)。显然，上述条件就不存在，也就不能保证生产的经济性。反之，随着产品生产纲领的增加，生产经济性和自动化的效益就会显示出来。图 4-43 (b) 表示劳动量和产量之间的关系(直线 A 是在自动化条件下，B 是在一般生产条件下)，交点 n_0 表示上述两种生产条件下，劳动消耗相等，即

$$T_1'+T_2'=T_1+T_2 \tag{4-25}$$

$$T_1'+t_2'n_0=T_1+t_2n_0 \tag{4-26}$$

$$T_2'+t_2'n_0=T_2+t_2n_0 \tag{4-27}$$

式中，t_2 和 t_2' 分别为一般生产和自动化生产条件下制造一个产品的劳动量。

因此

$$n_0 = (T_1' - T_1) / (t_2 - t_2') \tag{4-28}$$

可以看出，只有实际产量n大于n_0时，采用自动化生产方式才是合理的。

上面指的是大量生产的情况，其中每一工序固定在单独的工位上进行。如果采用具有快速重新调整的自动化设备，根据负荷条件来制造几种产品(成批生产)，则制造一种产品的自动化效果就比前述情况要大，这是因为此时T_1和T_1'减少为T_{1a}和T_{1a}'，此处$a<1$并且T_1'比T_1减少得多。图4-43(c)表示相应的劳动量结构。从图4-43(d)可见，A、B两条直线分别下移，交点n_0。

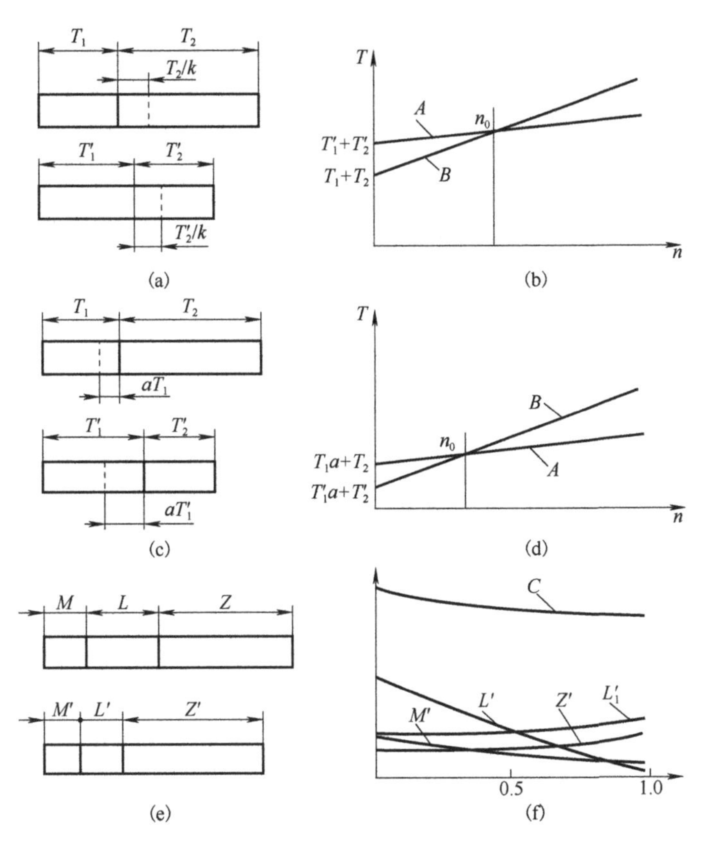

图4-43　劳动量结构和成本结构

综上所述，工艺方案的比较，不能单独按活劳动来比较，而是应当根据活劳动和物化劳动之和来比较。在自动化生产条件下，往往活劳动可以下降很多，而活劳动和物化劳动之和却并不显著降低，这主要取决于生产纲领。

降低产品成本必须缩减所有的生产费用，这是实现生产自动化的基本问题。但解决该问题有其自身的特点，图4-43(e)所示为一般生产和自动化生产中制造一件产品的成本结构。图中M和M'是材料费，L和L'是生产工人工资，Z和Z'是考虑了所有其他生产开支的车间费用(设备折旧率、能量、辅助工人和技术人员的工资等)。从图中可以看出，在生产自动化条件下，制造产品的成本和生产工人的工资减少了(由于工人数量显著减少)。车间费用降低很少，个别情况甚至会增长，材料费用在自动化条件下减少不多，但毛坯制造费用由于对其精度要求提高了而有所增长。图4-43(f) M'、L'及Z'中的主要组成部分随自动化程度而变化的性质，自动化程度是自动化工序的加工时间对工艺过程总时间之比。

随着自动化程度的提高，所采用的工艺设备和运输装置的复杂性与价格都增加了。因而每一零件的单位设备折旧费增加了。电能、压缩空气和其他的能量费用也要增加，因为自动化设备的额定功率是随着设备的增加而增加的。辅助工人和工程技术人员的工资L_1'增加了，这是由于生产设备复杂，调整工和修理工的技术水平要求提高了，人数也增多了。此外，比较复杂和贵重的工艺装备也要增加。但厂房建筑和维修费用有所降低，因为所需要的生产面积减少了。合成曲线C表示一个零件的制造成本随自动化程度而变化的特性。

第 5 章　检测过程自动化

本章重点： 本章主要介绍检测过程自动化相关概念、检测自动化关键传感器、智能传感器和加工过程在线测量与监测技术方法等内容。

5.1　概　　述

5.1.1　检测自动化技术的地位、作用和内容

随着社会发展和工业技术的进步，检测自动化技术在自动化装备与生产线中的应用越来越广。如对自动化装备与生产线的许多静动态参数、装备振动，工件的加工尺寸、精度、生产效率等进行在线自动监测和检测，从而控制产品加工过程。现代自动化装备与生产线中涉及的传感器很多，分别用来检测压力、流量、温度、速度、加速度、位置、尺寸、形状、电流、电压、功率、图形图像等相关工程参数。

多年来，自动控制理论和计算机技术迅速发展，并应用到生产和生活的各个领域中。但是作为“感觉器官”的传感器技术并没有与计算机技术协调发展，出现了信息处理功能发达、检测功能不足的局面。近年来，许多国家已投入大量人力、物力，研发出多种新型传感器，使得检测自动化技术有了很大的提高。

工业自动化检测涉及的主要内容如表 5-1 所示。

表 5-1　工业自动化检测涉及的主要内容

被测量类型	被测量	被测量类型	被测量
热工量	温度、热量、比热容、热流、热分布、压力(压强)、差压、真空度、流量、流速、物位、液位、界面	物体的性质和成分量	气体、液体、固体的化学成分、浓度、黏度、湿度、密度、酸碱度、浊度、透明度、颜色
机械量	直线位移、角位移、速度、加速度、转速、应力、应变、力矩、振动、噪声、质量(重量)、机器人姿势	状态量	工作机械的运动状态(起停等)、生产设备的异常状态(超温、过载、泄漏、变形、磨损、堵塞、断裂等)
几何量	长度、厚度、角度、直径、间距、形状、平行度、同轴度、粗糙度、硬度、材料缺陷	电工量	电压、电流、功率、阻抗、频率、脉宽、相位、波形、频谱、磁场强度、电场强度、材料的磁性能

显然，在自动化装备与生产线中，需要检测的量远不止表中所列举的项目。而且随着自动化装备与生产线技术的发展，工业生产将对自动化检测技术提出越来越高的要求。由于篇幅所限，本节主要介绍非电量检测部分内容，有关计算机视觉检测在第 6 章介绍。

5.1.2　自动检测系统的组成

非电量的检测多采用电测法，即首先将各种非电量转变为电量，然后经过一系列的处理，将非电量参数显示出来，自动检测系统原理框图如图 5-1 所示。

(1)系统框图。系统框图用于表示一个系统各部分和各环节之间的关系，用来描述系统的输入、输出、中间处理等基本功能和执行逻辑过程的概念模式。在产品说明书和科技论文中，系统框图能够清晰地表达比较复杂系统各部分之间的关系及工作原理。

(2)传感器。传感器是一个能将被测非电量变换成电量的器件。

(3)信号调理电路。信号调理电路包括放大(或衰减)电路、滤波电路、隔离电路等。放大电路的作用是把传感器输出电量变成具有一定驱动和传输能力的电压、电流或频率信号等，以推动后级的显示器、数据处理装置及执行机构。

(4)显示器。目前常用的显示器有以下几种：模拟显示、数字显示、图像显示及记录仪等。模拟量是指连续变化量；模拟显示是利用指针对标尺的相对位置来表示读数的，常见的有毫伏表、微安表、模拟光柱等。

数字显示目前多采用液晶(LCD)和发光二极管(LED)等，以数字的形式来显示读数。LCD耗电少，集成度高，可以显示文字、图形和曲线。

记录仪主要用来记录被检测对象的动态变化过程，常用的记录仪有笔式记录仪、高速打印机、绘图仪、数字存储示波器、磁带记录仪、无纸记录仪等。

(5)数据处理装置。数据处理装置用来对测试所得的实验数据进行处理、运算、逻辑判断、线性变换，对动态测试结果做频谱分析等。数据处理的结果通常送到显示器和执行机构中，以显示运算处理的各种数据或控制各种被控对象，如图 5-1 中的虚线所示。

(6)执行机构。执行机构通常是指各种继电器、电磁铁、电磁阀门、电动调节阀、伺服电动机等，它们在电路中起到通断、控制、调节、保护电器设备等作用。

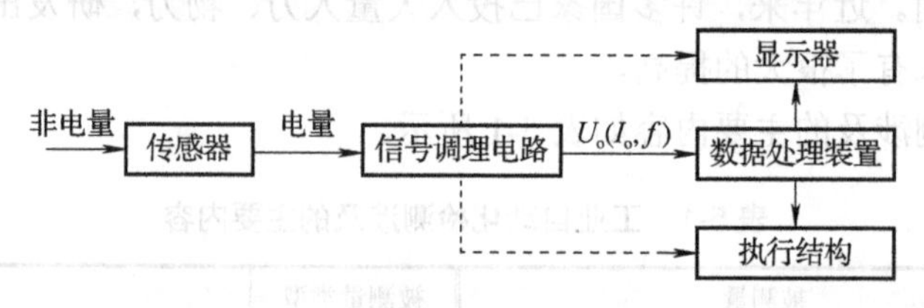

图 5-1 自动检测系统原理框图

5.1.3 自动化检测技术的发展趋势

近年来，随着半导体、计算机技术的发展，以及新型的传感器技术的不断出现，自动化检测装置正向着小型化、微型化及智能化方向发展，应用的领域也越来越宽。当前，自动化检测技术的发展趋势主要体现在以下几个方面。

1. 自动化检测技术不断提高

随着科学技术的不断发展，对检测精度的要求也相应地提高。近年来，人们研制出了许多高准确度的检测仪器以满足各种需要。例如，用直线光栅测量直线位移时，测量范围在 10m 以上，而分辨力可达微米级；人们已研制出能测量低至几帕的微压力和高至几千兆帕的压力传感器，开发了能够测出极微弱磁场的磁敏传感器等。

2. 应用新技术开拓检测领域

传统检测原理大多以各种物理效应为基础。近年来，随着物理、化学、生物学的进展(如纳米技术、激光、红外、超声、微波、光纤、放射性同位素等)，都为检测的发展提供了更多的新技术方法。如图像识别、激光测距、红外测温、超声波无损探伤、放射性测厚、光纤、中子探测等非接触测量技术得到了迅速的发展。

3. 集成化、功能化的传感器

随着半导体集成电路技术的发展，电子元器件的高度集成化大量地向传感器领域渗透。人们将传感元件与信号调理电路制作在同一块硅片上，使研制出的传感器体积更小、性能更好、功能更强。例如，已研制出高准确度的 PN 结测温集成电路。又如，将排成阵列的上千万个光敏元件及扫描放大电路制作在一块芯片上，制成彩色 CCD 数码照相机、摄像机等产品。

4. 计算机技术和人工智能使自动检测技术更加智能化

近年来随着计算机技术和人工智能技术的快速发展，检测仪器、仪表智能化扩展了传感器的检测功能，提高了其准确度和可靠性，目前新开发的检测系统大多都带有微处理器。

5. 发展机器人传感器

机器人是由计算机控制的复杂机器，它具有类似人的肢体及感官功能；动作程序灵活；具有一定程度的智能；在工作时可以不依赖人的操作。机器人传感器在机器人的控制中起了非常重要的作用，正因为有了传感器，机器人才具备了类似人的知觉功能和反应能力。

机器人上安装了触觉传感器、视觉传感器、力觉传感器、接近觉传感器、超声波传感器、听觉传感器以及语言识别系统，使其能够完成复杂的工作。

6. 发展无线传感器网络检测系统

随着微电子技术的发展，现在已可以将十分复杂的信号调理和控制电路集成到单块芯片中。传感器的输出不再是模拟量，而是符合某种协议格式(如可即插即用)的数字信号。

通过内外网络实现多个检测系统之间的数据交换和共享，构成网络化的检测系统。还可以远在千里之外，随时随地浏览自动化装备与生产线现场工况，实现远程监测、故障诊断和远程调试等。并且无线传感器网络通常具备自组织性，能够适应网络拓扑结构的动态变化，并具有鲁棒性和容错性的优点。

总之，自动检测技术的蓬勃发展适应了国民经济发展的迫切需要，是一门充满希望和活力的新兴技术，目前取得的进展已十分瞩目，今后还将有更大的发展。

5.1.4　检测过程自动化常用传感器及分类

自动化装备与生产线所涉及的内容主要包括对自动化制造的零件进行在线监测和测量等内容。监测是对制造系统中运动的物理状态发生变化的物体和零部件进行在线监测；在线检测主要是对零件进行静动态自动测量；而在线检测的目的就是对所制造的产品进行在线监督和测量，以判定所运行的系统(包括加工的零件)是否满足要求，这就涉及检测技术和装置。根据对检测要求和目的的不同，所采用的测量元件、检测方式以及后置处理等有很大的区别。一般在制造系统中关注的是制造系统的变形、位移、速度等物理量的测量，近年来，随着制造技术的发展，对制造系统的力、温度、压力、流量、图像等物理量也开始进行在线检测，以谋求功能更强大的制造系统。制造过程自动化检测常见使用的传感器如图 5-2 所示。

按自动化制造系统中检测对象的不同，可将检测装置分为以下几类。

(1) 位置检测装置。包括脉冲编码器、旋转变压器、感应同步器、光栅等。

(2) 工件状态检测装置。包括压力传感器、温度传感器、速度传感器、加速度传感器等。

(3) 刀具状态检测装置。如放射性同位素检测法、电阻检测法、TV 工业电视摄像检测法、主轴测温法、切削力测量、声发射测量等装置。

(4) 机床工况监测装置。如伺服电机温度监测装置、机床过载保护监控装置、机床润滑系统监测装置等。

也可以按机械制造系统中各功能部件的运动和变化的物理量的检测方式来分类，可分为光学检测装置、电磁检测装置、电量检测装置、其他检测装置等。

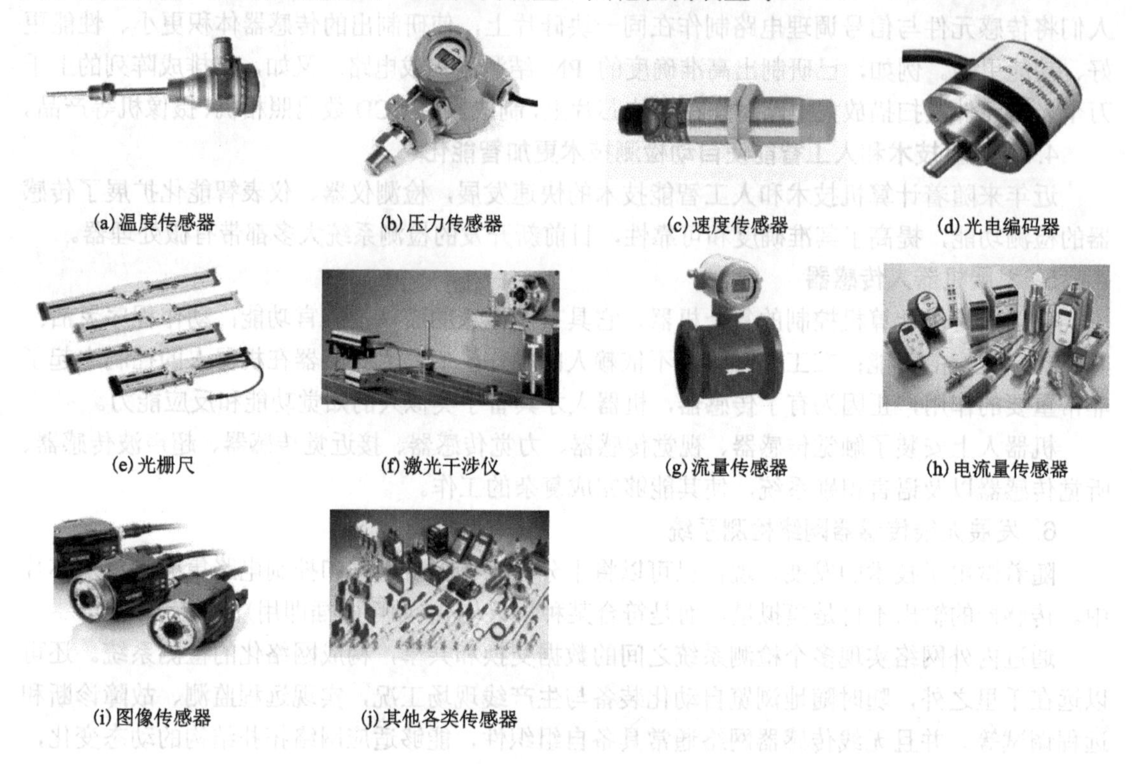
(a)温度传感器　(b)压力传感器　(c)速度传感器　(d)光电编码器
(e)光栅尺　(f)激光干涉仪　(g)流量传感器　(h)电流量传感器
(i)图像传感器　(j)其他各类传感器

图 5-2　自动化检测常见使用的传感器

1. 电量检测装置及其类型

电量检测装置是将制造系统的变形、位移、速度等物理量转化为电压或电流信息，通过对电压或电流的处理，实现对这些物理量的测量，进而达到对制造系统功能部件监控的目的。这类装置有容栅、电感测量、电阻应变测量。

(1)容栅。它是将被测非电量的变化转换为电容量变化的监测装置。结构简单体积小，可非接触式测量，并能在高温、辐射和强烈振动等复杂条件下工作，测量范围有限，精度高，广泛应用于压力、差压、位移、加速度等方面的测量。根据改变参数的不同，电容测量可以分为三种基本类型：改变极板距离的变间隙式、改变极板面积的变面积式和改变介电常数的变介电常数式。常用的数字游标卡尺即利用容栅测量长度的简单例子。

(2)电感测量。它利用电磁感应原理将被测量如位移、压力、流量、振动等转换为线圈电感 L 或互感系数 M 的变化，再由测量电路转换成电压或电流的变化量输出。螺线管式差动变压器应用最多，它可测量 1～100mm 范围内的机械位移，并且有测量精度高、灵敏度高、结构简单、性能可靠等优点，应用在球杆仪等机床精度测量器件上。

(3)电阻应变测量。它是利用电阻应变计将机械应变转换为应变片电阻值变化的装置，有低频特性好和性能价格比高的优点，广泛应用于测量应力、重量及加速度等参数。常用检测装置如电阻应变式测力仪，具有结构简单、制造方便、精度高等优点，在静态和动态测量中得到了广泛的应用。其原理是利用粘贴有电阻应变片的弹性体，在外力作用下产生应变，将其应变量经电桥电路转换成电量，再经电路处理显示出被测的作用力值。

2. 光学检测装置及其类型

光学检测装置是目前应用最多、最广泛的检测装置，这类检测装置是通过检测光信息的变化，对制造系统的变形、位移、速度等物理量进行测量，达到对制造系统功能部件监控的目的。这类装置有激光干涉仪、光栅、编码器。

(1)激光干涉仪。它是根据平板干涉原理设计的一种测量仪器。利用激光光源的高单色性、高方向性、高相干性特点，以光波波长为基准来测量各种长度，具有很高的测量精度。特别是新型的激光干涉仪，以稳频的双频氦氖激光器作为光源，提高了检测仪器的抗干扰性能和工作可靠性，主要用于机床的误差等精密测量。

(2)光栅。根据物理上莫尔条纹(即叠栅条纹)的形成原理进行工作，分为圆光栅和长光栅两大类，具有高分辨率、大量程，抗干扰能力强，宜于动态测量、自动测量及数字显示，测量精度可达几微米，是在高精度数控机床进给伺服机构中使用较多的位置检测反馈元件。

(3)编码器。又称脉冲发生器或码盘，是一种按一定的编码形式将一个圆盘分成若干等份，并利用电子、光电或电磁器件，把代表被测位移的各等份上的数码转换成便于应用的二进位制或其他表达方式的测量装置，具有精度高、结构紧凑及工作可靠等优点，是精密数字控制和伺服系统中常用的角位移数字式检测装置。

3. 电磁检测装置及其类型

电磁检测装置首先将制造系统的变形、位移、速度等物理量转化为电磁信息，通过对电磁信息的处理，实现对这些物理量的测量，进而达到对制造系统功能部件的检测和监控的目的。这类装置有感应同步器、旋转变压器、磁栅。

(1)感应同步器。它是利用两个平面展开绕组的互感量随位置变化的原理制成的测量位移元件。测量范围不限，精度较高，具有误差平均效应，工作可靠，抗干扰性强；对空间电磁干扰、电源波动、环境温度变化不敏感，使用寿命长，易维护，并可拼接加长，是常用的大位移、高精度检测装置之一，主要用于机床进给伺服机构的位置测量。

(2)旋转变压器。它是根据互感原理工作的，常用于数控机床中角位移的检测，能测量转角的变化。其特点是结构简单，对工作环境要求不高，信号输出幅度大，抗干扰能力强。但是，普通旋转变压器测量精度较低，一般用于精度要求不高或大型机床的较低精度及中等精度的测量系统。

(3)磁栅。它是用电磁方法计算磁波数目的一种位置检测元件。它利用磁录音原理，将一定波长的矩形波或正弦波的电信号用录音磁头记录在磁性标尺上。作为测量的基准尺，检测时用拾磁磁头将磁尺上的磁信号读出，并通过检测电路将位移量用数字显示出来或转化为控制信号输出。

4. 其他检测装置及其类型

这类检测装置大多是利用现代测试手段发展起来的，是光机电等一体化的测试装备，下面简要介绍几种。

(1)超声波检测装置。超声波是频率 20 kHz 以上的机械波。由于频率高，其能量远大于振幅相同的声波能量，具有很强的穿透能力。它在介质中传播时，也像光波一样产生反射、折射，而其能量及波形发生变化，利用这种特性可以检测厚度、液位及振动的多种参数。超声波测量可实现非接触测量，特别是金属内部的探伤。利用超声波探测的装置有超声测长仪、超声探伤仪、超声测厚仪、超声液位控制器和超声流量计。

(2) 光纤检测装置。光纤一般由纤芯、包层和涂敷层构成，是一多层介质结构的对称圆柱体。光纤正处在新产品不断涌现的发展时期，用光纤制成的特殊传感器不断增多。光纤对外界参数有一定的效应，光纤中传输的光在调制区内同外界被测参数发生相互作用，外界信号会引起传输的光的强度、波长、频率、相位、偏振等性质的变化，这就构成了强度调制型光纤传感器、波长调制型光纤传感器、频率调制型光纤传感器、相位调制型光纤传感器和偏振调制型光纤传感器。因此，光纤强度信号检测是光纤传感检测的基础。根据光纤调制形式不同，可制成各种传感器，如位移传感器、压力传感器、振动传感器、加速度传感器、转角传感器等，这些传感器广泛用于机械制造系统监测装置中。

(3) 图像检测装置。视觉图像是人类获取信息的最主要来源。基于图像的精密测量技术在当今数字信息时代得到越来越迅速的发展。将数字图像分析技术应用于光测领域，既大大提高了光测技术的测量精度、速度、自动化程度，并扩展了光测技术的测量范围和领域。利用计算机数字图像处理分析技术对光测图像进行处理和分析，使得光测方法有了质的飞跃，扩大了光学测量的应用范围，有效提高了测量精度。除保持了非接触、全场测量和高精度三大特点外，还有以下优点。

① 可明显改善图像的质量，甚至使得传统方法无法测量的物理量可测。

② 利用提高摄像机、扫描仪等硬件的分辨率和各种图像目标模式定位方法，可使图像信息更精确、图像目标的定位精度更高。

③ 随着处理算法自动化程度和效率的提高，极大地减少了光测处理的工作量和时间。

(4) 机器视觉及磁导航检测装置。物流及其控制在柔性制造系统(FMS)中占有重要的地位，在机械制造系统中，往往采用运输小车搬送零件和其他制造中所需的物件。通过运输小车可以将若干个加工中心或者制造单元相连接构成一个完整的系统，这种无人搬运车一般带有自动导航装置实现自动运行定位。

5.2 温度传感器

在自动化装备与生产线中温度测量的范围极宽，从零下二百多度到几千度，各种材料做成的温度传感器只能在一定的温度范围内使用。常用温度传感器分类如表 5-2 所示。

温度传感器可以分为接触式和非接触式两大类。接触式就是传感器直接与被测物体接触，这是测温的基本形式。接触式温度传感器测到的温度通常低于物体实际温度，特别是被测物较小、热能量较弱时，不能正确地测得物体的真实温度。因此，采用接触方式测量物体真实温度的前提条件是，被测物体的热容量必须远大于温度传感器的传递误差。非接触式温度传感器是测量被测物体辐射热的一种方式，它可以测量远距离物体的温度，其传递精度取决于温度传感器结构形式和传热换算关系等。

从表 5-2 可以看出测量温度的传感器很多。本节仅介绍测温热电阻传感器(以下简称热电阻传感器)。热电阻传感器主要用于测量温度以及与温度有关的参量。按热电阻性质和灵敏度不同，可分为金属热电阻和半导体热敏电阻两大类。

表 5-2　温度传感器分类

分类	器件	分类	器件
电阻式	铂电阻	热电式	热电偶
	铜电阻		水银
	半导体陶瓷热敏电阻	热膨胀式	双金属
PN 结式	温敏二极管		液体压力
	温敏晶体管		气体压力
	温敏闸流晶体管		全辐射高温计
	集成温度传感器		超声波
辐射式	光学高温计	其他	红外线
	比色高温计		光纤温度计
	光敏高温计		热敏电容

5.2.1　金属热电阻

金属热电阻简称热电阻，是利用金属的电阻值随温度升高而增大这一特性来测量温度的传感器。目前较为广泛应用的热电阻材料是铂和铜，它们的电阻温度系数在$(3\sim5)\times10^{-3}$/℃范围内。铂热电阻的性能较好，适用温度范围为-200～+960℃；铜热电阻价廉并且线性较好，但温度高了易氧化，故只适用于温度较低(-50～+150℃)的环境中，目前已逐渐被铂热电阻所取代。表 5-3 列出了热电阻的主要技术性能。

表 5-3　热电阻的主要技术性能

特性	材料	
	铂(WZP)	铜(WZC)
使用温度范围/℃	-200～960	-50～150
电阻率/($\Omega\cdot m\times10^{-4}$)	0.098～0.106	0.017
0～100℃间电阻温度系数 α (平均值)/℃$^{-1}$	0.00385	0.00428
化学稳定性	在氧化性介质中较稳定，不能在还原性介质中使用，尤其在高温情况下	超过 100℃易氧化
特性	近似线性、性能稳定、准确度高	线性较好、价格低廉、体积大
应用	适用于较高温度的测量，可作标准测温装置	适用于测量低温、无水分、无腐蚀性介质的温度

1. 热电阻的工作原理及结构

温度升高，金属内部原子晶格的振动加剧，从而使金属内部的自由电子通过金属导体时的阻力增大，宏观上表现出电阻率变大，电阻值增大，称为正温度系数，即电阻值与温度的变化趋势相同。

金属热电阻按其结构类型来分，有装配式、铠装式、薄膜式等。装配式热电阻由感温元件(金属电阻丝)、支架、引出线、保护套管及接线盒等基本部分组成。电阻丝必须是无应力的、退过火的纯金属。为避免电感分量，必须采用双线并绕，制成无感电阻。铂热电阻的内部结构如图 5-3 所示。装配式热电阻的外形及结构如图 5-4 所示，采用紧固螺母或法兰盘来固定在被测物上。铠装式热电阻的外形及结构如图 5-5 所示，引出线长度可达上百米。

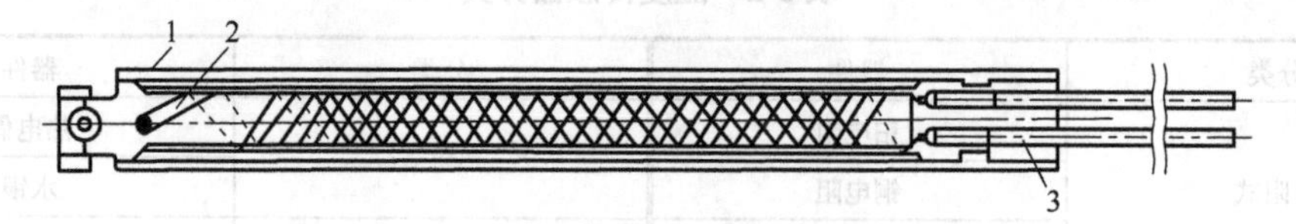

1.骨架；2.铂电阻丝；3.耐高温金属引脚

图 5-3　铂热电阻的内部结构

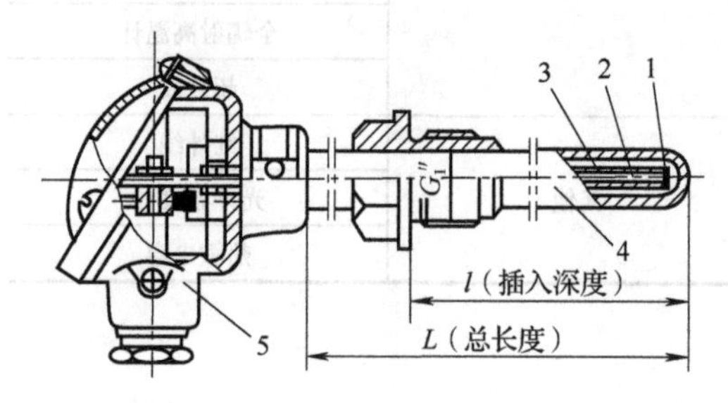

1.测量端；2.热电极；3.绝缘管；4.保护套管；5.接线盒

图 5-4　普通工业热电偶结构

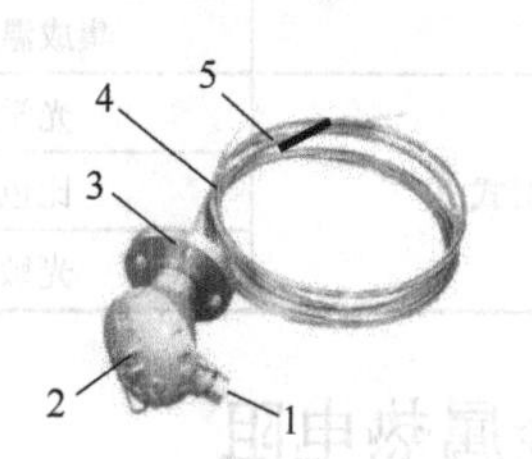

1.引出线密封管；2.接线盒；3.法兰盘；4.柔性外套管；5.测温端部

图 5-5　铠装式热电阻的外形及结构

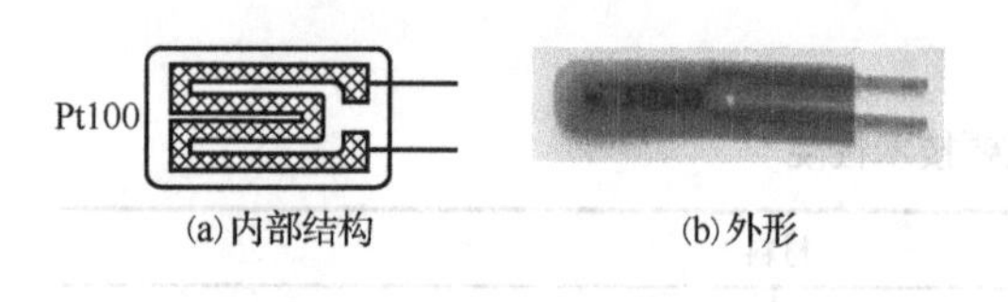

(a) 内部结构　　(b) 外形

图 5-6　薄膜式铂热电阻

目前还研制生产了薄膜式铂热电阻，如图 5-6 所示。它是利用真空镀膜法、激光喷溅、显微照相和平版印刷光刻技术法，使铂金属薄膜附着在耐高温的陶瓷基底上。用激光修整合微调 0℃时的电阻值。面积可以小到几平方毫米，可将其粘贴在被测高温物体上，测量局部温度，具有热容量小、反应快的特点。

目前我国全面施行“1990 国际温标”。按照 ITS-90 标准，国内统一设计的工业用铂热电阻在 0℃时的阻值 R_0 有 25Ω、100Ω 等，分度号分别用 Pt25、Pt100 等表示。薄膜型铂热电阻有 100Ω、1000Ω 等几种。铜热电阻在 0℃时的阻值 R_0 有 50Ω、100Ω 两种，分度号分别用 Cu50、Cu100 表示。

热电阻的阻值 R_t 与温度 t 的关系可用下面的一般表达式表示：

$$R_t = R_0\left(1 + At + Bt^2 + Ct^3 + Dt^4\right) \tag{5-1}$$

式中，R_t 为热电阻在 t 时的电阻值；R_0 为热电阻在 0℃时的电阻值；A、B、C、D 为温度系数。

热电阻的阻值 R_t 与 t 之间并不完全呈线性关系。在规定的测温范围内，每隔 1℃，测出铂热电阻和铜热电阻 R_t 的电阻值，并列成表格，这种表格称为热电阻分度表。热电阻分度表是根据 ITS-90 标准所规定的实验方法而得到的，不同国家、不同厂商的同型号产品均需符合国际电工委员会（IEC）颁布的分度表数值。在工程中，若不考虑线性度误差的影响，有时也利用表 5-3 所述的温度系数来近似计算热电阻的阻值 R_t，即 $R_t = R_0\left(1+\alpha t\right)$。

2. 热电阻的测量转换电路

热电阻的测量转换电路多采用三线制电桥测量电路，如图 5-7 所示。考虑到电桥接口箱距离电烘箱有一定距离，引线电阻的温度漂移将引起电桥的测量误差。例如，在图 5-7(a) 中，若 r_{1a}、r_{1b} 合计为 1Ω，将引起约 2℃的测量误差。

为了消除和减小引线电阻的影响，可采用三线制单臂电桥，如图 5-7(c) 所示。热电阻 R_1 用三根导线①、②、③引至测温电桥。其中两根引线的内阻（r_1、r_2）分别串入测量电桥相邻两臂的 R_1、R_4 上，$(R_1+r_1)/R_2=(R_4+r_4)/R_3$。引线的长度变化不影响电桥的平衡，所以可以避免因连接导线电阻受环境影响而引起的测量误差。

r_i 与激励源 E_i 串联，不影响电桥的平衡，可通过调节 RP_2 来微调电桥满量程输出电压。

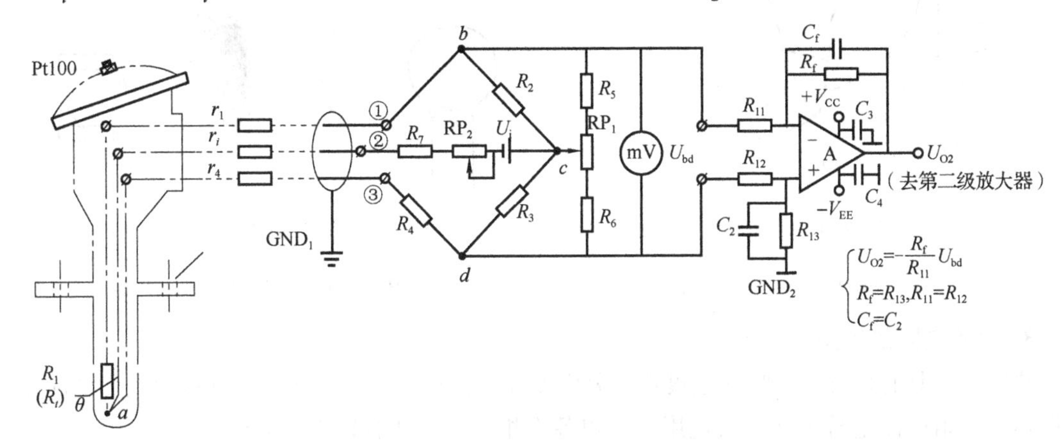

①连接电缆；②屏蔽层；③法兰盘安装孔；RP_1.调零电位器；RP_2.调满度电位器

图 5-7　热电阻三线制单臂电桥测量转换电路

5.2.2　半导体热敏电阻

半导体热敏电阻是利用半导体电阻值随温度显著变化的特性制成的。在一定范围内通过测量热敏电阻阻值的变化，就可以确定被测介质的温度变化情况。其特点是灵敏度高、体积小、反应快。半导体热敏电阻基本可以分为两种类型。

1. 负温度系数热敏电阻

负温度系数热敏电阻(NTC)最常见的是由锰、钴、铁、镍、铜等多种金属氧化物混合烧结而成的。

根据不同的用途，NTC 又可以分为两类。第一类为负指数型，用于测量温度，它的电阻值与温度之间呈负指数关系；第二类为负突变型，当其温度上升到某设定值时，其电阻值突然下降，多在各种电子电路中用于抑制浪涌电流，起保护作用。负指数型和负突变型的温度电阻特性曲线分别如图 5-8 中的曲线 2 和曲线 1 所示。

2. 正温度系数热敏电阻

典型的正温度系数热敏电阻(PTC)通常是在钛酸钡陶瓷中加入杂质以增大电阻温度系数。它的温电阻特性曲线呈非线性，如图 5-8 中的曲线 4 所示。PTC 在电子线路中多起限流、保护作用。当流过电流超过一定限度或 PTC 感受到的温度超过一定限度时，其电阻值会突然增大。

近年来还研制出了用本征锗或本征硅材料制成的线性PTC热敏电阻，其线性度和互换性较好，可用于测温。其温度电阻特性曲线如图5-8中的曲线3所示。

热敏电阻按结构形式可分为圆柱形、片形、薄膜型三种；按工作方式可分为直热式、旁热式、延迟电路三种；按工作温区可分为常温区(-60～200℃)、高温区(>200℃)、低温区三种。热敏电阻可根据使用要求，封装加工成各种形状的探头，如珠状、片状、杆状、锥状和针状等，如图5-9所示。

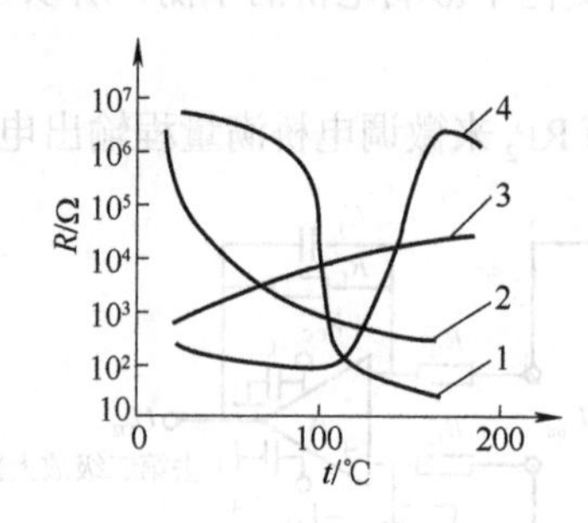

1.负突变型NTC；2.负指数型NTC；3.线性型PTC；4.突变型PTC

图5-8　热敏电阻的特性曲线

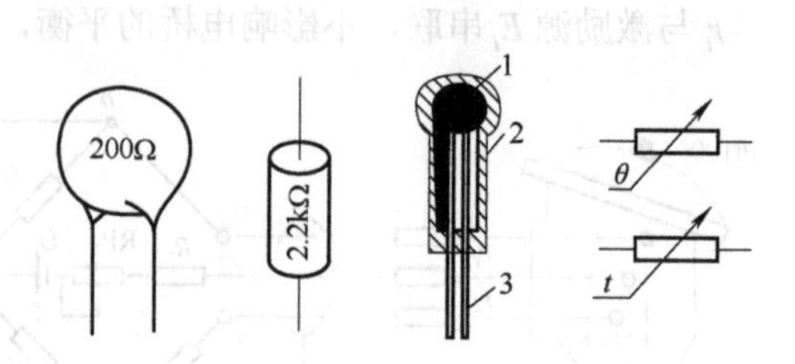

1.热敏电阻；2.玻璃外壳；3.引出线

图5-9　热敏电阻的结构外形与符号

3. 热敏电阻的应用

热敏电阻具有尺寸小、响应速度快、灵敏度高等优点，因此它在许多领域得到广泛应用。根据热敏电阻产品型号不同，其适用范围也各不相同，具体有以下三方面。

(1) 热敏电阻用于测温。作为测量温度的热敏电阻价格较低廉。没有外保护层的热敏电阻只能应用在干燥的地方；密封的热敏电阻不怕湿气的侵蚀，可以使用在较恶劣的环境下。由于热敏电阻的阻值较大，故其连接导线的电阻和接触电阻可以忽略。例如，在热敏电阻测量粮仓温度中，其引线可长达近千米。热敏电阻体温表原理图如图5-10所示。

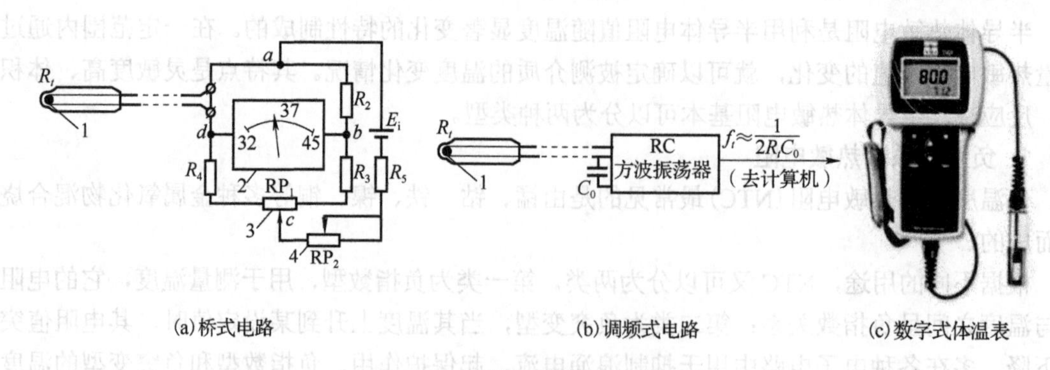

(a) 桥式电路　(b) 调频式电路　(c) 数字式体温表

图5-10　热敏电阻体温表原理图

电路必须先进行调零再调满度，最后再验证刻度盘中其他各点的误差是否在允许范围的过程称为标定。具体做法如下：用更高一级的数字式温度计监测水温，将绝缘的热敏放入32℃(表头的零位)的温水中，待热量平衡后，调节BP，使指针指在32℃上，热水使其上升到45℃。待热量平衡后，调节RP2，使指针指在45℃上。再加入冷水，逐渐降温，检查32～45℃范围内刻度的准确性。如果不准确：①可重新刻度；②在带微处理器的情况下，可用软件修正。

虽然目前热敏电阻温度计均已数字化，但上述的“调零”“标定”是作为检测技术人员必须掌握的最基本技术。

(2) 热敏电阻用于温度补偿。热敏电阻可在一定的温度范围内对某些元件进行温度补偿。例如，动圈式表头中的动圈由铜线绕制而成，温度升高，电阻增大，引起测量误差，可在动圈回路中串入由负温度系数热敏电阻组成的电阻网络，来抵消由于温度变化所产生的误差。

(3) 热敏电阻用于温度控制及过热保护。在电动机的定子绕组中嵌入正温度突变型 PTC 且并与继电器串联。当电动机过载时定子严重发热。当 PTC 热敏电阻感受到的温度大于突变点时，电路中的电流可以由几十毫安突变为十分之几毫安，因此继电器失电复位，触发保护电路，从而实现过热保护。PTC 热敏电阻与继电器的接线图如图 5-11 所示。

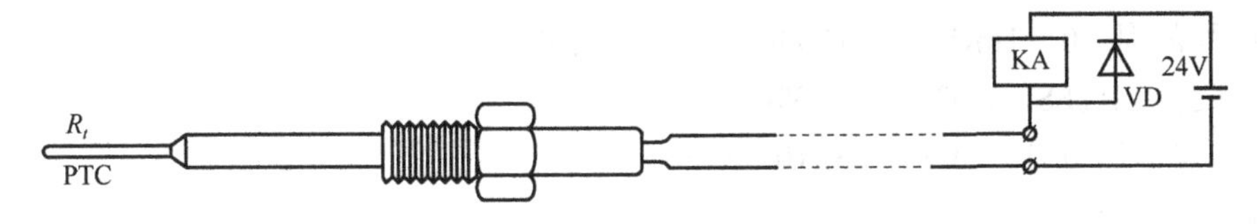

图 5-11　正温度突变型热敏电阻与继电器的接线图

(4) 高分子 PTC 自恢复熔断器。高分子聚合物正温度热敏电阻是由聚合物与导电晶粒等所构成的。导电粒子在聚合物中构成链状导电通路。当正常工作电流通过(或元件处于正常环境温度)时，自恢复熔断器呈低阻状态；当电路中有异常过电流(或环境温度超过额定值)时，大电流(或环境温度升高)所产生的热量使聚合物迅速膨胀，切断导电粒子所构成的导电通路，自恢复熔断器呈高阻状态；当电路中过电流(超温状态)消失后，聚合物冷却，体积恢复正常，PTC 热敏电阻中的导电粒子又重新构成导电通路，自恢复熔断器又呈初始的低阻状态。

(5) 热敏电阻用于液面的测量。给铠装式 NTC 热敏电阻施加一定的加热电流，它的表面温度将高于周围的空气温度，此时它的阻值较小。当液面高于它的安装高度时，液体将带走它的热量，使其温度下降、阻值升高。判断它的阻值变化，就可以知道液面是否低于设定值。利用类似的原理，热敏电阻还可用于气体流量的判断。

5.3　液位、物位、浓度、流量传感器

5.3.1　液位传感器

液位传感器是能够感受液面位置变化并变换成可以输出电信号的传感器、由于液位测量应用广泛，所以液位传感器种类也很多：液位传感器在自动化装备与生产线上的应用很广，主要为水箱、油箱内的液位提供控制信号，液位传感器有接触液面型和非接触液面型两类，接触液面型有利用液体压力的气泡式、差压式，以及利用液体介电常数的电容式；非接触液面型有利用超声波、微波和放射线的非接触式等。液位传感器分类如下。

1. 液位传感器的安装方式

液位传感器根据传感器的安装方式分为投入式、插入式、法兰式传感器等：这些传感器是采用压阻力敏元件制造的：这类传感器已经形成标准化、系列化。它们分别如图 5-12 所示。

(a) 投入式

(b) 插入式

(c) 法兰式

图 5-12　投入式、插入式、法兰式液位传感器

此类液位传感器主要性能指标如下。

(1) 量程范围：0～1mH、0～1000mH、全范围可选。

(2) 精度：0.1%FS、0.3%FS、0.5%FS。

(3) 温度漂移：5×10^{-5}/℃FS～3×10^{-4}/℃FS。

(4) 稳定性：0.1%FS。

(5) 寿命：1×10^{6}压力循环次。

2. 浮球连续式(开关式)液位传感器

浮球式液位传感器是利用浮球内磁铁随液位变化，改变连杆内的电阻与磁簧开关所组成的分压电路，分压信号经过转换器变成 4～20mA 或其他不同的标准信号，磁簧开关的间隙越小，精度越高。如图 5-13 所示浮球液位传感器有螺纹和法兰连接两种形式。

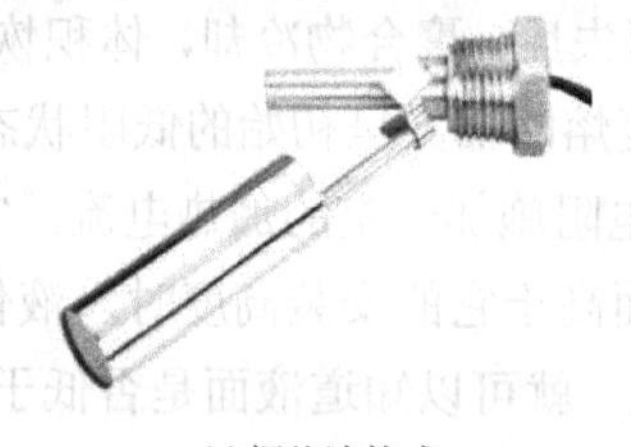
(a) 螺纹连接式

(b) 法兰连接式

图 5-13　浮球连续式(开关式)液位传感器

浮球连续式(开关式)液位传感器主要性能指标如下。

(1) 工作温度：-20～120℃。

(2) 量程：≤6m。

(3) 介质密度：>0.55g/cm^{3}。

(4) 解析度：7m。

3. 超声固体(液位)物位传感器

超声波物位传感器是利用超声波检测技术将感受的物位变换为可用信号(如时间信号)的传感器：它可以用于气体、液体和固体中，具有频率高、波长短、分辨力较高等特点。超声波传感器的波长取决于传声介质的声速和声波频率，声呐的波长为 1～100mm；金属探伤等的波长为 0.5～15mm；气体中的波长为 5～35mm。利用空间位置检测时，超声波换能器装在容器上部，可检测液面、粉面和物面等，通过脉冲超声波由检测面反射回来所需时间来检测物位。常见的超声固体(液体)物位传感器如图 5-14 所示。

(a)超声波物位传感器

(b)导波雷达物位传感器

图 5-14　超声固体(液体)物位传感器

超声波液位或物位计的主要性能指标如下。

(1)测量范围：液体 0.2～5m，0.2～7m，0.2～2m；

固体 0.2～3m，0.2～5m，0.2～6m。

(2)精度：<最大量程的 0.2%。

5.3.2　密度、浓度、浊度传感器

1. 在线密度传感器

对于不同的介质，不同的使用要求，需选用不同的密度、浓度传感器和不同的安装形式。利用密度、浓度传感器将溶液的密度信号连同溶液的温度信号一同送往单片机组成的二次仪表，进行数据处理和温度补偿，最后以数字形式显示出被测溶液的密度、浓度和温度值。这种智能密度、浓度传感器对适合于酸、碱、盐溶液和精细化溶液的密度、浓度进行在线式测量，是实现智能自动在线检测的最佳选择。

1)工作原理

密度传感器一般利用振动直接检测液体的密度。它是在液体中设置振动体，或将液体装在振动体内部，利用振动体固有振动频率随液体密度变化而检测密度。该装置利用振动体等效质量随液体密度而变化的性质，由外部电磁驱动振动体，从而检测出这种振动并放大，构成用固有频率震荡的电路。这种传感器以频率输出，分辨力高。此外，还有利用差压法检测密度的电容式差压密度传感器以及其他类型的在线传感器，如智能传感器是对外界信息具有一定的检测、自诊断、数据处理以及自适应能力的传感器。物体密度传感器如图 5-15 所示。

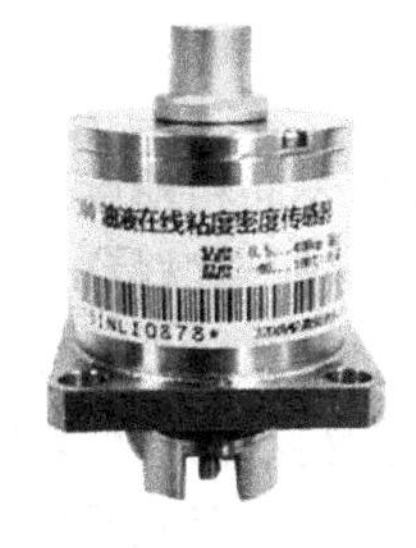

(a)黏度传感器

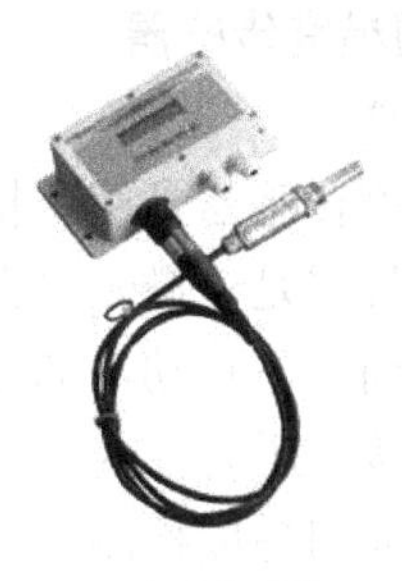

(b)密度传感器

图 5-15　物体密度传感器

密度传感器可对各种液体或液态混合物进行在线密度测量，故在石化行业可广泛应用于油水界面检测；在食品工业用于葡萄汁、番茄汁、果糖浆、植物油及软饮料加工等生产现场；可用于奶制品业、造纸业；可用于黑浆、绿浆、白浆、碱溶液的测试；可检测酿酒酒精度及测试化工类的尿素、清洁剂、乙二醇、酸碱及聚合物密度等行业。

2）密度、浓度传感器的主要性能指标

(1) 精度：±0.0004g/cm^3。

(2) 范围：0.5～5g/cm^3。

(3) 最大静压：170kPa。

2. 悬浮颗粒浓度传感器

1）工作原理

在泥液中的悬浮颗粒物的百分比含量与超声波在泥液中的衰减成正比。使用该技术直接测出悬浮颗粒物的浓度并给出数字显示，同时提供一个模拟输出信号。安装在沉淀池中的传感器，可检测传感器所在位置的悬浮颗粒浓度，然后给出模拟输出，可用来监视浓度从0.2%～60%的悬浮物固体。悬浮颗粒浓度传感器如图5-16和图5-17所示。

图5-16　粉尘浓度传感器

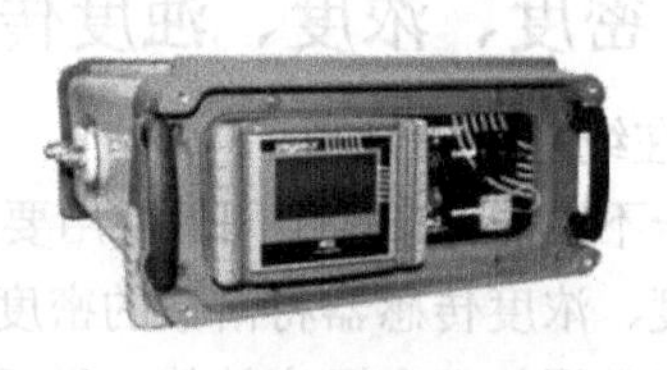

图5-17　汽车尾气浓度传感器

2）应用

悬浮颗粒浓度传感器是一种无阻碍管道式传感器，主要用于水中淤泥、工业淤泥、核工业废水、加工处理过程中的淤泥、金属喷漆悬浮物等的处理。这类传感器能对悬浮物的浓度和厚度进行控制与报警，进行沉淀池淤泥和悬浮物的全自动排放。

悬浮颗粒浓度传感器的主要性能指标如下。

(1) 频率：1MHz或3.7MHz。

(2) 最大压力：10Bar(PN10)。

(3) 触点电源：115V/230V，50Hz/60Hz[24V(DC)可选]。

3. 表面粗糙度传感器

1）工作原理

表面粗糙度传感器是用于检测表面粗糙程度的传感器。检测表面粗糙度的方法有触针式和光电式。触针式是使微米级曲率半径的金刚石针与待测表面接触，式样移动时，触针随表面的凹凸不平而上下移动，通过放大上下运动量来显示出表面的凹凸。为避免金刚石触针损伤表面，减小接触压力。这种传感器可检测10nm的凹凸，且容易操作，故获得广泛应用。

光电式表面粗糙度检测方法有光切断式和干涉式。光切断式是狭缝光照射表面，根据其反射光的显微镜成像面的位置检测凹凸。表面粗糙度测量仪如图5-18所示。

图 5-18　表面粗糙度测量仪

2)应用

表面粗糙度传感器主要用于光学镜片、电子元器件和机械加工零部件的粗糙度检测。

表面粗糙度传感器的主要技术指标如表 5-4 所示。

表 5-4　表面粗糙度传感器的主要技术指标

触针	90° 夹角截头四面体金刚石镶尖，红宝石球端导头 针尖半径 2μm、针尖静测力：≤2mN
检测参数范围符合 GB/T131—2006	*Ra*：0.025～6.3μm
取样长度/mm	0.08、0.25、0.8、2.5
虚假信号	≤0.012μm
仪器示值误差	≤ ±7%
示值变动性	≤3%
稳定性	3%

5.3.3　流量传感器

空气、水、油、血液等都属于流体，无论是人们日常生活、大规模工业化生产，还是国防工业等各方面都与流体密切相关。因此流量调节和控制是一项重要的物理参数。

流量是指流体在单位时间内流经管道某一截面的体积或质量数，前者称为体积流量，后者称为质量流量。这种单位时间内的流量称为瞬时流量，任意时间内的累计体积或累计质量的总和称为计流流量，也称总流量。

根据流量的定义，流体的体积流量 Q_m 可表示为

$$Q_m = \rho \bar{v} A \tag{5-2}$$

式中，ρ 为流体的质量密度；$\bar{v}$ 为管截面上流体流速的平均值；A 为管道截面面积。流体的体积流量也可表示为

$$Q_m = A \cdot \bar{v} \tag{5-3}$$

体积流量的常用单位有 m^3/s、m^3/h、L/s、kg/s 等。

测量流量的传感器有速度式、容积式、质量流量式等。以测量对象而论，所涉及的有液体、气体以及双相、多相流体；有低黏度流体，也有高黏度流体；流量范围有微流量和大淹量；有高温到极低温；有低压、中压、高压甚至超高压；而运动状态有层流、紊流、脉动流等。所以流量测量工作极其复杂多样，用一种流量测量方法根本不可能完成所有流量的测量。为此，必须根据测量目的、被测量流体的种类和流动状态、测量场所等测量条件，研究相关的测量方法。

1. 气体质量流量传感器

1) 工作原理

气体质量流量传感器是一种精确测量气体流量的传感器。目前所用各种形式的气体流量传感器，绝大部分是计量气体的体积流量。由于气体的体积随温度与压力的不同而变动，所以常发生较大的计量误差。

气体质量流量传感器的主要特点是不受温度与压力变动的影响，其显示读数直接指示气体的质量流量。气体质量流量传感器具有一系列优点，如可在常压、高压或负压的条件下工作，可在常温、100℃甚至更高的温度下正常运行，适用的量程范围宽，抗介质腐蚀的能力强，计量精度高等。

这种流量传感器的基本原理是在一个很小直径(4mm)的薄壁金属管(常用不锈钢、纯镍或蒙乃尔合金等耐蚀合金)的外壁，对称绕上 4 组电阻丝，相互连接组成惠斯通电桥，电流通过绕组而致升温，沿金属导管轴向形成一个对称分布的温度场。当气体流经导管时因气体吸热而使上游管壁温度下降，通过下游时气体放热，管壁温度上升，导致了温度场的变异，即温空最高点位置向右偏移。电阻丝采用电阻温度系数较大的材料能灵敏地反映温度的变化而使电桥失去平衡。最后，将电桥的不平衡电压信号放大或者转换成电流信号。从理论上来说输出信号的大小正比于气体的质量流量与气体比热的乘积，可简单地表达为

$$E = k\frac{C_P \cdot M}{A} \tag{5-4}$$

式中，E 为输出信号；k 为比例常数；C_P 为气体比热容(定压)；M 为气体的质量流量；A 为流量计各绕组与周围环境间的总传热系数。

就理想气体而言，气体比热是不随压力而变化的常值，所以输出信号仅与气体的质量流量成正比。一般真实气体其比热受压力影响的变动幅度很小，故仍可用输出信号直接代表质量流量，与压力的大小无关。在实用中，因难以用气体的质量来标定，故常换算成标准状态下(760mmHg、0℃或 760mmHg、20℃)的气体体积(用“标升”或“标立方米”)来标定。

2) 应用

气体质量流量传感器作为环控系统中的重要测量控制装置，在实际应用的有卡门漩涡式、叶片式、热线式。卡门漩涡式无可动部件、反应灵敏、精度较高；热线式易受吸入气体脉动影响，且易断丝；燃料流量传感器用于判定燃油消耗量，主要有水车式、球循环式等。本节主要介绍热线式质量流量传感器、浮子式质量流量传感器、涡街式流量传感器、差压式流量传感器、超声流量传感器等。

2. 热线式质量流量传感器

1) 工作原理

热线式质量流量传感器的热敏元件是利用热平衡原理来测量流体速度的。用电流加热热线，它的温度高于周围介质温度。当周围介质流动时，就会有热量的传递。在稳定状态下，电流对热线的加热热量等于周围介质的散热量。

热线式质量流量传感器的简单模型如图 5-19 所示。细长的金属丝垂直于气流方向安置，两端固定在相对粗大的支架上，金属丝由电流加热到高于被测介质的温度。

2) 应用

由一个热线式敏感元件(加上一个辅助补偿热线元件)安放在空气入口的旁路中监测发动

机空气质量流量。这种类型的传感器测量真实的质量，不能测量空气流量的回流波动。在有些情况下，容易产生空气流量的回流。在这种情况下，采用另外一种空气质量流量传感器。这种传感器应用一个热源和用微机械加工法在低热质量膜片上制作上下两个热流检测元件。

热线式质量流量传感器的性能指标如下。

(1) 精度：±1 的读数加上±0.5%FS。

(2) 重复性：±0.15%FS。

(3) 介质温度：常温-20～+100℃，高温-20～+500℃。

(4) 介质压力：<3MPa。

3. 浮子式质量流量传感器

1) 工作原理

浮子式质量流量传感器是以浮子在垂直锥形管中随着流量变化而升降，改变它们之间的面积来进行测量的体积流量仪表，又称转子流量传感器。国外常称作变面积流量传感器。浮子式流量传感器的流量检测元件是由一根自下向上扩大的锥形管和一个沿着锥管轴上下移动的浮子组所组成的。工作原理如图 5-20 所示，被测流体从下向上，浮子上下端产生差压形成浮上升的力，当浮子所受上升力大于流体中浮子重量时，浮子使上环隙面积随之增大，环隙处流体流速立即下降，作用于浮子的上升力亦随之减少，直到上升力等于浸在流体中浮子重量时，浮子便稳定在某一高度。浮子在锥管中的高度和通过的流量有对应关系。

图 5-19　热线式质量流量传感器

图 5-20　浮子式质量流量传感器

2) 应用

浮子式质量流量计是仅次于差压式流量计的、应用范围很宽的一类流量计，特别在小、微流量方面有举足轻重的作用。

(1) 浮子式质量流量传感器主要性能指标如下。

(2) 测量范围：水 2.5～200000L/h；空气 0.07～5000m^3/h (0.1013MPa，20℃)。

(3) 量程比：10∶1。

(4) 精度等级：1.5%。

(5) 最大工作压力：1.6MPa，2.5MPa，4.0MPa。

(6) 液体介质黏度：对于ϕ15 的小于 5mPa·s，对于ϕ25～ϕ150 的小于 250mPa·s。

4. 涡街式流量传感器

1) 工作原理

涡街式流量传感器是根据“卡门涡街”(在流体中插入一个柱状物体旋涡发生体时，流体通过柱状物两侧就交替地产生有规则的旋涡) 原理研制的一种流体振荡式传感器。通过测量卡门旋涡分离频率便可算出瞬时流量。涡街式流量传感器如图 5-21 所示。

图 5-21　涡街式流量传感器

卡门涡街的释放频率与流体的流动速度及柱状物的宽度有关，可用下式表示

$$f = St \cdot v / d \tag{5-5}$$

式中，f 为卡门涡街的释放频率；St 为系数(称为斯坦顿数)；v 为流速；d 为柱状物的宽度。

St 的值与旋涡发生体宽度 d 和雷诺数 Re 有关。当雷诺数 $Re<2\times10^4$ 时，St 为变数；当 Re 在 2×10^4～2×10^6 时，St 值基本上保持不变，这段范围为流量计的基本测量范围。检出频率 f 就可求得流速 v，由 v 求出体积流量。

2) 应用

涡街式流量计属于最年轻的一类流量计，但其发展迅速目前已成为通用的一类流量计。LUGB 型涡街流量传感器适用测量过热蒸汽、饱和蒸汽、压缩空气和一般气体、水以及液体的质量流量和体积流量。

涡街式流量计主要性能指标如下。

(1) 工作压力：1.0MPa。

(2) 精度：2.5%FS。

(3) 测量介质：液体、气体、蒸汽。

(4) 介质温度：−40～+150℃。

5. 差压式流量传感器

1) 工作原理

差压式流量传感器是利用流体流经节流装置产生压力差，将感受的流量转换成可用输出信号的传感器。差压式流量传感器是利用马格努斯效应原理研制的。它采用节流装置(孔板、喷嘴、文丘里管等)进行流量测量，一般的计算公式为

$$q_m = k \times \frac{C \times \varepsilon}{\sqrt{1-\beta^4}} \times d^4 \times \sqrt{\Delta P \cdot \rho} \tag{5-6}$$

式中，q_m 为质量流量；k 为比例因子；C 为流量系数；ε 为膨胀系数；β 为孔径比(d/D)；d 为节流件的开孔直径；ΔP 为节流差压；ρ 为流体密度。

根据差压式流量传感器制作的多参数变送器可以进行动态测量，并进行温压补偿，参加动态补偿计算的参数有密度(ρ)、流量系数(C)、膨胀系数(ε)等。这种流量传感器如图 5-22 所示。差压式流量计是应用最广泛的流量计，在各类流量仪表中使用量占据首位。

图 5-22　差压式流量传感器

2) 差压式流量传感器的主要性能指标

(1) 测量误差：差压≤0.075%，包括滞后与死区等，绝压≤0.1%。

(2) 质量流量：节流装置参数准确，质量流量误差≤0.4%。

(3) 重复性：0.01%。

(4) 测量范围：差压传感器：50Pa～10MPa；绝压传感器：600kPa～40MPa。

(5) 介质温度：−50～+650℃。

(6) 静压对差压测量影响：对零点或对量程为 0.05%/10MPa。

6. 超声流量传感器

1) 工作原理

超声流量传感器是利用超声波检测技术，将感测的流量转换成可用信号的传感器。超声流量传感器一般分为两类。一是利用超声波在液体中传播时间随流速变化的时间差法、相位差法和频率差法。声波在流体中发射时，若与流动方向相同，传播速度加快；若与流动方向相反则速度减慢。二是利用声速随流体流动而偏移的声速偏移法。超声波垂直于流动方向传播，由于流体流动影响而使声速发生偏移，根据偏移的程度确定流速。

这种传感器的工作原理如图 5-23 所示。脉冲超声波在上游侧和下游侧的两个超声换能器之间传播，由上游侧往下游侧的传播时间 t_1，与由下游侧往上游侧的传播时间 t_2 之差 (t_2-t_1) 与流速成比例，将测出的时间差变换成流速，该流速乘管的截面积则可得到流量。

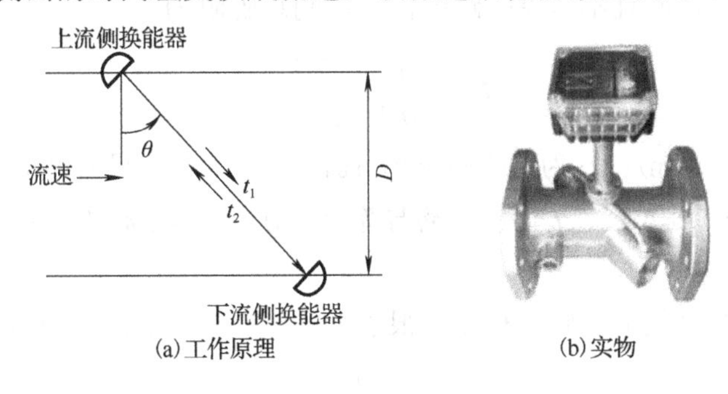

(a) 工作原理　　(b) 实物

图 5-23　超声流量传感器工作原理与实物

2) 应用

超声流量传感器可用来测量化学、塑料、制浆造纸、电力、采矿和食品工业有关的废水，还可用于未经处理的废水、活性污泥、煤浆、造纸浆料等物质。

Doppler 超声流量计的超声流量传感器性能指标如下。

(1) 线性度：0.5%FS。

(2) 重复误差：0.1%。

(3) 精度：2%FS。

5.4　位移传感器

位移测量是线位移测量和角位移测量的总称，位移测量在机电一体化领域中应用十分广泛，这不仅因为在各种机电一体化产品中常需位移测量，还因为速度、加速度、力、压力、扭矩等参数的测量都是以位移测量为基础的。

直线位移传感器主要有电感式传感器、差动变压式传感器、电容式传感器、感应同步器和光栅传感器。

角位移传感器主要有电容传感器、旋转变压器和光电编码盘等。

5.4.1　电感式传感器

电感式传感器是基于电磁感应原理，将被测非电量转换为电感量的一种传感器。按其转换方式的不同，可分为自感式(包括可变磁阻式与涡流式)、互感式(如差动变压器式)等两大类。

1. 自感式电感传感器

自感式电感传感器可分为可变磁阻式和涡流式两类。

1) 可变磁阻式电感传感器

典型的可变磁阻式电感传感器的结构如图 5-24 所示，主要由线圈、铁心和活动衔铁所组成。在铁心和活动衔铁之间保持一定的空气隙δ，被测位移构件与活动衔铁相连，当被测构件产生位移时，活动衔铁随着移动，空气隙δ发生变化，引起磁阻变化，从而使线圈的电感值发生变化。当线圈通以激磁电流时，其自感L与磁路的总磁阻R_m有关，即

$$L=\frac{W^2}{R_m} \tag{5-7}$$

式中，W为线圈匝数；R_m为总磁阻。

如果空气隙δ较小，而且不考虑磁路的损失，则总磁阻为

$$R_m=\frac{l}{\mu A}+\frac{2\delta}{\mu_0 A_0} \tag{5-8}$$

式中，l为铁心导磁长度(m)；μ为铁心磁导率(H/m)；A为铁心导磁截面积(m^2)，$A=a\times b$；δ为空气隙(m)，$\delta=\delta_0\pm\Delta\delta$；$\mu_0$为空气磁导率(H/m)，$\mu_0=2\pi\times10^{-7}$；$A_0$为空气隙导磁截面积(m^2)。

由于铁心的磁阻与空气隙的磁阻相比是很小的，计算时铁心的磁阻可忽略不计，故

$$R_m\approx\frac{2\delta}{\mu_0 A_0} \tag{5-9}$$

将式(5-9)代入式(5-7)，得

$$L=\frac{W^2\mu_0 A_0}{2\delta} \tag{5-10}$$

式(5-10)表明，自感L与空气隙δ的大小成反比，与空气隙导磁截面积A_0成正比。当固定A_0不变，改变δ时，L与δ呈非线性关系，此时传感器的灵敏度为

$$S=\frac{\mathrm{d}L}{\mathrm{d}\delta}=-\frac{W^2\mu_0 A_0}{2\delta^2} \tag{5-11}$$

由式(5-11)得知，传感器的灵敏度与空气隙δ的平方成反比，δ越小，灵敏度越高。由于S不是常数，故会出现非线性误差，同变极距型电容式传感器类似。为了减小非线性误差，通常规定传感器应在较小间隙的变化范围内工作。在实际应用中，可取$\Delta\delta/\delta_0\leqslant0.1$。这种传感器适用于较小位移的测量，一般为 0.001～1mm。

图 5-25 为差动式磁阻传感器，它由两个相同的线圈、铁心及活动衔铁组成。当活动衔铁接近于中间位置(位移为零)时，两线圈的自感L相等，输出为零。当衔铁有位移$\Delta\delta$时，两个线圈的间隙为$\delta_0+\Delta\delta$、$\delta_0-\Delta\delta$，这表明一个线圈自感增加，而另一个线圈自感减小，将两个线圈接入电桥的相邻臂时，其输出的灵敏度可提高一倍，并改善了线性特性，消除了外界干扰。

可变磁阻式传感器还可做成改变空气隙导磁截面积的形式，当固定δ，改变空气隙导磁截面积A_0时，自感L与A_0呈线性关系。

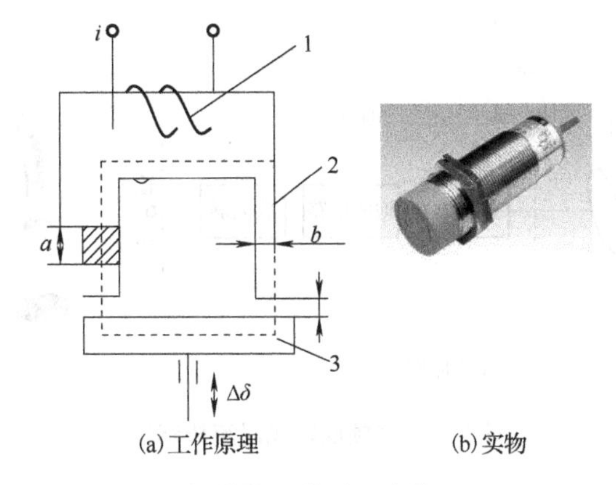

(a) 工作原理　(b) 实物

1.线圈；2.铁心；3.衔铁

图 5-24　可变磁阻式电感传感器

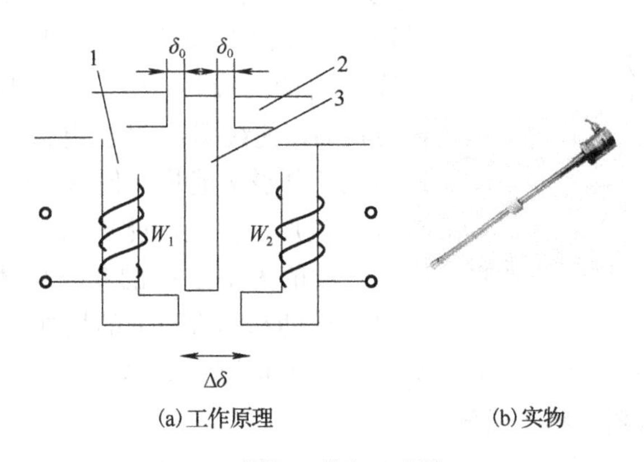

(a) 工作原理　(b) 实物

1.线圈；2.铁心；3.衔铁

图 5-25　差动式磁阻传感器

2) 涡流式传感器

涡流式传感器是利用金属导体在交流磁场中的涡电流效应。如图 5-26 所示，金属板置于一只线圈的附近，它们之间相互的间距为δ。当线圈输入交变电流i_0时，便产生交变磁通量ϕ。金属板在此交变磁场中会产生感应电流i，这种电流在金属体内是闭合的，所以称为涡流。涡流的大小与金属板的电阻率ρ、磁导率μ、厚度h、金属板与线圈的距离δ、激励电流角频率ω等参数有关。若改变其中某一参数，而其他参数不变，就可根据涡流的变化测量该参数。涡流式传感器可分为高频反射式和低频透射式两种。

(1) 高频反射式涡流传感器。如图 5-26 所示，高频(>1MHz)激励电流i_0产生的高频磁场作用于金属板的表面，由于集肤效应，在金属板表面将形成涡电流。与此同时，该涡流产生的交变磁场又反作用于线圈，引起线圈自感L或阻抗Z_L的变化，其变化与距离δ、金属板的电阻率ρ、磁导率μ、激励电流i_0及角频率ω等有关，若只改变距离δ而保持其他系数不变，则可将位移的变化转换为线圈自感的变化，通过测量电路转换为电压输出。高频反射式涡流传感器多用于位移测量。

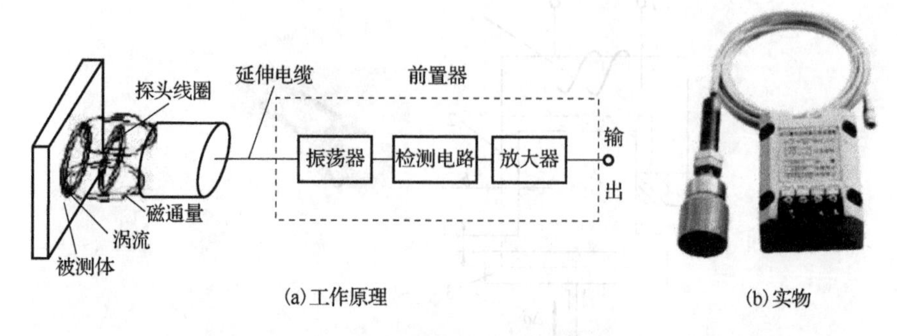

(a) 工作原理　　(b) 实物

图 5-26　高频反射式涡流传感器

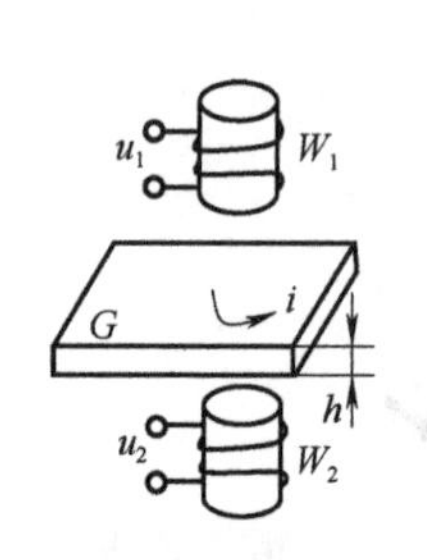

图 5-27　低频透射式涡流传感器工作原理

(2) 低频透射式涡流传感器。低频透射式涡流传感器的工作原理如图 5-27 所示，发射线圈 W_1 和接收线圈 W_2 分别置于被测金属板材料 G 的上、下方。由于低频磁场集肤效应小，渗透深，当低频（音频范围）电压 u_1 加到线圈 W_1 的两端后，所产生磁力线的一部分透过金属板材料 G，使线圈 W_2 产生电感应电动势 u_2。但由于涡流消耗部分磁场能量，使感应电动势 u_2 减少，金属板材料 G 越厚，损耗的能量越大，输出电动势 u_2 越小。因此，u_2 的大小与 G 的厚度及材料的性质有关。试验表明，u_2 随材料厚度 h 的增加按负指数规律减少。因此，若金属板材料的性质一定，则利用 u_2 的变化即可测量其厚度。

2. 互感式差动变压器电感传感器

互感式差动变压器电感传感器是利用互感量 M 的变化来反映被测量的变化。这种传感器实质是一个输出电压的变压器。当变压器初级线圈输入稳定交流电压后，次级线圈便产生感应电压输出，该电压随被测量的变化而变化。

差动变压器电感传感器是常用的互感型传感器，其结构形式有多种，以螺管形应用较为普遍，其工作原理及结构如图 5-28 (a)、(b)、(c) 所示。传感器主要由线圈、铁心和活动衔铁三个部分组成。线圈包括一个初级线圈和两个反接的次级线圈，当初级线圈输入交流激励电压时，次级线圈将产生感应电动势 e_1 和 e_2。由于两个次级线圈极性反接，因此传感器的输出电压为两者之差，即 $e_y = e_1 - e_2$。活动衔铁能改变线圈之间的耦合程度。输出 e_y 的大小随活动衔铁的位置而变。当活动衔铁的位置居中时，$e_1 = e_2$，$e_y = 0$；当活动衔铁向上移时，$e_1 > e_2$，$e_y > 0$；当活动衔铁向下移时，$e_1 < e_2$，$e_y < 0$。活动衔铁的位置往复变化，其输出电压 e_y 也随之变化。

差动变压器传感器输出的电压是交流电压，如用交流电压表指示，则输出值只能反映铁心位移的大小，而不能反映移动的极性；交流电压输出存在一定的零点残余电压，零点残余电压是由于两个次级线圈的结构不对称，铁磁材质不均匀，线圈间分布电容等所形成的。所以，即使活动衔铁位于中间位置，输出也不为零。鉴于这些原因，差动变压器的后接电路应采用既能反映铁心位移极性，又能补偿零点残余电压的差动直流输出电路。

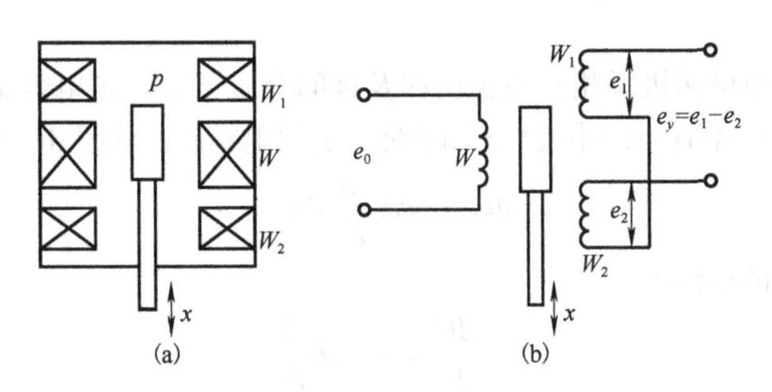

图 5-28　互感式差动变压器电感传感器

差动变压器传感器具有精度高达 0.1 μm 量级，线圈变化范围大(可扩大到±100mm，视结构而定)，结构简单，稳定性好等优点，广泛应用于直线位移及其他压力、振动等参量的测量。图 5-29 是电感测微仪所用的互感式差动位移传感器的结构图。

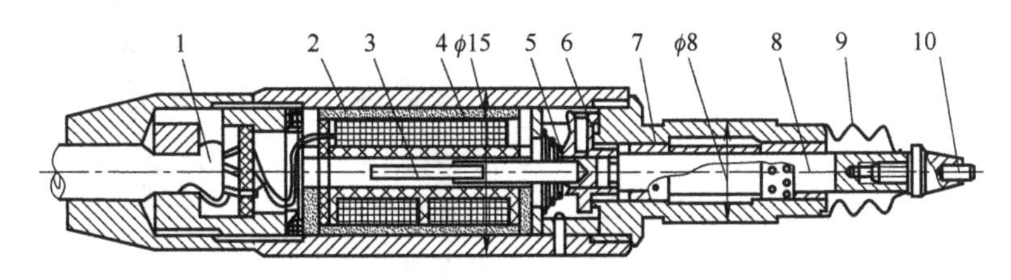

1.引线；2.固定瓷筒；3.衔铁；4.线圈；5.测力弹簧；
6.防转销；7.钢球导轨；8.测杆；9.密封套；10.测端

图 5-29　互感式差动位移传感器的结构图

5.4.2　电容式位移传感器

电容式传感器是将被测物理量转换为电容量变化的装置。从物理学知识得知，由两个平行板组成电容器的电容量为

$$C=\frac{\varepsilon\varepsilon_0 A}{\delta} \tag{5-12}$$

式中，ε 为极板间介质的相对介电系数，空气中 $\varepsilon=1$；ε_0 为真空中介电常数，$\varepsilon_0=8.85\times10^{-13}$ (F/m)；δ 为极板间距离(m)；A 为两极板相互覆盖面积(m^2)。

式(5-12)表明，当被测量使 δ、A 或 ε 发生变化时，都会引起电容 C 的变化。若仅改变其中某一个参数，则可以建立起该参数和电容量变化之间的对应关系，因而电容式传感器分为极距变化型、面积变化型和介质变化型三类，如图 5-30 所示。

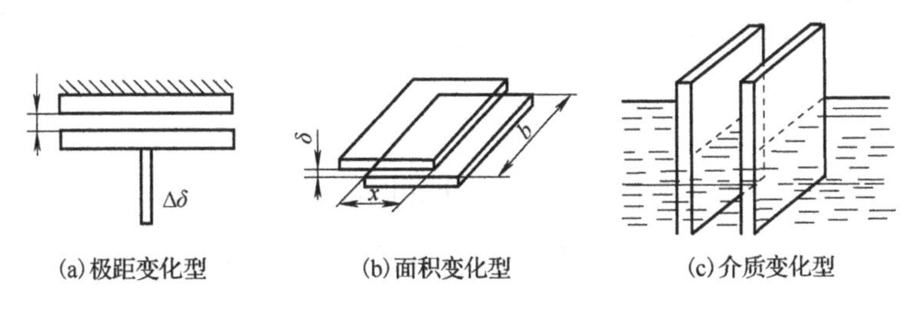

(a) 极距变化型　　(b) 面积变化型　　(c) 介质变化型

图 5-30　电容式传感器

1. 极距变化型

根据式(5-12)，如果两极板相互覆盖面积及极间介质不变，则电容量C与极距δ呈非线性关系(图5-31)，当极距有一微小变化量$\mathrm{d}\delta$时，引起电容的变化量$\mathrm{d}C$为

$$\mathrm{d}C = -\varepsilon\varepsilon_0 \frac{A}{\delta^2}\mathrm{d}\delta$$

由此可得传感器的灵敏度

$$S = \frac{\mathrm{d}C}{\mathrm{d}\delta} = -\varepsilon\varepsilon_0 A \frac{1}{\delta^2} \tag{5-13}$$

可以看出，灵敏度S与极距平方成反比，极距越小灵敏度越高，显然，这将引起非线性误差。为了减小这一误差，通常规定传感器只能在较小的极距变化范围内工作(即测量范围小)，以使获得近似的线性关系，一般取极距变化范围为$\Delta\delta / \delta_0 \approx 0.1$，$\delta_0$为初始间隙。

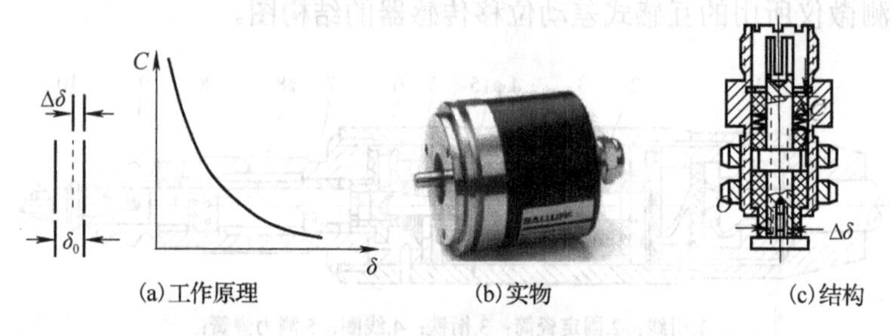

图 5-31　极距变化型电容式位移传感器

图5-31为极距变化型电容式位移传感器的结构示例。原则上，电容式传感器仅需一块极板和引线就够了，因而传感器结构简单，极板形式可灵活多变，为实际应用带来方便。

极距变化型电容式位移传感器的优点是可以用于非接触式动态测量，对被测系统影响小，灵敏度高，适用于小位移(数百微米以下)的精确测量。

2. 面积变化型

面积变化型电容传感器可用于测量线位移及角位移。图5-32所示为测量线位移时两种面积变化型传感器的测量原理和输出特性。

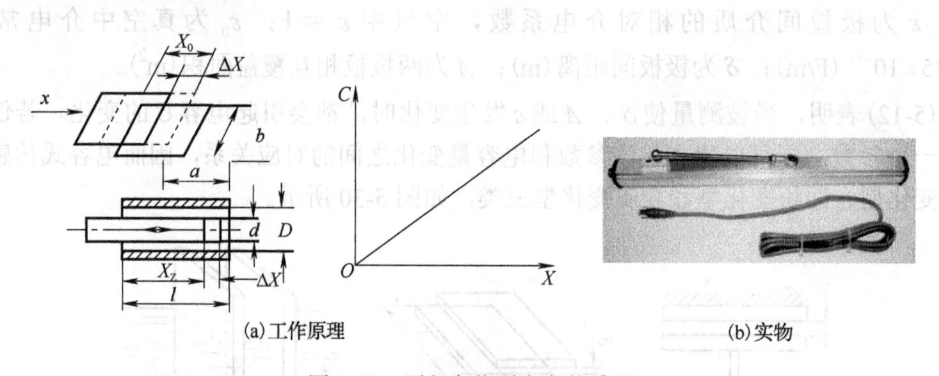

图 5-32　面积变化型电容传感器

对于平面型极板，当动板沿x方向移动时覆盖面积变化，电容量也随之变化。电容量为

$$C = \frac{\varepsilon\varepsilon_0 bx}{\delta} \tag{5-14}$$

式中，b为极板宽度。

其灵敏度

$$S=\frac{\mathrm{d}C}{\mathrm{d}x}=\frac{\varepsilon\varepsilon_0 b}{\delta}=\text{常数} \tag{5-15}$$

对圆柱形极板，其电容量

$$C=\frac{2\pi\varepsilon\varepsilon_0 x}{\ln(D/d)} \tag{5-16}$$

式中，D 为圆筒孔径；d 为圆柱外径。

其灵敏度

$$S=\frac{\mathrm{d}C}{\mathrm{d}x}=\frac{2\pi\varepsilon\varepsilon_0}{\ln(D/d)} \tag{5-17}$$

面积变化型电容传感器的优点是输出与输入呈线性关系，但灵敏度较极距变化型低，适用于较大的线位移和角位移测量。

5.4.3　光栅数字传感器

光栅是一种新型的位移检测元件，它把位移变成数字量的位移—数字转换装置。它主要用于高精度直线位移和角位移的数字检测系统，其测量精确度高(可达±1 μm)。

光栅是在透明的玻璃上，均匀地刻出许多明暗相间的条纹，或在金属镜面上均匀地刻画出许多间隔相等的条纹，通常线条间隙宽度是相等的。以透光的玻璃为载体的称为透射光栅，以不透射光的金属为载体的称为反射光栅。根据光栅外形又可分为直线光栅和圆光栅。

测量装置中由标尺光栅和指示光栅组成，两者的光刻密度相同，但体长相差很多，其结构如图 5-33 所示。光栅条纹密度一般为每毫米 25，50，100，250 条等。

把指示光栅平行地放在标尺光栅上面，并且使它们的刻线相互倾斜一个很小的角度 θ，这时在指示光栅上就出现几条较粗的明暗条纹，称为莫尔条纹。它们是沿着与光栅条纹几乎垂直的方向排列的，如图 5-34 左半部分所示。

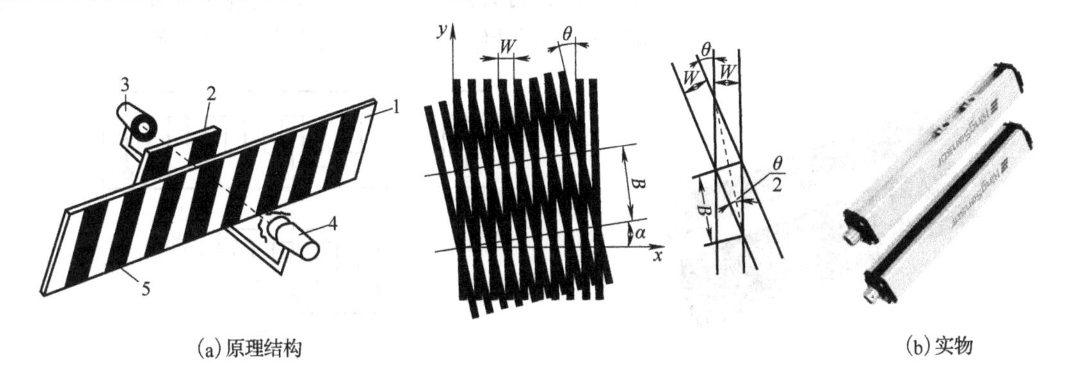

(a) 原理结构　　(b) 实物

1.主光栅；2.指示光栅；3.光源；4.光电器件；5.莫尔条纹

图 5-33　直线光栅

光栅莫尔条纹的特点是起放大作用，相对两根莫尔条纹之间的间距 B，两光栅线纹夹角 θ 和光栅栅距 W 的关系(当 θ 很小时)为

$$B=\frac{W}{2\sin(\theta/2)}\approx\frac{W}{\theta} \tag{5-18}$$

式中，θ 的单位为 rad，B、W 的单位为 mm。

若 $W = 0.01\text{mm}$，把莫尔条纹的宽度调成 10mm，则放大倍数相当于 1000 倍，即利用光的干涉现象把光栅间距放大 1000 倍，因而大大减轻了电子线路的负担。

光栅可分为透射光栅和反射光栅两种。透射光栅的线条刻制在透明的光学玻璃上，反射光栅的线条刻制在具有强反射能力的金属板上，一般用不锈钢。

光栅测量系统的基本构成如图 5-34 所示。光栅移动时产生的莫尔条纹明暗信号可用光电元件接收，图 5-34 中的 a,b,c,d 是四块光电池产生的信号，相位彼此差 90°，对这些信号进行适当的处理后，即可变成光栅位移量的测量脉冲。

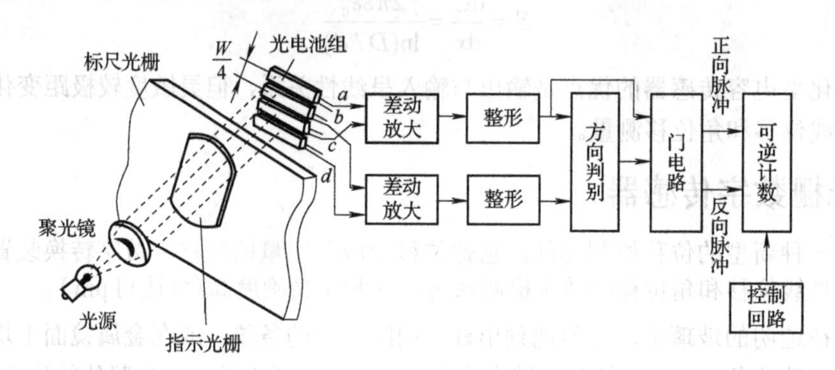

图 5-34　光栅测量系统

5.4.4　感应同步器

感应同步器是一种应用电磁感应原理制造的高精度检测元件，有直线和圆盘式两种，分别用作检测直线位移和转角。

直线感应同步器由定尺和滑尺两部分组成，见图 5-35。定尺一般为 250mm，上面均匀分布节距为 2mm 的绕组；滑尺长 100mm，表面布有两个绕组，即正弦绕组和余弦绕组，见图 5-36。当余弦绕组与定子绕组相位相同时，正弦绕组与定子绕组错开 1/4 节距。

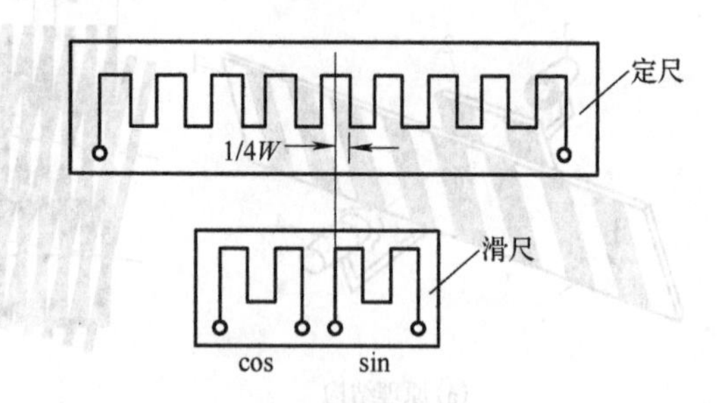

图 5-35　直线感应同步器实物　　　　图 5-36　直线感应同步器工作原理

圆盘式感应同步器，如图 5-37 所示，其转子相当于直线感应同步器的滑尺，定子相当于定尺，而且定子绕组中的两个绕组也错开 1/4 节距。

感应同步器根据其激磁绕组供电电压形式不同，分为鉴相测量方式和鉴幅测量方式。

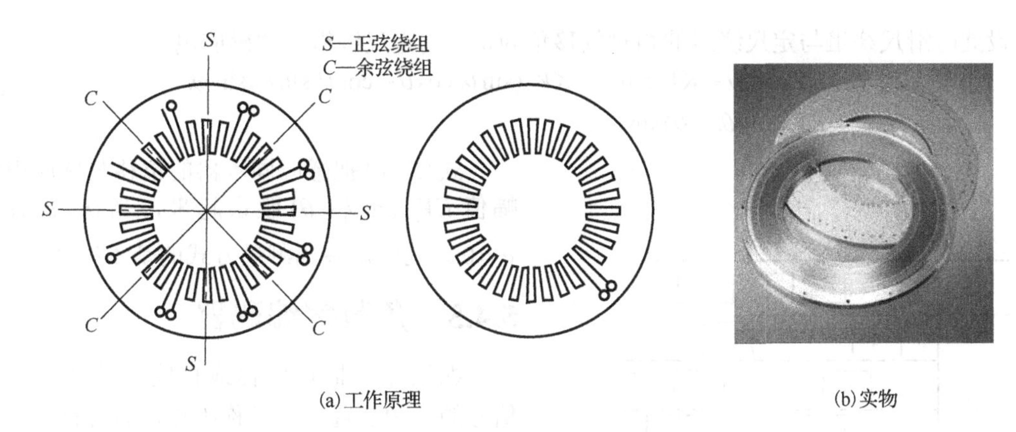

(a) 工作原理　(b) 实物

图 5-37　圆盘式感应同步器绕组图形

1. 鉴相式

所谓鉴相式就是根据感应电势的相位来鉴别位移量。

如果将滑尺的正弦和余弦绕组分别供给幅值、频率均相等，但相位相差 90° 的激磁电压，即 $V_A = V_m \sin\omega t$，$V_B = V_m \cos\omega t$ 时，定尺上的绕组由于电磁感应作用产生与激磁电压同频率的交变感应电势。

图 5-38 说明了感应电势幅值与定尺和滑尺相对位置的关系。如果只给余弦绕组 A 加交流激磁电压 V_A，则绕组 A 中有电流通过，因而在绕组 A 周围产生交变磁场。在图中 1 位置，定尺和滑尺绕组 A 完全重合，此时磁通交链最多，因而感应电势幅为最大。在图中 2 位置，定尺绕组交链的磁通相互抵消，因而感应电势幅值为零。滑尺继续滑动的情况见图中 3、4、5 位置。可以看出，滑尺在定尺上滑动一个节距，定尺绕组感应电势变化了一个周期，即

$$e_s = KV_s \cos\theta \tag{5-19}$$

式中，K 为滑尺和定尺的电磁耦合系数；θ 为滑尺和定尺相对位移的折算角。

若绕组的节距为 W，相对位移为 l，则

$$\theta = \frac{l}{W} 360^\circ \tag{5-20}$$

同样，当仅对正弦绕组 C 施加交流激磁电压 V_c 时，定尺绕组感应电势为

$$\varepsilon_c = -KV_c \sin\theta \tag{5-21}$$

对滑尺上两个绕组同时加激磁电压，则定尺绕组上所感应的总电势为

$$e = \varepsilon_a + \varepsilon_c = KV_a \cos\theta - KV_m \sin\theta = KV_m \sin\omega t \cos\theta - KV_m \cos\omega t \sin\theta \tag{5-22}$$

从式 (5-22) 可以看出，感应同步器把滑尺相对定尺的位移 l 的变化转成感应电势相角 θ 的变化。因此，只要测得相角 θ，就可以知道滑尺的相对位移 l：

$$l = \frac{\theta}{360^\circ} W \tag{5-23}$$

2. 鉴幅式

在滑尺的两个绕组上施加频率和相位均相同，但幅值不同的交流激磁电压 V_s 和 V_c 为

$$V_s = V_m \sin\theta_1 \sin\omega t \tag{5-24}$$

$$V_c = V_m \cos\theta_1 \sin\omega t \tag{5-25}$$

式中，θ_1 为指令位移角。

设此时滑尺绕组与定尺绕组的相对位移角为θ，则定尺绕组上的感应电势为

$$\begin{aligned} e &= KV_s\cos\theta - KV_c\sin\theta = KV_m(\sin\theta_1\cos\theta - \cos\theta_1\sin\theta)\sin\omega t \\ &= KV_m\sin(\theta_1-\theta)\sin\omega t \end{aligned} \tag{5-26}$$

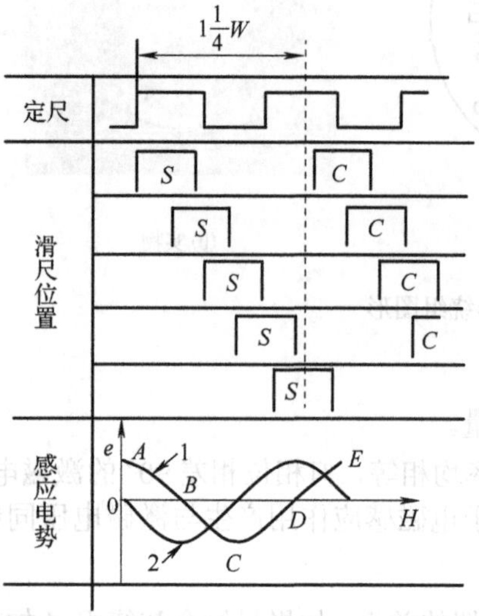

式(5-26)把感应同步器的位移与感应电势幅值$KV_m\sin(\theta_1-\theta)$联系起来，当$\theta=\theta_1$时，$e=0$。这就是鉴幅测量方式的基本原理。

1.由s激磁的感应电动势曲线；2.由c激磁的感应电动势曲线

图 5-38　感应电势与两绕组相对位置关系

5.4.5　角数字编码器

编码器是把角位移或直线位移转换成电信号的一种装置。前者称码盘，后者称码尺。按照读出方式编码器可分为接触式和非接触式两种。接触式采用电刷输出，以电刷接触导电区或绝缘区来表示代码的状态是“1”还是“0”；非接触式的接收敏感元件是光敏元件或磁敏元件，采用光敏元件时以透光区和不透光区表示代码的状态是“1”还是“0”，而磁敏元件是用磁化区和非磁化区表示“1”或“0”。

按照工作原理编码器可分为增量式和绝对式两类。增量式编码器是将位移转换成周期性变化的电信号，再把这个电信号转变成计数脉冲，用脉冲的个数表示位移的大小。绝对式编码器的每一个位置对应一个确定的数字码，因此它的示值只与测量的起始和终止位置有关，而与测量的中间过程无关。

1. 增量式码盘

增量型回转编码原理如图 5-39 所示。这种码盘有两个通道 A 与 B(即两组透光和不透光部分)，其相位差 90°，相对于一定的转角得到一定的脉冲，将脉冲信号送入计数器。则计数器的计数值就反映了码盘转过的角度。测量角位移时，单位脉冲对应的角度为

$$\Delta\theta = 360^\circ / m \tag{5-27}$$

式中，m为码盘的孔数。增加孔数m可以提高测量精度。

若n表示计数脉冲，则角位移的大小为

$$\alpha = n\cdot\Delta\theta = \frac{360^\circ}{m}n \tag{5-28}$$

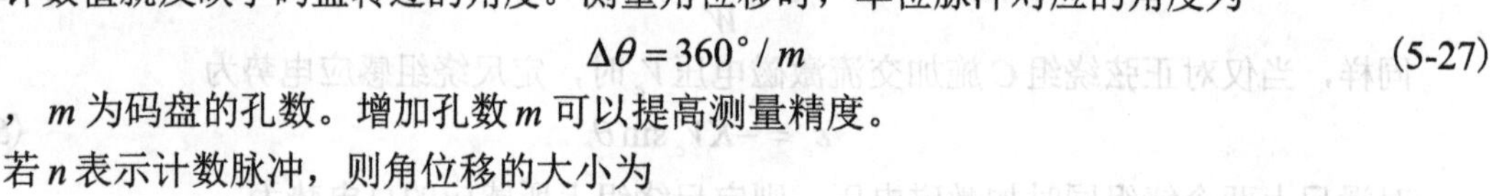

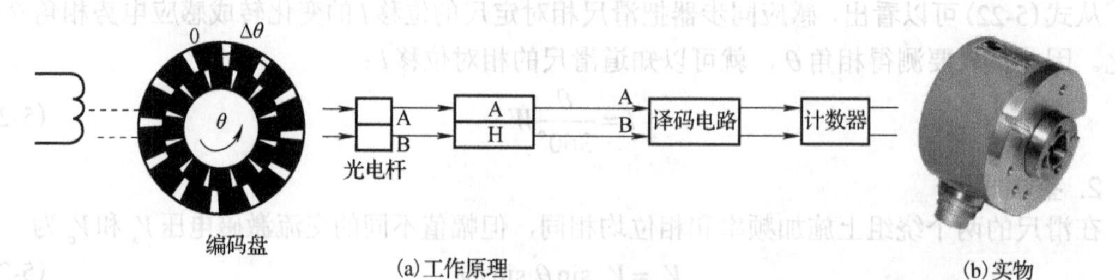

(a)工作原理　　(b)实物

图 5-39　增量型回转编码

为了判别旋转方向，采用两套光电转换装置。一套用来计数，另一套用来辨向，回路输

出信号相差 1/4 周期，使两个光电元件的输出信号正相位上相差 90°，作为细分和辨向的基础。为了提供角位移的基准点，在内码道内边再设置一个基准码道，它只有一个孔。其输出脉冲用来使计数器归零或作为每移动过 360° 时的计数值。

增量式码盘制造简单，可按需要设置零位。但测量结果与中间过程有关，抗振、抗干扰能力差，测量速度受到限制。

2. 绝对式码盘

1) 二进制码盘

图 5-40 为一个接触式四位二进制码盘，涂黑部分为导电区，空白部分为绝缘区，所有导电部分连在一起，都取高电位。每一同心圆区域为一个码道，每一个码道上都有一个电刷，电刷经电阻接地，4 个电刷沿一固定的径向安装，电刷在导电区为“1”，在绝缘区为“0”，外圈为低位，内圈为高位。若采用 n 位码盘，则能分辨的角度为

$$\Delta\theta = \frac{360^\circ}{2^n} \tag{5-29}$$

对二进制码盘来说，位数 n 越大，分辨力越高，测量越精确。当码盘与轴一起转动时，电刷上将出现相应的电位，对应一定的数码。码盘的精度取决于码盘本身的制造精度和安装精度。由图 5-41 可以看出，当码盘由 h (0111) 向 i (1000) 过渡时，四个码道的电刷需要同时变位。如果由于电刷位置安装不准或码盘制作不精确，则任何一个码道的电刷超前或滞后，都会使读数产生很大误差，如本应为 i (1000)，由于最高位电刷滞后，则输出数据为 A (00000)，这种误差一般称为非单值性误差，应避免发生。但码盘的制作和安装又不可避免会有公差，为了消除非单值性误差，通常采用双电刷读数或采用循环码编码。

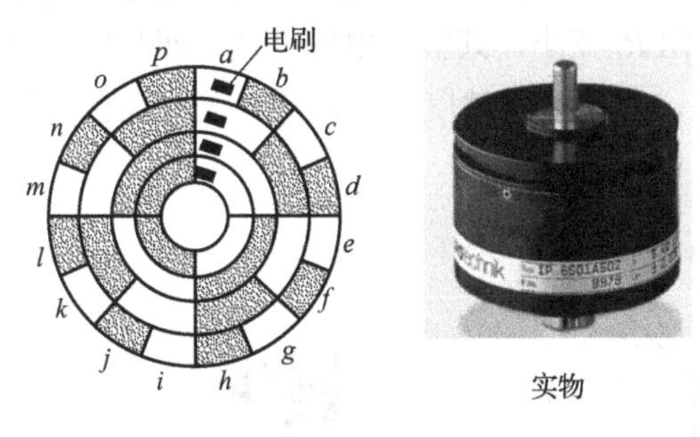

图 5-40　接触式四位二进制码盘

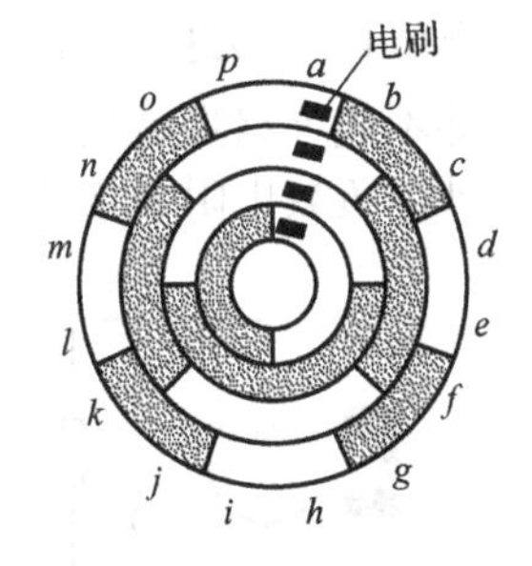

图 5-41　四位循环码盘

2) 循环码盘

采用双电刷码盘虽然可以消除非单值性误差，但它需要一个附加的外部逻辑电路，同时使电刷个数增加一倍。当位数很多时，会使结构复杂化。并且电刷与码盘的接触摩擦，影响它的使用寿命。为了克服上述缺点，一般采用循环码盘。

循环码的特点是从任何数转变到相邻数时只有一位发生变化，其编码方法与二进制不同。利用循环码的这一特点编制的码盘如图 5-41 所示。由图可以看出，当读数变化时只有一位数发生变化，如电刷在 h 和 i 的交界面上，当读 h 时，若仅高位超前，则读出的是 i，h 和 i 之间只相差一个单位值。这样即使码盘制作、安装不准，产生的误差也不会超过一个最低单位数，与二进制码盘相比制造和安装就要简单得多了。

循环码是一种无权码，因而不能直接输入计算机进行运算，直接显示也不符合日常习惯，因此还必须把它转换成二进制码。循环码转换成二进制码的一般关系式为

$$
\begin{aligned}
C_n &= R_n \\
C_i &= R_i \oplus C_{i+1}
\end{aligned}
\tag{5-30}
$$

式中，$\oplus$ 为不进位相加；C_n、R_n 为二进制、循环码的最高位。

式(5-30)表明，由循环码变成二进制码 C 时、最高位不变，此后从高位开始依次求出其余各位，即本位循环码 R_i 与已经求得的相邻高位二进制码 C_{i+1} 做不进位相加，结果就是本位二进制码 C_i。

实际应用中，大多数采用循环码非接触式的光电码盘，这种码盘无磨损，寿命长，精度高，测量结果与中间过程无关，允许被测对象以很高的速度工作，抗震、抗干扰能力强。

5.5　速度与加速度传感器

5.5.1　速度传感器

1. 直流测速机

直流测速机是一种测速元件，实际上它就是一台微型的直流发电机。根据定子磁极激磁方式的不同，直流测速机可分为电磁式和永磁式两种。如以电枢的结构不同来分，有无槽电枢、有槽电枢、空心杯电枢和圆盘电枢等。近年来，又出现了永磁式直线测速机。

测速机的结构有多种，但原理基本相同。图 5-42(a)所示为永磁式测速机原理电路图。恒定磁通由定子产生，当转子在磁场中旋转时，电枢绕组中即产生交变的电势，经换向器和电刷转换成与转子速度成正比的直流电势。

直流测速机的输出特性曲线，如图 5-42(b)所示。从图中可以看出，当负载电阻 $R_L \to \infty$ 时，其输出电压 V_0 与转速 n 成正比。随着负载电阻 R_L 变小，其输出电压下降，而且输出电压与转速之间并不能严格保持线性关系。由此可见，对于要求精度比较高的直流测速机，除采取其他措施外，负载电阻 R_L 应尽量大。

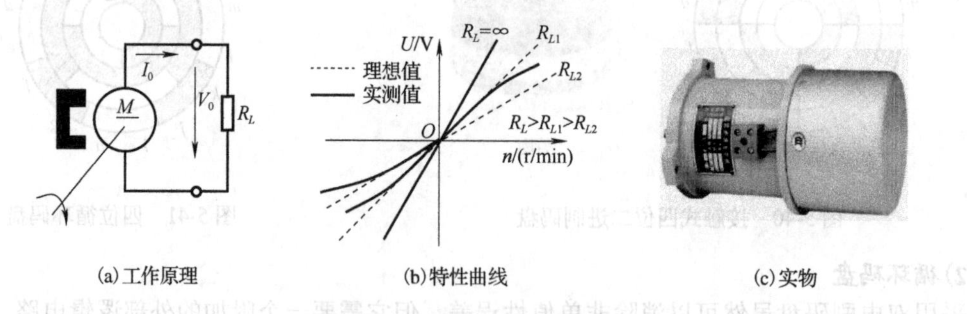

(a)工作原理　　(b)特性曲线　　(c)实物

图 5-42　直流永磁式测速机

直流测速机的特点是输出斜率大、线性好，但由于有电刷和换向器，构造和维护比较复杂，摩擦转矩较大。直流测速机在机电控制系统中，主要用作测速和校正元件。在使用中，为了提高检测灵敏度，尽可能把它直接连接到电机轴上。

2. 光电式转速传感器

光电式转速传感器是由装在被测轴(或与被测轴相连接的输入轴)上的带缝隙圆盘、光源、光电器件和指示缝隙盘组成的，如图 5-43 所示。光源发生的光通过缝隙圆盘和指示缝隙照射到光电器件上。当缝隙圆盘随被测轴转动时，由于圆盘上的缝隙间距与指示缝隙的间距相同，

因此圆盘每转一周，光电器件输出与圆盘缝隙数相等的电脉冲，根据测量时间 t 内的脉冲数 N，则可测出转速为

$$n = \frac{60N}{Zt} \tag{5-31}$$

式中，Z 为圆盘上的缝隙数；n 为转速(r/min)；t 为测量时间(s)。

一般取 $Zt = 60\times10^{m}\ (m = 0,1,2,\cdots)$，利用两组缝隙间距 W 相同，位置相差 $(i/2+1/4)W$（i 为正整数)的指示缝隙和两个光电器件，则可辨别出圆盘的旋转方向。

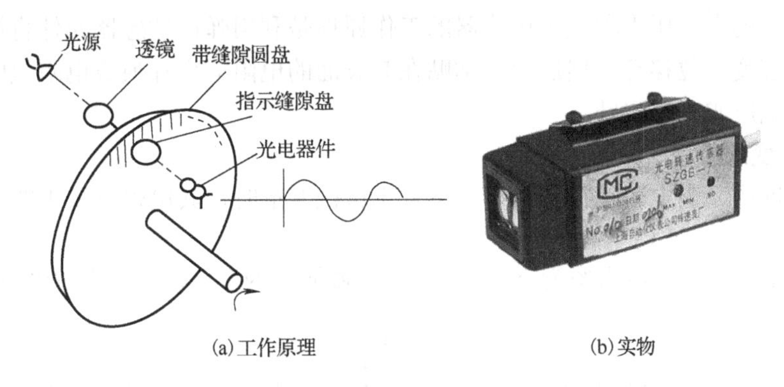

(a)工作原理　(b)实物

图 5-43　光电式转速传感器

5.5.2　加速度传感器

作为加速度检测元件的加速度传感器有多种形式，它们的工作原理都是利用惯性质量受加速度所产生的惯性力而造成的各种物理效应，进一步转化成电量，间接度量被测加速度。最常用的有应变式、压电式、电磁感应式等。

电阻应变式加速度计原理结构如图 5-44 所示。它由重块、悬臂梁、应变片和阻尼液体等构成。当有加速度时，重块受力，悬臂梁弯曲，按梁上固定的应变片变形便可测出力的大小，在已知质量的情况下即可算出被测加速度。壳体内灌满的黏性液体作为阻尼之用。这一系统的固有频率可以做得很低。

压电加速度传感器结构原理如图 5-45 所示。使用时，传感器固定在被测物体上，感受该物体的振动，惯性质量块产生惯性力，使压电元件产生变形。压电元件产生的变形和由此产生的电荷与加速度成正比。压电加速度传感器可以做得很小，重量很轻，故对被测机构的影响就小。压电式加速度传感器的频率范围广、动态范围宽、灵敏度高，应用较为广泛。

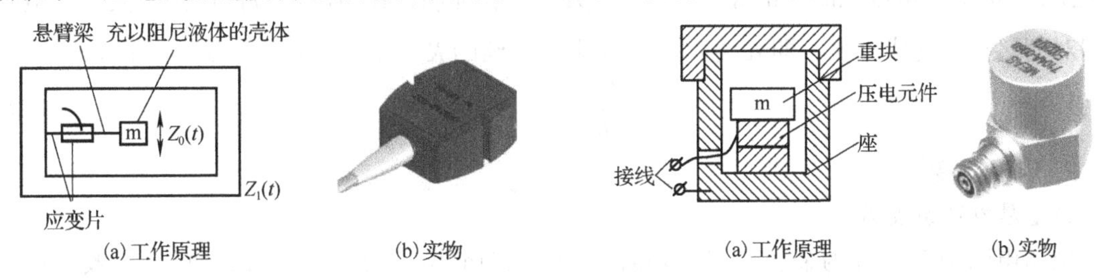

(a)工作原理　(b)实物　(a)工作原理　(b)实物

图 5-44　电阻应变式加速度传感器　图 5-45　压电加速度传感器

5.6　力、压力和扭矩传感器

在自动化装备与生产线中，力、压力和扭矩是很常用的机械参量。按其工作原理可分为弹性式、电阻应变式、气电式、位移式和相位差式等，在以上测量方式中，电阻应变式传感器应用得最为广泛。下面重点介绍在自动化装备与生产线中常用的电阻应变式传感器。

5.6.1　电阻应变式传感器原理

电阻应变式的力、压力和扭矩传感器的工作原理是利用弹性敏感器元件将被测力、压力或扭矩转换为应变、位移等，然后通过粘贴在其表面的电阻应变片换成电阻值的变化，经过转换电路输出电压或电流信号。

1. 电阻应变效应

科学实验证明，当电阻丝在外力作用下发生机械变形时，其电阻值发生的变化，称为电阻应变效应。

设有一根电阻丝，其电阻率为ρ，长度为l，截面积为S，在未受力时的电阻值为

$$R=\rho\frac{l}{S} \tag{5-32}$$

如图 5-46 所示，电阻丝在拉力F作用下，长度l增加，截面S减小，电阻率ρ也相应变化，将引起电阻变化ΔR，其值为

$$\frac{\Delta R}{R}=\frac{\Delta l}{l}-\frac{\Delta S}{S}+\frac{\Delta\rho}{\rho} \tag{5-33}$$

对于半径为r的电阻丝，截面面积$S=\pi r^2$，则有$\Delta S/S=2\Delta r/r$。令电阻丝的轴向应变为$\varepsilon=\Delta l/l$，径向应变为$\Delta r/r$，由材料力学可知$\Delta r/r=-\mu(\Delta l/l)=-\mu\varepsilon$，$\mu$为电阻丝材料的泊松系数，经整理可得

$$\frac{\Delta R}{R}=(1+2\mu)\varepsilon+\frac{\Delta\rho}{\rho} \tag{5-34}$$

通常把单位应变所引起的电阻相对变化称为电阻丝的灵敏系数，其表达式为

$$K=\frac{\Delta R/R}{\varepsilon}=(1+2\mu)+\frac{\Delta\rho/\rho}{\varepsilon} \tag{5-35}$$

从式(5-35)可看出，电阻丝灵敏系数K由两部分组成：受力后由材料的几何尺寸变化引起的$(1+2\mu)$；由材料电阻率变化引起的$(\Delta\rho/\rho)\varepsilon^{-1}$。对于金属丝材料，$(\Delta\rho/\rho)\varepsilon^{-1}$项的值比$(1+2\mu)$小很多，可以忽略，故$K=1+2\mu$。大量实验证明，在电阻丝拉伸比例极限内，电阻的相对变化与应变成正比，即K为常数。通常金属丝的$K=1.7\sim3.6$。式(5-34)可写成

$$\frac{\Delta R}{R}=K\varepsilon \tag{5-36}$$

2. 电阻应变片

1) 金属电阻应变片

金属电阻应变片分为金属丝式和箔式。图 5-47(a)所示应变片是将金属丝(一般直径为0.02～0.04mm)贴在两层薄膜之间。为了增加丝体的长度把金属丝弯成栅状，两端焊在引出线上。图 5-47(b)采用金属薄膜代替细丝，又称为箔式应变片。金属箔厚度一般在0.001～0.01mm。

箔片先经轧制，再经化学抛光而制成，其线栅形状用光刻工艺制成，因此形状尺寸可以做得很准确。由于箔式应变片很薄，散热性能好，在测量中可以通过较大电流，提高了测量灵敏度。

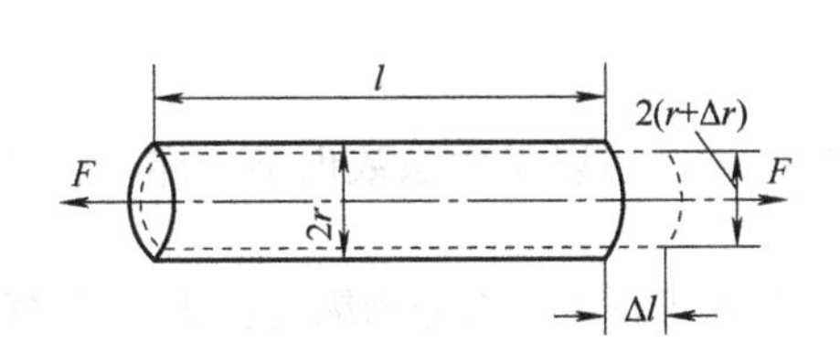

图 5-46　金属丝伸长后几何尺寸变化

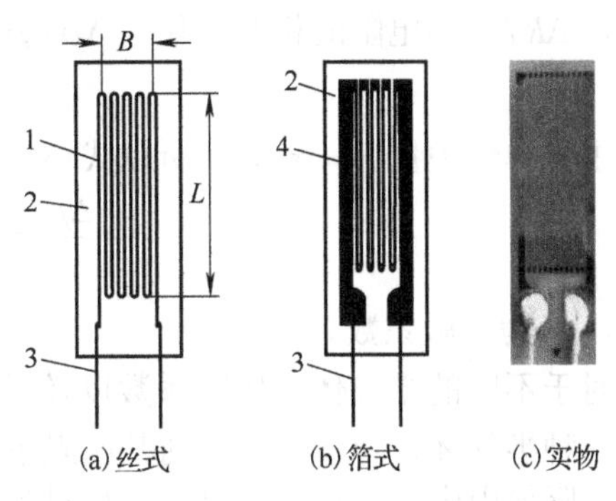

图 5-47　电阻应变片

用薄纸作为基底制造的应变片，称为纸基应变片。纸基应变片工作在 70℃以下。为了提高应变片的耐热防潮性能，也可以采用浸有酚醛树脂的纸作基底。此时使用温度可达 180℃。除用纸基以外，还有采用有机聚合物薄膜的，这样的应变片称为胶基应变片。

对于应变电阻材料，一般希望材料 K 值要大，且在较大范围内保持 K 值为常数；电阻温度系数要小，有较好的热稳定性；电阻率要高，机械强度高，工艺性能好，易于加工成细丝及便于焊接等。

常用的电阻应变丝的材料是康铜丝和镍铬合金丝。镍铬合金比康铜的电阻率几乎大一倍，因此用同样直径的镍铬电阻丝做成的应变片要小很多。另外，镍铬合金丝的灵敏系数也比较大。但是，康铜丝的电阻温度系数小，受温度变化影响小。

应变片的尺寸通常用有效线栅的外形尺寸表示。根据基长不同可分为三种：小基长 L=2～7mm；中基长 L=10～30mm 及大基长 $L\geqslant$30mm。线栅宽 B 可在 2～11mm 内变化。表 5-5 给出了国产应变片的技术数据，供选择时参考。

表 5-5　国产应变片的技术数据

型号	形式	阻值/Ω	灵敏系数 K	线栅尺寸 (B×L)/mm²
PZ-17	圆角线栅，纸基	120±0.2	1.95～2.10	2.8×17
8120	圆角线栅，纸基	118	1.99～2.01	2.8×18
PJ-120	圆角线栅，纸基	120	1.9～2.1	3×12
PJ-320	圆角线栅，纸基	320	2.0～2.1	11×11
PB-5	箔式	120±0.5	2.0～2.2	3×5
2×3	箔式	87±0.4%	2.05	2×3
2×1.5	箔式	35±0.4%	2.05	2×1.5

2) 半导体电阻应变片

半导体应变片的工作原理和导体应变片相似。对半导体施加应力时，其电阻值发生变化，这种半导体电阻率随应力变化的关系称为半导体压阻效应。与金属导体一样，半导体应变电阻也由两部分组成，即由于受应力后几何尺寸变化引起的电阻变化和电阻率变化，这里电阻

率变化引起的电阻变化是主要的，所以一般可表示为

$$\frac{\Delta R}{R} \approx \frac{\Delta \rho}{\rho} = \pi \sigma \tag{5-37}$$

式中，$\Delta R / R$ 为电阻的相对变化；$\Delta \rho / \rho$ 为电阻率的相对变化；π 为半导体压阻系数；σ 为应力。

由于弹性模量 $E = \sigma / \varepsilon$，所以式(5-37)又可写为

$$\frac{\Delta \rho}{\rho} = \pi \sigma = \pi E \varepsilon = K \varepsilon \tag{5-38}$$

式中，K 为灵敏系数。

对于不同的半导体，压阻系数以及弹性模数都不一样，所以灵敏系数也不一样，就是对于同一种半导体，随着晶向不同其压阻系数也不同。

实际使用中必须注意外界应力相对晶轴的方向，通常把外界应力分为纵向应力 σ_L 和横向应力 σ_t，与晶轴方向一致的应力称为纵向应力；与晶轴方向垂直的应力称为横向应力。与之相关的有纵向压阻系数 π_L 和横向压阻系数 π_t。当半导体同时受两向应力作用时，有

$$\frac{\Delta \rho}{\rho} = \pi_L \sigma_L + \pi_t \sigma_t \tag{5-39}$$

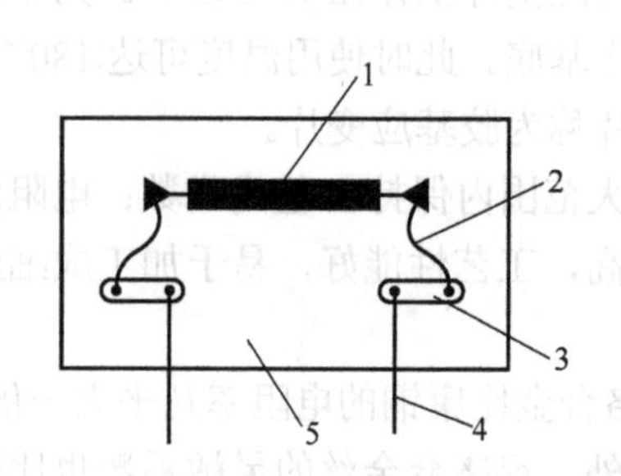

1.单晶硅条；2.内引线；3.焊接电极；4.引线；5.基底

图 5-48　半导体应变片

一般半导体应变片是沿所需的晶向将硅单晶体切成条形薄片，厚度为 0.05～0.08mm，在硅条两端先真空镀膜蒸发一层黄金，再用细金丝与两端焊接，作为引线。一般在基底上事先用印刷电路的方法制好焊接极。图 5-48 所示是一种条形半导体应变片。为提高灵敏度，除应用单条应变片外，还有制成栅形的。

各种应变片的技术参数、特性及使用要求可参见有关应变片手册。

3. 电阻应变片的粘贴及温度补偿

1) 应变片的粘贴

应变片用黏结剂粘贴到试件表面上，黏结剂的性能及黏结工艺的质量直接影响着应变片的工作特性，如零漂、蠕变、滞后、灵敏系数、线性以及它们受温度影响的程度。可见，选择黏结剂和正确的黏结工艺与应变片的测量精度有着极其重要的关系。

选择黏结剂必须适合应变片材料和被试件材料，不仅要求黏结力强，黏结后力学性能可靠，而且黏合层要有足够大的剪切弹性模量，良好的电绝缘性，蠕变和滞后小，耐湿、耐油、耐老化，动应力测量时耐疲劳等。此外，还要考虑应变片的工作条件，如温度、相对湿度、稳定性要求以及贴片固化时热加压的可能性等。常用的黏合剂类型有硝化纤维素型、氰基丙烯酸型、聚酯树脂型、环氧树脂类和酚醛树脂类等。

粘贴工艺包括被测试件表面处理、贴片位置的确定、贴片、干燥固化、贴片质量检查、引线的焊接与固定以及防护与屏蔽等。

2) 温度误差及其补偿

(1) 温度误差。作为测量用的应变片，希望它的电阻只随应变而变，而不受其他因素的影响。实际上，应变片的电阻受环境温度(包括试件的温度)的影响很大。因环境温度改变引起

电阻变化的主要因素有两方面：一方面是应变片电阻丝的温度系数；另一方面是电阻丝材料与试件材料的线膨胀系数。温度变化引起的敏感栅电阻的相对变化为$(\Delta R/R)_1$，设温度变化Δt，栅丝电阻温度系数为α_t，则

$$\left(\frac{\Delta R}{R}\right)_1=\alpha_t\Delta t \tag{5-40}$$

试件与电阻丝材料的线膨胀系数不同引起的变形使电阻有相对变化

$$\left(\frac{\Delta R}{R}\right)_2=K(\alpha_g-\alpha_s)\Delta t \tag{5-41}$$

式中，K为应交片灵敏系数；α_g为试件膨胀系数；α_s为应变片敏感栅材料的膨胀系数。

因此，由温度变化引起总电阻的相对变化为

$$\frac{\Delta R}{R}=\left(\frac{\Delta R}{R}\right)_1+\left(\frac{\Delta R}{R}\right)_2=\alpha_t\Delta t+K(\alpha_g-\alpha_s)\Delta t \tag{5-42}$$

(2) 为了消除温度误差，可以采取多种补偿措施。最常用和最好的方法是电桥补偿法，如图 5-49(a) 所示。工作应变片只有R_1安装在被测试件上，另选一个特性与R_1相同的补偿片R_b，安装在材料与试件相同的某补偿件上，温度与试件相同但不承受应变。R_1和R_b接入电桥相邻臂上，造成ΔR_{1t}与ΔR_{bt}相同，根据电桥理论可知，当相邻桥臂有等量变化时，对输出没有影响，则上述输出电压与温度变化无关。当工作应变片感受应变时，电桥将产生相应的输出电压。

在某些测试条件下，可以巧妙地安装应变片而不需补偿件并兼得灵敏度的提高。如图 5-49(b) 所示，测量梁的弯曲应变时，将两个应变片分贴于梁上、下两面对称位置，R_1与R_b特性相同，所以两个电阻变化值相同而符号相反；但当R_1与R_b按图 5-49(a) 接入电桥时，电桥输出电压比单片时增加一倍，当梁上、下面温度一致时，R_1与R_b可起温度补偿作用。电路补偿法简单易行，可对各种试件材料在较大温度范围内进行补偿，因而最常用。

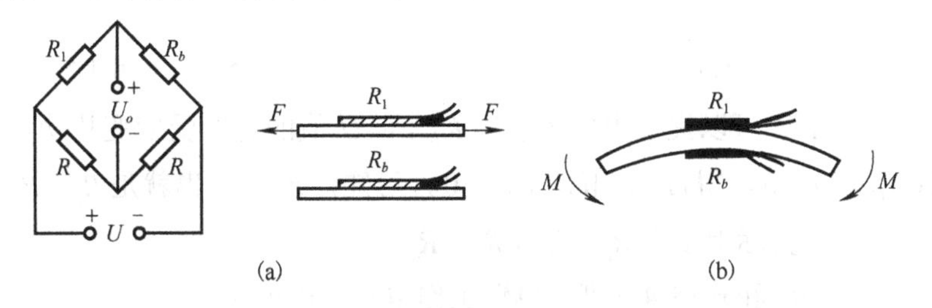

图 5-49　温度补偿措施

3) 转换电路

应变片将被测试件的应变ε转换成电阻的相对变化$\Delta R/R$，还须进一步转换成电压或电流信号才能用电测仪表进行测量。通常采用电桥电路实现这种转换。根据电源的不同，电桥分直流电桥和交流电桥。

下面以直流电桥为例分析（交流电桥的分析方法相似）。在图 5-50 所示的电桥电路中，U是直流供桥电压，R_1、R_2、R_3、R_4为四个桥臂电阻，当$R_L=\infty$时，电桥输出电压为

$$U_o=U_{ab}=\frac{R_1R_4-R_2R_3}{(R_1+R_2)(R_3+R_4)}U \tag{5-43}$$

当$U_o=0$时，有　　$R_1R_4-R_2R_3=0$

或

$$\frac{R_1}{R_2}=\frac{R_3}{R_4} \tag{5-44}$$

式(5-44)称为直流电桥平衡条件。该式说明电桥达到平衡，其相邻两臂的电阻比值应该相等。

在单臂工作电桥(图 5-51)中，R_1为工作应变片，R_2、R_3、R_4为固定电阻，$U_o(U_{ab})$为电桥输出电压，负载$R_L=\infty$，应变电阻R_1变化ΔR_1时，电桥输出电压为

$$U_o=\frac{(R_4/R_3)(\Delta R_1/R_1)}{\left[1+(\Delta R_1/R_1)+R_2/R_1\right](1+R_4/R_3)}U \tag{5-45}$$

设桥臂比$n=R_2/R_1$，并考虑到电桥初始平衡条件$R_2/R_1=R_4/R_3$，略去分母中的$\Delta R_1/R_1$，可得

$$U_o=\frac{n}{(1+n)^2}\frac{\Delta R_1}{R_1}U \tag{5-46}$$

由电桥电压灵敏度K_U定义可得

$$K_U=\frac{U_o}{\Delta R_1/R_1}=\frac{n}{(1+n)^2}U \tag{5-47}$$

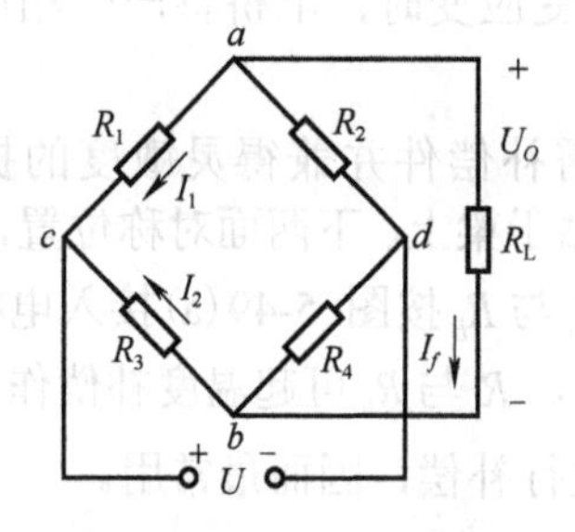

图 5-50　直接电桥

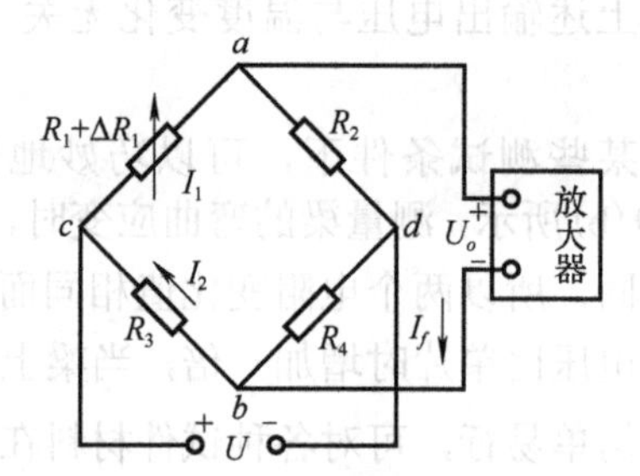

图 5-51　单臂工作电桥

可见提高电源电压U可以提高电压灵敏度K_U，但U值的选取受应变片功耗的限制。在U值确定后，取$\mathrm{d}K_U/\mathrm{d}n=0$，得$(1-n^2)(1+n)^4=0$，可知，$n=1$，也就是$R_1=R_2$、$R_3=R_4$时，电桥电压灵敏度最高，实际上多取$R_1=R_2=R_3=R_4$。

$n=1$时，由式(5-46)和式(5-47)可得单臂工作电桥输出电压

$$U_o=\frac{U}{4}\frac{\Delta R_1}{R_1} \tag{5-48}$$

$$K_U=\frac{U}{4} \tag{5-49}$$

式(5-48)和式(5-49)说明，当电源电压U及应变片电阻相对变化一定时，电桥的输出电压及电压灵敏度与各电桥臂的阻值无关。

如果在电桥相对两臂同时按入工作应变片，使一片受拉，一片受压，如图 5-52(a)所示，使$R_1=R_2$，$\Delta R_1=\Delta R_2$，$R_3=R_4$就构成差动电桥。则差动双臂工作电桥输出电压为

$$U_o=\frac{U}{2}\frac{\Delta R_1}{R_1} \tag{5-50}$$

如果在电桥的相对两臂同时接入工作应变片，使两片都受拉或都受压，如图 5-52(b) 所示，并使 $\Delta R_1 = \Delta R_4$，也可导出与上式相同的结果。

如果电桥的四个臂都为电阻应变片，如图 5-53 所示，则称为全桥电路，可导出全桥电路的输出电压为

$$U_o = U\frac{\Delta R_1}{R_1} \tag{5-51}$$

可见，全桥电路的电压灵敏度比单臂工作电桥提高 4 倍。全桥电路和相邻臂工作的半桥电路不仅灵敏度高，而且当负载电阻 $R_L = \infty$ 时，没有非线性误差，还起到温度补偿作用。

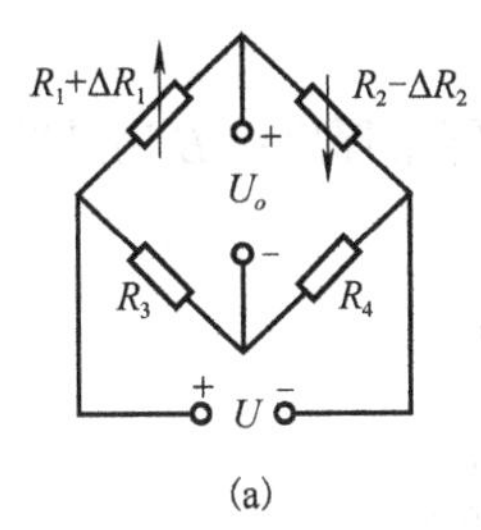

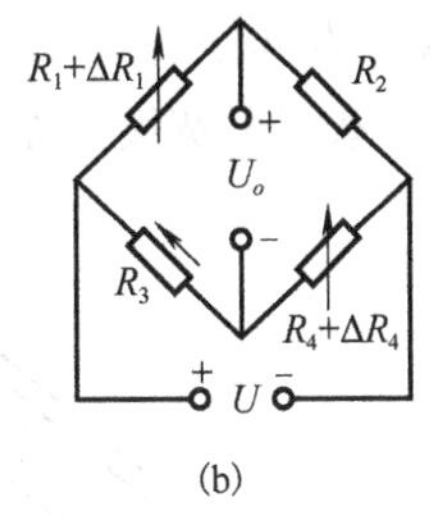

图 5-52　双臂电桥

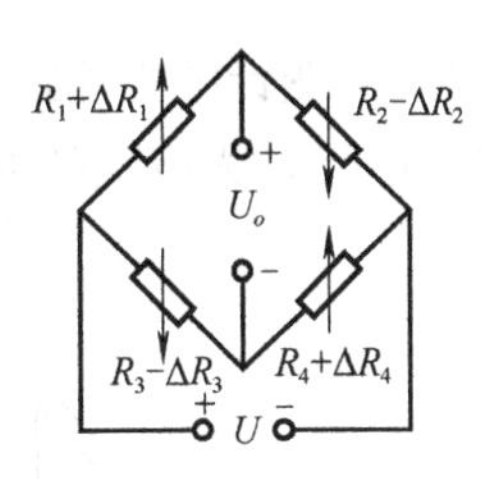

图 5-53　全桥电路

5.6.2　应变片测力传感器

应变片测力传感器按其量程大小和测量精度不同而有很多规格品种，它们的主要差别是弹性元件的结构形式不同，以及应变计在弹性元件上粘贴的位置不同。通常测力传感器的弹性元件有柱形、筒形、环形、梁式和轮辐式等。

1. 柱形或筒形弹性元件

如图 5-54 所示，这种弹性元件结构简单，可承受较大的载荷，常用于测量较大力的拉(压)力传感器中，但其抗偏心载荷、测向力的能力差。为了减少偏心载荷引起的误差，应注意弹性元件上应变片粘贴的位置及接桥方法，以增加传感器的输出灵敏度。

若在弹性元件上施加一压缩力 P，则筒形弹性元件的轴向应变 ε_l 为

$$\varepsilon_l = \frac{\sigma}{E} = \frac{P}{EA} \tag{5-52}$$

用电阻应变仪测出的指示应变为

$$\varepsilon = 2(1+\mu)\varepsilon_l \tag{5-53}$$

式中，P 为作用于弹性元件上的载荷；E 为圆筒材料的弹性模量；μ 为圆筒材料的泊松系数；A 为筒体截面积，$A = \pi(D_1 - D_2)^2 / 4$（D_1 为筒体外径，D_2 为筒体内径）。

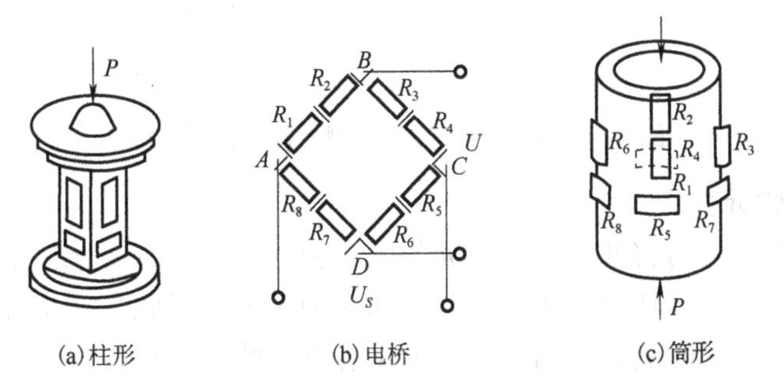

图 5-54　柱形和筒形弹性元件组成的测力传感器

2. 梁式弹性元件

悬臂梁式弹性元件的特点是结构简单、容易加工、粘贴应变计方便、灵敏度较高，适用于测量小载荷的传感器中。

图 5-55 所示悬臂梁弹性元件，在其同一截面正反两面粘贴应变计，组成差动工作形式的电桥输出。若梁的自由端有一被测力 P，则应变计感受的应变为

$$\varepsilon = \frac{bl}{Ebh^2}P \tag{5-54}$$

电桥输出为

$$U_{SC} = K\varepsilon U_o \tag{5-55}$$

式中，l 为应变计中心处距受力点距离；b 为悬臂梁宽度；h 为悬臂梁厚度；E 为悬臂梁材料的弹性模量；K 为应变计的灵敏系数。

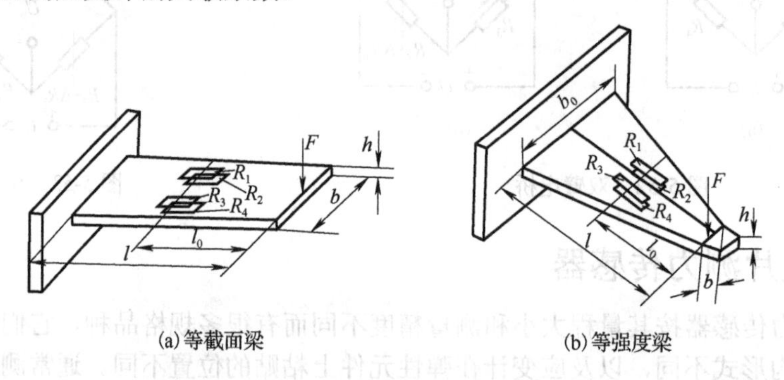

(a) 等截面梁　　(b) 等强度梁

图 5-55　梁式弹性元件

3. 双孔形弹性元件

图 5-56(a) 为双孔形悬臂梁，图 5-56(b) 为双孔 S 形弹性元件。它们的特点是粘贴应变计处应变大，因而传感器的输出灵敏度高，同时其他部分截面积大、刚度大，则线性好，并且抗偏心载荷和侧向力能力好。通过差动电桥可进一步消除偏心载荷侧向力的影响，因此，这种弹性元件广泛地应用于高精度、小量程的测力传感器中。双孔形弹性元件粘贴应变计处应变与载荷之间的关系常用标定式试验确定。

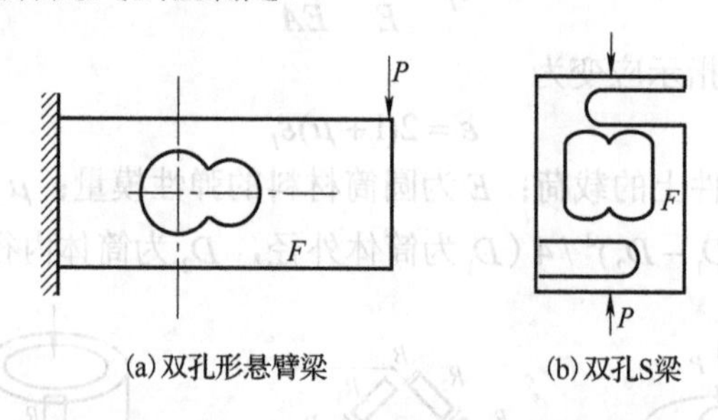

(a) 双孔形悬臂梁　　(b) 双孔S梁

图 5-56　双孔形弹性元件测力传感器示意图

4. 梁式剪切弹性元件

这种弹性元件的结构与普通梁式弹性元件基本相同，只是应变计粘贴位置不同。应变计受的应变只与梁所承受的剪切力有关，而与弯曲应力无关。因此，它具有对拉伸和压缩载荷相同的灵敏度，适用于同时测量拉力和压力的传感器。此外，它与梁式弹性元件相比，线性好、抗偏心载荷和侧向力的能力大，其结构和粘贴应变计的位置如图 5-57 所示。

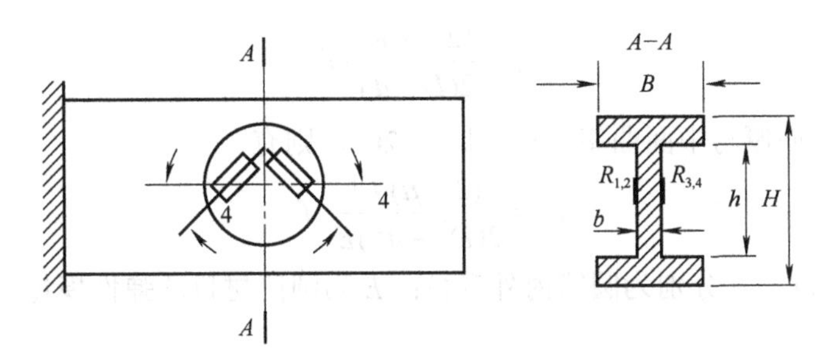

图 5-57　梁式剪切测力传感器示意图

应变计一般粘贴在矩形截面梁中间盲孔两侧，与梁的中性轴成 45° 方向上。该处的截面为工字形，以使剪切应力在截面上的分布比较均匀，且数值较大，粘贴应变计处的应变与被测力 P 之间的关系近似为

$$\varepsilon = \frac{P}{2bhG} \tag{5-56}$$

式中，G 为弹性元件的剪切模量；b 、h 为粘贴应变计处梁截面的宽度和高度。

5.6.3　压力传感器

压力传感器主要用于测量固体、气体和流体等压力测量。同样，按传感器所用弹性元件有膜式、筒式、组合式等多种形式。

1. 膜式压力传感器

它的弹性元件为四周固定的等截面圆形薄板，又称平膜板或膜片。其一表面承受被测分布压力，另一侧面贴有应变计。应变计接成桥路输出，如图 5-58(a)所示。

应变计在膜片上的粘贴位置根据膜片受压后的应变分布状况来确定，通常将应变计分别贴于膜片的中心(切向)和边缘(径向)。因为这两种应变最大符号相反，接成全桥线路后传感器输出最大。应变计可采用专制的圆形或应变花形状结构。

膜片上粘贴应变计处的径向应变 ε_r 和切向应变 ε_t 与被测力 P 之间的关系为

$$\varepsilon_r = \frac{3P}{8h^2E}(1-\mu^2)(r^2-3x^2) \tag{5-57}$$

$$\varepsilon_\tau = \frac{3P}{8h^2E}(1-\mu^2)(r^2-x^2) \tag{5-58}$$

式中，x 为应变计中心与膜片中心的距离；h 为膜片厚度；r 为膜片半径；E 为膜片材料的弹性模量；μ 为膜片材料的泊松比。

为保证膜式传感器的线性度小于 3%，在一定压力作用下，要求

$$\frac{r}{h} \leqslant 4\sqrt{3.5\frac{E}{P}} \tag{5-59}$$

2. 筒式压力传感器

它的弹性元件为薄壁圆筒，筒的底部较厚。如图 5-58(c)所示，工作应变计 R_1、R_3 沿圆周方向贴在筒壁，温度补偿应变计 R_2、R_4 贴在筒底外壁上，并接成全桥线路，这种传感器适用于测量较大压力。对于薄壁圆筒(壁厚与臂的中面曲率半径之比<1/20)，筒壁上工作应变计处的切向应变 ε_t 与被压力 P 的关系，可用下式求得

$$\varepsilon_l = \frac{(2-\mu)d}{2(D-d)} \cdot P \tag{5-60}$$

对于厚壁圆筒(壁厚与中面曲率半径之比>1/20)，则有

$$\varepsilon_l = \frac{(2-\mu)d^2}{2(D^2-d^2)E} \cdot P \tag{5-61}$$

式中，P 为压力；D、d 分别为圆筒内外直径；E 为圆筒材料的弹性模量；μ 为圆筒材料的泊松系数。

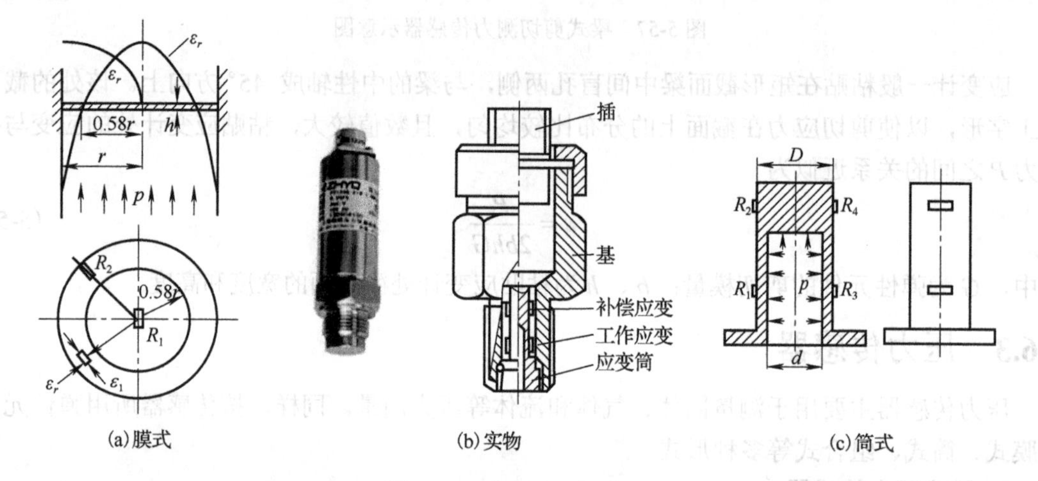

图 5-58　膜式压力传感器

5.6.4　转矩(扭矩)传感器

由材料力学得知，一根圆轴在扭矩 M_n 作用下，表面剪应力

$$\tau = M_n \cdot W_n \tag{5-62}$$

式中，W_n 为圆轴抗扭断面模量。对于实心轴，$W_n = \pi d^3/16$；对于空心轴，$W_n = \pi(D_0^3 - ad_0^3)/16$；$d$ 为实心轴直径，$d = d_0/D_0$；D_0 为空心轴外径；d_0 为空心轴内径。

在弹性范围内，剪应变

$$\gamma = \tau / G = M_n / GW_n \tag{5-63}$$

式中，G 为剪切弹性模量。

在测量扭矩时，应变片可直接贴在传动轴上，但需要注意应变片的贴片位置与方向问题。剪应变是角应变。应变片不能直接测得剪应变。但是当在轴的某一点上沿轴线成 45° 和 135° 的方向贴片时，可以通过这两方向上测得的应变值算得剪应变值

$$\gamma = \varepsilon_{45} - \varepsilon_{135} \tag{5-64}$$

式中，ε_{45} 为沿轴线 45° 贴片测得的应变值；ε_{135} 为沿轴线 135° 贴片测得的应变值。

当这两个应变片分别接在电桥相邻的两个桥臂中，从电桥的加减特性可知，应变仪的读数就是剪应变值，再根据标定曲线就可换算得扭矩值。

图 5-59 所示为电阻应变转矩传感器。它的弹性元件是一个与被测转矩轴相连的转轴，转轴上贴有与轴线成 45° 的应变计，应变计两两相互垂直，并接成全桥工作的电桥。

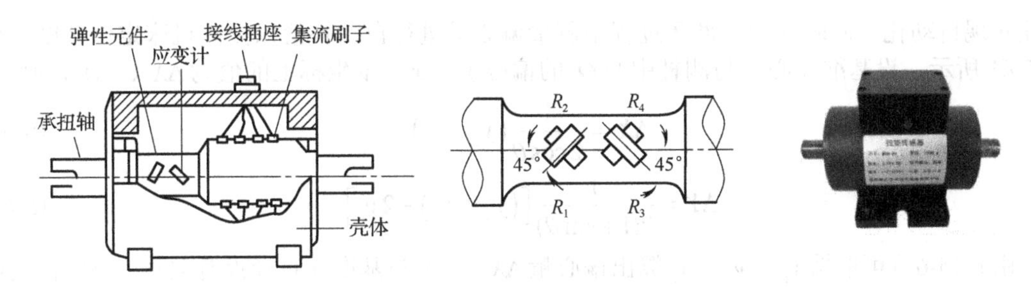

图 5-59　电阻应变转矩传感器

由于检测对象是旋转着的轴，因此应变计的电阻变化信号要通过集流装置引出才能进行测量，转矩传感器已将集流装置安装在内部，所以只需将传感器直联就能测量转轴的转矩，使用非常方便。

5.7　加工过程在线测量与监测

检测监控技术在机械制造系统自动化中的应用十分广泛，根据不同的检测监控对象、要达到的不同目的，检测监控系统的体系结构、组成、功能和处理方法也不尽相同。本节仅举加工尺寸和刀具磨损在线检测的几个典型例子，来说明检测监控系统基本原理、组成和作用。

5.7.1　孔径的自动测量

机械制造工件的孔径精度控制是非常重要的。过去是通过操作者用千分表测量加工完的孔径，测量误差大，难以控制质量。自动化生产制造采用自动化孔径测量将会提高测量精度和加工质量。设计一个类似于塞规的测定杆，在测定杆的圆周上沿半径方向放置三只电感式位移传感器。测量原理如图 5-60 所示。

假设由于测定杆轴安装误差、移动轴位置误差以及热位移等误差等导致测定杆中心 O' 与镗孔中心 O 存在偏心 e，则可通过镗孔内径上的三个被测点 W_1、W_2、W_3 测出平均圆直径。在测定杆处相隔 τ 、ϕ 角装上三个电感式位移传感器，用该检测器可测出间隙量 γ_1、γ_2、γ_3。已知测定杆半径 r ，则可求出 $Y_1 = r + y_1$ ，$Y_2 = r + y_2$ 、$Y_3 = r + y_3$ 根据三点式平均直径测定原理，平均圆直径 D_0 由下式求得

$$D_0 = \frac{2\left(Y_1 + aY_2 + bY_3\right)}{1 + a + b} \tag{5-65}$$

式中，a 、b 为常数，由传感器配置角度 τ 、ϕ 决定，该测定杆最佳配置角度取 $\tau = \phi - 125°$ ，取 $a = b = 0.8717$ 。偏心 e 的影响完全被消除，具有以测定杆自身的主计算环为基准值测量孔径的功能，可消除室温变化引起的误差，确保 ±2μm 的测量精度。

该测定杆采用了三点式平均直径测定原理，完全消除了测定杆偏心的影响，同时将在线测量所必需的主计算功能同数据存储功能结合起来以实现镗孔直径的自动测量。其优点是，在测量时不需要使测定杆沿 *X*、*Y* 轴程序移动，测量效率高，测量精度与移动精度无关。同时编程亦简单。此外也可对圆柱度、几个孔进行比较测定，进而可根据尺寸公差判定，实现备用刀具的交换。

自动化制造中，测定平面内的基准孔，算出其中心坐标，利用自动定心补偿功能使这一

作业实现自动化；同时在加工循环过程中测量偏心量进行自动补偿以提高机床定位精度。如图 5-61 所示，设基准孔心 O 与测杆中心 O' 的偏心量在 x、y 坐标上的值为 ΔX、ΔY，则

$$\Delta X=\frac{1}{2\cos\theta}\left(y_2-y_1\right) \tag{5-66}$$

$$\Delta Y=\frac{1}{2(1+\sin\theta)}\left[\left(y_2+y_3\right)-2y_1\right] \tag{5-67}$$

由式(5-67)可根据 y_1、y_2、y_3 算出偏心量 ΔX、ΔY 与基准孔直径没有关系。补偿精度可达到 ±2 μm。这一补偿功能对加工同轴孔或从两面镗孔十分有效。

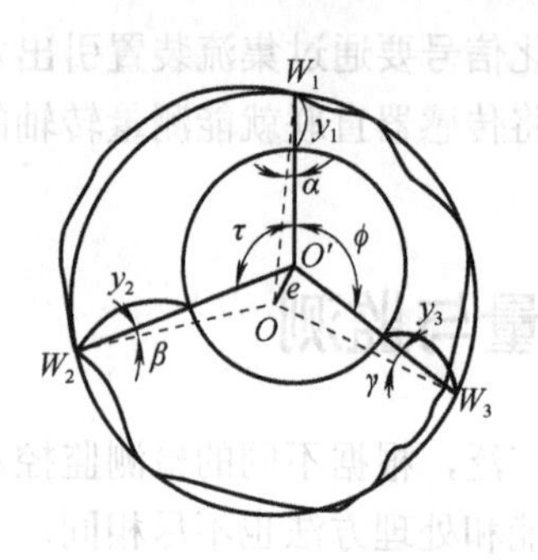

图 5-60　平均孔径测量原理

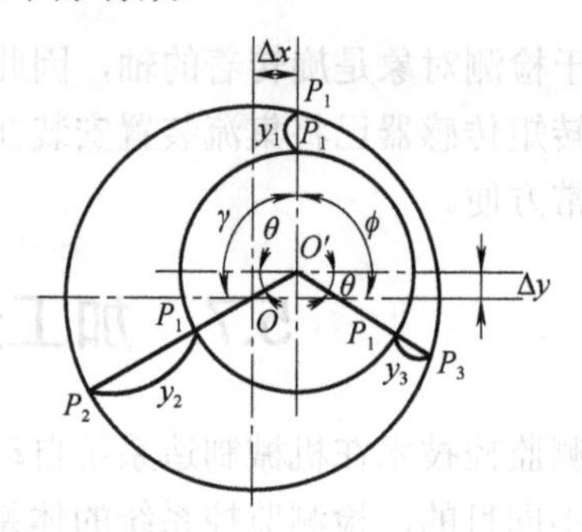

图 5-61　偏心量的测量

5.7.2　探针式红外自动测量系统

目前在加工中心上广泛应用的一种尺寸检测系统是将坐标测量机上用的三维测头直接安置于 CNC 机床上，用测头检测工件的几何精度或标定工件零点和刀具尺寸，检测结果直接进入机床数控系统，修正机床运动参数，保证工件质量。其工作原理如图 5-62 所示。

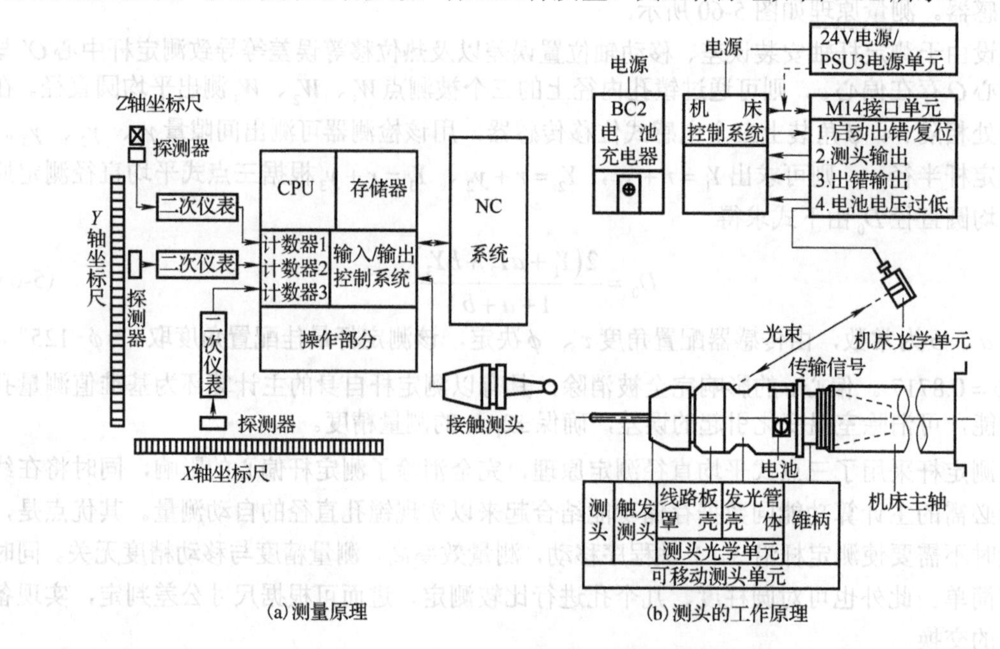

图 5-62　用三维测头直接进行质量检测

具有红外线发射装置的测头的外形与加工中心上使用的刀具外形相似，其柄部和刀具的柄部完全相同。在进行切削加工时，它和其他刀具一样存放于刀具库中，当需要测量时，由换刀机械手将测头装于加工中心主轴孔中，在数控系统控制下开始测量，当测头接触工件时，即发出调制红外线信号，由机床上的接收透镜接收红外光线并聚光后，经光电转换器转换为电信号，送给数控系统处理。在测头接触工件的一瞬间，触发信号进入机床控制系统，记录下此时机床各坐标轴的位置。在数控系统上，有两个或三个光栅尺，可读出工作台坐标系统的位置。当数控系统接到红外调制信号后，即记录下被测量点的坐标值，然后再次移动驱动轴，使测头与另一被测点接触，同样记录下该点坐标值，由两点的坐标值计算两点的距离。此时，用测量法则进行补偿、运算，即得到实际加工尺寸，其结果与数据库的基准值进行比较，如果差值超过公差范围，便视为异常。测量的误差反馈给数控系统作为误差补偿的根据。

5.7.3　加工误差在线检测与补偿系统

如图 5-63 所示为某镗削加工误差预报补偿控制系统。在该系统中误差补偿控制信号驱动一个特制的、压电陶瓷驱动的微量进给镗杆，来实现镗刀与工件相对位置的调整，从而完成误差补偿任务。其工作原理为：在切削力 F_c 的作用下镗刀发生向上的微小偏转时，由贴在测试杆根部的应变片检测出来的偏转信号通过 A/D 转换后输入计算机，经计算机处理后输出控制信号；控制信号通过 D/A 转换后传给压电陶瓷驱动器驱动电源，减小压电陶瓷两端的电压而使压电陶瓷缩短，控制杆将由于弹性恢复而绕柔性铰链支点逆时针方向旋转，从而补偿了镗刀向上的偏转。同样，当镗刀发生向下的微小偏转时，计算机输出的控制信号增加压电陶瓷两端的电压而使压电陶瓷伸长，使控制杆绕柔性铰链支点顺时针方向旋转，从而补偿了镗刀向下的偏转。这样可以对加工误差进行在线补偿从而提高加工精度。

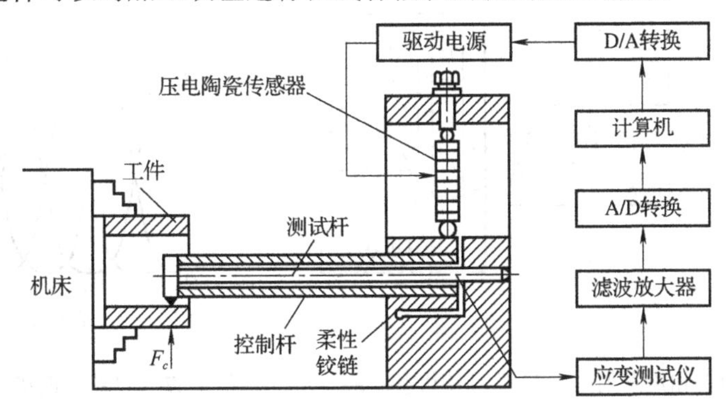

图 5-63　镗削加工误差预报补偿控制系统

5.7.4　在线检测加工尺寸和刀具磨损情况

用加工尺寸变化作为判据的监控方法来判别生产过程是否正常，在大批量生产中应用最广。通常，在自动化机床上用三维测头、在 FMS 中配置坐标测量机或专门的检测工作站进行在线尺寸自动测量等，都是以尺寸为判据，同时用计算机进行数据处理，完成质量控制的预测工作。图 5-64 为在 CNC 车床上用三维测头对工件上孔的尺寸进行自动测量的示意图。测头在计算机控制下，由参考位置进入测量点，计算机记录测量结果并进行处理，测头自动复位。图中箭头为测头中心移动的方向。所测量孔半径误差间接反映了刀具的磨损或破损程度。

如图 5-65 所示用电机功率和声发射信号进行刀具状态监测。当刀具完成一次切削走刀后，将装在工作台某个位置的探针或接触开关移到刀尖附近，当刀具(图中的钻头尖)碰到探针时，利用机床坐标系统记下刀尖的坐标，并计算出刀具长度 L，利用子程序比较工件与存储于计算机中的刀具标准长度 L_s，如果 $L > L_s - \Delta l$，则说明刀具没有折断或破损，如果 $L < L_s - \Delta l$，则说明刀具已报废，需要换刀，Δl 为刀具的允许磨损量。

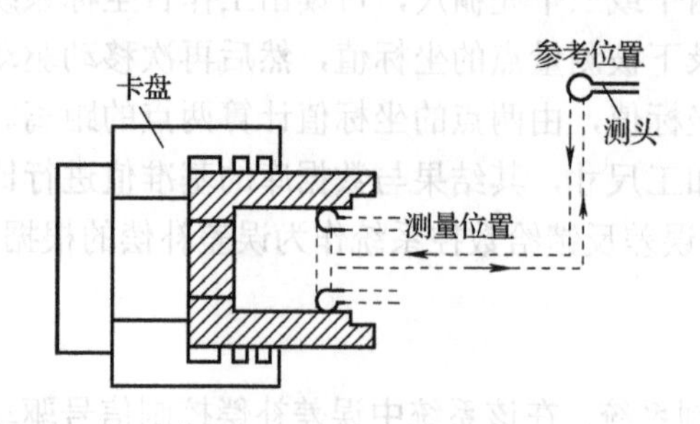

图 5-64　用三维测头在机床上测量工件尺寸

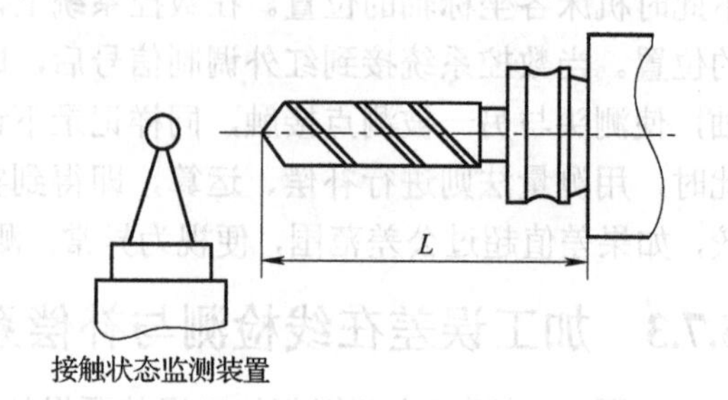

图 5-65　用探针离线检测刀具破损情况

5.7.5　刀具状态的智能化在线监控系统

如图 5-66 所示为用电机功率和声发射信号进行刀具状态监测的基本原理图。在该系统采用小波分析提取刀具磨损的特征信号，采用模糊神经网络进行刀具磨损状态的识别。图 5-67 是刀具磨损状态分类的隶属函数，将刀具磨损破损状态分为初期磨损 A、正常磨损早期 B、正常磨损中期 C、正常磨损后期 D、急剧磨损 E 和刀具破损 F。

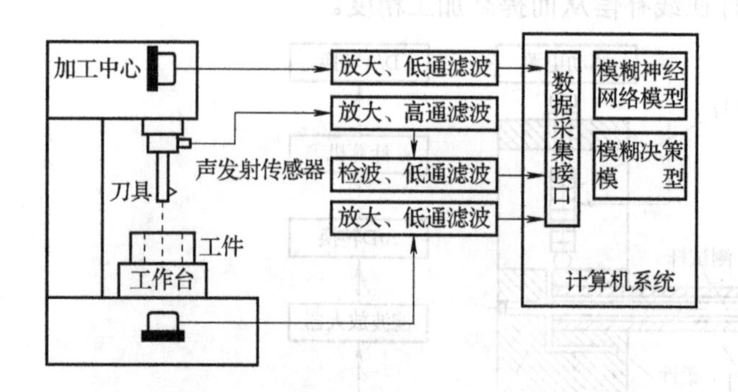

图 5-66　用电机功率和声发射信号进行刀具状态监测

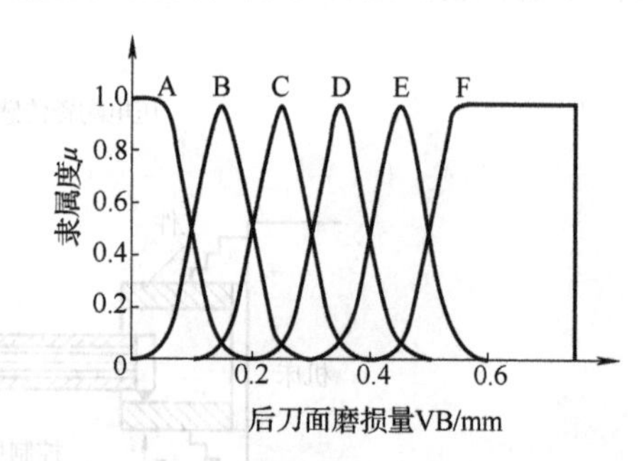

图 5-67　刀具磨损状态分类的隶属函数

建立的刀具磨损破损检测的神经网络模型如图 5-68 所示。由传感器检测的声发射信号和电机功率信号经小波分析处理后，得到与刀具磨损密切相关的特征参数 x_1、x_2、x_3、x_4，将其输入图 5-68 中左下角的模糊神经网络中进行处理，得到刀具磨损破损状态 μ_{A1}，μ_{B1}，…，μ_{V1}；同时，将切削参数、切削时间和刀具材料等参数输入刀具磨损预测模型(刀具寿命公式)进行分析计算，并对计算结果进行模糊分类，得到第二组刀具磨损破损状态 μ_{A2}，μ_{B2}，…，μ_{V2}，两个模型进行判别的刀具状态结论输入图 5-68 中上面的模糊神经网络模型进行最后的决策处理，即得到刀具磨损破损状态识别的最后结果。

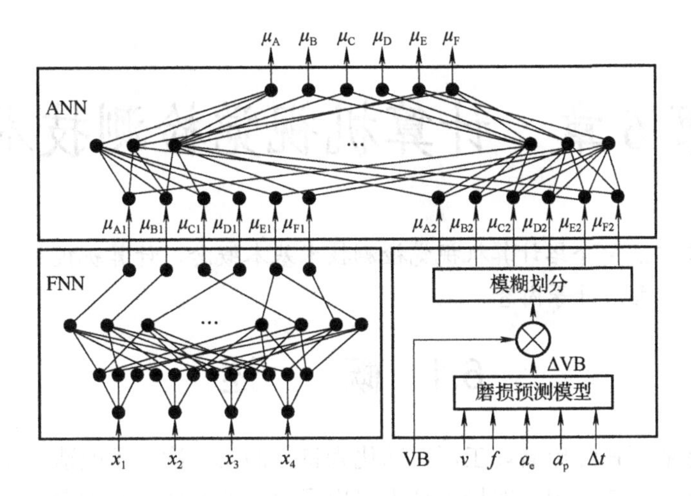

图 5-68　基于模糊人工神经网络的刀具磨损状态模型

第 6 章　计算机视觉检测技术

本章重点： 本章主要介绍计算机视觉检测技术基本概念、计算机视觉检测理论基础、计算机视觉检测系统选型设计等内容。

6.1　概　述

目前世界制造业正在经历着以工厂自动化为特征的第三次技术改造。随着自动化制造、智能制造等技术逐步推广应用，对检测技术提出了更高的要求，因为自动化、智能化制造系统要实现其功能，必须能够自动采集工作对象和自身的状态信息。在高度自动化、智能化的制造系统中，不仅需要检测物理量信息如尺寸、速度、作用力以及扭矩等数据，还需要检测图像信息。

计算机视觉检测技术，也有的称机械视觉检测技术和自动光学检测技术等；虽然其名称和涵盖内容有所不同，但是其工作原理和应用内容基本相同；为了介绍方便以下通称为计算机视觉检测(Computer Visual Inspection，CVI)技术。它以计算机视觉理论方法为基础，综合运用图像处理、精密测量以及模式识别、人工智能等非接触检测技术方法，实现对物体的尺寸、位置、形貌等测量。同时计算机视觉检测具有在线、非接触、高效率、低成本、自动化、智能化等诸多优势，比较适合大批量、高速度制造过程的产品质量检测，如机械、电子零部件、轻工业制品乃至汽车等工业产品的几何尺寸、表面质量等信息数据的检测。

6.1.1　计算机视觉

人们主要通过视觉来获取外界环境的信息。人通过眼睛从周围环境获取大量的图像信息，并传入大脑后，由大脑根据知识或经验，对信息进行加工、推理等处理工作，来识别、理解周围环境，包括环境内的对象物体，如运动物体，物体间的相对位置、形状、大小、颜色、纹理、运动还是静止等。

计算机视觉检测是利用图像传感器模拟眼睛的功能，从外界环境中获取图像，并传输到计算机中，计算机根据先验知识和各种计算方法，从图像或图像序列中提取有用信息并对信息进行加工和推理、识别，然后对三维物体进行形态和运动识别，并根据不同的检测物进行判断和决策。表 6-1 和表 6-2 对计算机视觉和人类视觉进行了对比。

表 6-1　计算机视觉与人的视觉能力比较

能力	计算机视觉	人的视觉
测距	能力非常局限	定量估计
定方向	定量计算	定量估计
运动分析	定量分析，但受限制	定量分析
检测边界区域	对噪声比较敏感	定量、定性分析
图像形状	受分割、噪声制约	高度发达

续表

能力	计算机视觉	人的视觉
图像机构	需要专用软件，能力有限	高度发达
阴影	初级水平	高度发达
二维解释	对分割完善的目标能较好地解释	高度发达
三维解释	非常低级	高度发达
总的能力	最适合于结构环境的定量测量	最适合于复杂的、非结构化环境的定量解释

表 6-2 计算机视觉与人的视觉性能标准的比较

性能	计算机视觉	人的视觉
分辨速度	能力非常局限	定量估计、能力分辨率
处理速度	零点几秒/每帧图像	定量估计
处理方式	串行处理，部分并行处理	每只眼睛每秒处理(实时)1010 空间数据
视觉功能	二维三维立体视觉很难	自然形式二维立体视觉
感光范围	紫外、红外、可见光	可见光

从表 6-1 和表 6-2 的对比可以看出，为了实现计算机视觉对人类视觉功能的模拟，亟待解决的问题是计算机视觉的处理速度和精度问题，对视觉处理精度影响最大的就是噪声对视觉图像的影响。原始的图像在整个处理过程中在不同的阶段会不同程度地引入噪声，有些是在图像的采集过程、量化过程中产生的，从硬件上讲光照条件、被检测物体的感光程度、图像传感器的选择，以及位置的布置对系统引入噪声的情况都有不同程度的影响，同时间接影响着系统的检测精度。有些是在图像处理的过程中产生的，从计算方法上讲，不同的算法不仅决定了系统处理的精度，同时在很大程度上决定了计算机视觉的检测速度。因此一种或多种合理、有效的计算方法的引入对系统的性能起着决定性的作用。

6.1.2 计算机视觉检测系统

计算机视觉检测的基本原理是通过对由计算机视觉系统得到的被测目标图像，并对其进行分析，从而得到所需要的测量信息，根据已有的先验知识和检测任务，判断被测目标是否符合规范。

在实际的生产中，尤其是大型的生产企业，往往不仅仅包含有一条生产线。因此，在实际的生产中，可以在每条生产线或装配线上安装一套计算机视觉检测子系统，并将其集成到系统的上层管理系统中。

由于计算机视觉检测具有较高的柔性，因此对实际应用来讲，视觉检测系统的管理和控制可以由整个生产系统的上层管理决策系统进行合理的调配。同时，视觉系统还可以根据要求配置相应的控制系统。典型的计算机视觉检测系统组成如图 6-1 所示。

由图 6-1 可以看出，计算机视觉检测系统主要由光源、图像传感器(图像采集卡、摄像机)、位置传感器、PLC 和用于视觉处理的计算机等组成。光源系统为图像传感器提供照明，由于不同的检测物体和检测目的，检测系统受光源光照强度的影响程度是不同的，因此光源的合理选择对整个视觉检测过程来讲具有非常重要的影响。摄像机即图像传感器用于捕获图像并通过图像采集卡(图像的低层处理)传送到装有计算机视觉处理软件的计算机中。在计算机视觉检测处理过程中为了简化图像量化过程、提高检测精度，被检测物体定位是非常重要的。

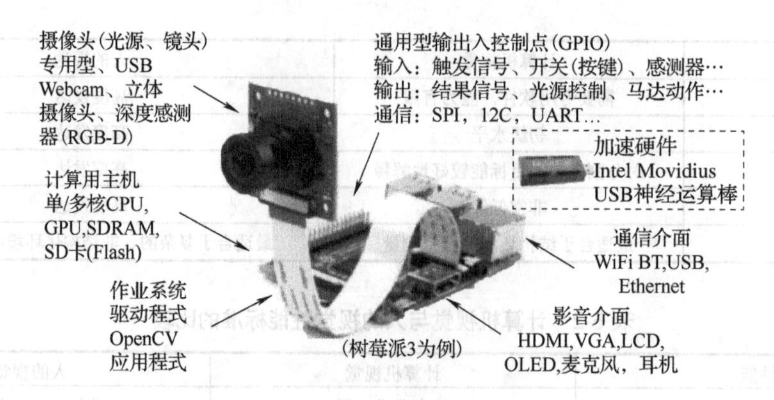

图 6-1　计算机视觉检测系统组成

判断被检物体或工件是否到达图像传感器的采集范围，是通过系统中位置传感器获得的，它所获取的信号由 PLC 或单片机然后传送给计算机系统，来控制视觉检测的开始和结束。同时 PLC 或单片机也可以接通其他扩展单元，尤其是在系统质量分拣过程中，由计算机视觉系统检测出不合格或具有其他特征的工件可以通过 PLC 或单片机控制实现分拣。

6.1.3　计算机视觉测量技术的应用

计算机视觉测量技术从 20 世纪 60 年代出现，就被认为是解决工业制造过程中测量问题的最具前途的技术，曾有机构预测，视觉测量技术将占工业测量的 80%，迄今为止，视觉测量技术在成像器件、理论分析方法、关键技术及工程应用等方面都取得了长足的进步，已显示出了巨大的发展空间。

计算机视觉测量的应用领域可以分为两大块：科学研究和工业应用。其中科学研究方面主要有对运动和变化的规律的分析；工业方面的应用主要是产品的在线检测。计算机视觉测量所能提供的标准检测功能主要有：有/无判断、面积检测、方向检测、角度检测、尺寸测量、位置检测、数量检测、图形匹配、条形码识别、字符识别(OCR)、颜色识别等。随着计算机视觉测量技术的发展，视觉测量在军事、机械制造、半导体/电子、药品/化妆品包装、食品生产、车牌识别、安全检查、智能交通、农产品采摘/分选、纺织品质量检测、物流分拣等行业中得到了广泛的应用。计算机视觉测量典型应用实例如图 6-2(a)～(f)所示。

其中，计算机视觉测量在汽车工业中的应用最为广泛，如图 6-3 所示。国外，美国三大汽车公司相继与美国 Michigan 大学和 Perceptron 公司合作，成功研制了用于对汽车零部件、分总成和总成组装过程的计算机视觉测量系统。国内，天津大学精密测试技术及仪器国家重点实验室成功研制了 IVECO 白车身激光视觉检测系统、一汽大众轿车白车身 100%在线视觉检测站及一汽解放新型卡车在线检测站等，实现了整车总成三维尺寸的自动在线测量。视觉测量技术在汽车零部件的尺寸检测上也得到了广泛应用：通用汽车研究实验室开发了用于汽车零件检测的视觉原型系统，该系统对所有零件均使用相同的过程，通过对一个好零件与坏零件的比较结果来判断检测区域的指定缺陷。

将计算机视觉测量技术应用在机器人上，研究能够识别目标环境、随时精确跟踪轨迹并调整焊接参数的智能焊接机器人，如图 6-4 所示，已经成为焊接领域的重要发展趋势之一。借助红外摄像仪、CCD 摄像机、高速摄像机等图像传感设备及智能化的图像处理方法，智能焊接机器人可以完成如获取并处理强弧光及飞溅干扰下的焊缝图像，焊缝空间位置的检测与焊炬姿态的规划，实时提取焊接熔池特征参数，预测焊接组织、结构及性能等工作，实现人工难以直接作业的特殊场合的自动焊接。

(a) 自动战车目标识别

(b) 自动焊接焊缝识别

(c) 零件安装位置自动检测

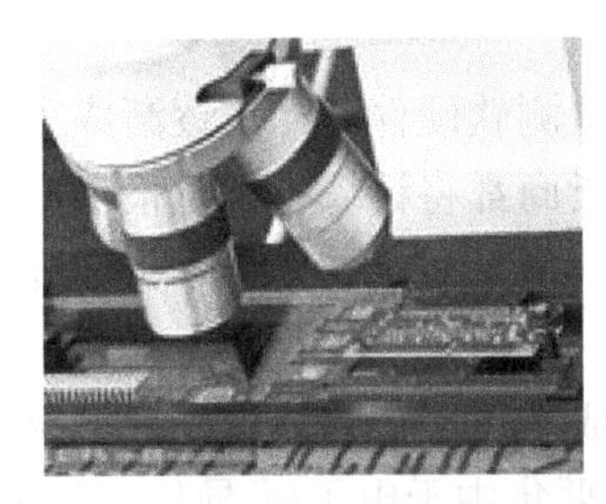
(d) 电路板质量检测

(e) 电子产品自动组装目标识别

(f) 食品条码自动识别

图 6-2　计算机视觉测量典型应用实例

图 6-3　汽车组装计算机视觉检测系统

图 6-4　汽车焊接计算机视觉测量系统

6.1.4　计算机视觉检测技术发展趋势和主要研究内容

1. 计算机视觉检测技术的发展趋势

1) 计算机视觉检测的需求呈上升趋势

相关数据显示，随着国家加大对智能制造、集成电路产业这一战略领域的规划力度，“信息化带动工业化”，走“新兴工业化道路”为智能制造、集成电路产业带来了巨大的发展机遇。传统产业类应用领域成为智能制造、芯片制造、集成电路产业未来几年的重点投资领域。此外，中国已成为全球智能制造、芯片制造、集成电路的一个重要需求市场。

如此强大的需求市场将需要高质量的技术做后盾。同时，对于产品的高质量、高集成度的要求将越来越高，自动化、数字化、智能化是今后产品发展的主要方向。计算机视觉检测将能帮助解决以上的问题，因此，计算机视觉检测是最好的用武之地。

2）统一开放标准是计算机视觉检测发展的原动力

目前国内有数十家计算机视觉检测产品生产厂商，与国外计算机视觉检测产品相比，国内产品最大的差距并不单纯是技术上，更是在品牌和知识产权上。目前国内的计算机视觉检测产品主要以代理国外品牌为主，未来将朝着自主研发产品的路线靠近。未来计算机视觉检测产品的好坏不能够通过单一因素来衡量，应逐渐按照国际化的统一标准判定。只有形成统一而开放标准才能促进更好的中国计算机视觉检测产品的发展。

3）基于嵌入式的产品将取代板卡式产品

从产品本身看，计算机视觉检测会越来越趋于依靠 PC 技术，与数据采集等其他控制和测量的集成会更紧密。基于嵌入式视觉检测产品由于体积小、成本低、功耗低等特点，将逐渐取代板卡式产品。

4）一体化解决方案是计算机视觉检测的必经之路

由于计算机视觉检测是自动控制的一部分，计算机视觉检测软硬件产品正逐渐成为自动化制造过程中不同阶段的核心部分，无论是用户还是硬件供货商都将计算机视觉检测产品作为生产在线信息收集的工具，这就要求计算机视觉检测产品大量采用标准化技术，其开放式技术可以根据用户的需求进行二次开发。

从应用的角度看，国内计算机视觉检测的应用仍受制于成本、用户的认识以及自身的技术等影响，离全面普及尚有较大距离。当前比较成功的应用主要集中于电子/半导体产品制造、烟草、特种印刷、医疗等行业。

与发达国家相比，中国计算机视觉检测产业仍处于相对落后的水平，尤其在基础器件制造方面，基础性的高端技术基本上掌握在外国厂商手中。在自身技术的提高、行业的拓展、用户的培养和引导方面，都需要做很细致艰苦的工作。不发达意味着更大的商机，只有为用户真正创造价值，才能真正实现计算机视觉技术的价值。

2. 计算机视觉检测的主要技术研究内容

计算机视觉检测涉及的研究内容比较广泛，主要包括摄像机标定、图像处理、特征提取、视觉测量、控制算法等。其中，摄像机标定、视觉测量和视觉控制的结构与算法是计算机视觉检测控制研究的主要内容。

1）摄像机标定

摄像机标定是为获取空间与图像之间的投影关系。此投影关系由摄像机几何结构与位置和方向即摄像机内外参数确定。摄像机的几何结构为摄像机内参，包含焦距、畸变系数等参数；摄像机外参矩阵包括摄像机相对于世界坐标系的方向与位置。

通常，在进行摄像机标定时，会在摄像机前方放置一个已知形状与尺寸的标定参照物，该参照物称为靶标。在靶标上，具有一些位置已知的标定点。图 6-5 为常用的两种靶标，图 6-5（a）为平面靶标，图 6-5（b）为立体靶标。在靶标上，黑白方块的交点作为标定点，其空间坐标位置已知。采集靶标图像后，通过图像处理，可以获得标定点的图像坐标。利用标定点的图像坐标和空间位置坐标，可以求出摄像机的内参数和相对于靶标参考点的外参数。

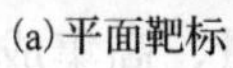
(a) 平面靶标

(b) 立体靶标

图 6-5　常用的两种靶标

但在实际应用中，许多情况不允许在环境中放置特定的标定靶标，因此，不需要标定参照物的摄像机自标定技术越来越受重视。摄像机标定，又分为二维标定和三维标定。其中三维标定是通过摄像机在三维空间内作两组平移运动，包括三次两两正交的平移运动，并控制摄像机的姿态进行自标定。该方法无须借助固定参照物，并可以实现线性求解摄像机内参数。

2)视觉测量

视觉测量是机器人视觉控制的重要研究内容，也是实现视觉控制的基础。视觉测量主要研究从二维图像信息到二维或三维笛卡儿空间信息的映射以及视觉测量系统的构成等。其中，二维图像信息到二维笛卡儿空间信息的映射比较容易实现，已经是比较成熟的技术。而二维图像信息到三维笛卡儿空间信息的映射以及相关视觉测量系统的构成与测量原理等，仍然是目前的研究热点。这一问题又称为三维重建或三维重构(3D Reccnstrucion)问题。

双目视觉所采用的三角测量原理。双目视觉需要对两台摄像机中的特征点进行匹配，匹配误差对视觉测量结果具有明显的影响。对于双目视觉测量，研究重点不在于测量原理，而在于如何提高测量精度。而对于多目视觉测量，通过对多台摄像机进行信息融合可以达到较高的测量精度。

3)视觉控制的结构与算法

机器人的视觉控制具有自身的特点，本质上是利用摄像机采集到的二维图像信息对机器人的运动进行控制，对视觉信息的不同利用会获得不同的控制效果。因此，许多研究者致力于视觉控制的结构与算法的研究。

利用视觉信息构成的控制系统可以有多种结构，每种结构对应不同的控制算法。在笛卡儿空间构成的闭环控制系统，只能保证视觉测量出的目标在笛卡儿空间的位置与姿态达到期望值。由于摄像机的模型误差以及特征点的匹配误差，视觉测量本身具有较大误差，再加上机器人本身的模型误差，所以目标在笛卡儿空间的实际位置和姿态与期望值之间有时会有较大的误差，控制精度较低。图像空间构成的闭环控制，虽然可以提高控制精度，但姿态控制的稳定性难以保证。因此，视觉控制的结构与算法是近年来的研究热点。

6.2　计算机视觉检测的理论基础

6.2.1　摄像机与视觉系统的模型

1. 小孔模型

所有景物通过摄像机光轴中心点投射到成像平面上的摄像机模型，称为小孔模型。摄像机光轴中心点，是指摄像机镜头的光心。

如图 6-6 所示，O_c 为摄像机的光轴中心点，A_2' 为摄像机的成像平面。成像平面上分布着感光器件，将照射到该平面的光信号转变为电信号，经过放大处理得到数字图像。由小孔成像原理可知，物体在成像平面 A_2' 上的像是倒实像。物体的像与原物体相比较，比例缩小，上下和左右方向相反。在将摄像机成像平面上的倒实像转换成数字图像时，将图像进行了放大，将图像的方向进行了转换，使其与原物体的上下和左右方向相同。可以

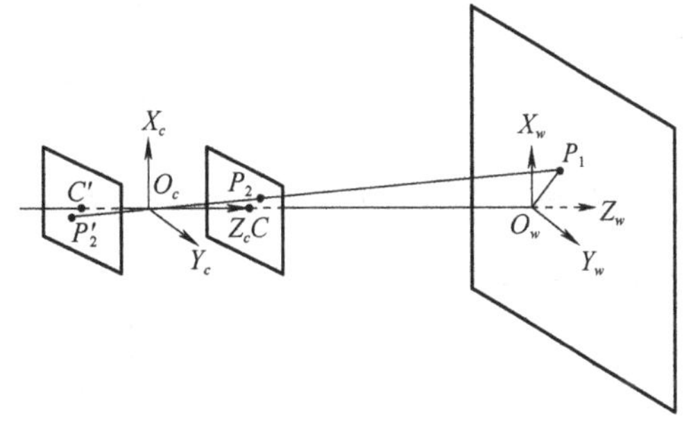

图 6-6　小孔成像原理

这样认为，成像平面 A_2' 等效成像平面 A_2，成像平面 A' 的正像到数字图像的转换等效成放大环节。

在摄像机的光轴中心建立坐标系，Z 轴方向平行于摄像机光轴，并以从摄像机到景物的方向为正方向，X 轴方向取图像坐标沿水平增加的方向。在摄像机的笛卡儿空间，设景物点 P_1 的坐标为(x_1, y_1, z_1)，P_1 在成像平面 A_2' 的成像点 P_2 的坐标为(x_2, y_2, z_2)，则

$$\begin{cases} \dfrac{x_1}{z_1} = \dfrac{x_2}{z_2} = \dfrac{x_3}{f} \\ \dfrac{y_1}{z_1} = \dfrac{y_2}{z_2} = \dfrac{y_2}{f} \end{cases} \tag{6-1}$$

式中，f 为摄像机的焦距，$f = z_2$。

2. 摄像机内参数模型

式(6-1)是笛卡儿空间景物点与成像点之间的关系，摄像机的内参数模型描述的是景物点与图像点之间的关系。成像平面上的像经过放大处理得到数字图像，成像平面上的成像点(x_2, y_2)转换成为图像点(u, v)。将光轴中心线在成像平面的交点的图像坐标记为(u_0, v_0)，则

$$\begin{cases} u - u_0 = \alpha_x x_2 \\ v - v_0 = \alpha_y x_2 \end{cases} \tag{6-2}$$

式中，α_x 和 α_y 分别为成像平面到图像平面在 X 轴和 Y 轴方向的放大系数。

将式(6-1)代入式(6-2)，得

$$\begin{cases} u - u_0 = \alpha_x f \dfrac{x_1}{z_1} \\ v - v_0 = \alpha_y f \dfrac{y_1}{z_1} \end{cases} \tag{6-3}$$

将式(6-3)改写成矩阵形式，则有

$$\begin{bmatrix} u \\ v \\ 1 \end{bmatrix} = \begin{bmatrix} k_x & 0 & u_0 \\ 0 & k_y & v_0 \\ 0 & 0 & 1 \end{bmatrix} \begin{bmatrix} x_1/z_1 \\ y_1/z_1 \\ 1 \end{bmatrix} = M_{in} \begin{bmatrix} x_1/z_1 \\ y_1/z_1 \\ 1 \end{bmatrix} \tag{6-4}$$

式中，$k_x = \alpha_x f$ 是 X 轴方向的放大系数；$k_x = \alpha_x f$ 是 Y 轴方向的放大系数；M_{in} 称为内参数矩阵；(x_1, y_1, z_1)是景物点在摄像机坐标系下的坐标。

式(6-4)中，内参数矩阵 M_{in} 含有四个参数。因此，式(6-4)模型称为摄像机的四参数模型。一般地，景物点在摄像机坐标系下的坐标用(x_c, y_c, z_c)表示，式(6-4)改写为

$$\begin{bmatrix} u \\ v \\ 1 \end{bmatrix} = \begin{bmatrix} k_x & 0 & u_0 \\ 0 & k_y & v_0 \\ 0 & 0 & 1 \end{bmatrix} \begin{bmatrix} x_c/z_c \\ y_c/z_c \\ 1 \end{bmatrix} \tag{6-5}$$

如果不考虑放大系数 k_x 与 k_y 的差异，构成的摄像机内参数模型只有三个参数，称为摄像机的三参数模型：

$$\begin{bmatrix} u \\ v \\ 1 \end{bmatrix} = \begin{bmatrix} k & 0 & u_0 \\ 0 & k & v_0 \\ 0 & 0 & 1 \end{bmatrix} \begin{bmatrix} x_c/z_c \\ y_c/z_c \\ 1 \end{bmatrix} \tag{6-6}$$

式中，k 为放大系数。

在考虑放大系数 k_x 与 k_y 的差异与耦合作用的情况下，构成的摄像机内参数模型具有五个参数，称为摄像机的五参数模型：

$$\begin{bmatrix} u \\ v \\ 1 \end{bmatrix} = \begin{bmatrix} k_x & k_S & u_0 \\ 0 & k_y & v_0 \\ 0 & 0 & 1 \end{bmatrix} \begin{bmatrix} x_c / z_c \\ y_c / z_c \\ 1 \end{bmatrix} \tag{6-7}$$

式中，k_S 为 X 轴方向与 Y 轴方向的耦合放大系数。

在上述三种内参数模型中，四参数模型较常用。

由射影几何原理可知，同一个图像点可以对应若干个不同的空间点。如图 6-7 所示，直线 OP 上的所有点具有相同的图像坐标。当 $z=f$ 时，点 (x_{cf}，y_{cf}) 为图像点在成像平面上的成像点坐标。当 $z=1$ 时，点 (x_{cf}，y_{cf}，1) 为图像点在焦距归一化成像平面上的成像点坐标。利用摄像机的内参数，可以求出图像点在焦距归一化成像平面上的成像点坐标：

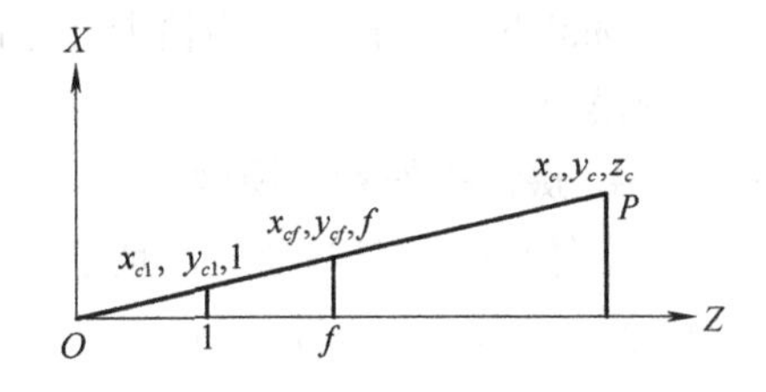

图 6-7　图像点的空间坐标

$$\begin{bmatrix} x_{c1} \\ y_{c1} \\ 1 \end{bmatrix} = \begin{bmatrix} k_x & 0 & u_0 \\ 0 & k_y & v_0 \\ 0 & 0 & 1 \end{bmatrix} \begin{bmatrix} u \\ v \\ 1 \end{bmatrix} \tag{6-8}$$

利用焦距归一化成像平面上成像点坐标和光轴中心点，可确定景物点所在的空间直线。

3. 镜头畸变模型

对于摄像机镜头的畸变，其主要部分为径向畸变。径向畸变以光轴中心点图像坐标为参考点正比于图像点到参考点距离的平方。只考虑二阶透镜变形的径向畸变模型为

$$\begin{cases} u - u_0 = (u' - u_0)(1 + k'_u r^2) \\ v - v_0 = (v' - v_0)(1 + k'_v r^2) \end{cases} \tag{6-9}$$

式中，(u'，v') 为无畸变的理想图像坐标；(u，v) 为实际图像坐标；(u_0，v_0) 为光轴中心点图像坐标；r 为图像点到参考点的距离。

$$r = \sqrt{(u' - u_0)^2 + (v' - v_0)^2}$$

其中，k'_u、k'_v 分别为 u、v 方向二阶畸变系数。

Brown 畸变模型考虑了径向畸变和切向畸变。在笛卡儿空间的 Brown 畸变模型如下：

$$\begin{cases} x_{c1d} = x_{c1}(1 + k_{c1} r^2 + k_{c2} r^4 + k_{c3} r^6) + 2k_{c3} x_{c1} y_{c1} + k_{c4}(r^2 + x_{c1}^2) \\ y_{c1d} = y_{c1}(1 + k_{c1} r^2 + k_{c2} r^4 + k_{c3} r^6) + k_{c3}(r^2 + x_{c1}^2) + 2k_{c4} x_{c1} y_{c1} \end{cases} \tag{6-10}$$

式中，(x_{c1d}，y_{c1d}) 为焦距归一化成像平面上的成像点畸变后的坐标；k_{c1} 为 2 阶径向畸变系数；k_{c2} 为 4 阶径向畸变系数；k_{c3} 为 6 阶径向畸变系数；k_{c4} 为切向畸变系数；r 为成像点到光轴中心线与成像平面的点的距离，$r^2 = x_{c1}^2 + y_{c1}^2$。

在图像空间的 Brown 畸变模型为

$$\begin{cases} u_d' = u_d\left(1+k_1r^2+k_2r^4+k_3r^6\right)+2p_1u_dv_d+p_2\left(r^2+x_u^2\right) \\ v_d' = v_d\left(1+k_1r^2+k_2r^4+k_3r^6\right)+p_1\left(r^2+v_{c1}^2\right)+2p_2u_{c1}v_{c1} \end{cases} \tag{6-11}$$

式中，（u_d，v_d）为具有畸变的相对于参考点的图像坐标。

$$\left(u_d,v_d\right)=\left(u,v\right)-\left(u_0-v_0\right)，\left(u_2',v_2'\right)=\left(u',v'\right)-\left(u_0,v_0\right)$$

其中，(u',v')为消除畸变后的图像坐标；k_1为2阶径向畸变系数；k_2为4阶径向畸变系数；k_3为6阶径向畸变系数；p_2为切向畸变系数；r为图像点到参考点的距离，$r^2=u_d^2+v_d^2$。

Matlab工具箱中采用笛卡儿空间的Brown畸变模型，Open CV中采用图像空间的Brown畸变模型。

4. 摄像机外参数模型

摄像机的外参数模型，是景物坐标系在摄像机坐标系中的描述。如图6-8所示，坐标系O_W,X_W,Y_W,Z_W在坐标系O_C,X_C,Y_C,Z_C中的表示，构成摄像机的外参数矩阵：

$$\begin{bmatrix} x_C \\ y_C \\ z_C \\ 1 \end{bmatrix}=\begin{bmatrix} n_x & o_x & \alpha_x & p_x \\ n_y & o_y & \alpha_y & p_y \\ n_z & o_z & \alpha_z & p_z \\ 0 & 0 & 0 & 1 \end{bmatrix}\begin{bmatrix} x_W \\ y_W \\ z_W \\ 1 \end{bmatrix}=\begin{bmatrix} R & P \\ 0 & 1 \end{bmatrix}\begin{bmatrix} x_C \\ y_C \\ z_C \\ 1 \end{bmatrix}={}^{e}M_W\begin{bmatrix} x_W \\ y_W \\ z_W \\ 1 \end{bmatrix} \tag{6-12}$$

式中，（x_c,y_c,z_c）表示的是景物点在摄像机坐标系O_C,X_C,Y_C,Z_C中的坐标；（x_W,y_W,z_W）为景物点在坐标系O_W,X_W,Y_W,Z_W中的坐标；${}^{e}M_W$为外参数矩阵；$n=\begin{bmatrix} n_x & n_y & n_z \end{bmatrix}^{\mathrm{T}}$为$X_W$轴在摄像机坐标系$O_C,X_C,Y_C,Z_C$中的方向向量；$o=\begin{bmatrix} o_x & o_y & o_z \end{bmatrix}^{\mathrm{T}}$为$Y_W$轴在摄像机坐标系$O_C,X_C,Y_C,Z_C$中的方向向量；$a=\begin{bmatrix} a_x & a_y & a_z \end{bmatrix}^{\mathrm{T}}$为$Z_W$轴在摄像机坐标系$O_C,X_C,Y_C,Z_C$中的方向向量；$p=\begin{bmatrix} p_x & p_y & p_z \end{bmatrix}^{\mathrm{T}}$为$O_W,X_W,Y_W,Z_W$的坐标原点在摄像机坐标系$O_C,X_C,Y_C,Z_C$中的位置。

摄像机标定的方法较多，主要有：单目二维视觉测量摄像机标定法、Fanugeras的摄像机标定法、Fanugeras摄像机标定改进法、Tsai的摄像机标定法、双目视觉测量摄像机标定法、机器人手眼标定法、结构光标定法和激光标定法等。由于篇幅所限，本节主要介绍单目二维视觉测量摄像机标定法、双目二维视觉测量摄像机标定法、视觉光学测量法、立体视觉测量法、单摄像测量法和光束差测量法等内容。

6.2.2　摄像机与视觉系统的标定

1. 单目二维视觉测量摄像机的标定

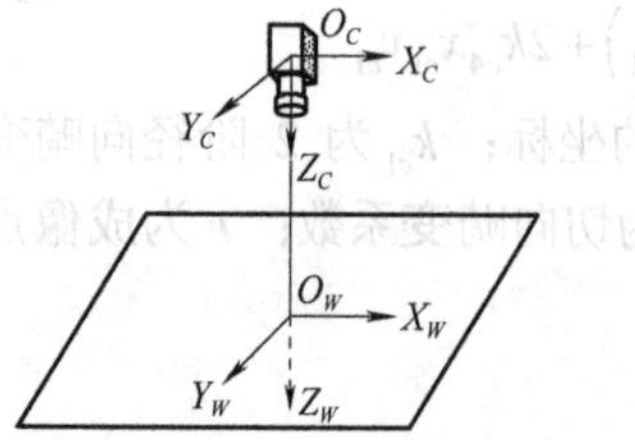

对于单目二维视觉测量，其摄像机垂直于工作平面安装，摄像机的位置和内外参数固定。如图6-8所示，在摄像机的光轴中心建立坐标系，Z_C轴方向平行于摄像机光轴，并以从摄像机到景物的方向为正方向，X_C轴方向取图像坐标沿水平增加的方向。景物坐标系原点O_W可选择光轴中心线与景物平面的交点，Z_W轴方向与Z_C轴方向相同，X_W轴方向与X_C轴方向相同。于是有$R=I$，$p=\begin{bmatrix} 0 & 0 & d \end{bmatrix}^{\mathrm{T}}$，$d$

图6-8　单目二维视觉测量的坐标系

是光轴中心点O_C。

在工作平面上，景物坐标可表示为$(x_w, y_w, 0)$。由式(6-12)可以获得景物点在摄像机坐标系下的坐标：

$$\begin{bmatrix} x_C \\ y_C \\ z_C \\ 1 \end{bmatrix} = \begin{bmatrix} R & P \\ 0 & 1 \end{bmatrix} \begin{bmatrix} x_w \\ y_w \\ z_w \\ 1 \end{bmatrix} \begin{bmatrix} 1 & 0 & 0 & 0 \\ 0 & 1 & 0 & 0 \\ 0 & 0 & 1 & d \\ 0 & 0 & 0 & 1 \end{bmatrix} \begin{bmatrix} x_W \\ y_W \\ 0 \\ 1 \end{bmatrix} = \begin{bmatrix} x_C \\ y_C \\ d \\ 1 \end{bmatrix} \tag{6-13}$$

若摄像机的畸变可以忽略不计，内参数采用四参数摄像机模型，对于工作平面上的两点$P_1 = (x_{w1}, y_{w1}, 0)$和$P_2 = (x_{w2}, y_{w2}, 0)$，将式(6-13)代入式(6-5)并整理得

$$\begin{cases} u_2 - u_1 = \dfrac{k_x}{d}(x_{w2} - x_{w1}) \\ v_2 - v_1 = \dfrac{k_y}{d}(y_{w2} - y_{w1}) \end{cases} \tag{6-14}$$

以上两式中，(u_1, v_1)是点P_1的图像坐标；(u_2, v_2)是点P_2的图像坐标；$k_{xd} = k_x / d = k_y / d$，是标定出的摄像机参数。

可见，对于单目二维视觉，在不考虑畸变的情况下，其摄像机参数可以利用平面上两个坐标已知的点实现标定。

进行视觉测量时，可以选择任意一个平面坐标和图像坐标已知的点作为参考点，利用任意点的图像坐标可以计算出该点相对于参考点的位置。例如，选择P_i，点作为参考点，对于任意点P_i，其位置可由下式获得

$$\begin{cases} x_{WI} = x_{w1} + (u_i - u_1) / k_{xd} \\ y_{WI} = y_{w1} + (v_i - v_1) / k_{yd} \end{cases} \tag{6-15}$$

式中，(u_i, v_i)为点P_i的图像坐标。

2. 双目视觉测量摄像机标定法

一般双目视觉系统中，左右摄像机之间相对位置可以为任意情况，如图 6-9 所示。对于空间物体表面任意一点W，如果用左摄像机观察，其成像的图像点为w_1，但无法由w_1确定W的三维空间位置。事实上，o_1W连线上任何点成像后的图像点都可以认为是w_1。因此由w_1的位置，只能知道空间点位于o_1W连线上，无法知道其确切位置。如果用左右两台摄像机同时观察W点，并且在左摄像机上的成像点w_1与右摄像机上的成像点w_2是空间同一点W的像点，则W点的位置是唯一确定的，为射线o_1w_1和o_2w_2的交点。

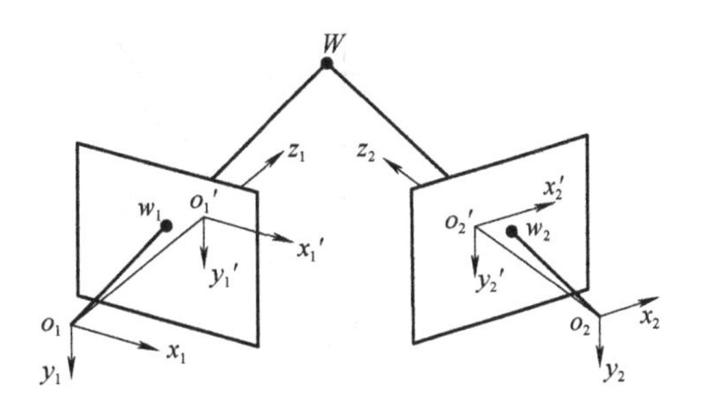

图 6-9　双目视觉测量中空间点三维重建示意图

假定空间任意点W在左右两台摄像机上的图像点w_1和w_2已经从两个图像中分别检测出来，即已知w_1和w_2为空间同一点W的对应点。假定双摄像机已标定，它们的投影矩阵分别为M_1和M_2，则根据摄像机模型有

$$z_A=\begin{bmatrix}u_k\\v_k\\1\end{bmatrix}=M_k\begin{bmatrix}X\\Y\\Z\\1\end{bmatrix}=\begin{bmatrix}m_{11}^k & m_{12}^k & m_{13}^k & m_{14}^k\\m_{21}^k & m_{22}^k & m_{23}^k & m_{24}^k\\m_{31}^k & m_{32}^k & m_{33}^k & m_{34}^k\end{bmatrix}\begin{bmatrix}X\\Y\\Z\\1\end{bmatrix} \tag{6-16}$$

式中，$k=1,2$ 分别表示左摄像机和右摄像机；$(u_1,v_1,1)$ 和 $(u_2,v_2,1)$ 分别为空间点 W 在左和右摄像机中成像点 w_1 和 w_2 的图像像素坐标；$(X,Y,Z,1)$ 为 W 点在世界坐标系下的坐标。

上面矩阵共包含六个方程，消去 z_1 和 z_2 后，可以得到关于 X,Y,Z 的四个线性方程，即

$$\begin{aligned}&\left(u_1m_{31}^1-m_{11}^1\right)X+\left(u_1m_{32}^1-m_{12}^1\right)Y+\left(u_1m_{33}^1-m_{13}^1\right)Z=m_{14}^1-u_1m_{34}^1\\&\left(v_1m_{31}^1-m_{21}^1\right)X+\left(v_1m_{32}^1-m_{22}^1\right)Y+\left(v_1m_{33}^1-m_{23}^1\right)Z=m_{24}^1-v_1m_{34}^1\end{aligned} \tag{6-17}$$

$$\begin{aligned}&\left(u_2m_{31}^2-m_{11}^2\right)X+\left(u_2m_{32}^2-m_{12}^2\right)Y+\left(u_2m_{33}^2-m_{13}^2\right)Z=m_{14}^2-u_1m_{34}^2\\&\left(v_2m_{31}^2-m_{21}^2\right)X+\left(v_2m_{32}^2-m_{22}^2\right)Y+\left(v_2m_{33}^2-m_{23}^2\right)Z=m_{24}^2-v_2m_{34}^2\end{aligned} \tag{6-18}$$

利用最小二乘法，将式(6-16)和式(6-18)联立求出点 W 的坐标 (X,Y,Z)。

6.2.3 计算机视觉光学测量法

基于摄像机、图形采集卡的计算机视觉光学测量常用的方法有光学三角测量法、结构光测量法等。

1. 光学三角测量法

光学三角测量法属于主动视觉测量方法，该方法具有结构简单、测试速度快、实时处理能力强、使用方便等优点，在长度、距离以及三维形貌测量中有着广泛应用。按入射光线与被测物体表面法线的关系，单点式光学三角测量法可分为直射式和斜射式两种，如图 6-10 所示。

图 6-10(a)所示的直射式三角测量法中，激光器发出的光线，经聚透镜聚焦后垂直入射到被测表面上，被测面移动或其表面变化，导致入射点沿入射光轴移动。入射点处的散射光经接收透镜入射到探测器上。若光点在成像面上的位移为 x'，则被测面在沿轴方向的位移为

$$x=\frac{ax'}{b\sin\theta_2-x'\cos\theta_2} \tag{6-19}$$

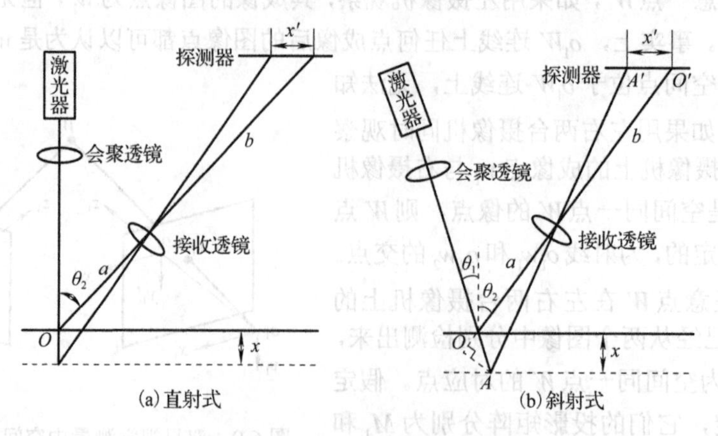

图 6-10　光学三角测量法

在图 6-10(b)所示的斜射式三角测量法结构中，激光器发出的光线与被测面法线成一定角度，同样，物体移动或其表面变化将导致入射点沿入射光轴移动。若光点在成像面上的位移

为x'，则被测面在沿轴方向的位移为

$$x=\frac{ax'\cos\theta_1}{b\sin(\theta_1+\theta_2)-x'\cos(\theta_1+\theta_2)} \tag{6-20}$$

斜射法的布局使探测器像面几乎可接收全部反射光和散射光，系统信噪比、灵敏度、测量精度一般高于直射法，可用于微位移、光滑表面的位置检测。但是，斜射法入射光束与接收装置光轴夹角过大，对于曲面物体有遮光现象，对于复杂形面物体的影响更为严重。

直射法光斑较小，光强集中，不会因被测面不垂直而扩大光照面上的亮斑，可解决柔软材料及粗糙工件表面形状位置变化测量的难题。但是由于受成像透镜孔径的限制，探测器只接收到少部分光能，光能损失大，受杂散光影响较大，信噪比小，分辨率相对较低。

2. 结构光测量法

如图 6-11 所示，结构光视觉传感器由结构光投射器和摄像机组成。结构光投射器将一定模式的结构光投射于被测物表面，形成可视结构光。根据结构光模式的不同，常见的可视结构光有激光点、单条激光条和多条相互平行均激光条等。摄像机采集被测物表面含有可观特征的图像，传输到计算机进行处理，结构光可视特征中心的精确空间三维坐标。

图 6-11 中，将摄像机坐标系(O_c,X_c,Y_c,Z_c)作为视觉传感器坐标系，为方便描述，建立参考坐标系(O_c,X_c,Y_c,Z_c)，建立原则可以根据结构光投射器所投射的结构光模式而定。由二维摄像机的成像模型可知：

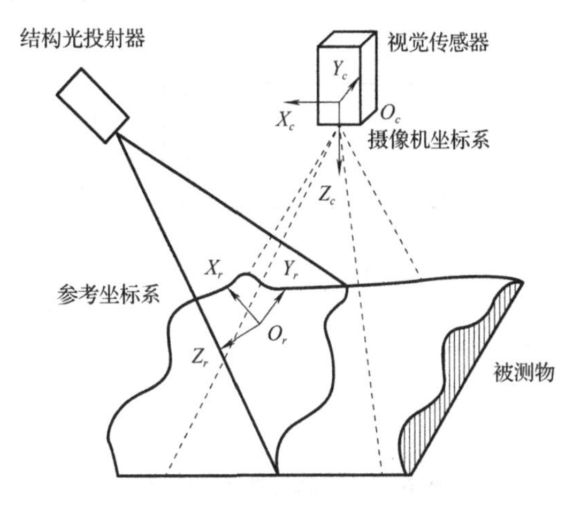

图 6-11　结构光视觉测量原理

$$\begin{cases} X_{cm}=\dfrac{(x_m-x_0+\Delta x)}{c}Z_{cm} \\ Y_{cm}=\dfrac{(y_m-y_0+\Delta y)}{c}Z_{cm} \end{cases} \tag{6-21}$$

式中，(X_{cm},Y_{cm},Z_{cm})为被测点m在摄像机坐标系下的空间三维坐标；(x_m,y_m)为被测点在摄像机上成像点的图像坐标；c为摄像机的有效焦距；(x_0,y_0)为像面中心，$(\Delta x,\Delta y)$为成像综合畸变，可用下式表示：

$$\begin{cases} \Delta x=x_cr^2k_1+x_cr^4k_2+x_cr^6k_3+(2x_c^2+r^2)p_1+2p_2x_cy_c+b_1x_c+b_2y_c \\ \Delta y=y_cr^2k_1+y_cr^4k_2+y_cr^6k_3+2p_2x_cy_c+\left(2y_c^2+r^2\right)p_2 \end{cases} \tag{6-22}$$

式中

$$\begin{cases} x_c=x_m-x_0 \\ y_c=y_m-x_0 \end{cases},\quad r=\sqrt{x_c^2+y_c^2}$$

其中，c、x_0、y_0、k_1、k_2、k_3、p_1、p_2、b_1、b_2为摄像机模型参数，可通过摄像机标定技术获得。

以平面结构光为例，结构光平面在参考坐标系下具有确定的数学描述为

$$Z_r=f(X_r,Y_r) \tag{6-23}$$

参考坐标系(O_r,X_r,Y_r,Z_r)与摄像机坐标系(O_c,X_c,Y_c,Z_c)间的转换关系可以用旋转矩阵R和平移矩阵T来描述，如式(6-24)所示，R和T可通过传感器标定技术获得。

$$\begin{bmatrix} X_c \\ Y_c \\ Z_c \end{bmatrix} = R \begin{bmatrix} X_r \\ Y_r \\ Z_r \end{bmatrix} + T \tag{6-24}$$

式中

$$R = \begin{bmatrix} r_{11} & r_{12} & r_{13} \\ r_{21} & r_{22} & r_{23} \\ r_{31} & r_{32} & r_{33} \end{bmatrix}, \quad T = \begin{bmatrix} t_1 \\ t_2 \\ t_3 \end{bmatrix}$$

由式(6-23)和式(6-24)能够求解结构光平面在摄像机坐标系下的方程：

$$Z_c = f(X_c, Y_c) \tag{6-25}$$

联立式(6-21)和式(6-25)，得到结构光视觉传感器的数学模型：

$$\begin{cases} X_c = \dfrac{(x - x_0 + \Delta x)}{c} Z_c \\ Y_c = \dfrac{(y - y_0 + \Delta y)}{c} Z_c \\ Z_c = f(X_c, Y_c) \end{cases} \tag{6-26}$$

上述讨论表明：通过引入结构光平面，利用预先标定技术获取光平面与摄像机坐标系间的相互关系，作为补充约束条件，消除从二维图像空间到三维空间逆映射的多义性。

根据结构光模式的不同，结构光视觉传感器分为点结构光视觉传感器、线结构光视觉传感器和多线结构光(或称光栅)视觉传感器等多种。

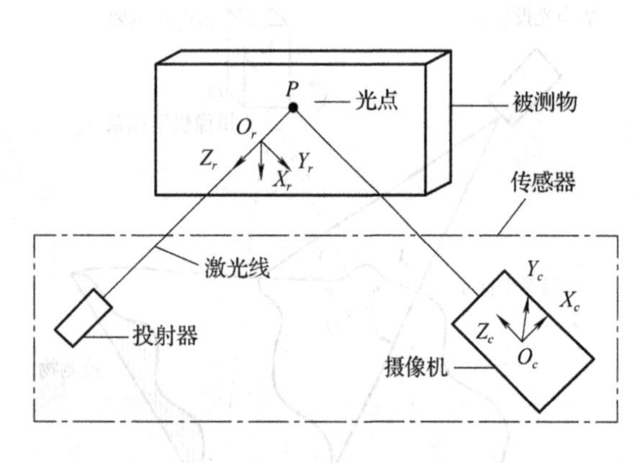

图 6-12　点结构光视觉传感器

1)点结构光视觉传感器数学模型

点结构光视觉传感器投射器发射出一束激光，在被测物表面形成光点，如图 6-12 所示。

按下述方法建立参考坐标系 O_r, X_r, Y_r, Z_r：以光线上某点作为参考坐标系原点 O_r，以光线作为 Z 轴，X 轴与 Y 轴在与 Z 轴垂直的平面内，满足右手坐标系原则即可。激光线在参考坐标系 O_r, X_r, Y_r, Z_r 下的方程为

$$\begin{cases} X_r = 0 \\ Y_r = 0 \\ Z_r = m \end{cases} \tag{6-27}$$

将式(6-27)代入式(6-26)，得到点结构光传感器的数学模型为

$$\begin{cases} X_c = \dfrac{(x - x_0 + \Delta x)}{c} Z_c \\ Y_c = \dfrac{(y - y_0 + \Delta y)}{c} Z_c \\ Z_c = X_c \dfrac{r_{33}}{r_{13}} + \dfrac{(r_{13}t_3 - r_{33}t_1)}{r_{13}} = Y_c \dfrac{r_{33}}{r_{23}} + \dfrac{(r_{23}t_3 - r_{33}t_1)}{r_{23}} \end{cases} \tag{6-28}$$

2) 线结构光视觉传感器数学模型

线结构光视觉传感器的投射器发射出一个光平面，投射在被测物表面形成一条被调制的二维曲线，在曲线上采样获得被测点，如图 6-13 所示。

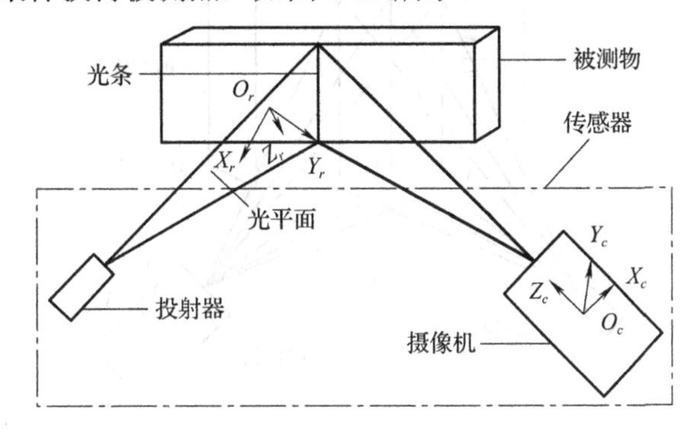

图 6-13　线结构光视觉传感器

按下述方法建立参考坐标系 O_r,X_r,Y_r,Z_r：以光平面上某点作为参考坐标系原点 O_r，令坐标系 X_rY_r，平面与光平面重合，Z_r 轴满足右手坐标系即可。其方程为

$$Z_r=0 \tag{6-29}$$

将式(6-29)代入式(6-26)，得到线结构光传感器的数学模型为

$$\begin{cases}X_c=\dfrac{(x-x_0+\Delta x)}{c}Z_c\\ Y_c=\dfrac{(y-y_0+\Delta y)}{c}Z_c\\ Z_c=\dfrac{r_{22}r_{31}-r_{21}r_{32}}{r_{11}r_{22}-r_{12}r_{21}}X_c+\dfrac{r_{11}r_{22}-r_{22}r_{31}}{r_{11}r_{22}-r_{12}r_{21}}Y_c+\dfrac{r_{21}r_{22}-r_{22}r_{31}}{r_{11}r_{22}-r_{12}r_{21}}t_1+\dfrac{r_{12}r_{31}-r_{11}r_{32}}{r_{11}r_{22}-r_{12}r_{21}}t_2\end{cases} \tag{6-30}$$

3) 多线结构光视觉传感器数学模型

多线结构光视觉传感器的投射器在空间投射出多个光平面，光平面与被测物相交，形成多个被调制的二维曲线，在这些曲线上采样获得被测点，如图 6-14 所示。多线结构光视觉传感器可以看作线结构光传感器的扩展，设激光投射器共发射出 i 个光平面，对于第 k（$k=1,2,\cdots,i$）个光平面建立参考坐标系 $O_r^{(k)},X_r^{(k)},Y_r^{(k)},Z_r^{(k)}$，建立方法与单线结构光视觉传感器相同，第 k 个光平面与被测物相交得到的曲线上的点满足式(6-30)所示的数学模型，联立所有 i 个光平面的方程组，得到多线结构光视觉传感器的数学模型：

$$\begin{cases}X_c=\dfrac{(x-x_0+\Delta x)}{c}Z_c\\ Y_c=\dfrac{(y-y_0+\Delta y)}{c}Z_c\\ Z_c=\dfrac{r_{22}r_{31}-r_{21}r_{32}}{r_{11}r_{22}-r_{12}r_{21}}X_c+\dfrac{r_{11}r_{22}-r_{22}r_{31}}{r_{11}r_{22}-r_{12}r_{21}}Y_c+\dfrac{r_{21}r_{22}-r_{22}r_{31}}{r_{11}r_{22}-r_{12}r_{21}}t_1+\dfrac{r_{12}r_{31}-r_{11}r_{32}}{r_{11}r_{22}-r_{12}r_{21}}t_2\end{cases} \tag{6-31}$$

对于多线结构光视觉传感器，需要预先标定每一个光平面对应的参考坐标系 $O_r^{(k)},X_r^{(k)},Y_r^{(k)},Z_r^{(k)}$（$k=1,2,\cdots,i$）与摄像机坐标系间的关系，获取旋转矩阵 $R^{(k)}$ 和平移矩阵

$T^{(k)}$（$k = 1,2,\cdots,i$）。

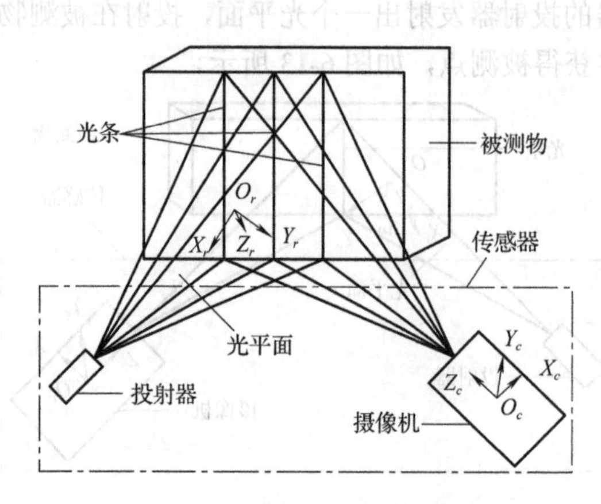

图 6-14 多线结构光视觉传感器

4) 结构光视觉传感器标定方法

结构光视觉传感器的标定是指摄像机模型参数的标定和摄像机坐标系与参考坐标系间转换关系的标定，将摄像机的模型参数称为摄像机内参数，将摄像机坐标系与参考坐标系间的转换关系称为传感器结构参数。

视觉传感器结构参数的标定方法是：在摄像机内参数精确标定的前提下，首先在空间设置能够被摄像机捕获的可视特征点，利用其他测量仪器测出可视特征点在空间的精确位置关系，代入传感器视觉模型，求解模型中的旋转矩阵 R 和平移矩阵 T 。

传感器结构参数标定方法主要有拉丝法、齿形靶标法、基于交比不变的标定方法和 2D(3D 立体)靶标法等，这里仅介绍常用的拉丝法、齿形靶标法。

(1) 拉丝法。Dewar R 和 Ames K 在 1988 年分别提出用拉丝法产生能够被摄像机捕获的特征点，标定传感器的结构参数，如图 6-15 所示。

拉丝法是将结构光投射到几根不共面的细丝上，形成三个以上的共面亮点。采用其他的测量手段(如经纬仪)测量亮点的精确空间三维坐标，代入结构光视觉成像模型解算传感器的结构参数。

拉丝法存在以下几方面缺点。

① 只能用于标定可见光视觉传感器，如投射器投射出结构光不可见，标定方法无法实现。

② 使用其他仪器瞄准的亮点中心和与特征提取算法提取的亮点中心不能严格对应，存在一定的误差，影响标定精度。

③ 标定用细丝与实际被测物体的散射特性不同，在散射特性相差较大时，将导致测量时的光线或光平面与标定时的光线或光平面不一致，影响测量精度。

(2) 齿形靶标法。一种利用简单一维工作台和齿形靶标标定线结构光传感器结构参数的方法，称为齿形靶标法。齿形靶标法操作简单，速度快，对可见光和不可见光均适用。

标定原理如图 6-16 所示。将结构光投射到齿形靶标的齿面上，光平面与齿面相交形成一条折线光条，在摄像机像面上成像。利用高精度图像处理技术提取折线上各转折点的图像坐标，得到光平面与各齿尖交点的图像坐标。

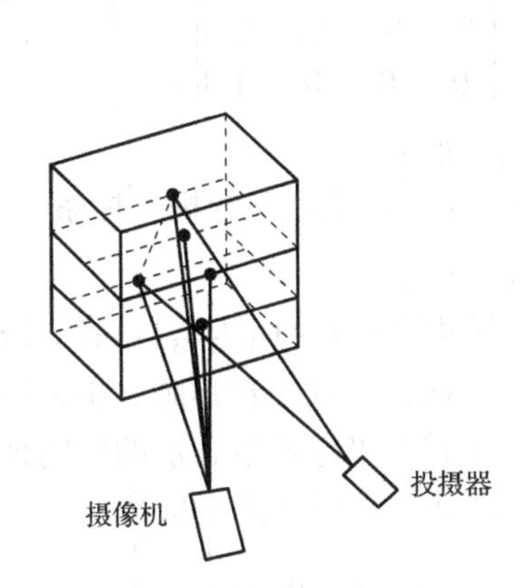

图 6-15　传感器结构参数拉丝法标定示意图

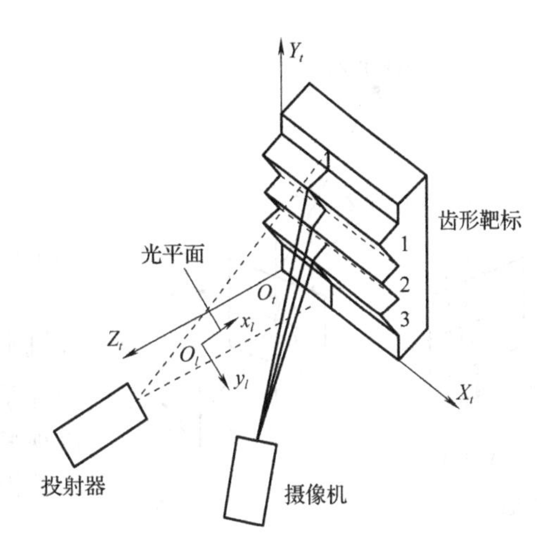

图 6-16　传感器结构参数齿形靶法标定示意图

齿形靶标经过精密加工制作而成，制作时需要保证：以平面 O_t, X_t, Y_t, Z_t 作为齿形靶标的基准面，齿条棱线 1、2、3 均与基准面平行，并通过其他测量仪器将棱线 1、2、3 在坐标系 O_t, X_t, Y_t, Z_t 的直线方程精确测得，设三条棱线的直线方程为

$$\begin{cases} y_t = y_1 \\ z_t = z_1 \end{cases}, \quad \begin{cases} y_t = y_2 \\ z_t = z_2 \end{cases}, \quad \begin{cases} y_t = y_3 \\ z_t = z_3 \end{cases}$$

其中，y_1、z_1、y_2、z_2、y_3、z_3 在坐标系 $O_tX_tY_tZ_t$ 下的精确值已知。

标定时，将齿形靶标紧固在一维工作台上，通过精密调整手段保证一维工作台的运动方向与基准面垂直，传感器的光平面与齿尖棱线垂直。此时，一维工作台的移动方向与光平面保持平行。在光平面内沿工作台的移动方向建立 O_lx_l 轴，平行靶标基准面的方向建立 O_lx_l 轴。设工作台在初始位置时光平面与棱线交点的 x_l 坐标为 0，y_l 坐标与基准坐标系 Y 坐标相等。一维工作台作一维移动，光平面与齿条棱线的交点坐标 x_l 发生变化，y_l 坐标保持不变，得到一些离散点的 $O_lx_ly_l$ 坐标值与各自对应的图像坐标，代入线结构光传感器模型中求解传感器模型参数。

6.2.4　立体视觉测量

立体视觉测量基于立体视差原理建立，利用空间相互关系已知的多个摄像机获取同一被测场景的图像，解算被测物体的三维几何信息。立体视觉包括双目立体视觉、三目立体视觉和多目立体视觉，其中双目立体视觉是最简单的立体视觉测量模型，三目立体视觉和多目立体视觉可以看成是双目立体视觉的扩展，能够以双且立体视觉模型为基础建立。

1. 双目立体视觉测量模型

双目立体视觉模仿人类双眼获取三维信息，由两个摄像机组成，如图 6-17 所示。两个摄像机与被测物体在空间形成三角关系；利用空间点在两摄像机像平面上成像点坐标求取空间点的三维坐标。设 $O_{c1}X_{c1}Y_{c1}Z_{c1}$ 为摄像机 1 坐标系，有效焦距为 c_1，像平面坐标系为 $O_1x_1y_1$：为摄像机 2 坐标系，有效焦距为 c_2，像平面坐标系为 $O_2x_2y_2$，将摄像机 1 坐标系作为双目视觉传感器坐标系 $O_sX_sY_sZ_s$。

两摄像机之间的空间位置关系为

$$
\begin{bmatrix} X_{c2} \\ Y_{c2} \\ Z_{c2} \\ 1 \end{bmatrix} = \begin{bmatrix} r_{11} & r_{12} & r_{13} & t_1 \\ r_{21} & r_{22} & r_{23} & t_2 \\ r_{31} & r_{33} & r_{33} & t_3 \\ 0 & 0 & 0 & 1 \end{bmatrix} \begin{bmatrix} X_{c1} \\ Y_{c1} \\ Z_{c1} \\ 1 \end{bmatrix} \tag{6-32}
$$

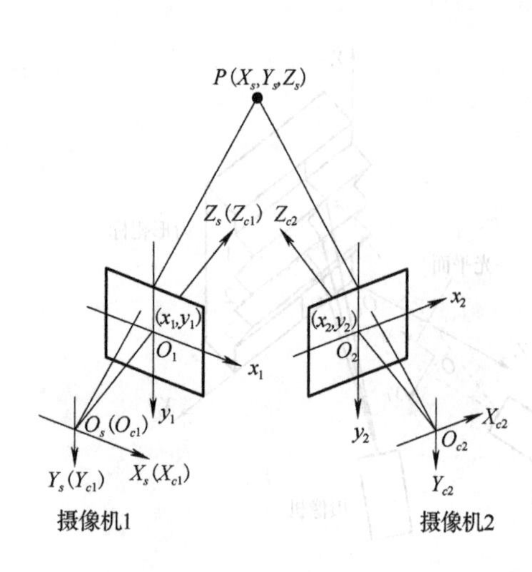

图 6-17　双目立体视觉测量模型

式中，$R = \begin{bmatrix} r_{11} & r_{12} & r_{13} \\ r_{21} & r_{22} & r_{23} \\ r_{31} & r_{32} & r_{33} \end{bmatrix}$，表示摄像机坐标系 2 到摄像机坐标系 1 的旋转矩阵；$T = (t_1, t_2, t_3)$，表示摄像机坐标系 2 到摄像机坐标系 1 的平移矩阵。根据摄像机透视变换模型，在传感器坐标系下表示的空间被测点与两摄像机像面点之间的对应变换关系是

$$
\rho_1 \begin{bmatrix} x_1 \\ y_1 \\ 1 \end{bmatrix} = \begin{bmatrix} c_1 & 0 & 0 & 0 \\ 0 & c_1 & 0 & 0 \\ 0 & 0 & 1 & 0 \end{bmatrix} \begin{bmatrix} X_s \\ Y_s \\ Z_s \\ 1 \end{bmatrix} \tag{6-33}
$$

$$
\rho_2 \begin{bmatrix} x_2 \\ y_2 \\ 1 \end{bmatrix} = \begin{bmatrix} c_2 r_{11} & c_2 r_{12} & c_2 r_{13} & c_2 t_1 \\ c_2 r_{21} & c_2 r_{22} & c_2 r_{23} & c_2 t_2 \\ r_{31} & r_{32} & r_{33} & t_3 \end{bmatrix} \begin{bmatrix} X_s \\ Y_s \\ Z_s \\ 1 \end{bmatrix} \tag{6-34}
$$

空间被测点的三维坐标：

$$
\begin{cases} X_s = Z_s x_1 / c_1 \\ Y_s = Z_s y_1 / c_1 \\ Z_s = \dfrac{c_1 (c_2 t_1 - x_2 t_3)}{x_2 (r_{31} x_1 + r_{32} y_1 + c_1 r_{33}) - c_2 (r_{11} x_1 + r_{12} y_1 + c_1 r_{13})} \\ \quad = \dfrac{c_1 (c_2 t_2 - y_2 t_3)}{y_2 (r_{31} x_1 + r_{32} y_1 + c_1 r_{33}) - c_2 (r_{21} x_1 + r_{22} y_1 + c_1 r_{23})} \end{cases} \tag{6-35}
$$

式(6-35)便是双目立体视觉模型的数学描述，如果旋转矩阵 R 和平移矩阵 T 已知，通过两摄像机像面点坐标 (x_1, y_1) 和 (x_2, y_2) 即可求解空间点的三维坐标 (X_s, Y_s, Z_s)。

2. 双目立体视觉传感器标定方法

由双目立体视觉测量模型可知，测量前需要预先标定两摄像机的内参数和两摄像机间的旋转矩阵 R 和平移矩阵 T。通常采用三维精密靶标或三维控制场实现传感器结构参数的标定。在两摄像机的公共视场中设置控制点，利用外部三维坐标测量装置测量控制点三维坐标或者给定基准距离长度，代入双目立体视觉模型求解传感器结构参数。由式(6-35)得到下述关系：

$$
\begin{aligned} & (c_2 t_1 - x_2 t_2)(r_{21} x_1 + r_{22} y_1 + c_1 r_{23}) - (c_2 t_2 - y_2 t_3)(r_{11} x_1 + r_{12} y_1 + c_1 r_{13}) \\ & = (y_2 t_1 - x_2 t_2)(r_{31} x_1 + r_{32} y_1 + c_1 r_{33}) \end{aligned} \tag{6-36}
$$

式(6-36)是一个含有 12 个未知数 $(r_{11} \sim r_{33}$ 和 $t_1 \sim t_3)$ 的非线性方程，$t_1 \sim t_3$ 具有齐次性，设 $T' = \alpha T$，根据坐标系的选择方法可知，$t_1 \neq 0$，令 $\alpha = 1/t_1$，有 $T' = (1, t_2', t_3')^{\mathrm{T}}$，式(6-36)转化为含有 11 个未知数的方程，用函数 $f(x) = 0$ 表示。其中，$x = (t_2', t_3', r_{11}, r_{12}, r_{13}, r_{21}, r_{22}, r_{23}, r_{31}, r_{32}, r_{33})$

由 $r_{11} \sim r_{13}$ 构成的旋转矩阵 R 具有正交性，满足六个正交约束方程：

$$\begin{cases} h_1(x) = r_{11}^2 + r_{21}^2 + r_{31}^2 - 1 = 0 \\ h_2(x) = r_{12}^2 + r_{22}^2 + r_{32}^2 - 1 = 0 \\ h_3(x) = r_{13}^2 + r_{31}^2 + r_{33}^2 - 1 = 0 \\ h_4(x) = r_{11}r_{12} + r_{21}r_{22} + r_{31}r_{32} = 0 \\ h_5(x) = r_{11}r_{13} + r_{21}r_{23} + r_{31}r_{33} = 0 \\ h_6(x) = r_{11}r_{13} + r_{22}r_{23} + r_{31}r_{33} = 0 \end{cases} \tag{6-37}$$

联合式(6-36)和式(6-37)可以构造无约束最优目标函数：

$$F(x) = \sum_{i=1}^{n} f_i^2(x) + M\sum_{i=1}^{6} h_i^2(x) = \min \tag{6-38}$$

式中，M 为罚因子；n 为设置的控制点数。可以看出，方程含有五个独立变量，当 $n \geqslant 5$ 时，即可利用数学优化方法求解 x。

由于控制点间的精确距离已知，由两个控制点间的距离能够求解比例因子 α。设某两个控制点 i、j 的距离为

$$D_{ij}^2 = \left(X_i - X_j\right)^2 + \left(Y_i - Y_j\right)^2 + \left(Z_i - Z_j\right)^2 \tag{6-39}$$

控制点 i、j 在含有比例因子的传感器坐标空间距离 $D_{ij}'^2$ 与 D_{ij}^2 满足：

$$D_{ij}'^2 = \left(X_i' - X_j'\right)^2 + \left(Y_i' - Y_j'\right)^2 + \left(Z_i' - Z_j'\right)^2 = \alpha^2 D_{ij}^2 \tag{6-40}$$

根据 D_{ij}' 与 D_{ij} 求解比例因子 α，由 α 能够得到旋转矩阵 R 和平移矩阵 T，完成传感器结构参数的标定，也可在控制点空间坐标未知的情况下，仅利用定点交会约定条件进行标定。

根据具体应用的需要，在双目立体视觉的基础上扩展，利用三个或三个以上摄像机组成三目立体视觉或多目立体视觉测量系统。在多目立体视觉中，按照双目立体视觉标定方法精确标定出每两个摄像机之间的转换关系（R 和 T），在所有摄像机间建立起两条转换关系传递链。测量时利用双目立体视觉测量模型求解被测物精确的空间三维几何信息。

6.2.5 单摄像机测量

单摄像机测量是指利用单个摄像机对被测物单次成像，测得被测物三维几何信息的测量方法。由结构光测量法可知：单张图像的透视模型反映的是三维空间到二维图像空间的映射关系，无法通过二维图像反求空间三维信息。单摄像机测量方法是在单张图像的基础上，通过控制点技术为透视模型增加附加约束关系，实现空间物体三维几何信息的测量。

1. 单摄像机测量数学模型

单摄像机测量是利用单个摄像机单次成像结合控制点技术实现被测物体空间三维几何信息测量的一种方法，如图 6-18 所示。靶标测头上设置若干个控制点，在靶标测头的末端设置测量球，用于和被测物接触。靶标上控制点可采用主动发光方式，也可采用被动反光方式。

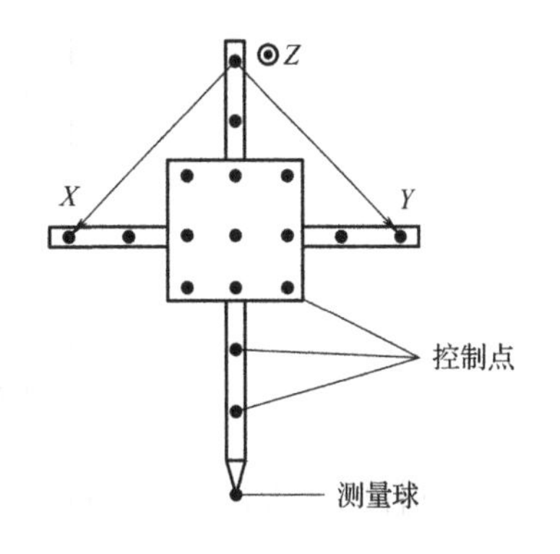

图 6-18　精密靶标测量头

通过靶标上的控制点建立靶标测头坐标系：以测头最上端点作为坐标系原点，以此点到测头最左点的方向为 X 轴方向，以此点到测头最右点的方向为 Y 轴方向，Z 轴方向为垂直靶标平面向外，符合右手坐标系。每个控制点和末端测量球在靶标测头坐标系下精确三维坐标预先经过精确标定。

测量时，手持靶标测头，使测头末端测量球与被测点接触，单摄像机对靶标测头采集图像，便可测得被测点在摄像机坐标系下的空间三维坐标。如图 6-19 所示，任取靶标测头上的三个控制点 A、B、C，摄像机得到的对应成像点为 A'、B'、C'，其像面坐标分别为 (x_1, y_1)、(x_2, y_2) 和 (x_3, y_3)。由于靶标测头经过精确标定，控制点及测量球间的关系固定已知，即控制点间的距离 AB、AC 和 BC 已知，分别设为 d_1、d_2 和 d_3，设摄像机有效焦距为 c。

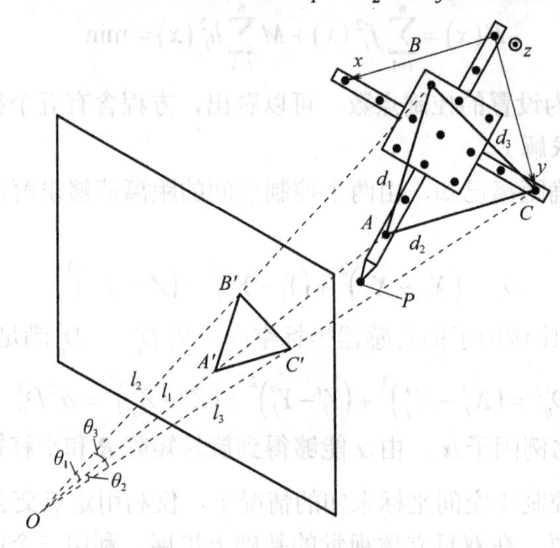

图 6-19　单摄像机测量点原理图

设投影中心 O 与三个像点的距离分别为 l_1、l_2 和 l_3，则有

$$\begin{cases} l_1^2 = x_1^2 + y_1^2 + c^2 \\ l_2^2 = x_2^2 + y_2^2 + c^2 \\ l_3^2 = x_3^2 + y_3^2 + c^2 \end{cases} \tag{6-41}$$

由余弦定理可知，OA 与 OB 夹角 θ_1、OA 与 OC 夹角 θ_2 及 OB 与 OC 的夹角 θ_3 分别为

$$\begin{cases} \cos\theta_1 = \dfrac{l_1^2 + l_2^2 - \left[(x_1 - x_2)^2 + (y_1 - y_2)^2\right]}{2l_1 l_2} \\ \cos\theta_2 = \dfrac{l_1^2 + l_3^2 - \left[(x_1 - x_2)^2 + (y_1 - y_2)^2\right]}{2l_1 l_3} \\ \cos\theta_3 = \dfrac{l_2^2 + l_3^2 - \left[(x_1 - x_2)^2 + (y_1 - y_2)^2\right]}{2l_2 l_3} \end{cases} \tag{6-42}$$

同样的，设投影中心 O 与三个像点的距离分别为 l_1、l_2 和 l_3，有

$$\begin{cases}\cos\theta_1 = \dfrac{L_1^2 + L_2^2 - d_1^2}{2L_1L_2} \\ \cos\theta_2 = \dfrac{L_1^2 + L_3^2 - d_2^2}{2L_1L_3} \\ \cos\theta_3 = \dfrac{L_2^2 + L_3^2 - d_3^2}{2L_2L_3}\end{cases} \tag{6-43}$$

给定初始值 L_1'、L_2' 和 L_3'（L_1'、L_2' 和 L_3' 均大于 0），则有

$$\begin{cases}L_1 = L_1' + \Delta L_1 \\ L_2 = L_2' + \Delta L_2 \\ L_3 = L_3' + \Delta L_3\end{cases} \tag{6-44}$$

于是，有以下关系成立：

$$\begin{cases}\cos\theta_1 = \dfrac{L_1^2 + L_2^2 + d_1^2}{2L_1L_2} = \dfrac{\left(L_1' + \Delta L_1\right)^2 + \left(L_2' + \Delta L_2\right)^2 - df}{2\left(L_1' + \Delta L_1\right) + \left(L_2' + \Delta L_2\right)} \\ \cos\theta_2 = \dfrac{L_1^2 + L_3^2 + d_2^2}{2L_1L_3} = \dfrac{\left(L_1' + \Delta L_1\right)^2 + \left(L_3' + \Delta L_3\right)^2 - df}{2\left(L_1' + \Delta L_1\right) + \left(L_3' + \Delta L_3\right)} \\ \cos\theta_3 = \dfrac{L_2^2 + L_3^2 + d_3^2}{2L_2L_3} = \dfrac{\left(L_2' + \Delta L_2\right)^2 + \left(L_3' + \Delta L_3\right)^2 - df}{2\left(L_2' + \Delta L_2\right) + \left(L_3' + \Delta L_3\right)}\end{cases} \tag{6-45}$$

展开整理后有

$$\begin{cases}\left(2\cos\theta_1 L_2' - 2L_1'\right)\Delta L_1 + \left(2\cos\theta_1 L_1' - 2L_2'\right)\Delta L_2 = \left(L_1'\right)^2 + \left(L_2'\right)^2 - d_1^2 - 2\cos\theta_1 L_1'L_2' \\ \left(2\cos\theta_2 L_3' - 2L_1'\right)\Delta L_1 + \left(2\cos\theta_2 L_1' - 2L_3'\right)\Delta L_3 = \left(L_1'\right)^2 + \left(L_3'\right)^2 - d_2^2 - 2\cos\theta_2 L_1'L_3' \\ \left(2\cos\theta_3 L_3' - 2L_2'\right)\Delta L_2 + \left(2\cos\theta_3 L_2' - 2L_3'\right)\Delta L_3 = \left(L_2'\right)^2 + \left(L_3'\right)^2 - d_3^2 - 2\cos\theta_3 L_2'L_3'\end{cases} \tag{6-46}$$

写成矩阵形式

$$\begin{bmatrix}2\cos\theta_1 L_2' - 2L_1' & 2\cos\theta_1 L_1' - 2L_2' & 0 \\ 2\cos\theta_2 L_2' - 2L_1' & 0 & 2\cos\theta_2 L_1' - 2L_3' \\ 0 & 2\cos\theta_3 L_3' - 2L_3' & 2\cos\theta_3 L_2' - 2L_3'\end{bmatrix}\begin{bmatrix}\Delta L_1 \\ \Delta L_2 \\ \Delta L_3\end{bmatrix} = \begin{bmatrix}\left(L_1'\right)^2 + \left(L_2'\right) - d_1^2 - 2\cos\theta_1 L_1'L_2' \\ \left(L_1'\right)^2 + \left(L_3'\right) - d_2^2 - 2\cos\theta_2 L_1'L_3' \\ \left(L_2'\right)^2 + \left(L_3'\right) - d_3^2 - 2\cos\theta_3 L_2'L_3'\end{bmatrix} \tag{6-47}$$

按式(6-47)迭代获取 L_i 的准确数值，根据 L_i 的数值，可以求解出三个控制点在摄像机坐标系下的空间坐标：

$$\begin{cases}X_i = \dfrac{L_i}{\left(x_i^2 + y_i^2 + c^2\right)} x_i \\ Y_i = \dfrac{L_i}{\left(x_i^2 + y_i^2 + c^2\right)} y_i \\ Z_i = \dfrac{L_i}{\left(x_i^2 + y_i^2 + c^2\right)} z_i\end{cases} \tag{6-48}$$

将摄像机坐标系作为全局坐标系，根据三个控制点在全局坐标系下的坐标值，可以求解出从靶标测头坐标系到全局坐标系的转换矩阵 M_{T-G}。靶标测头末端测量球在靶标测头坐标系下的三维坐标通过预先标定已知，由此得到靶标测头末端被测点的空间三维坐标。

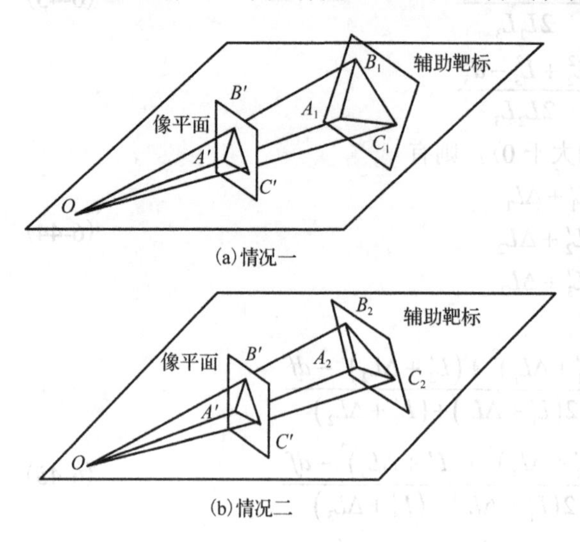

图 6-20　控制点三维坐标求解的多义性

2. 控制点空间坐标求解的多义性

利用三个控制点求解控制点 A、B、C 与投影中心 O 的距离 L_1、L_2、L_3 时，由于方程组的非线性和约束不充分，最终可能得到两组正解，如图 6-20 所示。

为得到正确的结果以求解出靶标测头正确的位置姿态，可以采用如下两种方法来处理。

(1)在靶标上设置多于三个，一般为五个控制点增加约束，可唯一确定靶标测头的位置姿态，解决多义性问题。

(2)以控制点距离摄影中心的远近关系来判别结果的正确性，此方法需要测量过程中测量者的辅助判断。

6.2.6　光束平差测量

光束平差测量是基于成像光束空间交会的几何模型建立的，以光束平差优化算法为核心。通过摄像机在测量空间不同位置建立多个测站，从不同位姿对空间被测点采集测量图像，由高精度图像处理和同名像点自动配准技术获取光束平差的迭代条件，然后通过光束平差优化算法求解出被测点精确的空间三维坐标。

1. 光束平差测量数学模型

摄像机在不同测站下对同一点的成像光束在空间中必然相交于一点，光束平差测量正是以此为基础建立的。成像光束交会示意图如图 6-21 所示。

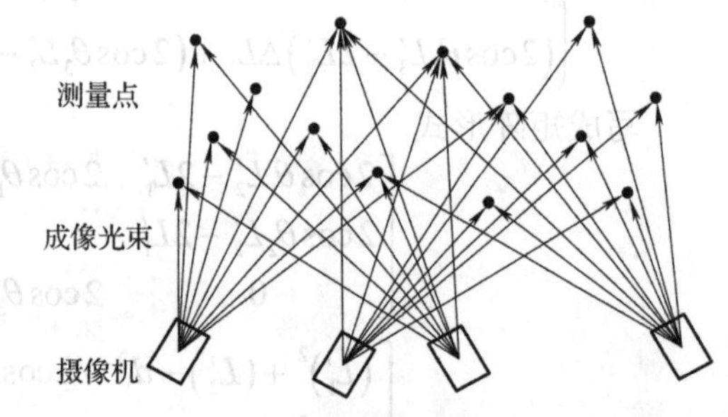

图 6-21　成像光束交会示意图

对于每个测站，每一个被测点均满足共线条件方程，即被测点、被测点对应的像点和摄像机的投影中心三点必然在同一直线上。将所有测量点在所有测站中的共线条件方程联立，组成一个大规模的非线性方程组，将被测点在空间各测站中的图像坐标 $\left(x_i^{(k)}, y_i^{(k)}\right)$ 作为已知条件，结合摄像机的内部参数初值、各测站的位置姿态初值和被测点的三维坐标迭代初值，利用光束平差优化算法将被测点在空间的精确三维坐标解算出来。

2. 平差初值的获取

在具体的解算过程中，平差初值的选取十分重要，是光束平差测量能否实现的关键。平差初值主要分为三种。

(1) 摄像机在各测站下的位置姿态初值。

(2) 被测点三维坐标初值。

(3) 摄像机内部参数初值。

在平差优化过程中将对摄像机的内部参数和位姿参数、测点坐标同时进行优化，并最终同时得到摄像机内部参数精确值，这个过程也称为摄像机自标定过程。此时，可以依照标定的摄像机内部参数，并作为摄像机内部参数的迭代初值。如果摄像机在各测站下位置姿态初值已知，则可以利用双目立体视觉模型将被测点在三维坐标的初值解算出来。因此，在光束平差的三种初值中，摄像机在各测站下位置姿态初值的获取是最关键、最核心的问题。摄像机在各测站下位置姿态初值的获取问题称为摄像机的初始定向问题。

解决摄像机初始定向问题的方法之一是在被测场景中设置编码标志，利用相邻图像中的公共编码标志，结合对极几何约束解算出相邻图像间的基本矩阵。基本矩阵是摄像机内、外参数的综合反映，利用基本矩阵便可获得相邻测站间的转换关系。继而获得各测站间关系的转换链，将所有测站统一在某一全局坐标系下，得到各测站间的初始位置姿态，实现摄像机的初始定向。

图 6-22 所示为一个 10 位的环形编码标志。编码标志中心的圆称为定位圆，用于提供编码标志的位置信息；周围的环形扇形区域称为编码段，用来提供编码标志的编码值信息。每个编码标志均对应唯一的一个编码值，在测量图像中，能够通过编码标志自身的编码值实现同名编码标志的匹配。

在实现同名编码标志匹配的情况下，利用对极几何约束能够求解出匹配图像对间的基本矩阵，对极关系如图 6-23 所示。

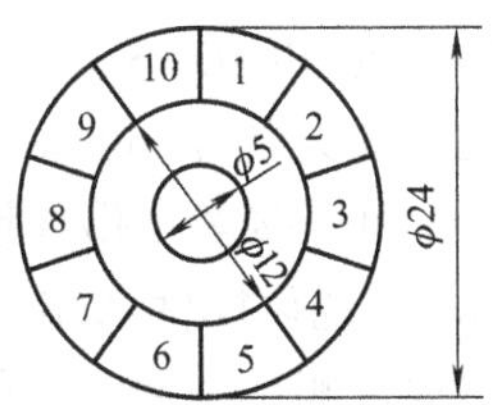

图 6-22　10 位的环形编码标志

图 6-23　对极几何约束关系

物点 S 在空间两测站下成像为 m 和 m'，光学中心 O_l 和 O_r 的连线与像面的交点 e 和 e' 称为极点，由极点和像点确定的直线 l_m 和 l'_m 称为像点 m' 和 m 的对极线。对极几何关系的数学表达式如下：

$$m'^{\mathrm{T}} F m = 0 \tag{6-49}$$

式中，F 为一个 3×3 的奇异矩阵，称为基本矩阵；m 和 m' 为像点的齐次坐标。

设

$$F = \begin{bmatrix} f_{11} & f_{12} & f_{13} \\ f_{21} & f_{22} & f_{23} \\ f_{31} & f_{32} & f_{33} \end{bmatrix} \tag{6-50}$$

编码标志的图像坐标能够通过图像处理方法获得，设编码标志的图像齐次坐标为

$$m=\begin{pmatrix}x_1 & y_1 & 1\end{pmatrix}^{\mathrm{T}}, \quad m'=\begin{pmatrix}x_1' & y_1' & 1\end{pmatrix}^{\mathrm{T}} \tag{6-51}$$

代入式(6-49)，得到如下方程

$$x_1\left(x_2 f_{11}+y_2 f_{21}+f_{31}\right)+y_1\left(x_2 f_{12}+y_2 f_{22}+f_{32}\right)+\left(f_{13}+f_{23}\right)=-1 \tag{6-52}$$

方程含有 8 个未知数，因此需要保证相邻测量图像中至少含有 8 个公共的编码标志，建立线性方程组，求解该方程组，便可获得基本矩阵 F 的初始估计值。

以像点到各自像面对应极线的距离平方和最小作为约束条件，以 F 的初始估计值作为迭代初值，对基本矩阵进行非线性优化，能得到基本矩阵优化估计值，优化方程如下所示：

$$\sum_i^n\left[d\left(m_i,F'^{\mathrm{T}}m_i'\right)^2+d\left(m_i',F'^{\mathrm{T}}m_i\right)^2\right]=\min \tag{6-53}$$

式中，$d\left(m_i,F'^{\mathrm{T}}m_i'\right)$、$d\left(m_i',F'^{\mathrm{T}}m_i\right)$ 分别为像点 m_i、m_i' 到其所在像面上对应极线距离；$F'^{\mathrm{T}}m_m'$、$F'^{\mathrm{T}}m_m$ 为对应极线的解析表达式。

由基本矩阵可以分解得到两测站间的旋转矩阵和平移矩阵，由此得到所有相邻测站间的位姿关系，进而得到各测站的位姿初值。同时，根据相邻测站间的位姿初值，也可以通过立体视觉模型解算出测点的坐标初值。

6.3　计算机视觉检测系统及选型设计

计算机视觉检测系统通过处理器分析图像，并根据分析得出结论。目前计算机视觉检测系统有两种典型应用。计算机视觉检测系统一方面可以探测部件，由光学器件精确地观察目标并由处理器对部件合格与否做出有效的决定；另一方面，计算机视觉检测系统也可以用来创造部件，即运用复杂光学器件和软件相结合直接指导制造过程。

典型的计算机视觉检测系统一般包括如下部分：光源，镜头，摄像头，图像采集单元(或图像捕获卡)，图像处理软件，监视器，通信/输入输出单元等。

从计算机视觉检测系统的运行环境来看，可以分为 PC-BASED 系统和嵌入式系统。PC-BASED 系统利用了其开放性、高度的编程灵活性和良好的 Windows 界面，同时系统总体成本较低。一个完善的系统内应含高性能图像捕获卡，可以接多个摄像镜头，配套软件方面，有多个层次，如 Windows 环境下 C/C++编程用 DLL，可视化控件 ActiveX 提供 VB 和 VC++下的图形化编程环境。典型的 PC-BASED 的计算机视觉检测系统通常由图 6-24 所示的光源及控制器、相机与镜头、图像采集及处理器和图像处理软件几部分组成。

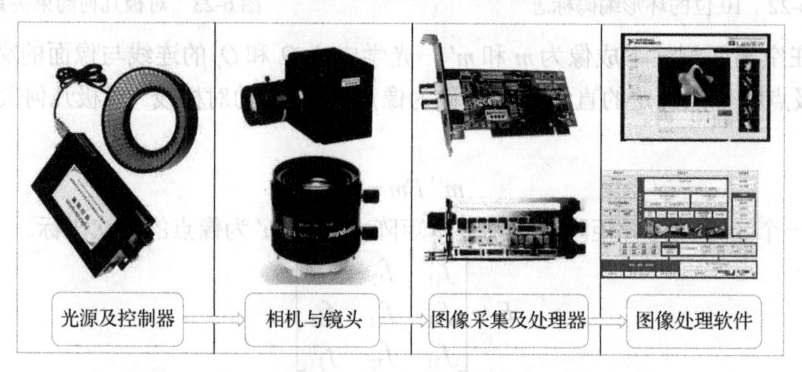

图 6-24　PC-BASED 的计算机视觉检测系统基本构成

(1) 工业相机与工业镜头。这部分属于成像器件，通常的视觉系统都是由一套或者多套这样的成像系统组成的，如果有多路相机，可能由图像卡切换来获取图像数据，也可能由同步控制同时获取多相机通道的数据。根据应用的需要相机可能是输出标准的单色视频(RS-170/CCIR)、复合信号(Y/C)、RGB 信号，也可能是非标准的逐行扫描信号、线扫描信号、高分辨率信号等。

(2) 光源。作为辅助成像器件，对成像质量的好坏往往能起到至关重要的作用，各种形状的 LED 灯、高频荧光灯、光纤卤素灯等都容易得到。

(3) 传感器。通常以光纤开关、接近开关等形式出现，用以判断被测对象的位置和状态告知图像传感器进行正确的采集。

(4) 图像采集卡。通常以插入卡的形式安装在 PC 中，图像采集卡的主要功能是把相机输出的图像输送给计算机主机。它将来自相机的模糊数信号转换成一定格式的图像数据流，同时它可以控制相机的一些参数，如触发信号、曝光/积分时间、快门速度等。图像采集卡通常有不同的硬件结构：以针对不同类型的相机，同时也有不同的总线形式，如 PCI、PCI64、Compact PCI、PCi04、ISA 等。

(5) PC 平台。计算机是一个陀式视觉系统的核心，在这里完成图像数据的处理的部分的控制逻辑，对于检测类型的应用，通常都需要较高频率的 CPU，这样可以减少处理的时间。同时，为了减少工业现场电磁、振动、灰尘心温度等的干扰，必须选择工业级的计算机。

(6) 视觉处理软件。机器视觉软件用来完成输入的图像数据的处理，然后通过一定的运算得出结果，这个输出的结果可能是 PASS/FAIL 信号、坐标位置、字符串等。常见的机器视觉软件以 C/C++图像库、ActiveX 控件、图形式编程环境等形式出现，可以是专用功能(如仅仅用于 LCD 检测、BGA 检测、模板对准等)，也可以是通用目的(包括定位+测量、条码/字符识别小斑点检测)。

(7) 控制单元(包含 U 队运动控制、电平转化单元等)，一旦视觉软件完成图像分析(除仅用于监控)，紧接着需要和外部单元进行通信；以完成对生产过程的控制。简单的控制可以直接利用部分图像采集卡自带的功能进行一般运动控制；相对复杂的逻辑/运动控制则必须依靠附加可编程逻辑控制单元/运动控制卡来实现必要的动作。

上述的七个部分是一个基于计算机视觉检测的基本组成，在实际的应用中针对不同的场合可能会有不同的增加或裁减。

6.3.1　机器视觉系统的一般工作过程

一个完整的计算机视觉检测系统的主要工作过程如下。

(1) 工件定位检测器探测到物体已经运动至接近摄像系统的视野中心，向图像采集部分发送触发脉冲。

(2) 图像采集部分按照事先设定的程序和延时，分别向摄像机和照明系统发出启动脉冲。

(3) 摄像机停止目前的扫描，重新开始新的一帧扫描或者摄像机在启动脉冲来到之前处于等待状态，启动脉冲到来后启动一帧扫描。

(4) 摄像机开始新的一帧扫描之前打开曝光机构，曝光时间可以事先设定。

(5) 另一个启动脉冲打开灯光照明，灯光的开启时间应该与摄像机的曝光时间匹配。

(6) 摄像机曝光后，正式开始一帧图像的扫描和输出。

(7) 图像采集部分接收模拟视频信号通过 A/D 将其数字化，或者直接接收摄像机数字化后的数字视频数据。

(8) 图像采集部分将数字图像存放在处理器或计算机的内存中。

(9) 处理器对图像进行处理、分析、识别，获得测量结果或逻辑控制值。

(10) 处理结果控制流水线的动作、进行定位、纠正运动的误差等。

图 6-25 是工程应用上的典型的计算机视觉检测系统。在流水线上，零件经过输送带到达触发器时，摄像单元立即打开照明，拍摄零件图像；随即图像数据被传递到处理器，处理器根据像素分布和亮度、颜色等信息，进行运算来抽取目标的特征：面积、长度、数量、位置等；再根据预设的判据来输出结果：尺寸、角度、偏移量、个数、合格/不合格、有/无等；通过现场总线与 PLC 通信，指挥执行机构，弹出不合格产品。

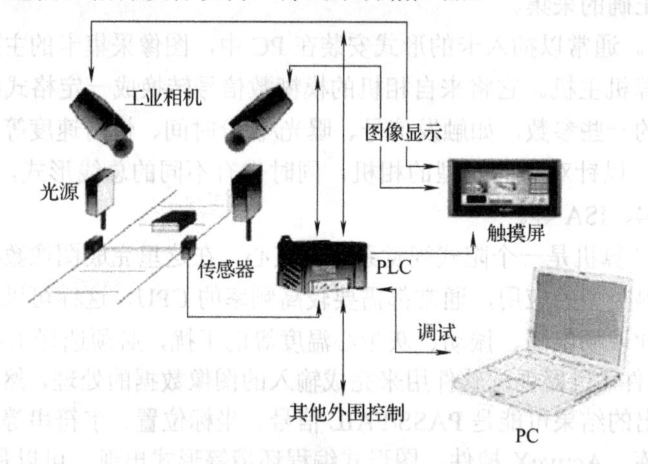

图 6-25　典型的计算机视觉检测系统

6.3.2　相机的分类及主要特性参数

相机作为机器视觉系统中的核心部件，根据功能和应用领域可分为工业相机、可变焦工业相机和 OEM (Original Equiment Manufacture，原始设备制造商) 工业相机。

工业相机可根据数据接口分为 USB2.0、1394 Fire Wire 和 GigE (千兆以太网) 三类，其中每一类都可根据色彩分为黑白、彩色及拜尔 (彩色但不带红外滤镜) 三种机型；每种机型的分辨率都有 640×480、1024×768 和 1280×960 等多个级别；每个级别中又可分为普通型、带外触发和数字 I/O 接口两类。值得一提的是，部分机型带有自适应光圈，这一功能使得相机在光线变化的照明条件下输出质量稳定的图像成为可能。

图 6-26　工业相机

可变焦工业相机，也称自动聚焦相机，分类相对简单，只有黑白、彩色及拜尔三大类。该系列相机可通过控制软件，调节内置电动镜头组的焦距，而且该镜头组还可在自动模式下根据目标的移动而自动调节焦距，使得相机对目标物体的成像处于最佳质量。与工业相机类似，可变焦工业相机中也有部分款型提供外触发与 I/O 接口，供用户自行编程使用。

OEM 工业相机在分类方法上与普通工业相机基本相同，最大的区别在于 OEM 相机的编号中已含有可变焦工业相机的 OEM 型号。图 6-26 为计算机视觉检测中使用的一种相机。

1. 相机的分类

1)按芯片技术分类

感光芯片是相机的核心部件，目前相机常用的感光芯片有 CCD 芯片和 CMOS 芯片两种。工业相机也可分为如下两类。

(1)CCD 相机。CCD 是 Charge Coupled Device(电荷耦合器件)的缩写，CCD 是一种半导体器件，能够把光学影像转化为数字信号。CCD 上植入的微小光敏物质称作像素(Pixel)。一块 CCD 上包含的像素数越多，其提供的画面分辨率也就越高。CCD 的作用就像胶片一样，但它是把图像像素转换成数字信号。

(2)CMOS 相机。CMOS 是 Complementary Metal-Oxide-Semiconductor Transistor(互补金属氧化物半导体)的缩写，CMOS 实际上是将晶体管放在硅块上的技术。

CCD 与 CMOS 的主要差异在于将光转换为电信号的方式。对于 CCD 传感器，光照射到像元上，像元产生电荷，电荷通过少量的输出电极传输并转化为电流、缓冲、信号输出。对于 CMOS 传感器，每个像元自己完成电荷到电压的转换，同时产生数字信号。CCD 与 CMOS 相机的大致参数对比如表 6-3 所示。

表 6-3　CCD 与 CMOS 的比较

特点	CCD	CMOS	性能	CCD	CMOS
输出的像素信号	电荷包	电压	回应度	高	中
芯片输出的信号	电压（模拟)	数据位(数字)	动态范围	高	中
相机输出的信号	数据位(数字)	数据位(数字)	一致性	高	中到高
填充因子	高	中	快门一致性	快速，一致	较差
放大器适配性	不涉及	中	速度	中到高	更高
系统噪声	低	中到高	图像开窗功能	有限	非常好
系统复杂度	高	低	抗拖影性能	高(可达到无拖影)	高
芯片复杂度	低	高	时钟控制	多时钟	单时钟
相机组件	PCB+多芯片+镜头	单芯片+镜头	工作电压	较高	较低

人眼能看到 1Lux 照度[Luminosity，指物体被照亮的程度，采用单位面积所接受的光通量来表示，单位为勒(克斯)(Lux，lx)]以下目标，CCD 传感器通常能看到照度范围在 0.1～3Lux，是 CMOS 传感器感光度的 3～10 倍，所以目前一般 CCD 相机的图像质量要优于 CMOS 相机。

CMOS 可以将光敏元件、放大器、MD 转换器、存储器、数字信号处理器和计算机接口控制电路集成在一块硅片上，具有结构简单、处理功能多、速度快、耗电低、成本低等特点。

近年来生产的“有源像敏单元”结构的 CMOS 相机，不仅有光敏元件和像敏单元的寻址开关，还有信号放大和处理等电路，提高了光电灵敏度，减小了噪声，扩大了动态范围，而在功能、功耗、尺寸和价格方面要优于 CCD。CMOS 传感器可以做得很大并有和 CCD 传感器同样的感光度。CMOS 传感器对于高帧相机非常有用，高帧速度能达到 400～100000 帧/s。

2)按输出图像信号格式分类

(1)模拟相机。模拟相机所输出的信号形式为标准的模拟量视频信号，需要配专用的图像采集卡才能转化为计算机可以处理的数字信息。模拟相机一般用于电视摄像和监控领域，具有通用性好、成本低等特点，但分辨率较低、采集速度慢，而在图像传输中容易受到噪声干扰，导致图像质量下降，所以只能用于对图像质量要求不高的机器视觉系统。

(2) 数字相机。数字相机是在内部集成了 A/D 转换电路，可以直接将模拟量的图像信号转化为数字信息，不仅有效避免了图像传输线路中的干扰问题，而且由于摆脱了标准视频信号格式的制约，对外的信号输出使用更加高速和灵活的数字信号传输协议，可以做成各种分辨率的形式，出现了目前数字相机百花齐放的形势。

3) 按像元排列方式分类

相机不仅可以根据传感器技术进行区分，还可以根据传感器架构进行区分。有两种主要的传感器架构：面扫描和线扫描。面扫描相机通常用于输出直接在监视器上显示的场合；场景包含在传感器分辨率内；运动物体用频闪照明；图像用一个事件触发采集(或条件的组合)。

线扫描相机用于连续运动物体成像或需要连续的高分辨率成像的场合。线扫描相机主要应用对连续产品进行成像，如纺织、纸张、玻璃、钢板等。

(1) 面阵相机。面阵相机是常见的形式，其像元是按行列整齐排列的，每个像元对应图像上的一个像素点，一般所说的分辨率就是指像元的个数。面阵 CCD 相机是采取面阵 CCD 作为图像传感器的一种数码相机。面阵 CCD 是一块集成电路，如图 6-27 所示。常见的面阵 CCD 芯片尺寸有 1/2in、1/3in、2/3in、1/4in 和 1/5in 五种。

面阵 CCD 由并行浮点寄存器、串行浮点寄存器和信号输出放大器组成。面阵图像传感器三色矩阵排列分布，形成一个矩阵平面，拍摄影像时大量传感器同时瞬间捕捉影像，且一次曝光完成。因此，这类相机拍摄速度快，对所拍摄景物及光照条件无特殊要求。面阵相机所拍摄的景物范围很广，不论是移动的还是静止的，都能拍摄。

(2) 线阵相机。线阵相机是一种比较特殊的形式，其像元是一维线状排列的，即只有一行像元，每次只能采集一行图像数据，只有当相机与被摄物体在纵向相对运动时才能得到我们平常看到的二维图像。所以在机器视觉系统中一般用于被测物连续运动的场合，尤其适合于运动速度较快、分辨率要求较高的情况。

线阵 CCD 相机也称作扫描式相机。与面阵 CCD 相机不同，这种相机采用线阵 CCD 作为图像传感器。如图 6-28 所示为线阵相机的工作图。在拍摄景物时，线阵 CCD 要对所拍摄景象进行逐行扫描，三条平行的线状 CCD 分别对应记录红、绿、蓝三色信息。在每一条线状 CCD 上都嵌有滤光器，由每一个滤光器分离出相应的原色，然后再由 CCD 同时捕获所有三色信息，最后将逐行像素进行组合，从而生成最终拍摄的影像。

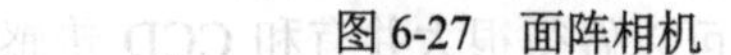

图 6-27　面阵相机　　　　　　　　图 6-28　线阵相机

2. 相机的主要特性参数

选择合适的相机也是机器视觉系统设计中的重要环节，相机不仅直接决定所采集到的图像分辨率、图像质量等，同时也与整个系统的运行模式相关。通常相机的主要特性参数如下。

(1) 分辨率。分辨率是相机最为重要的性能参数之一，主要用于衡量相机对物像中明暗细节的分辨能力。相机每次采集图像的像素点数，对于数字相机而言一般是直接与光电传感器的像元数对应的，对于模拟相机而言则取决于视频制式。

相机分辨率的高低，取决于相机中 CCD 芯片上的像素的多少，通过把更多的像素紧密地排放在一起，就可以得到更好的图像细节。分辨率的度量是用每英寸点来表示的，它控制着图像的每 2.54cm (1in) 中含有多少点的数量。就同类相机而言，分辨率越高，相机的档次越高。但并非分辨率越高越好，这需要仔细权衡得失。因为图像分辨率越高，生成图像文件越大，图像计算机处理速度以及内存和硬盘的容量要求越高。

总之，仅仅依靠百万像素的高分辨率还不能保证最佳的画质。画质与效能高级的镜头性能、自动曝光性能、自动对焦性能等多种因素密切相关。

(2) 最大帧率 (Frame Rate) /行频 (Line Rate)。相机采集传输图像的速率，对于面阵相机一般为每秒采集的帧数 (Frames/Sec)，对于线阵相机为每秒采集的行数 (Hz)。通常一个系统要根据被测物运动速度、大小，视场的大小，测量精度计算而得出需要什么速度的相机。

(3) 曝光方式 (Exposure) 和快门速度 (Shutter)。对于线阵相机都是逐行曝光的方式，可以选择固定行频和外触发同步的采集方式，曝光时间可以与行周期一致，也可以设定一个固定的时间；面阵相机有帧曝光、场曝光和滚动行曝光等几种常见方式，数字相机一般都提供外触发采图的功能。快门速度一般可到 10gs，高速相机还可以更快。

(4) 像素深度 (Pixel Depth)。即每一个像素数据的位数，一般常用的是 8bit，对于数字相机一般还会有 10bit、12bit 等。

(5) 固定图像噪声 (Fixed Pattern Noise)。固定图像噪声是指不随像素点的空间坐标改变的噪声，其中主要的是暗电流噪声。暗电流噪声是由于光电二极管的转移栅的不一致性而产生不一致的电流偏置，从而引起噪声。

(6) 动态范围。相机的动态范围表明相机探测光信号的范围，动态范围可用两种方法界定，一种是光学动态范围，值饱和时最大光强与等价于噪声输出的光强度的比值，由芯片特性决定。另一种是电子动态范围，指饱和电压和噪声电压之间的比值。

(7) 光学接口。光学接口是指相机与镜头之间的接口，常用的镜头接口有 C 口、CS 口和 F 口。表 6-4 提供了关于镜头安装及后截距的信息。响应范围是 350～1000nm，一些相机在靶面前加了一个滤镜，滤除红外光线，如果系统需要对红外感光则可去掉该滤镜。

表 6-4　光学接口比较

界面类型	后截距	界面
C 口	17.526mm	螺口
CS 口	12.5mm	螺口
F 口	46.5mm	卡扣

(8) 光谱回应特性 (Spectra1 Range)：是指该像元传感器对不同光波的敏感特性，一般是指响应速度和时间。

3. 镜头选择

光学镜头是视觉测量系统的关键设备，在选择镜头时需要考虑多方面的因素。

(1) 镜头的成像尺寸应大于或等于摄像机芯片尺寸。

(2) 考虑环境照度的变化。对于照度变化不明显的环境，选择手动光圈镜头；如果照度变化较大则选用自动光圈镜头。

(3) 选用合适的镜头焦距。焦距越大，工作距离越远，水平视角越小，视场越窄。确定焦距的步骤为：先明确系统的分辨率，结合 CCD 芯片尺寸确定光学倍率；再结合空间结构确定大概的工作距离，根据图 6-29 与公式(6-54) 估算镜头的成像系统的光学倍率和焦距等。

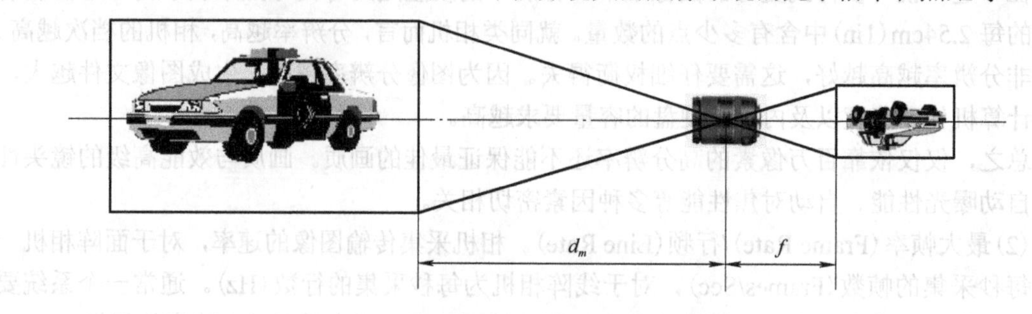

图 6-29　成像系统的光学倍率计算图

$$M=\frac{S}{\mathrm{FOV}}=\frac{f}{d_W}=\frac{NV'}{NV} \tag{6-54}$$

式中，M 为成像系统的光学倍率；S 为传感器芯片宽度；FOV 为系统分辨率；d_W 为工作距离；f 为焦距；NV' 为物方数值孔径；NV 为像方数值孔径。

物方孔径角和折射率分别为 u 和 n，像方孔径角和折射率分别为 u' 和 n'，则物方和像方的数值孔径分别表示为

$$\mathrm{NA}=n\sin u \tag{6-55}$$

$$\mathrm{NA}'=n'\sin u' \tag{6-56}$$

(4) 成像过程中需要改变放大倍率，采用变焦镜头，否则采用定焦镜头，并根据被测目标的状态应优先选用定焦镜头。

(5) 接口类型互相匹配。CS 型镜头与 C 型摄像机无法配合使用；C 型镜头与 CS 型摄像机配合使用时需在二者之间增加 C/CS 转接环。

(6) 特殊要求优先考虑。结合实际应用特点，可能会有特殊要求，例如，是否有测量功能，是否需要使用远心镜头，成像的景深是否很大等。视觉测量中，常选用物方远心镜头，其景深大、焦距固定、畸变小，可获得比较高的测量精度。

【例 6-1】 为硬币成像系统选配镜头，约束条件有：CCD 靶面尺寸为 2/3in，像素尺寸为 4.65gm，C 型接口，工作距离大于 200mm，系统分辨率为 0.05mm，白色 LED 光源。

基本分析过程如下。

(1) 与白光 LED 光源配合使用，镜头应该是可见光波段。没有变焦要求，选择定焦镜头。

(2) 用于工业检测，具有测量功能，要求所选镜头的畸变要小。

(3) 焦距计算。

成像系统的光学倍率：　$M=4.65\times10^{-3}/0.05=0.093$

焦距：　$f'=d_W\times M=200\times0.093=18.6(\mathrm{mm})$

工作距离要求大于 200mm，则选择的镜头焦距应该大于 18.6mm。

(4) 选择镜头的像面应该不小于 CCD 靶面尺寸，即至少为 2/3in。

(5) 镜头接口要求 C 型接口，能配合 CCD 相机使用光圈暂无要求。

从以上分析计算可以初步得出这个镜头的大概轮廓为：焦距大于 18.6mm，光波段，C 型接口，至少能配合 2/3in 的 CCD 使用，而且成像畸变要小。

6.3.3 图像采集卡的原理及种类

1. 概述

图像采集卡(Image Grabber)又称为图像卡，它将摄像机的图像视频信号，以帧为单位，送到计算机的内存和 VGA 帧存，供计算机处理、存储、显示和传输等使用。在视觉系统中，图像卡采集到的图像，供处理器作出工件是否合格、运动物体的运动偏差量、缺陷所在的位置等处理。图像采集卡是机器视觉系统的重要组成部分，如图 6-30(a)所示。图像经过采样、量化以后转换为数字图像并输入、存储到帧存储器的过程，就称为采集。

图像采集卡用来采集 DV 或其他视频信号到计算机中进行编辑、刻录的板卡硬件。图像采集卡是图像采集部分和图像处理部分的接口。采集卡还提供数字 I/O 的功能。

一般图像采集卡和其他的 1394 卡差不多，都是一块芯片，链接在台式计算机的 PCI 扩展槽上，就是显卡旁边的插槽，经过高速 PCI 总线能够直接采集图像到 VGA 显存或主机系统内存，此外不仅可以使图像直接采集到 VGA，实现单屏工作方式，还可以利用 PC 机内存的可扩展性，实现所需数量的序列图像逐帧连续采集，进行序列图像处理分析。此外，由于图像可直接采集到主机内存，图像处理可直接在内存中进行，因此图像处理的速度随 CPU 速度的不断提高而提高，因而使得对主机内存的图像进行并行实时处理成为可能。

通过视频采集卡，就可以把摄像机拍摄的视频信号从摄像带上转存到计算机中，利用相关的视频编辑软件，对数字化的视频信号进行后期编辑处理，如剪切画面、添加滤镜、字幕和音效、设置转场效果以及加入各种视频特效等，最后将编辑完成的视频信号转换成标准的 VCD、DVD 以及网上流媒体等格式，方便传播和保存。

2. 图像采集卡的基本原理与技术参数

图像采集卡种类很多，并且其特性、尺寸及类型各不相同，但其基本结构大致相同。图 6-30(b)为图像采集卡的基本组成，每一部分用于完成特定的任务。下面介绍各个部分的主要构成及功能。其中，相机视频信号由多路分配器色度滤波器输入。

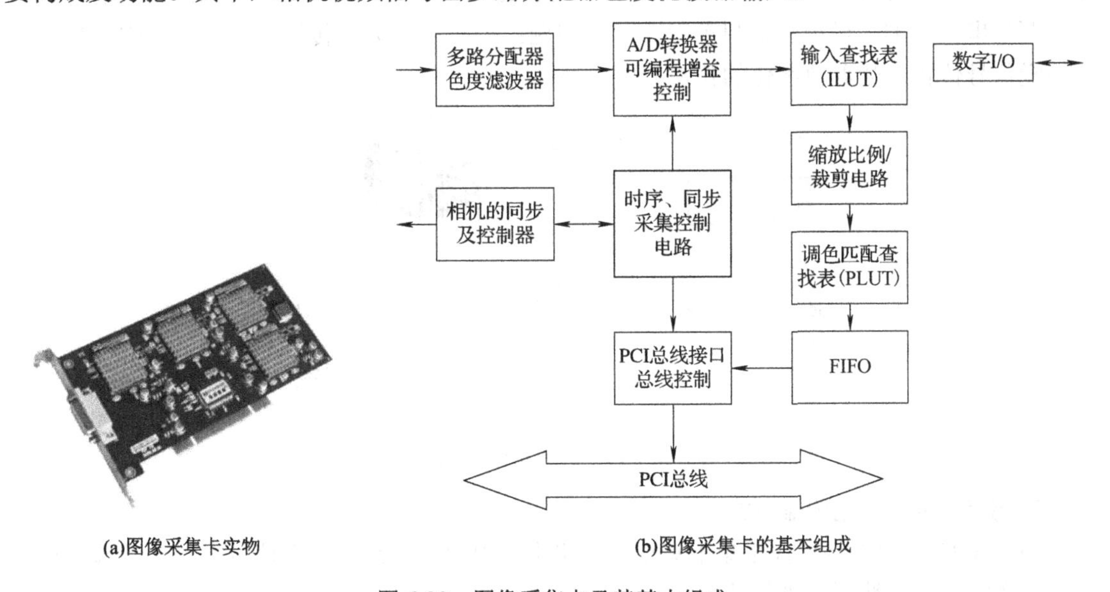

(a)图像采集卡实物　　(b)图像采集卡的基本组成

图 6-30　图像采集卡及其基本组成

(1) 图像传输格式。格式是视频编辑最重要的一种参数，图像采集卡需要支持系统中摄像机所采用的输出信号格式。大多数摄像机采用 RS422 或 EIA644(LVDS) 作为输出信号格式。在数字相机中，IEEE1394，USB2.0 和 CameraLink 几种图像传输形式则得到了广泛应用。

(2) 图像格式(像素格式)。黑白图像：通常情况下，图像灰度等级可分为 256 级，即以 8 位表示。在对图像灰度有更精确要求时，可用 10 位、12 位等来表示。

彩色图像：可由 RGB(YUV) 三种色彩组合而成，根据其亮度级别的不同有 8-8-8，10-10-10 等格式。

(3) 传输通道数。当摄像机以较高速率拍摄高分辨率图像时，会产生很高的输出速率，这一般需要多路信号同时输出，图像采集卡应能支持多路输入。一般情况下，有 1 路，2 路，4 路，8 路输入等。随着现代科技的不断发展和行业需求的不断提高，路数更多的采集卡也将出现在市面上。

(4) 分辨率。采集卡能支持的最大点阵反映了其分辨率的性能。一般采集卡能支持 768×576 点阵，而性能优异的采集卡支持的最大点阵可达 64K×64K。单行最大点数和单帧最大行数也可反映采集卡的分辨率性能。同三维推出的采集卡能达到 1920×1080 分辨率。

(5) 采样频率。采样频率反映了采集卡处理图像的速度和能力。在进行高度图像采集时，需要注意采集卡的采样频率是否满足要求。高档的采集卡的采样频率可达 65MHz。

(6) 传输速率。主流图像采集卡与主板间都采用 PCI 接口，其理论传输速度为 132MB/s。

6.3.4　图像数据的传输

机器视觉是一门综合性很强的学科，在具体工程应用中，整体性能的好坏由多方面因素决定，其中信号传输方式就是一项很重要的因素。图像数据的传输方式可分为以下两种。

1. 模拟(analog)传输方式

如图 6-31 所示，首先，相机得到图像的数字信号，再通过模拟方式传输给采集卡，而采集卡再经过 A/D 转换得到离散的数字图像信息。RS-170(美国)与 CCIR(欧洲)是目前模拟传输的两种串口标准。模拟传输目前存在两大问题：信号干扰大和传输速度受限。因此目前机器视觉信号传输正朝着数字化的传输方向发展。

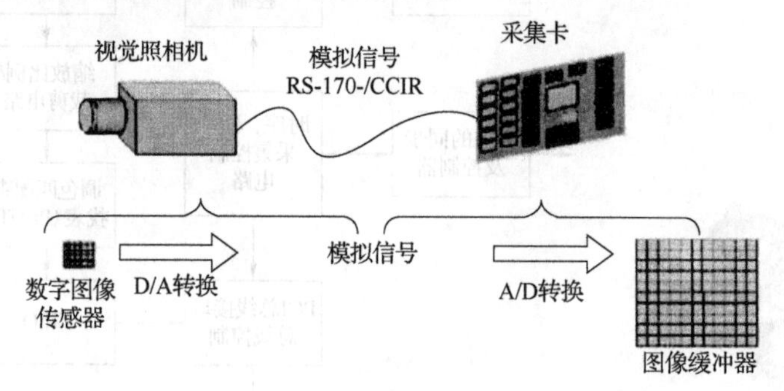

图 6-31　模拟传输方式

2. 数字(digital)化传输方式

如图 6-32 所示为将图像采集卡集成到相机上，由相机得到的模拟信号先经过图像采集卡转化为数字信号，然后再进行传输。

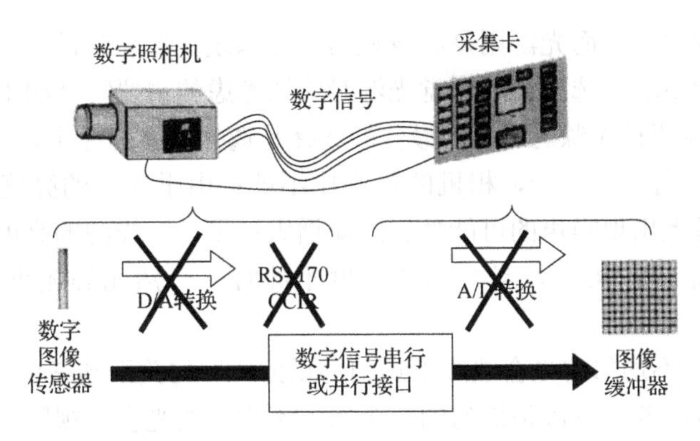

图 6-32　数字化传输方式

图像数据传输的具体方式有以下几种。

(1) PCI 总线和 PC104 总线。PCI(Peripheral Component Interconnect，外设部件互连标准)总线是计算机的一种标准总线，是目前 PC 中使用最为广泛的接口。PCI 总线的地址总线与数据总线是分时复用的。这样做，一方面可以节省接插件的引脚数，另一方面便于实现突发数据传输。

(2) CameraLink 通信接口。CameraLink 标准规范了数字摄像机和图像采集卡之间的接口，采用了统一的物理接插件和线缆定义。只要是符合 CameraLink 标准的摄像机和图像卡就可以物理上互连。CameraLink 标准中包含 Base、Medium、Full 三个规范，但都使用统一的线缆和接插件。CameraLinkBase 使用四个数据通道，Medium 使用八个数据通道，Full 使用 12 个数据通道。CameraLink 标准支持最高数据传输率可达 680Mbit/s。CameraLink 标准还提供了一个双向串行通信连接。

(3) IEEE1394 通信接口。IEEE1394 是一种与平台无关的串行通信协议，标准速度分为 100Mbit/s、200Mbit/s 和 400Mbit/s，是 IEEE(电气与电子工程师协会)于 1995 年正式制定的总线标准。目前，1394 商业联盟正在负责对它进行改进，未来将速度提升至 800Mbit/s、1Gbit/s 和 1. 6Gbit/s 这三个档次。相比 EIA、USB 接口，IEEE 1394 的速度要高得多，所以 IEEE 1394 也称为高速串行总线。

(4) USB2.0 接口。USB 是通用串行总线(Universal Serial Bus)的缩写，USB2.0 通信速率由 USBl.1 的 12Mbit/s 提高到 480Mbit/s，初步具备了全速传输数字视频信号的能力。目前已经在各类外部设备中广泛采用，市场上也出现了大量采用 USB2.0 接口的摄像机。USB 接口具有接口简单、支持热插拔以及连接多个设备的特点。USB 物理接口的抗干扰能力较差，体系结构中存在复杂的主从关系，没有同步实时的保证。

(5) 串行接口。串行接口又称“串口”，常见的有一般计算机应用的 RS232(使用 25 针或 9 针连接器)和工控机应用的半双工 RS485 与全双工 RS4220。有些模拟摄像机提供串行接口，用来修改内部参数和对镜头进行变焦、调节光圈等操作，弥补了模拟摄像机不可远程自动控制的缺点。而对于数字摄像机，这些操作直接通过采集信道上的控制命令来完成。

6.3.5　光源的种类与选型

1. 概述

机器视觉系统的核心是图像采集和处理。所有信息均来源于图像之中，图像本身的质量对整个视觉系统极为关键。而光源则是影响机器视觉系统图像质量的重要因素，照明对输入数据的影响至少占到30%。选择机器视觉光源时应该考虑的主要特性如下。

(1) 亮度。当选择两种光源的时候，最佳的选择是选择更亮的那个。当光源不够亮时，可能有三种不好的情况出现。第一，相机的信噪比不够；由于光源的亮度不够，图像的对比度必然不够，在图像上出现噪声的可能性也随即增大；第二，光源的亮度不够，必然要加大光圈，从而减小了景深；第三，当光源的亮度不够时，自然光等随机光对系统的影响会最大。

(2) 光源均匀性。不均匀的光会造成不均匀的反射。均匀关系到三个方面。第一，对于视野，在摄像头视野范围部分应该是均匀的；第二，不均匀的光会使视野范围内部分区域的光比其他区域多，从而造成物体表面反射不均匀；第三，均匀的光源会补偿物体表面的角度变化，即使物体表面的几何形状不同，光源在各部分的反射也是均匀的。

(3) 光谱特征。光源的颜色及测量物体表面的颜色决定了反射到摄像头的光能的大小及波长。白光或某种特殊的光谱在提取其他颜色的特征信息时可能是比较重要的因素。分析多颜色特征时，选择光源的时候，色温是一个比较重要的因素。

(4) 寿命特性。光源一般需要持续使用。为使图像处理保持一致的精确，视觉系统必须保证长时间获得稳定一致的图像。配合专用控制器，可大幅降低光源的工作温度，其寿命可延长数倍。

(5) 对比度。对比度对计算机视觉来说非常重要。计算机视觉应用的照明的最重要的任务就是使需要被观察的特征与需要被忽略的图像特征之间产生最大的对比度，从而易于特征的区分。对比度定义为在特征与其周围的区域之间有足够的灰度量的区别。

2. 光源的种类

在计算机视觉系统中，通过适当的光源照明设计，使图像中的目标信息与背景信息得到最佳分离，可以大大降低图像处理算法分割、识别的难度，同时提高系统的定位、测量精度，使系统的可靠性和综合性能得到提高；反之，如果光源设计不当，会导致在图像处理算法设计和成像系统设计中事倍功半。因此，光源及光学系统设计的成败是决定系统成败的首要因素。在计算机视觉系统中，光源的作用至少有以下几种。

(1) 可以照亮目标，提高目标亮度。

(2) 形成最有利于图像处理的成像效果。

(3) 克服环境光干扰，保证图像的稳定性。

(4) 用作测量的工具或参照。

视觉测量系统中常见照明光源的类型及其特点与应用如表6-5所示。

通常，光源可以定义为：能够产生光辐射的辐射源。光源一般可分为自然光源和人工光源。自然光源，如天体(地球、太阳、星体)产生的光源；人工光源是人为将各种形式的能量(热能、电能、化学能)转化成光辐射的器件，其中利用电能产生光辐射的器件称为电光源。

表6-5　常见照明光源的类型及其特点与应用

类型	外形	特点	应用	应用示例
环形光源		光线与摄像机光轴近似平行，均衡、无闪烁，无阴影	工业显微、线路板照明、晶片及工件检测、视觉定位等，如电路板检测	

续表

类型	外形	特点	应用	应用示例
低角度环形光源		光线与摄像机光轴垂直或接近 90°。为反光物体提供 360° 无反光照明，光照均匀，适用轻微不平坦表面	高反射材料表面、晶片玻璃划痕及污垢、刻印字符、圆形工件边缘、瓶口缺损检测等	
均匀背景光源		背光照明，突出物体的外形轮廓特征，低发热量，光线均匀，无闪烁	轮廓检测、尺寸测量、透明物体缺陷检测等，如外形检测	
条形光源		用较大被检测物体表面照明亮度和安装角度可调、均衡、无闪烁	金属表面裂缝检测、胶片和纸张包装破损检测、定位标记检测，如条码检测	PDF417
碗状光源		具有积分效果的半球面内壁均匀反射，发射出光线，使图像均匀	透明物体内部或立体表面检测（玻璃瓶、滚珠、不平整表面、焊接检测）等	
同轴光源		光线与摄像机光轴平行且同轴，可消除因物体表面不平整而引起的影响	反射度高的物体（金属、玻璃、胶片、晶片等）表面划伤检测	

3. 照明方式选择

1）选择光源的角度（图 6-33）

光束照射到被测表面后根据被测表面粗糙度的不同会发生镜面反射、方向散射和均匀散射三种现象。其中：镜面反射服从镜面反射定律，随着表面粗糙度和起伏程度的增加，其能量在空间分布将发生变化；方向散射发生在光线波长与表面粗糙度投影尺寸可比拟的情况下，散射光在空间的能量分布为非均匀分布，在某一个空间角内具有能量分布的最大值；均匀散射即朗伯散射，在反射面以上的半空间球面中，每个角度方向上的发光强度都相等，可用双向散射分布函数（BSDF）来表述。光线反射及散射过程不仅与表面微观纹理高度概率密度函数、均方根高度、均方根斜率和功率谱密度等粗糙度参数有关，还受到表面光洁度和缺陷等表面微观几何尺度上峰谷起伏对光线传播遮挡的影响，即阴影效应。根据光的散射特性，针对不同的表面缺陷，产生了不同的光源照明技术，分别为同轴、明场、暗场、漫反射、背光等照明检测技术。

在明场照明成像方式中，相机位于入射光的正对面，大部分光线进入相机。如果表面是完美的漫反射表面，则相机成像的是均匀的明亮图像。当被成像区域有缺陷时，反射光将在其他方向上散射，相机成像在明亮背景中产生暗点。相反，对于暗场照明成像，相机远离镜面反射方向，如果表面是镜面，进入相机的散射光非常微弱，相机抓取的是暗灰色图像。但是，如果照明区域存在缺陷，入射光在缺陷处向各个方向散射，相机拍摄的图像出现明亮的缺陷标记。明场照明常用于检测粗糙表面的缺陷，暗场照明常用于镜面检测，如检测光学表面的划痕。背光照明光源和相机位于被测产品的两侧，光线穿透被测物进入相机，如果被测物不透光，就会产生投影，形成高对比度和清晰的轮廓。背光照明主要用于检测不透明物体的外围轮廓特征，以及透明物体的内部气泡、杂质异物等。漫反射照明是照明光线从不同角度方向照明被测表面，用于压制表面纹理、皱褶可能在相机像面上形成阴影干扰，帮助均化背景表面的亮度。

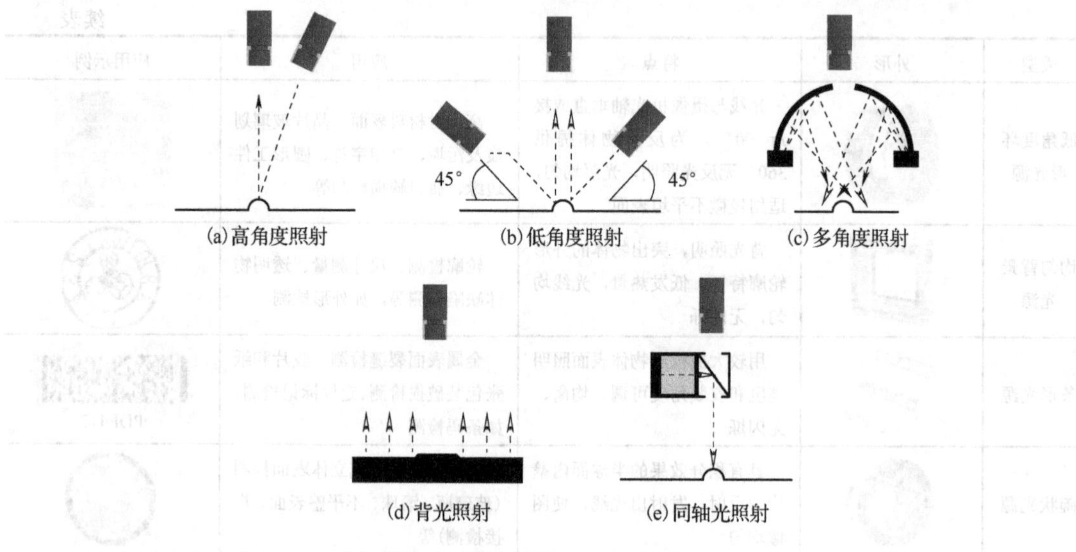

图 6-33　不同角度光源的示意图

在计算机视觉检测系统中，表面法线方向、相机光轴方向、照明入射光线方向之间的角度分布会明显地影响相机对缺陷信息的灵敏度与分辨能力，只有合理布置这些角度关系才能在相机获取的图像中得到所需的目标信息，并且能够抑制背景噪声、增强缺陷信号的信噪比。如何确定他们之间的关系，需要很强的实践经验，并且需要进行大量的实验验证。要得到符合要求的初步结果通常需遵从三个准则：最大化感兴趣特征的对比度、最小化不感兴趣特征(背景)的对比度和具有一个解决稳定性的办法。

2)选择光源的颜色

考虑光源颜色和背景颜色，使用与被测物同色系的光会使图像变亮(如红光使红色物体更亮)；使用与被测物相反色系的光会使图像变暗(如红光使蓝色物体更暗)。例如，不同颜色光源效果示例如图 6-34 所示。

波长越长，穿透能力越强；波长越短，扩散能力越强。红外的穿透能力强，适合检测透光性差的物体，如棕色玻璃瓶杂质检测。紫外对表面的细微特征敏感，适合检测对比不够明显的地方，如食用油瓶上的文字检测。

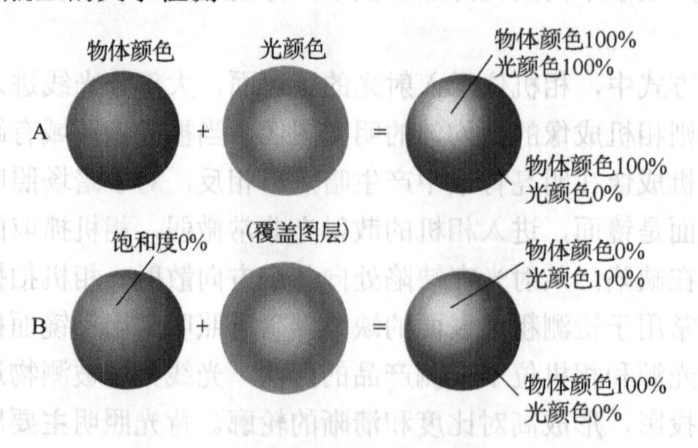

图 6-34　不同颜色光源效果

3) 选择光源的形状和尺寸

光源的形状主要分为圆形、方形和条形。通常情况下选用与被测物体形状相同的光源，最终光源形状以测试效果为准。光源的尺寸选择，要求保障整个视野内光线均匀，略大于视野为佳。

4) 选择是否用漫射光源

如被测物体表面反光，最好选用漫反射光源。多角度的漫射照明使得被测物表面整体亮度均匀，图像背景柔和，检测特征不受背景干扰。

6.3.6 偏振技术应用和大视场成像技术

1. 偏振技术应用

偏振光按偏振态划分为线偏振光、圆偏振光、椭圆偏振光、部分偏振光和非偏振光。光的本质是一种电磁波，当与物质相互作用时具有反射、折射、散射和吸收等现象，光与物质的相互作用可分为两类：①光在电介质-电介质分界面的反射和折射；②光在电介质-金属表面的反射和透射。与不导电的电介质相比，金属一般为良导体，存在大量的自由电子，在电场作用下可以产生电流，由此产生金属/电介质两种物质的本质区别。

在计算机视觉检测中，有些被检产品表面具有很强的反射特征，如抛光金属表面、玻璃和晶片等，或从某个角度照明会产生强烈的反射，视场范围会产生极其明亮的区域或亮斑，此时相机如果直接成像，图像特征可能淹没在亮斑区域里，无法分辨。采用偏振技术，能够有效解决以上成像带来的困扰。

(1) 利用偏振片消除强反光，在对大多数非金属光滑表面进行缺陷检测时，从表面反射出的光线其偏振分量 s 部分大于 p 部分，如果照明光源的入射角为 50°～60°，即接近布儒斯特角时，表面反射光基本上是 s 偏振光。若在相机镜头前安装一个偏振片，过滤掉强反射的 s 偏振光，就可以消除来自反射表面的眩光或亮斑的影响，增强图像对比度，突出表面细节，得到一张满意的图像。

(2) 偏振光照明与成像，对于不透明材料(半导体和金属等)表面缺陷的检测，如果有强反光干扰，可以采取反射式偏振照明与成像技术。首先用偏振片把照明光源转变成线偏振光，照射在被测产品表面上，线偏振光经过被测表面反射后，一般形成椭圆偏振光。如果在相机前面放置一个偏振片和一个补偿滤波镜(如 1/4 波片)，转动偏振片到合适位置，就可以消除强反光，得到效果理想的图像。

2. 大视场成像技术

光学成像视场与检测分辨率之间始终是一对矛盾体，扫描成像、阵列成像或者二者的组合是解决大视场、高分辨检测需求的可行办法。扫描成像又可以分为点扫描、行扫描和帧扫描。点扫描方法可以通过缩小扫描点光斑的大小和提高扫描采集密度实现大视场高分辨率检测，视场越大，分辨率越高，检测时间就越长，因此有时难以满足生产对检测速度的要求，但是点扫描成像方法由于在各个扫描点成像状态一致，可以分辨出比其他方法更多的特征，通过布置多个传感器实现多通道角度分辨成像。利用不同的通道检测不同的特征，不仅能检测表面缺陷，还可以检测表面微观曲率的变化，实现特征光学方法分离，减少后续图像处理的难度。

行扫描和帧扫描虽然成本较高，但可以提高检测速度，因此在自动光学检测系统上得到广泛应用。AOI 系统通过采用一排线阵相机可实现大视场、高分辨、高速扫描检测，所有的相机具有相同的参数且在远程主机的控制下同步工作，对于单台相机检测视场小于相机外形尺寸的情况，需要线阵相机多次来回扫描，采用图像拼接技术实现整个幅面的检测。尤其在 OLED 和晶圆检测制造行业，对表面缺陷在线检测分辨率和检测速度提出了非常苛刻的要求，其中分辨率要求优于 1μm。采用线阵相机阵列扫描有时都难以同时满足高分辨率和高速度的指标，这时就需要采用高速面阵相机进行帧扫描。

为了提高生产效率，厂商对 AOI 的检测速度和分辨率的要求不断提高，导致需要更大靶面、更快速的线阵相机和面阵相机，因而产生了新一代的线阵图像传感器和面阵图像传感器。目前商用的用于机器视觉行业的线阵相机像素可达 16K，有的线阵相机还采用 TDI（time delay integration）多线积分的方式提高感光灵敏度和扫描速度。面阵相机在 500 万像素分辨率、位深 10bit 时也能达到近 600frame/s。这些新型 CMOS 传感器可以在极高的速度下拍摄高分辨率影像，因此对数据传输率也提出了极高的要求，这促使数据传输接口从传统的 GigE Vision 和 CameraLink 接口标准升级到 CoaxPress 接口标准，单根同轴电缆中传输数据的速度高达 6.25Gbit/s，传输速度得到极大改善，为开发高速扫描成像系统提供了技术保障。

对于如 TFT-LCD 玻璃基板与彩色滤光片这样大幅面表面缺陷的检测，为了解决高速、高分辨率之间的矛盾，有时还需要采取全视场扫描成像和局部显微复检（review）成像两种成像方式。全视场扫描成像是将多个线阵相机排列成一行，进行一个来回或多个来回高速扫描，扫描分辨率一般大于 10μm，通过高速线阵扫描成像，初步确定缺陷的种类与位置。为了解缺陷产生的原因，再采取显微复检成像技术，局部观察缺陷的微观信息。为了克服被测件平整度的变化，以及克服机台微小振动对显微镜成像清晰度的影响，需要采用具有自动对焦功能的显微成像技术及系统。典型的自动对焦方法有光学三角法、临界角法、傅科刀口法、共焦法、投影条纹法和像散法等，这些方法各有优缺点，目前 AOI 系统中，在业界得到广泛应用的是光学三角法和投影条纹法。

6.3.7 图像处理技术

计算机视觉检测技术是利用计算机模拟生物视觉功能，对环境信息进行识别和理解判断，完成测量、追踪、分类、识别等工作，其技术的主要核心部分就是图像处理分析算法。图像处理分析算法包括图像处理、空间几何、信息学、数理统计、人工智能等多个领域的内容，通过对图像灰度、色彩、梯度等信息的提取分析对图像中感兴趣的目标或区域进行高精度定量和半定量检测（如机械零部件的大小和形状测量、显微照片中的微小粒子个数测量等），或者是定性检测（如检查产品的外观、检查装配线上零部件的位置以及检测是否存在缺陷、装配是否完全等）。自动光学检测（AOI）中图像分析算法主要分成图像增强预处理、特征提取、图像前景分割以及目标物分类识别这几个部分，对其中的每个部分都有学者进行深入的算法研究，包括对某个传统算法的改进或者提出全新的处理算法。

1. 图像特征提取

图像要素如边缘、棒、斑点和端点等组成的基元与目标实体之间有重要的联系，通过对图像中灰度变化的检测和定位得到的这些要素就构成了图像的视觉特征。图像中的特征又可以分为不同的等级，包括低层次的关键点特征、边缘特征、形状特征，较高层次的纹理特征以及统计特征等，从低层到高层的特征则表现为越来越抽象。

1) 特征点提取

图像中的特征点是二维图像亮度变化剧烈的点或图像边缘曲线上曲率极大值的点，可以通过灰度图像以及轮廓曲线来提取。1999 年 Moravec 首次提出了利用灰度方差提取特征点。2004 年，Lowe 进一步完善了此方法。此外还有很多经典的特征点提取算法也一直在不断地改进中，如 SUSAN 角点算子、SURF 角点算子等。在具体的工业检测项目中，特征点检测常常用于有规则几何形态标准件的识别、定位等，如利用印刷线路板中芯片元件的 SURF (speeded up robust fea-tures) 角点特征与颜色信息，通过最近邻法则寻找元件之间的匹配点对来进行元件匹配。

2) 边缘及形状特征提取

边缘是很多常用图像处理算法的基础，图像边缘就是图像中目标待测物的边界，通常表现为与周围背景亮度上的差别，因此要检测目标物的边缘特征实际上就是要检测目标边界上亮度级的阶梯变化。边缘亮度变化可以通过对灰度图像进行微分或者差分处理得到。例如，常用的 Roberts、Sobel、Prewitt 等一阶微分边缘检测算子，Marr-Hildreth、LOG (Laplacian of Gaussian)、Canny 等二阶微分边缘检测算子，以及分数阶微分边缘检测算子。除了利用微分差分提取边缘，Hough 变换、主动轮廓和蛇模型、均值漂移法 (mean shift) 等也常用于前景待测物的形状以及轮廓的检测提取。

3) 局部纹理及统计特征提取

物体的材质、颜色、表面粗糙度等的不同会使得相同光照条件下的物体呈现出不同的纹理，具有一定的周期性、方向性、强度和密度等特性。图像的纹理通常是针对一定范围内的区域而不是单个像素而言的，是图像局部灰度变化的某种模式，其可能存在一定规则也可能是随机的。可以通过对局部区域的灰度分布或变换情况进行统计得到纹理特征，例如，Haralick 提出的灰度共生矩阵 (GLCM) 就是对不同灰度像素的空间分布关系建立矩阵，然后从中提取角二阶矩、惯性矩、熵、相关系数等统计量描述纹理，Abbadeni 利用自协方差函数对心理学角度上更符合人类视觉感知的对比度、粗糙度、规整度等纹理属性进行估计，统计几何特征 (SGF) 通过统计纹理图像序列中连通区域几何属性得到 16 维的特征集，行人检测中广泛使用的 HOG 特征是通过统计图像局部区域的梯度方向直方图得到的，还有能得到灰度不变、旋转不变特征的局部二进制模式 (LBP) 算法等。另外还可以通过图像频域分析得到纹理在频域空间的一些特性，如对图像进行傅里叶变换、Gabor 小波变换、计算能量谱等，之后再经过统计计算得到纹理特征。实际项目应用中纹理特征常用于纺织物、玻璃、铸件、轮胎等具有随机纹理表面的工业材料的状态检测，且通常需要分析待测物表面属性后采用多种特征提取算法相融合的方式得到更具代表性的特征。

2. 图像分割

图像分割是工业检测中最常用的图像处理方法之一，将目标和背景区分开是对目标进行识别检测和分析理解的前提与基础。目前图像分割方法大致可以分为三类。

(1) 基于阈值：依据图像的灰度分布情况选择一个或多个灰度阈值，对图像逐像素地使用选择的阈值进行二值化操作，适用于目标和背景对比度较大的图像。常用的有自适应阈值法、最大类间方差法、最大熵法等全局阈值或局部阈值算法。

(2) 基于边界：提取目标边界后沿着目标区域的封闭边界将目标分割出来，适合对边缘梯度大且噪声较小的目标进行分割。上面提及的主动轮廓模型、蛇模型、水平集模型等边缘特征提取算法常用于该类图像分割方法中。

(3) 基于区域法：根据区域内纹理灰度等特征的相似性，合并相似区域而分割不相似区域，该类方法是以区域而不是像素为基础的，因而对噪声有一定的容忍性。在基于区域的分割方法中常会用到聚类理论，即基于相似度对数据集进行划分并使得划分结果具有最小的目标函数，用于图像分割时则是先将图像特征根据一定规则分为几个独立的特征空间，然后根据待分割区域的性质将其映射到相应的特征空间并对其标记后根据标记进行分割。

3. 缺陷识别及分类

缺陷识别及分类是整个自动光学检测系统中图像算法的主要目标。想要对实际中复杂的工业生产线上产品进行质量检测及分类，就首先要确定图像中不同位置处分别是什么物体，然后才能对其进行质量检测。一幅图像中往往包含多个对象，而为了识别图像中以像素群为集合的某个特定对象，首先要根据目标的属性用一个紧凑且有效的描述符来表达目标的实质，即对目标进行特征化。由于特征只包含使目标独一无二且在环境中不变的信息，因此特征的信息量比目标物本身携带的信息量要少。目标描述符常用上述提及的关键点、边界、区域纹理及统计特征、频率域等表示，识别结果则完全取决于特定应用下对特定目标描述符的建立，从图像中提取特征描述符后再利用分类器进行学习，从而完成对其他相同特定目标的识别。常用的分类器有 K 近邻(KNN)、支持向量机(SVM)、最小距离法(MD)、最大似然分类器(MLC)等。

4. 缺陷及其类型

表面缺陷(surface imperfection)是在加工、储存或使用期间，非故意或偶然生成的实际表面的单元体、成组的单元体和不规则体。在缺陷检测中，不同产品有不同的缺陷定义，对缺陷进行分类基本上都依据几个主要特征，即几何特征、灰度和颜色特征、纹理特征。

表面几何缺陷是工业产品表面最常见的缺陷类型，不同的产品和行业对缺陷的定义可能不同，常见的几何缺陷有亮点、暗点、针孔、凸起、凹坑、沟槽、擦痕和划痕等。

表面微观裂纹通常是材料在应力或环境(或两者同时)作用下产生的裂隙，裂纹分为微观裂纹和宏观裂纹，已经形成的微观裂纹和宏观裂纹在应力或环境(或两者同时)作用下，不断长大，扩展到一定程度，即造成材料的断裂。如液晶基板玻璃四周加工后容易使应力集中，产生微裂纹，导致运输和后续加工过程中发生延展。裂纹实际可归类为几何缺陷，将裂纹单独列为一类，主要是因为微观裂纹的检测通常非常困难，需要采取与常规的几何缺陷检测不同的方法。

5. blob 分析

图像分割后需要对图像中的一块缺陷区域(即连通域)进行标记和 blob 分析(blob analysis)。在计算机视觉中的 blob 是指图像中具有相似颜色、纹理等特征所组成的一块连通区域。缺陷的 blob 分析即分析从背景中分割后缺陷的数量、位置、形状和方向等参数，还可以提供相关缺陷间的拓扑结构，以便后续对缺陷进行识别和分类处理。

(1) 缺陷连通域 blob 标记。缺陷连通域标记也称为缺陷连通域分析、区域标记、blob 提取、局部区域提取等，即给图像中每个缺陷区域定义一个唯一的标识符，用以区分不同位置的缺陷，以便后续特征提取和分析。

(2) 缺陷特征提取与 blob 参数化。缺陷特征可分为几何特征、颜色特征、光谱特征和纹理特征等，特征选择与提取严重影响缺陷分类的准确性，特征的选择需要根据被检测表面自身特点、光学成像方法和图像所代表的物理特性来确定。缺陷的特征可用 blob 参数来表征，并形成特征向量供后续特征分类使用。对于大多数工业产品表面缺陷检测，缺陷的各种特征中几何特征往往比颜色特征、纹理特征等更有用。

(3) blob 最小外接矩形的计算。在 blob 分析中，最关键的是 blob 区域外接矩形的计算，计算最小外接矩形有两种方法：旋转法和霍特林(Hotelling)变换。旋转法是将 blob 的边界以每次若干角度的增量在 0°～90° 旋转。每旋转一次，记录一次其坐标系方向上的外接矩形边界点 (x, y) 的最大值和最小值，旋转到某个角度后，外接矩形的面积达到最小，取面积最小的外接矩形参数为主轴意义下的长度和宽度。此外，主轴可以通过矩计算得到，也可以用求物体的最佳拟合直线的方法求出。霍特林变换也常称为主成分变换(PCA)或 K-L 变换。其主要思想是用坐标系转换，求出样本的主轴和纵轴，然后找出这些主轴和纵轴方向的最大值与最小值，以旋转后的坐标系将样本用框标出，霍特林变换是在均方误差最小的意义下获得最佳变化，消除了旋转变化带来的影响。

6. 深度学习算法

近年来随着深度学习算法的发展，图像特征描述符的建立也由人工选择建立向自动化智能化方向发展，基本思想是通过有监督学习或者无监督学习的方式来对整个图像进行描述，经过学习训练后得到的特征通常更具不变性及稳定性(图像采集过程中的光照变化、视角变化、图像形变、相同类内的差异等对特征的干扰较小)且在后续分类识别中表现更为优异。

在自动光学检测系统中，图像数据是分层处理的，从计算获得角点、边缘、轮廓等最低层次特征，到分析图像的纹理、梯度统计等较高层次的特征，再到理解更高层的目标物体的类别和属性等。特征信息的层次越高其信息的冗余度越低，越能描述图像的内在意义，因而越有利于分类。

检测系统中，利用传统算法对图像进行检测的主要过程包括以下几个步骤：通过传感器获得图像后对图像进行去噪及增强等预处理、图像有效特征的提取、特征的选择，最后利用机器学习进行推理预测或者识别，其中需要依据不同检测目的不同检测目标来人为地设计并选择特征，并且将图像原始像素转换成恰当的内部特征描述还需要丰富的专业知识以及经验，因而就限制了系统的可移植性及稳定性。相较而言，利用深度学习进行图像信息处理的重要思想就是不需要人为设计特征，直接将最底层的图像像素信息输入深度学习网络，由经过学习训练后的网络自动对信息进行大量的线性或非线性变换，然后即可直接得到高层次的、表现最优的抽象特征描述，由于这种从输入图像到直接输出特征的信息处理方式不存在基于人工规则的中间步骤，因而图像处理系统更具有通用价值。目前常用于目标物识别、图像分割等计算机视觉应用中的深度学习网络有堆栈式自编码网络(SDAE)、深度信念网络(DBN)、卷积神经网络(CNN)、生成对抗网络(GAN)等。

第7章 装配过程自动化

本章重点：本章主要介绍装配的基本概念，自动化装配工艺，自动化装配关键技术及结构、自动化装配设备等内容。

7.1 概 述

1. 装配的基本概念

所谓装配，就是按照规定的技术要求，通过搬送、连接、调整、检查等操作工序把具有一定几何形状的零件组合到一起成为产品的装配工艺过程；装配是整个生产系统的一个重要组成部分，是整个制造工艺过程的最后一个环节，装配质量在很大程度上决定了产品的最终质量。

为了方便制造和装配，通常将一个完整的产品从结构上分解为由零件、套件、组件和部件组成，然后进行设计、制造和装配，最后总装成为产品。零件是组成产品的最小单元，一般不能再进行结构上的分解。一般零件都具有配合基准面，可作为装配基础件，使装配在它上面的零件具有正确的相对位置和姿态。

装配的第一步是基础件的准备。基础件是整个装配过程的第一个零件。在一个基准零件上，装上一个或若干个零件就构成了一个套件，这是最小的装配单元。每个套件只有一个基准零件，为套件而进行的装配工作称为套装。

组件由一个或若干个套件和零件装配而成，但它不具有独立的功能。例如，活塞连杆组是一个组件，它由连杆、活塞、活塞销等零件装配而成，但它必须与缸体、缸盖和曲轴等协调起来才能工作。为形成组件而进行的装配工作称为组装。有时组件中没有套件，由一个基准零件和若干个零件所组成，组件与套件的区别在于组件可拆，而套件在以后的装配中一般为一个零件不再拆开。部件是由若干个组件、套件和零件装配而成的，在结构上和功能上具有独立性。在一个基准零件上，装上若干个部件、组件、套件和零件就成为产品。为形成产品而进行的装配工作称为总装。

2. 装配精度

装配精度是装配作业必须满足的首要技术条件，高精度的装配是保证产品功能、性能要求，提高产品质量的关键。

装配作业存在两种误差。一种是功能误差，指零部件装配到一起并且能够实现规定功能所允许的偏差。另一种是装配过程误差，它是与操作过程相关由装配造成的位置和方向误差。

装配精度包括几何精度和运动精度。

(1) 几何精度是指尺寸精度和相对位置精度。尺寸精度反映了装配中各有关零件的尺寸和装车精度的关系，相对位置精度反映了装配中各有关零件的相对位置精度和装配相对位置精度的关系。

(2) 运动精度是指回转精度和传动精度。回转精度是指回转部件的径向跳动和轴向窜动，主轴和轴类零件轴颈处的精度、轴承的精度、箱体轴孔精度等有关的精度。传动精度是指传动件之间的运动关系，例如，转台的分度精度、车削螺纹时车刀与工件间的运动精度。

零件精度与装配精度密切相关。零件的技术要求须按照装配条件及在运转状态所应起的作用来确定。装配精度往往和几个零件有关，要控制装配尺寸链来保证该项装配精度。相关精度的确定又与生产量和装配方法有关。一般来说，零件的精度越高，越容易保证装配精度，但过分要求零件精度会大大增加生产成本。

装配精度与零件之间的配合要求和接触状态也密切相关。零件之间的配合要求是指配合合面间的间隙量或过盈量，它决定了配合性质。零件之间的接触状态是指配合面或连接表面之间的接触面积和接触位置要求，它既影响接触刚度，也影响配合性质。

3. 连接方法及其自动化

装配工作中可以采用的连接方式是多种多样的，各种连接方法的使用因行业不同而异。在机械制造行业中，各种连接方法所占比例约为：螺纹连接 68.5%；铆接 3.65%；销接 6.6%；弹性涨入 1.3%；粘接 1%；其他 18.95%。可见，螺纹连接的比例最大。电子行业中，焊接 85%，压装 8%，其他 7%。结构复杂的产品，可能结合采用多种不同的连接方法，如图 7-1 所示。

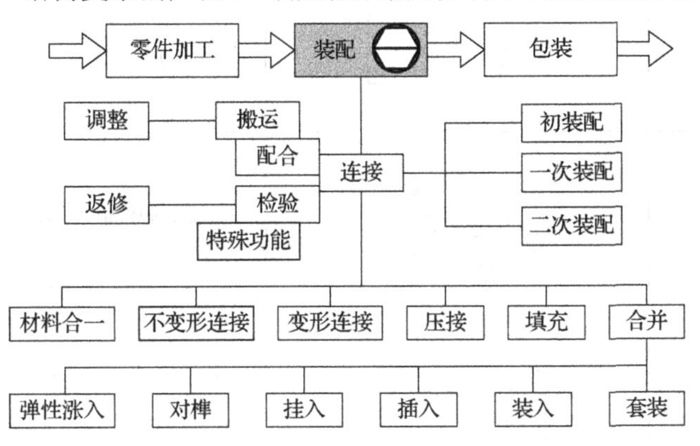

图 7-1　自动化装配过程中的连接方法

各种连接方法各有特点，如在可不可拆卸、接头形式、连接位置剖面形状、结合的种类、实现自动化的难易程度等方面都有差异，表 7-1 列举了常见连接方法。

表 7-1　自动化装配常见连接方法

连接方法	原理	说明
折边	F B	形状耦合连接，把管形零件的边缘折弯
镶嵌、插入	B B	把小零件嵌入大零件
熔入	T T	铸造大零件时植入小零件
涨入	F	通过预先的变形嵌入

续表

连接方法	原理	说明
翻边、咬接	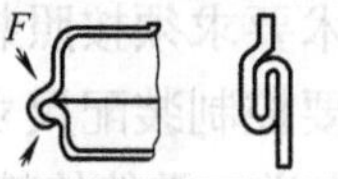	通过板材的边缘变形形成的连接
填充、倾注	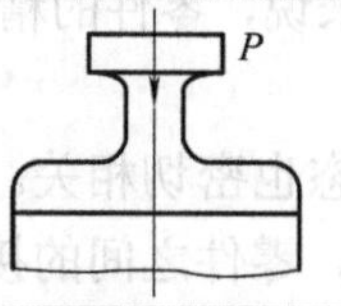	注入流体或固体材料
开槽	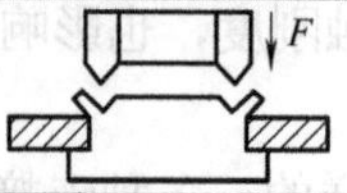	配合件插入基础件，挤压露出的配合件端部向外翻
钉夹	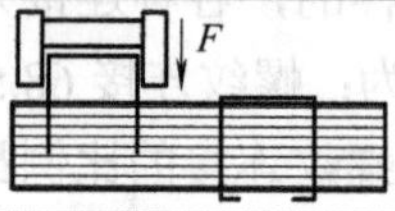	用扒钉穿透两个物体并折弯，形成牢固连接
粘接	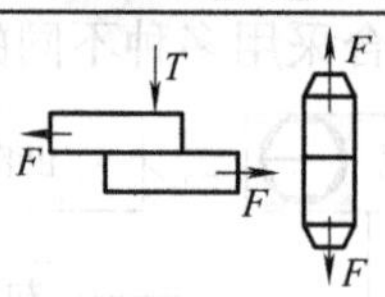	用黏结剂黏合在一起，有些需要加热
压入	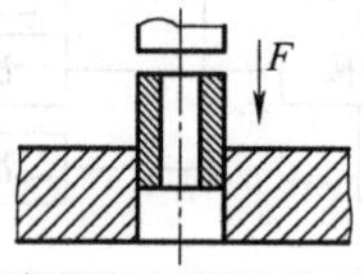	通过端部施加压力把一个零件插入另一个零件
凸缘连接	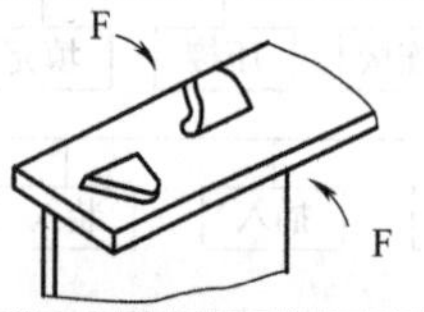	使一个零件的凸缘插入另一个零件并折弯
铆钉	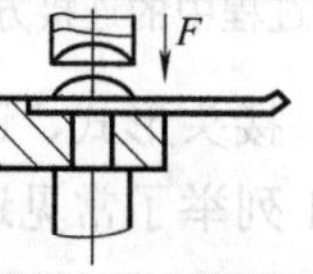	用铆钉连接
螺纹连接	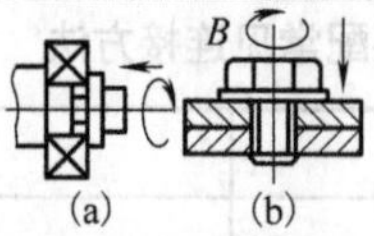	用螺钉、螺母或其他螺纹连接件连接
焊接	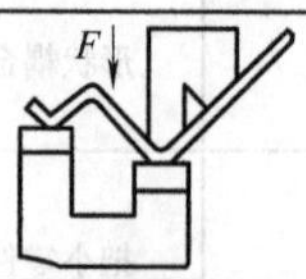	有压焊、熔焊、超声波焊等
合缝、铆合	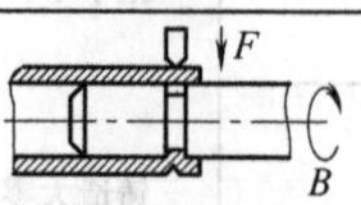	使薄壁材料变形挤入实心材料的槽形成连接
铰接		把两种材料铰合在一起形成连接

若按照装配自动化的可实现性从小到大依次排列各种连接方法，其结果为压接、翻边、搭接、收缩、焊接、铆接、螺纹连接、对茬接、挂接、咬边、钎焊、粘接。装配动作过程决定了装配机械的运动模式。几种最典型的动作要求见表 7-2。

表 7-2　典型自动化连接动作要求

名称	原理	运动	说明
插入(简单连接)	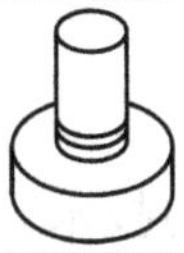		有间隙连接，靠形状定心
插入并旋转	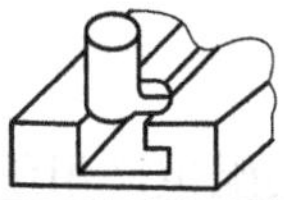		属形状耦合连接
适配	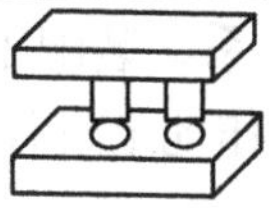		为寻找正确的位置精密地补偿
插入并锁住	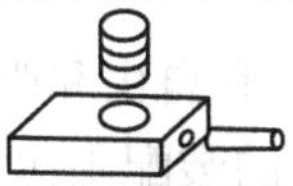		顺序进行两次简单连接
旋入		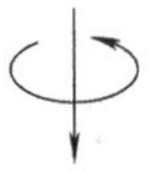	两种运动的复合，一边旋转一边按螺距往里钻
压入	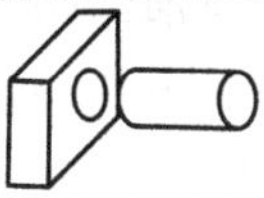		过盈连接
取走	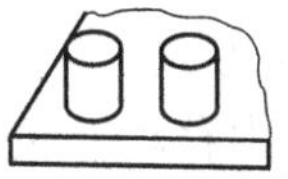		从零件储备仓取走零件
运动	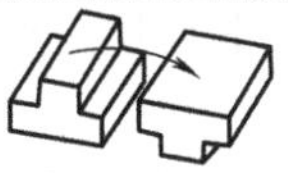		零件位置和方向的变化

7.2　自动化装配工艺

7.2.1　制订自动化装配工艺的依据和原则

1. 产品图纸和技术性能要求

根据产品图纸制订装配/工序、装配方法和检验项目，设计装配工具和检验、运输设备根据技术性能要求确定装配精度、试验及验收条件等。

2. 生产纲领

生产纲领就是年生产量，它是制订装配工艺和选择装配生产组织形式的主要依据。对于大批量生产，可以采用流水线和自动装配线的生产方式；对于小批量和单件生产的产品，可采用固定地点的方式进行半自动化和手工生产。

3. 生产条件

在制订装配工艺规程时，要考虑工厂现有的生产和技术条件，如装配车间的生产面积、装配工具和装配设备、装配工人的技术水平等，使所制订的装配工艺能够切合实际，符合生产要求。制订装配工艺规程时应考虑以下原则：保证产品质量、满足装配周期要求、减少手工装配劳动量、降低装配工作所占成本。

7.2.2 装配工艺规程的内容

1. 产品图纸分析

从产品的总装图、部装图和零件图了解产品结构与技术要求，审查结构的装配工艺性，研究装配方法，并划分能够进行独立装配的装配单元。

2. 确定生产组织形式

根据生产纲领和产品结构确定生产组织形式。装配生产组织形式可分为固定式和移动式两类。按照装配对象的空间排列和运动状态、时间关系、装配工作的分工范围与种类，可有多种具体组织形式。固定式装配即产品固定在一个工作地上进行装配。这种方式多用于机床、汽轮机等成批生产中。

移动式装配流水线工作时产品在装配线上移动，有自由和强迫两种节奏。自由节奏时各工位的装配时间不固定，强迫节奏是定时的，各工位的装配工作必须在规定节奏时间内完成，装配中如出现故障则立即将装配对象调至线外处理，以避免流水线堵塞。其中又可分为连续移动和断续移动两种方式。连续移动装配时，装配线作连续缓慢的移动，工人在装配时随装配线走动，一个工位的装配工作完毕后工人立即返回原地。断续移动装配时，装配线在工人进行装配时不动，到规定时间，装配线带着被装配的对象移动到下一工位。移动式装配流水线多用于大批量生产，产品可以是小仪器仪表，也可以是汽车、拖拉机等大产品。

随着装配机器人的发展出现了一些新的装配组织方式。原先的一些只能由熟练装配工实施的装配工作现在完全可以由机器人来实现。例如，由移动式机器人所执行的固定工位装配。装配工人和装配机器人共同组成的柔性装配系统也在中批量生产中得到应用。

3. 装配顺序的决定

在划分装配单元的基础上，决定装配/工序是制订装配工艺规程中最重要的工作。根据产品结构及装配方法划分出套件、组件和部件，划分的原则是先难后易、先内后外、先下后上，最后按零件的移动方向画出网络连线而得到装配系统图。例如，从图 7-2 的流程图可以知道哪些装配工作(1)可以先于其他步骤(3，4，5)开始，在此步骤中哪些零件被装配到一起；一种装配操作(2)最早可以在什么时间开始，什么步骤(如 3，4)可以与此平行地进行；在哪个装配步骤(5)中另一零件(D)的前装配必须事先完成。

可以用配合面来描述装配零件之间的关系。配合面即装配时各个零件相互结合的面。每一对配合面构成一个配合 e。如图 7-3 所示部件的装配关系可以描述为

$$\left(e_1\left[f_1,f_3\right]\right)\left(e_2\left[f_2,f_5\right]\right)\left(e_3\left[f_4,f_6\right]\right) \tag{7-1}$$

从式(7-1)可以看出，从功能上两次出现的表面是配合面。图 7-3 所示的部件包括三个配合，即

$$\left(bg\left[e_1,e_2,e_3\right]\right) \tag{7-2}$$

用这种方法容易描述装配操作。在图 7-3 中有两个装配操作。

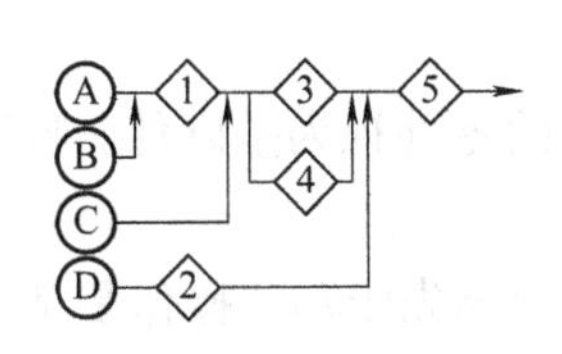

图 7-2　装配过程流程图

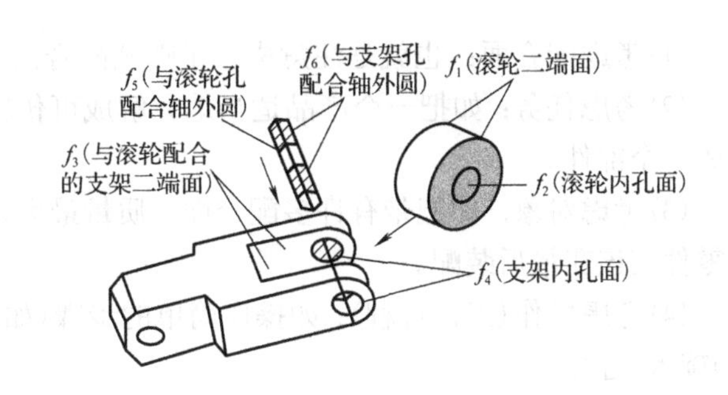

图 7-3　一个部件上的各个配合面

确定装配顺序时，除了考虑配合面，还要考虑装配对象、组织和操作工艺条件。表 7-3 给出了操作过程和功能优先权的说明。

表 7-3　最佳装配顺序时优先导出

	连接方法	特点		
配合过程的优先权	弹性涨入	弹性变形	常规连接	
	套装 插入 推入	配合公差	被动连接	
	电焊 钎焊 粘接	材料 结合	不可拆卸的连接	主动连接
	压入铆接	形状 结合		
	螺纹连接、夹紧	力结合	可拆卸的连接	
	功能	说明	例子	
从技术功能考虑的优先权	准备支点	构成几何布局		
	定位	确定连接之前的相对位置		
	固定紧固	零件位置被固定		

4. 合理装配方法的选择

装配方法的选择主要是根据生产大纲、产品结构及其精度要求来确定的。大批量生产多采用机械化、自动化的装配手段：单件小批生产多采用手工装配。大批量生产多采用互换法、分组法和调整法等来达到装配精度的要求；而单件小批生产多用修配法来达到要求的装配精度。合理装配方法的选择一般应从以下几个方面来考虑。

(1) 考虑配合面：也就是注意失去了哪些配合面。所谓失去是指被占用或者被封闭。

(2) 考虑任务：如把一个产品适当地分解成可传输的部件。当一个 O 形圈装入槽内，槽就构成一个部件。

(3) 考虑对象：如把带有许多配合面、质量最大、形状复杂的零件视为基础件。特别敏感的零件应该在最后装配。

(4) 考虑操作(工艺过程)：如操作简单的步骤(如弹性涨入)应该先于那些操作复杂的步骤(如旋入)进行。

(5) 考虑功能：各种零件在产品中实现不同的价值。表 7-3 对于操作过程和功能的优先权加以说明。

7.2.3 零件结构对装配自动化的影响

1. 零件实现自动装配的难易程度分级

适合装配的零件形状对于经济的装配自动化是个基本前提，其原则是使装配成本尽量降低。可以近似地用数字来评价零件实现自动装配的难易程度。由包含在一个部件里的所有零件的装配难度可以推断出此部件自动化装配的难易程度。按表 7-4 所示的方法划分为四个等级。每个配合件所构成的编码构成了一个 7 位数的关键字。这个关键字各位编码数字的总和称为装配工艺性评价标准。

表 7-4 零件实现自动装配的难易程度分级

困难度	各位编码数之和	特点
1	<10	可以整理、传递、运输；容易实现自动化；技术方案也容易选择
2	10～20	自动化的实现属中等难度。整理、传递、运输要通过实验选定适当的设备
3	20～25	自动化的实现属较高难度。零件的可搬送性需要具体分析，可靠和经济
4	>25	由于搬送技术和装配技术方面的原因，自动化不能实现。必须改变零件的设计才能实现自动化装备

例如，一个不带孔也没有其他特征的塑料圆柱体

第一位数不对称的外形，非金属	2000000
第二位数没有不规则表面	000000
第三位数非铁磁性材料	20000
第四位数横截面为圆形，纵截面为矩形	2000
第五位数一个回转轴，一个对称平面	100
第六位数无中心孔，外轮廓直	10
第七位数无附加特征	0
编码 2022110	

各位编码数字之和是 8。按照表 7-4，它的困难度是 1，也就是容易实现自动化传送和自动化装配。

图 7-4 给出了零件的自动化装配的工艺特征，据此可以判断哪些特征在成组装配中是有利的。这里还没有包括几个装配技术方面的问题，例如，①到达装配位置的可通过性。②配合件的敏感性。③连接公差。

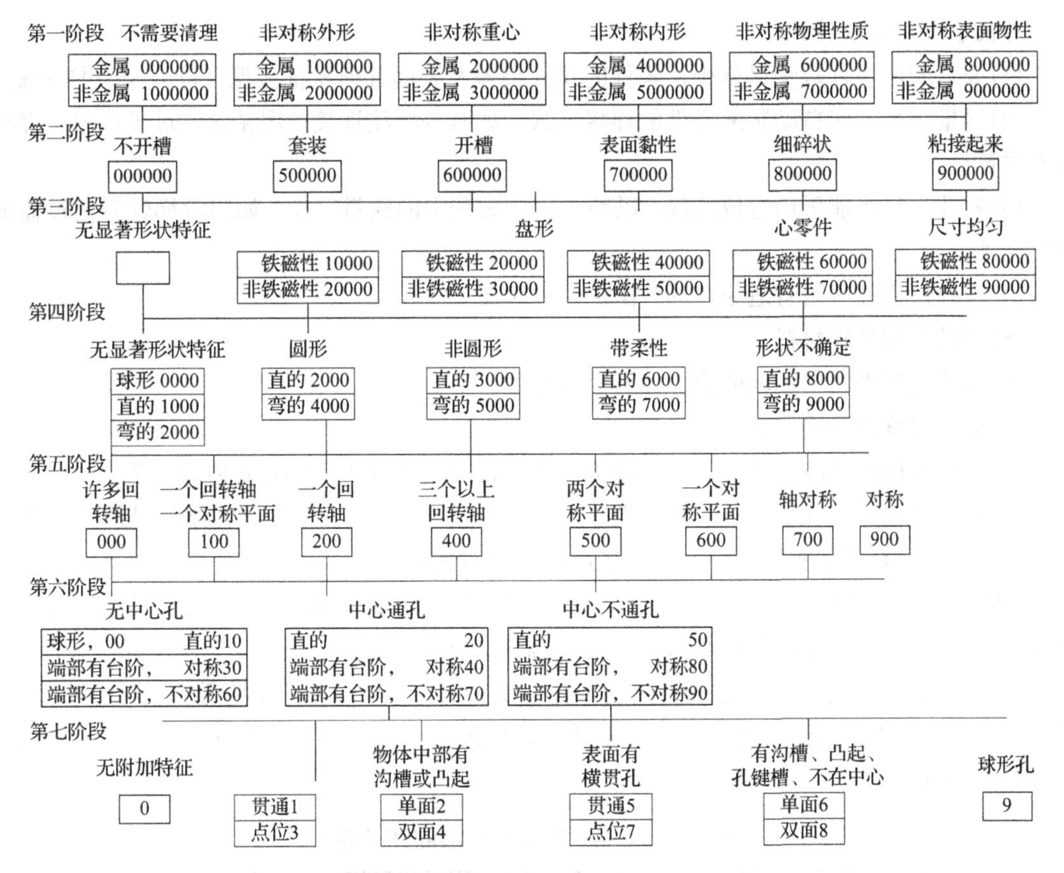

图 7-4　零件自动化装配工艺特征及编码

图 7-5 举出了一个实例：连接件，编码 1012227，困难度 2。

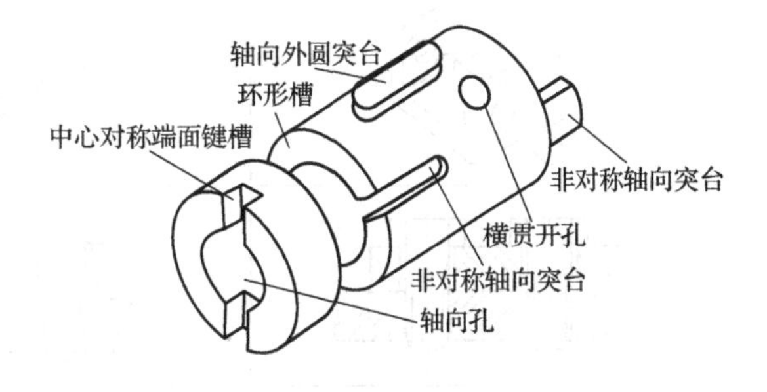

图 7-5　多结构特征的联结件

2. 自动装配对零件结构的要求

1) 便于自动供料

(1) 零件的几何形状力求对称，便于定向处理。

(2) 如果零件由于产品本身结构要求不能对称，则应使其不对称程度按其物理和几何特性量(外形、尺寸)合理扩大，以便于自动定向。

(3) 使零件的一端成圆弧面而易于导向。

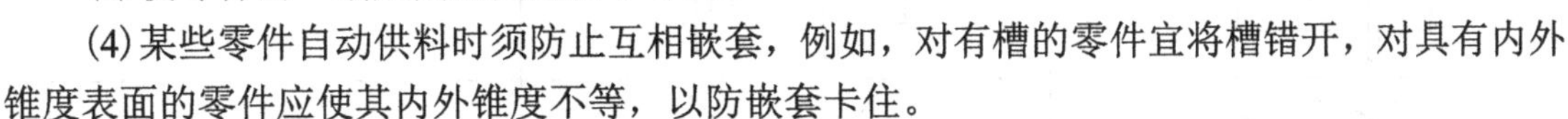

(4) 某些零件自动供料时须防止互相嵌套，例如，对有槽的零件宜将槽错开，对具有内外锥度表面的零件应使其内外锥度不等，以防嵌套卡住。

(5) 装配零件的结构形式应便于自动输送。

2) 利于零件在装配工位之间的自动传送

(1) 零件除具有装配基准面外，还需考虑其装夹基准面，供传送装置的装夹或支承。

(2) 零部件的结构应带有加工的面和孔，供传送中定位。

(3) 零件应尽量外形简单、规则、尺寸小、重量轻。

3) 便于自动装配作业

(1) 要装配的零件数量尽量少，零件的尺寸公差及表面几何特征应保证能完全互换装配。

(2) 尽量采用适应自动装配条件的连接方式，如减少螺纹连接，用粘接、过盈连接、焊接等方式替代。

(3) 零件上尽可能采用定位凸缘，以减少自动装配中的测量工作，如用阶梯轴替代过盈配合的光轴。

(4) 基础件设计应留有适应自动装配的操作位置。

(5) 尽量不用易碎材料。

(6) 零件装配表面增加辅助面，使其容易定位。

(7) 最大限度地采用标准件。

(8) 避免采用易缠绕或叠套的零件结构，不得已时应设计可靠的定量隔离装置。

(9) 产品结构应能以最简单的运动把零件安装到基础零件上，最合理的结构是能把零件按同一方向安装；宜采用垂线装配方向，尽量减少横向装配。

(10) 如果装配时配合的表面不能成功地用作基准，则在此表面的相对位置必须给出公差，且在此公差条件下基准误差对配合表面的位置影响很小。

表 7-5 列出了一些适合传送和装配的工件形状实例。除此以外，还要考虑使配置路径短、抓取部位与配合部位有一定距离、避免零件尖锐棱角、配合部件与参考点之间的距离要保证一定公差等问题。

表 7-5　适合传送和装配的工件形状实例

不好	较好	说明
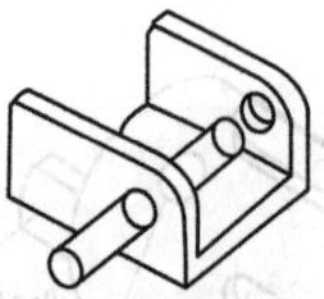	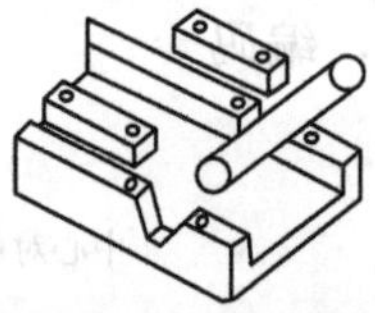	由于两孔可能不同心，左图连接方式应避免
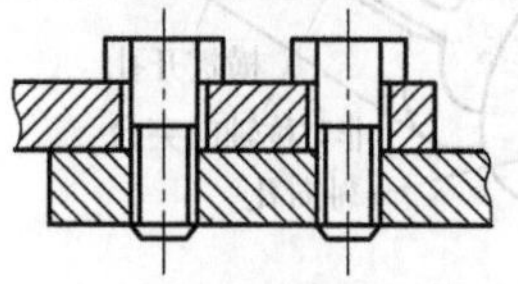	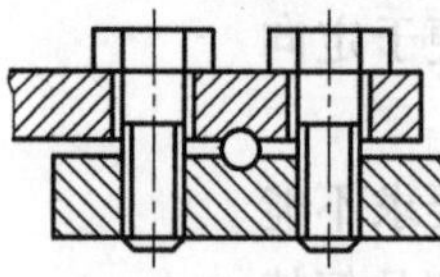	右图调整定位简单
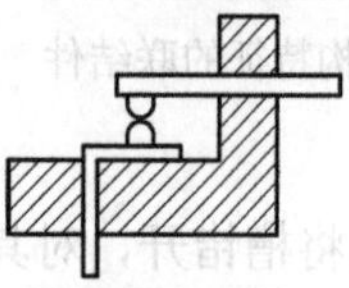	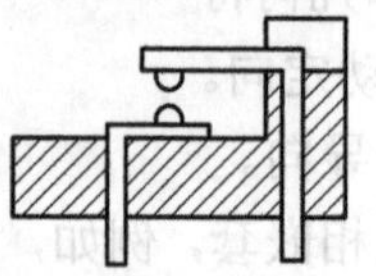	应该避免从不同方向连接
	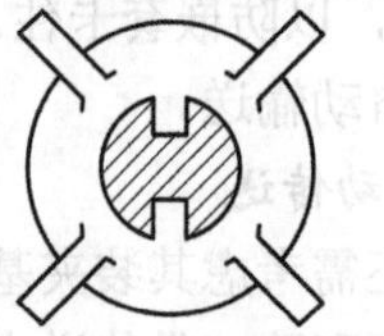	减少件数

续表

不好	较好	说明
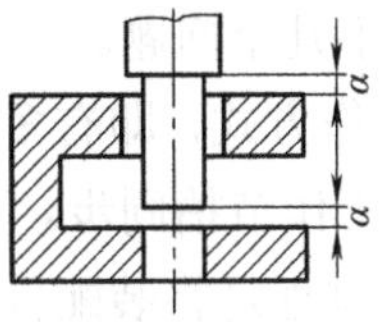 a a	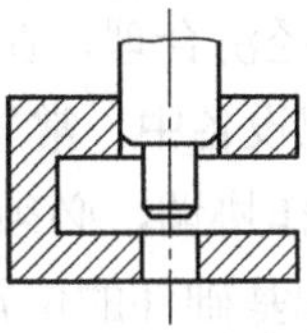	避免两处同时连接
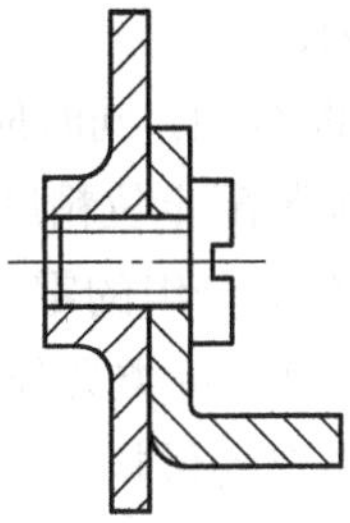	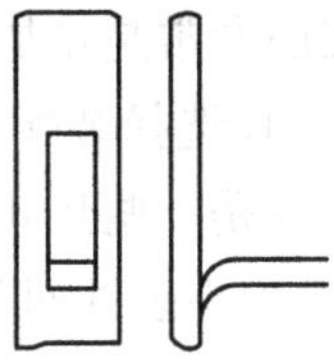	避免用短螺钉连接薄板件
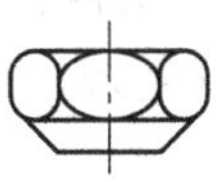	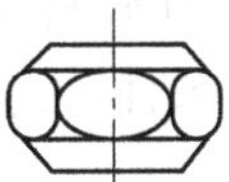	对称螺母更好
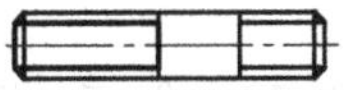	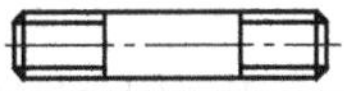	两端对称的螺栓便于调整
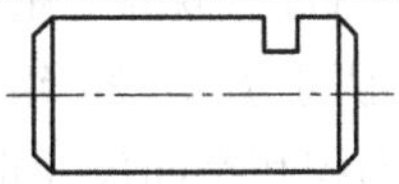	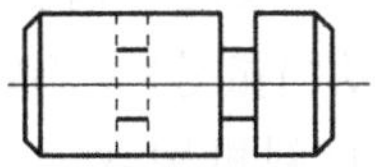	环槽零件便于调整
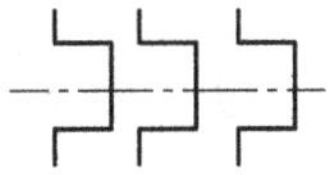	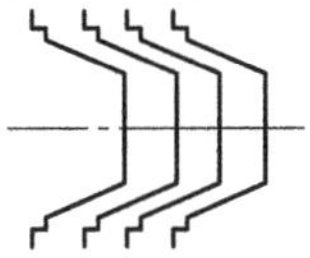	便于零件储存，可以扩大料仓储存能力
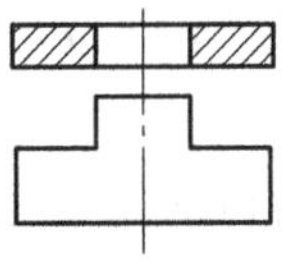	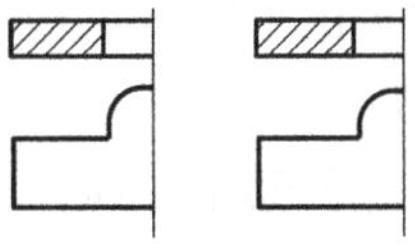	有倒角容易连接
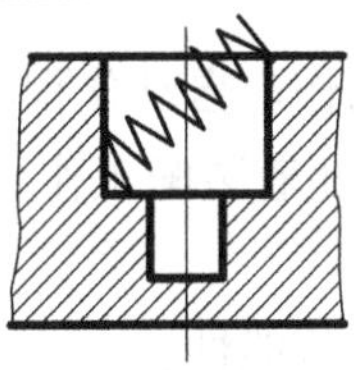	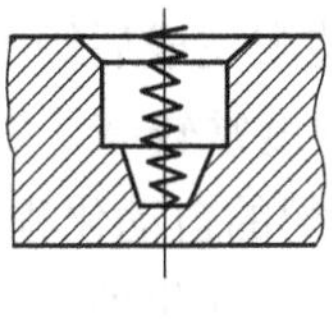	有同心锥孔容易装配
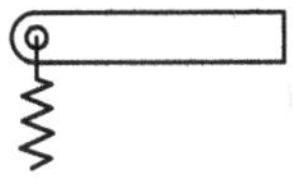	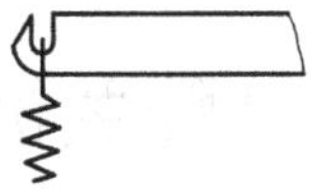	针孔不如豁口容易装配
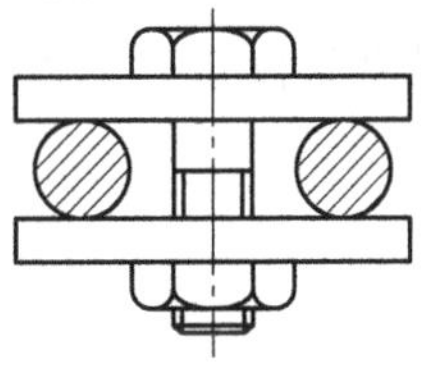	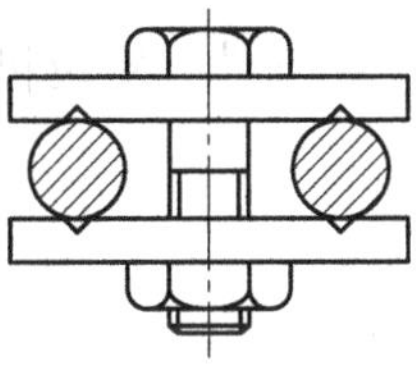	成形零件容易定位

7.2.4　自动装配工艺设计的一般要求

为使自动装配工艺设计先进可靠，经济合理，在设计中应注意如下几个问题。

(1) 自动装配工艺的节拍。自动装配设备中，常采用多工位同步工作方式，即有多个装配工位同时进行装配作业。为使各工位工作协调，必须要求各工位装配工作节拍同步。

(2) 除正常传送外宜避免或减少装配基础件的位置变动。自动装配过程是将装配件按规定顺序和方向装到装配基础件上。其中每个装配工位上准确定位十分重要。

(3) 合理选择装配基准面。装配基准面通常是精加工面或面积大的配合面，同时应考虑装配夹具所必需的装夹面和导向面。只有合理选择装配基准面，才能保证装配定位精度。

(4) 对装配零件进行分类。多数装配件是一些形状比较规则、容易分类分组的零件。按几何特性，零件可分为轴类、套类、平板类和小杂件四类；再根据尺寸比例，每类又分为长件、短件、匀称件三组。经分类分组后，可采用相应的料斗装置实现装配件自动供料。

(5) 关键件和复杂件的自动定向。形状比较规则的装配件可以实现自动供料和自动定向；对于一些自动定向十分困难的关键件和复杂件，为不使自动定向机构过分复杂，采用手工定向或逐个装入的方式，在经济上更合理。

(6) 易缠绕零件的定量隔离。

(7) 精密配合副要进行分组选配。自动装配中精密配合副的装配由选配来保证，根据配合副的配合要求(如配合尺寸、质量、转动惯量等)来确定分组选配，一般可分 3～20 组。分组数越多，配合精度越高，选配、分组、储料机构越复杂，占用车间的面积和空间尺寸也越大。因此，一般分组不宜太多。

(8) 装配自动化程度的确定。装配自动化程度根据工艺的成熟程度和实际经济效益来确定，具体方法如下。

① 在螺纹连接工序中，多轴工作头由于对螺纹孔位置偏差的限制较严，导致自动装配机构十分复杂。因此，宜多用单轴工作头，且检测拧紧力矩多用手工操作。

② 形状规则、对称而数量多的装配件易于实现自动供料，故其供料自动化程度较高；复杂件和关键件往往不易实现自动定向，所以自动化程度较低。

③ 装配零件送入储料器的动作及装配完成后卸下产品或部件的动作，自动化程度较低。

④ 品种单一的装配线，其自动化程度常较高，多品种则较低，但随着装配工作头的标准化、通用化程度的日益提高，多品种装配的自动化程度也可以提高。

⑤ 对于尚不成熟的工艺，除采用半自动化外，还需要考虑手动的可能性。

7.3　自动化装配关键技术及结构

自动化装配的关键部件主要涉及运动部件、定位机构、连接方法和装配位置误差等技术与方法。

7.3.1　运动部件

装配工作中的运动包括三方面的物体的运动。

(1) 基础件、配合件和连接件的运动。

(2) 装配工具的运动。

(3) 完成的部件和产品的运动。

运动是坐标系中的一个点或一个物体与时间相关的位置变化(包括位置和方向)，输送或连接运动可以基本上划分为直线运动和旋转运动。因此每一个运动都可以分解为直线单位或旋转单位，它们作为功能载体被用来描述配合件运动的位置和方向以及连接过程。按照连接操作的复杂程度连接运动被分解成三坐标轴的运动，如图 7-6 所示，连接运动被分解为三个坐标轴的运动和两个旋转运动。

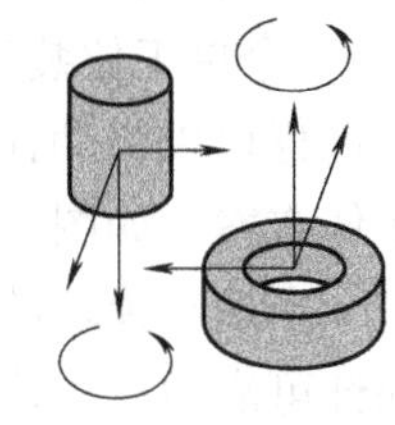

图 7-6　连接的三个运动及附加运动

重要的是配合件与基础件在同一坐标中运动，具体是由配合件还是由基础件实现这一运动并不重要。工具相对于工件运动，这一运动可以由工作台执行，可以由一个模板带着配合件完成，也可以由工具或工具、工件双方共同来执行。典型单工位装配机原理如表 7-6 所示。

表 7-6　典型单工位装配机原理

并联示意图	结构	0.1	0.2	0.3	0.4	0.5	0.6
串联	1.0	1.1	1.2	1.3	1.4	—	1.6
	2.0	2.1	2.2	2.3	2.4	—	2.6
	3.0	3.1	3.2	3.3	3.4	—	3.6
	4.0	4.1	4.2	4.3	4.4	—	4.6
并联	5.0	—	—	—	—	5.5	—
	6.0	6.1	6.2	6.3	6.4	6.5	—
	7.0	7.1	7.2	7.3	7.4	7.5	—
串联加并联	8.0	=1.1	=1.2	=1.3	=1.4	=5.5	=1.6
	9.0	=2.1	=2.2	=2.3	=2.4	9.5	=2.6
	10.0	=3.1	=3.2	=3.3	=3.4	10.5	=3.6
	11.0	=4.1	=4.2	=4.3	=4.4	11.5	=4.6

注：0.1-专用抓钳；0.2-多用抓钳；0.3-带中间转轴的多用抓钳；0.4-可更换的专用抓钳；0.5-复式抓钳；0.6-带外部转轴的多用抓钳。

表 7-6 中仍然缺少：工作台(基础件)应该具有什么运动能力，装配模块应该具有什么运动能力，哪些运动功能包含在工作台，哪些运动功能包含在抓钳。如果某功能内容不能在一个工位上实现，就要把它分配到几个工位上。对于运动系统，其结构变种的运动合成可按

表 7-6 步骤进行。

(1)固定所有的边界条件，特别是路径角度和时间。

(2)基本功能排列。

(3)把基本功能分配到典型的结构变种，如果某一结构变种在时间上不能满足要求，就要按照另一种结构变种进一步分配。

(4)按照一种选定的功能方案进一步作结构的和技术的划分。

(5)当一个单工位装配机不能实现全部工作时，考虑下一个工位。

这一过程可以借助计算机来完成。输入各种方案以及边界条件就可以通过计算机辅助选择找出最佳方案。如图 7-7 所示的是表 7-6 中的类型号 3.2 的结构方案。

确定一个运动模块的大小属于这一过程，它是由装配过程中受力的大小确定的，其原则是必须保证可靠的动力传递。

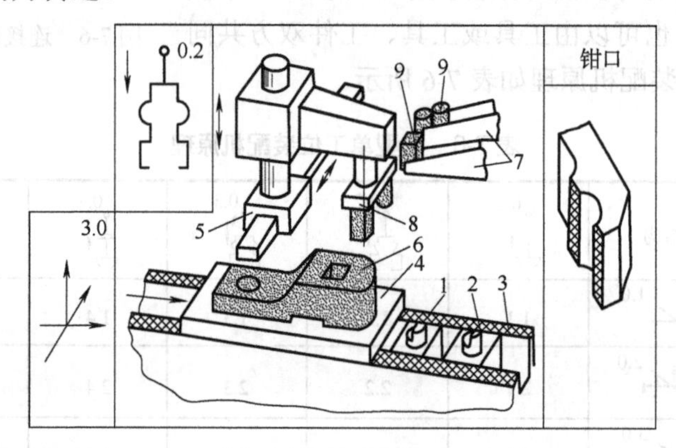

1.第一个装配工位的定位挡块；2.第二个装配工位的定位挡块；3.链接系统；4.工件托盘；5.抓取设备，两个自由度；6.基础件；7.配合件料仓；8.抓钳；9.配合件

图 7-7　类型号 3.2 的工艺结构方案

直线运动模型和受力状况如图 7-8 所示。图 7-8(a)所示的运动单元到推杆的距离为 a，推杆上作用的推力为 F，分析推动力 F 至少多大负荷才能满足工艺要求？首先根据工艺原理建立一个力学模型，包含所有的作用力(图 7-8(b))；抓钳和工作头上作用着重力 F_1，被抓的工件上作用着重力 F_2，推杆本身的质量为 m，由此计算出平面负荷 q 为

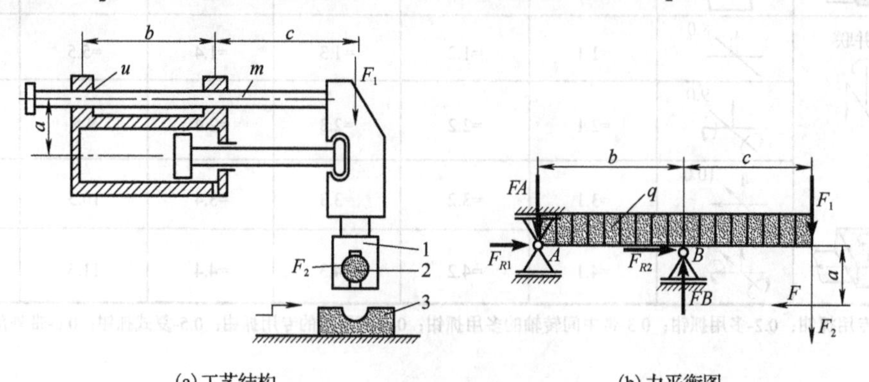

(a)工艺结构　(b)力平衡图

1.抓钳；2.配合件；3.基础件

图 7-8　直线运动模型和受力状况

自动装配机围绕A点和B点各作用一个转矩，按照转矩的代数和为零的原则，有

$$F_A=\frac{(F_1+F_2)c}{b}+\frac{q(c^2-b^2)}{2b}+\frac{Fa}{b} \tag{7-3}$$

$$F_B=\frac{(F_1+F_2)(b+c)}{b}+\frac{q(c^2+b^2)}{2b}+\frac{Fa}{b} \tag{7-4}$$

在忽略加速度力的情况下，推力F必须大于摩擦力推杆才能运动，用公式表示，即

$$F>(F_A+F_B)\mu \tag{7-5}$$

式中，μ为摩擦系数。

如果各部分尺寸比例选择不当，摩擦力可以大到把推杆卡死的程度，即

$$F<(F_{R1}+F_{R2}) \tag{7-6}$$

所选尺寸是否可行，可以用下面的公式来检验：

$$\frac{c}{b}<\frac{1-\left(\frac{F_1+F_2}{F}+\frac{2a}{b}\right)\mu}{\left(2+\frac{mg}{(F_1+F_2)}\right)\mu\frac{(F_1+F_2)}{F}} \tag{7-7}$$

这里所采用的是流体驱动，当然也可以考虑使用其他的驱动方式。可以供工程师选择的抓取常用驱动形式有直线电动机驱动、电动机+机械联合驱动、往复电磁铁驱动、液压驱动和气动等，其特点如表7-7所示。

表7-7　抓取常用驱动形式及评价

能量	特性					
	力密度	可转换性	可控制性	效率	维护费用	市场供应
电动	◒	●	●	●	●	●
气动	○	◒	◒	○	◒	◒
液压	●	○	◒	○	○	◒

7.3.2　定位机构

由于各种技术方面的原因(惯性、摩擦力、质量改变、轴承的润滑状态)运动的物体不能精确地停止。在装配中最经常遇到的是工件托盘和回转工作台。这两者都需要一种特殊的止动机构，以保证其停止在精确的位置。图7-9示出了这些止动机构。

对于定位机构的要求是非常高的，它必须承受很大的力量还必须能精确地工作。下面以图7-10所示的定位机构为例说明其计算方法。

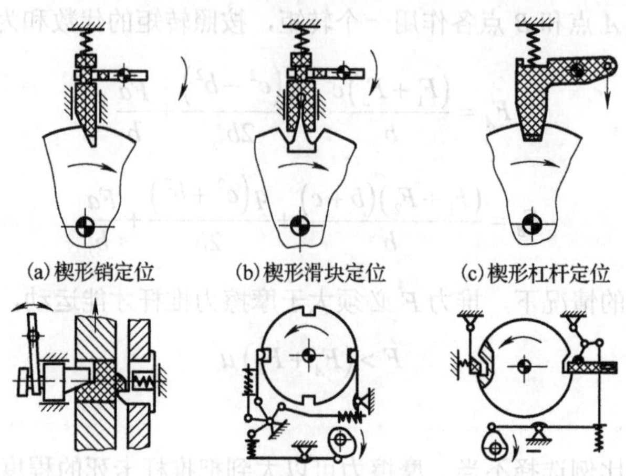

图 7-9　定位机构的原理

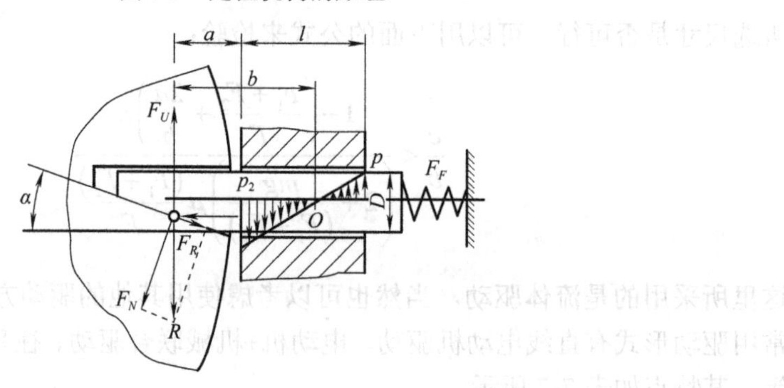

图 7-10　定位机构受力分析

【例 7-1】 直径 760mm 的回转台，由一套 8 槽的马氏机构来推动，重力 $G = 1200\text{N}$；分度次数 $n_r = 40\,\text{min}^{-1}$；定位销尺寸：$D = 25\text{mm}$，$l = 100\text{mm}$，$a = 25\text{mm}$，$\alpha = 5^\circ$。一套马耳他机构作分度运动。圆工作台的初角速度为 $\omega = 0$。工作台每次分度的回转时间

$$t_D = \frac{n-2}{2n} \times \frac{60}{n_r} = \frac{8-2}{8\times 2} \times \frac{60}{40} = 0.56(\text{s})$$

定位时间 $t_x = 0.1 t_D = 0.1 \times 0.56 = 0.056(\text{s})$。

为了把工作台停留在一个准确的位置所需要的力矩(是由弹簧产生的)计算如下

$$M_{st} = \frac{\mu_z d_0 P_0}{2} \tag{7-8}$$

式中，d_0 为轴承的平均直径；P_0 为当量静载荷，其中，$P_0 = \dfrac{2\sum_{i=1}^{N} Q_i}{d_m}$ (d_m 为滚珠直径，求当量静载荷的过程中，已经把滚珠直径作为量纲为 1 的常数)。把 P_0 代入式(7-8)中，则有

$$M_{st} = \frac{M_s d_0}{d_m} \sum_{i=1}^{N} Q_i \tag{7-9}$$

式中，Q_i 为轴承内力。

对于静摩擦$\sum_{i=1}^{N}Q_i = G$（G 为被支撑零部件的重力）

因而有
$$M_{st} = \mu_z \frac{d_0}{d_m}G \tag{7-10}$$

静态力矩M_{st}（摩擦力矩）由工作台内部的轴颈摩擦产生。轴颈摩擦因数对滚动轴承来说是 0.001～0.005，与一般的滑动摩擦因数是不能比拟的。

$$M_{st} = \mu_z = \frac{d_0}{d_m}G = 0.005 \times \frac{12}{1.27} \times 1200 = 57(\mathrm{N \cdot cm})$$

动态力矩
$$M_{\mathrm{dyn}} = J\varepsilon$$

首先计算惯性矩J，对于半径r的圆盘

$$J = \frac{r^2 G}{2g} = \frac{0.38^2 \times 1200}{2 \times 9.81} = 8.83(\mathrm{N \cdot m \cdot s^2})$$

式中，g为重力加速度。

考虑定位时间，角加速度ε由下式确定

$$\varepsilon = \frac{\varphi}{t^2}$$

$$\varphi = \frac{s}{r}$$

所以
$$\varepsilon = \frac{l_1 \tan\alpha}{r t_x^2} = \frac{30\tan 5^\circ}{380 \times 0.056} = 2.2(\mathrm{rad/s^2})$$

式中，l_1为定位销推入工作台的距离（a+越程）；s为与转角甲对应的圆工作外周的弧长；φ为定位过程中工作台的转角。代入动态力矩公式

$$M_{\mathrm{dyn}} = 883 \times 2.2 = 1943(\mathrm{N \cdot cm})$$

代入总的力矩公式

$$M = 57 + 1943 = 2000(\mathrm{N \cdot cm})$$

为了把定位销推入最终位置所需要的力

$$F_u = \frac{M}{r} = \frac{2000}{38} = 52.6(\mathrm{N})$$

这个力是通过弹簧提供一个力F_F来实现的，它还必须克服自身运动的摩擦力。

定位销上还作用着由于侧向负载形成的对轴颈的面压力p_1和p_2。受力表面可以看作半圆柱表面，作用于其上的力呈分布状态。在某一点上作用在销子上的横向力为零（即图 7-9 中的 0 点）。必须首先找出这一点，该点两侧的力呈标准分布。距离b可以按下式计算

$$b = l + a - \frac{1}{\sqrt{3}} = 100 + 25 - \frac{100}{\sqrt{3}} = 67.3(\mathrm{mm})$$

表面压力 p_1 和 p_2 可按下式计算

$$p_1 = \frac{F_{ua}}{l(t+a-b)D} = \frac{52.6 \times 25}{100 \times (100+25-67) \times 25} = 0.009(\text{MPa})$$

$$p_2 = \frac{F_{ua}(a+b)}{l(b-a)D} = \frac{52.6 \times 25}{100 \times (67.3-25) \times 25} = 0.06(\text{MPa})$$

另外一种定位方法如图 7-11 所示。定位过程分三个阶段：首先圆柱销由弹簧推动向上，影响这一过程的因素有弹簧力、工作台角速度和倒角大小；然后圆柱销进一步插入定位套，由于工作台的运动惯性，定位销和定位套只在一个侧面接触；最后锥销也插入定位套，迫使工作台反转一个小角度，距离为间隙 Δs。工作台由此实现准确的定位。当然这一原理也可以应用于直线运动的托盘。

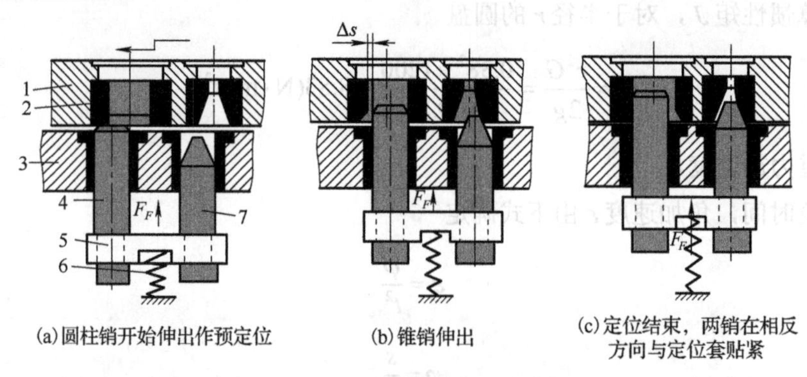

1.工作台；2.定位套；3.支架；4.预定位销；5.连接板；6.弹簧；7.锥销

图 7-11　定位销的定位过程

7.3.3　连接方法

在设计人员设计产品时连接方式就被确定了。由于可采用的连接结构很多，所以连接方式也必然是多样的，对于那些结构复杂的产品，越来越多的各种不同的连接方法被采用。其中常见的连接方法主要有螺纹连接、压入连接、铆接、弹性胀入、贴入、粘接等。

1. 螺纹连接

螺纹连接工位用来完成螺钉、螺母或特殊螺纹的连接。作为一个自动化螺纹连接工位应该包括基础件供应与定位、连接件供应与定位、旋入轴、旋入定位和进给、旋入工具和工具进给系统、机架、传感器和控制部分、外部数据接口等几部分功能。

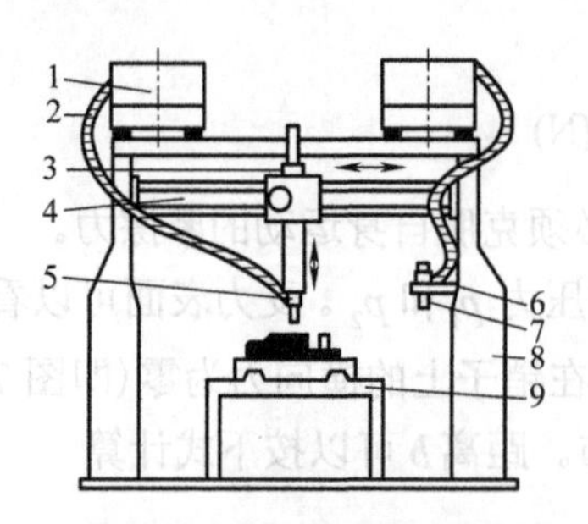

1.振动送料器；2.软管；3.旋入驱动装置；4.直导轨；5.工作头；6.更换系统；7.适合螺钉；8.门形支架；9.装配工位

图 7-12　柔性螺纹连接工位

图 7-12 所示是一个柔性的螺纹连接工位。这台机器上装有两个独立的料仓和两个可以自动更换的工作头。每一种工作头只适用一种规格的螺钉。可把各种规格的螺钉分成若干组，每一种工作头适用于一组规格的螺钉，这样工作头的种类就少一些。

图 7-13 重现了螺钉旋入的全过程。当螺

钉旋具下行时软管让开，下一个螺钉到位备用。当旋具退回时这个后备的螺钉落入导套。如此循环。整个工位的中心是控制部分。在每一个工作循环之前都要进行全面检测，以保证各个环节和外部设备的功能。

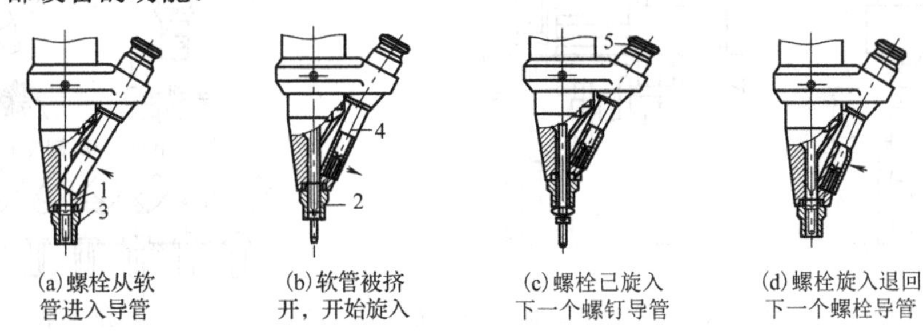

1.旋入工作头；2.螺钉旋具；3.导套；4.送料软管；5.通向振动送料器的接头

图7-13　一个螺纹连接工位的工作过程

2. 压入连接

压入动作一般是垂直的，在零件质量大的情况下也采用卧式。如同螺纹连接的情况一样，压入之前必须使配合件与基础件中心对准，中心导向杆起辅助作用的压入过程如图7-14所示。中心单元(左)开始向前滑动，直至与基础件接触，然后一个端部带有锥面的导向杆从里面伸出，这个中心导向杆在导入和压入过程中起到定心作用。压入动作可以碰到挡铁停止，也可以压入到一定的深度停止。

在后一种情况下是靠一个路径测量电路发出信号命令压头停止。整个系统的安全是由一套内装的监测系统来保证的。经常碰到的压入连接方式是定位压紧，即经定位后立刻压入，如图7-15(a)所示。图7-15(b)所示为一种联合单元，这种单元由于力量流的原因，大的压力是无法实现的。压入连接的质量完全取决于压入过程本身。压入过程由导入过程、压入过程、路径、终点控制等四个环节构成。

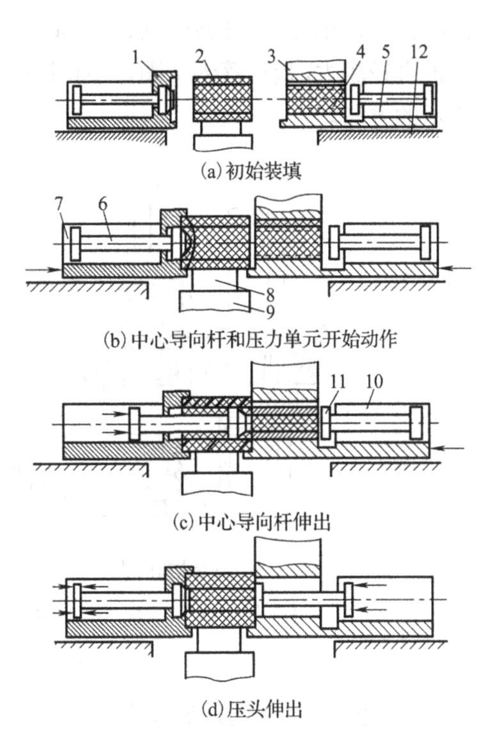

1.中心单元；2.基础件；3.配合件保持架；4.配合件；5.压入单元；6.中心导向杆；7.液压缸；8.工件托架；9.底座；10.压入液压缸；11.压头；12.底座导轨

图7-14　中心导向杆起辅助作用的压入过程

3. 铆接

铆接可以较高的精度连接工件，是一种不可拆卸的连接方法。铆接机上的铆接工作头一般是由电驱动的，运动方式经常是摆动铆接和径向铆接。例如，当钢制铆钉的最大直径为10mm时所需要的功率约为1kW。而进给运动则一般是气动的。

图7-16示出了一种径向铆接机的作用原理和工艺。这种铆接机噪声很小，而且对构件没有任何损坏，甚至对电镀表面都没有影响。铆钉的头部可以按照要求铆成各种不同的形状，相应的铆接工具也有不同形状。

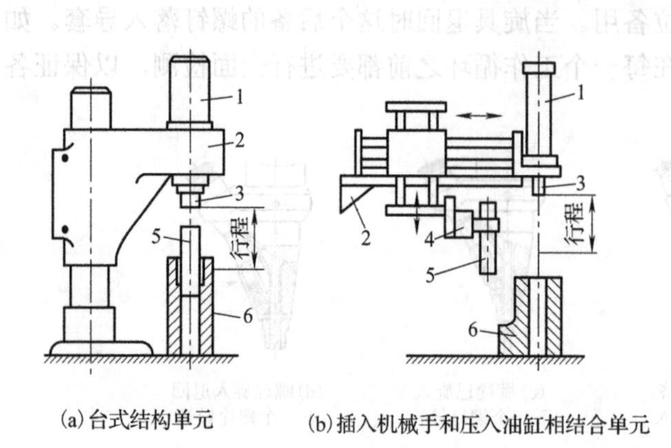

(a) 台式结构单元　　(b) 插入机械手和压入油缸相结合单元

1.液压缸；2.机架；3.压头；4.抓钳；5.配合件；6.基础件

图 7-15　压入单元

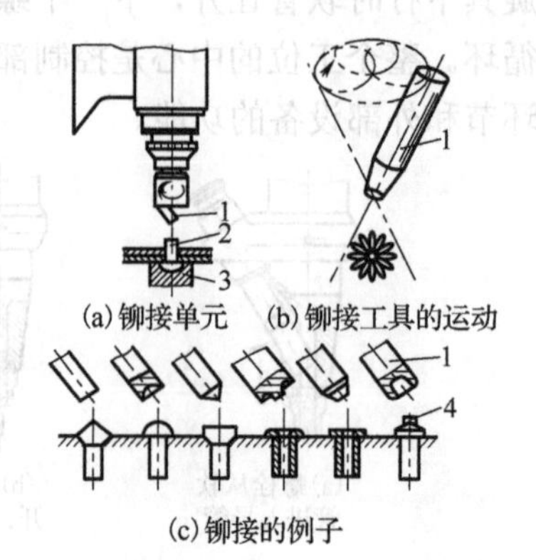

(a) 铆接单元　(b) 铆接工具的运动

(c) 铆接的例子

1.铆接工具；2.铆钉；3.垫；4.原始形状

图 7-16　径向铆接机作用原理和工艺

4. 弹性胀入

这种连接方法是通过连接件的预先变形产生连接力。在机械制造中最常用的是用于轴和孔的弹簧卡圈。弹簧卡圈的变形过程和装入过程(图 7-17)都可以通过一个锥面来实现。内卡圈的装配先由一个压头把卡圈推入一个锥面，使卡圈的直径逐渐变小，推入孔内并到达卡圈槽的位置，依靠本身的弹性胀入卡圈槽。外卡圈装配过程是先把卡圈套在一个锥面上，越往下推直径越大，最后落入卡圈槽。如果要越过第一个槽把卡圈装入第二个槽，可采取图 7-17(c)所示的方法。

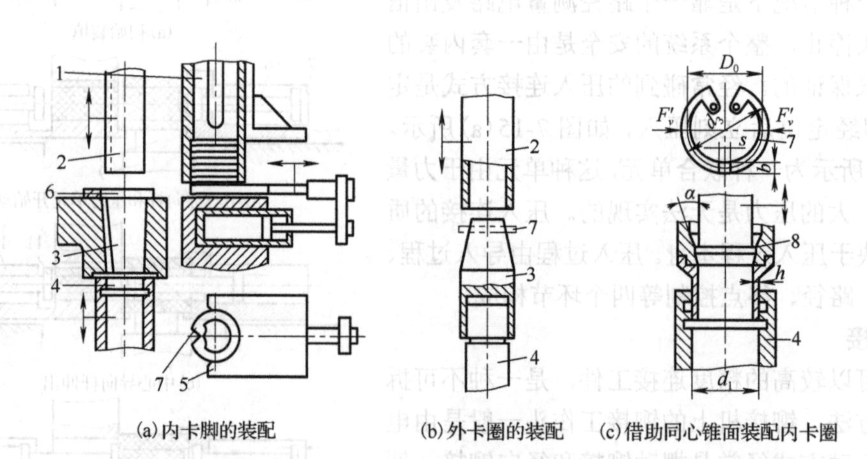

(a) 内卡脚的装配　(b) 外卡圈的装配　(c) 借助同心锥面装配内卡圈

1.料仓；2.压头；3.配合锥面；4.基础件；5.给料机；6.保持器；7.配合件；8.同心内锥面

图 7-17　弹簧卡圈的装入方法

5. 电子元件表面贴装技术

表面组装技术(Surface Mounting Technology，SMT)是目前电子整机产品制造的主流技术。表面组装技术是一种无须在印制电路板上钻插装孔，直接将表面组装元器件贴、焊到印制电路板表面规定位置上的电路装联技术。

(1) SMT 类型的工艺流程。把 SMD 和 SMC 元件贴装在基板上时，就会形成三种主要的类型：SMT-I(全表组装型)(图 7-18(a))、SMT-Ⅱ(双面混装型)(图 7-18(b))、SMT-Ⅲ(单面混装型)(图 7-18(c))。每种类型的工艺流程不同，需要的设备有所不同。

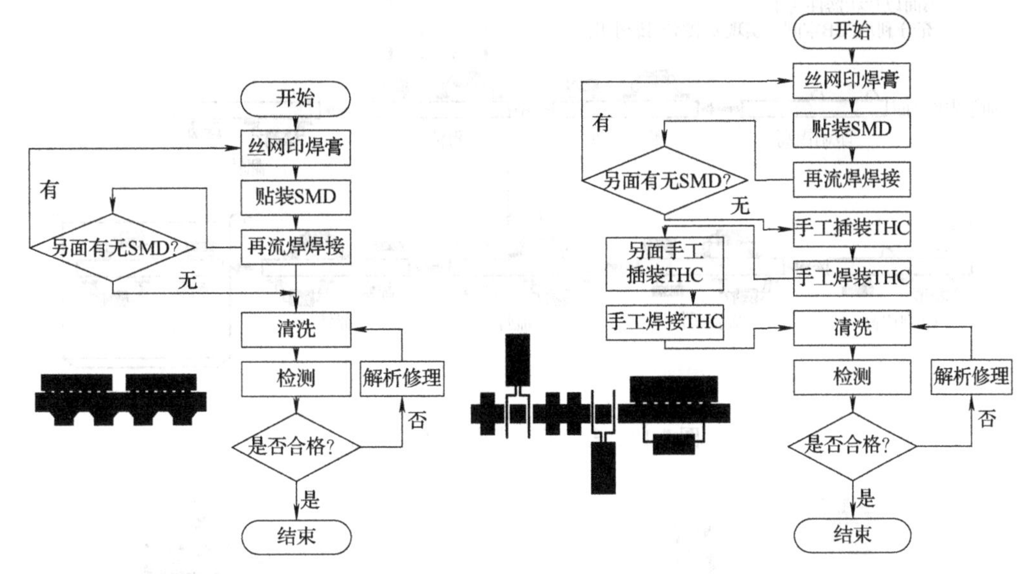

(a) SMT-Ⅰ型(全表组装型)工艺流程　　(b) SMT-Ⅱ型(双面混装型)工艺流程

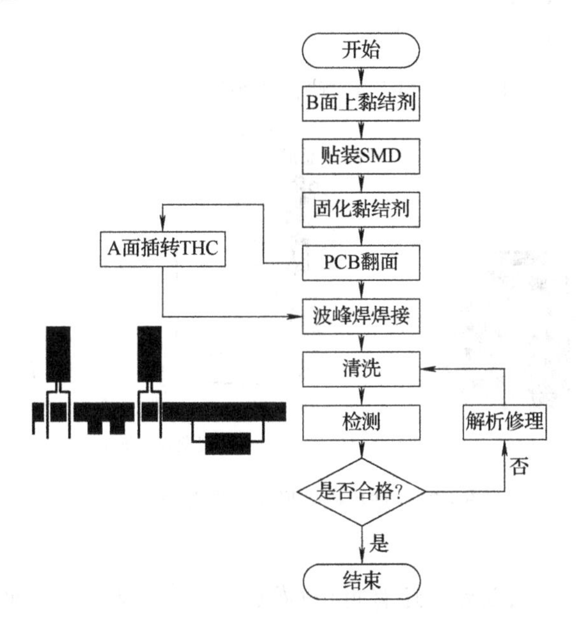

(c) SMT-Ⅲ型(单面混装型)工艺流程

图 7-18　SMT 类型的工艺流程

(2) SMT 表面贴装生产线基本构成。SMT 表面贴装生产工艺流程如图 7-19 所示。表面贴装生产线(SMT line)主要由丝网印刷机、贴片机、回流炉等部分组成，如图 7-20 所示。

(3) 贴片机、贴片头。S20/HS50 贴片机的视觉(Camera)构筑在贴片头上，贴片头系统是设备拾取和贴放元器件的机械结构的总称，是贴片机机械构造的心脏，由吸嘴头(Nozzle)、视觉系统、z 轴集成、旋转盘(StarMounted)等部件组成。贴片机外形及系统总成如图 7-21 所示。

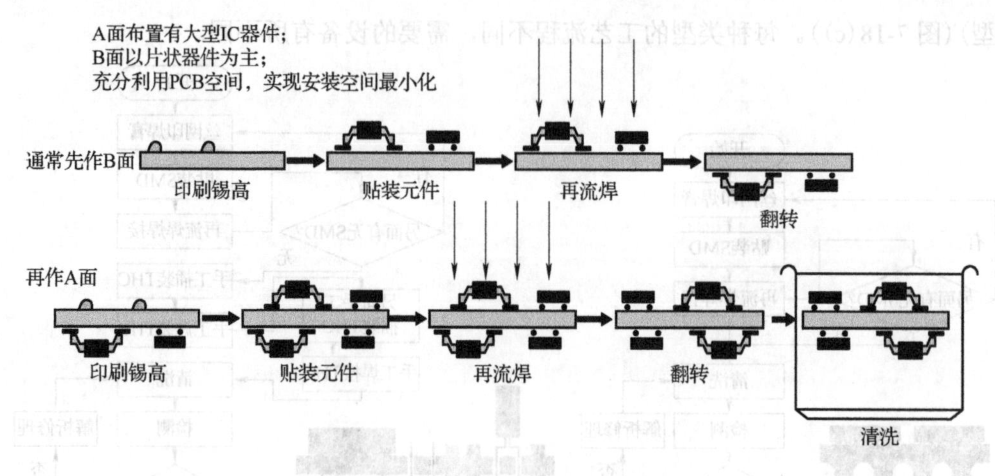

图 7-19　表面贴装生产线基本工艺

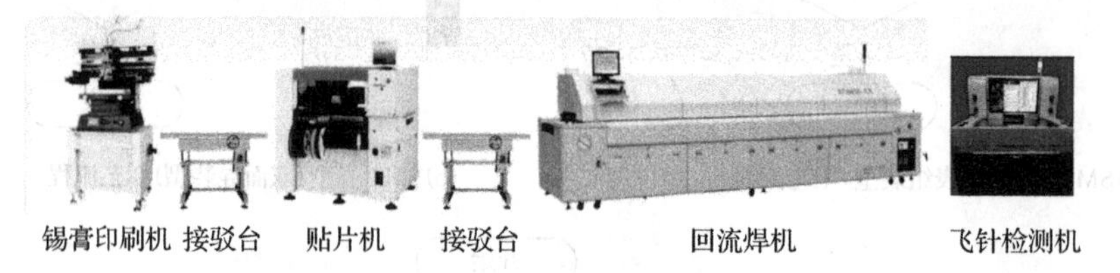

图 7-20　SMT 表面贴装生产线基本构成

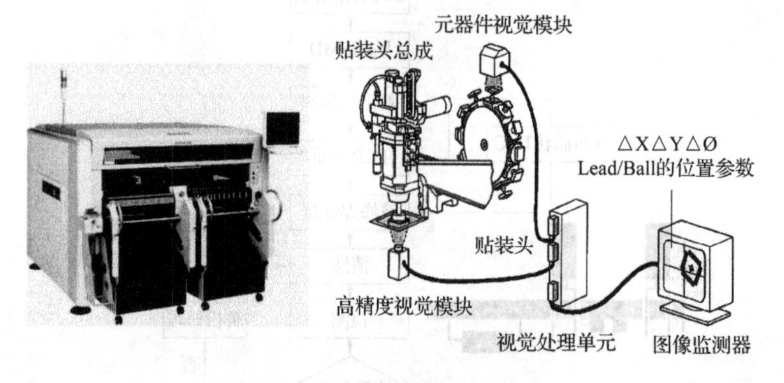

图 7-21　贴片机外形及系统总成

6. 其他连接方法

除了上面提到的连接方法以外，还有折边(卷边)、插入或嵌入和弹性夹紧等。折边是一种经济的连接方法，而且适于把不同的材料连到一起。对并接而言，插入或嵌入是经常使用的连接方法。弹性夹紧采用弹性夹子作为连接元件是很经济的，因为它的连接运动最简单。

7.4　自动化装配设备

装配设备就是用来装配一种产品或不同的产品以及产品变种的设备。如果要装配的是复杂的产品就需要若干台装配设备协同工作。产品的变种对装配设备提出了柔性化的要求。现代化的装配设备都要具有一定的柔性，因为产品的变更越来越频繁。

7.4.1　装配设备分类

装配设备可以分为以下几类。

(1)装配工位。装配工位是装配设备的最小单位，是为了完成一个装配操作而设计的。自动化的装配工位一般用来作为一个大的系列装配的一个环节，程序是事先设定的。

(2)装配间。装配间是一个独立的柔性自动化装配工位，它带有自己的搬送系统、零件准备系统和监控系统作为它的物流环节与控制单元。装配间适合中批量生产的工件装配。

(3)装配中心。装配中心主要包括装配间、备料库、辅助设备以及装配工具等内容。

(4)装配系统。装配系统是各种装配设备连接在一起的总称。图 7-22 是车载电子产品自动化装配生产线实例。

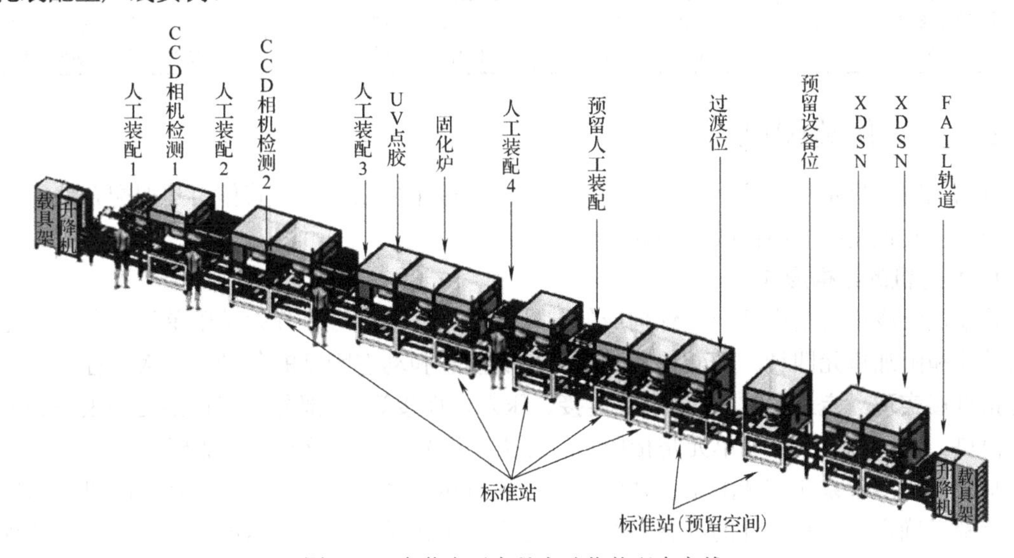

图 7-22　车载电子产品自动化装配生产线

划分装配设备的种类主要根据其生产能力、相互连接的方法和可能性，分别如图 7-23 和表 7-8 所示。

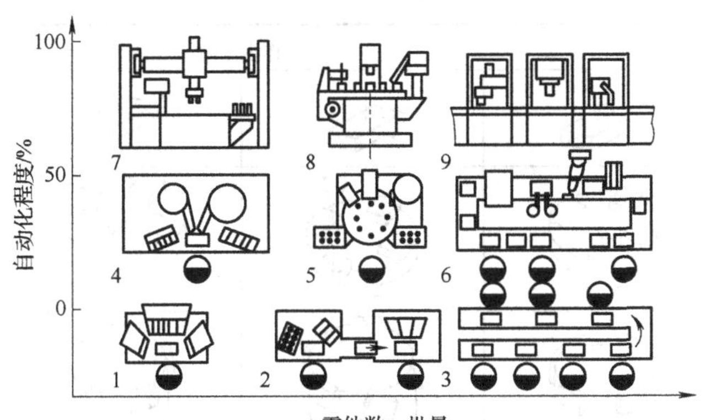

1.单独的手工装配工位；2.有缓冲的传送链的手工装配工位；3.手工装配系统；
4.机械化装配站；5.半自动化的装配站；6.柔性的半自动化的装配站；
7.柔性的自动化的装配间；8.自动化装配机；9.全自动非柔性的装配设备

图 7-23　典型的装配设备

表 7-8　装配设备分类

<table>
<tr><td colspan="8">专用装配设备</td></tr>
<tr><td colspan="8">单工位装配机、多工位装配机</td></tr>
<tr><td rowspan="2">自动化、非柔性的装配机</td><td colspan="2">非节拍式</td><td colspan="5">节拍式</td></tr>
<tr><td>转盘式自动装配机</td><td>纵向自动装配机</td><td colspan="3">转盘节拍式自动装配机</td><td colspan="2">纵向节拍式自动装配机</td></tr>
<tr><td>特种装配机</td><td>转子式装配机</td><td>纵向移动式装配机</td><td>圆台式自动装配机</td><td>环台式自动装配机</td><td>鼓形装配机</td><td>纵向节拍式自动装配机</td><td>直角节拍式自动装配机</td></tr>
<tr><td colspan="8">通用(多用途)装配设备</td></tr>
<tr><td colspan="2">装配工位</td><td colspan="2">装配间</td><td colspan="2">装配中心</td><td colspan="2">装配关系</td></tr>
<tr><td colspan="2">采用装配机器人的自动化装配工位</td><td colspan="2">采用装配机器人的一个或几个装配工位</td><td colspan="2">采用传送设备把装配间与自动化仓库连接到一起</td><td colspan="2">把装配工位、装配间、装配中心连接到一起称为装配系统</td></tr>
</table>

7.4.2　自动化装配机

自动化装配机是一种按一定时间节拍工作的机械化装配设备，其作用是把配合件往基础件上安装，并把完成的部件或产品取下来。

1. 装配机的结构形式

装配机组成单元是由几个部件构成的装置，根据其功能可以分为基础单元、主要单元、辅助单元和附加单元四种。基础单元是具备足够静态和动态刚度的各种架、板、柱。主要单元是指直接实现一定工艺过程(如螺纹连接、压入、焊接等)的部分，它包括运动模块和装配操作模块。辅助单元和附加单元是指控制、分类、检验、监控及其他功能模块。

基础件的准备系统或装配工位之间的工件托盘传送系统一经确定，一台装配机的结构形式也就基本确定了。基础件的准备系统通常有直线形传送、圆形传送或复合方式传送几种。表 7-9 和表 7-10 分别列出了圆形传送和直线形传送的几种形式。

自动装配机一般不具有柔性，其主要功能和辅助功能部件等是可购买的通用件。

表 7-9　工件圆形传送

<table>
<tr><td rowspan="2">主要部分</td><td colspan="4">作用方向</td></tr>
<tr><td></td><td></td><td></td><td></td></tr>
<tr><td>圆形回转台</td><td></td><td></td><td></td><td></td></tr>
<tr><td>水平鼓</td><td></td><td></td><td></td><td></td></tr>
<tr><td>垂直鼓</td><td></td><td></td><td></td><td></td></tr>
</table>

表 7-10 工件直线形传送

主要部分	作用方向					
边缘循环、垂直						
边缘循环、水平						
托盘传送、垂直						
托盘传送、水平						

2. 单工位装配机

单工位装配机是指工位单一通常没有基础件的传送，只有几种装配操作的机器，其应用多限于装配只由几个零件组装配动作简单的部件。在这种装配机上可同时进行几个方向的装配，工作效率可达到每小时 30～12000 个装配动作。这种装配用于螺钉旋入、压入连接的例子，见图 7-24。

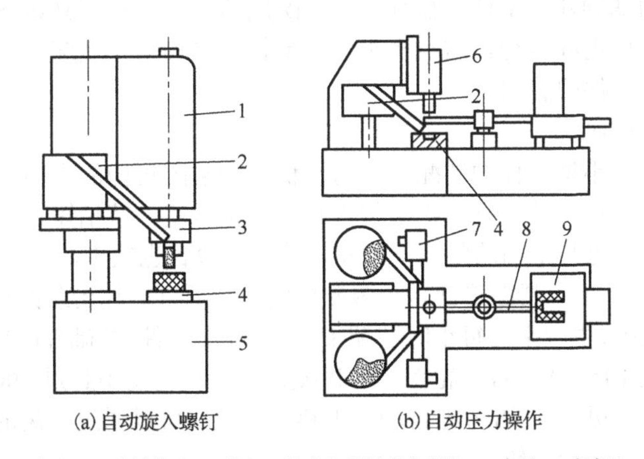

(a)自动旋入螺钉　　(b)自动压力操作

1.螺钉；2.送料单元；3.旋入工作头和螺钉供应环节；4.夹具；5.机架；
6.压头；7.分配器和输入器；8.基础件送料器；9.基础件料仓

图 7-24 单工位装配机

可以同时使用几个振动送料器为单工位装配机供料。这种布置方式见图 7-25，所有需要装配的零件先在振动送料器里整理、排列，然后输送到装配位置。基础件 2 经整理之后落入一个托盘，它保留在那里直至装配完毕。滚子 3 和套 4 作为子部件先装配，后送入基础件 2 的缺口中，同时螺钉 8 和螺母 7 从下面连接。

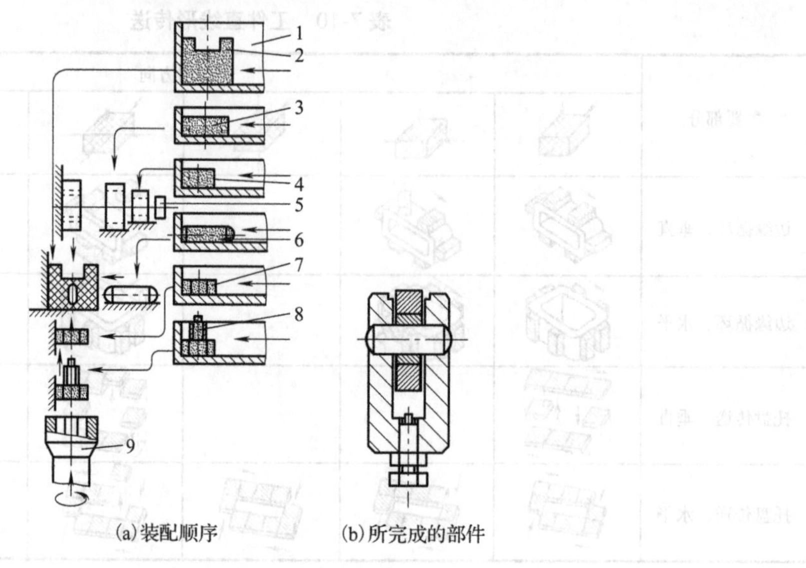

1.供料；2.基础件；3.滚子；4.套；5.压头；6.销子；7.螺母；8.螺钉；9.旋入器头部

图 7-25　在单工位装配机上所进行的多级装配

3. 多工位装配机

对有三个以上零部件的产品通常用多工位装配机进行装配，设备上的许多装配操作必须由各个工位分别承担，这就需要设置工件传送系统。

同步是指所有的基础件和工件托盘都在同一瞬间移动，当它们到达下一个工位时传送运动停止。同步传送可以连续进行。这类多工位装配机因结构所限装配工位不能很多，一般只能适应区别不大同类工件的装配。

1）回转型自动装配机

该机适用于很多轻小型零件的装配。为适应供料和装配机构的不同，有几种结构形式。它们都只需在上料工位将工件进行一次定位夹紧，结构紧凑、节拍短、定位精度高。但供料和装配机构的布置受地点与空间的限制，可安排的工位数目也较少。

图 7-26 所示为手工上下料圆形回转台装配机的结构原理。这台装配机能够完成最多由 8 个零件组成的部件装配，生产率为每小时装配 1～12000 个部件。基础件的质量允许 1～1000g，圆形回转台每分钟走 10～100 步，凸轮控制的机械最大运动速度不超过 300 mm/s（如果是气动可以达到 1000 mm/s 或更高）。若考虑自动上下料及连接，可以通过分离的驱动方式，或从步进驱动系统的轴再经过一个凸轮来实现控制。

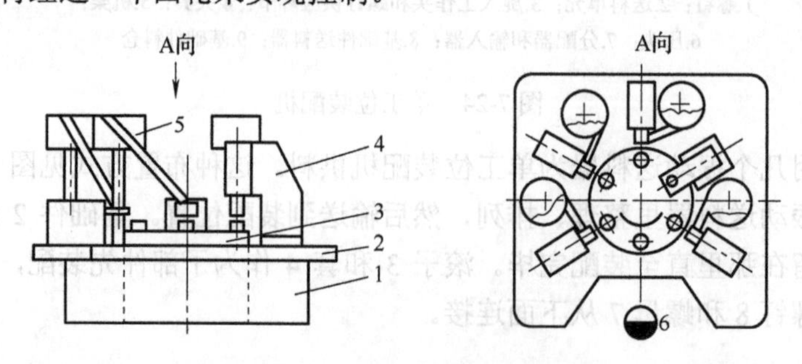

1.机架；2.工作台；3.回转台；4.连接工位；5.上料工位；6.操作人员

图 7-26　手工上下料圆形回转台装配机

通常圆形回转台装配机的工位数即被装配零件的数量为 2、4、6、8、10、12、16、24 个，而其中检验工位常常占据一半。装配工件的数目直接受圆形工作台直径限制，如果需要的装配工位多或需要装配的产品尺寸大，则不适宜采用这种结构的装配机。

2)鼓形装配机

鼓形装配机很适合完成基础件比较长的产品或部件装配工作(图 7-27)。这种装配机的工件托架绕水平轴按节拍回转，基础件牢固地夹紧在工件托架上。

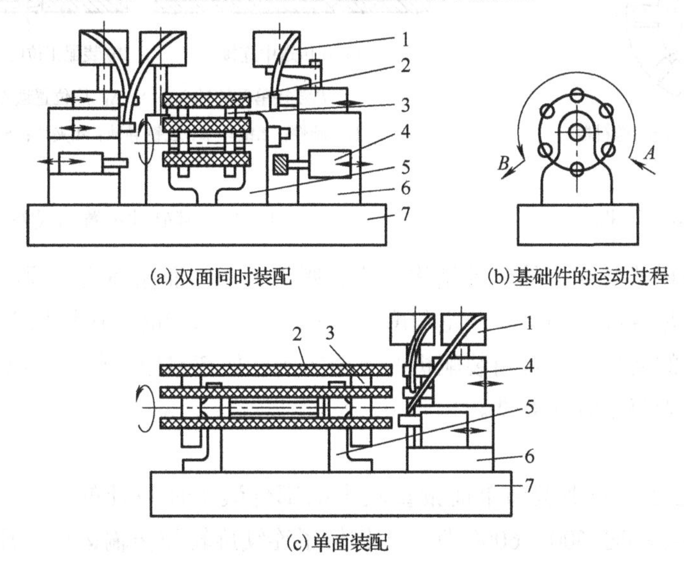

(a)双面同时装配　(b)基础件的运动过程

(c)单面装配

1.限动送料器；2.基础件；3.有夹紧位置的盘；4.滑动单元；5.鼓的支架及传动系统；6.台座；7.装配机底座

图 7-27　鼓形装配机

3)环台式装配机

在环台式装配机上，基础件或工件托盘在一个环形的传送链上间歇地运动，环内、环外都可设置工位，故总工位数比圆形回转台式装配机的多(图 7-28)。

在环台式装配机上基础件或工件托盘的运动可以有两种不同的方式：第一种是所有的基础件或工件托盘同步前移；第二种是当一个工位上的操作完成以后，基础件或工件托盘才能继续往前运动。环台表面向前运动则是连续不断的。各个装配工位的任务应尽可能均匀地分配，以使它们的操作时间大体上一致。

4)纵向节拍式装配机

纵向节拍式装配机就是把各工位按直线排列，并通过一个连接系统连接各工位，工件流从一端开始，在另一端结束，可以按需设置工位数量(最多达 40 个)。但是，如果在装配过程中使用托盘输送，则需要考虑托盘返回问题。由于纵向节拍式装配机长度较大，可能使基础件的准确定位产生困难，往往需要把工件或工件托盘从传送链上移动到一个特定的位置才能使基础件准确定位。如图 7-29 所示，若欲在一管状基础件的侧面压入一配合件，由于步距误差、链误差，支撑件的磨损等，可能造成位于节拍传送链上的基础件位置存在很大误差，因此只有在位置 P 才能可靠地装配。

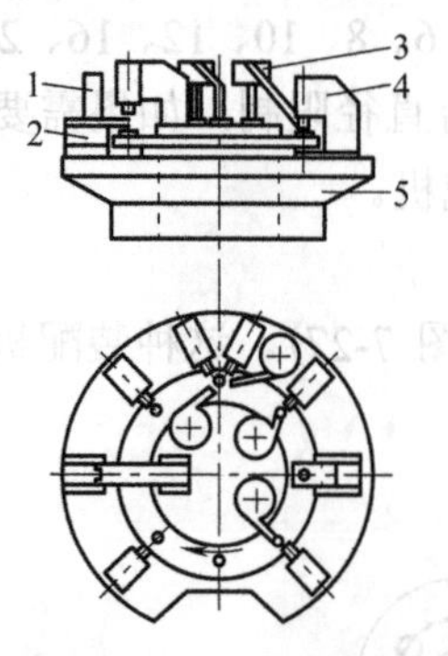

1.料仓；2.连接工位；3.振动送料器；
4.压入工位；5.底座

图 7-28　环台式装配机

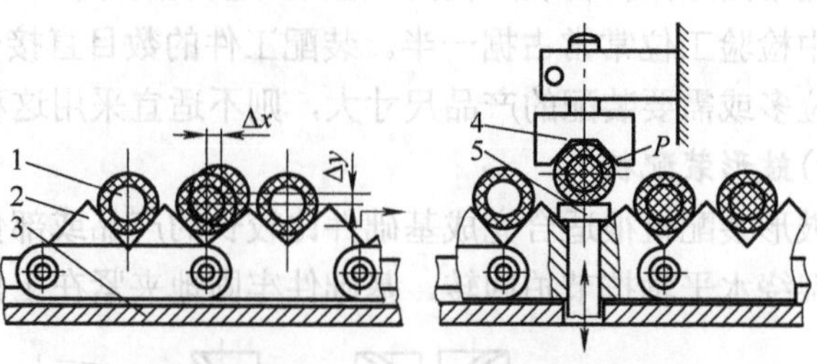

(a) 在传送中连接　　(b) 装配工位的加紧和定位元件

P.连接单元的轴心；　$\Delta x, \Delta y$.广位置误差；

1.基础件；2.链环节；3.链导轨；4.夹块；5.支撑块

图 7-29　基础件位置的误差

典型的纵向节拍式装配机的运动结构方式有履带式、侧面循环式和顶面循环式。纵向节拍式装配机不一定是直线形的，有一定角度、直角和椭圆形状的传送机构也归入此类。

自行车的踏板的装配机是直角装配机的一个实例，如忽略空工位，其装配流程如图 7-30 所示。该机生产率为每小时 650 件。

5) 转子式装配机

转子式装配机是专为小型简单而批量较大的部件装配而设计的(基础件的质量在 1～50g)，其效率可达每小时 600～6000 件。工作转子连续旋转作传输运动，几台工作转子联在一起就构成一条固定连接的装配线。工作转子可以安置在装配线的任何位置。在每台转子式装配机上工作又可分成几个区域(图 7-31)。区域Ⅰ中每个工件托盘得到一个基础件和一个配合件。在区域Ⅱ装配机执行一种轴向压缩的操作(工作域)。在区域Ⅲ装配好的部件被送出，或由传送转子送到下一个工作转子。区域Ⅳ可用作检查清洗工件托盘的工位。

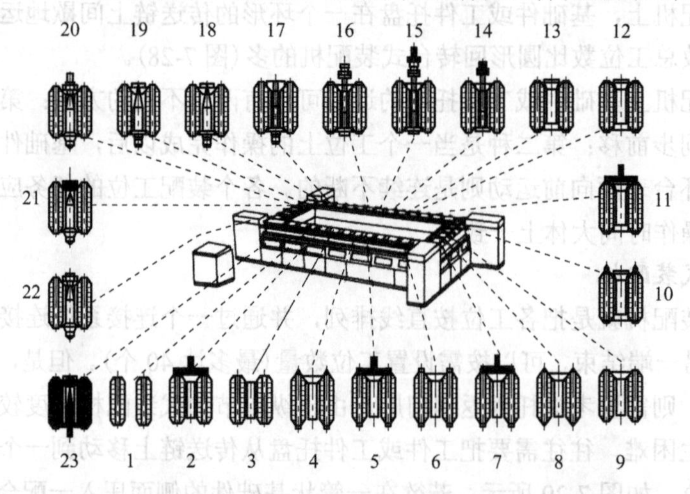

1.摆入橡皮模压块并夹紧；2.检测橡皮块是否存在；3.摆入金属管；4.把小轴推入橡皮块；5.检测小轴是否存在；6.推上一侧件(轴碗、垫片)；7.检测侧件是否存在；8、9.拧上 M5 的螺母；10.推上另一侧轴碗；11.检测是否存在；12、13.拧上 M5 的螺母；14.部分推入中轴；15.检测中轴是否存在；16、17.装配 11 个滚珠并加黄油(双侧)；18.拧入一个轴挡；19.检测轴挡是否存在；20.轴挡稍微退回，通过旋转一定的角度以获得适当的间隙；21.推上一端垫片；22.拧上螺母；23.装配完毕的脚踏板

图 7-30　自行车踏板的自动装配机

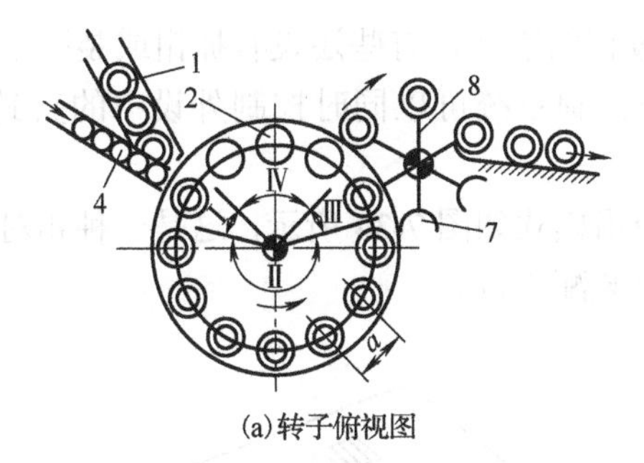

(a)转子俯视图

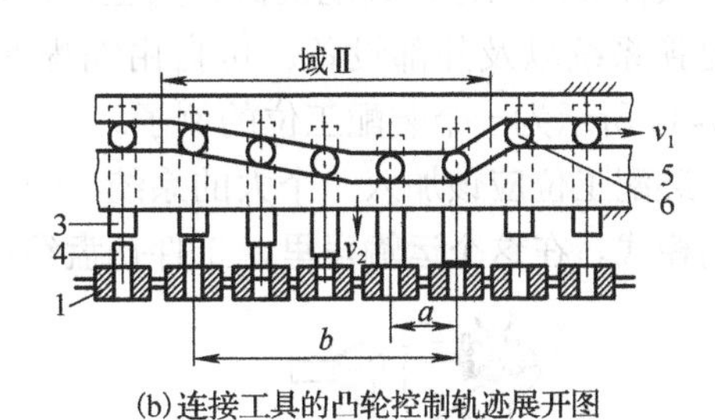

(b)连接工具的凸轮控制轨迹展开图

a．两配件之间的距离；b．连接操作的路径；v_1．连接工具的圆周速度；v_2．连接工具的垂直运动速度；

1.基础件；2.基础件接受器；3.压头；4.配合件；5.固定凸轮；6.滚子；7.抓钳；8.传送转子

图7-31 转子式装配机的结构原理

4. 多工位异步装配机

异步传送的装配机工作中不强制传送工件或工件托盘，而是在每一个装配工位前面都设有一个等待位置以产生缓冲区。传送装置对其上的工件托盘连续施加推力。每一个装配工位只控制距它最近的工件托盘的进出。柔性的装配机还配有外部旁路传送链输送工件托盘。采用这种结构可以同时在几个工位平行地进行相同的装配工序，当一个工位发生故障时不会引起整个装配线的停顿。

图7-32所示的是一种采用椭圆形通道传送工件托盘的异步装配机。全部装配工作由四台机器人完成，另有一台设备用来检测完成装配的情况，未完成装配的部件放入箱子里等待返修，把成品放上传送带输出。

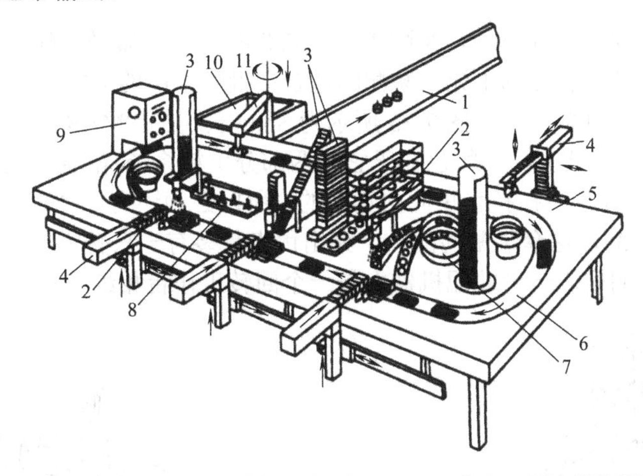

1.装成部件的送出带；2.灯光系统；3.配合件料仓；4.装配机器人；5.工作台；6.异步传送系统；7.振动送料器；8.抓钳和装配工具的仓库；9.检测站；10.需返修部件的收集箱；11.用来分类与输出的设备

图7-32 异步传送的装配系统

7.4.3 装配工位

位是装配设备的最小单位。它一般是为了完成一个装配操作而设计的。自动化的装配工位一般用来作为一个大的系列装配的一个环节。程序是事先设定的。它的生产效率很高，但是当产品变化时它的柔性较小。

柔性装配工位以装配机器人为主体，根据装配过程的需要，有些还设有抓钳或装配工具的更换系统以及外部设备。可自由编程的机器人的控制系统可以同时控制外设中的夹具。图 7-33 所示为一个装配工位的例子。

装配工位应该加入一个大的系统，一种通常的应用模式如图 7-34 所示，这是一种相对独立的模式。在这个运输段里，工件托盘经过旁路送至装配工位。

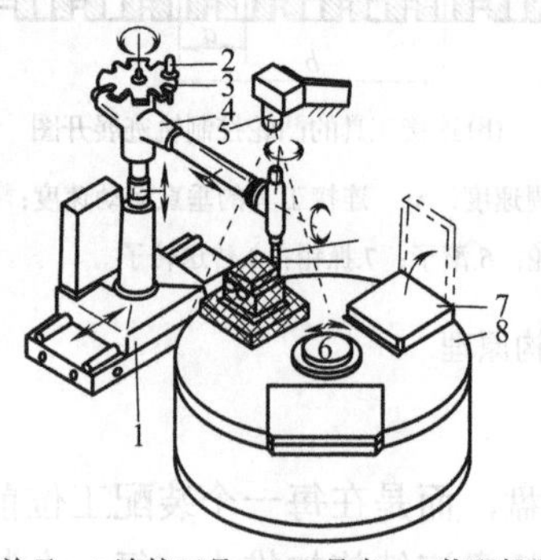

1.行走单元；2.连接工具；3.工具库；4.装配机器人；
5.摄像机；6.编码标记；7.翻转工作台；8.回转台

图 7-33　一个装配工位

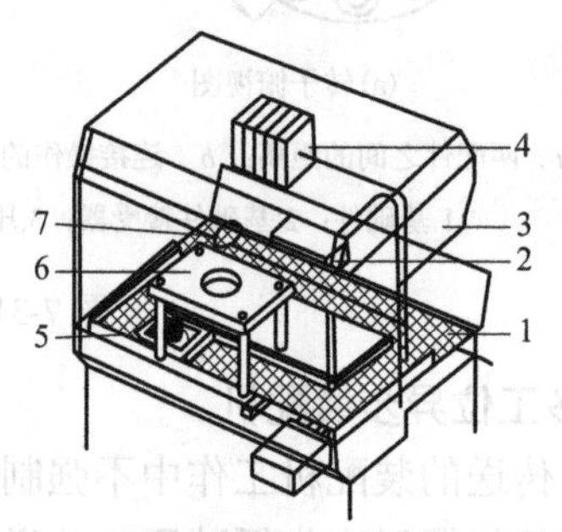

1.传送区；2.显示及操作盘；3.外罩；4.分散控制；
5.托盘；6.装配单元安装位置；7.存在检测传感器

图 7-34　旁路系统模式

这种模式可以脱离装配设备的主系统单独编程，测试程序然后与主系统连接。这种模式本身构成一个子系统。这种子系统通过内部的工件流系统可以构成一个独立的装配间。

7.4.4　装配间

装配间是一个独立的柔性自动化装配工位。它带有自己的搬送系统、零件准备系统和监控系统作为它的物流环节和控制单元。装配间适合中批量生产的装配工件。

作为装配间的一个典型例子，图 7-35 所示为 Sony 公司的 SMART(Sony Multi Assembly Robot Technology)。这个装配间的特色在于它的两部分供料系统(配合件的备料工段和工件托盘的输送工段)。配合件是装在托盘里向前输送的，所以必须还有一个托盘的返回通道。配合件的连接时间为 10～35。这套装配间的一个突出优点是装有一只转塔式机械手，可以一次顺序抓取若干个工件。例如，一台装配机器人与一个回转工作台相结合(图 7-36)。

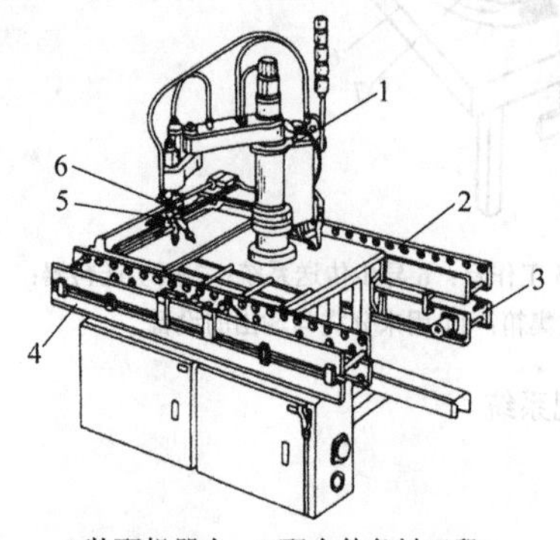

1.装配机器人；2.配合件备料工段；
3.配合件托盘返回工段；4.工件托盘输送工段；
5.转塔机械手；6.转塔的回转机构

图 7-35　装配间 SMART

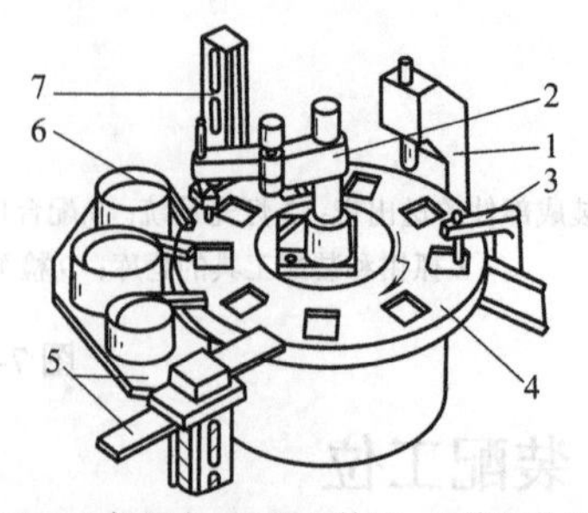

1.SCARA 机器人；2.压入单元；3.输出单元；
4.圆形回转工作台；5.备料单元；
6.开关控制的料仓；7.振动供料器

图 7-36　圆形回转工作台基础上构成的柔性装配间

7.4.5　装配中心

装配间和外部的备料库、辅助设备以及装配工具结合在一起统称为装配中心。仓储设备往往位于装配机器人的作用范围之外(图 7-37)，作为一个独立的、自动化的高架仓库。仓储的物流和信息流的管理由一台计算机承担。也可以若干个装配间与一座自动化储仓相连接，组成一套柔性装配系统。

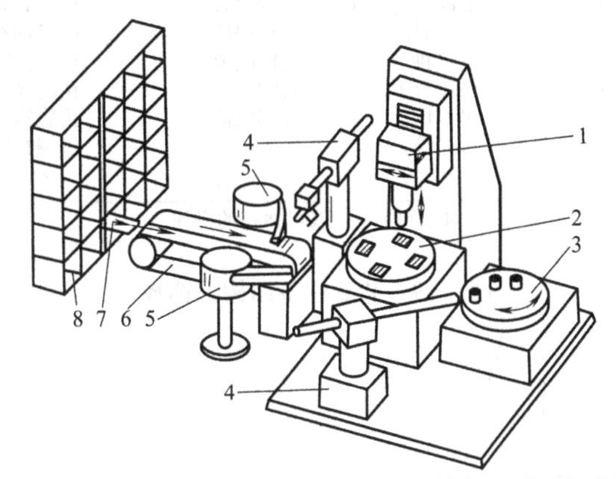

1. CNC 压入单元；2.圆形回转工作台；3.NC 回转台；4.装配机器人；
5.振动供料器；6.传送带(双路)；7.仓储单元；8.储仓

图 7-37　装配中心

7.4.6　装配系统

装配系统是各种装配设备连接在一起的总称(图 7-38)。装配系统主要包括物质流、能量流和信息流，装配系统中设备的排列经常是线形布置。特别是当产品的结构很复杂的时候还不能没有手工装配工位。这种手工与自动混合的系统称为混合装配系统。在这种系统中应该注意，在手工工位和自动化工位之间应该有较大的中间缓冲储备仓。

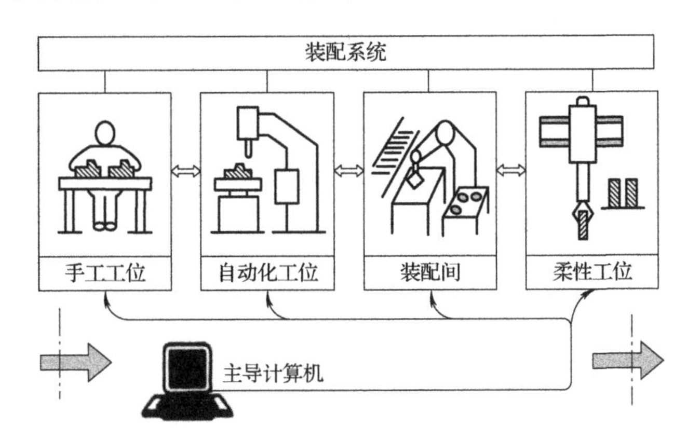

图 7-38　装配系统组成

7.4.7　自动化装配设备的选用

选择自动化装配设备时首先要考虑的是生产率、产品装配时间，以及产品的复杂性和体积。此外，产品的预测越不确定需要装配机的柔性就越高。图 7-39 列出了选择自动装配机结构的几个重要的因素。图 7-40 给出了各种自动化装配系统的应用范围。

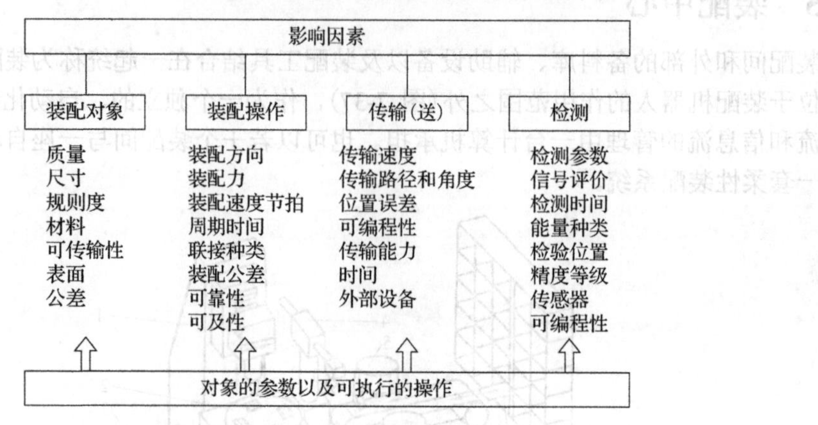

图 7-39　装配设备结构的选择

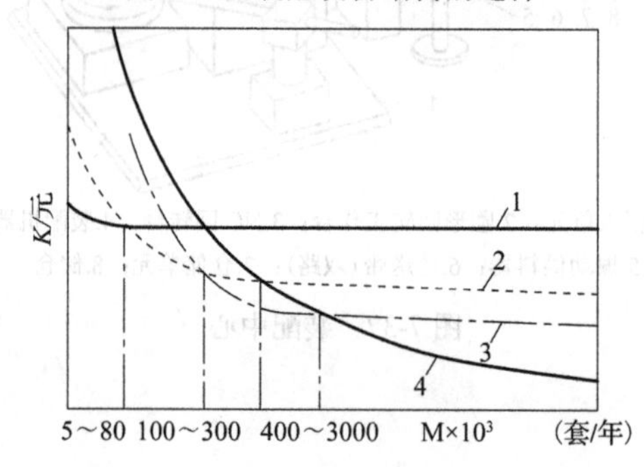

K.每个装配单元的装配成本；M.每年的装配单元数量；

1.手工装配；2.柔性自动化装配间；3.柔性自动化装配线；4.专用装配机械

图 7-40　自动化装配系统的应用范围

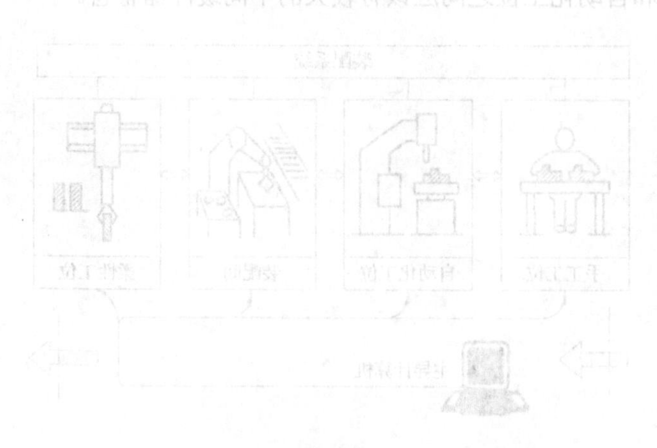

第 8 章　自动化制造系统的物料供给与储运

本章重点：本章先后介绍了自动化制造系统的物料储运自动化的基本概念、卷料自动供料、板料自动供料、定长供料、单件及板片料供料、工件的分配汇总、磁振动供料、其他物料输送装备与机构等内容。

8.1　概　　述

在自动化制造系统中，伴随着制造过程的进行贯穿着各种物料的流动和储运，简称物流。物流系统是自动化制造系统的重要组成部分，它将制造系统中的物料(如毛坯、半成品、成品、工夹具等)及时准确地送到指定加工位置、仓库或装卸站。在制造系统中，物料首先输入到物流系统，然后由物料输送系统送至指定位置。现代物流系统在信息集成和高度自动化环境下，以制造工艺过程的知识为依据，高效、准确地将物料输送到指定的位置。

在制造业中，原材料经过加工、装配、检验、涂装及包装等各个生产环节到产品出厂，加工作业时间仅占 30%～40%，工件处于等待和传输状态的时间占 60%～70%。而物料传输与存储费用占整个产品加工费用的 30%～40%。物流系统是生产制造各环节组成有机整体的纽带，又是生产过程维持延续的基础。因此，物流系统设计的好坏对降低生产成本、压缩库存、加快资金周转、提高综合经济效益有着重要影响。

1. 自动化物料供给与储运系统的组成及其分类

现代物流系统由管理层、控制层和执行层三大部分组成，各部分功能如图 8-1 所示。

1) 管理层

管理层是计算机物流管理软件系统，是物流系统的中枢。它主要完成以下工作。

(1) 接收上级系统的指令(如生产计划等)，并将此计划下发。

(2) 调度运输作业：根据运输任务的紧急程度和调度原则，决定运输任务的优先级别。

(3) 管理立体仓库库存：库存管理、入库管理、出库管理和出/入库协调管理。

(4) 统计分析系统运行情况：统计分析物流设备利用率、库存状况、设备运行状况等。

(5) 物流系统信息处理。

2) 控制层

控制层是物流系统的重要组成部分。它接收来自管理层的指令，控制物流设备完成指令所规定的任务。控制层本身数据处理能力不强，主要是接收管理层的命令。控制层的另一任务，是实时监控物流系统的状态，如物流设备情况、物料运输情况、物流系统各局部协调配合情况等。将监测的情况反馈给管理层，为管理层的调度决策提供参考。

3) 执行层

执行层由自动化的物流设备组成。物流设备的控制器接受控制层的指令，控制物流设备，执行各种操作。执行层一般包括以下几类。

(1) 存储设施，包括各种仓库、缓冲站及其相关设备。

(2) 自动输送设备，包括各类输送机、随行夹具返回装置、搬运机器人及机械手。

(3) 辅助设备，如各种托盘交换装置等。根据管理层、控制层和执行层的不同分工，物流系统对各个层次的要求是不同的。对管理层要求具有较高的智能，对控制层要求具有较高的实时性，对执行层则要求较高的可靠性。

2. 自动化物料供给与储运系统的分类、装置与机构

自动化物料供给与储运系统从输送方式可分成刚性、自动化和 FMS 自动化输送系统三大类(图 8-2)。从结构上又可分为卷料自动供料、板料自动供料、定长供料、单件及板片料供料、工件的分配汇总、磁振动供料、物料输送等装置与机构。

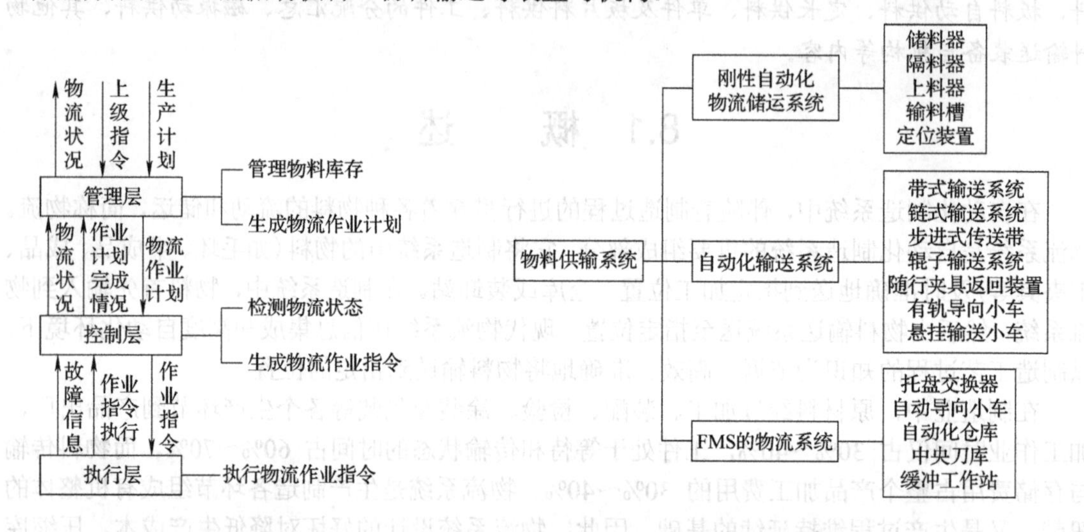

图 8-1　现代物流的基本组成　　图 8-2　物料供给与储运系统的分类

8.2　卷料自动供料装置

卷料有两类，一类是细长的金属丝(棒)，另一类是带状的金属带、纸张及塑料薄膜等卷料。

卷料在工业生产中用得很多，如金属细长丝(棒)在钟厂、表厂、缝纫机针厂、圆珠笔厂、电子厂中，使自动切削机床加工成钟表零件、螺钉、缝针、圆珠笔头、小轴等；金属薄片带料被自动冲床加工成各种罐、盖等；自动包装机械应用塑料薄膜等对产品进行包装。

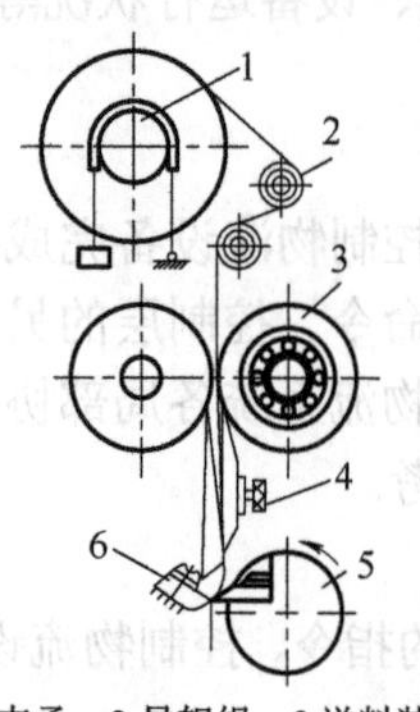

1.卷料支承；2.导辊组；3.送料装置；4.导板；5.转盘切刀；6.固定切刀

图 8-3　卷料供料装置工作原理

这类物料供料时的主要问题是定出所需要的长度，所以称为定长，这可采用行程控制来实现(一般是间歇式供料)，或者采用匀速输送、控制供送时间来实现(连续式供料)。

料的供送可采用牵引或推送，最常用的供送机构是滚轮(适宜线棒料)或辊轴(适宜条带料)。对于纸带、塑料带类软体材料，宜采用辊轴夹持住后牵引输送；对于金属带类硬体材料，采用辊轴夹持住后牵引或推送。对于成卷的、有一定弹性的物料，在加工前要进行矫直、矫平。总之，这类物料的供料过程是：送料—定长—加工(切断、裁工件)。

如图 8-3 所示为一种简单结构的卷料供料装置工作原理图。卷料支承 1 一方面支承卷料，另一方面为卷料的舒展提供一定的张力，防止卷料在送料装置 3 的牵引下做惯性运动而使卷带失去张力。导辊组 2 起舒展校正引导卷带的作用。导板 4 引导松展的带材到达转盘切刀 5，以避免在外界干扰下，松展的带材摆动而裁切不整齐。

由此可知，卷料供料装置一般由支承张紧装置、校直装置、送料装置和裁切装置等组成，下面分别介绍这些常用装置。

8.2.1　卷料的支承、张紧装置

卷料的支承、张紧装置亦称退卷装置。它要求便于安放卷料盘，且卷盘的轴向放置位置可调；卷盘架转动要灵活，并为卷料的松展提供一定的牵引张力以防松展的料带时紧时松而在输送过程中摆动与跑偏。因此，该装置一般由支座、卷盘心轴、套筒、卷盘挡盘、卷盘轴向调节器、制动张紧装置等组成。

图 8-4 为卷料支承、张紧装置结构简图。支座 8 上固定着心轴 1，套筒 2 套装在心轴 1 上，并能在心轴上自由转动。

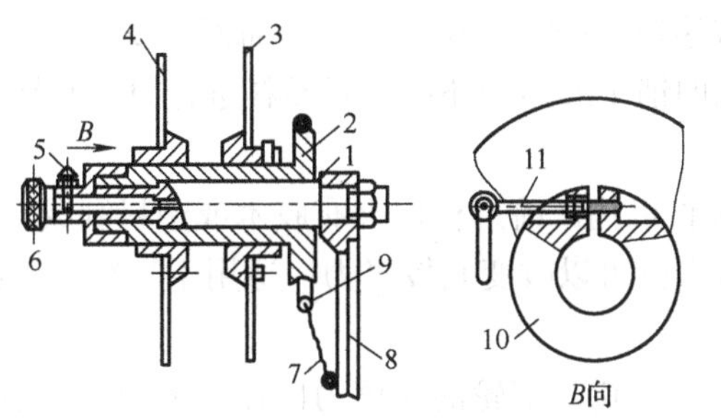

1.心轴；2.套筒；3.固定盘；4.装卸盘；5.锁止螺钉；6.调节螺栓；7.弹簧；8.支座；9.闸；10.内套；11.松紧螺钉

图 8-4　卷料支承、张紧装置结构简图

套筒上装有支承卷料盘的装卸盘 4 和固定盘 3，装卸盘做成易于装拆和固定，以便能快速更换料盘。其方法是在装卸盘 4 的内套 10 上开一条缝(见 *B* 向视图)，用可以摆动的手柄转动松紧螺钉 11 使内套能在套筒 2 上很快地放松或夹紧。利用心轴 1 外端的调节螺栓 6，可以调整料盘在心轴 1 上的位置。锁止螺钉 5 的端头松嵌在调节螺栓的圆周槽中，它与套筒一起转动，使套筒不会轴向窜动。套筒 2 右端的带槽圆盘作为制动盘，其上面绕以闸带 9，由拉紧弹簧 7 牵拉而引起制动阻力，使供料保持一定的张力。

图 8-5 是自动张紧装置。当引送卷带时，靠拉力把制动带 5 松开，减少了卷带的张紧力，当引送停止时，制动带在拉簧作用下使卷带制动，从而防止卷带的松动。

图 8-6 为一种卡爪定位式退卷装置，其特点是使用活动卡爪固定包装材料卷，使装卸卷动作轻易简便。图中，心轴 7 固定在轴承座 12 上，锥套 6 两端安装有轴承 4 和滑套 2，并通过滑套套在心轴上。锥套 6 外的套筒 3 开有缺口，使活动卡爪 5 可以插入并突出套筒表面。当旋紧紧定旋钮 1 时，可使滑套 2 向右运动并推动锥套 6 轴向右移，其锥面因此迫使活动卡爪 5 作径向外移运动，即径向胀大，从而紧固包装材料卷。当放松紧定旋钮时，在弹簧 9 的作用下推动滑套并带动锥套向左移动，使卡爪径向内移复位，从而装卸材料卷。定位块 10 的一端卡在槽轮 11 中，另一端通过调节螺杆与机架连接，旋动调节螺杆可使套筒 3 轴向定位准

确。还可以在槽轮 11 的轮廓上设计制作制动用沟槽。

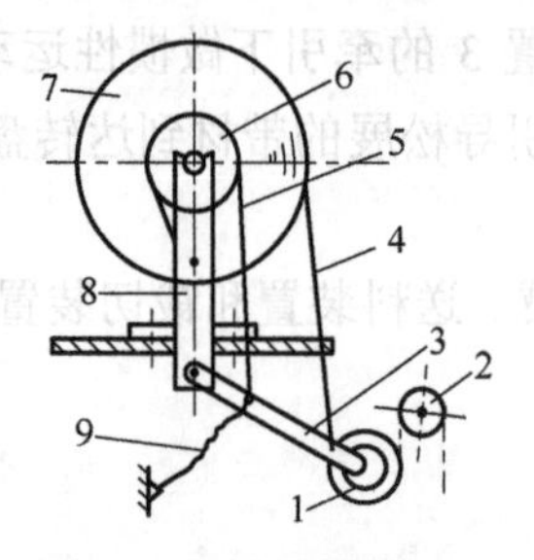

1.万向导辊；2.固定导辊；3.摆杆；4.卷带；5.制动带；6.制动盘；7.卷料盘；8.支座；9.拉簧

图 8-5　自动张紧装置

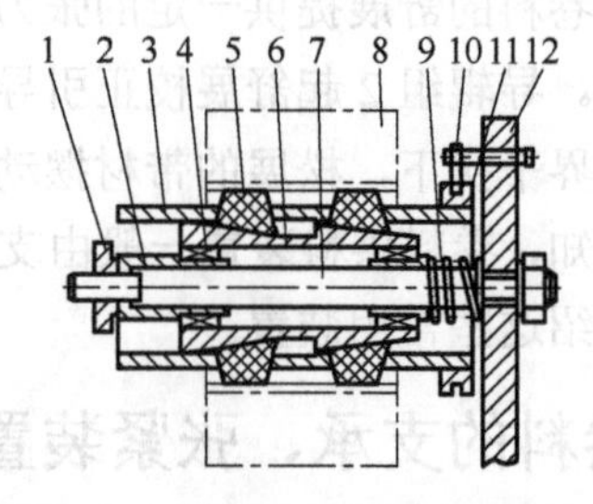

1.紧定旋钮；2.滑套；3.套筒；4.轴承；5.活动卡爪；6.锥套；7.心轴；8.卷膜；9.弹簧；10.定位块；11.槽轮；12.支承座

图 8-6　卡爪定位式退卷装置

8.2.2　卷料校直装置

为了保证加工质量和送料畅通，需将卷料校直，其工作原理是利用“矫枉过正”方法，即使卷料在交错的销子或滚轮(导辊)间拉过时，弯曲部分受到压力产生相反方向变形而被校直。同时，这些交错排列的销子或滚轮还起着对卷料进行引导和转向的作用。

1)梳形板校直机构

图 8-7(a)是梳形板校直机构。梳形板由夹布胶木或塑料制成，其中一块为活动的，靠弹簧力压住卷料，调整弹簧力就可以改变其校直力，适用于直径为 1mm 以下的钢丝料。

2)滚轮式校直机构

图 8-7(b)是滚轮式校直机构。滚轮的摩擦力比梳形板和固定销的校直机构小，可以校直较粗或较厚的卷料。滚轮的形状应与被校直卷料的截面形状相适应。在纸、塑料薄膜等柔性卷料供料装置中，这些交错排列的滚轮起着对卷料带导引、校正与转向的作用。图 8-7(c)是双排滚轮式校直机构。双排滚轮分别安装在互相垂直的两个平面上，使卷料在两个方向上同时得到校直，其校直精度比单排四轮式的高。

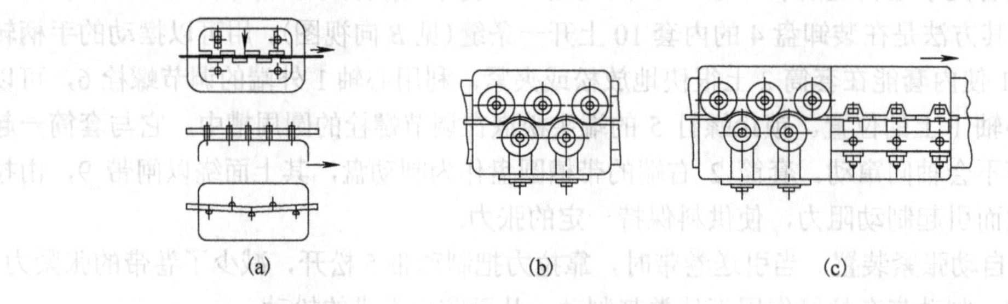

图 8-7　卷料校直装置

8.2.3　卷料送料装置

常用的卷料送料装置有杠杆式、钢球式和滚轮式三种形式。

1. 杠杆式送料装置

如图 8-8 所示，卷料夹紧的机构在滑板 3 上，夹紧卷料的动作是由滑板上部可调整的上夹紧块 5 和杠杆 2 上端的下夹紧块 4 来实现的。弹簧片 1 所产生的夹紧力顶住杠杆 2，使下夹紧块向上顶紧。卷料行程和退回行程是由凸轮或其他机构推动滑板来实现的，如图 8-8 所示，当滑板 3 向左移动时，下夹紧块 4 在坯料表面滑过；当滑板 3 向右移动时，坯料被夹持在上夹紧块 5 和下夹紧块 4 之间，一起向右移动，从而实现送料的目的。这种装置结构简单，但容易损伤坯料表面，因此只适用于对坯料表面要求不高的工件。

图 8-9 是由滑块通过杠杆带动的钩式送料机构。先用手工送料冲压出几个孔，当送料钩 6 钩住搭边后即能自动送料。其过程如下：当带动冲头 3 的滑块上升时，连杆 4 也随之上升，使杠杆 5 逆时针转过一个角度，送料钩便拉动材料前进一个进料距。当滑块下降做工作行程时，杠杆 5 做顺时针转动，送料钩后退。因送料钩 6 的下面有斜面或圆角，故冲头滑过搭边进入下一个孔内。以后不断按上述顺序进行。

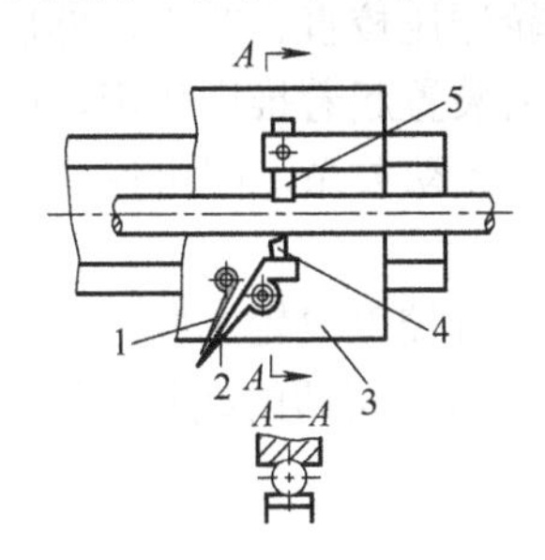

1.弹簧片；2.杠杆；3.滑板；
4.下夹紧块；5.上夹紧块

图 8-8　杠杆式送料装置

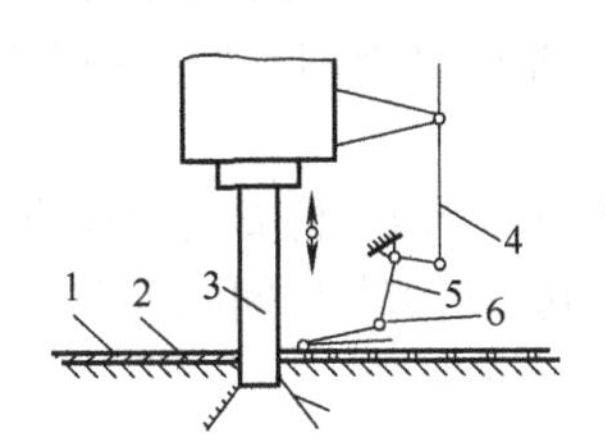

1.坯料；2.下模；3.冲头；
4.连杆；5.杠杆；6.送料钩

图 8-9　钩式送料机构

这种机构的优点是结构简单，造价低，能在转速小于 200r/min 的冲压机械上使用。其缺点是需要较大的搭边，材料利用率比一般送料机构低 4%～6%，对太薄和过重的料不适用，否则会拉断搭边或钩子。

2. 钢珠式送料装置

图 8-10 是钢珠式送料装置，它是一种凸轮杠杆与滚珠夹头组合的夹紧送料机构。弹簧 2 使锥套 3 左移，通过座体 1 的内锥面迫使滚珠 4 趋向轴心线而夹持卷料。当座体 1 在凸轮杠杆机构驱动下向右送进时，由于卷料受到左边的制动力作用(该制动力可由卷料自重的牵制，亦可来自校直器)，滚珠和锥套有向左移的趋势，从而使滚珠将卷料夹得更紧，并且克服了左边的制动力而夹着卷料向右送进。当座体向左返回时，卷料已被右边的停料器夹住，锥套和滚珠便相对于座体向右移动而松开卷料。

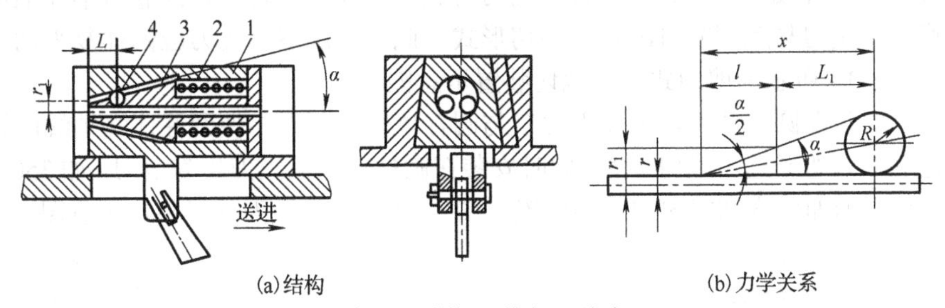

(a)结构　　(b)力学关系
1.座体；2.弹簧；3.锥套；4.滚珠

图 8-10　钢珠式送料装置

这种机构结构简单、紧凑、夹紧力大，适用于线状卷料的送料。此机构的钢珠直径与坯料直径有关，一般卷料直径为 1～1.5mm，钢珠直径为 2～3mm；锥套的半锥角应大于摩擦角，使返回时能自动放松，一般 $\alpha = 10° \sim 17°$。

3. 滚轮式送料装置

这类送料装置是靠滚轮与坯料之间的摩擦力进行送料的，其优点是滚轮与坯料之间的接触面积较大，不会压伤材料，故在金属丝、金属带及纸张、塑料薄膜等卷料的供料装置中得到非常广泛的应用。

送料滚轮既可间歇回转，又可连续回转，从而实现间歇送料或连续送料，滚轮的形状应与被送卷料的截面形状相适应，滚轮的材料要根据被送卷料的材料来确定，一般为钢材、橡胶等。图 8-11 为带钢自动冲压机供料装置，其中的送料装置 4 和校直机构 2 都为滚轮式。带钢盘绕在卷盘 1 上，先输入滚轮式校直机构 2 中，通过滚轮碾压校直、矫平，然后由滚轮式送料装置 4 的一对辊轮送到冲头 5 下面进行冲裁工件。送料装置起着推送作用，同时有夹持作用，保证冲压时带钢不动，协调好送料装置和冲头之间的运动关系，即可保证送料、冲压依次完成。

图 8-12 所示为线材卷料自动供送与分切装置，线材 1 经过校直滚轮 2 校直，由凸轮分度器 6 控制的驱动滚轮 9 间歇向前送料，切刀 7 间歇切断线材 1，切断的线材由链条输送线 8 送往下一道工序加工。

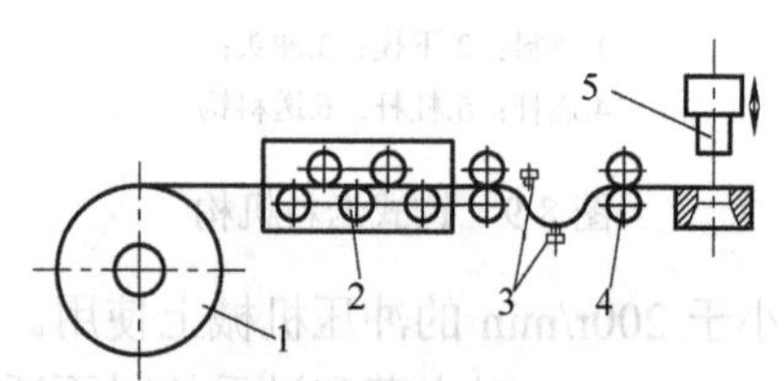

1.卷盘；2.校直机构；3.限位开关；
4.送料装置；5.冲头

图 8-11　自动冲压机供料装置

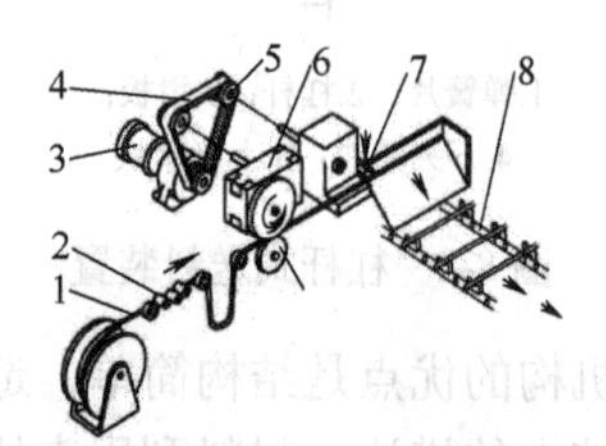

1.线材；2.校直滚轮；3.电机；4.同步带；5.张紧轮；
6.凸轮分度器；7.切刀；8.链条输送线

图 8-12　线材卷料自动供送与分切装置

4. 卷料裁切装置

卷料裁切通常采用机械式裁切和热熔断裁切两种方法。机械式裁切适用于金属丝、金属带、纸张及塑料薄膜等，热熔断裁切适用于塑料薄膜及复合材料薄膜等。热熔断裁切多与热封装置组合一起使用。机械式裁切装置按其结构特点可分为飞刀裁切和滚刀裁切两种。飞刀裁切装置由飞刀和底刀两部分组成，底刀固定不动，飞刀刃和底刀刃处在同一剪切平面上。飞刀与底刀间可配置成剪切形式，此时，飞刀可做反复摆动或转动，因卷料不停地前进，易使切口不整齐；飞刀与底刀亦可配置成齐切形式，此种情况下，飞刀应做往复平动，切口可保证齐整，图 8-13 所示为剪切式飞刀裁切装置示意图。

若将飞刀安装在圆柱体上，使飞刀刃口与圆柱体轴线平行，使圆柱体绕轴线回转，则可与底刀一起组成齐切形式的裁切装置，此时安装在圆柱体上的飞刀称为滚刀。如 350-I 型糖果包装机上的裁纸刀即为齐切式滚刀裁切装置。图 8-14 所示为滚刀裁切装置示意图。

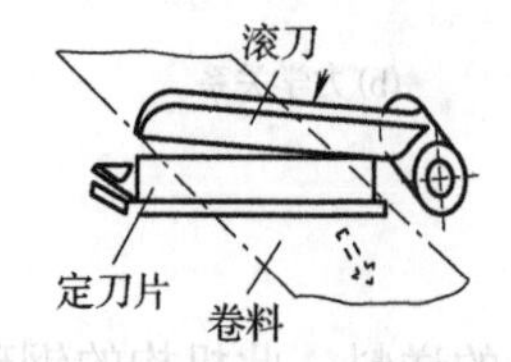

图 8-13　剪切式飞刀裁切装置示意图

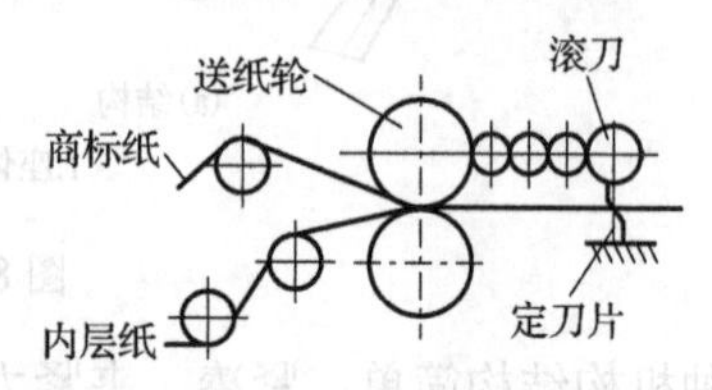

图 8-14　滚刀裁切装置示意图

8.3　板料自动供料装置

金属薄片、单张包装纸及纸板等的供料机构均属于板片料供料机构的范畴。在自动化制造工业生产中，主要有四种板片料自动供料装置。

1. 摩擦滚轮式供料装置

这种类型的供料装置，是利用滚轮与板片(大多用在供纸上)之间的摩擦力大于板片之间的摩擦力，从而把与滚轮接触的单张板片料从储料库中分离出来的。它主要用于小型块状产品的裹包机和贴标机上。

图 8-15 所示为香烟、糖果、香皂等包装机中常用的摩擦滚轮式供纸装置。其工作原理为等速回转的拨纸辊 11 在顶纸针 9 的配合下，将底层的纸片逐张拨出，进入输送辊 2，再被导向板 3 引入台面下方的接纸钩 6，呈竖立状态，等候水平方向输送过来的块状物品，以完成“⊃”形的折叠及后续的裹包作业。摩擦滚轮供料装置结构简单应用较为广泛，但可靠性差，有时会一次供上几张板片料。

2. 推板式供料装置

对厚实而挺括、幅面较大的板片料，可用如图 8-16 所示的推板式供料装置。板片料呈微微前倾状态放于料仓中，由摆钩 4 提起板片料的前部，以减轻最下层板片料的物料总重量。位于机体下部的主动偏心销盘 6 带动摇杆 7 绕轴心摆动，摇杆 7 上端的推板 1 可作水平往复运动。板片料的后边缘被推板 1 扣住后被送到两个输送辊 5 之间，继而传送到下一个作业区。这种供料装置用于较厚及较硬的板片料供料中，如箱扣装配自动机箱扣大小片的送料，冲压板片料的送料，包装纸壳的送料及书芯的送料等，均可采用这种方法。

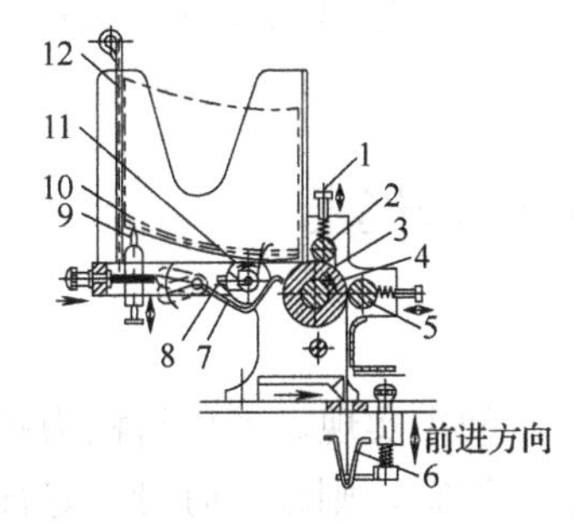

1.压纸调节螺钉；2,4.输送辊；3.导向板；5.横压纸辊；6.接纸钩；7.提纸杆；8.拨纸块；9.顶纸针；10.纸片；11.拨纸辊；12.挡板

图 8-15　摩擦滚轮式供纸装置

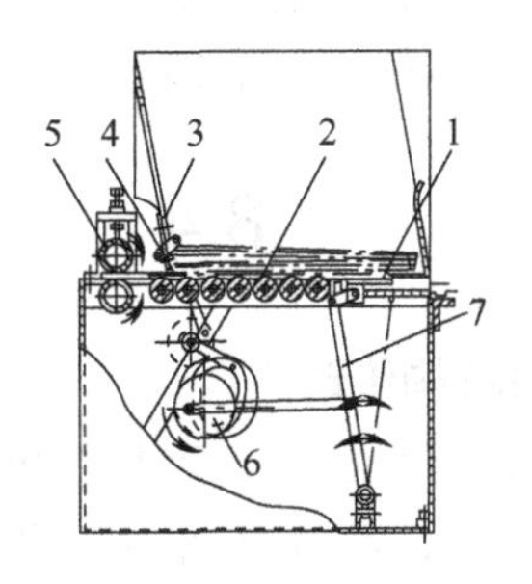

1.推板；2.支撑滚筒；3.闸门；4.摆钩；5.输送辊；6.主动偏心销盘；7.摇杆

图 8-16　推板式供料装置

3. 真空吸料式供料装置

真空吸料式供料装置广泛用于轻工业各种板的供料中，它既可吸送较厚板料(如钢板、硬板等)，也可以吸送薄片料(如纸片、薄膜、刀)。对于厚料，要用真空泵抽真空解决吸力。对于轻薄片料，可采用橡胶吸盘紧压在薄片料的办法进行吸取。图 8-17 所示是冲压自动机械中的橡胶吸盘供料供置。片料 1 放于料仓 2 中，橡胶吸盘 3 被安置在支架 4 上，当支架上下运动时真空吸盘从料仓中吸取一张片料；当支架左右运动时，片料被滚轮 5 取走并送往加工工位。

4. 胶粘取料装置

这种形式的机构通过对工件或对纸张涂胶，在工件和纸张相接触时，靠胶水的粘力，从纸库中取走面上的一张纸。图 8-18 所示为回转式双贴标机示意图。

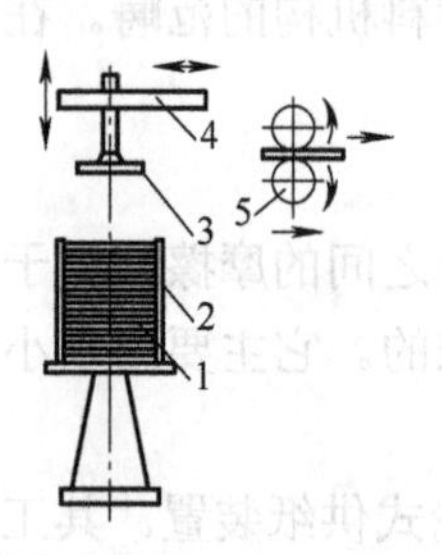

1.片料；2.料仓；3.橡胶吸盘；4.支架；5.过桥滚轮

图 8-17 橡胶吸盘供料装置

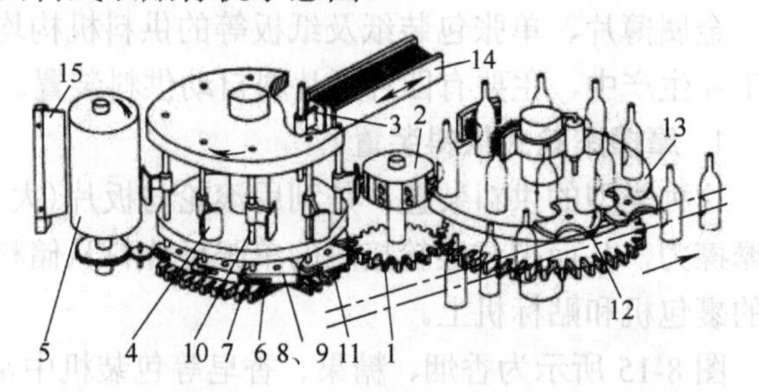

1.齿轮；2.真空转鼓；3.颈标取标板；4.身标取标板；5.涂胶辊；6.凸轮底盘；7.小齿轮；8.扇面板；9.扇底板；10.小齿轮轴；11.大齿轮；12.星形轮；13.贴标回转台；14.标签盒门；15.刮胶板

图 8-18 回转式双贴标机示意图

链轮带动转鼓轴，使真空转鼓 2 和齿轮 1 转动，齿轮 1 又带动大齿轮 11 旋转，从而使装在其上的小齿轮 7 随大齿轮 11 一起转动，小齿轮的运动又带动扇形板齿轮上的滚轮沿凸轮底盘 6 做曲线运动，致使扇形齿轮上的扇面板 8 和扇底板 9 除了随大齿轮 11 运动外，自身还有一个摆动(由凸轮曲线控制)，小齿轮 7 和另一扇形齿轮的扇面板 8 和扇底板 9 相啮合。

因此凸轮曲线通过扇形齿轮带动小齿轮作摆动，使小齿轮轴 10 作摆动。当轴 10 上的身标取标板 4 和颈标取标板 3 转到涂胶辊 5 位置时，取标板上胶；回转至标签盒位置时，取标板即可粘取颈标和身标；转到转鼓位置时，商标纸经转鼓上的夹吸装置贴紧于转鼓表面，此时涂胶水面朝外；当转鼓上标纸与贴标回转台 13 上的酒瓶相接触时，标签即被转贴于酒瓶上，再经毛刷拭平后输出。灌装后的酒瓶经过此贴标机构完成贴标工序后即可装箱出厂。

8.4 定长供料机构设计与计算

1. 供料机构传动比

由前面的分析已知，定长度可通过控制行程，或控制时间来实现。若供料机构和工艺执行机构(如冲头、裁剪刀)采用行程开关、时间继电器等进行控制，则设计时设定好行程开关位置或时间继电器时间即可。如图 8-19 所示的自动捆扎机送料机构，绕在料轮 1 上的扎带 3 由滚轮 2 送出，当扎带沿导轨 4 进入衬舌 5、7 之间，到位触及行程开关 6 后，送料即停止。

若采用机械传动来实现定长供料，则要由传动链之间的传动比来保证。设所需料长度为 L，送料辊(滚轮)工作直径为 D，送料轮转速为 n_1，执行机构工作转速为 n_2，则两机构之间的传动比按下式计算

$$i=\frac{n_1}{n_2}=\frac{L}{\pi D} \tag{8-1}$$

对于条带料送料辊，D 取辊外径；对于棒料送料滚，D 按式(8-2)计算

$$D=d+d_1 \tag{8-2}$$

式中，d 为滚轮直径；d_1 为棒料直径。

传动比计算式也称为传动平衡方程、内联传动链协调方程。

图 8-20 所示为糖果包装机供纸机构，设糖纸长度为L，送纸轮 3 外径为D，与其同轴传动齿轮齿数为z_1和滚刀 4 同轴传动齿轮齿数为z_2，由送纸轮到滚刀之间传动平衡方程为

$$i=\frac{z_2}{z_1}=\frac{L}{\pi D} \tag{8-3}$$

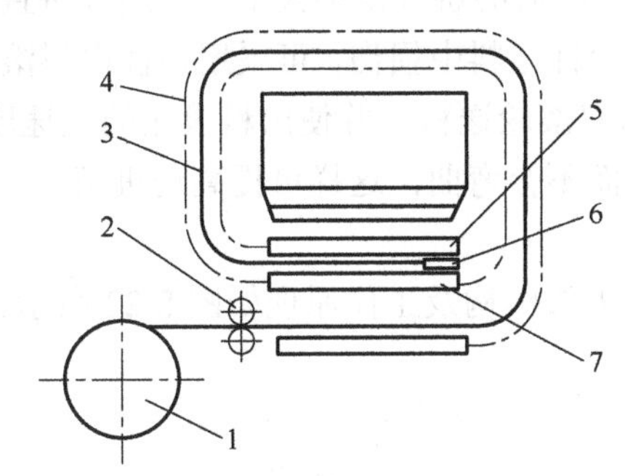

1.料轮；2.滚轮；3.扎带；4.导轨；5、7.衬舌；6.行程开关

图 8-19　自动捆扎机送料机构

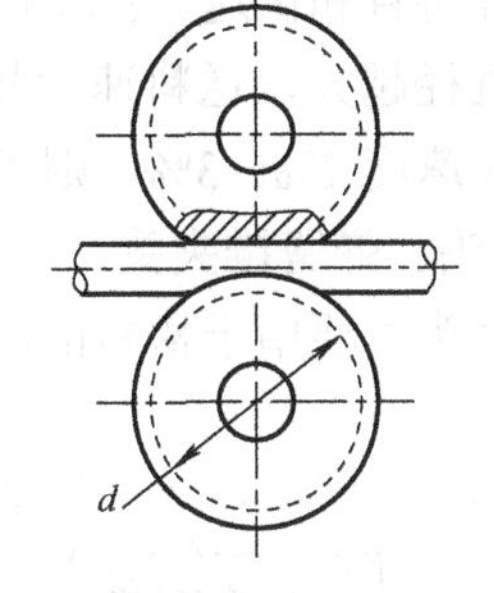

图 8-20　凹槽送料滚轮

2. 送料轮咬入条件及矫直量

当用滚轮供送有一定厚度或直径的板、棒料时，滚轮必须能咬住坯料方能进行输送。送料轮咬入条件及矫直量如图 8-21 所示。

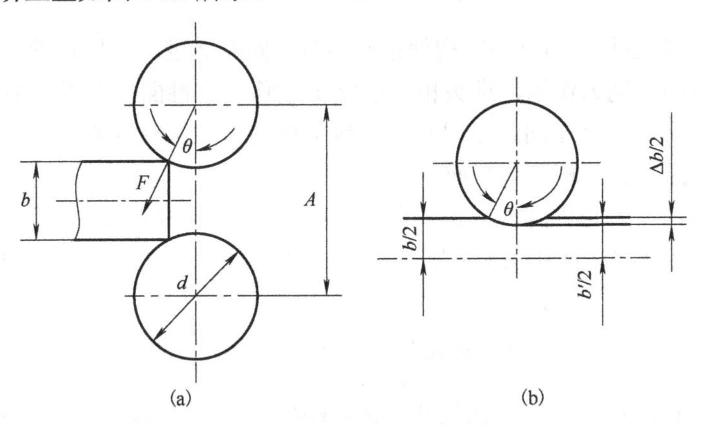

图 8-21　送料轮咬入条件及矫直量

咬入的力学条件为

$$F\cdot f\cos\theta > F\sin\theta \tag{8-4}$$

$$f=\tan\rho>\tan\theta$$

即

$$\rho>\theta$$

而

$$f>\frac{\sqrt{d^2-(A-b)^2}}{A-b} \tag{8-5}$$

式中，F为滚轮对坯料正压力；θ为咬入角；f为摩擦因数；ρ为摩擦角；A为滚轮中心距；b为坯料厚度或直径；d为滚轮直径。

由图 8-18(b)知，矫直量可按下式计算

$$\Delta b=b-b'=d(1-\cos\theta) \tag{8-6}$$

取 $\theta=\rho$ 代入式(8-6)得

$$\Delta b_{\max}=b-b'=d\left(1-\cos\rho\right) \tag{8-7}$$

式中，b' 为矫直后坯料尺寸；Δb 为矫直量；$\Delta b_{\max}$ 为允许最大矫直量。

总之，咬入的力学条件是咬入角小于摩擦角，只要所取的矫直量不大于允许最大矫直量，就能咬住进行矫直和供送。若坯料表面比较光滑及不允许送料中损伤，可采用弹性送料滚轮。

送料轮直径越大，送料速度越高。若采用进、出双滚轮送料，并使出料滚轮的线速度高于进料滚轮线速度 2%～3%，则可使坯料受一定张力而不会弯曲，这样可提高送进精度。

3. 锥夹头、弹簧锥夹头

这两种夹头主要用于棒料的间歇式供送。钢球锥夹头结构及工作原理如图 8-22 所示。

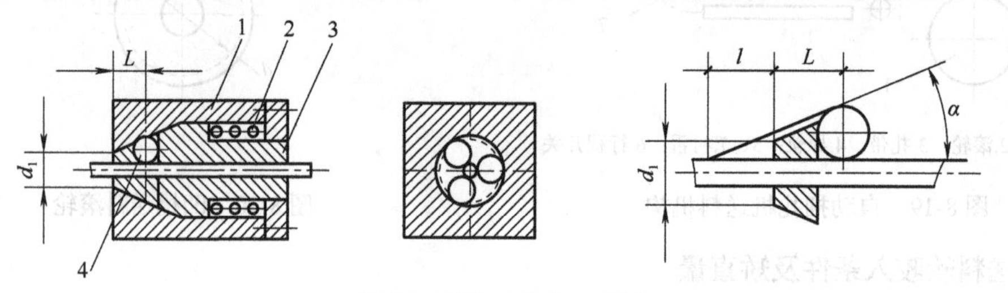

1.锥座；2.弹簧；3.锥头；4.钢球

图 8-22　钢球锥夹头

棒料穿过锥头 3 心孔，当驱动机构使锥座(套)1 向右送进时，棒料受左边矫直器或其他装置(图中未画出)的制动力作用，锥头相对锥座 1 左移，靠锥面使若干个钢球 4 收拢，从而将棒料夹住一起送进。当锥座向左返回时，棒料又被右边的停料器或者工艺执行机构作用，锥头和钢球相对锥座右移，松开棒料而停止送进。

钢球夹住棒料的条件是锥座内锥角应大于摩擦角。内锥角越小，夹紧力越大，这容易损伤棒料表面，同时钢球嵌入锥孔太紧而影响返回时放松棒料。一般内锥角 α 取 10°～17°。钢球锥夹头主要结构尺寸按下式计算：

$$L=R\cot\frac{\alpha}{2}-\frac{1}{2}\left(d_1-d\right)\cot\alpha \tag{8-8}$$

式中，R 为钢球半径；d_1 为锥头开孔尺寸；d 为棒料直径，一般取 d_1～$d=0.5$～0.2mm。

将钢球锥夹头中的弹簧 2 和钢球 4 取掉，并将锥头 3 改成开口弹簧锥头，即成弹簧锥夹头，如图 8-23 所示。锥头一般用 T8A、T10A、T8Mn 等材料制作，也可以在夹紧部位镶硬质合金。夹紧部位热处理后硬度 HRC58～62，弹性部分 HRC40～45。锥头内孔与棒料截面相一致，锥角一般为 30°～35°。对推送式夹头，锥套(座)内锥角可比锥头锥角大 1°；对牵拉式夹头，可小 1°。当棒料直径在 2～5mm 时，锥头最小内壁厚为 2～3mm；直径在 6～8mm 时，壁厚取 2.5～4mm；直径在 9～12mm 时，壁厚取 5～6mm。根据锥头弹性及棒料情况，锥头可开成单缝槽、十字槽、花瓣槽等。

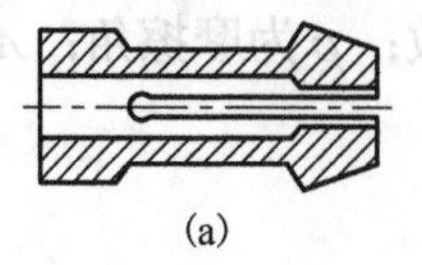

(a)

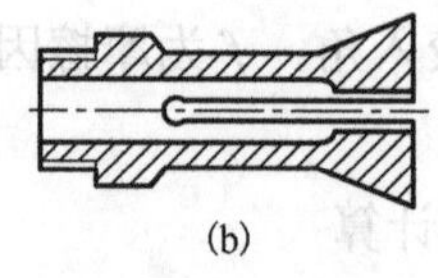

(b)

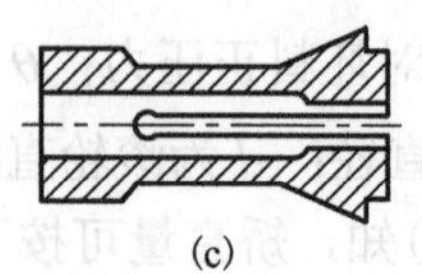

(c)

图 8-23　弹簧锥夹头

对于成卷物料，在放送过程中，因牵引惯性影响，可能会出现卷料回松及送料不均匀的现象，这在高速送料中尤为突出。为此，应在卷料供料机构中设置制动装置，以使放出的卷料始终保持张紧状态。

8.5　单件及板片料供料机构

8.5.1　单件物品形态分析及定向方法

生产中所涉及的单件物品非常多，如螺钉、铆钉、盒、瓶、罐、香皂、香烟、纽扣等。单件物品一般是作为半成品再送入自动机进行加工、包装的。由于单件物品五花八门，形态各异，而且在加工中一般有方位要求，所以单件物品供料主要解决输送、定向问题。

按照单件物品外形结构复杂程度，可将其分为一般结构件和复杂结构件两大类。复杂结构件要采用工业机器人来送料。一般结构件根据其外形结构特征，可分成旋转体和非旋转体两类。根据旋转体的尺寸比例，可分为球、轴柱（长度 l 与直径 d 的比值 $l/d \geqslant 1$）和盘（$l/d<1$）。对板块体厚度远小于长度和宽度尺寸时称为板，当高度、长度和宽度尺寸接近时称为块。

根据结构件的对称轴和对称面数目、外形结构及尺寸比例，可把旋转体分成Ⅰ、Ⅱ、Ⅲ级结构，板块体分成Ⅰ、Ⅱ、Ⅲ、Ⅳ级结构。上述分类方法及结果见表 8-1、表 8-2。

表 8-1　旋转体物品结构分类

级别		组别		名称	物品结构
Ⅰ	两个对称轴			球	
Ⅱ	一个对称轴和一个对称面	1	$l/d>>1$	轴	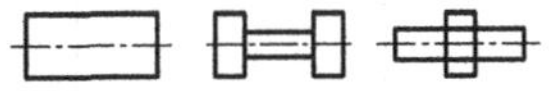
				轴套	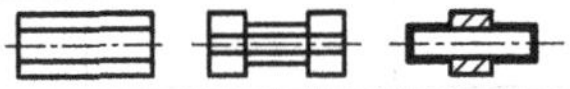
		2	$l/d<<1$	盘	
				环	
		3	$l/d\approx 1$	滚柱	
				空心柱	
Ⅲ	一个对称轴	1	$l/d>>1$	轴	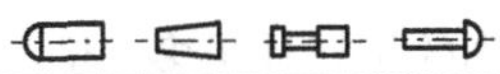
				套筒	
		2	$l/d<<1$	盘	
				环	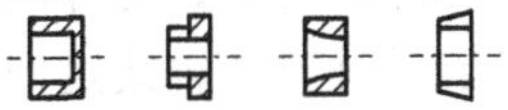
		3	$l/d\approx 1$	滚柱	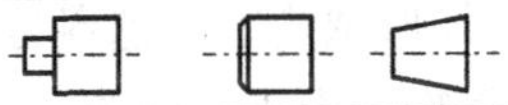
				杯	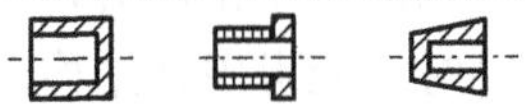

表 8-2　板块体物品结构分类

级别		组别		名称	物品结构
Ⅰ	三个对称面	1	L/B>>1	板 H/B>>1	
				柱 H/B≈1	
		2	L/B≈1	板 H/B<<1	
				柱 H/B≈1	
Ⅱ	两个对称面	1	L/B>>1	板	
				柱	
		2	L/B≈1	板	
				柱	
Ⅲ	一个对称面	1	L/B>>1	板	
				柱	
		2	L/B≈1	板	
				柱	
Ⅳ	无对称面	1		规则体	
		2		复杂曲面体	如风叶片、叶轮、曲拐轴等

在旋转体中，被列为Ⅰ级结构的球类物品，在供料时一般无须定向；列为Ⅱ级结构的，需按对称轴进行一次定向；对于Ⅲ级结构物，需按对称轴和相关面进行两次定向。显然，轴柱类沿轴心线定向最稳定，盘类用端面定向最稳定。在供送板块体时，需要的定向次数要比相应级别的旋转体更多。例如，Ⅰ工级结构的柱类要定向三次。一般级别越高，定向次数越多。

由此得出如下结论。

(1)旋转体相对板块体定向要容易，但其定向时的稳定性比板块体差。

(2)物品对称轴、对称面越多，越容易定向；结构尺寸差异大，定向较容易。

(3)旋转体宜按轴线定向，板块体应采用面定向；轴柱类按轴线定向，盘类按面定向。

(4)外形越简单，越容易定向。

单件物品由于定向难，因而供料速度不高，影响了自动机生产能力的提高。所以在设计这类物品时，应考虑其结构工艺性。

(1) 尽可能使结构对称化。例如，一根轴，可能的情况下，使轴两端头的结构完全相同。有时在零件上除功能结构外，再设计一些和功能结构对称的工艺结构。

(2) 设计工艺定位面或其他定向结构，如工艺孔、工艺凸台等。

(3) 尽可能采用使物品不易重叠、嵌入、绞缠的结构，以便于取出、分离、供送。

(4) 改变加工工艺，改单件加工为卷料供料加工。

单件物品供料机构根据人工参与程度，可分为料仓式供料机构和料斗式供料机构两种。

8.5.2　料仓式供料机构

1. 料仓及分类

料仓起到储料和送料作用。料仓的结构形式繁多，应根据物品的形态、尺寸和加工要求来确定。按件料在料仓内的移动方式分类，可分为靠件料重力作用而移动和强制移动(用重物、弹簧、摩擦力、链条、圆盘等来带动)两类。

1) 自重力料仓

靠件料重力作用而移动的料仓结构简单而应用广泛。在图 8-24 中，根据料仓的外形分为直线形、弯曲形、螺旋槽形、螺旋形、管形、料斗形、集装盒料斗形。

这类重力料仓的件料可有各种不同形状：光滑圆柱体和带钉头的圆柱体、平面圆盘、锥形滚子、杆件、阶梯形轴、杠杆等。这些件料的突出特点就在于它们具有能在料仓料道(料槽)中移动，以及落入抓料器内所必需的足够重量。

(1) 直线形料仓。直线形料仓如图 8-24 (a)、(b) 所示，其结构和制造工艺最简单，通常用薄钢板制成。为了减少摩擦，件料沿料仓料道滑动的各个表面应进行精细的机械加工，而且为了提高耐磨性需要进行热处理。

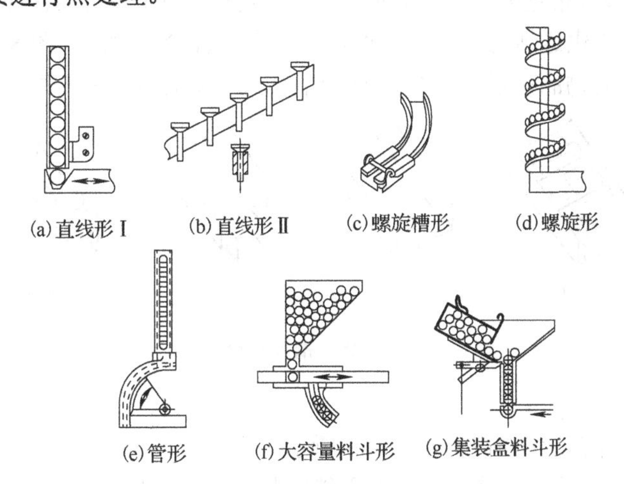

图 8-24　靠件料重力作用而移动的料仓

为便于观察件料的运动，在料仓的壁上做出通孔，或做成没有盖板的料仓。为使料仓具有通用性，将它们做成可调的。为此侧壁需制成可拆卸的。料仓(料道)横截面的形状要根据所供给件料的形状来选取，为使件料自由地移动，需规定适当的间隙。料仓布置成垂直的或成一定的角度，以保证件料在料仓内能可靠地运动。

(2) 弯曲形料仓。弯曲形料仓类似于直线形料仓，但重力比直线形小。这类料仓常采用扁钢或钢板来制造。料仓的摩擦面需进行机械加工和热处理。料仓的弯曲形状应根据装料的方便，最大的件料储存量，靠近工位的位置，以及为保证件料在料仓料道内可靠移动的斜角等条件来选取。

(3)螺旋槽形料仓。螺旋槽形料仓如图 8-24(c)所示。螺旋槽形料仓是根据物品的结构形态而专门设计的，料仓即料槽，物品只能成队列放入，储量一般较小。

(4)螺旋形料仓。螺旋形料仓如图 8-24(d)所示，在多数情况下用于供送带台肩时圆锥形和圆柱形件料，以及在件料运动过程中需要改变其位置的情况。这些料仓常用薄钢板制成。

(5)管形料仓。管形料仓如图 8-24(e)所示，用来供给薄盘和圆柱体类的件料。这种料仓用内表面经过很好加工的钢管制成。为便于装料和观察，在料仓壁上钻出通孔。

管形可看作槽形的变形，其结构简单，制作方便，主要用于旋转体物品的供料。根据制作材料，管形料仓可分成刚性和柔性两种。刚性管形料仓用钢管或工程塑料制成，在管内可供送各种旋转体物品，圆环内工件则可套在管外供料；柔性料仓用弹簧钢丝绕成，可以适当弯曲、伸缩，适用于储存和运送球、柱、轴类工件。

(6)料斗形料仓。料斗形料仓的料斗和料槽为一体，可由人工一次将若干个物品定向堆放入料斗，物品再由料斗落入料槽，这样可减少人工装料的频次。料斗形料仓如图 8-24(f)所示。与上述料仓的区别在于这种料仓可储存大量的件料，而且这些件料是在定好向的位置上成列地堆积在料斗内。

(7)集装盒料斗形料仓。集装盒料斗形料仓如图 8-24(g)所示，为了加快料仓加料速度将集装盒装入料斗里面。如果要求轮流地给料斗添料，则将装满的集装盒插入料斗，并打开活动料门，就可以使件料移入料斗。为了建立定向件料的储备，可给料仓加上几个集装盒。

图 8-25(a)所示为 U 形料槽，适用于水平布置或倾斜角较小的料仓。图 8-25(b)所示为半闭式料槽，用于料仓垂直布置或料仓较长时，上面的包边可防止物品从料槽中脱出。图 8-25(c)所示为 T 形料槽，用于供送铆钉、螺钉、推杆等带肩、台阶类物品。图 8-25(d)所示为板式料槽，用于带肩、台阶类物品供送。另外还有如单杆式、双杆式、V 形槽式料仓等。

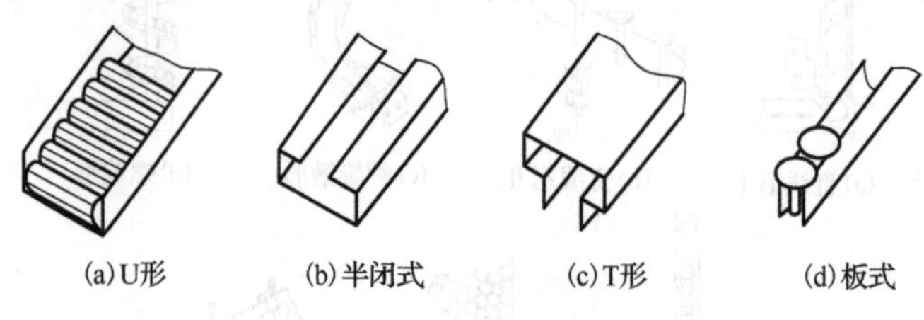

(a)U形　(b)半闭式　(c)T形　(d)板式

图 8-25　槽型料仓

2)强制供料仓

各种形式的强制件料运动料仓如图 8-26 所示。

(1)外部重力料仓。对于在重力作用下不能在料仓内移动的各种轻微件料的供料，可采用如图 8-26(a)所示的压重物的方法。重物的横截面形状可根据料仓料道的形状做出。为保证重物在料道内自由移动，应规定出适当的间隙。利用重物的重力使轻微件料随着料仓内送料的进行而向下推移。

具有水平位置和重物供料机构的管型料仓结构如图 8-26(b)所示。件料按定向位置装入料仓内，借助重物、钢绳和推杆把件料压向供料器，随着料仓中送料的进行，重物向下移动，而推杆与件料则移向供料器。为使绳夹与推杆能沿料仓移动，在料仓上切出等于推杆行程长度的通槽。件料装入料仓时，将推杆取出。

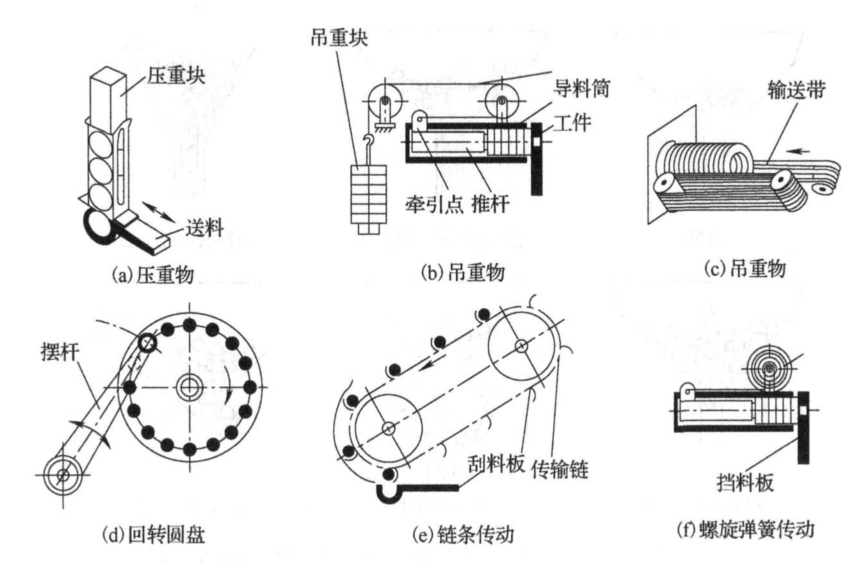

图 8-26　强制件料运动料仓

(2)摩擦力料仓。图 8-26(c)所示的料仓，借助件料与形成 V 形料槽的传送皮带之间的摩擦力，强制将件料送到供料器。由于传送带需要传动装置，因而使料仓的结构复杂。

(3)回转圆盘料仓。回转圆盘料仓如图 8-26(d)所示。圆盘可以布置成水平的，也可以布置成垂直的。这种料仓在单轴和多轴自动化生产设备上用来供送平形圆片、套筒、光滑圆柱形和阶梯形的小轴。料仓的外形尺寸取决于件料的尺寸和加工时间。

(4)传动链料仓。用传动链条将件料送入供料器的料仓如图 8-26(e)所示。件料装在钩子上，钩子则固定在传动链条上。件料在下面的位置时掉入供料装置的半圆槽内。传动链料仓用来供送长的圆柱形销轴、套筒及其他零件。

(5)螺旋弹簧料仓。具有水平位置而更为完善的管型料仓结构如图 8-26(f)所示。其中重物用螺旋弹簧代替，因而该结构显得非常紧凑。

2. 斗式料仓消拱器

物品在料斗中互相挤压可能造成拱形架空，而使供料器无法供料二拱产生的情景如图 8-27(a)所示，所以一般都在料斗中设置有消拱器(搅拌器)。最常用的消拱方法如下。

(1)借助装在料斗内消拱器 1 或摆动槽 2、回转凸轮 3 而形成的搅动器，如图 8-27(b)、(c)所示，消拱器靠近料槽入口可消除小拱，适用于表面比较光滑物品。

(2)借助装在料斗内的摆动隔板来消拱。隔板 5 的横截面形状为菱形，如图 8-27(d)所示，它用来消除在搅拌器重作用区之外所形成的件料拱。

(3)如图 8-27(e)、(f)所示，在料斗下面做出一个大的落料孔，该孔穿过具有圆周运动的圆转槽 6 或具有往复运动的供料器 8。供料器应同时与三个以上的件料相接触。具有往复运动的供料器 8 在反行程时，用往复槽孔 7 搅动孔内的件料并阻止拱的形成。对于表面比较粗糙、摩擦阻力较大的物品，拱形发生在料槽入口上部而形成大拱。这时可采用如图 8-27(e)、(f)所示的消拱器，其料槽入口较大，便于落料。当消拱器动作时，经常有几个件料同时接触消拱器，致使其上面的、周围靠近的物品均运动，从而可以消除小拱和大拱。

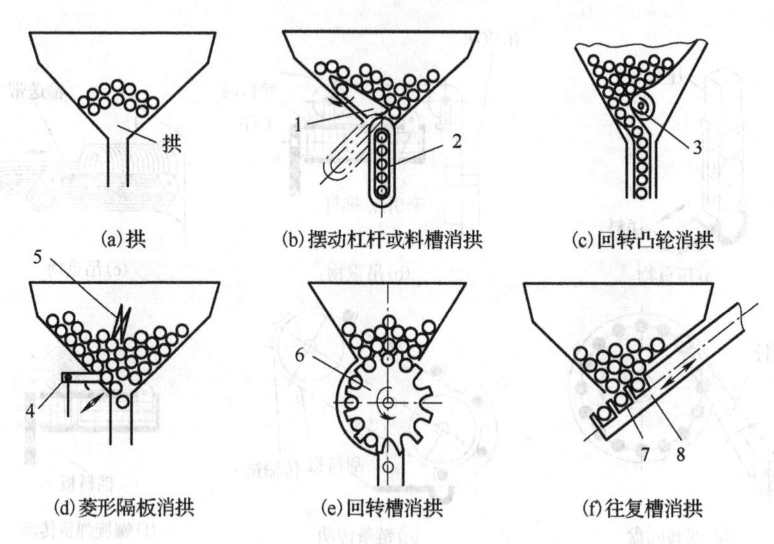

1.消拱器；2.摆动槽；3.凸轮；4、5.隔板；6.转槽；7.槽孔；8.供料器

图 8-27　消除拱的方法

3. 料仓隔料器

隔料器是调节件料从料仓进入供料器的数量的一种机构，件料由料仓进入供料器是连续流动的。在料仓的末端由隔料器将件料的运动切断，并把件料和总的件料流按一个或几个隔开而将它们送入送料器。隔料机构依其运动特征分为往复运动隔料器、摆动运动隔料器、回转运动隔料器和具有复杂运动的隔料器四类形式。

1) 往复运动隔料器

(1) 往复运动隔料器结构最简单，而且它们的功能常常由工具和送料器完成。如图 8-28 所示，往复运动隔料器通常分为推杆式、送料式和隔料式等形式。

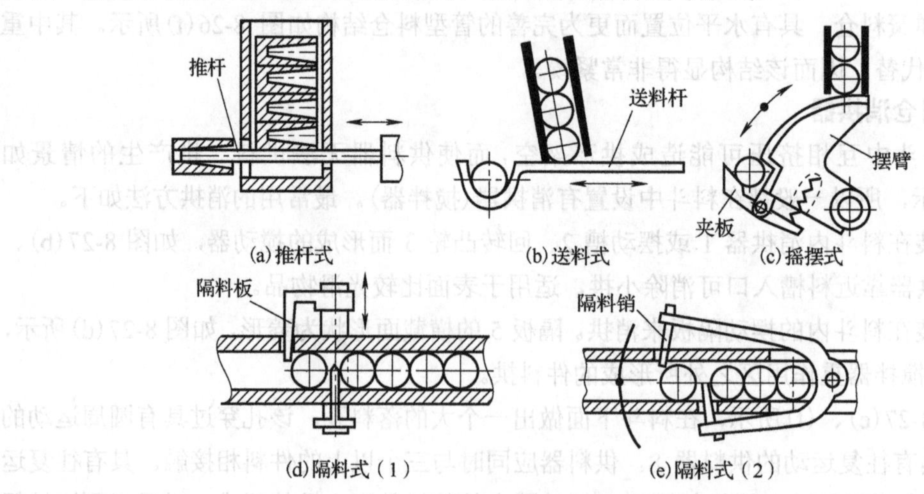

图 8-28　往复运动隔料器

图 8-28(a) 所示是用工具(顶杆 1)将件料与件料流切断的一种方法，在这种情况下，工具就是一种具有抓料运动且穿过料仓料道的隔料器。

(2)用送料器来隔离件料的方法如图 8-28(b)所示。由于件料送入工位时送料器 2 穿过料仓料道，因而它的上平面起着隔料器的作用。

(3)摆动隔料器适用于中等生产率的自动化生产设备。如在料仓上安装摆动式的送料器，那么隔料机构的功能常由送料器本身完成。如图 8-28(c)所示，用摆动送料器本身也起着隔料的功能，当工件料送入工位时，摆动送料器 3 的外表面盖住料仓，因而起着隔料器的作用。

(4)作为一个独立机构形式的隔料器如图 8-28(d)、(e)所示。两个隔料板 4 或隔料销 5 作往复运动并将料仓料道的件料流隔离成单个件料。隔料销的运动与送料器的运动必须连锁。

上述的隔料机构大都用于中等生产率(50～70 件/分)的自动化生产设备。当生产率很高时(约 150 件/分)，这些隔料器就不太可靠，经常由于隔料机件损坏而使供料停止，而且由于隔料机件的速度高常使件料受到损伤。

2)回转运动隔料器

回转运动隔料器通常有鼓轮式、凸轮式、螺旋式等多种形式，如图 8-29 所示。

在鼓轮盘上有件料的定型槽，件料由料槽落入这些定型槽内，如图 8-29(a)、(b)所示。双鼓轮式隔料器如图 8-29(c)所示，由两个带定型槽的鼓轮组成，两个鼓轮作同步回站。装入双料槽内而按一定顺序排列的件料被鼓轮抓取并带到下面的同一个料槽内。用这样的隔料器可以使件料排列成一定的顺序。

凸轮式隔料器主要用于圆柱体、圆环和圆盘类件料。其结构如图 8-29(d)所示，旋转轴上装有两个凸轮，使其在往复摆动或旋转时，其中一个凸轮将依次排列的件料发出，而另一个凸轮则挡住所有其余的件料。

在图 8-29(e)、(f)所示螺旋式隔料器中，单头螺杆每转一转时就将一个件料与整个件料流隔开；如果螺杆是双头的，则可隔离两个件料。作回转运动的隔料器比作往复运动和摆动的隔料器的生产率更高，这种隔料器的特点同样是工作平稳，而且件料很少受到损伤。图 8-29(f)所示的隔料器既可水平安装，又可垂直安装，在食品及医药行业中得到广泛应用。

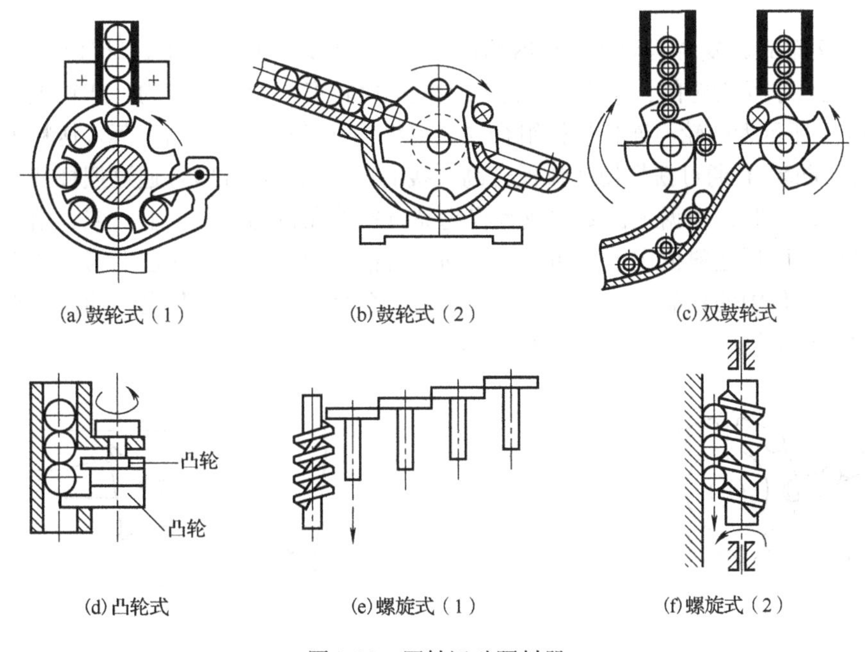

(a)鼓轮式(1)　(b)鼓轮式(2)　(c)双鼓轮式

(d)凸轮式　(e)螺旋式(1)　(f)螺旋式(2)

图 8-29　回转运动隔料器

4. 料仓送料器

送料器是将料槽内已隔离的件料送入自动化生产设备指定位置的一种机构。送料器的结构形式多样，并与生产设备的构造、件料的形状和尺寸以及生产率有关。根据其运动特点，送料器可分直线往复式、摇摆式、回转式和复合运动式等。

(1) 直线往复式。直线往复式送料器通过推板、推杆或送料手等将物品从料槽中取出，送到所指定的工位。其中推板和推杆用于将落在送料平台上的物品推送到加工位置，如图 8-30 所示。推板适用于板块状物品的供送，也可供送平放的圆盘、盖、环类物品；推杆、套类物品的供送，必要时可根据物品的形态来确定送料平台工作面的形状，如平面、V 形等。作直线往复运动的送料器通常既起隔离作用，又起送料作用。

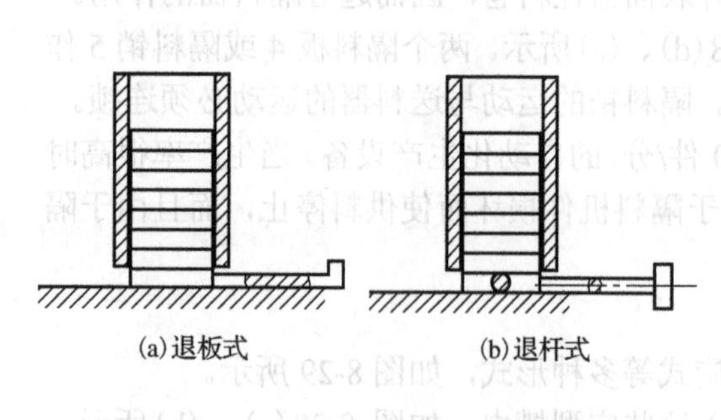

图 8-30　直线往复式送料器

(2) 摇摆式。摇摆式可看作直线往复式送料器的变形，如图 8-28(c) 所示，一般由摇臂、弹簧等零件组成。当摇臂顺时针摆动使容纳槽对准料槽口时，夹板被料槽下部侧面挡住，打开使物品落入容纳槽中，靠弹簧力夹紧，然后逆时针摆动将物品送到加工工位。摆式送料器结构简单，供料速度较直线送料器要高，也适合于单工位自动机的供料。

(3) 回转式。回转式一般做单向旋转运动。图 8-31 所示为自动磨圆柱销的供料机构。当送料盘顺时针转动使容纳槽对准送料盘时，物品被容纳槽接住、分离、供送到加工部位，然后由砂轮进行磨削。必要时可设置两顶尖将柱销夹住，然后逆时针摆动将物品送到加工工位。转式送料器结构较复杂，但供料平稳，速度较高，广泛用于多工位自动机或要求高效、连续作用供料。

(4) 复合运动式。复合运动式送料器的运动轨迹较复杂，如四边形、升降与回转组合等，根据加工工艺要求而设定的。实现复合运动的机构比较多，如连杆机构、凸轮机构、组合机构等。图 8-32 所示为凸轮与连杆机构组合式供料机构，当物品从料槽中落入送料板左端第一个容纳槽后，凸轮 1 通过摆杆使送料板升高，接着凸轮 2(双联凸轮)通过摆杆使送料板向右移动一个工位。这时，根据工艺要求或者将物品直接放在自动机工位上，或者由推杆推入第一工位夹具中。随后送料板作下降和返回运动，料槽中的物品又落入左端第一个容纳槽。与此同时，第一工位中的物品已加工完毕，装入第二个容纳槽中。重复上述动作，直到物品经过自动机的所有工位后，一个工艺循环结束。

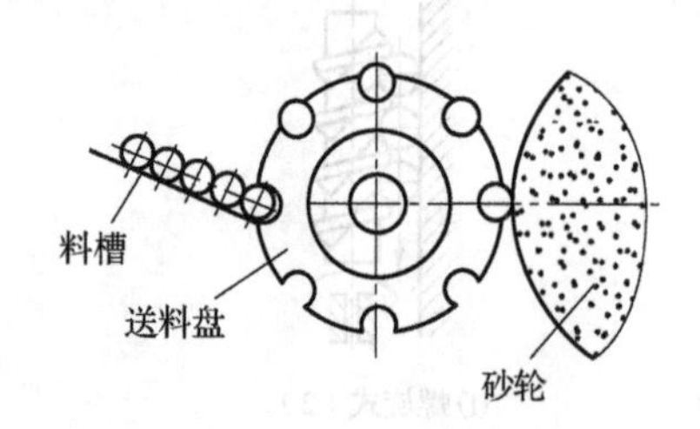

图 8-31　回转式送料器

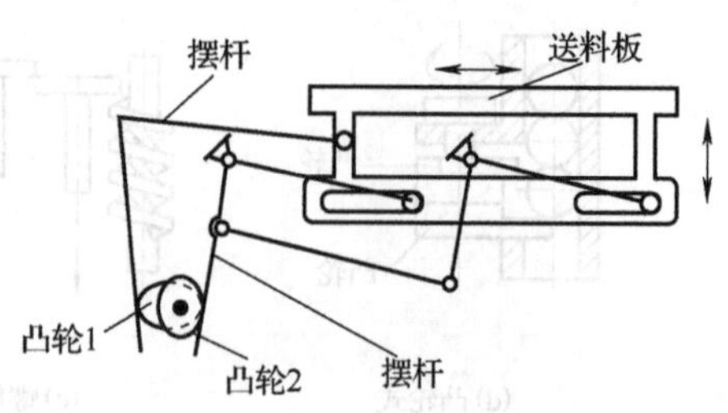

图 8-32　复合运动式送料器

8.5.3 料斗式自动供料装置

料斗式供料装置可使倒入其中的成堆工件按工艺加工的要求自动定向输送供料。特别适合钟表、制笔、无线电等体积小、重量轻的零件供料。常用的几种自动供料装置如下。

1. 直线往复式料斗

图 8-33 为直线往复式料斗，适用于圆柱、圆盘、螺钉及 I 型、II 型工件。当凸轮 5 转动时，滑动板 4 上升或下降的运动。滑动板在斗内上升时，斗中工件的方向和滑动板顶部沟槽方向一致时，工件为滑动板的沟槽所抓取，滑动板 4 继续上升，当它的缺口对准受料槽时，工件就沿着受料槽到达加工工位。滑动板 4 下降是为第二次上料的工件做准备。当受料槽充满零件时，滑动板虽不断上升，但其上工件就不能进入受料槽，而仍留在沟槽中。因此不会产生阻力和故障。剔除器 2 的作用是排除定向错误的工件。直线往复式料斗的送料率较低，一般为 40～80 件/min；但改变滑动板顶部沟槽的形状，就可适应不同形状工件的上料。

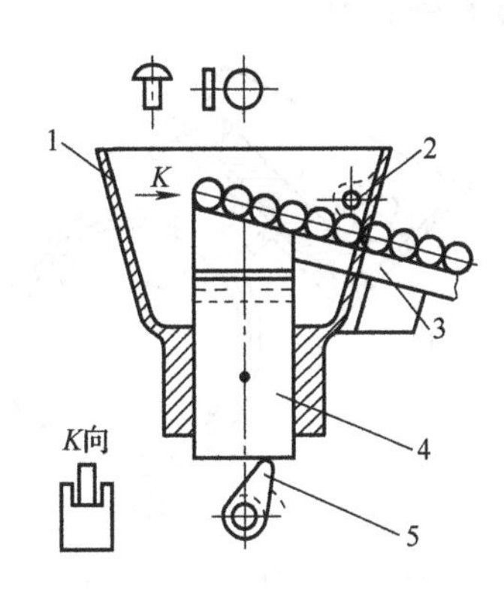

1.料斗；2.剔除器；3.受料槽；4.滑动板；5.凸轮

图 8-33　直线往复式料斗

2. 摆动式料斗

图 8-34 为摆动式料斗，适用于各种柱形、盘形、环形、喇叭形以及中小工件的自动定向和上料。当扇形板摆至料斗的底部时，工件落入扇形板的缝隙中定向，如剖面 $A-A$ 所示。当扇形板摆至最高位置时，工件滑入料道中。

扇形板驱动机构应满足扇形板上升慢而下降快的要求，故常用摇杆机构，对摆角不大的扇形板，可用凸轮机构。扇形板定向截面形状和尺寸应视工件的形状和尺寸而定(图 8-35)。

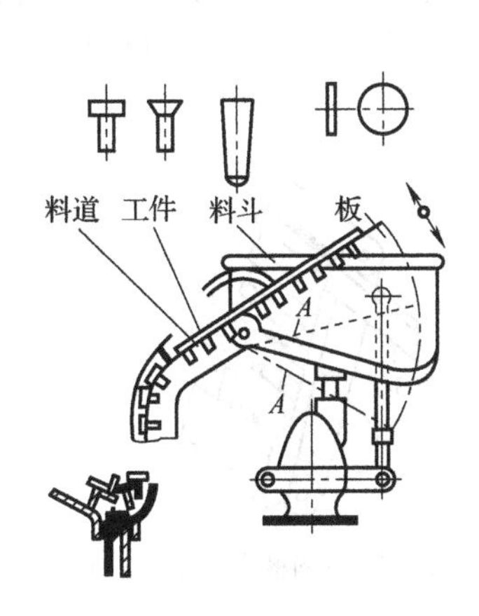

图 8-34　摆动式料斗

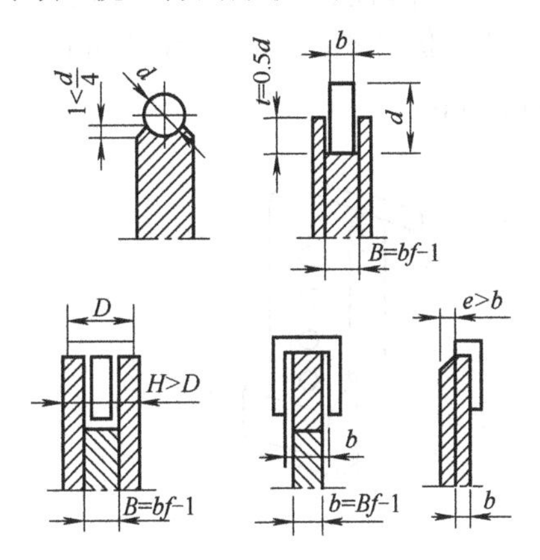

图 8-35　扇形板定向截面形状

3. 回转式料斗

回转式料斗常用的有转盘缺口式料斗和钩子式料斗两种类型。

(1)转盘缺口式料斗。这种类型的料斗，生产率可达 150～200 件/min，噪声小，适用于各种圆形工件。转盘缺口式料斗的工作原理如图 8-36 所示，主要由料斗 1 和带缺口转盘 2 组成。料斗和转盘倾斜放置，转盘在料斗中回转时，料斗中的工件掉入转盘上的缺口中，然后随转盘一起转到最高点，当转盘的缺口与接料口对正时，工件靠自重滑入料槽而送出。

(2)钩子式料斗。钩子式料斗的形式很多，如图 8-37 所示是钩子均布在圆盘 7 四周的上料机构。倒入料斗 5 中工件通过遮板 4 下的窗口进入左边壳体中。进入壳体的工件数，可由遮板 4 调节窗口的大小来控制。在壳体中的工件，被旋转着的圆盘 7 上的钩子挂住，并传送到受料管 6 中。

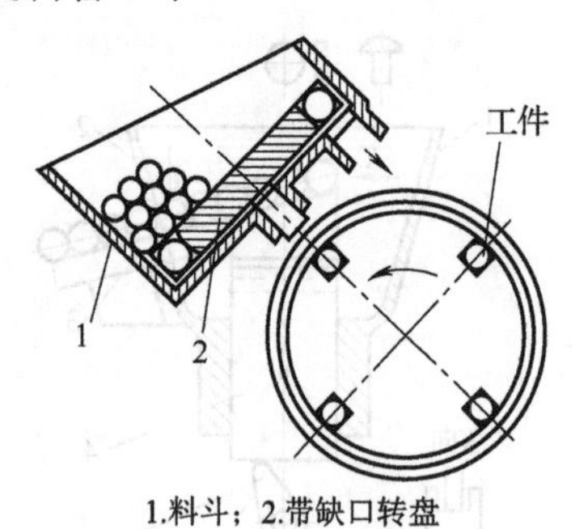

1.料斗；2.带缺口转盘

图 8-36 转盘缺口式料斗

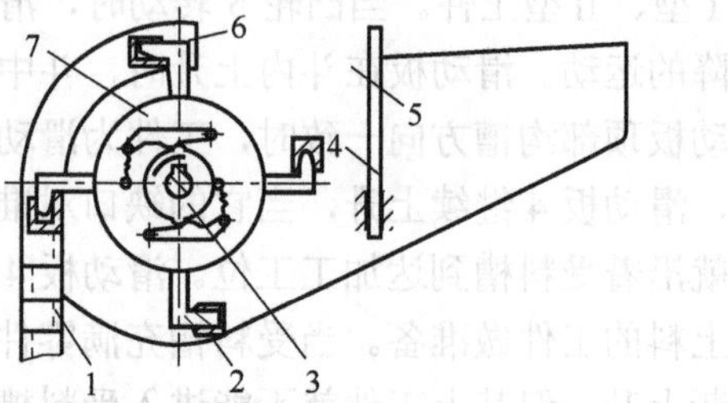

1.工件；2.钩子；3.离合器；4.遮板；5.料斗；6.受料管；7.圆盘

图 8-37 钩子式料斗示意图

当受料管充满工件时，如果钩子被继续带动，钩子便被压在受料管的工件上，发生卡住现象。为了避免机构损坏，必须设计保险装置，图中的安全离合器 3 就是这类保险装置之一。如果钩子被受料管中的工件卡住，钩子 2 上的压力就增加，星形轮的转动只能拉长弹簧并越过凸起部分。当工件空出时，在弹簧作用下，保证了钩子同星形轮转动的一致性。

4. 带式料斗

如图 8-38 所示为皮带提升机式料斗。在皮带 2 上等距离地嵌镶着磁铁，当皮带循环运动时，由磁铁吸住料斗 1 中的物品，提升后送到料槽 3 中而送出。或者将皮带倾斜布置，将磁铁换成柱销，由柱销挂住物品再送出。一般皮带的速度 $v = 0.1\sim0.4\text{m/s}$，上料系数 $k = 0.2\sim0.4$，供料率 $Q = 60\sim150$ 件/min。图 8-39 所示为刮板皮带式料斗，其供料率 Q 可达 100～500 件/min。

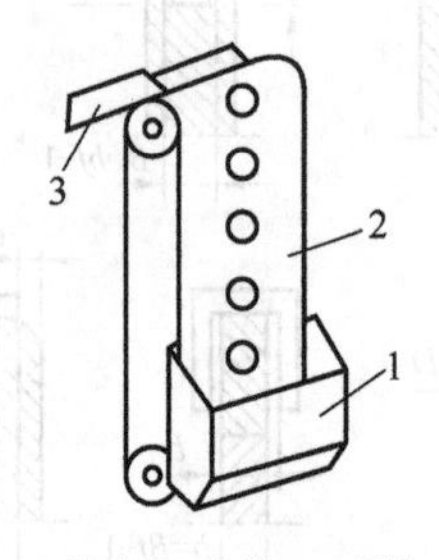

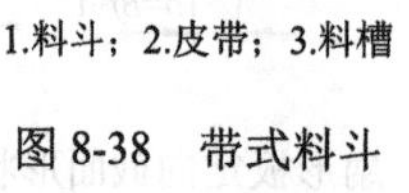

1.料斗；2.皮带；3.料槽

图 8-38 带式料斗

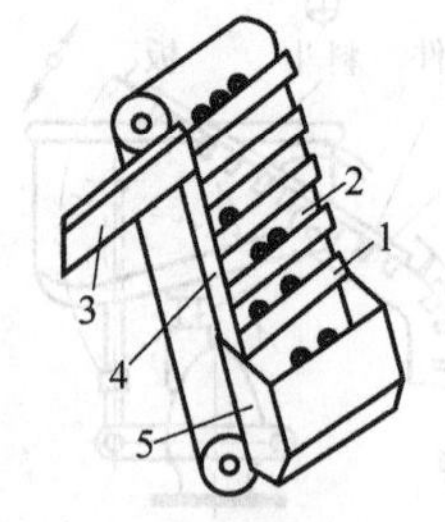

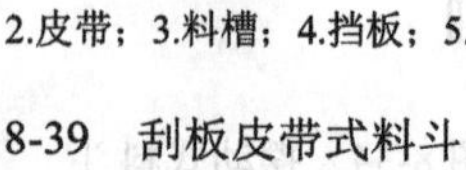

1.刮板；2.皮带；3.料槽；4.挡板；5.料斗

图 8-39 刮板皮带式料斗

带式料斗常用于自动线中对物品进行提升及供送。通过机械搅拌、喷油、气流等，使料斗中的物品运动起来，在运动中或者落入料槽中，或者被定向机构抓住，亦可实现物品的自动定向供送。

8.6　工件的分配及汇总机构

在自动机、自动线生产中，有时需要把一个供料机构中的同一种工件送给几个工位或几台自动机上，进行平行加工，这就需要分配供料机构，简称为分路器；有时则需要把几个供料机构中的不同工件送到一个工位或一台自动机上，进行集中加工，这需要汇总供料机构，简称为合路器。按其功用，可分成工件的自动分配装置、工件的自动汇总装置和工件的变向供料装置。

8.6.1　工件的自动分配装置

工件的自动分配是将来自同一料仓或料斗中的工件，按照工艺要求分别送到不同的加工工位。按其功用，可分成分类分配装置和分路分配装置。

1. 分类分配装置

分类分配装置是将同一料仓或料斗中送来的不同工件，按照其尺寸、结构或材质等进行分类后，分别送到不同的加工位置。主要是对工件进行分类供送，如邮件分拣、工件尺寸分拣等。

如图 8-40 所示的翻板式分配装置。料槽 1 中的工件依次落入分类料槽 6 中，当工件直径小于规定尺寸时，可经分类料槽直接进入料槽 3 中；当工件直径较大时，碰撞挡板 5 并发出信号，使翻板 4 动作，工件就掉落入料槽 2 中，实现分类供送。

图 8-41 为翻板式装置的结构示意图，料槽 1 中有尺寸大小不同的工件 3，由气缸 8 控制的梭式隔料器 2 对工件进行隔放，使料槽中工件逐个落下并从检测板 7 下方经过，当工件直径较大与检测板 7 接触时，控制通路中活动门 4 的挂钩 6 即脱开，开启活门，工件落入料槽 *A*；接触不到检测板 7 的较小工件就直接经过活动门 4 的上面落入料槽 *B* 中。

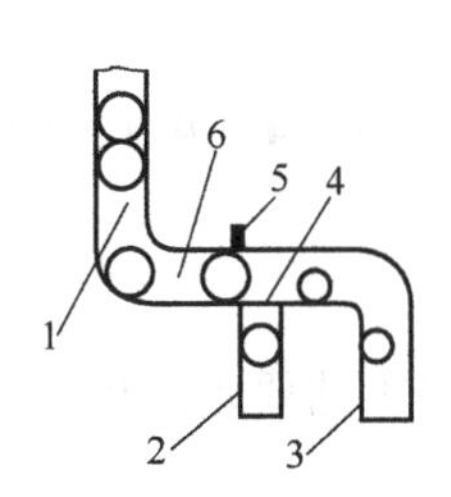

1、2、3.料槽；4.翻板；5.挡板；6.分类料槽

图 8-40　翻板式分配装置

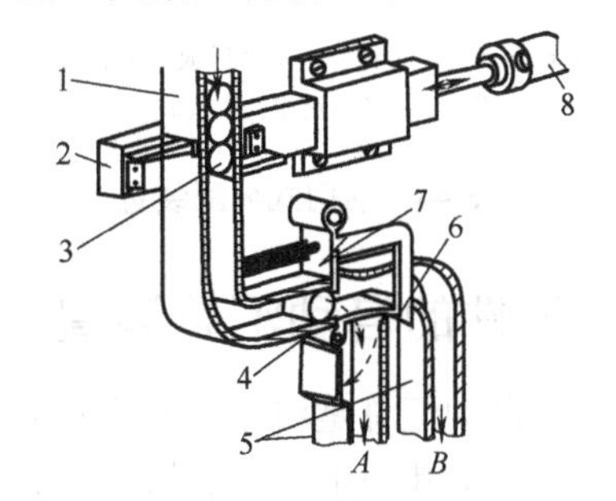

1.料槽；2.隔料器；3.工件；4.活动门；5.料槽；6.挂钩；7.检测板；8.气缸

图 8-41　翻板式装置的结构示意图

2. 分路分配装置

分路分配装置是将同一料仓或料斗中送来的相同工件，分别送到几个加工位置。这可起到平衡工序节拍的作用，用一个高效供料装置同时对几台自动机进行供料。

如图 8-42 所示的摇板式分配装置，工件由料槽 1 下落时，撞击分路摇板 2 使其左右摆动，工件就分别进入料槽 3、4 中。一般垂直布置，适用于小型工件的分路供送。

图 8-43 是推板式分配装置，推板 2 接住料槽 1 中的工件后，左右往复运动，将其交替送入料槽 3、4 中。

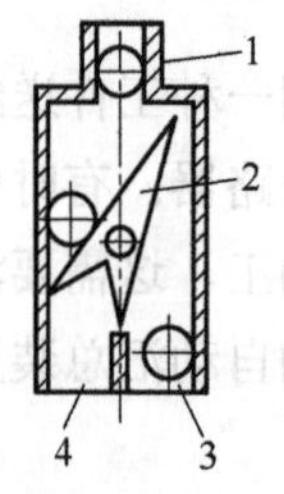

1、3、4.料槽；2.分路摇板

图 8-42　摇板式分配装置

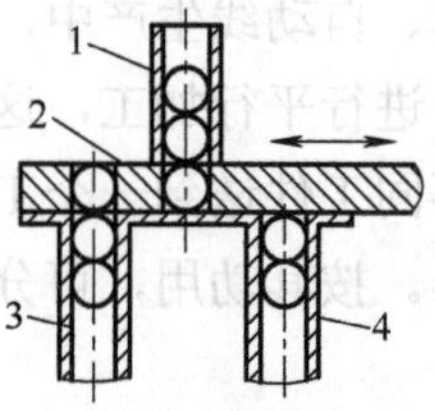

1、3、4.料槽；2.推板

图 8-43　推板式分配装置

图 8-44 为活门式分配装置，当略带倾斜的料槽 2 内存满一定数量的工件时，电转换开关 1 发出指令，使气缸 7 动作，并通过摆杆机构使活门 4 向外摆动打开，与此同时，固装在活门摆臂上的隔料板 3 也一起摆动，以便在活门打开时阻断料槽通路，防止后面工件流入。本装置一次动作可分流三路工件。

如图 8-45 所示为特种螺杆式分配输送装置，借助异形变螺杆螺距、导轨和输送带的配合，使物品分流并拉开距离，适用于瓶子类容器分流分配输送。

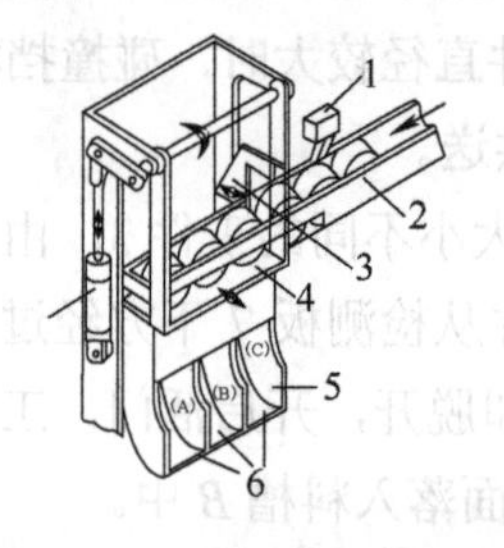

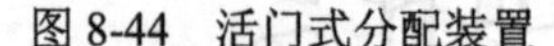

1.电转换开关；2.料槽；3.隔料板；4.活门；
5、6.分路滑料槽；7.气缸

图 8-44　活门式分配装置

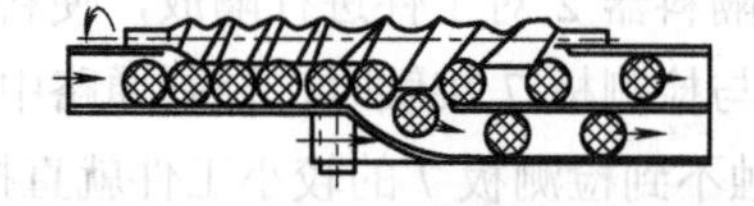

图 8-45　特种螺杆式分配输送装置

8.6.2　工件的自动汇总装置

工件的自动汇总是将来自几个料仓或料斗中的工件，按照工艺要求汇集到一个料槽或送到加工工位。按其功用可分成组合汇总和合流汇总。

1. 组合汇总

组合汇总是将来自几个料槽或料斗中的不同工件，按一定的比例汇集在一个料槽中送出。如图 8-46 所示的组合汇总装置，当隔离器 2 抬起时，从料槽 1 向料槽 3 送出一种工件，然后隔离器关闭，插板 4 打开，由推板 6 从料槽 5 向料槽 3 送出另一种工件，这样在料槽 3 就形成两种工件的交替供送。

2. 合流汇总

合流汇总是将来自几个料仓或料斗中的相同工件，汇集到一个料槽中送出。如图 8-47 所示的摆动式汇总装置，摆动料槽 1 可接住料槽 2、3、4 中的相同工件汇总后送出。

若将图 8-47 中摆动料槽做成回转盘，再加一接料口，使回转盘旋转，则成为图 8-48 所示的回转式汇总装置。

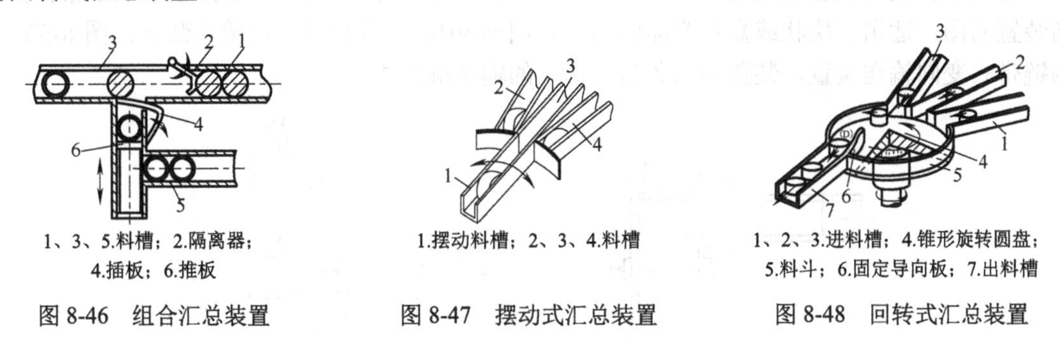

1、3、5.料槽；2.隔离器；4.插板；6.推板

图 8-46　组合汇总装置

1.摆动料槽；2、3、4.料槽

图 8-47　摆动式汇总装置

1、2、3.进料槽；4.锥形旋转圆盘；5.料斗；6.固定导向板；7.出料槽

图 8-48　回转式汇总装置

8.6.3　工件的变向供送装置

根据工艺路线与设备布局的要求，需改变输送中的物件的运动方向或姿态(如转弯、转角、拐角平移、转向、翻身、调头)等单独动作或组合动作时，需要设置相应的变向供给装置。常用的变向供给装置有以下几种。

1. 转弯转角变向装置

转弯转角变向装置是使输送中物件在水平面内绕某一垂直轴线转过一定角度(多为 90°或 180°)，从而改变运动方向但重心位置不变。常见转弯转角变向装置如图 8-49 所示。

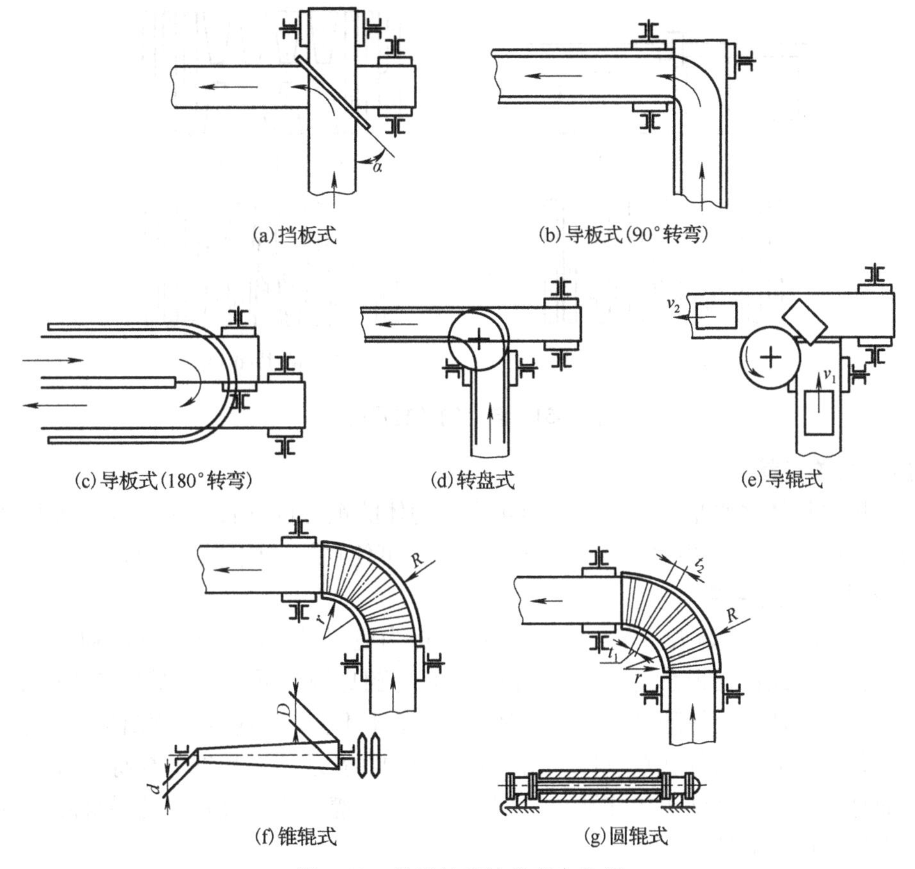

(a)挡板式　(b)导板式(90°转弯)　(c)导板式(180°转弯)　(d)转盘式　(e)导辊式　(f)锥辊式　(g)圆辊式

图 8-49　常见转弯转角变向装置

2. 拐角平移变向装置

拐角平移变向装置仅改变运动方向，物体重心位置不变。图 8-50 所示为两种拐角平移变向装置简图，适用于块状或盒形产品的输送。图 8-50(a)为推板式变向输送装置；图 8-50(b)为链带式变向输送装置，装置由两条带推送头的输送链组成。

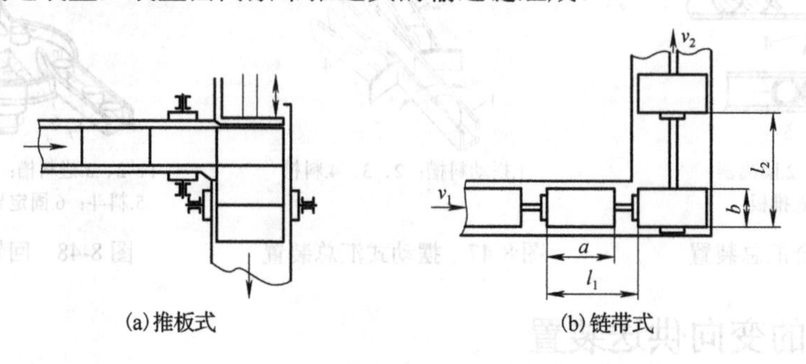

(a)推板式　　(b)链带式

图 8-50　拐角平移变向装置简图

3. 转向输送装置

转向是指保持输送方向与重心位置不变，使物体绕自身垂直轴心线回转一定角度。图 8-51 所示为四种适用于盒、箱、袋形包装产品的自动转向输送装置。图 8-51(a)为固定挡块式转向输送装置；图 8-51(b)为对称对置锥辊式转向输送装置；图 8-51(c)为偏置转辊式转向输送装置；图 8-51(d)为交错对置锥辊式转向输送装置。

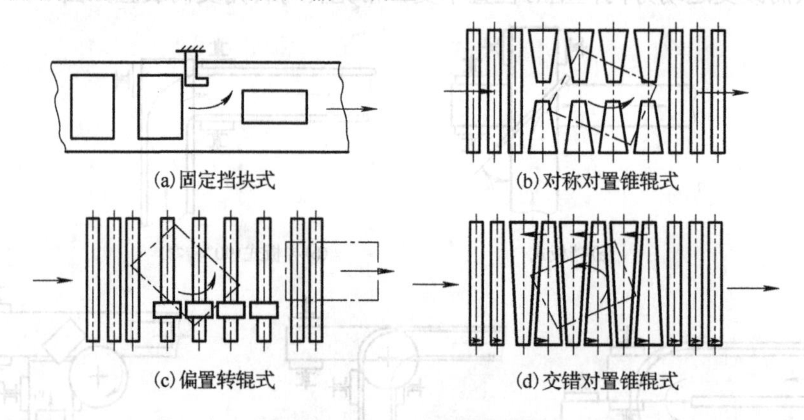

(a)固定挡块式　　(b)对称对置锥辊式

(c)偏置转辊式　　(d)交错对置锥辊式

图 8-51　转向输送装置简图

4. 翻转输送装置

翻转是指将物体绕水平轴线回转一定角度，物体的重心位置有变化，但运动方向不变。图 8-52 所示为各种在行进中自动翻转装置示意图，可使物件完成任意角度翻转。

5. 翻转调头输送装置

图 8-53 所示为翻转调头输送装置，图 8-53(a)为适用于细长杆形物件的翻身调头装置，它利用了一套扭曲式传送带系统，将细长物件夹紧后翻身调头再送出。图 8-53(b)所示为利用特种螺杆和导向栏杆使物件翻身的装置，螺杆外径基本不变，其螺距先逐渐增大后趋于稳定。外部配有三条扭曲的光滑导轨(栏杆)，引导圆柱形物件实现不同程度的翻身，可满足生产上质量、底面打印、喷液冲洗等工序要求。例如，易拉罐灌装生产过程中的罐身翻转喷液冲洗和罐底喷墨打印后的翻转等。

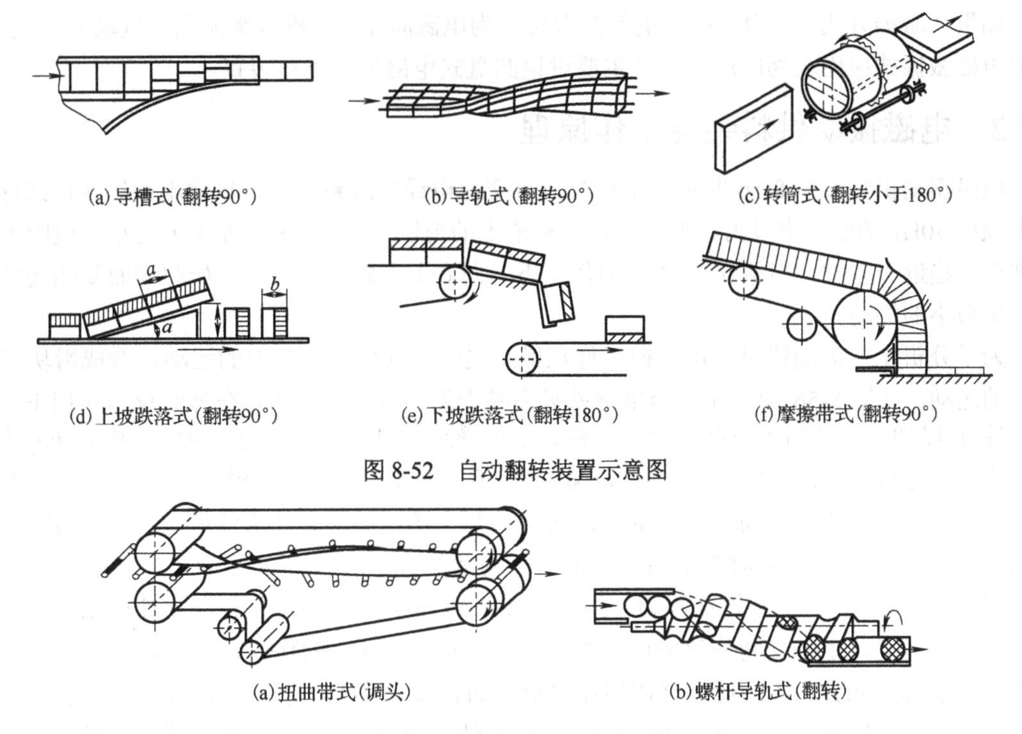

(a)导槽式(翻转90°)　(b)导轨式(翻转90°)　(c)转筒式(翻转小于180°)

(d)上坡跌落式(翻转90°)　(e)下坡跌落式(翻转180°)　(f)摩擦带式(翻转90°)

图 8-52　自动翻转装置示意图

(a)扭曲带式(调头)　(b)螺杆导轨式(翻转)

图 8-53　翻转调头输送装置

8.7　电磁振动供料装置

振动供料装置(或称电磁振动给料机，亦简称电振机)是一种高效的供料装置，它的结构简单，能量消耗小，工作可靠平稳，工件间相互摩擦力小，不易损伤物料，改换品种方便，供料速度容易调节；在供料过程中，可以利用挡板、缺口等结构对工件进行定向；也可在高温、低温或真空状态下进行工作。它广泛应用于小型工件的定向及送料。

8.7.1　振动供料装置的分类及组成

振动供料装置从结构上分直线料槽往复式(简称直槽式，如图 8-54 所示)和圆盘料斗扭动式(简称圆盘式，如图 8-55 所示)两类。直槽式一般作为不需要定向整理的粉粒状物料的给料，或用于对物料进行清洗、筛选、烘干、加热或冷却的操作机；圆盘式一般作为需要定向整理的供料，多用于具有一定形状和尺寸的物料场合。

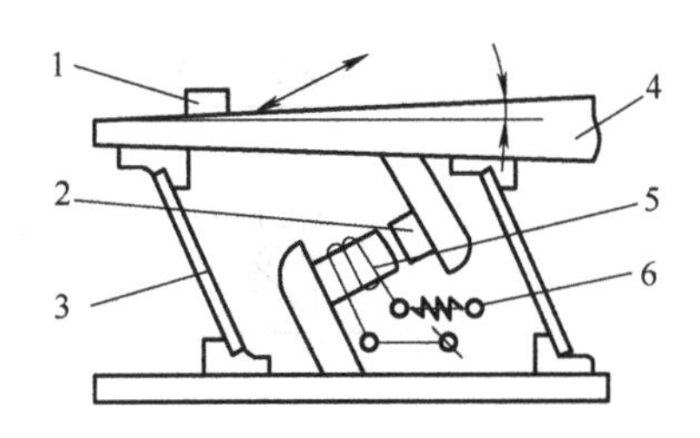

1.工件；2.衔铁；3.弹簧；4.料槽；5.电磁铁；6.硅堆

图 8-54　直槽式振动供料装置

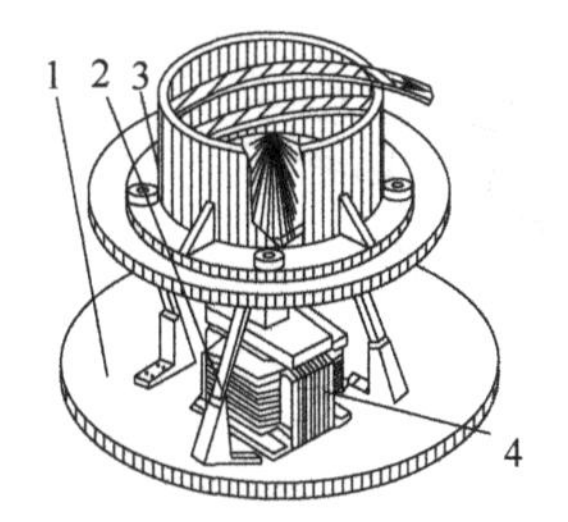

1.底座；2.支承板弹簧；3.筒形料斗；　4.电磁激振器

图 8-55　圆盘式电磁振动供料装置

如果从激振方式来区分，振动供料装置可分为电磁激振式、机械激振式及气动激振式等。其中电磁激振式应用较为广泛。本节主要讨论圆盘式电磁振动供料装置。

8.7.2　电磁振动供料装置工作原理

电磁振动供料如图 8-56 所示，工作时，将交流电经半波整流后，接通电磁铁 5 的线圈，产生频率 50Hz 的断续电吸力，吸引固定在料槽上的衔铁 2，使料槽向左下方运动；电吸力迅速减少并趋近于零时，料槽在弹簧 3 的作用下，向右上方做复位运动，如此周而复始便使料槽产生微小的振动。

为了分析工件运动情况，可以把工件在槽式电磁振动供料装置上的运动，看成滑块在斜面上的运动，如图 8-56(a)所示。当电磁铁吸力减少为零时，料槽 2 将在弹簧反力作用下，带动工件 1 以加速 a_1 从后下方朝前上方升移。工件受到与料槽运动方向相反的惯性力 ma_1 的作用。此时，与料槽垂直的惯性力分量 $ma_1\sin\beta$ 向下，增加了工件与料槽之间的正压力 N_1 及摩擦力 F_1，而与料槽平行的惯性力分量 $ma_1\cos\beta$ 向后，故一般不会使工件滑动。而只会随料槽一起往前上方运动。如图 8-57(a)所示料槽从位置 A_1 至 A_2，工件从 B_1 至 B_2。

在电磁铁吸力瞬间，料槽在吸力作用下如图 8-57(b)所示，带着工件以加速度 a_2，从前上方向后下方运动，工件受到与料槽运动方向相反的惯性力 ma_2 的作用，此时，与料槽垂直的惯性力分量 $ma_2\sin\beta$ 向上，使工件作用在料槽上的正压力减小，摩擦力 F_2 亦减小；若与料槽平行的惯性力分量 $ma_2\cos\beta$ 大于摩擦力 F_2，则工件便沿料槽向上方滑移；若与料槽垂直的惯性力分量 $ma_2\sin\beta$ 大于工件自重在垂直料槽方向的分量 $mg\cos\alpha$，则工件将跳起来从位置 B_2 到 B_4，那么工件产生腾空的条件为

$$ma_2\sin\beta \geqslant mg\cos\alpha \tag{8-9}$$

即

$$a_2 \geqslant g\cos\alpha/\sin\beta \tag{8-10}$$

如工件腾空时间等于料槽下降时间，则工件在与料槽接触时，就前移了一大步，如图 8-57(a)所示，工件从 B_1 到 B_4 如工件腾空时间少于料槽下降时间，则工件将过早返回料槽，随同料槽一起下降，有如在料槽上“进两步退一步”，每次前移较小，如图 8-57(b)所示。如工件腾空时间大于料槽下降时间，则工件将过晚返回料槽，跳得很高落得很近；甚至可能落回原位，没有前移，如图 8-57(c)所示。

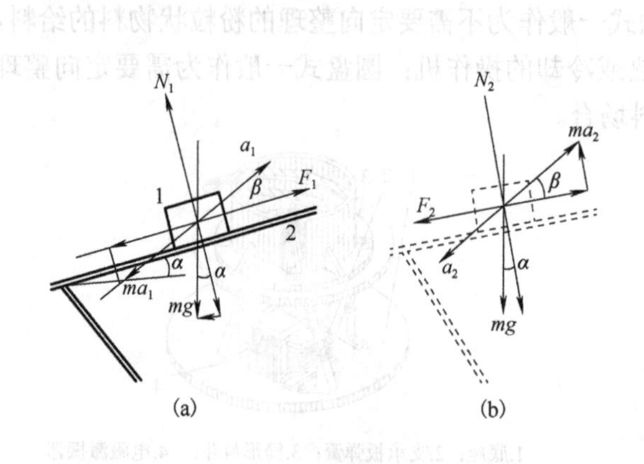

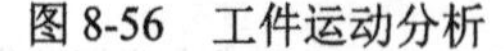
图 8-56　工件运动分析

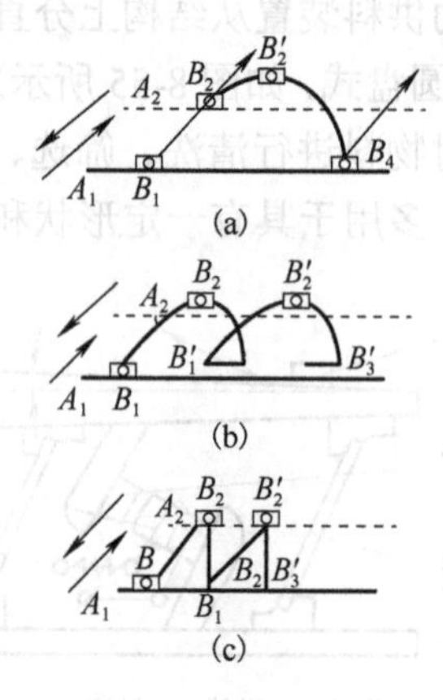

图 8-57　工件腾空时间与升降的关系

实际上，工件在料槽上的运动过程是比较复杂的。它受到工件的质量、料槽的升角、弹簧片的斜角、振动频率和振幅等多方面因素的影响。

对于圆盘式振动供料装置，若截取其中很短的一段料槽，工件在其上的运动也可当成斜面上的滑块进行受力分析，因此可以认为圆盘式振动供料装置的工作原理与直槽式振动供料装置大致相同。

8.7.3 电磁振动供料装置主要参数与设计计算

1. 主要参数

1）振动频率

由振动学理论可知，料槽振动频率，也是系统受到的激振频率 f_j 即 $f=f_j$。为了减小振动供料装置的质量和结构尺寸，使振动系统具有较大的固有频率 f_0，常选取较低的激振频率 f_j 且使振动系统在近低共振状态下工作。电磁激振系统中，常用的激振频率 $f_j=50\,\text{Hz}$，或 $f_j=100\,\text{Hz}$。

2）频率比 λ 及固有频率 ω_0

为使振动系统在近低共振状态下工作，应使激振角频率 ω_j $\left(\omega_j=2\pi f_j\right)$ 与振动上料器的固有频率 ω_0 之比，即频率比（也称为调谐值）λ 满足共振式（$1\approx\lambda=\omega_j j\omega_0<1$），调谐值是设计与调试振动上料器的主要依据。当激振频率 ω_j 选定后，固有频率 ω_0 即可确定。调谐值选择恰当，振动上料器可以用较小的功率消耗，获得较高的机械效率。一般根据选定的振动频率 f_j 及 λ 值来确定系统固有频率。常取 $\lambda=0.8\sim0.95$，则系统的固有频率为

$$\omega_0=2\pi f_j/\lambda \tag{8-11}$$

或

$$f_0=\left(1.05\sim1.25\right)f_j \tag{8-12}$$

3）振幅 A

振动体的振幅 A 较大时，可提高供料速度，但动载荷较大，运动不平稳，常据经验选取，且使振幅由结构上保证可调，以控制给料速度。电磁激振供料装置中振动体的振幅可在 0.5～1.5 mm 范围内选取。

4）料槽升角 α

料槽升角 α 由料斗升程及中径大小确定。料槽升角 α 的大小影响上料速度。α 角太大会降低上料速度，甚至无法上料。α 角小些，则上料速度提高，但升程减小。一般取 $\alpha=1^\circ\sim3^\circ$。

5）振动升角 β

一般来说，振动升角 β 由振簧的安装角及料槽的升角确定。β 直接影响作用在工件上的惯性力在垂直和水平两个方向上分量的比例。因此 β 角的选取应保证在其他条件相同的情况下，使工件沿料槽前进的速度为最大。一般当激振频率 $f=100\,\text{Hz}$ 时，$\beta=10^\circ\sim16^\circ$；当 $f=50\,\text{Hz}$ 时，$\beta=20^\circ\sim25^\circ$。

2. 基本参数的设计计算

1）输送工件的平均速度 v_p 计算

由上述工件的运动分析可知，振动料斗中工件的运动情况是很复杂的，其运动速度在瞬时变化。输送工件的平均速度 v_p 与所送工件的物理特性、振动频率 f、振幅 A 及振动升角 β 等有关，可用下式近似计算：

$$v_p = \eta_v g_p^2 \cos(\alpha+\beta) / 2f \sin\beta \tag{8-13}$$

式中，η_v 为速度修正系数，一般取 $\eta_v = 0.6 \sim 1.0$，粗略计算时，取 $\eta_v = 0.8$；g_p 为跳跃系数，即工件腾空时间与料槽振动周期之比，一般取 $g_p = 0.7 \sim 0.9$。

其他符号意义同前。

2）振动系统中质量及运动参数

从振动学角度看，电磁振动供料装置可简化为如图 8-58(a) 所示的双自由度双质点强迫振动系统。设图中 c_1、c_2 为阻尼，系统的势散失函数为

$$D = \frac{1}{2}c_1\dot{x}_1^2 + \frac{1}{2}c_2(\dot{x}_1 - \dot{x}_2)^2 \tag{8-14}$$

考虑阻尼时系统的强迫振动微分方程

$$[M]\{\ddot{x}\} + [C]\{\dot{x}\} + [K]\{x\} = \{P\} \tag{8-15}$$

$$[M] = \begin{bmatrix} m_1 & 0 \\ 0 & m_2 \end{bmatrix},\ [C] = \begin{bmatrix} c_1 + c_2 & -c_2 \\ -c_1 & c_2 \end{bmatrix},\ [K] = \begin{bmatrix} k_1 + k_2 & -k_2 \\ -k_1 & k_2 \end{bmatrix},\ \{P\} = \begin{Bmatrix} P\sin\omega t \\ 0 \end{Bmatrix} \tag{8-16}$$

$$\{\ddot{x}\} = \begin{Bmatrix} \ddot{x}_1 \\ \ddot{x}_2 \end{Bmatrix}, \{\dot{x}\} = \begin{Bmatrix} \dot{x}_1 \\ \dot{x}_2 \end{Bmatrix}, \{x\} = \begin{Bmatrix} x_1 \\ x_2 \end{Bmatrix} \tag{8-17}$$

其中，m_1 为有效质量，包括料槽(或圆盘形料斗)、衔铁、连接件及槽内被送工件的质量；m_2 为平衡质量，包括激振电磁铁的铁心、线圈、底座等的质量；k_1 为主振弹簧的刚度；k_2 为减振弹簧的刚度。

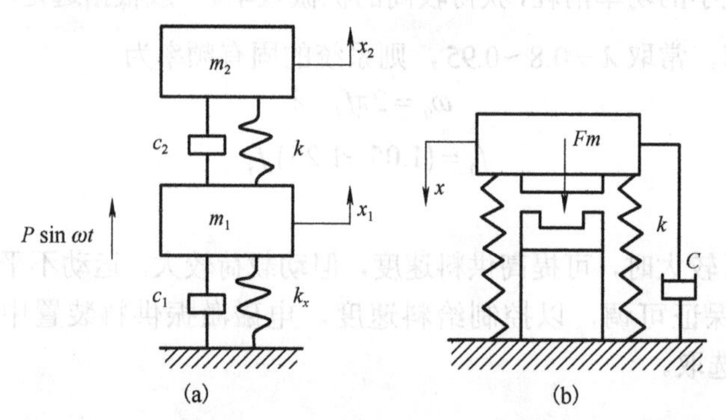

图 8-58　电磁振动供料装置的力学模型

增大 m_2 可减小平衡质量 m_2 所包括部分的振幅，相应增大了 m_1 所包括部分的振幅，有利于输送能力的提高，通常取 $m_1 / m_2 = (2 \sim 4)/1$。

如果 k_2 较大，振动系统可进一步简化为单自由度单质点的振动系统，如图 8-58(b) 所示。其中，m 为折算质量，$m = (m_1 \times m_2)/(m_1 + m_2)$；$k$ 为折算弹簧刚度，$k \approx k_1$；h 为系统的阻力系数，则单自由度单质点的振动系统的振动运动微分方程式为

$$m\ddot{x} + h\dot{x} + kx = F' \sin\omega t \tag{8-18}$$

式中，$\ddot{x}$、$\dot{x}$ 及 x 分别为折算质量 m 的加速度、速度与位移；F' 为激振力的幅值；C 为阻尼系数，$C = h/2m$。

为使结构简单，易于起振，所需激振力及功率小，应尽可能使 m_1 较小，m_1 的具体数值由实际结构情况而定。

3. 主振弹簧刚度 k_1 计算

电磁振动供料装置的主振弹簧一般由若干板弹簧组分布于振动体下方组合而成。各板弹簧组刚度进行适当的折算而构成主振弹簧刚度 k_1 的值。由振动学理论知，主振弹簧刚度值与系统的折算质量 m 及系统固有频率之间有如下关系

$$k_1 = \omega_0^2 m \tag{8-19}$$

一般由此式确定 k_1 值，然后由 k_1 值设计板片弹簧组的组数及各组的刚度值，进而选定板片弹簧的结构形式。

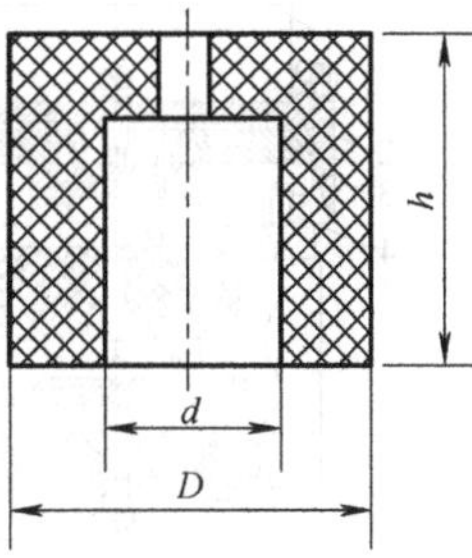

图 8-59　橡胶隔振器结构形式

4. 支承隔振弹簧的结构设计

振动料斗如果直接安装在主机上，则由于振动惯性力的传递，将影响主机及其他机械设备的正常工作。因此为了隔振，将振动系统支承在隔振块 m_2 上，如图 8-58(a)所示，再通过隔振弹簧与机座相连接。只要隔振块的质量 m_2 和隔振弹簧刚度 k_2 选择适当，就可以使传递到机座上的惯性力减小到直接连接时的千分之几。例如，取 $k_1 / k_2 = 0.1$，$m_1 / m_2 = 0.2$，则传递到基座上的力只有直接连接时的 0.36%。橡胶隔振器结构形式如图 8-59 所示。

5. 激振力的计算

在振动供料装置稳态工作的情况下，可求得振动料斗的相对幅值 A 为

$$A = \frac{F' / m}{\sqrt{\left(\omega_0^2 - \omega^2\right)^2 + 4C^2\omega^2}} = \frac{F' / m\omega_{02}}{\sqrt{\left(1-\lambda^2\right)^2 + \left(2\xi\lambda\right)^2}} \tag{8-20}$$

其所需的激振力可按下式计算

$$f' = Ak_1\sqrt{\left(1-\lambda^2\right)^2 + 4\xi^2\lambda^2} \tag{8-21}$$

式中，A 为相对振幅；$\lambda = \omega_1 / \omega_2$ 为频率比；ξ 为阻尼比，$\xi = C / \omega_0$。

6. 圆盘振动给料装置的结构设计

1)料斗结构

常用的料斗结构有两种，带内螺旋料槽的圆柱形料斗，结构工艺性较好；带内螺旋料槽的圆锥形料斗，适用于复杂度较高的工件，因上下直径不同，故工件的移动速度亦不相等。

图 8-60 中的圆柱形料斗 1 与托架 2 可根据工件形状不同进行更换。而上料机构的主体(包括料斗底座 3 及其衔铁、电磁振动器、支承弹簧 4 和基座等)是通用的。其优点是可以标准化、系列化、进行批量生产、便于用户选用。铁心与衔铁之间的气隙可用螺钉 5、7 调节，然后用螺钉 6 顶紧。系统的固有频率可通过改变弹簧长度来调节。

图 8-61 中的锥形料斗 5 与弹簧 7 直接连接，而与料斗底部相分离。附加料斗 2 的作用是可以加大工件容量而不增大料斗尺寸，工件可从其四周出料口放出。分离底 3 只起承载工件的作用，而不参与振动，但可以浮动，便于工件滑入料槽。小型料斗的螺旋料斗槽常与料斗做成整体式。中、大型料斗的螺旋料斗槽常采用镶片式，即先在料斗内壁镗出一条 2～3mm 深的螺旋槽，然后将径向切开的圆环片镶焊在料槽上。

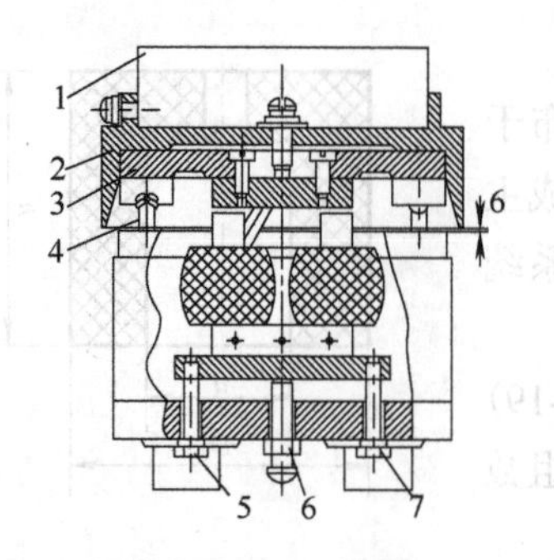

1.料斗；2.托架；3.底座；
4.支承弹簧；5、6、7.螺钉

图 8-60 通用振动料斗

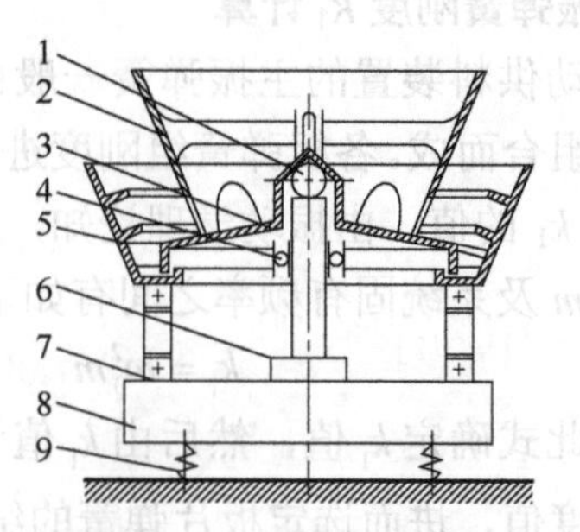

1.钢球；2.附加料斗；3.分离底；4.轴承；5.料斗；
6.支柱；7.弹簧；8.基座；9.消振弹簧

图 8-61 料斗底部与料槽分离浮动的振动料斗

为了使工件能顺利地从料斗底部滑入螺旋料槽起点，料斗底部应做成锥形，一般锥顶角为 170°～176°。对小尺寸的片状工件，其锥顶角可取下限。

为了消除噪声，可在料槽表面覆盖一层耐摩擦橡胶板或将整个料斗用硬塑料制成。为了防止电磁铁的磁力线穿透料斗底部而磁化工件，可在料斗底部装一块铝片。

2)料斗材料

料斗材料应选较轻的，常用的有铝、铜、不锈钢、有机玻璃及硬塑料等。铝较轻，但表面粗糙；铜加工方便，而且不会磁化，但重量较大；不锈钢表面光洁，但加工困难，而且较重，成本亦高；有机玻璃和硬塑料都比较轻，而且表面光滑。

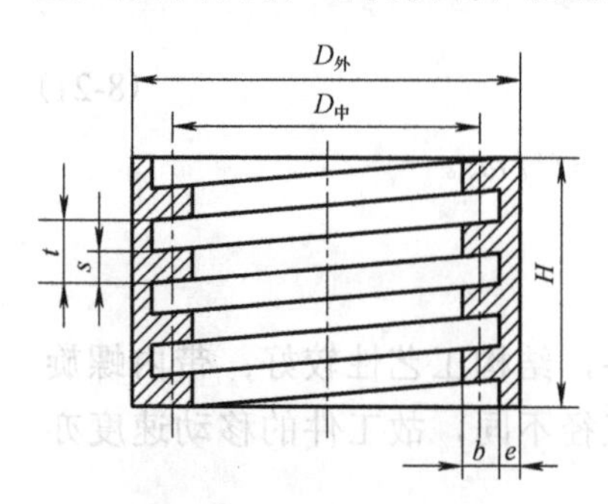

图 8-62 料斗基本尺寸

3)料斗基本尺寸确定

料斗基本尺寸如图 8-62 所示。

(1)螺旋料槽螺距t，当升角α（通常取$\alpha \leqslant 3°$）已定时，螺距越大则料斗直径越大，为紧凑尺寸，t以不让两个重叠工件同时通过为宜

$$t = 1.6h + S$$

式中，h为工件在料槽上的高度(mm)；S为料槽板厚度，一般取 1.5～2mm。

当工件为楔形，或有在料槽内卡住的可能时，要另采取措施，如使料槽向心倾斜等。

(2)料斗外径$D_{外}$。当t、α已定时，料斗外径为

$$D_{外} = D_{中} + b + 2e$$

式中，$D_{中}$为料斗中径，$D_{中} = \dfrac{t}{\pi \tan \alpha}$(mm)；$b$为料槽水平宽度，一般比工件宽度或直径大 2～3mm；e为料斗壁厚(mm)。

对于细长工件，要考虑料槽曲率半径对工件移动的影响，因此料斗外径还应

$$D_{外} \geqslant (8 \sim 12)l$$

式中，l为工件前进方向长度，一般取计算结果中的最大值。

(3)料斗高度H。在保证料斗有一定容量的前提下，尽量取小些，以减轻工件间的相互挤压，便于工件分离并滑向料槽，一般取

$$H=(0.2\sim0.4)D_{外}$$

4)定向分选装置设计

振动供料装置用于输送具有方向性的规则块类工件时，需在输送道上设置一定的定向分选排列装置，以使工件都按给定的方向排列输送。使散乱的工件实现定向排列，有消极定向法(亦称二次定向法)和积极定向法。

消极定向法的特点是按选定的定向基准，采取适当的措施让符合要求的工件能在输送道上始终保持稳定的运动状态，并设法剔除所有不符合选定方向要求的工件，使之集中回流。这种方法比较简便，应用较广。按其剔除不符合选定方向要求的工件的结构形式，可分为斜面剔除法、缺口剔除法、挡板剔除法、拱桥剔除法等。如图 8-63 所示为用于振动料斗内螺旋输送道上工件的分选定向排列结构形式。

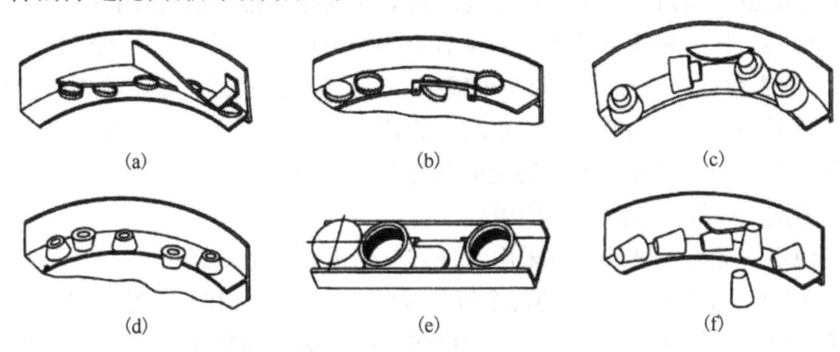

图 8-63　消极定向结构形式

图 8-63(a)所示为挡板结构，挡板与输送槽底面之间的距离只允许一个瓶盖自由通过，重叠盖被分开，下一个由挡板下面通过，上一个被挡落到料斗内；未分开的重叠盖一起被挡落到料斗内。

图 8-63(b)所示为拱桥结构，只允许盖子口向上者通过，盖子口向下者自动落回到料斗内。图 8-63(a)、(b)两种结构常组合使用。

图 8-63(c)、(f)所示为凸块结构，只允许大头向下的 T 形工件通过，凡倒立、侧立工件均被剔除回落料斗。

图 8-63(d)、(e)所示为缺口结构，适用于小杯、小盖及小盒类工件的分选定向，直接开设在输料道上，结构简单。

积极定向法的特点是采取强制性措施使原来不符合选定方向要求的工件全部改变为选定的基准方向。这种方法常用于直槽式振动输送装置和圆盘料斗出料口之外的输料槽中。图 8-64 所示为积极定向法使工件定向排列的三种结构形式。

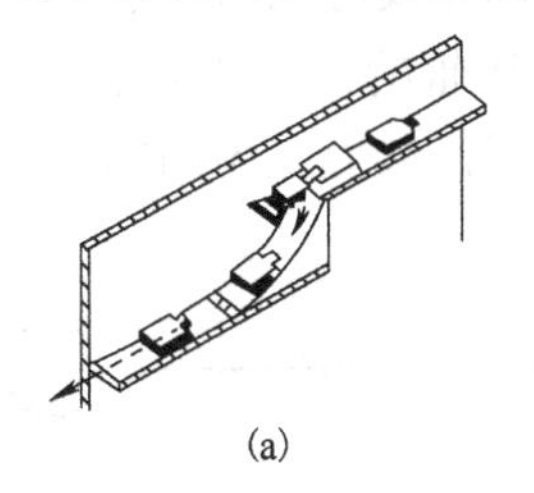

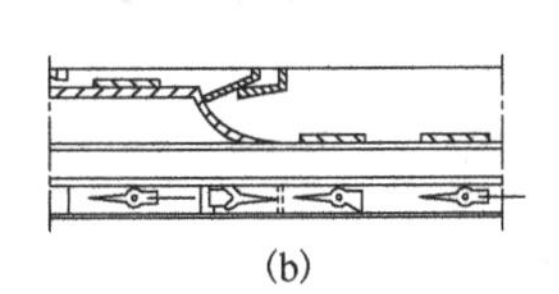

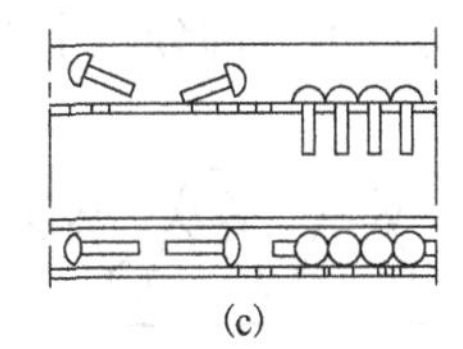

图 8-64　积极定向结构形式

8.8　物料输送装备

物料输送装备通常可分为物流刚性输送和物流柔性输送两类。常见的物流刚性输送主要包括输送机、随行夹具、随行工作台站、有轨运输小车等；物流柔性输送主要包括自动导引小车、移载机等。

8.8.1　物流刚性输送装备

常见的输送机有辊道式、链式、悬挂式、步伐式等。

1. 辊道式输送机

辊道式输送机由一系列按一定间距排列的转动的圆柱形辊子组成(图 8-65)，主要用于输送件料或托盘物料。物料和托盘的底部必须有沿输送方向的支承面。为保证物料在辊子上移动时的稳定性，该支承面至少应该接触四个辊子，即辊子的间距应小于货物支承面长度的 1/4。

辊道可以是无动力的，物料由人力推动；辊道也可以布置成一定坡度，依靠物料自重从一处自然移动到另一处。这种重力式辊道的缺点是输送机的起点和终点要有高度差，移动速度无法控制，易发生碰撞，导致物料的破损。

为了达到稳定的运输速度，可以采用多种方案的机动辊道输送机。

(1) 电机、减速器单独驱动。驱动每个辊子都配备一个电机和一个减速机，单独驱动。一般采用星型传动或谐波传动。由于每个辊子自成系统，更换维修比较方便，但费用较高。

(2) 链轮、辊子传动。每个辊子轴上装两个链轮，如图 8-66 所示。首先由电机、减速机和链条传动装置驱动第一个辊子，然后再由第一个辊子通过链条传动装置驱动第二个辊子，这样逐次传递，以此实现全部辊子成为驱动辊子。

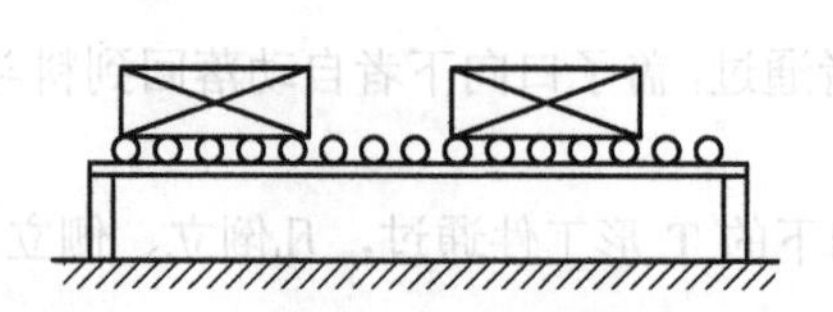

图 8-65　辊道式输送机

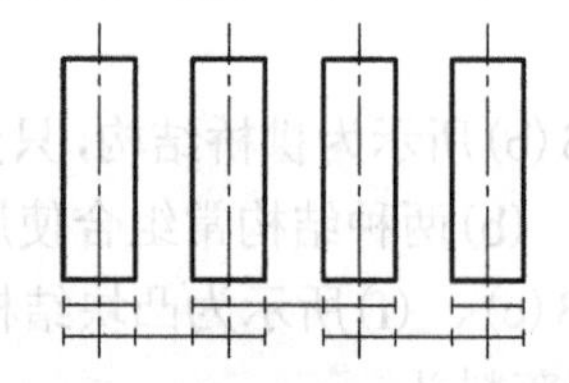

图 8-66　链轮和辊子传动示意图

(3) 链条、张紧轮传动。用一根链条通过张紧轮驱动所有辊子(图 8-67)。当货物尺寸较长、辊子间距较大时，这种方案才比较容易实现。

(4) 压辊、胶带传动。在辊子底下布置一条胶带，用压辊顶起胶带，使之与辊子接触，靠摩擦力的作用，当胶带向一个方向运行时，辊子的转动使货物向相反方向移动(图 8-68)。把压辊放下使胶带脱开辊子，辊子就失去驱动力。有选择地控制压辊的顶起和放下，可使一部分辊子转动，另一部分辊子不转，从而实现货物在辊道上的暂存，起到工序间的缓冲作用。

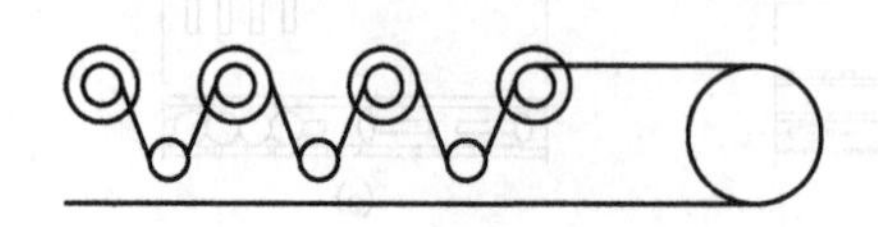

图 8-67　单链条传动示意图

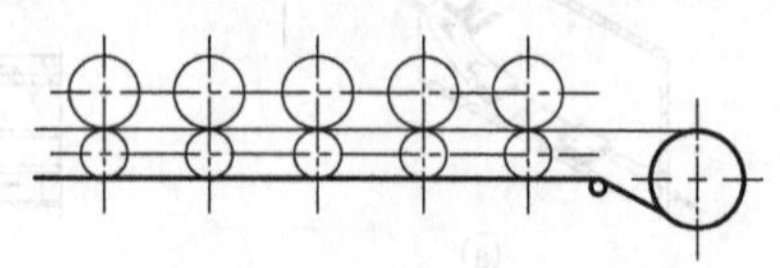

图 8-68　压辊胶带传动示意图

按照输送方向及生产工艺要求，输送机可以布置成各种线路，如直线的、转弯的和具有各种过渡装置的交叉线路等，如图 8-69 所示，为了将工件从一个输送机转移到另一个输送机上，需要在输送机的交叉处设置滚子转盘结构，即转向机构。

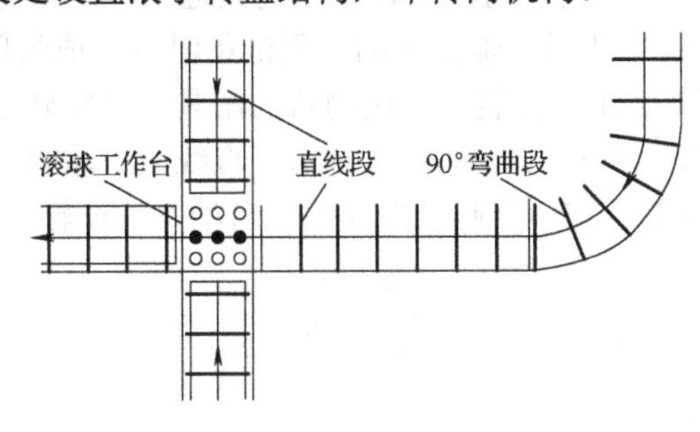

图 8-69　输送机布置线路

2. 链式输送机

链式输送机有多种形式，使用也非常广泛。这种输送机由驱动链轮牵引，链条下面通过滑轨支承着链节上的套筒辊子，物料直接压在链条上，随着链条移动。链式输送机有多种形式，应用广泛，图 8-70 所示为由两根套筒辊子链条组成的一种最简单的链式输送机。

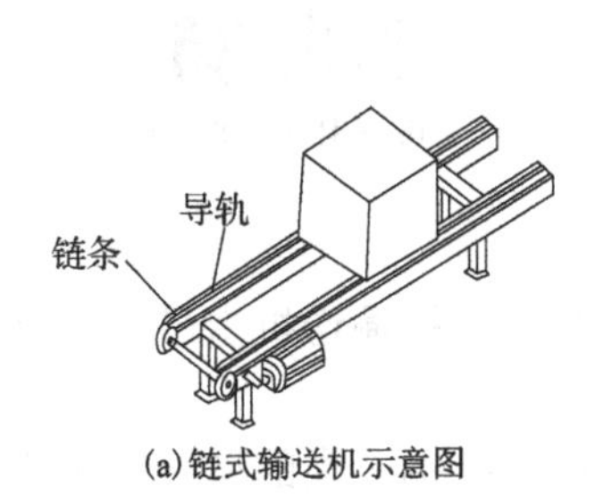

(a) 链式输送机示意图

(b) 链式输送机示例

图 8-70　链式输送机

用特殊形状的链片制成的链条，如图 8-71 所示，可以用来安装各种附件，如托板等。用链条和托板组成链板输送机又是一种广泛使用的连续输送机械。如果链条辊子的支承力方向垂直于链条的回转平面(图 8-72)，则可以制成水平回转的链板输送机。

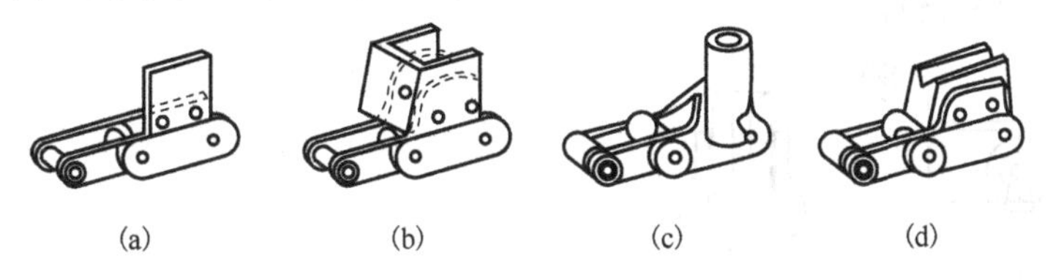

(a)　(b)　(c)　(d)

图 8-71　特殊链条示意图

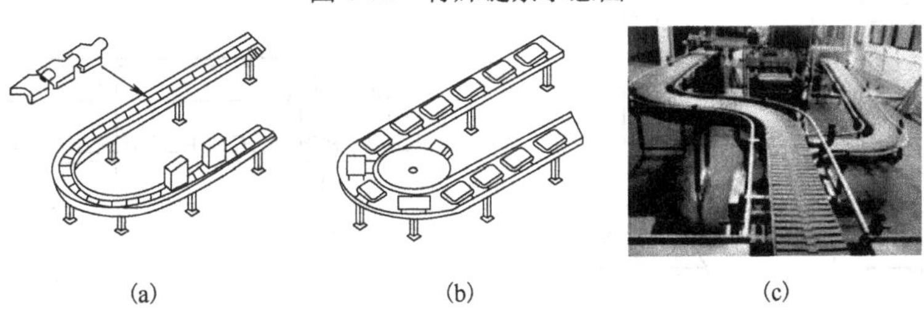

(a)　(b)　(c)

图 8-72　平顶式输送机

3. 悬挂式输送机

悬挂于工作区上方的悬挂式输送机适用于车间内成件物料的空中输送，具有节省空间、更容易实现整个工艺流程的自动化及可利用建筑结构搬运重物的优点。

通用悬挂输送机如图 8-73 所示。输送机的牵引链条沿着构成封闭环路的架空轨道运动。牵引链条连接有滑架，滑架上连接有装载输送物料的吊具。架空轨道沿生产工艺线路布置，安装在屋架或其他构件；输送线路可根据要求有水平直线段、垂直直线段、倾斜直线段和多个转向弯曲段，构成空间环路。物料装卸是由人工或自动方式在输送线路的一处或多处进行。

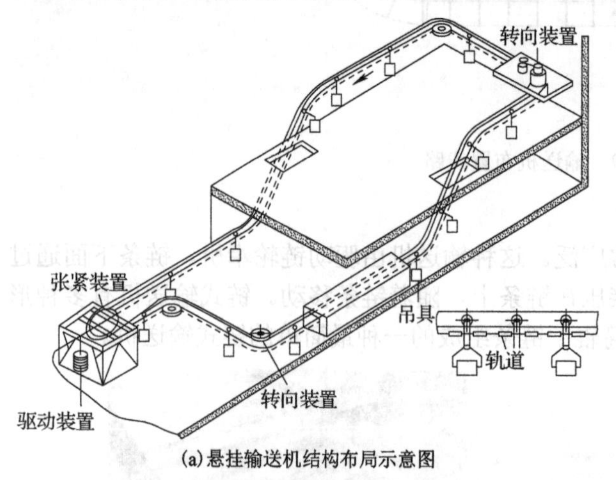

(a) 悬挂输送机结构布局示意图

(b) 悬挂输送机实例图

图 8-73　悬挂输送机

悬挂输送机分普通悬挂输送机和积放式悬挂输送机两种。悬挂输送机由吊具、轨道、张紧装置、驱动装置和转向装置等组成。

普通悬挂输送机是最简单的架空输送机械，它有一条由工字钢一类的型材组成的架空单轨线路。承载滑架(图 8-74)上有一对滚轮，承受货物的重量，沿轨道滚动。吊具挂在滑架上，如果货物太重，可以用平衡梁把货物挂到两个或四个滑架上，实行多滑架传送。

滑架由链条牵引，由于架空线路一般为空间曲线，要求牵引链条在水平和垂直两个方向上都有很好的挠性。悬挂输送机的上、下料作业是在运行过程中完成的，即通过线路的升降可实现自动上料(图 8-75)。

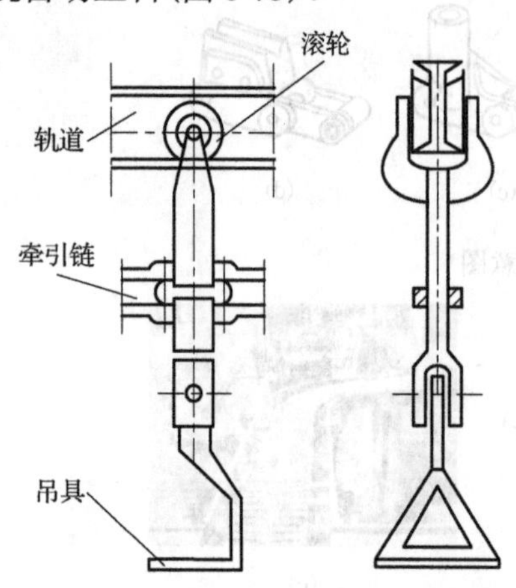

图 8-74　承载滑架

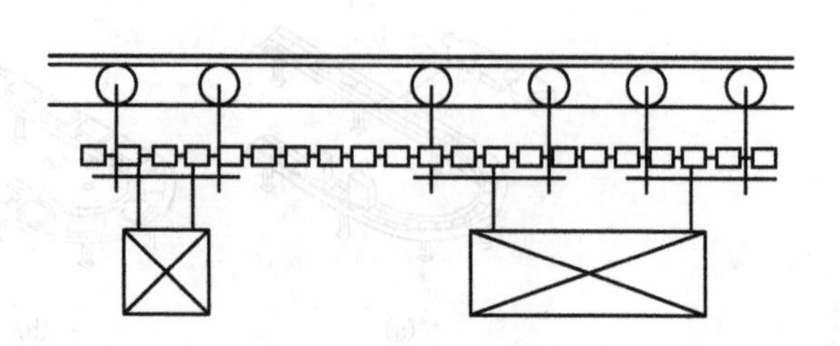

图 8-75　多滑架输送

积放式悬挂输送系统与普通悬挂输送系统相比有下列不同之处：牵引件与滑架小车无固密圈隆。硒者有各自的运行轨道；有岔道装置，滑架小车可以在有分支的输送线路上运行；设置停止器，滑架小车可在输送线路上的任意位置停车。

4. 步伐式输送装置

步伐式输送装置一般用于箱体类工件以及随行夹具的输送，能完成向前输送和向后退回的往复动作，实现工件单向输送。常用的步伐式输送装置有移动步伐式、抬起步伐式两种主要类型，其中移动步伐式主要有棘爪式和摆杆式两种。

1）棘爪式移动步伐输送装置

图 8-76 展示了棘爪式移动步伐输送装置的原理。当输送带 1 向前运动时，棘爪 4 就推动工件 6 向右移动一个步距；当输送带 1 回程时，棘爪 4 被工件压下，于是绕销轴 3 回转而将弹簧 5 拉伸，并从工件 6 下面向左滑过，待退出工件 6 之后，棘爪 4 又复抬起。

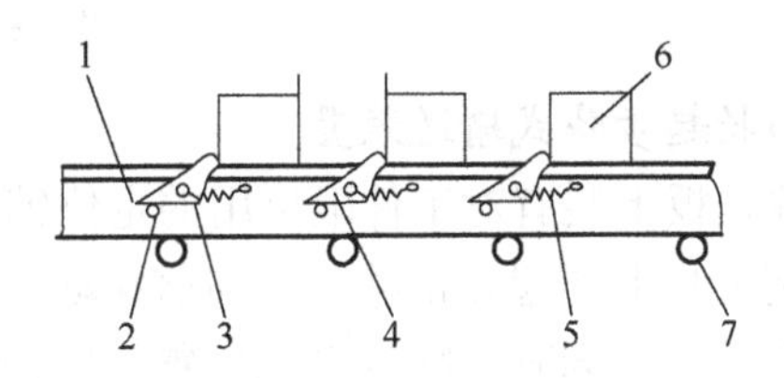

1.输送带；2.挡销；3.销轴；4.棘爪；5.弹簧；6.工件；7.支承滚子

图 8-76　棘爪式移动步伐输送装置原理

图 8-77 所示为组合机床自动线中最常用的弹簧棘爪式输送装置。输送杆在支承滚子上往复移动，向前移动时棘爪推动工件或随行夹具前进一个步距；返回时，棘爪被后一个工件压下从工件底面滑过，退出工件后在弹簧作用下又抬起。

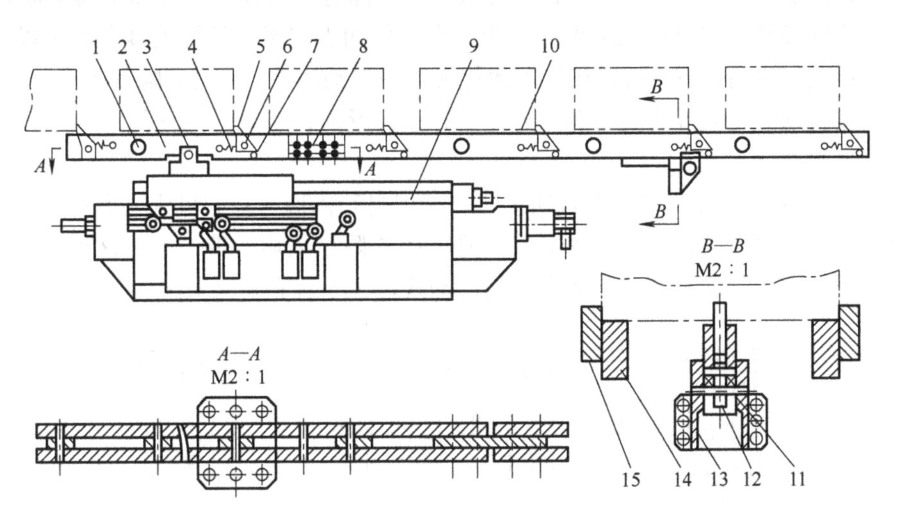

1.垫圈；2.输送杆；3.拉架；4.弹簧；5.棘爪；6.棘爪轴；7.支销；8.连接板；9.传动装置；
10.工件；11.滚子轴；12.滚轮；13.支承滚架；14.支承板；15.侧限位板

图 8-77　棘爪式移动步伐输送带

2）摆杆式移动步伐输送装置

摆杆式输送装置采用圆柱形输送杆和前后两个方向限位的刚性拨爪，工件输送到位后，输送杆必须做回转摆动，使刚性拨爪转离工件后再做返回运动，如图 8-78 所示。摆杆式输送带可提高输送速度及定位精度，但其结构及控制都比棘爪式复杂。

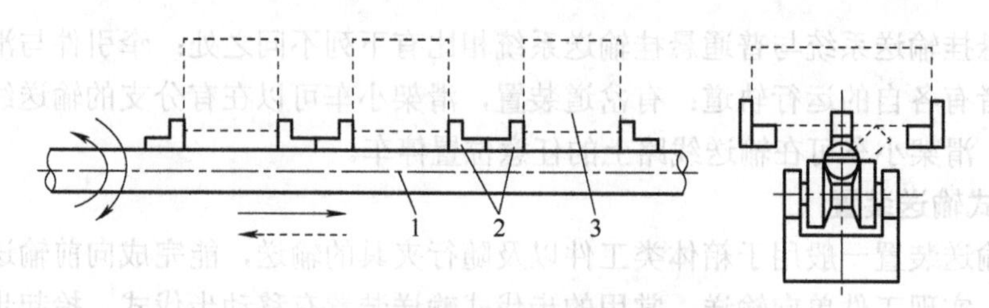

1.输送带；2.拨爪；3.工件(或随行夹具)

图 8-78　摆杆式移动步伐输送带

3)抬起步伐式输送装置

输送板上装有对工件限位用的定位销或V形块，输送开始前，输送板首先抬起，将工件从固定夹具上托起并带动工件向前移动一个步距；然后输送板下降，不仅将工件重新安放在固定夹具上，同时下降到最低位置，以便输送板返回。输送板的抬起可由齿轮齿条机构、拨爪杠杆机构、凸轮顶杆或抬起液压缸等机构来完成。抬起步伐式输送装置可直接输送外观不规则的畸形、细长轴类或软质材料工件等，以便节省随行夹具。

5. 随行夹具

对于结构形状比较复杂，且缺少可靠运输基面的工件或质地较软的有色金属工件，常将工件预先定位夹紧在随行夹具上，然后与随行夹具一起转运、定位和夹紧在机床上，因此从装载工件开始，工件就始终定位夹紧在随行夹具上，随行夹具伴随工件加工的全过程。

为了使随行夹具能在自动线上循环工作，当工件加工完毕从随行夹具上卸下以后，随行夹具必须重新返回原始位置。所以在使用随行夹具的自动线上，应具有随行夹具的返回装置。流水线上随行夹具的返回方式通常有上方返回、下方返回、水平返回三种。

1)上方返回式

如图 8-79 所示，随行夹具 2 在自动线的末端用提升机构 3 升到机床上方后，经一条倾斜滚道 4 靠自重返回自动线的始端，然后用升降机构 5 降至主输送带 1 上：这种方式结构简单紧凑、占地面积小，但这种方式不适合较长自动线，也不宜布置立式机床。

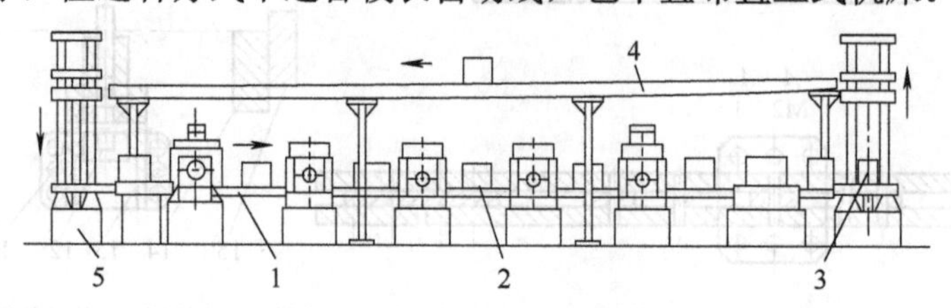

1.输送带；2.随行夹具；3.提升机构；4.滚道；5.升降机构

图 8-79　上方返回的随行夹具

2)下方返回式

下方返回式与上方返回式正好相反，随行夹具通过地下输送系统返回(图 8-80)。下方返回方式结构紧凑，占地面积小，但维修调整不便，同时会影响机床底座的刚性和排屑装置的布置。这种方式多用于工位数少、精度不高的由小型组合机床组成的自动线上。

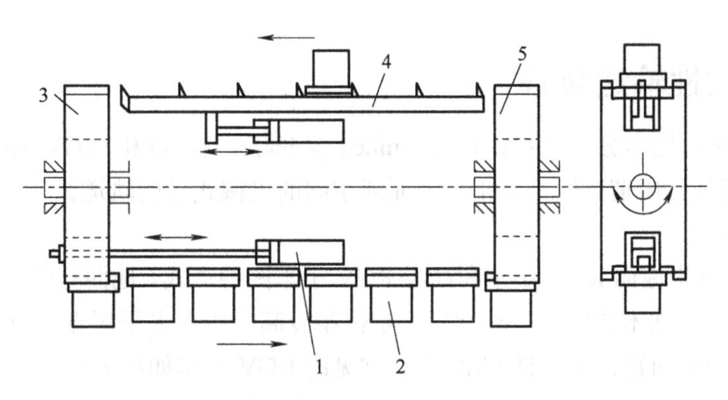

1.液压缸；2.随行夹具；3、5.回转鼓轮；4.步伐式输送带

图 8-80　下方返回的随行夹具

3) 水平返回式

水平返回式的随行夹具在水平面内可通过输送带返回，如图 8-81(a)所示的返回装置由三条步伐式输送带 1、2、3 所组成。图 8-81(b)所示为采用三条链条式输送带，水平返回式占地面积大，但结构简单，敞开性好，适用于工件及随行夹具比较重、比较大的情况。

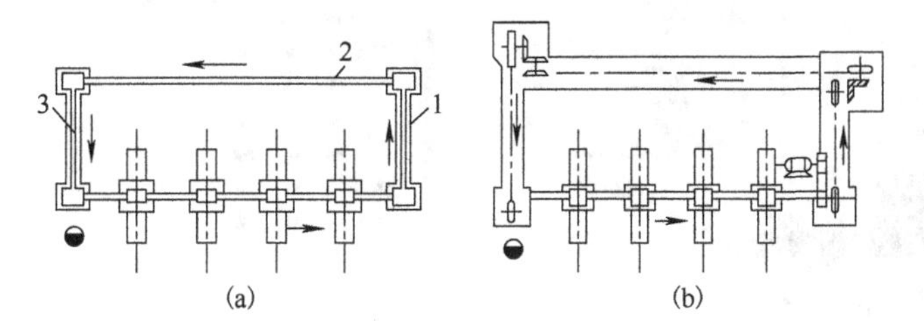

1、2、3.步伐式输送带

图 8-81　水平返回的随行夹具

6. 随行工作台站

随行工作台存放站是介于制造单元与自动运输小车之间的一种装置，在制造系统中主要起过渡作用，它是物流系统中的一个环节。图 8-82 所示的随行工作台站的功能如下。

(1) 存放从自动运输小车送来的随行工作台，图 8-82 中 L 位置。

(2) 随行工作台在存放站上有自动转移功能，根据系统的指令，可将随行工作台移至缓冲位置 U。

(3) 当随行工作台移至工作位置 A 时，工业机器人可对随行工作台上夹持工件进行装卸。

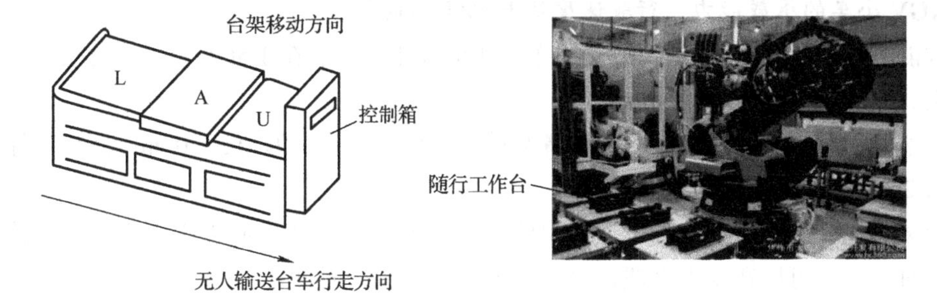

图 8-82　随行工作台

8.8.2 物流柔性输送装备

自动运输小车，通常分为 RGV(Rail Guided Vehicle，有轨)和 AGV(Automated Guided Vehicle，无轨)两种。所谓有轨，是指有地面或空间的机械式导向轨道。

1. RGV 小车

RGV 小车又分为地面 RGV 小车和高架 RGV 小车两种形式。地面有轨小车结构牢固，承载力大，造价低廉，技术成熟，可靠性好，定位精度高。小车多采用直线或环线双向运行，广泛应用于中小规模的箱体类工件 FMS 中，常见的 RGV 小车如图 8-83 所示。

高架 RGV 小车(空间导轨)如图 8-84 所示，相对于地面有轨小车，车间利用率高，结构紧凑，速度高，有利于把人和输送装置的活动范围分开，安全性好，但承载力小。高架 RGV 小车较多地用于回转体工件或刀具的输送，以及有人工介入的工件安装和产品装配的输送系统中。

图 8-83　地面输送 RGV 小车

图 8-84　空间输送 RGV 小车

RGV 沿导轨运动由直流或交流伺服电动机驱动，通过计算机、光电或接近开关等进行控制。由于 RGV 小车需要机械式导轨，因而其系统的变更性、扩展性和灵活性不够理想。

1) RGV 小车按控制模式可分为手动和自动两种

手动模式：通过电动来控制小车向前还是往后，或者是顶升和下降。靠按住遥控的按键来实现小车的每一个动作。

自动模式：通过按一下入库或出库按钮，小车自动完成一个完整的动作，其工作方式分为先进先出和后进先出两种方式。

2) RGV 小车的承载能力、行驶速度及电池续航能力

承载能力：现在市场主流的 RGV 小车，其承载能力一般在 1.5t 左右，一般应用于众多横梁式货架、驶入式货架、自动化立体库。

行驶速度：从大多厂家 RGV 小车情况看，负载行驶速度为 0.5～0.9m/s；空载行驶速度为 1.0～1.2m/s；加速度为 0.3～0.5m/s。

电池续航能力：主流小车的一次充电的续航能力一般在 8 小时以上，充电需要的时间一般在 8 小时左右，可以在晚上完成，没有影响小车的工作时间。

2. AGV 无人搬运车

AGV 无人搬运车指装备有电磁或光学等自动导引装置，能够沿规定的导引路径行驶，具有安全保护以及各种移载功能的运输车，工业应用中不需驾驶员的搬运车，以可充电之蓄电池为其动力来源。一般可透过计算机来控制其行进路线合并图册以及行为，或利用电磁轨道来设立其行进路线，电磁轨道粘贴于地板上，无人搬运车则依循电磁轨道所带来的信息进行移动与动作。如图 8-85 所示 AGV 小车以轮式移动为特征，较之步行、爬行或其他非轮式的移动机器人具有行动快捷、工作效率高、结构简单、可控性强、安全性好等优势。

全自动无人搬运车，简称 AGV，夹抱型叉车式 AGV 如图 8-86 所示。其特点是无须工作人员直接操作，仅通过计算机远程控制运行动作即可，AGV 主要是使用磁导航和光学导航等，在上位机控制系统控制下，能够在预设定的路径上安全行驶，具有较高的安全性、可靠性。

图 8-85　AGV 无人搬运车

图 8-86　夹抱型叉车式 AGV

与物料输送中常用的其他设备相比，AGV 的活动区域无须铺设轨道、支座架等固定装置，不受场地、道路和空间的限制。因此，在自动化物流系统中，最能充分地体现其自动性和柔性，实现高效、经济、灵活的无人化生产。

1) AGV 小车的主要优点

(1) 自动化程度高。由计算机、电控设备、激光反射板等控制。当车间某一环节需要辅料时，工作人员向计算机终端输入相关信息，计算机终端再将信息发送到中央控制室，由专业的技术人员向计算机发出指令，在电控设备的合作下，这一指令最终被 AGV 接受并执行将辅料送至相应地点。

(2) 充电自动化。当 AGV 小车的电量即将耗尽时，它会向系统发出请求指令，请求充电（一般技术人员会事先设置好一个值），在系统允许后自动到充电的地方“排队”充电。使用锂电池，其充放电次数到达 500 次时仍然可以保持 80%的电能存储。

(3) 美观，提高观赏度，从而提高企业的形象。

(4) 方便，减少占地面积。生产车间的 AGV 小车可以在各个车间穿梭往复。

2) AGV 小车的基本构成

AGV 主要由车体、电源和充电系统、转向装置、控制系统、安全装置、通信装置、行走驱动装置、移载装置等组成。图 8-87 所示为一种 AGV 的结构示意图。

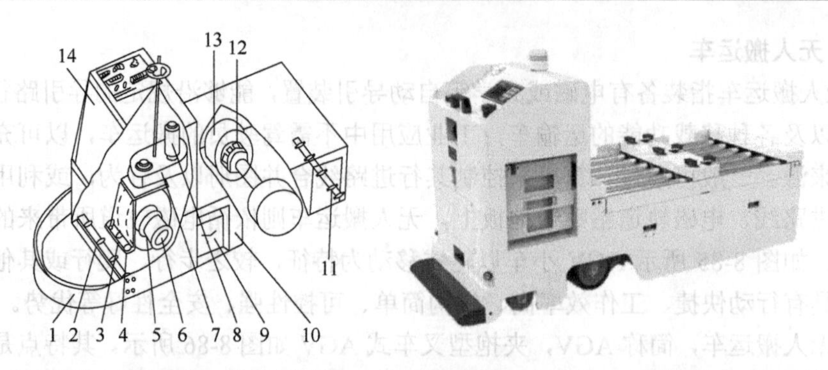

1.安全挡圈；2.认址线圈；3.失灵控制线圈；4.导向探测线圈；5.驱动轴；6.驱动电动机；7.转向机构；8.转向伺服电动机；9.蓄电池箱；10.车架；11.认址线圈；12.制动电磁离合器；13.后轮；14.操纵台

图 8-87　自动导引小车的结构示意图

(1) 车体：由车架、减速器、车轮等组成，车架由钢板焊接而成，车体内主要安装电源、驱动和转向等装置。车轮由支承轮和方向轮组成。

(2) 电源和充电装置：通常采用 24V 或 48V 的工业蓄电池作为电源，并配有充电装置。

(3) 行走驱动装置：由电动机、减速器、制动器、车轮、速度控制器等组成。制动器采用电气解脱松开方式，制动力由弹簧力产生。驱动方式有单轮驱动、双轮驱动、三轮驱动等。设计时，首先应选择驱动方式，然后确定速度、转矩、车轮与地面接触压力等。

(4) 转向装置：AGV 转向装置的结构方式通常有以下三种。

① 铰轴转向式。方向轮装在转向铰轴上，转向电动机通过减速器和机械连杆机构控制铰轴，从而控制方向轮(也称舵轮)的转向。这种机构设有转向限位开关。

② 差动转向式。在 AGV 的左、右轮上分别装有两个独立驱动电动机，通过控制左右两轮内速度比实现车体的转向，此时非驱动轮就是自由轮。

三轮式 AGV 转向方案如图 8-88(a) 中前轮为铰轴转向轮，同时也是驱动轮；如图 8-88(b) 中前轮为铰轴转向轮，后两轮为差动驱动；图 8-88(c) 中单轮为自由轮，另外两轮为差速转向和驱动。当然也有四轮和六轮式 AGV，其承载能力更高。

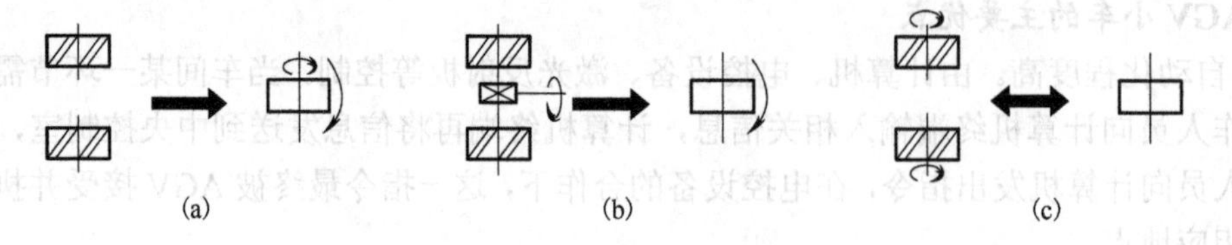

图 8-88　三轮式 AGV 转向方案

③ 全方位移动式。全方位移动 AGV 即采用全向轮如 Mecanum 轮等来作为其驱动轮，由于其采用全方位移动驱动的方式，则在相对窄小空间的生产车间进行工作时也可以进行灵活运作。对于一些大型重型货物，全方位移动 AGV 可以进行相互协同作业搬运，全方位移动 AGV 能实时快速调整自身的位姿，以最理想的状态进行协作，因此，全方位移动 AGV 将成为未来的智能制造生产物流运输的重点研究发展方向。

常见的全向轮主要有球轮、连续切换轮、正交轮、Mecanum 轮等。球轮结构如图 8-89 所示，电机带动滚子并通过滚子与球轮之间的摩擦带动球轮的转动形成球轮的运动，但这种驱动方式使得球轮并不能产生很高的移动速度；连续切换轮是以 Transwheel 轮为基础的，其结构如图 8-90 所示，由于滚子与地面的不连续接触，易产生振动和打滑现象；正交轮的结构如图 8-91 所示，这种轮子的运动主要是利用其两个轮子的运动方向在不同的两个方向，通过两者之间轮流与地面接触并驱动来完成不同方向上的运动，但在这两个轮子交换运动的过程中会使得轮子承受不一样的压力，因此与地面的摩擦力也会产生一定的变化，对正交轮运动的过程中的精度有一定的影响。图 8-92 所示的 Mecanum 轮与平台的位置固定，仅需各 Mecanum 轮之间配以不同的转速配合达到各种所需的运动即可实现全方位移动。

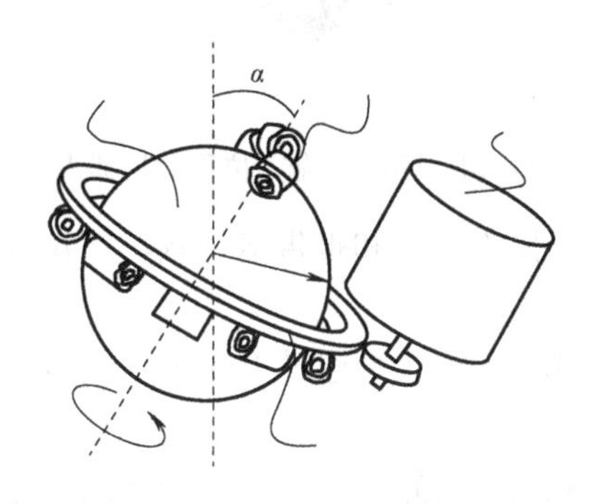

图 8-89　球轮结构

图 8-90　连续切换轮结构

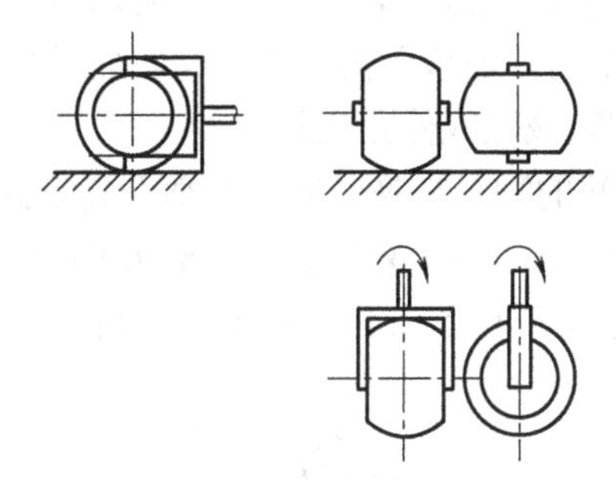

图 8-91　正交轮结构

图 8-92　Mecanum 轮结构

在 Mecanum 轮被发明出来之后，立刻引起了众人的注意，世界许多知名大学和公司都在 Mecanum 轮的基础上进行相关研究和开发应用，图 8-93 是 Airtrax 公司生产的 Airtrax Sidewinder 系列叉车，在搬运过程中，其全向移动的性能可以明显带来移动上的便利，它能在狭小空间里进行全方位移动，其操作简单、移动灵活的优点极大地提升了工厂运作效率。

美国卡耐基梅隆大学较早开始了对 Mecanum 轮的研究，他们设计的第一台应用 Mecanum 轮的全方位移动轮式机器人如图 8-94 所示，此后，对于 Mecanum 轮相关的研究越来越广泛，许多科研院所和高校都开展了对 Mecanum 轮相关方面的研究，包括对应用 Mecanum 轮的全方位移动机器人的研究，如日本的东京工艺大学、韩国的高丽大学等。

在工厂货物搬运时，当遇到需要搬运重型货物时，全方位移动 AGV 每个主动轮都由电机单独驱动，因此全方位移动 AGV 拥有四个电机，可以很大的提升货物装载能力以及 AGV 驱动能力。同时在 AGV 系统中，全方位移动 AGV 具有更灵活的移动功能，其双向运行以及多角度侧移功能可以使 AGV 的调度更加方便。

图 8-93　全方位移动 Mecanum 轮叉车

图 8-94　Uranus 全方位移动机器人

(5) 控制装置：可以实现小车的监控，通过通信系统接收指令和报告运行状况，并可实现小车编程。

(6) 通信装置：一般有连续式和分散式两种通信方式。连续式是通过无线射频或通信电缆收发信号。分散式是在预定地点通过感应或光学的方式进行通信。

(7) 安全保护装置：有接触式和非接触式两种保护系统。接触式常采用安全挡圈，并通过微动接触开关来感知外部的故障信息。接触式保护装置具有结构简单、安全可靠，但只能适合速度低、重量轻、制动距离较短的小型 AGV 上。非接触式保护装置采用超声波、红外线、激光等形式进行障碍探测，测出小车和障碍物之间的距离，当该距离小于某一特定值时，通过警灯、蜂鸣器或其他音响装置进行报警，并实现 AGV 减速或停止运行。

(8) 移载装置：通过移载装置进行小车和工作台之间的物料交换，通常有举升起重式、输送式、滑叉式、推拉式等移载机构。图 8-95 的 AGV 具有叉车移载装置，图 8-96 的 AGV 具有车载搬运机器人移载装置，图中的数字 1、2、3 表示车载机器人具有三个回转自由度。

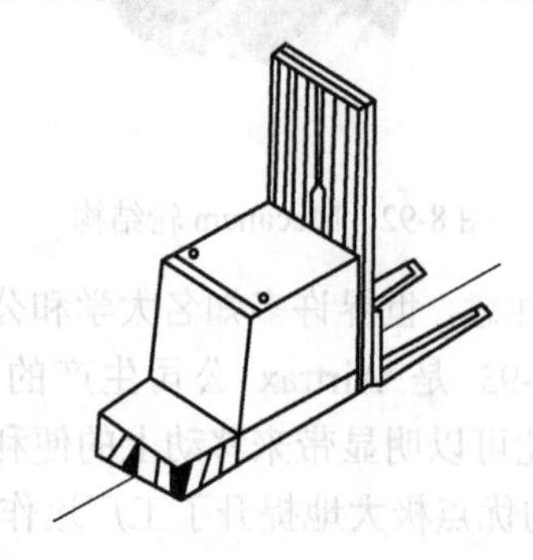

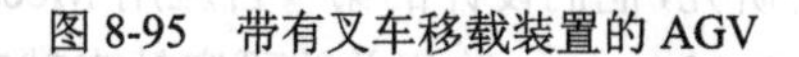

图 8-95　带有叉车移载装置的 AGV

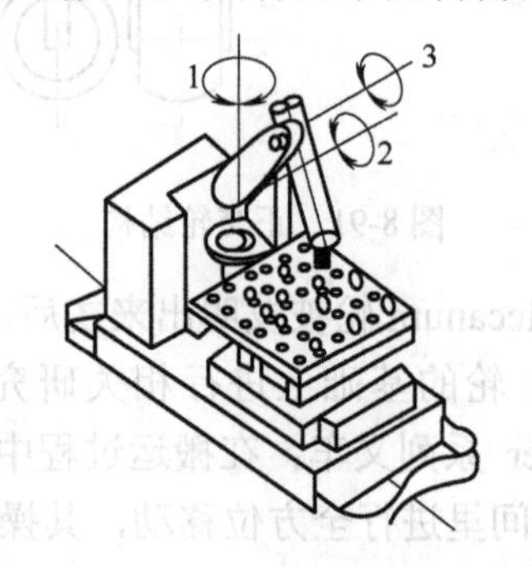

图 8-96　带有机器人移载装置的 AGV

图 8-97 为由两台 AGV 组成的物流系统，由预埋在地下的电缆传来的感应信号对小车轨迹进行引导。通过计算机控制，可使 AGV 准确停在任一个加工位，以进行物料装卸，电池充电站用来为 AGV 的蓄电池进行充电。

AGV 在车间行走路线比较复杂，有很多分岔点和交汇点，中央控制计算机负责车辆调度控制，AGV 小车上带有微处理器控制板，AGV 的行走路线以图表的格式存储在计算机内存中，当给定起点和目标点位置后，控制程序自动选择出 AGV 行走的最佳路线。小车在岔道处方向的选择多采用频率选择法，在决策点处，地板槽中同时有多种不同频率信号，当 AGV 接近决策点(岔道口)时，通过编码装置确定小车目前所在位置，AGV 在接近决策点前作出决策，确定应跟踪的频率信号，从而实现自动路径寻找。

3. 移载机

移载机是一种依靠电动机或压缩空气作为动力源，通过平移、上下、伸缩、翻转等一系列动作将物体高速、准确地搬运至指定地点的一种设备。机械制造厂中的移载机广泛用于制造装备之间或生产线之间的工件在水平、垂直方向的移送，其移动范围可以很宽，且在移送过程中可改变工件在空间的姿态。图 8-98 所示为一种用于机床之间工件转移的移载机系统。

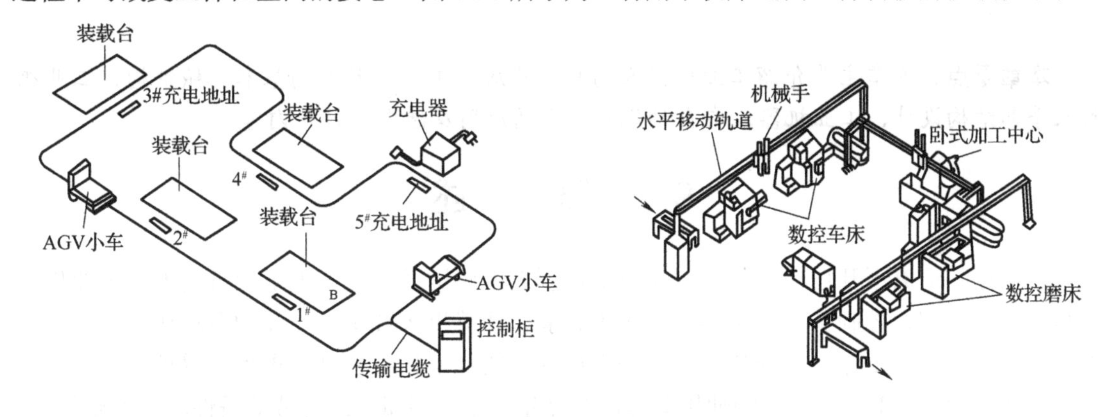

图 8-97　由两台 AGV 组成的物流系统　　图 8-98　移载机

移载机系统的组成通常有空间水平移动导轨、垂直移动或伸缩机构、夹抓机构(机械手)、各种位置检测传感器等，移载机通常用 PLC 进行控制。当需要变换被移动工件的空间姿态时，在其末端执行器(机械手)上还需要设置回转自由度。一般通过更换不同的夹抓或吸盘来实现不同工件的移送。移载机设计时，其工作的可靠性和安全性非常重要，因此在移载机中设置有许多位置传感器，主要用来检测末端执行器位置，以保证被移动工件停位准确和防止出现运动干涉。目前移载机广泛用于各种加工、装配、喷涂等生产线材料及工件等的移载。

第9章　工业机器人在自动化制造中应用及选型设计

本章重点： 本章主要介绍工业机器人的基本构成、工业机器人的基本机械结构、工业机器人手部结构设计、工业机器人在自动化制造中的应用及选型设计等内容。

9.1　概　　述

自动化制造离不开自动化装备，在自动化制造中应用最广泛的为工业机器人。工业机器人是集机械工程、控制工程、传感器、人工智能、计算机等技术为一体的自动化装备，它可以替代人做特定的工作。如物料运送、加工过程中的上下料、刀具的更换、零件的焊接、产品装配和检测等，工业机器人的使用对提高产品生产率和质量、改善劳动条件起到重要作用。

9.2　工业机器人

9.2.1　工业机器人及其系统组成

工业机器人是一种功能完整、可独立运行的典型机电一体化设备，它有自身的控制器、驱动系统和操作界面，可对其进行手动、自动操作，它能依靠自身的控制能力来实现所需要的功能。广义上的工业机器人是由如图 9-1 所示的工业机器人及相关附加设备组成的完整系统，系统总体可分为机械部件和电气控制系统两大部分。

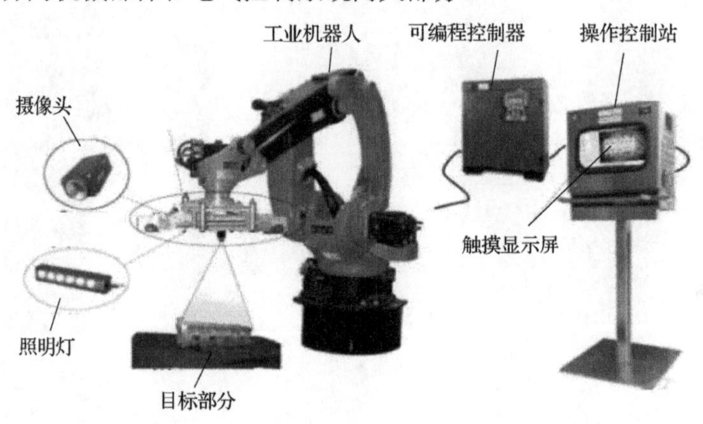

图 9-1　工业机器人系统组成

9.2.2　工业机器人的基本构成

不同类型的工业机器人其机械、电气和控制结构千差万别，但是作为一个工业机器人系统，通常由三部分六个子系统组成，如图 9-2 所示。这三部分是机械部分、传感部分、控制部分；六个子系统是机械系统、驱动系统、感知系统、控制系统、人机交互系统、工业机器人环境交互系统等。

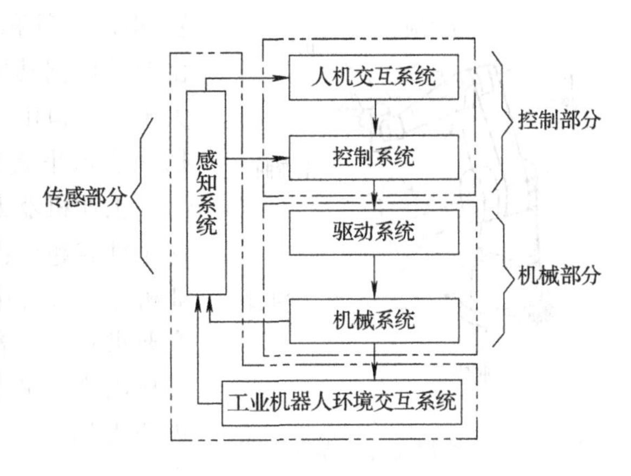

图 9-2　工业机器人的基本构成

(1) 机械系统。机械系统是由关节连在一起的许多机械连杆结构的集合体，形成开环运动学链系。连杆机构类似于人类的小臂、大臂等。关节通常又分为转动关节和移动关节，移动关节允许连杆作直线移动，转动关节仅允许连杆之间发生旋转运动。由关节和连杆结构所构成的机械结构一般有三个主要部件，即臂、腕和手，它们可在规定的范围内运动。

(2) 驱动系统。驱动系统是使各种机械部件产生运动的装置。常规的驱动系统有气动传动、液压传动或电动传动等方式，它们可以直接地与臂、腕或手上的机械连杆机构或关节连接在一起，也可以使用齿轮、带、链条等机械传动机构进行间接驱动。

(3) 感知系统。感知系统由一个或多个传感器组成，用来获取内部和外部环境中的有用信息，通过这些信息确定机械部件各部分的运行轨迹、速度、位置和外部环境状态，使机械部件的各部分按预定程序或者工作需要进行动作。传感器的使用提高了工业机器人的机动性、适应性和智能化水平。

(4) 控制系统。控制系统的任务是根据工业机器人的作业指令程序，以及从传感器反馈回来的信号支配工业机器人执行机构完成规定的运动和功能。若工业机器人不具备信息反馈特征，则为开环控制系统；若具备信息反馈特征，则为闭环控制系统。根据控制原理，控制系统又可分为程序控制系统、适应性控制系统和人工智能控制系统。根据控制运动的形式，控制系统还可分为点位控制和轨迹控制等。

(5) 人机交互系统。人机交互系统是使操作人员参与工业机器人控制并与工业机器人进行联系的装置，例如，计算机的标准终端、指令控制台、信息显示板及危险信号报警器等。归纳起来人机交互系统可分为两大类：指令给定装置和信息显示装置。

(6) 工业机器人环境交互系统。工业机器人环境交互系统是实现工业机器人与外部环境中的设备相互联系和协调的系统。工业机器人可与外部设备集成为一个功能单元，如加工制造单元、焊接单元、装配单元等，当然，也可以是多台工业机器人、多台机床或设备及多个零件存储装置等集成为一个执行复杂任务的功能单元。

9.2.3　工业机器人主要技术参数

由于工业机器人的结构、用途和用户要求不同，工业机器人的技术参数也不同。一般来说工业机器人的技术参数主要包括自由度、工作范围、工作速度、承载能力、精度、驱动方式、控制方式等。

1. 自由度

自由度是指工业机器人所具有的独立坐标轴运动的数目，但是一般不包括手部(末端操作器)的开合自由度。自由度表示工业机器人动作灵活的尺度，在三维空间中描述一个物体的位

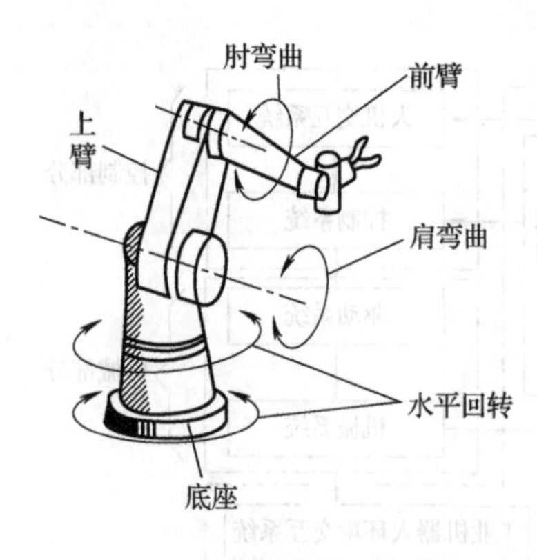

图 9-3　三自由度工业机器人简图

置和姿态(简称位姿)需要六个自由度。通常工业机器人的自由度是根据其用途而设计的，可能小于六个自由度，也可能大于六个自由度。图 9-3 所示的是三自由度工业机器人，包括底座水平旋转、前臂肘弯曲和肩弯曲三个独立的运动。

工业机器人的自由度越多，越接近于人手的动作机能，通用性就越好；但是自由度越多，结构也就越复杂，这是工业机器人设计中的一个矛盾。工业机器人自由度的选择与生产要求有关，若批量大，操作可靠性要求高，运行速度快，其自由度数可少一些；如要便于产品更换，增加柔性，工业机器人的自由度要多一些。工业机器人一般多为 4～6 个自由度。

2. 工作范围

工业机器人的工作范围是指工业机器人手臂或手部安装点所能达到的空间区域。因为手部末端操作器的尺寸和形状是多种多样的，这里指不安装末端操作器时的工作区域。工业机器人工作范围的形状和大小十分重要，工业机器人在执行作业时可能会因为存在手部不能到达的作业死区而无法完成工作任务。工业机器人所具有的自由度数目及其组合决定其运动图形；而自由度的变化量则决定着运动图形的大小。图 9-4 显示了工业机器人的工作范围。

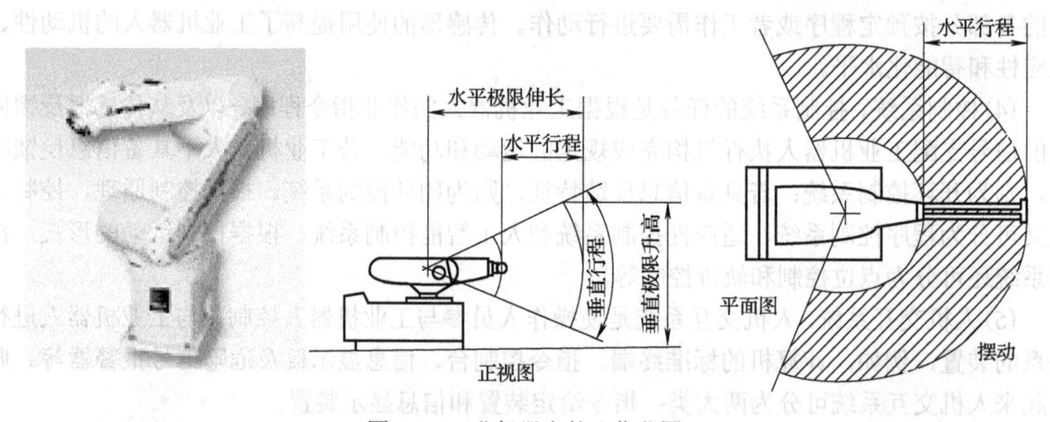

图 9-4　工业机器人的工作范围

3. 工作速度

工作速度是指工业机器人在工作载荷条件下、匀速运动过程中，工业机器人所移动距离或转动的角度。说明书中一般提供了主要的最大稳定速度，但在实际应用中仅考虑最大稳定速度是不够的。因为运动循环包括加速起动、等速运行和减速制动三个过程。如果最大稳定速度高，允许的极限加速度小，则加减速的时间就会长一些，有效速度就要低一些；反之，如果最大稳定速度低，允许的极限加速度大，则加减速的时间就会短一些，这有利于有效速度的提高。如果加速或减速过快，会导致惯性力加大，影响动作的平稳和精度。

4. 承载能力

承载能力是指工业机器人在工作范围内的任何位姿上所能承受的最大负载。通常可以用质量、力矩、惯性矩来表示。承载能力不仅取决于负载的质量，还与工业机器人运行的速度和加速度的大小及方向有关。一般低速运行时，承载能力大，为安全考虑，规定在高速运行时所能抓取的工件重量作为承载能力指标。

5. 定位精度、重复精度和分辨率

定位精度是指工业机器人手部实际到达位置与目标位置之间的差异。如果工业机器人重复执行某位置给定指令，它每次走过的距离并不相同，而是在一平均值附近变化，变化的幅度代表重复精度。分辨率是指工业机器人每根轴能够实现的最小移动距离或最小转动角度。

6. 驱动方式

驱动方式是指工业机器人的动力源形式，主要有液压驱动、气压驱动和电力驱动等。

7. 控制方式

控制方式指工业机器人用于控制驱动的方式，目前主要分为伺服控制和非伺服控制等。

9.3　工业机器人机械结构及组成

由于应用场合不同，工业机器人结构形式多种多样，各组成部分的驱动方式、传动原理和机械结构也有各种不同的类型。

本节以通用的串联关节型工业机器人为例来说明工业机器人基本机械结构。基本机械结构主要包括传动部件、机身与机座机构、臂部、腕部及手部。关节型工业机器人的主要特点是模仿人类腰部到手臂的基本结构，因此机械结构通常包括工业机器人的机座(即底部和腰部的固定支撑)结构及腰部关节转动装置、大臂(即大臂支撑架)结构及大臂关节转动装置、小臂(即小臂支撑架)结构及小臂关节转动装置、手腕(即手腕支撑架)结构及手腕关节转动装置和末端执行器(即手爪部分)。串联结构具有结构紧凑、工作空间大的特点，是工业机器人机构采用最多的一种结构，可以达到其工作空间的任意位置和姿态。关节型工业机器人一般结构如图 9-5 所示。

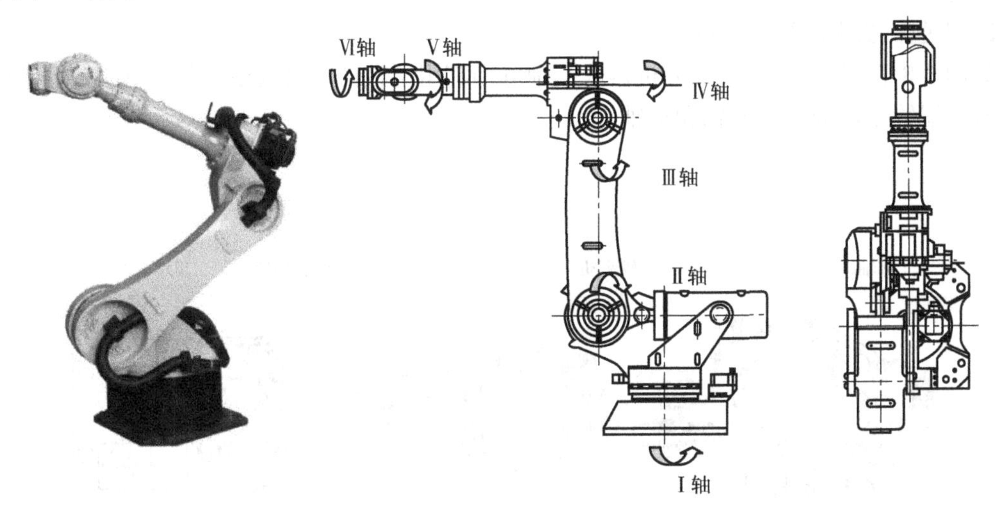

图 9-5　关节型工业机器人一般结构

1. 工业机器人的机座

如图 9-6 所示，Ⅰ轴利用电机的旋转输入通过一级齿轮传动到 RV 减速器，减速器输出部分驱动腰座的转动。采用 RV 减速器，具有回转精度高、刚度大及结构紧凑的特点，腰座转动范围为 0～360°。腰座(Ⅱ轴基座)底座和回转座材料为球墨铸铁。

2. 工业机器人的Ⅱ、Ⅲ、Ⅳ轴

图 9-7 所示Ⅱ轴利用电机的旋转直接输入减速器，减速器输出部分驱动Ⅱ轴臂的转动。工业机器人大臂要承担Ⅲ轴小臂、腕部和末端负载，所受力及力矩最大，要求其具有较高的结构强度。Ⅱ轴大臂材料为球墨铸铁，然后对各基准面进行精密加工。工业机器人Ⅳ轴利用电机的旋转通过齿轮、驱动轴输入减速器，减速器输出部分驱动Ⅳ轴。

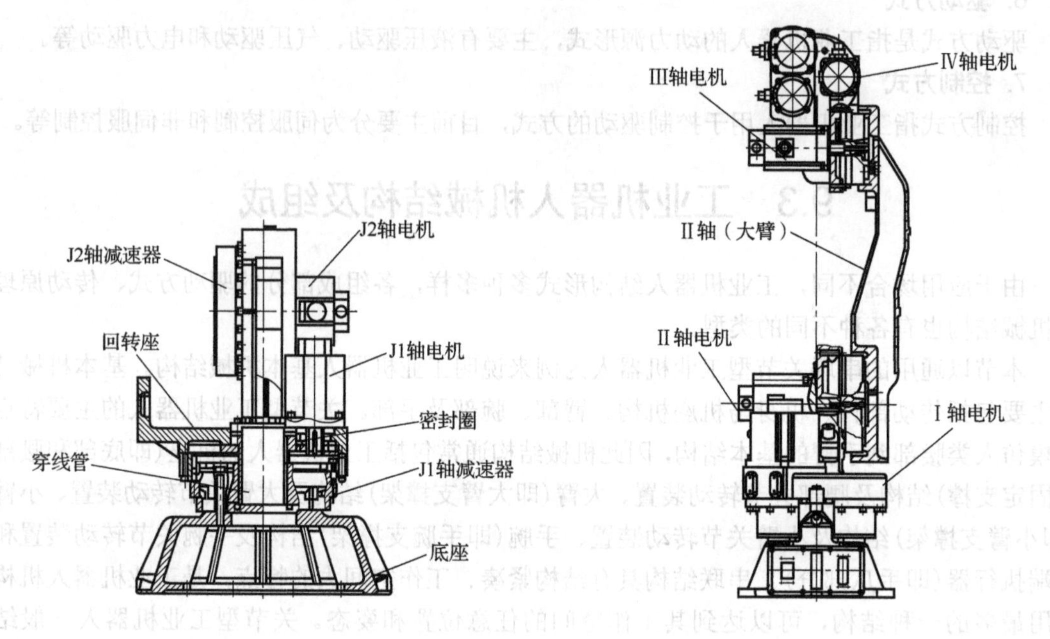

图 9-6　关节工业机器人机座　　图 9-7　关节工业机器人Ⅱ、Ⅲ、Ⅳ轴

3. 工业机器人的Ⅴ、Ⅵ轴

如图 9-8 和图 9-9 所示，工业机器人Ⅴ轴分别利用电机的旋转通过齿轮、驱动轴输入减速器，减速器输出部分驱动Ⅴ轴和Ⅵ轴。

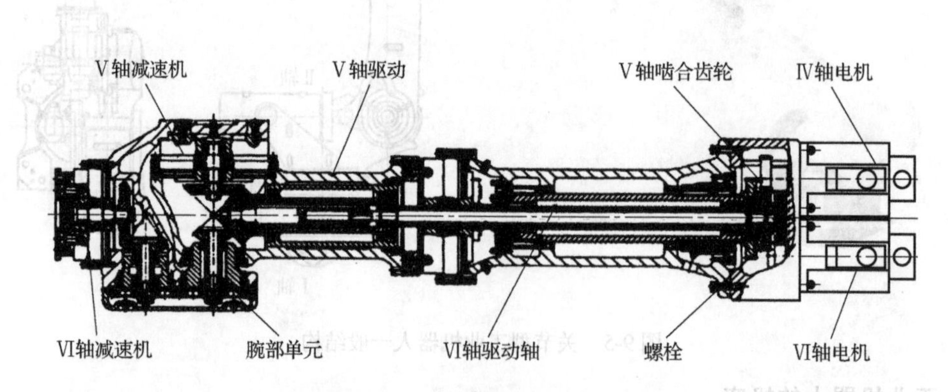

图 9-8　工业机器人的小臂结构

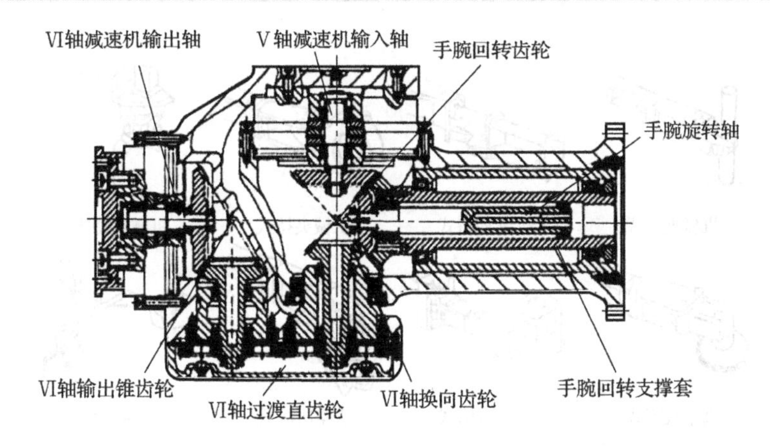

图 9-9　工业机器人的Ⅴ、Ⅵ轴及手腕部分结构

4. 工业机器人末端器及手爪

手部与手腕相连处可拆卸。手部与手腕有机械接口，也可能有电、气、液接头，当工业机器人作业对象不同时，可以方便地拆卸和更换手部。

机器人的末端执行器即手部是直接用于抓取和握紧(或吸附)工件或夹紧专用工具进行操作的部件，它安装在机器人手臂的前端，具有模仿人手动作的功能。由于被握持工件的形状、尺寸、质量、材料性能以及表面形状的不同，末端执行器结构多种多样，一般是根据特定的工作要求而专门设计的。图 9-10 为部分手部示例。例如，按用途可分为机械夹持式、真空吸附式、电磁吸附式等末端执行器和多指灵巧手等几类。

(1) 机械夹持式。机械夹持式由手爪、传动机构、驱动装置等组成。机械夹持式的结构形式取决于被夹持物料的形状和特性。手爪是直接与物料接触的部件，夹持器通过手爪的张开和闭合来实现夹紧与松开物料，按其结构又分为两指或多指、回转和平移、外夹和内撑等多种形式。传动机构有单支点回转型和双支点回转型。驱动有液压、气动、机械等驱动方式。

(2) 真空吸附式。真空吸附式靠吸附力抓取物料，它适用于抓取大平面、易碎、微小等类型的物料。抓取物料时，橡胶吸盘与物料表面接触，橡胶吸盘起到密封和缓冲两个作用，经真空抽气，在吸盘内腔形成负压，实现物料的抓取。放料时，吸盘内通入大气，失去真空后，物料放下。

(3) 磁铁吸附式。磁铁吸附式是利用磁铁吸附原理，通过通断电的方式对具有磁性材料进行吸附或放松。

(4) 多指灵巧手。多指灵巧手是一种模仿人手功能的机电一体化装置。通常有多个手指，每个手指都有回转关节，每个关节自由度独立控制。这种多指灵巧手可以完成各种复杂动作，如拧螺钉、弹钢琴等，如果配置触觉、力觉、温度传感器等可使其功能更完善。

除此之外，在机器人腕部可直接安装被视为特殊手部的专用工具，如焊枪、喷枪、电动扳手、电钻等作为手部使用。

手部是工业机器人末端执行器。工业机器人执行器可以像人手那样有手指，也可以不具备手指，可以是类人的手爪，也可以是进行专业作业的工具，如装在工业机器人手腕上的喷漆枪、焊接工具等。图 9-11 所示为常见的几种工业机器人手爪形式。

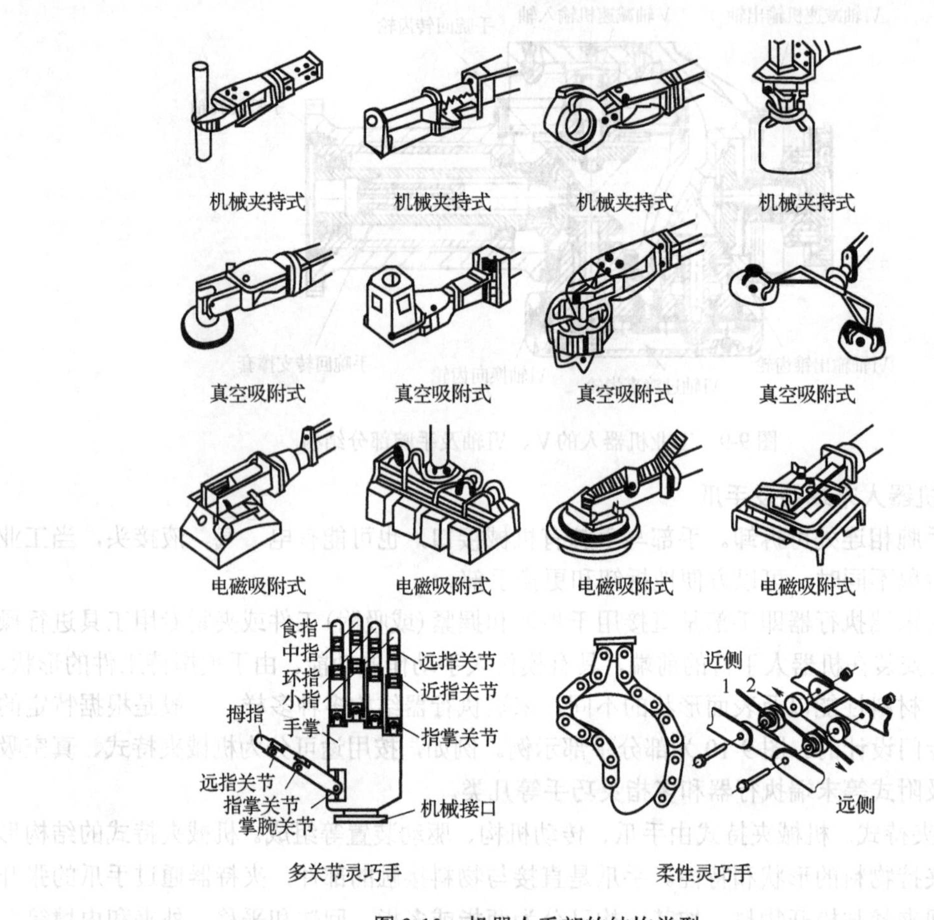

图 9-10 机器人手部的结构类型

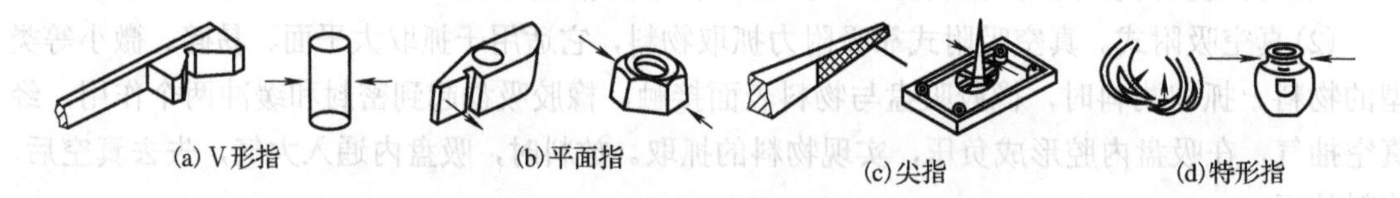

图 9-11 常见的几种工业机器人手爪形式

例如，对象物若为圆柱形，则采用 V 形指，如图 9-11(a)所示。若对象物为方形，则采用平面形手指，如图 9-11(b)所示。用于夹持小型或柔性工件的尖指，如图 9-11(c)所示。适用于形状不规则工件的专用特形指如图 9-11(d)所示。

9.4 工业机器人手部结构设计

工业机器人手部是最重要的执行机构，从功能和形态上可分为两大类：工业机器人的手部和仿人工业机器人的手部。工业机器人的手部是用来握持工件或工具进行操作的部件。由于握持物件形状、尺寸、重量、材质的不同，手部的工作原理和结构形态也不同。常用的手部按其握持原理可以分为夹钳式和吸附式两大类。

9.4.1　夹钳式手部

夹钳式手部与人手相似，是工业机器人常用的一种手部形式。如图 9-12 所示，它一般由手指、传动机构和承接支架组成，通过手爪的开闭动作实现对物件的夹持。

1. 手指

手指是直接与物件接触的构件。手指的张开和闭合实现了松开与夹紧物件。通常工业机器人的手指有二指型、三指型或多指型。它们的结构形式常取决于被夹持工件的形状和特性。

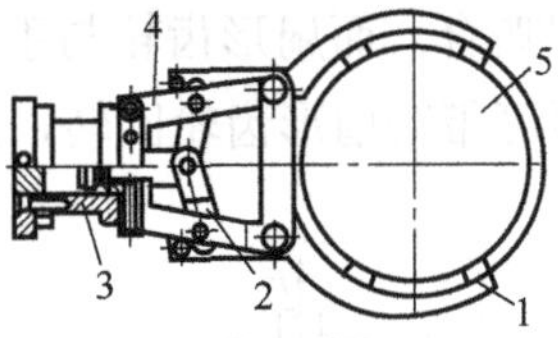

1.手指；2.传动机构；3.驱动装置；4.承接支架；5.工件

图 9-12　夹钳式手部

工业机器人的手指，根据工件形状、大小及其被夹持部位材质软硬、表面性质等的不同，主要有光滑指面、齿型指面和柔性指面三种形式。

光滑指面，其指面平整光滑，用来夹持已加工表面，避免已加工的光滑表面受损伤。

齿型指面，其指面刻有齿纹，可增加与被夹持工件间的摩擦力，以确保夹紧可靠，多用来夹持表面粗糙的毛坯或半成品。

柔性指面，其镶衬了橡胶、泡沫、石棉等物，有增加摩擦力保护工件表面、隔热等作用。一般用来夹持已加工表面、炽热件，也适于夹持薄壁件和脆性工件。

2. 传动机构

传动机构是向手指传递运动和动力，以实现夹紧和松开动作的机构。根据手指开合的动作特点可分为回转型和平移型两类。

1）回转型传动机构

夹钳式手部中运用较多的是回转型手部，其手指就是一对（或几对）杠杆，再同斜楔、滑槽、连杆、齿轮、蜗轮蜗杆或螺杆等机构组成传动机构，改变传力比、传动比及运动方向等。图 9-13 所示为单作用斜楔式回转型手部的结构简图。斜楔向下运动，克服弹簧拉力，通过杠杆作用使手指装着滚子的一端向外撑开，从而夹紧工件。斜楔向上移动，则在弹簧拉力作用下，使手指松开。手指与斜楔通过滚子接触可以减少摩擦力，提高机械效率。

图 9-14 为滑槽式杠杆双支点回转型手部的简图。杠杆形手指的一端装有 V 形指，另一端则开有长滑槽。驱动杆上的圆柱销套在滑槽内，当驱动连杆同圆柱销一起作往复运动时，即可拨动两个手指各绕其支点（铰销）作相对回转运动，从而实现手指对工件的夹紧与松开。

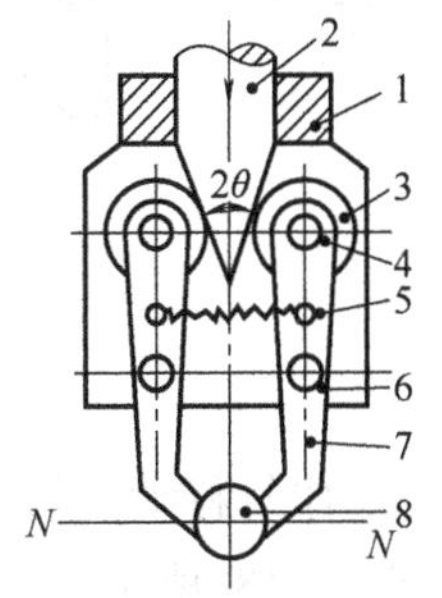

1.壳体；2.斜楔驱动杆；3.滚子；4.圆柱销；5.拉簧；6.铰销；7.手指；8.工件

图 9-13　斜楔式回转型手部

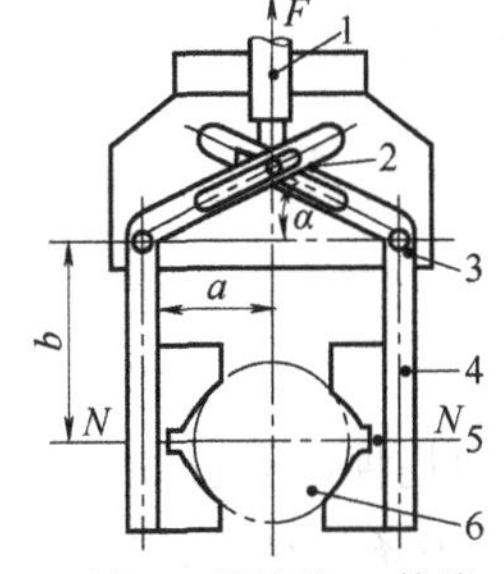

1.驱动杆；2.圆柱销；3.铰销；4.手指；5.V 形指；6.工件

图 9-14　滑槽式杠杆回转型手部

图 9-15 为双支点回转型连杆杠杆式手部的简图。驱动杆末端与连杆由铰销铰接，当驱动杆作直线往复运动时，通过连杆推动两杆手指各绕支点作回转运动，从而使手指松开或闭合。该机构的活动环节较多，故定心精度一般比斜楔传动差。

图 9-16 为由齿轮齿条直接传动的齿轮杠杆式手部的简图。驱动杆末端制成双面齿条，与扇形齿轮相啮合，而扇形齿轮与手指固连在一起，可绕支点回转。驱动力推动齿条做上下往复运动，即可带动扇形齿轮回转，从而使手指闭合或松开。

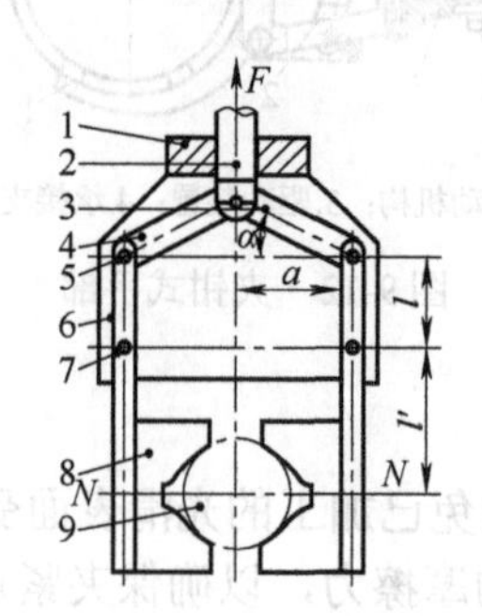

1.壳体；2.驱动杆；3.铰销；4.连杆；5、7.圆柱销；6.手指；8.V 型指；9.工件

图 9-15　双支点回转型连杆杠杆式手部

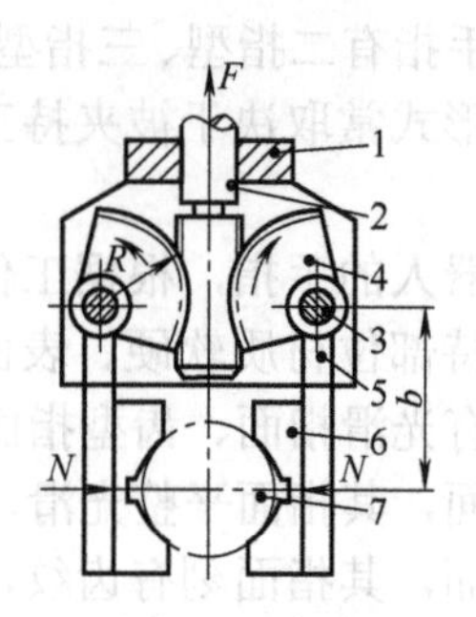

1.壳体；2.驱动杆；3.小轴；4.扇齿轮；5.手指；6.V 型指；7.工件

图 9-16　齿轮齿条杠杆式回转型手部

2) 平移型传动机构

平移型夹钳式手部是通过手指的指面作直线或平面移动实现张开或闭合动作，常用于夹持平行平面的工件。平移型传动机构据其结构，可分为平面平行移动机构和直线往复移动机构两种类型。如图 9-17 所示，(a)、(b)均为齿轮齿条传动手部，(c)为连杆斜滑槽传动手部。

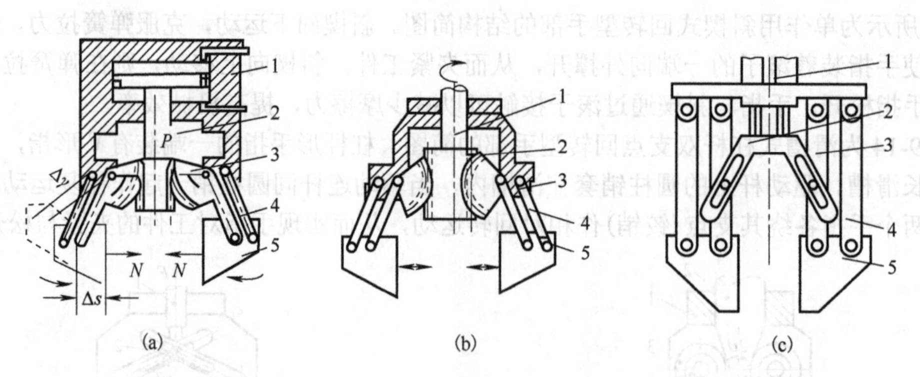

1.驱动器；2.驱动元件；3.驱动摇杆；4.从动摇杆；5.手指

图 9-17　平行移动机构手部

图 9-18 为几种常见直线往复移动机构手部的简图。实现直线往复移动的机构很多，常用的斜楔传动、齿条传动、螺旋传动等均可应用于手部结构。如图 9-18 所示，(a)为斜楔平移机构，(b)为连杆杠杆平移结构，(c)为螺旋斜楔平移结构。它们可以是双指型的，也可以是三指(或多指)型的。

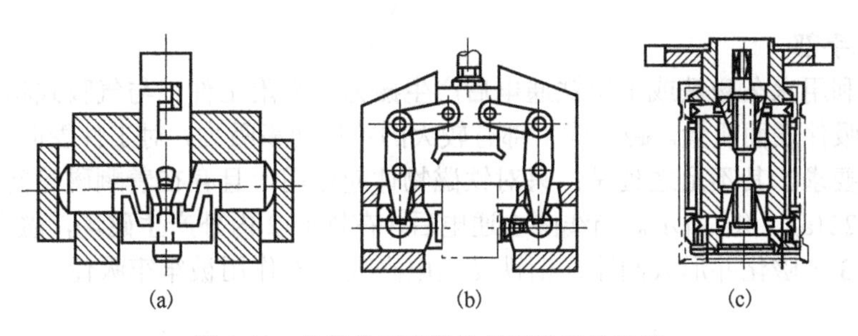

图 9-18　几种常见直线往复移动机构手部

9.4.2　吸附式手部

吸附式手部依靠吸附力取料，根据吸附力的不同分为气吸附和磁吸附两种形式。气吸附式手部适应于抓取大平面(单面接触无法抓取)、易碎(玻璃、磁盘)、微小(不易抓取)的物体。

1. 气吸式手部

气吸式手部是工业机器人常用一种吸持工件的装置，是利用吸盘内的压力和大气压之间的压力差工作的。它由一个或几个吸盘、吸盘架及进排气系统组成，具有结构简单、重量轻、使用方便等优点。主要用于板材、纸张、玻璃等非金属材料，或不可有剩磁材料的吸附。

按形成压力差的方法，又可分为真空吸附式、气流负压吸附式、挤压排气吸附式等几种。

(1)真空吸附式手部。图 9-19 所示为真空吸附式手部结构。主要零件为蝶形吸盘，通过固定环安装在支承杆上，支承杆由螺母固定在基板上。取料时，橡胶吸盘与物体表面接触，橡胶吸盘的边缘起密封和缓冲作用，然后真空抽气，吸盘内腔形成真空，实施吸附取料。放料时，管路接通大气，失去真空物体放下。为了更好地适应物体吸附面的倾斜状况，可在橡胶吸盘背面设计球铰链。

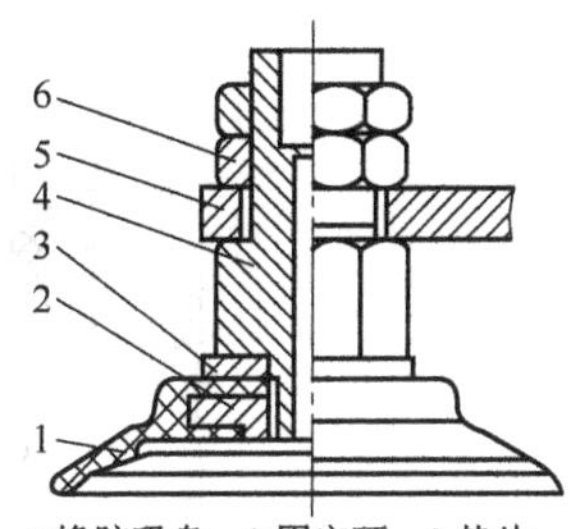

1.橡胶吸盘；2.固定环；3.垫片；4.支承扦；5.基板；6.螺母

图 9-19　真空吸附式手部结构

(2)气流负压吸附式手部。图 9-20 所示为气流负压吸附式手部结构。利用流体力学的原理，当需要取物时，压缩空气高速流经喷嘴，其出口处的气压低于吸盘腔内的气压，于是腔内的气体被高速气流带走而形成负压，完成取物动作。而后切断压缩空气即可释放物件。

(3)挤压排气吸附式手部。图 9-21 所示为挤压排气吸附式手部结构。其工作原理为：取料时吸盘压紧物件，橡胶吸盘变形，挤出腔内多余空气，手部上升，靠橡胶吸盘恢复力形成负压将物件吸住。压下推杆，使吸盘腔与大气连通而失去负压，即可释放物件。

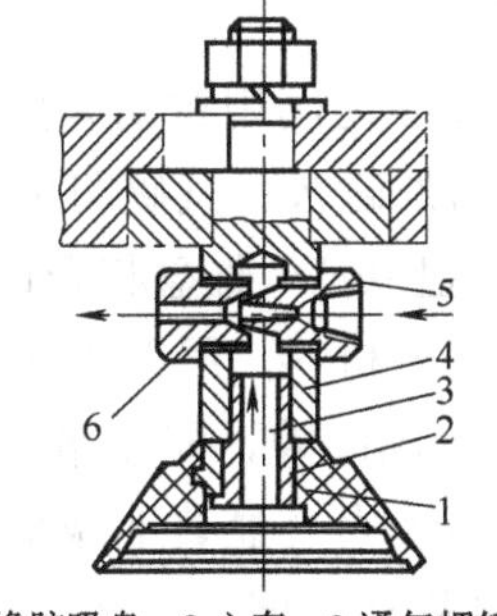

1.橡胶吸盘；2.心套；3.通气螺钉；4.支承杆；5.喷嘴；6.喷嘴套

图 9-20　气流负压吸附式手部结构

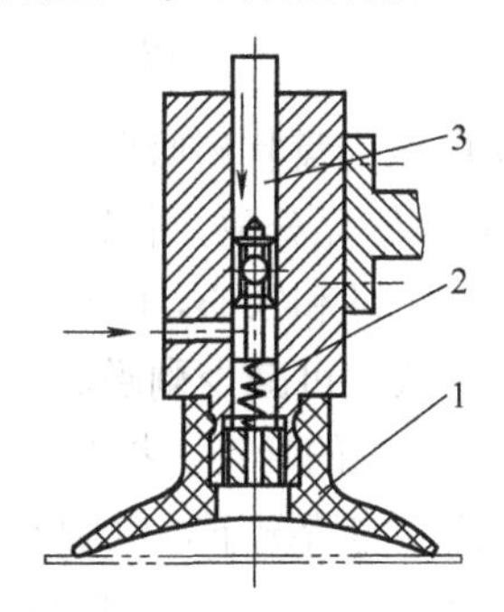

1.橡胶吸盘；2.弹簧；3.拉杆

图 9-21　挤压排气吸附式手部结构

2. 磁吸式手部

磁吸式是利用永久磁铁或电磁铁通电后产生磁力来吸附工件，与气吸式相比，磁吸式手部不会破坏被吸件表面质量。磁吸式手部有较大的单位面积吸力，对工件表面粗糙度及通孔、沟槽等无特殊要求。其不足之处是：只对铁磁物体起作用，且存在着剩磁等问题。电磁铁工作原理如图 9-22(a)、(b)所示。当线圈 1 通电后，在铁心 2 内外产生磁场，磁力线穿过铁心，空气隙和衔铁 3 被磁化并形成回路，衔铁受到电磁吸力 F 作用被牢牢吸住。

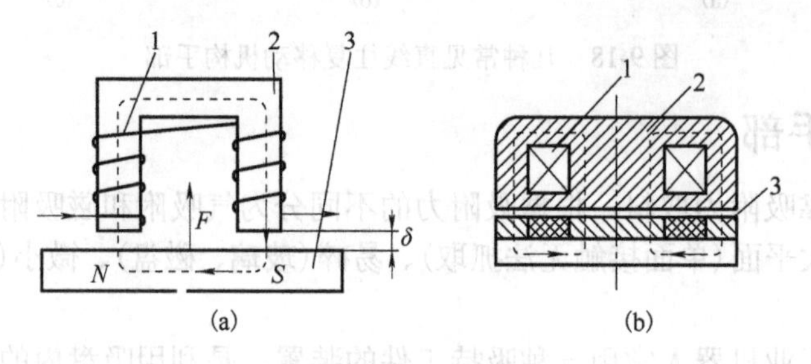

1.线圈；2.铁心；3.衔铁

图 9-22　电磁铁工作原理

图 9-23 为几种常见的电磁式吸盘吸料的示意图。

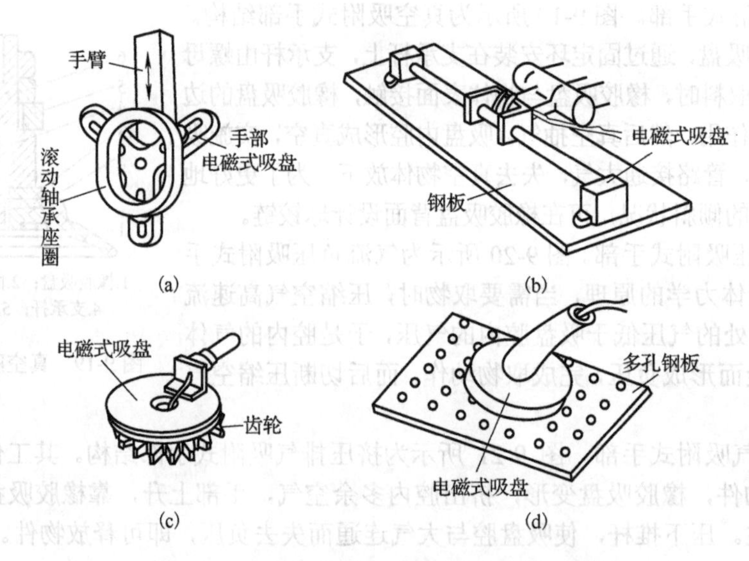

图 9-23　几种常见的电磁式吸盘吸料的示意图

图 9-24 所示为盘状磁吸附取料手的结构图。铁心 1 和磁盘 3 之间用黄铜焊接并构成隔磁环 2，使铁心和磁盘分隔，使铁心 1 成为内磁极，磁盘 3 成为外磁极。其磁路由壳体 6 的外圈，经磁盘 3、工件和铁心，再到壳体内圈形成闭合回路，吸附盘铁心、磁盘和壳体均采用 8～10 号低碳钢制成，可减少剩磁。盖 5 为用黄铜或铝板制成的隔磁材料，用以压住线圈 11，防止工作过程中线圈的活动。挡圈 7、8 用以调整铁心和壳体的轴向间隙，即磁路气隙 δ，在保证铁心正常转动的情况下，气隙越小越好，气隙越大，则电磁吸力会显著地减小，因此，一般取 $\delta = 0.1\sim0.3\,\text{mm}$。在工业机器人手臂的孔内可做轴向微量移动，但不能转动。铁心 1 和磁盘 3 一起装在轴承上，用以实现在不停车的情况下自动上下料。

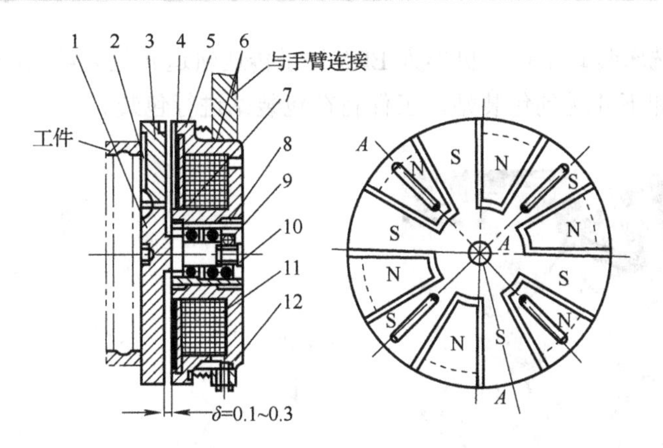

1.铁心；2.隔磁环；3.磁盘；4.卡环；5.盖；6.壳体；
7、8.挡圈；9.螺母；10.轴承；11.线圈；12.螺钉

图 9-24　盘状磁吸附取料手结构

9.5　机器人在自动化制造中的应用

工业机器人是机械与现代电子技术相结合的自动化机器，具有很好的灵活性和柔性。自从 20 世纪 50 年代末 60 年代初在美国出现第一代工业机器人以来，这种高新技术一直受到科技界和工业界的高度重视，目前，全世界约有 120 万台工业机器人在不同领域中应用。尤其在机械制造系统、喷涂自动线、焊接自动线、冲压自动线等的柔性加工制造中获得了广泛应用。下面就搬运机器人、喷涂机器人和焊接机器人及它们在自动化制造系统中的应用进行介绍，装配机器人将在 9.5.3 节进行详细介绍。

9.5.1　搬运机器人的应用

目前世界上的搬运机器人普遍应用于码垛搬运、集装箱搬运、物流自动化生产线等。搬运机器人是随着电子电机技术和自动化、智能控制领域的不断发展和日趋完善所出现的一项高新技术产品，搬运机器人的发展涉及了机械制造、液压技术、电机及驱动技术、传感器技术、可编程逻辑控制器(单片机、PLC 等)技术和计算机技术的领域，是高科技发展的产物。如图 9-25 所示搬运机器人，可根据人为的控制来实现重物的抓取、夹持、搬运、反转以及货物的对接、角度的调整等动作，是一种可以方便地用于物料上下料及生产流水线的搬运和组装的一种工具。搬运机器人的利用可以方便、快速、安全地完成物料的搬运，同时也可以用于人员无法进入的危险的场合，提高了工作效率的同时也保证了人身的安全。而且，每个搬运机器人的末端执行器都可以配备不同的非标夹具，这样可使实现各种非标的重型部件的搬运，可以简单、安全地将货物搬运至规定区域。

现在的搬运机器人的末端执行器多是手抓(气动或液动)、吸盘等，驱动方式是气动或者液压驱动，气爪可有效地抓住货物实现搬运。但是在面对易碎或不利于用气爪夹紧的工件，则可以采用吸盘对其进行搬运。

在柔性制造中，机器人作为搬运工具获得了广泛的应用。图 9-26 所示为由 1 台 CNC 车床、1 台 CNC 铣床、立体仓库、传送轨道、有轨小车、包装站及两台关节型机器人组成的教学型 FMS。两台机器人在 FMS 中服务，机器人 ER9 服务于两台 CNC 机床和传送带之间，为

CNC 车床和 CNC 铣床装卸工件，机器人 ER5 位于传送轨道和包装站之间，负责将加工完的工件从有轨小车上卸下并送到包装站，工件将在包装站进行包装。

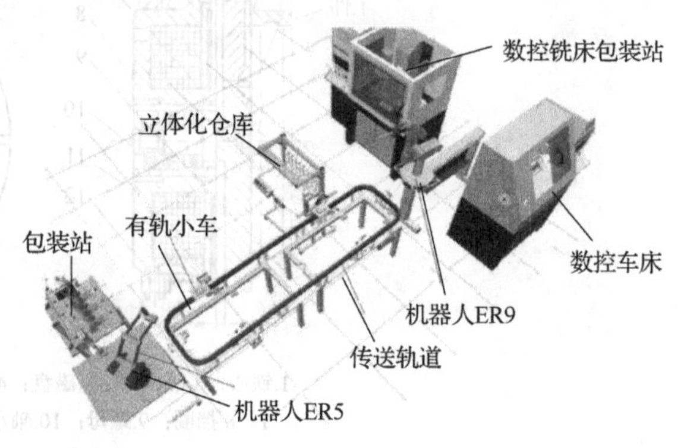

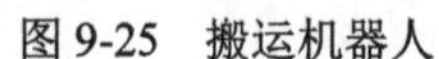

图 9-25　搬运机器人　　　　图 9-26　FMS 教学工作站

9.5.2　喷涂机器人的应用

喷涂机器人又称喷漆机器人，是可进行自动喷漆或喷涂其他涂料的工业机器人。喷漆机器人多采用 5 个或 6 个自由度关节式结构，手臂有较大的运动空间，并可做复杂的轨迹运动，其腕部一般有 2～3 个自由度，可灵活运动。较先进的喷漆机器人腕部采用柔性手腕，既可向各个方向弯曲，又可转动，其动作类似人的手腕，能方便地通过较小的孔伸入工件内部，喷涂其内表面。

通常的喷涂机器人有两种，一种是有气喷涂机器人，另一种是无气喷涂机器人。有气喷涂机器人也称低压有气喷涂，喷涂机依靠低压空气使油漆在喷出枪口后形成雾化气流作用于物体表面，有气喷涂相对于手刷而言无刷痕，但有气喷涂有飞溅现象，存在漆料浪费，在近距离查看时，可见极细微的颗粒状。无气喷涂机器人可用于高黏度油漆的施工，而且边缘清晰，甚至可用于一些有边界要求的喷涂项目。视机械类型，可分为气动式无气喷涂机、电动式无气喷涂机、内燃式无气喷涂机、自动喷涂机等。图 9-27 所示为两款喷涂机器人。

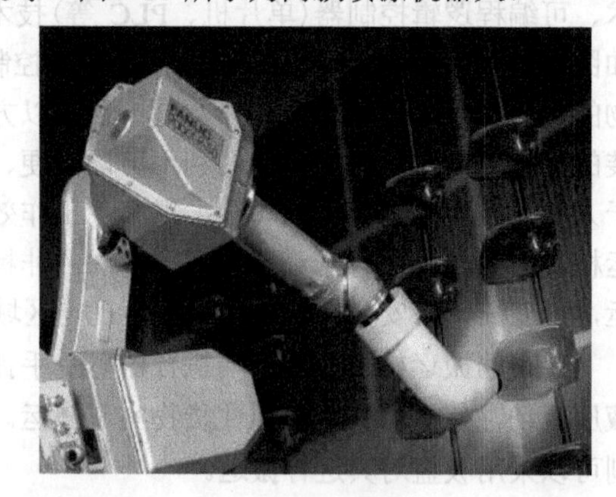

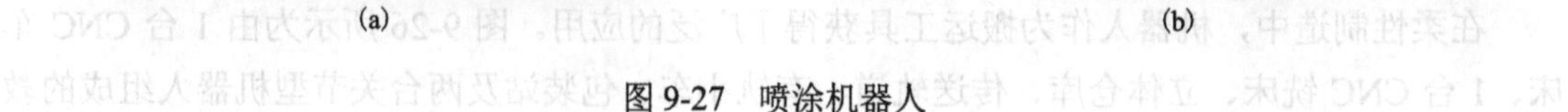

(a)　　(b)

图 9-27　喷涂机器人

9.5.3　装配机器人的应用

装配机器人是柔性自动化装配工作现场中的主要部分。它可以在 2s 至几分钟的时间里搬送质量从几克到 100kg 的工件。装配机器人有至少三个可编程的运动轴，经常用来完成自动化装配工作。装配机器人也可以作为装配线的一部分按一定的节拍完成自动化装配。由日本 Yamanishi 大学 Makino 设计的 SCARA 多臂机器人在自动装配领域得到了广泛应用。这种机器人各臂在水平方向运动，有像人一般的柔顺性，而在垂直插入方向及运动速度和精度方面又具有机器的刚性。

图 9-28 为 SCARA 装配机器人的外形图。这种机器人可实现大臂回转、小臂回转、腕部升降与回转运动。

其中以 ZF-1 型多臂机器人为例，其本体如图 9-29 所示，由左、中、右三只手臂组成，左右手臂结构相同，各有大臂 1(1′)、小臂 2(2′)和手腕 3(3′)；有肩关节回转 θ_1、肘关节回转 θ_2、腕关节回转 θ_3 和腕部升降 Z 等 4 个自由度(图 9-28)。由步进电动机 5(5′)、谐波减速器 6(6′)和位置反馈用光电编码器 7(7′)驱动大臂，步进电动机 8(8′)、谐波减速器 9(9′)和位置反馈用光电编码器 10(10′)驱动小臂。手腕的升降、回转和手间的开闭为气动，因此有相应的气缸、输气管路。第三只手臂(中臂)为拧螺钉装置，位于左、右手臂之间的工作台 17 上，装有摆动臂 14 和气动改锥 15。

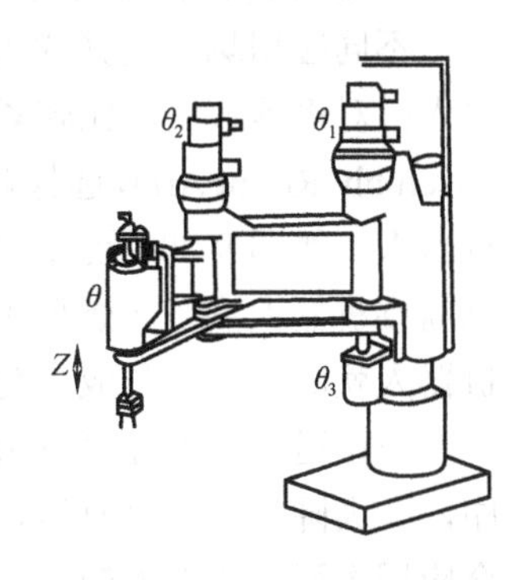

图 9-28　ZP-1 型机器人外形

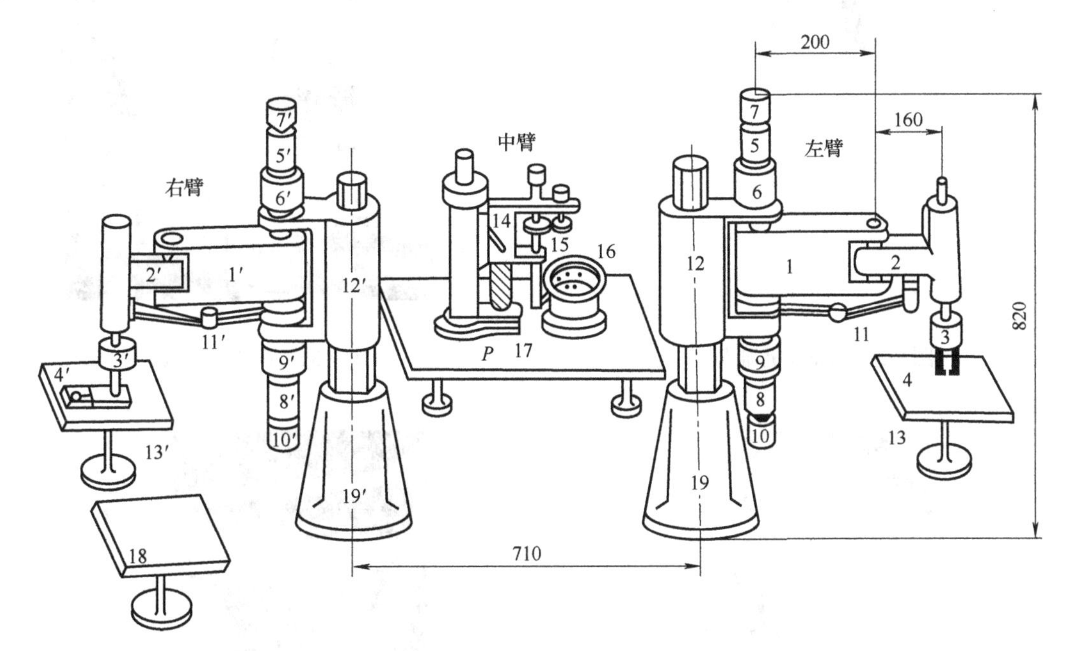

1、1′.大臂；2、2′.小臂；3、3′.手腕；4、4′.手部；5、5′.步进电动机；6、6′.谐波减速器；7、7′.光电编码器；8、8′.步进电动机；9、9′.谐波减速器；10、10′.光电编码器；11、11′.平行四连杆机构；12、12′.支架和立柱；13、13′.料盘；14.摆动臂；15.气动改锥；16.振动料斗；17.工作台；18.料盘；19、19′.基座

图 9-29　ZF-1 型多臂机器人

9.6　机器人自动化制造应用的选型设计

9.6.1　机器人概述

工业机器人形式多样，种类繁多，适用场景广泛，可以用在搬运、打磨、焊接、喷涂、装配、切割、雕刻等工作中，要做到正确选用机器人，必须清楚了解自身的需求，工业机器人的性能阐述、应用场景。

1. 根据应用类型选择工业机器人结构形式

不同应用场景选择的工业机器人类型不一样，在小物件快速分拣应用上可以选择并联机器人；对机器人要求比较紧凑的场景，如 3C 行业可以考虑选用 Scara（Selective Compliance Assembly Robot Arm，选择顺应性装配机器手臂，是一种圆柱坐标型的特殊类型的工业机器人）机器人，如图 9-30 所示；喷涂应用就要考虑是否有防爆要求了，如喷涂的是易燃的油性漆，就需要机器人满足防爆要求，而对于没有防爆要求且不需要机器人带喷涂参数的场景，普通机器人就能胜任，且成本会低很多。

在搬运码垛方面可以选择码垛机器人，如图 9-31 所示，这类机器人有非常丰富的码垛程序，大大降低了编程难度，提高了码垛效率；还有专门针对弧焊、点焊等的机器人，可以结合应用类型与机器人的特性，选择焊接机器人，如图 9-32 所示；对于用于装配工作的机器人，可以考虑选用装配机器人等，如图 9-33 所示。

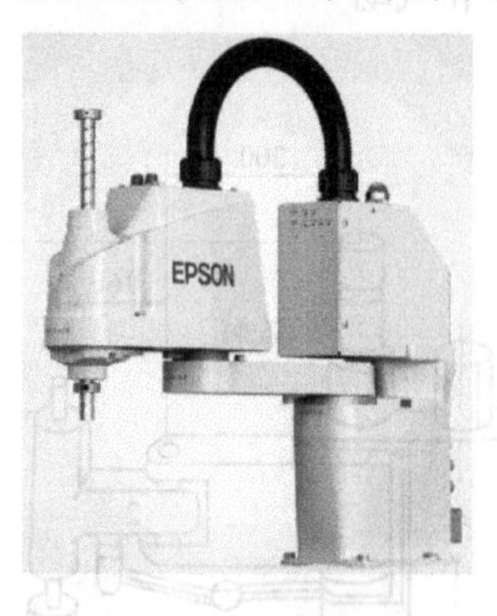

图 9-30　Scara 机器人

图 9-31　码垛机器人

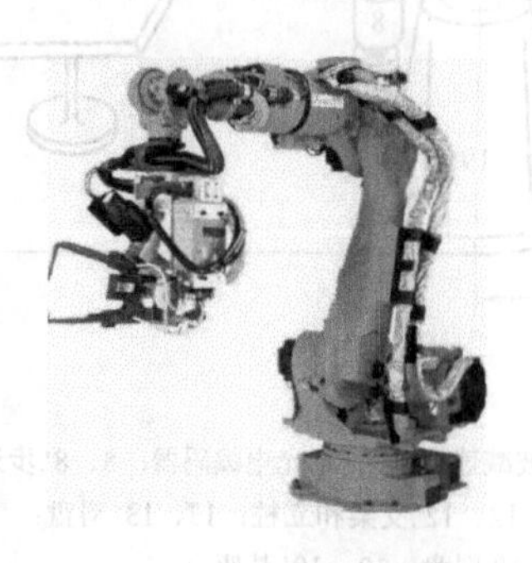

图 9-32　焊接机器人

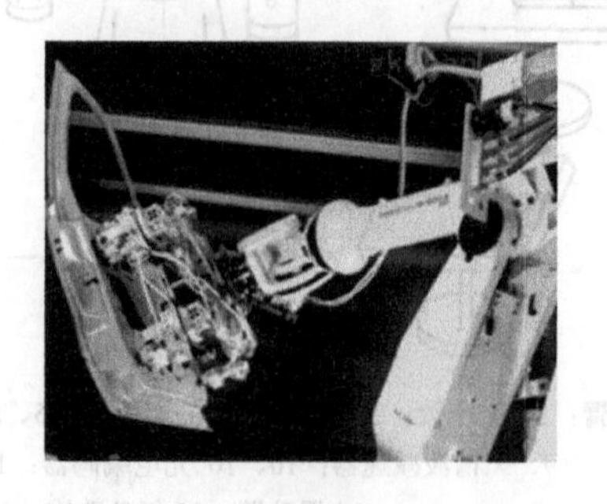

图 9-33　装配机器人

2. 机器人负载及负载惯量

机器人负载包括工装夹具、目标工件、外部载荷力、扭矩等，一般机器人的说明书上会给出负载特性曲线图，如图 9-34 所示。

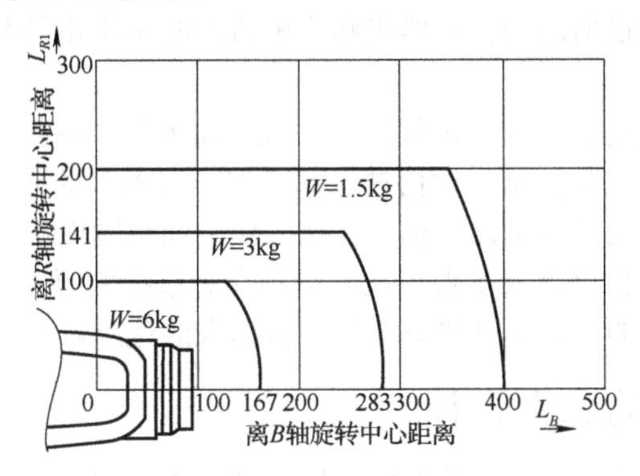

图 9-34　机器人手腕扭矩曲线图

负载只有在机器人负载范围内才能保证机器人在工作范围内达到各轴的最大额定转速，保证机器人在运行过程中不会出现超载报警。机器人负载惯量会影响机器人的精度、加速性能、制动等，这是在机器人应用过程中经常被忽略的因素，出现超载现象，机器人会有加减速不正常、抖动等表现，或者直接伺服报警，无法运作。一般厂家会通过列表的形式给出机器人允许惯量，如表 9-1 所示。

表 9-1　机器人允许惯量

机器人型号	允许惯性计算例		
	R2 轴旋转	B 轴旋转	R1 轴旋转
006	0.17kg · m^2(0.017kgf · m · s^2)		0.17kg · m^2(0.017kgf · m · s^2)

3. 工作范围与自由度

应根据应用场景所需达到的最大距离选择机器人。一般机器人制造商会给出机器人工作范围图，方案工程师根据方案布局确定机器人的运动轨迹是否在工作范围内，一般在使用机器人时尽量不要太靠近机器人的极限工作位置，以防在实际工程安装调试过程中与理论方案出现差距，导致超行程报警。实际使用过程中机器人的工作范围太小时，也会出现机器人不能很好地发挥性能的现象：行程不足，机器人速度、加速度和效率发挥不出来。

机器人的轴数决定了机器人的自由度，即机器人的灵活性。如果是简单的搬运拾取工件，3 轴或 4 轴的机器人就足够用了，如常用在流水线的 Delta 机器人、Scara 机器人，效率高，安装空间小，在拾取工件没有相位要求时可以采用 3 轴的，有相位要求时可以选用 4 轴的。如工作空间比较狭小、机器人需要在内腔工作或工作轨迹是复杂的空间曲线、空间曲面，可能需要 6 轴、7 轴或者更高自由度的机器人，如弧焊机器人经常配合变位机使用，组成 7 轴或 8 轴的机器人系统。

4. 机器人精度

机器人的精度需求一般由应用决定，工业机器人常用的重复定位精度一般在 0.5 mm 以内。在普通的搬运行业，对机器人重复定位精度的要求一般不会很高，如对货物进行码垛，一般不会对码垛的位置有很苛刻的要求；而 3C 行业的电路板作业往往对精度要求就比较高，一般需要一台高重复定位精度的机器人。当然，也可以通过一些仪器来修正机器人的轨迹以提高精度，如在弧焊应用过程中可以通过激光跟踪仪进行焊缝跟踪，以修正离线编程轨迹及机器人自身误差造成的实际轨迹与焊缝之间的误差，误差有时可达到 0.10mm；而在使用机器人做装配应用时，可以通过增加力传感器来修正机器人的工作路径及姿态。

5. 机器人速度

机器人的速度往往决定着它的应用效率，一般机器人生产商把机器人每个轴的最大速度标出来，随着伺服电机、运动控制及通信技术的发展，机器人的允许运行速度在不断提高，一般用户负载在机器人的要求范围内，机器人在工作空间范围内均能达到最大运动速度。

用户可以根据数据评估机器人是否满足应用场合对节拍的要求。在冲压行业，一般对机器人的速度节拍是有要求的，这个时候就要注意机器人的速度以及轨迹规划。

9.6.2 点焊机器人的选型设计

汽车工业是点焊机器人系统一个典型的应用领域，在装配每台汽车车体时，大约 60%的焊点是由机器人完成的。最初，点焊机器人只用于增强焊接作业，后来为了保证拼接精度，又让机器人完成定位焊作业。这样，点焊机器人逐渐被要求有更全的作业性能，具体来说有：

(1) 安装面积小，工作空间大；

(2) 快速完成小节距的多点定位(如每 0.3～0.4s 移动 30～50mm 节距后定位)；

(3) 定位精度高(±0.25mm)，以确保焊接质量；

(4) 持重大(50～100kg)，以便携带内装变压器的焊钳；

(5) 内存容量大，示教简单，节省工时；

(6) 点焊速度与生产线速度相匹配，同时安全可靠性好。

在驱动形式方面，由于电伺服技术的迅速发展，液压伺服在机器人中的应用逐渐减少，甚至大型机器人也在朝着电机驱动方向过渡。

在机型方面尽管主流仍是多用途的大型六轴垂直多关节型机器人，但是出于机器人加工条件的需要，一些机器人制造厂家已开发出立体配置的 3～6 轴小型专用机器人。

如图 9-35 和图 9-36 所示，是一种以持重 120kgf，最高速度 4m/s 的六轴垂直多关节机器人，它可胜任大多数本体装配工序的点焊作业。

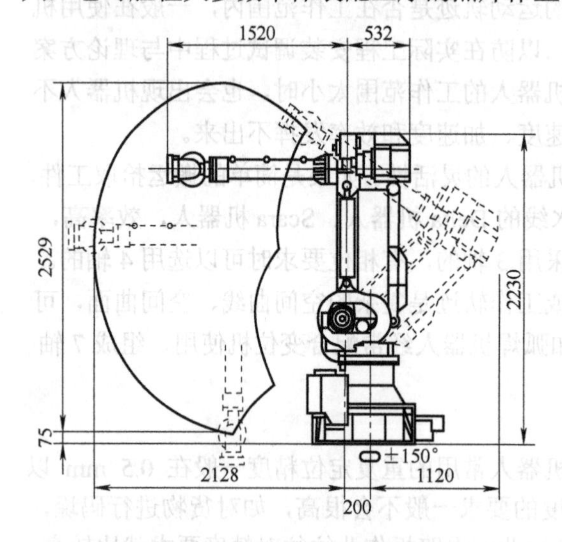

图 9-35　六轴垂直多关节点焊机器人

图 9-36　六轴垂直多关节点焊机器人生产中的应用

由于实用中几乎全部用来完成间隔为 30～50mm 的点焊作业，很少能达到最高速度，因此改善最短时间内频繁短节距起、制动的性能，是点焊机器人追求的重点。表 9-2 和表 9-3 是点焊机器人主要技术参数与控制功能。

表 9-2　点焊机器人主要技术参数

自由度	六轴	
持重	120kgf	
最大速度	腰回转	180°/s
	臂前后	
	臂上下	
	腕前部回转	180°/s
	腕弯曲	110°/s
	腕根部回转	120°/s
重复位置精度	±0.25 mm	
驱动装置	交流伺服电机	
位置检测	绝对编码器	

表 9-3　点焊机器人控制功能

驱动方式	交流伺服
控制轴数	六轴
动作形式	关节插补、直线插补、圆弧插补
示教方式	示教盒在线示教、软盘输入离线示教
示教动作坐标	关节坐标、直角坐标、工具坐标
存储装置	IC 存储器
存储容量	40GB
辅助功能	精度速度调节、时间设定、数据编辑、外部输入输出、外部条件判断
应用功能	异常诊断、传感器接口、焊接条件设定、数据变换

通常单台 6 关节工业机器人不能完全满足工厂现场焊接应用。组成一个机器人焊接工作站通常除了需要机器人外，还需要焊接电源、焊机、焊枪、送丝装置、变位机、辅助工装、上下料装置、围栏、安全光栅以及自动找焊缝和焊缝自动跟踪控制系统等。但是并不是每一个焊接机器人系统都必须配备所有这些外围设备，而应根据工件结构和要求来选择。

1. 弧焊机器人系统焊接装置的选择

弧焊机器人一般较多采用熔化极气体保护焊（MIG 焊、MAG 焊、CO_2 焊）或非熔化极气体保护焊（TIG 焊、等离子弧焊）方法。无论是熔化极或非熔化极气体保护焊都需要焊接电源、焊枪和送丝机构，在选择焊接机器人时应考虑所要焊接的材料种类、焊接规格的大小和电弧持续时间等因素。如果机器人和焊接装备是分别采购的，这就必须解决焊接装备和机器人控制柜之间的接口问题。弧焊机器人的基本组成如图 9-37 所示。

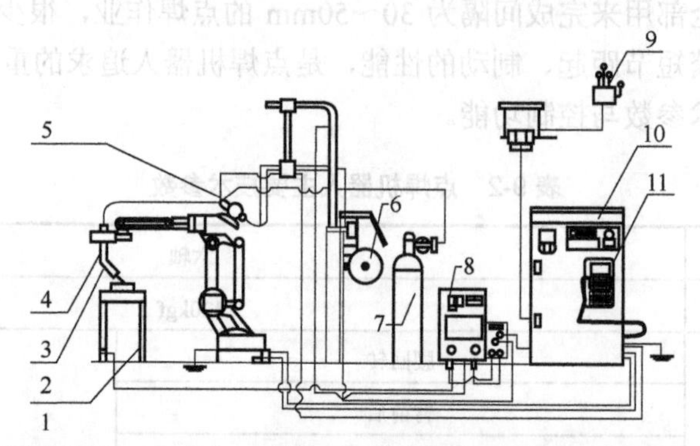

1.弧焊机器人；2.工作台；3.焊枪；4.防撞传感器；5.送丝机；6.焊丝盘；7.气瓶；8.焊接电源；9.三相电源；10.机器人控制柜；11.编程器

图 9-37　弧焊机器人的基本组成

2. 点焊机器人系统焊接装备的选择

点焊机器人的焊接装备由焊钳、变压器和定时器等部分组成。如采用直流点焊，在变压器之后还要加整流单元，点焊机器人的基本组成如图 9-38 所示。

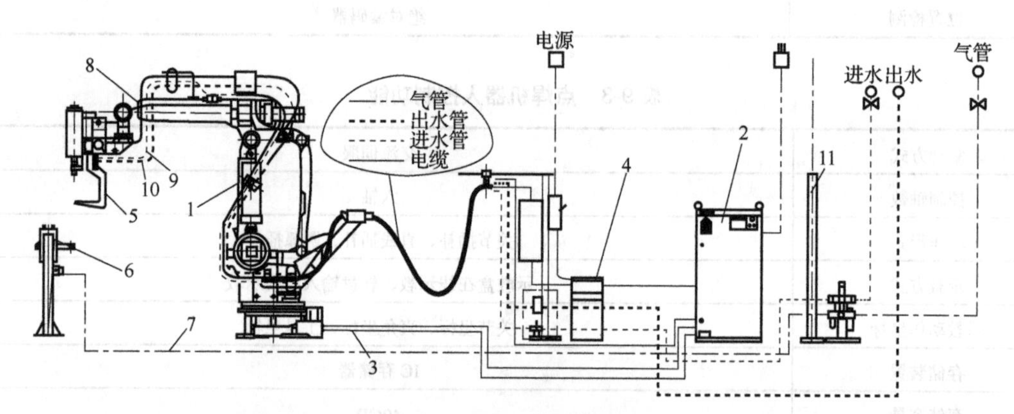

1.焊钳；2.控制柜(含变压器)；3.控制电缆；4.点焊定时器；5.点焊钳；6.电极修整装置；7、8、9、10.气、电、进水、出水管线；11.安全围栏点焊机器人

图 9-38　点焊机器人的基本组成

3. 焊接电源的选择

熔化极气体保护焊焊接电源的选择与机器人配套的焊接电源必须注意负载持续率问题，因为机器人焊接的燃弧率比手工焊高得多，即使采用和手工焊相同的焊接规范，机器人用的焊接电源也应选用较大容量的。例如，用直径 1.6mm 焊丝，380A 电流进行手工电弧焊时，可以选用负载持续率 60%、额定电流 500A 的焊接电源，但用同样规格的焊接机器人，其配套的焊接电源必须选用负载持续率 100%的 500A 电源或负载持续率 60%的 600A 或更大容量的电源。它们之间容量的换算公式

$$I_{100}=\left(I_{60}^{2}\times 0.6\right)^{1/2}$$

式中，I_{60} 为负载持续率 60%电源的额定电流值；I_{100} 为对应负载持续率 100%的额定电流值。

如采用大电流长时间焊接，电源容量最好要有一定裕度，否则电源会因升温过高而自动

断电保护，使焊接不能连续进行。目前，可以和机器人配套的熔化极气体保护焊的电源多达几十种，这些焊接电源大体上可以分为如下几类。

(1) 对于焊接较薄的工件应采用具有减少短路过渡飞溅功能的气体保护焊电源。这种抑制焊接飞溅的电源大多是逆变式电源，如采用波形控制或表面张力过渡控制等技术，效果都比较显著。这些电源选用时要注意电源所要求的输入电压，因为有些用 IGBT 的逆变电源，特别是日本产的这类电源，输入电压为三相 200V，需配备三相降压变压器。

(2) 对于焊接重、大、厚的工件应采用颗粒过渡或射流过渡用大电流电源。这种焊接电源大多为晶闸管式，而且容量都比较大(600A 以上)，负载持续率为 100%，适合于采用混合气体保护射流过渡焊、粗丝大电流 CO_2 气体保护潜弧焊或双丝焊等方法。

(3) 对于铝和铝合金 TIG 焊接应采用方波交流电源，带有专家系统的协调控制(或单旋钮) MIG/MAG 焊接电源等。

4. 焊枪与送丝机的选择

焊接机器人用的焊枪大部分和手工半自动焊用的鹅颈式焊枪基本相同。鹅颈的弯曲角一般都小于 45°，可以根据工件特点选不同角度的鹅颈，以改善焊枪的可达性。但如鹅颈角度选得过大，送丝阻力会加大，送丝速度容易不稳定；而角度过小，如 0°，一旦导电嘴稍有磨损，常会出现导电不良的现象。

弧焊机器人配备的送丝机按安装方式可分为两种。一种是将送丝机安装在机器人的上臂的后部上面与机器人组成一体的方式；另一种是将送丝机与机器人分开安装的方式。由于一体式的送丝机到焊枪的距离比分离式的短，连接送丝机和焊枪的软管也短，所以一体式的送丝阻力比分离式的小。从提高送丝稳定性的角度看，一体式比分离式要好一些。目前，弧焊机器人的送丝机采用一体式的安装方式已越来越多了，但对要在焊接过程中进行自动更换焊枪(变换焊丝直径或种类)的机器人，必须选用分离式送丝机。

送丝机的送丝速度控制方法可分为开环和闭环两种。目前，大部分送丝机仍采用开环的控制方法，但也有一些采用装有光电传感器(或码盘)的伺服电机，使送丝速度实现闭环控制，不受网路电压或送丝阻力波动的影响，保证送丝速度的稳定性。

对填丝的脉冲 TIG 焊来说，可以选用连续送丝的送丝机，也可以选用能与焊接脉冲电流同步的脉动送丝机。脉动送丝机的脉动频率可受电源控制，而每步送出焊丝的长度可以任意调节。脉动送丝机也可以连续送丝。CO_2 弧焊机器人如图 9-39 所示，熔化极电弧焊枪基本结构如图 9-40 所示。

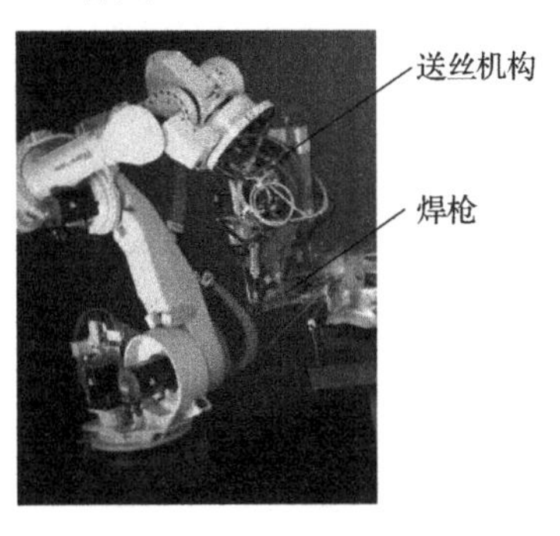

图 9-39　CO_2 弧焊机器人

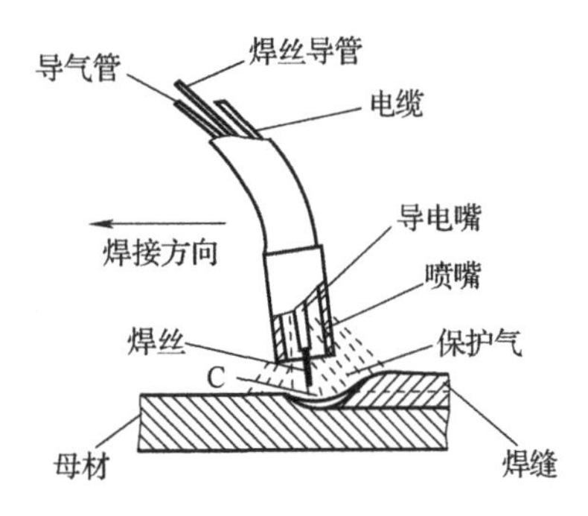

图 9-40　熔化极电弧焊枪基本结构

机器人用的点焊钳和手工点焊钳大致相同，一般有 C 形和 X 形两类。应首先根据工件的结构形式、材料、焊接规范以及焊点在工件上的位置分布来选用焊钳的形式、电极直径、电极间的压紧力、两电极的最大开口度和焊钳的最大喉深等参数。图 9-41 为常用的 C 形和 X 形点焊钳的基本结构形式。

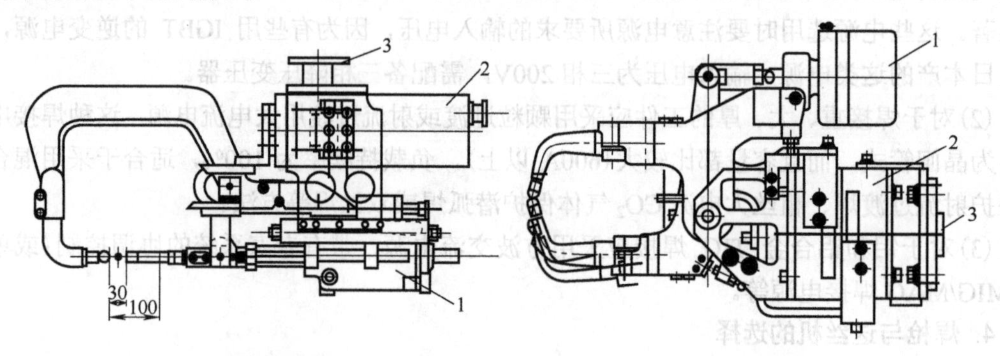

(a) C 形点焊钳　　(b) X 形点焊钳

1.焊钳进给夹紧机构；2.焊丝驱动进给机构；3.焊接气体进气接口

图 9-41　常用 C 形和 X 形点焊钳的基本结构形式

第 10 章　自动化制造过程的控制技术

本章重点：为了使读者能圆满地完成自动化装备与生产线设计，本章介绍传统工业电气控制、PLC 控制技术、交流伺服与变频控制技术及应用等内容。

10.1　概　　述

在自动化制造系统中，为了实现机械制造设备、制造过程及管理和计划调度的自动化，就需要对这些控制对象进行自动控制。作为自动化制造系统的子系统，自动化制造的控制系统是整个系统的指挥中心和神经中枢。根据制造过程和控制对象的不同，自动化装备与生产线控制涉及的技术主要有传统工业电气控制、PLC 可编程控制技术、CNC 计算机数字控制技术、变频调速控制技术、组态监控技术和智能控制技术等。由于篇幅所限，本章主要介绍传统工业电气控制、PLC 可编程控制和变频调速控制技术等内容。

10.2　传统工业电气控制

虽然不同工业设备控制所选用的控制器件、功能部件、连接部件以及电动机等基本相同，但是，在具体设计时，要根据选用部件数量的不同以及针对不同器件间的不同组合，可以实现不同的功能。图 10-1 所示为典型工业设备的电气控制电路图。

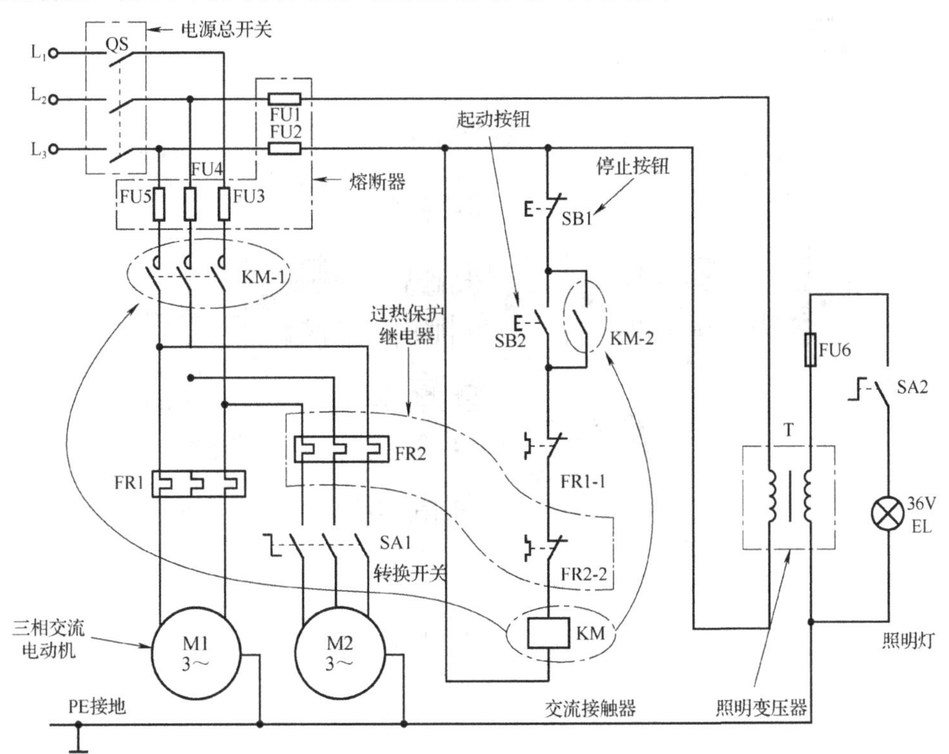

图 10-1　典型工业设备的电气控制电路图

典型工业设备的电气控制电路主要是由电源总开关、熔断器、过热保护继电器、转换开关、交流接触器、起动按钮(不闭锁的常开按钮)、停止按钮、照明灯、三相交流电动机等部件构成的，根据该电气控制电路图：通过连接导线将相关的部件进行连接后，即构成了工业设备的电气控制电路，典型工业设备的电气控制电路实物连接如图 10-2 所示。

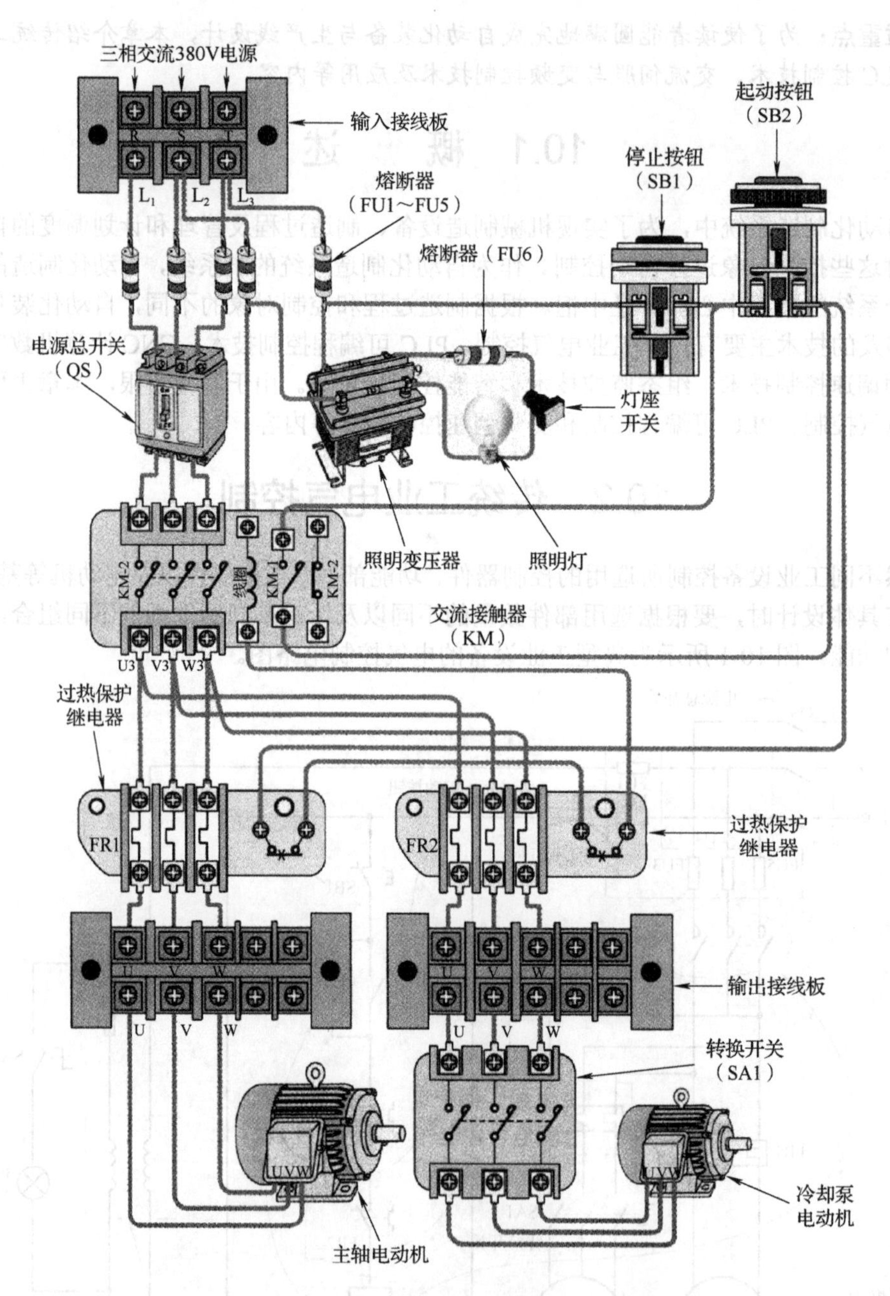

图 10-2　典型工业设备的电气控制电路实物连接图

10.2.1　工业电气控制电路的控制过程

工业电气设备依靠起动按钮、停止按钮、转换开关、交流接触器、过热保护继电器等控制部件来对电动机进行控制，再由电动机带动电气设备中的机械部件运作，从而实现对电气设备的控制，图 10-3 所示为典型工业电气设备的电气控制图。

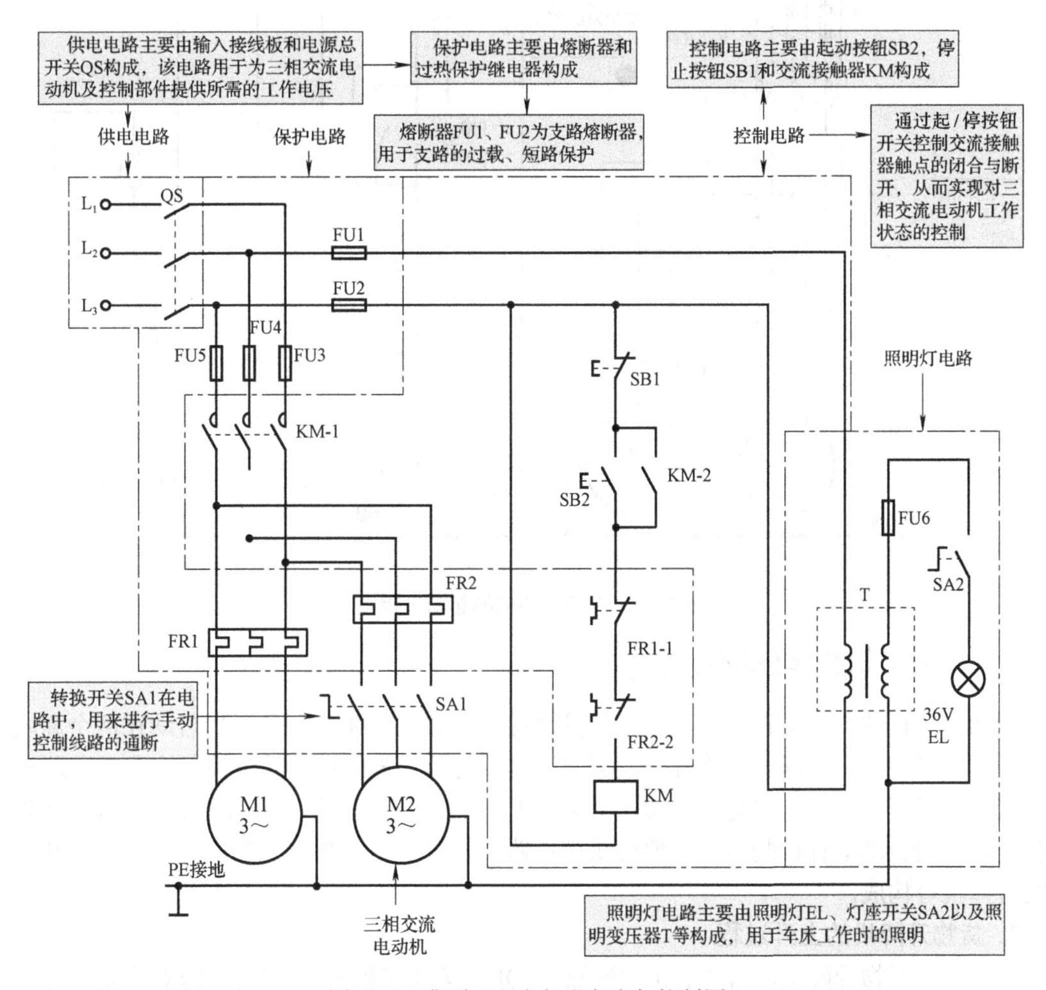

图 10-3　典型工业电气设备电气控制图

该电气控制电路可以划分为供电电路、保护电路、控制电路、照明灯电路等，各电路之间相互协调，通过控制部件最终实现对各电气设备的合理控制。

当控制主轴电动机起动时，需要先合上电源总开关 QS，接通三相电源，如图 10-4 所示，然后按下起动按钮 SB2，其内部常开触点闭合，此时交流接触器 KM 线圈得电。当交流接触器 KM 线圈得电后，常开辅助触点 KM-2 闭合自锁，使 KM 线圈保持得电。常触点 KM-1 闭合，电动机 M1 接通三相电源，开始运转。

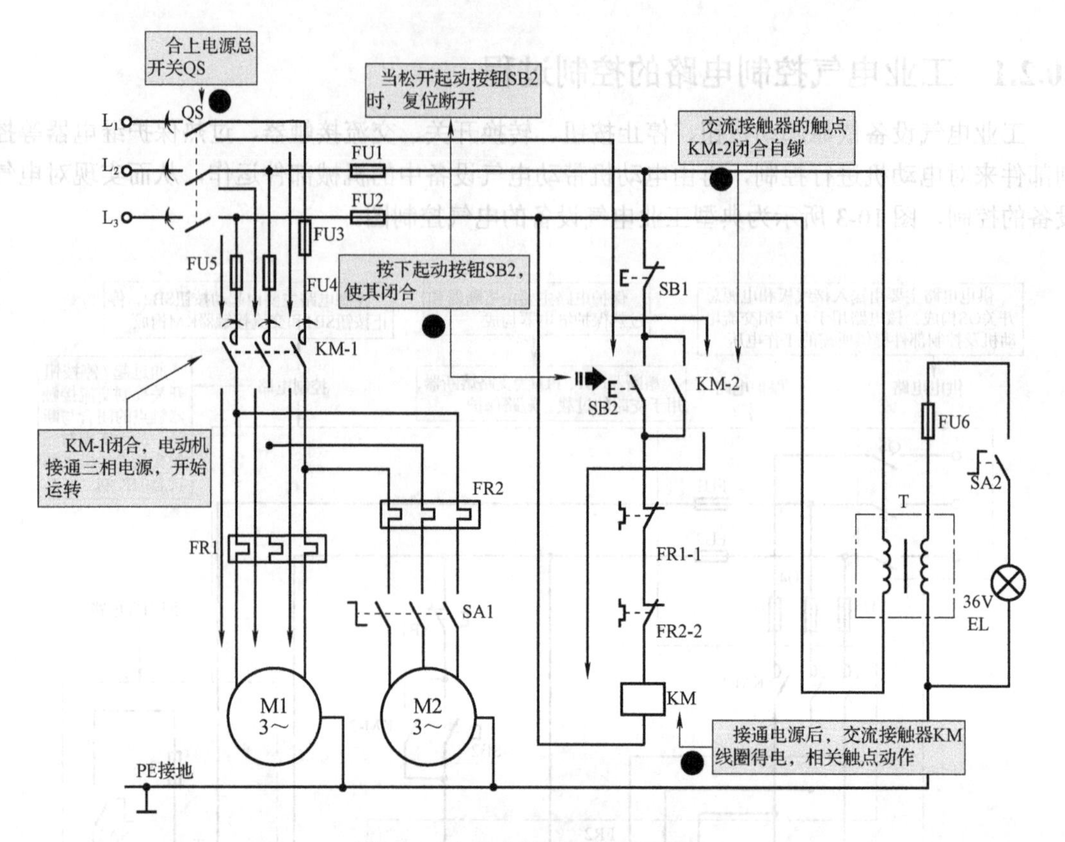

图 10-4　主轴电动机的起动过程图

10.2.2　升降机的自动化控制

货物升降机的自动运行控制电路主要是通过一个控制按钮控制升降机自动在两个高度升降作业(如两层楼房)，即将货物提升到固定高度，等待一段时间后，升降机会自动下降至规定的高度，以便进行下一次提升搬运。图 10-5 所示为典型货物升降机的自动运行控制电路。货物升降机的自动运行控制电路主要由供电电路、保护电路、控制三路、三相交流电动机和货物升降机等构成。

1. 货物升降机的上升过程

若要上升货物升降机，首先合上总断路器 QF，接通三相电源，如图 10-6 所示，然后按下起动按钮 SB2，此时交流接触器 KM1 线圈得电，相应触点动作：常开辅助触点 KM1-2 闭合自锁，使 KM1 线圈保持得电；常开主触点 KM1-1 闭合，电动机接通三相电源，开始正向运转，货物升降机上升；常闭辅助触点 KM1-3 断开，防止交流接触器 KM2 线圈得电。

当货物升降机上升到规定高度时，上位限位开关 SQ2 动作(即 SQ2-1 闭合，SQ2-2 断开)，如图 10-7 所示。

常开触点 SQ2-1 闭合，时间继电器 KT 线圈得电，进入定时计时状态。

常闭触点 SQ2-2 断开，交流接触器 KMl 线圈失电，触点全部复位。

开主触点 KM1-1 复位断开，切断电动机供电电源，停止运转。

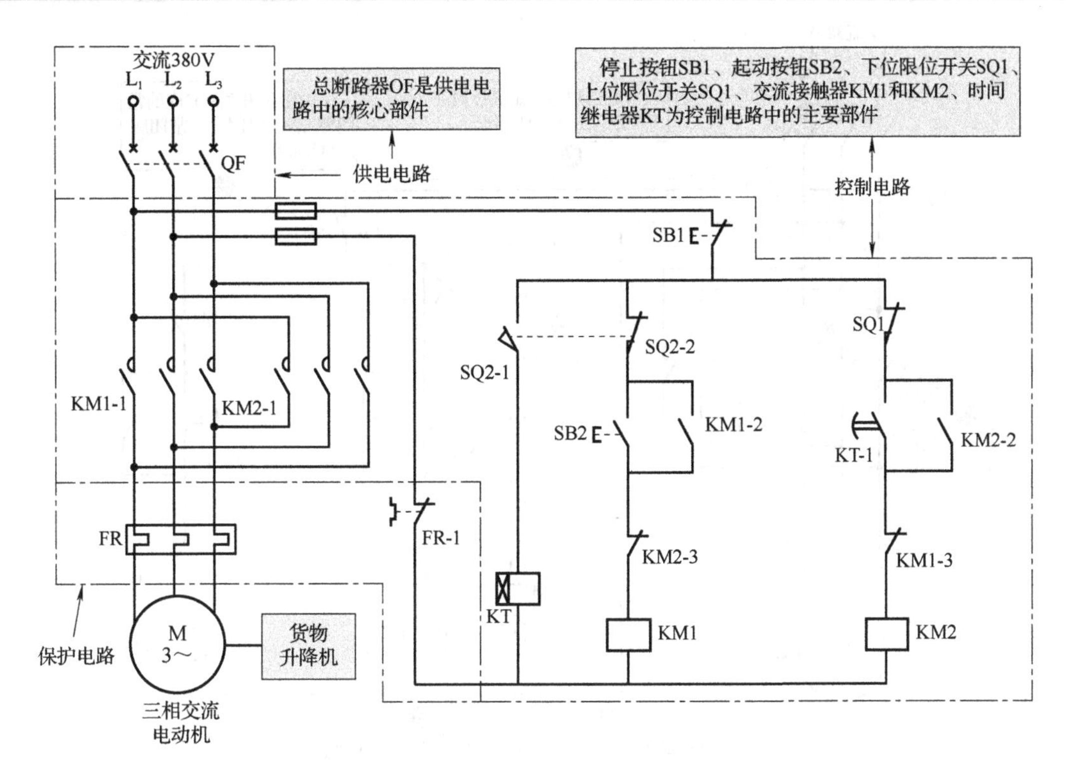

图 10-5　典型货物升降机的自动运行控制电路

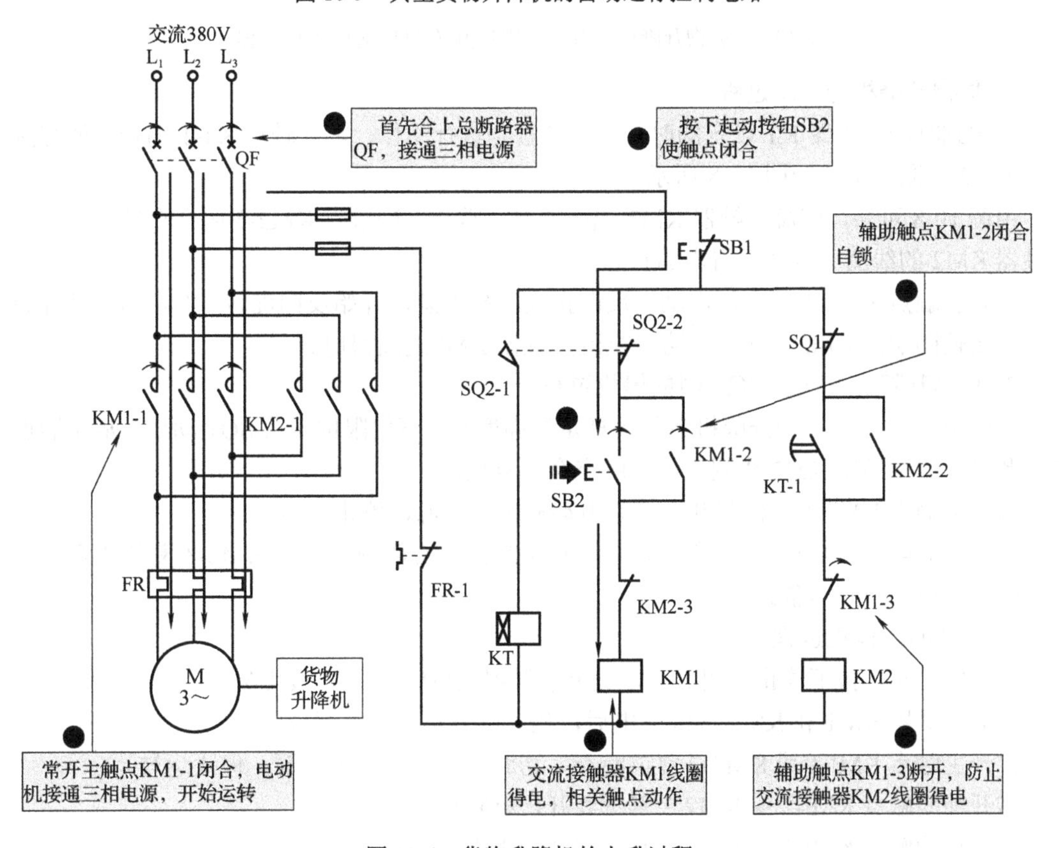

图 10-6　货物升降机的上升过程

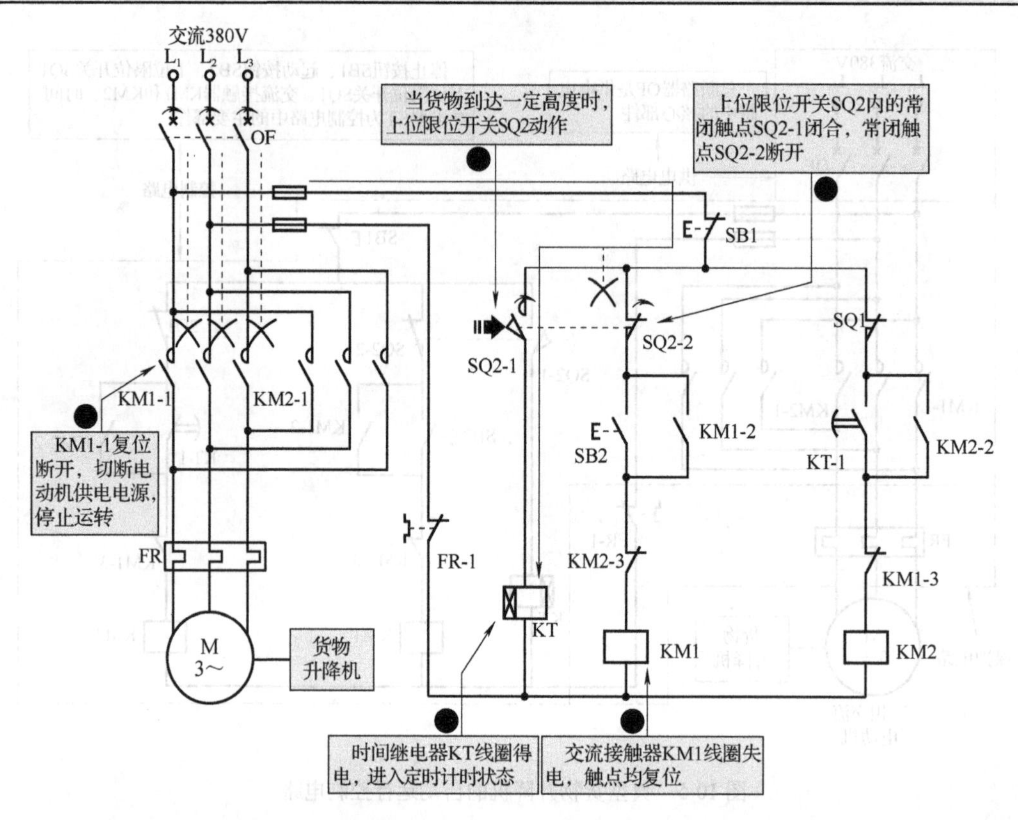

图 10-7 货物升降机上升至上限位开关 SQ2 时的停机过程

2. 货物升降机的下降过程

当达到时间继电器 KT 设定的时间后，其触点进行动作，常开触点 KT-1 闭合，使交流接触器 KM2 线圈得电，如图 10-8 所示。

由图 10-8 可知，交流接触器 KM2 线圈得电，常开辅助触点 KM2-2 闭合自锁，维持交流接触器 KM2 的线圈一直处于得电的状态。

常开主触点 KM2-1 闭合，电动机反向接通三相电源，开始反向旋转，货物升降机下降。

常闭辅助触点 KM2-3 断开，防止交流接触器 KM1 线圈得电。

3. 货物升降机下降至 SQ1 时的停机过程

如图 10-9 所示，货物升降机下降到规定的高度后，下位限位开关 SQ1 动作，常闭触点断开，此时交流接触器 KM2 线圈失电，触点全部复位。

常开主触点 KM2-1 复位断开，切断电动机供电电源，停止运转。

常开辅助触点 KM2-2 复位断开，解除自锁功能；常闭辅助触点 KM2-3 复位闭合，为下一次的上升控制做好准备。

4. 工作时的停机过程

当需停机时，按下停止按钮 SB1，交流接触器 KM1 或 KM2 线圈失电。

交流接触器 KM1 和 KM2 线圈失电后，相关的触点均进行复位。

常开主触点 KM1-1 或 KM2-2 复位断开，切断电动机的供电电源，停止运转。

常开辅助触点 KM1-2 或 KM2-2 复位断开，解除自锁功能。

常闭辅助触点 KM1-3 或 KM2-3 复位闭合，为下一次动作做准备。

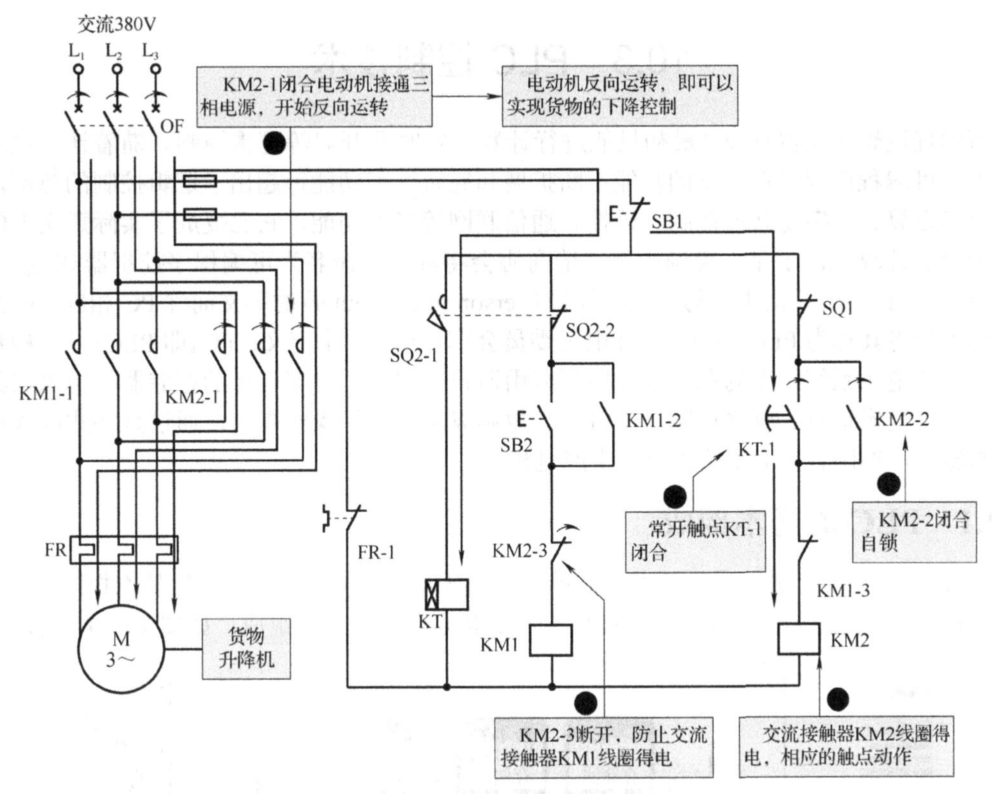

图 10-8　货物升降机的下降过程

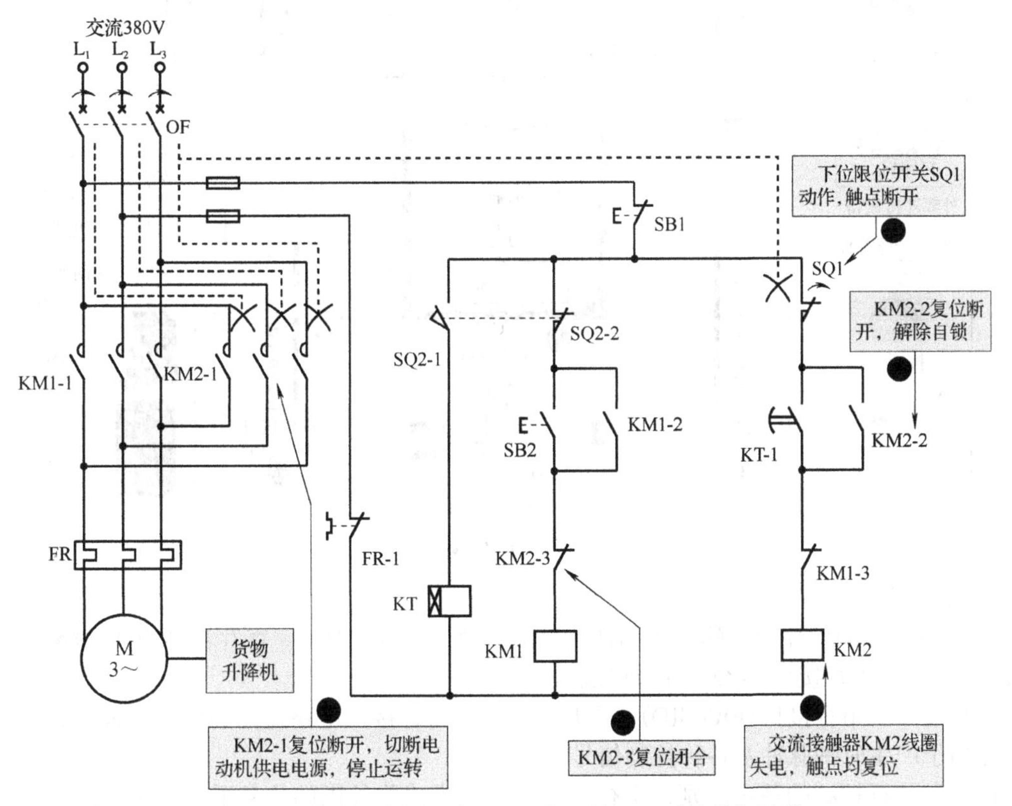

图 10-9　货物升降机下降至下限位开关 SQ1 时的停机过程

10.3 PLC 控制技术

可编程逻辑控制器(PLC)最初只能进行计数、定时及开启等逻辑控制。随着计算机技术的发展，可编程序逻辑控制器的功能不断扩展和完善，其功能远超出了逻辑控制的范围，具有了算术运算、数字量智能控制、监控、通信联网等多方功能，它已变成了实际意义上的一种工业控制计算机。于是，美国电气制造商协会将其正式命名为可编程序控制器(Programmable Controller，PC)。由于它与个人计算机(Personml Computer)的英文简称 PC 相同，因此人们习惯上仍将其称为 PLC。IEC(国际电工委员会)对 PLC 做了定义：PC(即 PLC)是一种数字运算操作的电子系统，专为在工业环境下应用而设。它采用可编程序的存储器，用来在其内部存储执行逻辑运算、顺序控制、定时、计数和算术运算等操作指令，通过数字式或模拟式输入与输出，控制各种类型的机械或生产过程。

10.3.1 PLC 的基本构成

(1)PLC 实质是一种专用于工业控制的微机，其硬件结构与微型计算机基本相同，主要由 CPU、存储器、通信接口、基本 I/O 接口、电源和编程器等部分组成，如图 10-10 所示。

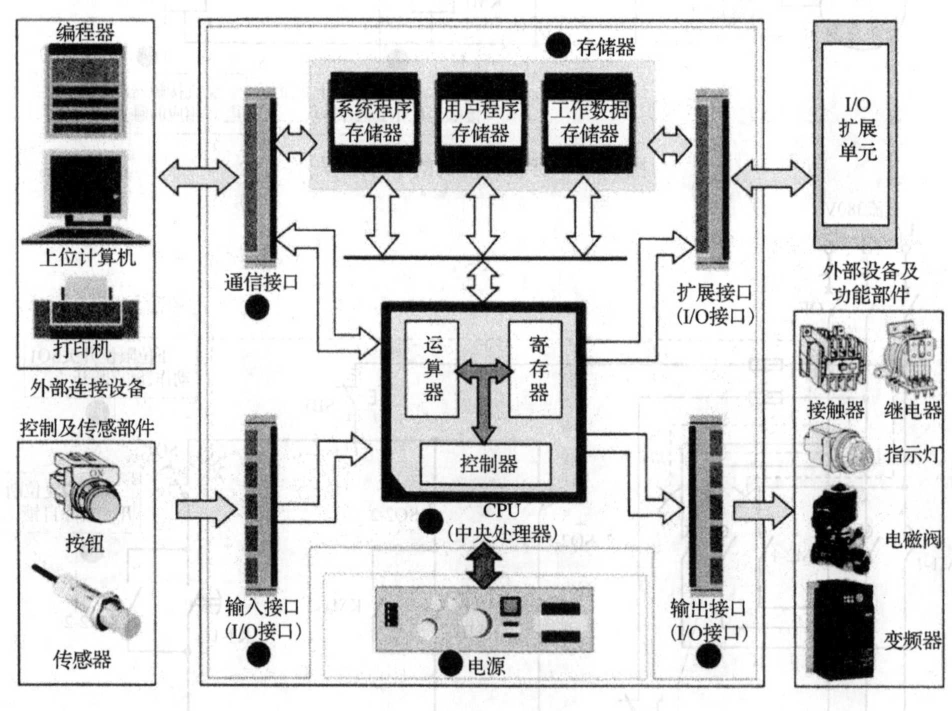

图 10-10 PLC 原理图

1. CPU 板

CPU 板是可编程控制器的核心部件，它包括微处理器(CPU)、寄存器(ROM、RAM)、并行接口(PIO)、串行接口(SIO)及时钟控制电路等。

并行接口和串行接口(PIO/SIO)主要用于 CPU 与各接口电路之间的信息交换。时钟及控制电路用于产生时钟脉冲及各种控制信号。

串行和并行控制的基本区别：串行是通过扫描方式将外围的信号采集，进行编码，然后统一发送或接收各控制器件；并行是将各个不同的信号统一发送到控制器。目前主要采用并行和串行两种方式。

CPU 板是可编程控制器的运算、控制中心，用来实现各种逻辑运算、算术运算以及对全机进行管理控制，主要有以下功能。

(1)接受并存储由编程器输入的用户程序和数据。

(2)以扫描方式接收输入设备送来的控制信号或数据，并存入输入寄存器(输入状态寄存器)中或数据寄存器中。

(3)执行用户程序，按指令规定的操作产生相应的控制信号，完成用户程序要求的逻辑运算或算术运算，并经运算结果存入输出寄存器(输出状态寄存器)或数据寄存器。

(4)根据输出寄存器或数据寄存器中的内容，实现输出控制或数据通信等。

(5)诊断电源电路及可编程控制器的工作状况。

不同种类的可编程控制器所采用的 CPU 芯片也不尽相同。如日本三菱公司的 F 系列可编程控制器为单板机 8031，A 系列为 8086。FX2 系列采用两片超大规模的集成电路芯片：一片为 16 位通用 CPU，用于处理基本指令；另一片为专用逻辑处理器，用于处理高速指令及中断命令。

2. 存储器

PLC 的存储器一般分为系统程序存储器、用户程序存储器和工作数据存储器。其中，系统程序存储器为只读存储器(ROM)，用于存储系统程序。系统程序是由 PLC 制造厂商设计编写的，用户不能直接读写和更改。一般包括系统诊断程序、输入处理程序、编译程序、信息传送程序、监控程序等。

用户程序存储器为随机存储器(RAM)，用于存储用户程序。用户程序是用户根据控制要求，按系统程序允许的编程规则，用厂家提供的编程语言编写的程序。

当用户编写的程序存入后，CPU 会向存储器发出控制指令，从系统程序存储器中调用解释程序将用户编写的程序进行进一步编译，使之成为 PLC 认可的编译程序，如图 10-11 所示。

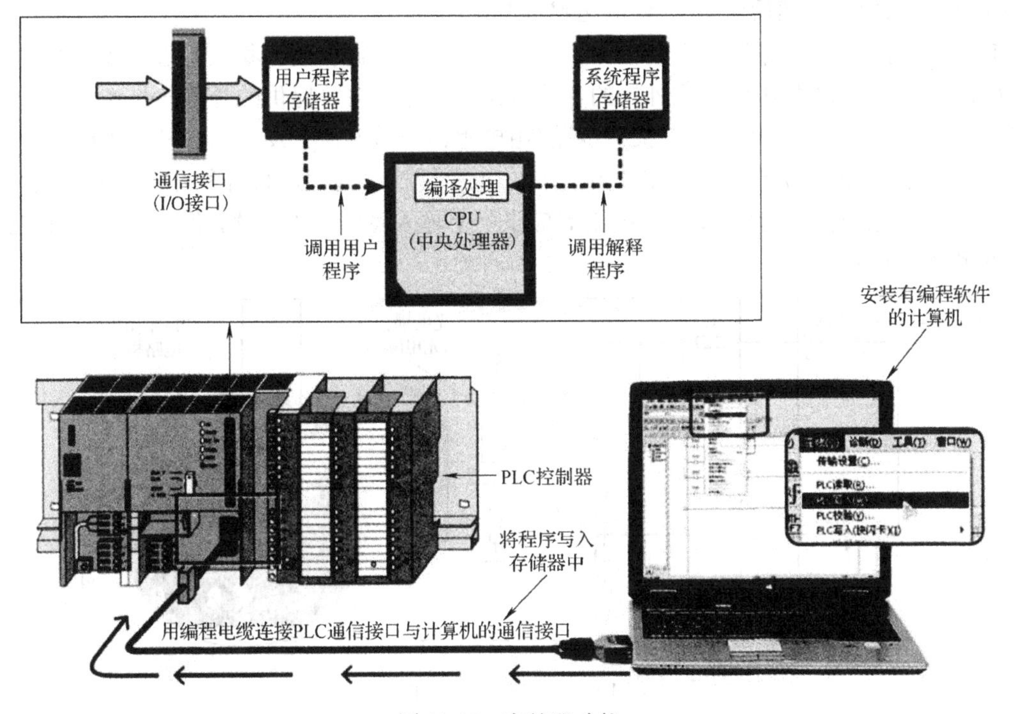

图 10-11　存储器功能

3. 通信接口

通信接口通过编程电缆与编程设备(计算机)连接或 PLC 与 PLC 之间连接，如图 10-12 所示，计算机通过编程电缆对 PLC 进行编程、调试、监视、试验和记录。

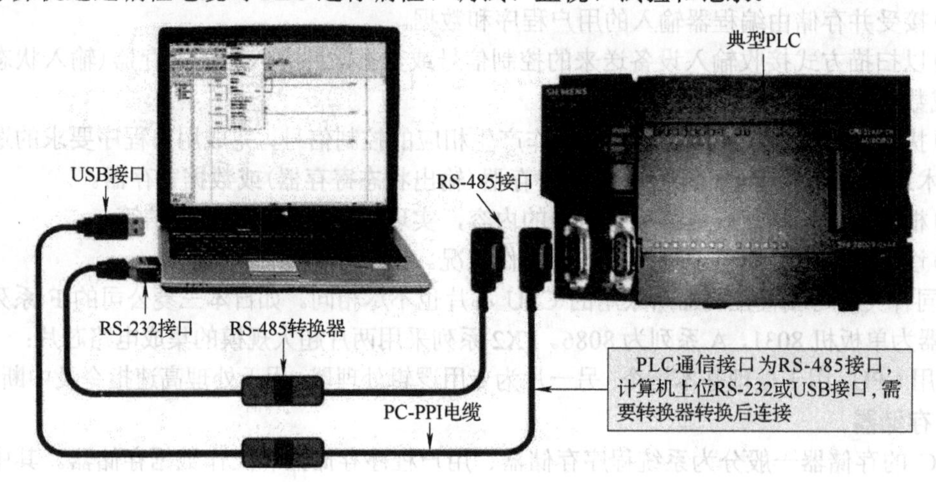

图 10-12 PLC 通信接口

4. 基本 I/O 接口

基本 I/O 接口是 PLC 与外部各设备联系的桥梁，分为 PLC 输入接口和 PLC 输出接口两种。

1) 输入接口

输入接口主要为输入信号采集部分，其作用是将被控对象的各种控制信息及操作命令转换成 PLC 输入信号，然后送给 CPU 的运算控制电路部分。

PLC 的输入接口根据输入端电源类型不同主要有直流输入接口和交流输入接口两种，如图 10-13 所示，可以看到，PLC 外接的各种按钮、操作开关等提供的开关信号作为输入信号经输入接线端子后送至 PLC 内部接口电路(由电阻器、电容器、发光二极管、光电耦合器等构成)，在接口电路部分进行滤波、光电隔离、电平转换等处理，将各种开关信号变为 CPU 能够接收和处理的标准信号(图中只画出对应于一个输入点的输入电路，各个输入点所对应的输入电路均相同)。

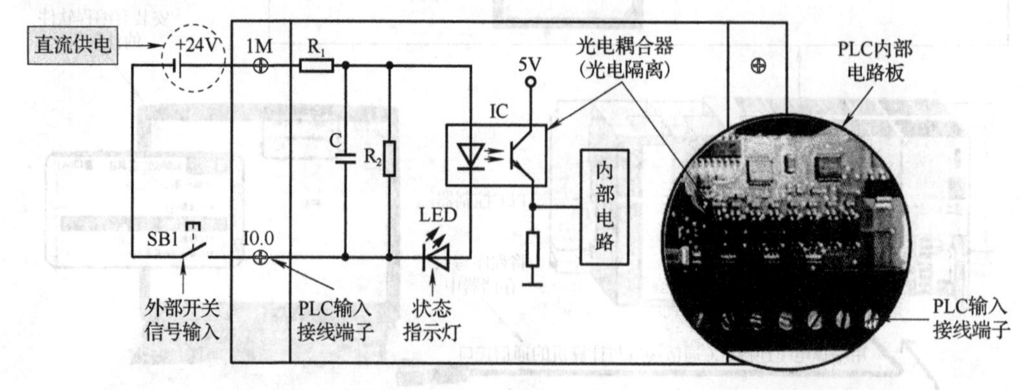

图 10-13 PLC 的输入接口

2)输出接口

输出接口即开关量的输出单元，由 PLC 输出接口电路、连接端子和外部设备及功能部件构成，CPU 完成的运算结果由 PLC 电路提供给被控负载，用以完成 PLC 主机与工业设备或生产机械之间的信息交换。

当 PLC 内部电路输出的控制信号，经输出接口电路(由光电耦合器、三极管或晶闸管或继电器、电阻器等构成)、PLC 输出接线端子后，送至外接的执行部件，用以输出开关量信号，控制外接设备或功能部件的状态。

PLC 的输出电路根据输出接口所用开关器件不同，主要有三极管输出接口、晶闸管输出接口和继电器输出接口三种。

(1)三极管输出接口。图 10-14 所示为三极管输出接口，它主要是由光电耦合器 IC、状态指示灯 LED、输出三极管 VT、保护二极管 VD、熔断器 FU 等构成的。其中，熔断器 FU 用于防止 PLC 外接设备或功能部件短路时损坏 PL。

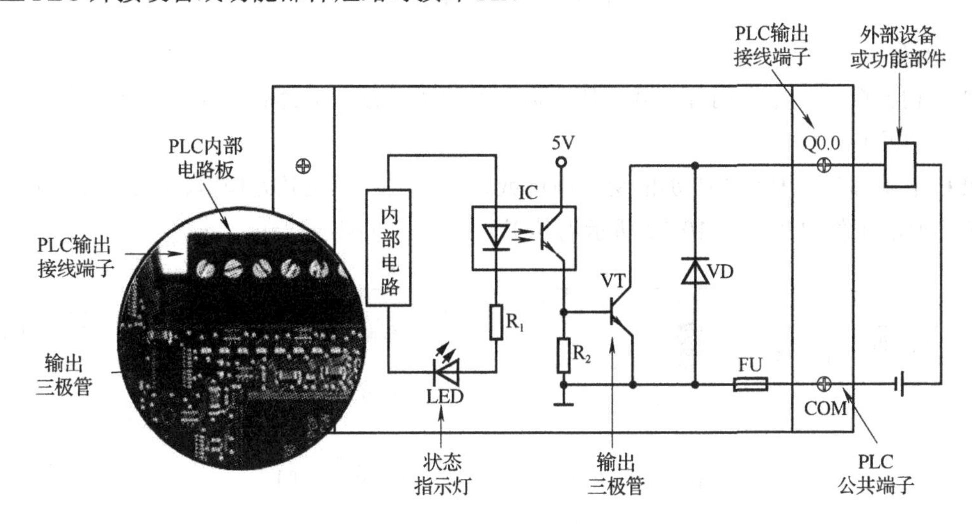

图 10-14　三极管输出接口

(2)晶闸管输出接口。图 10-15 所示为晶闸管输出接口，它主要是由光电耦合器 IC、状态指示灯 LED、双向晶闸管 VS、保护二极管 VD、熔断器 FU 等构成的。

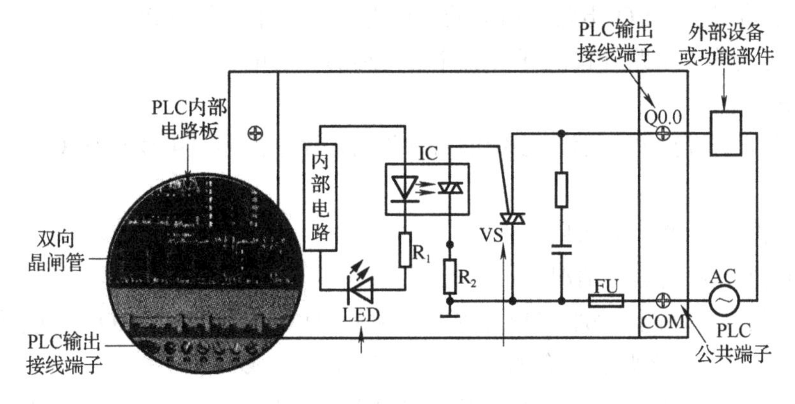

图 10-15　晶闸管输出接口

(3) 继电器输出接口。图 10-16 所示为继电器输出接口，它主要是由继电器 K、状态指示灯 LED 等构成的。

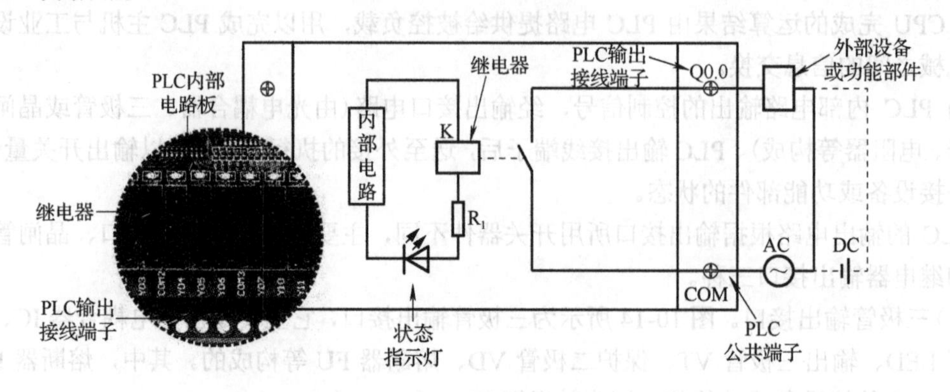

图 10-16　继电器输出接口

5. 电源

PLC 内部配有一个专用开关式稳压电源，始终为各部分电路提供工作所需的电压，确保 PLC 工作的顺利进行。

PLC 电源部分主要是将外加的交流电压或直流电压转换成微处理器、存储器、I/O 电路等部分所需要的工作电压。图 10-17 所示为其工作过程示意图。

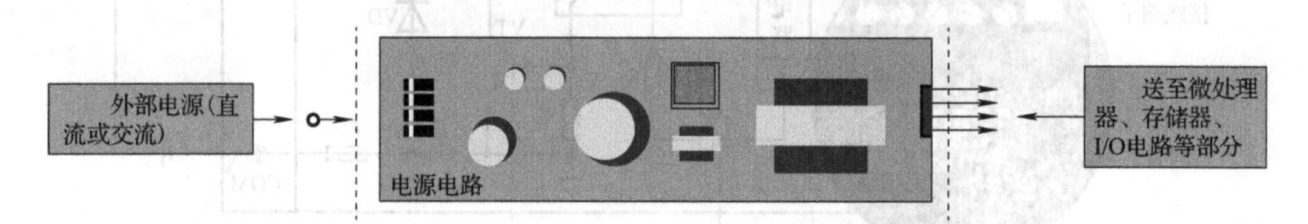

图 10-17　PLC 电源电路的工作过程示意图

不同型号或品牌的 PLC 供电方式也有所不同，有些采用直流电源(5V、12V、24V)供电，有些采用交流电源(220V、110V)供电。目前，采用交流电源(220V、110V)供电的 PLC 较多，该类 PLC 内置开关式稳压电源，将交流电压进行整流、滤波、稳压处理后，转换为满足 PLC 内部微处理器、存储器、I/O 电路等所需的工作电压。另外，有些 PLC 可以向外部输出 24V 的直流电压，可为输入电路外接的开关部件或传感部件供电。

6. 编程器

编程器是开发、维护 PLC 控制系统的必备设备。编程器通过电缆与 PLC 相连接，其主要功能如下。

(1) 通过编程器向 PLC 输入用户程序。

(2) 在线监视 PLC 的运行情况。

(3) 完成某些特定功能。如将 PLC、RAM 中的用户程序写入 EPROM，或转储到盒式磁带上；给 PLC 发出一些必要的命令如运行、暂停、出错、复位等。

编程器是专用的，不同型号的 PLC 都有自己专用的编程器，不能通用。因此，多台同型号的 PLC 可以只配一个编程器。图 10-18 是一种编程器的面板布置图。

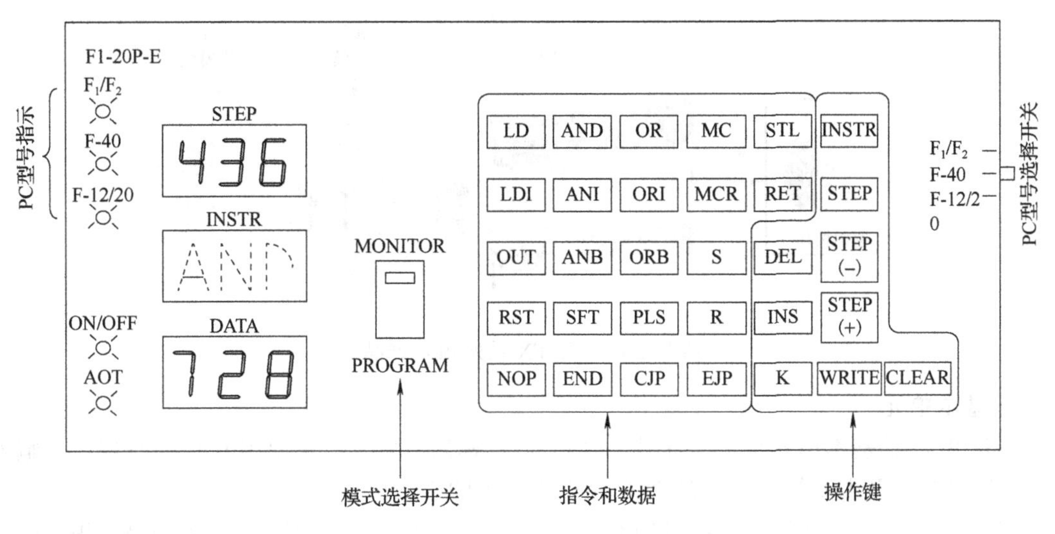

图 10-18　编程器面板布置示例

10.3.2　PLC 的种类和结构特点

目前，PLC 在全世界的工业控制中被大范围采用。PLC 的生产厂家不断涌现，推出的产品种类繁多，功能各具特色。其中，美国的 AB 公司、通用电气公司，德国的西门子公司，法国的 IK 公司，日本的欧姆龙、三菱、富士等公司，都是目前市场上非常主流且极具代表性的 PLC 生产厂家。目前国内也自行研制、开发、生产出许多小型 PLC，应用于更多的有各类需求的自动化控制系统中。由于篇幅所限，本节重点介绍三菱 PLC 系列。

三菱公司为了满足各行各业不同的控制需求，推出了多种系列型号的 PLC，如 Q 系列、AnS 系列、QnA 系列、A 系列和 FX 系列等，如图 10-19 所示。

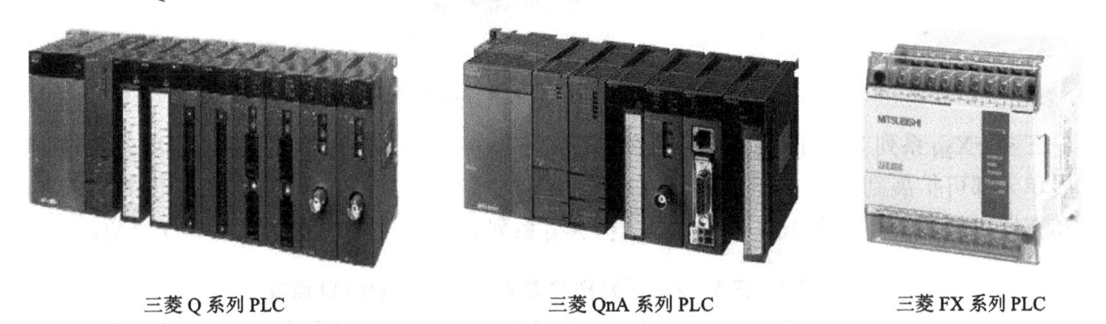

三菱 Q 系列 PLC　　三菱 QnA 系列 PLC　　三菱 FX 系列 PLC

图 10-19　三菱系列型号产品

同样，三菱公司为了满足用户的不同要求，也在 PLC 主机的基础上，推出了多种 PLC 产品。这里主要以三菱 FX 系列 PLC 产品为例进行介绍。

三菱 FX 系列 PLC 产品中，除了 PLC 基本单元(相当于上述的 PLC 主机)外，还包括扩展单元、扩展模块以及特殊功能模块等，这些产品可以结合构成不同的控制系统，如图 10-20 所示。

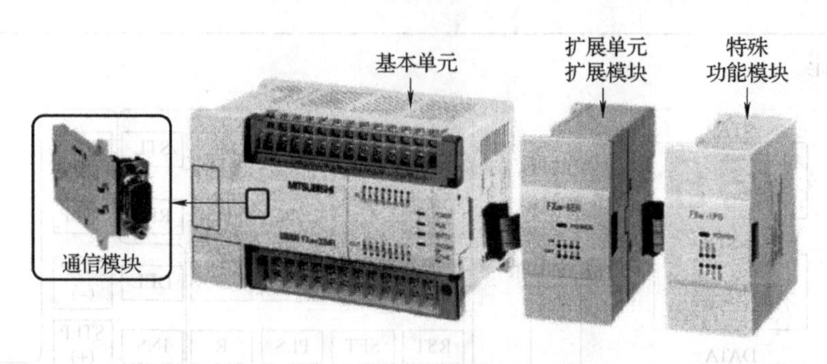

图 10-20　三菱 FX 系列 PLC 产品

1. 基本单元

三菱 PLC 的基本单元是 PLC 的控制核心，也称为主单元，主要由 CPU、存储器、输入接口、输出接口及电源等构成，是 PLC 硬件系统中的必选单元。

图 10-21 所示为三菱 FX_{2N} 系列 PLC 的基本单元实物外形。它是 FX 系列中最为先进的系列，其 I/O 点数在 256 点以内。

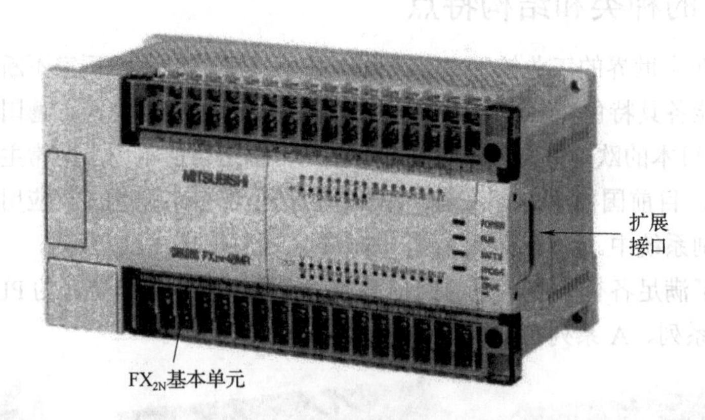

图 10-21　三菱 FX_{2N} 系列 PLC 的基本单元

三菱 FX_{2N} 系列 PLC 的基本单元主要有 25 种产品类型，每一种类型的基本单元通过 I/O 扩展单元都可扩展到 256 个 I/O 点，根据电源类型不同 FX_{2N} 系列 PLC 基本单元可分为交流电源和直流电源两大类。表 10-1 所列为三菱 FX_{2N} 系列 PLC 基本单元的类型及 I/O 点数。

表 10-1　三菱 FX_{2N} 系列 PLC 基本单元的类型及 I/O 点数

类型	继电器输出	三极管输出	晶闸管输出	输入点数	输出点数
AC 电源、24V 直流输入	FX_{2N}-16MR-001	FX_{2N}-16MT-001	FX_{2N}-16MS-001	8	8
	FX_{2N}-32MR-001	FX_{2N}-32MT-001	FX_{2N}-32MS-001	16	16
	FX_{2N}-48MR-001	FX_{2N}-48MT-001	FX_{2N}-48MS-001	24	24
	FX_{2N}-64MR-001	FX_{2N}-64MT-001	FX_{2N}-64MS-001	32	32
	FX_{2N}-80MR-001	FX_{2N}-80MT-001	FX_{2N}-80MS-001	40	40
	FX_{2N}-128MR-001	FX_{2N}-128MT-001	—	64	64

续表

类型	继电器输出	三极管输出	输入点数	输出点数
C 电源、24V 直流输入	FX_{2N}-32MR-D	FX_{2N}-32MT-D	16	16
	FX_{2N}-48MR-D	FX_{2N}-48MT-D	24	24
	FX_{2N}-64MR-D	FX_{2N}-64MT-D	32	32
	FX_{2N}-80MR-D	FX_{2N}-80MT-D	40	40

2. 扩展单元

扩展单元是一个独立的扩展设备，通常接在 PLC 基本单元的扩展接口或扩展插槽上，用于增加 PLC 的 I/O 点数及供电电流的装置，内部设有电源，但无 CPU，因此需要与基本单元同时使用。当扩展组合供电电流总容量不足时，就须在 PLC 硬件系统中增设扩展单元进行供电电流容量的扩展。图 10-22 所示为三菱 FX_{2N} 系列 PLC 的扩展单元。

图 10-22　三菱 FX_{2N} 系列 PLC 的扩展单元

三菱 FX_{2N} 系列 PLC 的扩展单元主要有六种类型，根据其输出类型的不同六种类型的 FX_{2N} 系列 PLC 扩展单元可分为继电器输出和三极管输出两大类。表 10-2 所列为三菱 FX_{2N} 系列 PLC 扩展单元的类型及 I/O 点数。

表 10-2　三菱 FX_{2N} 系列 PLC 扩展单元的类型及 I/O 点数

继电器输出	三极管输出	I/O 点总数	输入点数	输出点数	输入电压	类型
FX_{2N}-32ER	FX_{2N}-32ET	32	16	16	24V 直流	漏型
FX_{2N}-48ER	FX_{2N}-48ET	48	24	24		
FX_{2N}-48ER-D	FX_{2N}-48ET-D	48	24	24		

3. 扩展模块

三菱 PLC 的扩展模块是用于增加 PLC 的 I/O 点数及改变 I/O 比例的装置，内部无电源和 CPU，因此需要与基本单元配合使用，并由基本单元或扩展单元供电，如图 10-23 所示。

三菱 FX_{2N} 系列 PLC 的扩展模块主要有三种类型，分别为 FX_{2N}-16FX、FX_{2N}-16EYT、FX_{2N}-16EYR。

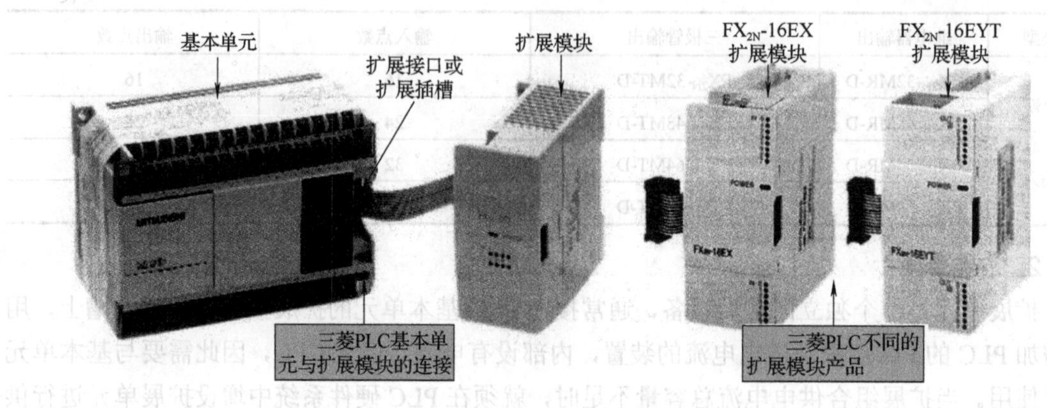

图 10-23 扩展模块

4. 特殊功能模块

特殊功能模块是 PLC 中的一种专用的扩展模块，如模拟量 I/O 模块、通信扩展模块、温度控制模块、定位控制模块、高速计数模块、热电偶温度传感器输入模块、凸轮控制模块等。

图 10-24 所示为几种特殊功能模块的实物外形。可以根据实际需要有针对性地对某种特殊功能模块产品进行详细了解。

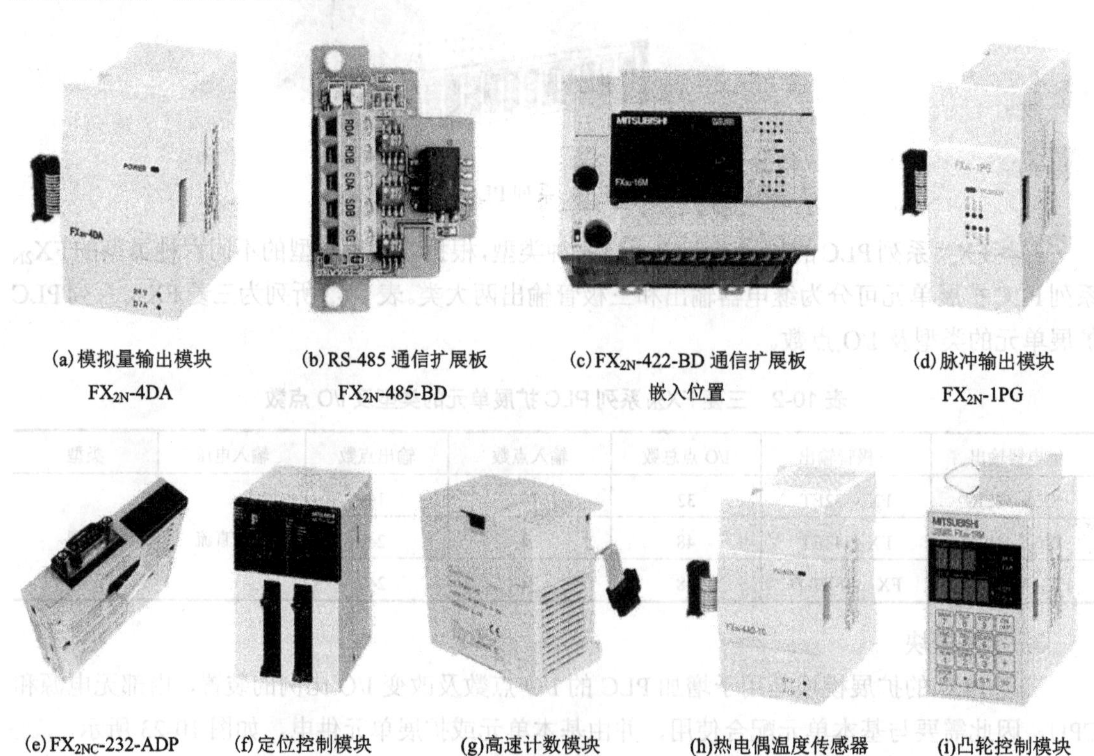

图 10-24 几种特殊功能模块的实物外形

10.3.3　PLC 的技术应用

1. PLC 在电动机控制系统中的应用

PLC 应用于电动机控制系统中，用于实现自动控制，并且能够在不大幅度改变外接部件的前提下，仅修改内部的程序便可实现多种多样的控制功能，使电气控制更加灵活高效。图 10-25 所示为 PLC 在电动机控制系统中的应用示意图。

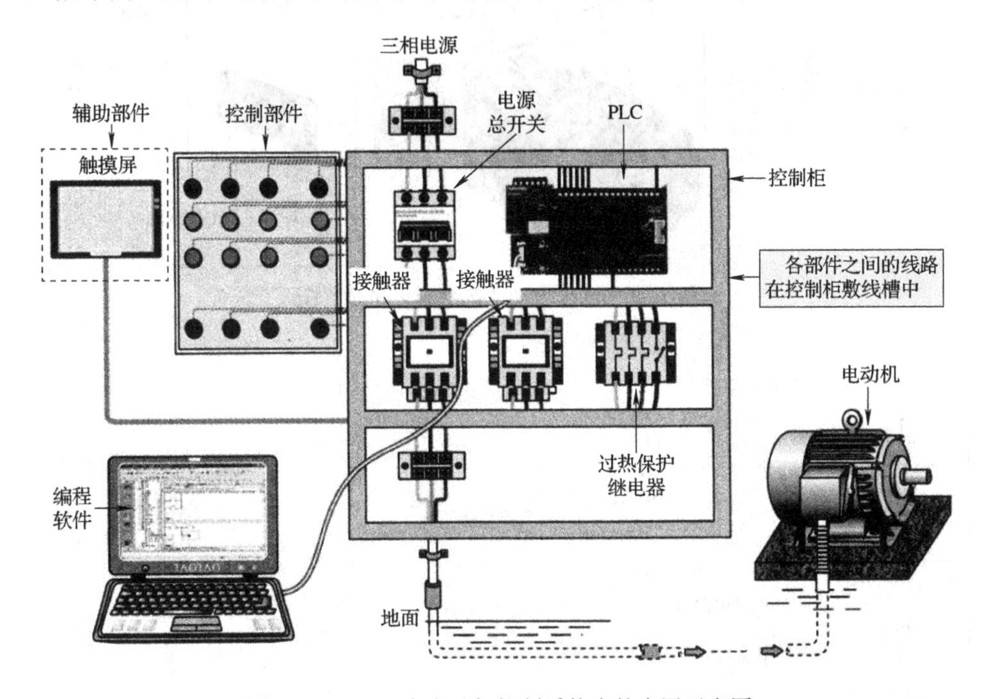

图 10-25　PLC 在电动机控制系统中的应用示意图

可以看到，该系统主要是由操作部件、控制部件和电动机以及一些辅助部件构成的。其中，各种操作部件用于为该系统输入各种人工指令，包括各种按钮开关、传感器件等：控制部件主要包括总电源开关(总断路器)、PLC、接触器、过热保护继电器等，用于输出控制指令和执行相应动作；电动机是将系统电能转换为机械能的输出部件，其执行的各种动作是该控制系统实现的最终目的。

2. 汽车自动清洗的 PLC 控制

汽车自动清洗系统是由 PLC、喷淋器、刷子电动机、车辆检测器部件组成的，当有汽车等待冲洗时，车辆检测器将检测信号送入 PLC，PLC 便会控制相应的清洗机电动机、喷淋器电磁阀以及刷子电动机动作，实现自动清洗、停止的控制，采用 PLC 的自动洗车系统可节约大量的人力、物力和自然资源。图 10-26 所示为汽车自动清洗控制电路布置图。

图 10-27 所示为汽车自动清洗控制电路中的 PLC 梯形图和语句表，表 10-3 所示为 PLC 梯形图的 I/O 地址分配表。结合 I/O 地址分配表，了解该梯形图和语句表中各触点及符号标志的含义，并将梯形图和语句表相结合进行分析。

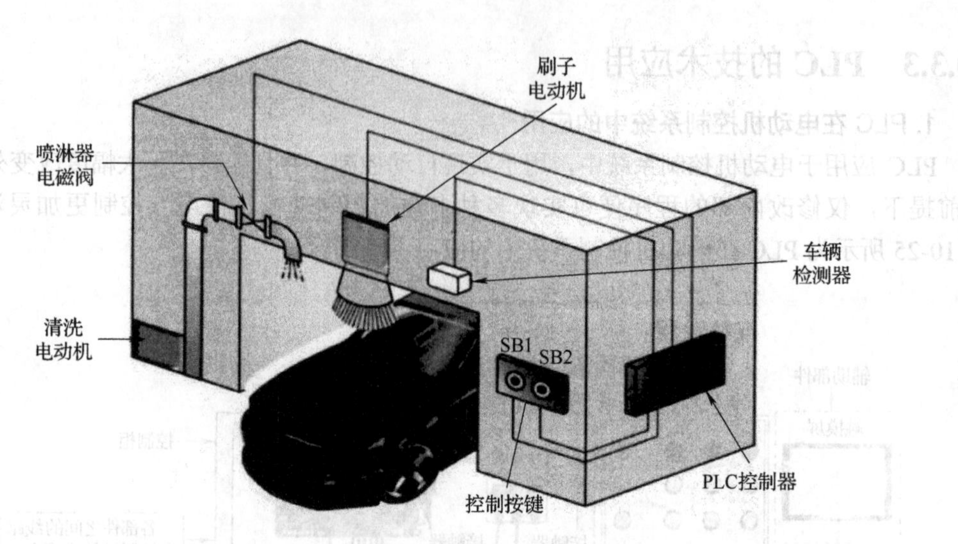

图 10-26　汽车自动清洗控制电路布置图

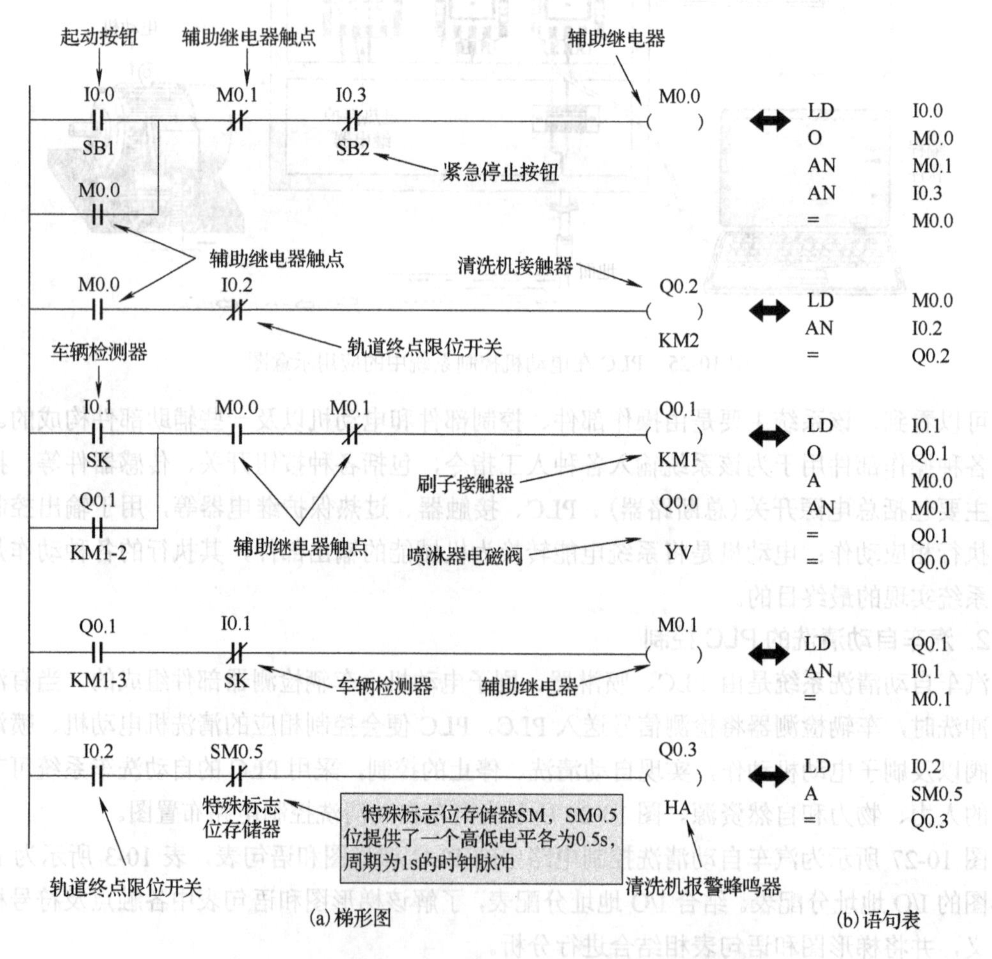

图 10-27　汽车自动清洗控制电路中的 PLC 梯形图和语句表

表 10-3　汽车自动清洗控制电路中的 PLC 梯形图的 I/O 地址分配表

输入信号及地址编号			输出信号及地址编号		
名称	代号	输入点地址编号	名称	代号	输出点地址编号
起动按钮	SBI	I0.0	喷淋器电磁阀	YV	Q0.0
车辆检测器	SK	I0.1	刷子接触器	KM1	Q0.1
轨道终点限位开关	FR	I0.2	清洗机接触器	KM2	Q0.2
紧急停止按钮	SB2	I0.3	清洗机报警蜂鸣器	HA	Q0.3

1) 车辆清洗的控制过程

检测器检测到待清洗的汽车，按下起动按钮就可以开始自动清洗过程，图 10-28 所示为车辆清洗的控制过程。

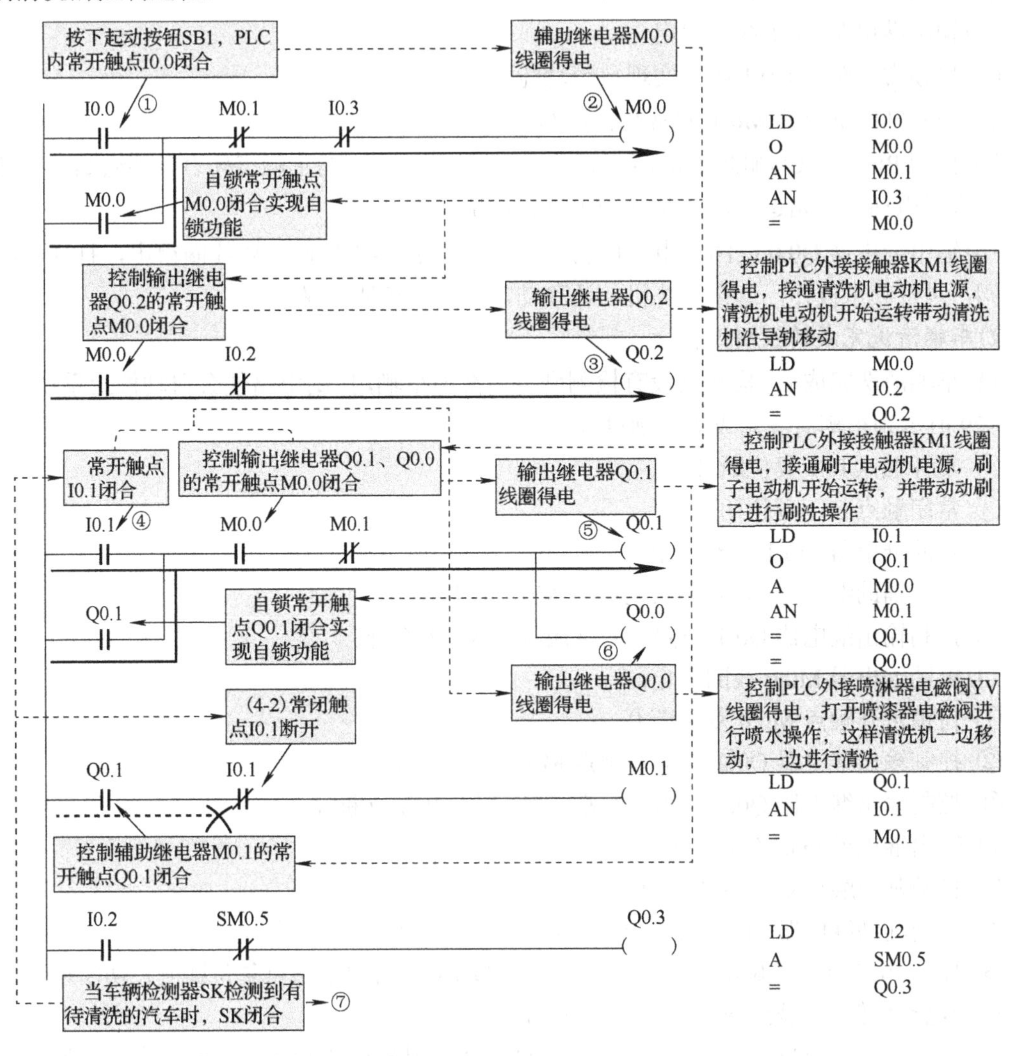

图 10-28　车辆清洗的控制过程

(1) 按下起动按钮 SB1，将 PLC 程序中的输入继电器常开触点 I0.0 置 1，即常开触点 10.0 闭合。

(2) 辅助继电器 M0.0 线圈得电。

① 自锁常开触点 M0.0 闭合实现自锁功能。

② 控制输出继电器 Q0.2 的常开触点 M0.0 闭合。

③ 控制输出继电器 Q0.1、Q0.0 的常开触点 M0.0 闭合。

(3) 输出继电器 Q0.2 线圈得电，控制 PLC 外接接触器 KMl 线圈得电，带动主电路中的主触点闭合，接通清洗机电动机电源，清洗机电动机开始运转，并带动清洗机沿导轨移动。

(4) 当车辆检测器 SK 检测到有待清洗的汽车时，SK 闭合，将 PLC 程序中的输入继电器常开触点 I0.1 置“1”，常闭触点 I0.1 置“0”。

① 常开触点 I0.1 闭合。

② 常闭触点 I0.1 断开。

(5) 输出继电器 Q0.1 线圈得电。

① 自锁常开触点 Q0.1 闭合实现自锁功能。

② 控制辅助继电器 M0.1 的常开触点 Q0.1 闭合。

③ 控制 PLC 外接接触器 KM1 线圈得电，带动主电路中的主触点闭合，接通刷子电动机电源，刷子电动机开始运转，并带动刷子进行刷洗操作。

(6) 输出继电器 Q0.0 线圈得电，控制 PLC 外接喷淋器电磁阀 YV 线圈得电，打开喷淋器电磁阀，进行喷水操作，这样清洗机一边移动，一边进行清洗操作。

2) 车辆清洗完成的控制过程

(1) 车辆清洗完成后，检测器没有检测到待清洗的车辆，控制电路便会自动停止系统工作。图 10-29 所示为车辆清洗完成的控制过程。

① 常开触点 I0.1 复位断开。

② 常闭触点 I0.1 复位闭合。

(2) 辅助继电器 M0.1 线圈得电。

① 控制辅助继电器 M0.0 的常闭触点 M0.1 断开。

② 控制输出继电器 Q0.1、Q0.0 的常闭触点 M0.1 断开。

(3) 辅助继电器 M0.0 线圈失电。

① 自锁常开触点 M0.0 复位断开。

② 控制输出继电器 Q0.2 的常开触点 M0.0 复位断开。

③ 控制输出继电器 Q0.1、Q0.0 的常开触点 M0.0 复位断开。

(4) 输出继电器 Q0.1 线圈失电。

① 自锁常开触点 Q0.1 复位断开。

② 控制辅助继电器 M0.1 的常开触点 Q0.1 复位断开。

③ 控制 PLC 外接接触器 KM1 线圈失电，带动主电路的主触点复位断开，切断电动机电源，刷子电动机停止运转，刷子停止刷洗操作。

④ 输出继电器 Q0.0 线圈失电，控制 PLC 外接喷淋器电磁阀 YV 线圈失电，喷淋器电磁阀关闭，停止喷水操作。

⑤ 输出继电器 Q0.2 线圈失电，控制 PLC 外接接触器 KM1 线圈失电，带动主电路中的主触点复位断开，切断清洗机电动机电源，清洗机电动机停止运转，清洗机停止移动。

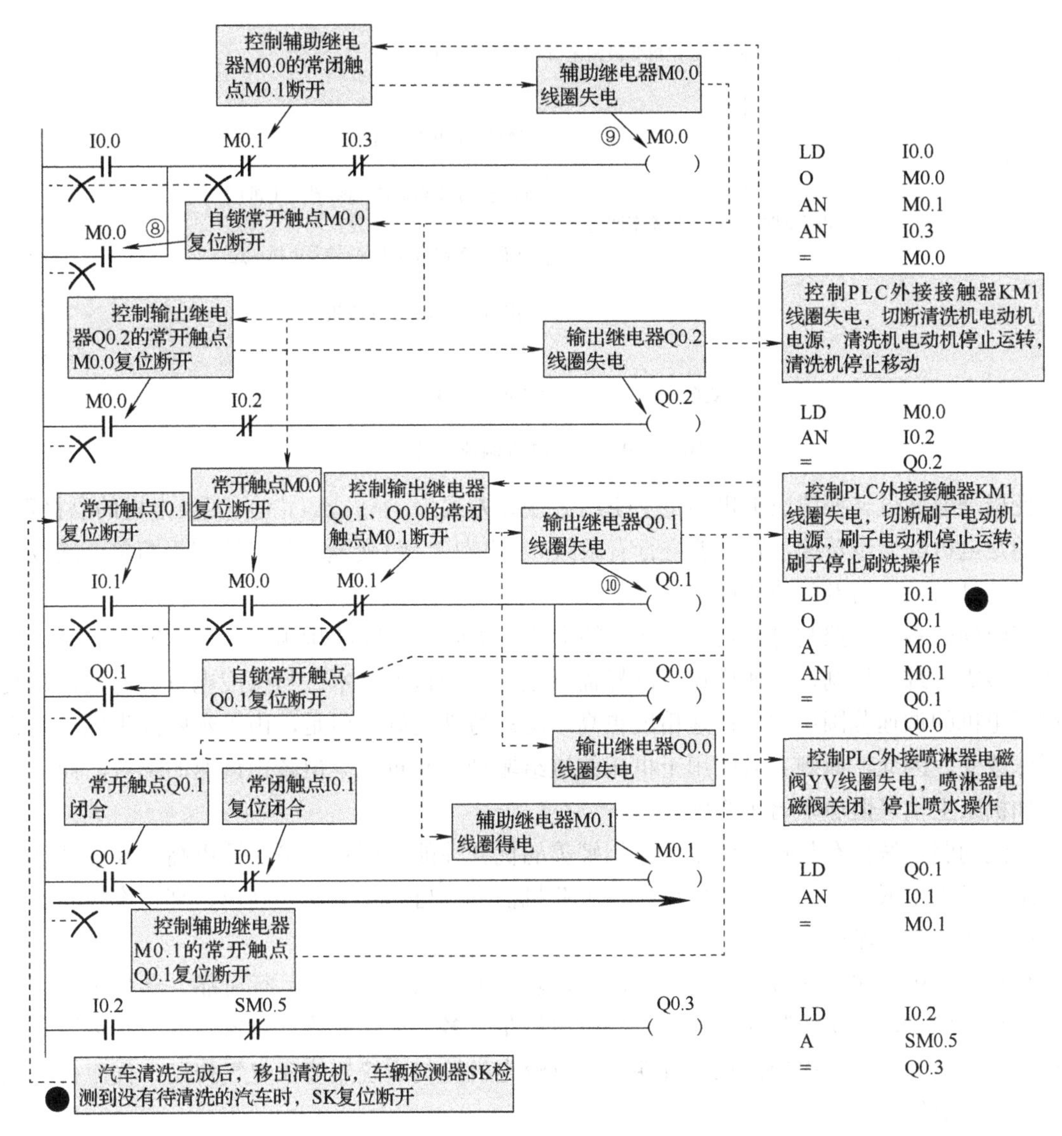

图 10-29　车辆清洗完成的控制过程

10.4　交流伺服与变频控制技术

交流电机控制系统是以交流电动机为执行元件的位置、速度或转矩控制系统的总称。按照传统的习惯，将用于电机转速(速度)控制的系统称为传动系统；而能实现机械位移控制的系统称为伺服系统。

变频器是当前最为常用的控制装置，交流伺服系统主要用于数控机床、机器人、自动化装备等需要大范围调速与高精度位置控制的场合，其控制装置为交流伺服驱动器，系统控制对象为专门生产的交流伺服电机。交流电机的调速方法有很多种，常用的有图 10-30 所示的变极调速、调压调速、串级调速、变频调速等。

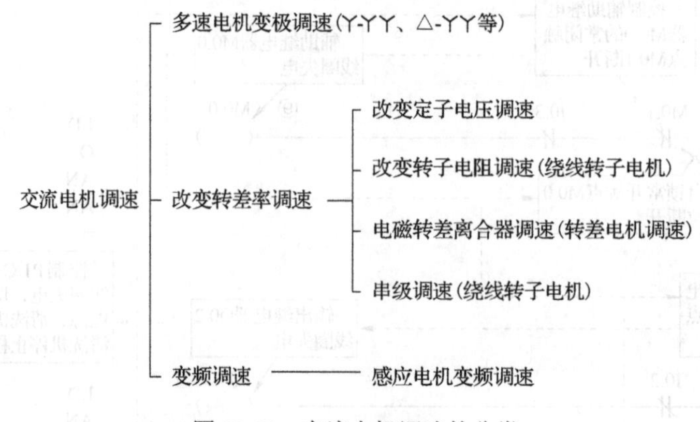

图 10-30 交流电机调速的分类

变极调速通过转换感应电机的定子绕组的接线方式(Y-YY、△-YY)，变换电机的磁极数，改变的是电机的同步转速，它只能进行有限级(一般为 2 级)变速，故只能用于简单变速或辅助变速，且需要使用专门的变极电机。

交流伺服系统的控制对象是中小功率的交流永磁同步电机(伺服电机)，系统可实现位置、转速、转矩的综合控制，其速度调节同样需要采用变频调速技术。与感应电机调速相比，交流伺服电机的调速范围更大、调速精度更高、动态特性更好。但是，由于永磁同步电机的磁场无法改变，因此，原则上只能用于机床的进给驱动、起重机等恒转矩调速的场合，而很少用于如机床主轴等恒功率调速的场合。

交流伺服系统具有与直流伺服系统相媲美的优异性能，而且其可靠性更高、高速性能更好、维修成本更低，产品已在数控机床、工业机器人、自动化装备等高速、高精度控制领域全面取代传统的直流伺服系统。

与直流电机相比，交流电机具有转速高、功率大、结构简单、运行可靠、体积小、价格低等一系列优点，但从控制的角度看，交流电机是个多变量、非线性对象，其控制远比直流电机复杂，因此，在过去的很长的时期内，直流电机控制系统始终在电气传动、伺服控制领域占据主导地位。

对交流电机控制系统来说无论速度控制还是位置或转矩控制，都需要调节电机转速，因此变频是所有交流电机控制系统的基础，而电力电子器件、晶体管脉宽调制(Pulse Width Modulated，PWM)技术、矢量控制理论则是实现变频调速的共性关键技术。

近年来，随着微电子技术的迅猛发展与第二代“全控型”电力电子器件的实用化，高频、低耗的晶体管 PWM 变频成为可能，基于传统电机模型与经典控制理论的方波永磁同步电机(Brush Less DC Motor，BLDCM，也称为无刷直流电机)交流伺服驱动系统与 V/f 控制的变频调速系统被迅速实用化，交流伺服与变频器从此进入了工业自动化的各领域。

10.4.1 变频器和伺服驱动器

在以交流电机作为控制对象的速度控制系统中，尽管有多种多样的控制方式，但通过改变供电频率来改变电机转速，仍是目前绝大多数交流电机控制系统的最佳选择。从这一意义上说，当前所使用的交流调速装置都可以称为变频器。但是，由于交流伺服的主要目的是实现位置控制，速度、转矩控制只是控制系统中的一部分，因此，习惯上将其控制器称为伺服驱动器；而变频器则多指用于感应电机变频调速的控制器。

1. 变频器的种类

变频器种类很多，其分类方式也是多种多样的，可根据需求，按变换方式、电源性质、变频控制、调压方式、用途等多种方式进行分类。

1)按变换方式分类

变频器按照变换方式主要分为两类：交—直—交变频器和交—交变频器。

(1)交—直—交变频器。变—交—直—交变频器先将工频交流电通过整流单元转换成脉动的直流电，再经过中间电路中的电容平滑滤波，为逆变电路供电，在控制系统的控制下，逆变电路将直流电源转换成频率和电压可调的交流电，然后提供给负载(电动机)进行变速控制。

交—直—交变频器又称间接式变频器，是目前广泛应用的通用型变频器。图 10-31 所示为交—直—交变频器结构。

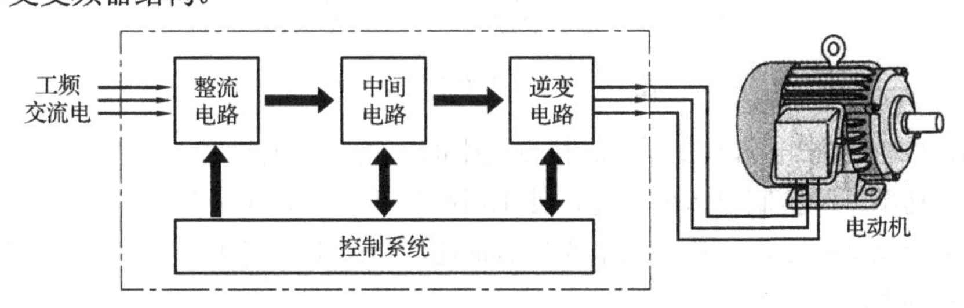

图 10-31　交—直—交变频器

(2)交—交变频器。交—交变频器是将工频交流电直接转换成频率和电压可调的交流电，提供给负载(电动机)进行变速控制。

交—交变频器又称直接式变频器，由于该变频器只能将输入交流电频率调低输出，而工频交流电的频率本身就很低，因此交—交变频器的调速范围很窄，其应用也不广泛。图 10-32 所示为交—交变频器结构。

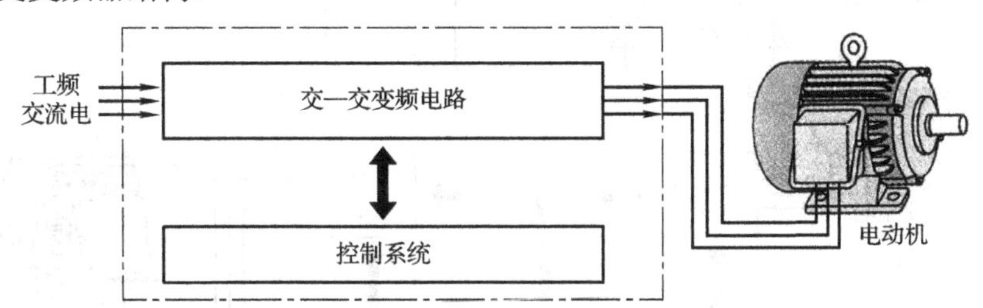

图 10-32　交—交变频器结构

2)按电源性质分类

根据交—直—交变频器中间电路的电源性质的不同，可将变频器分为两大类：电压型变频器和电流型变频器。

(1)电压型变频器。电压型变频器的特点是中间电路采用电容器作为直流储能元件，用以缓冲负载的无功功率。直流电压比较平稳，直流电源内阻较小，相当于电压源，故电压型变频器常选用负载电压变化较大的场合。图 10-33 所示为电压型变频器结构。

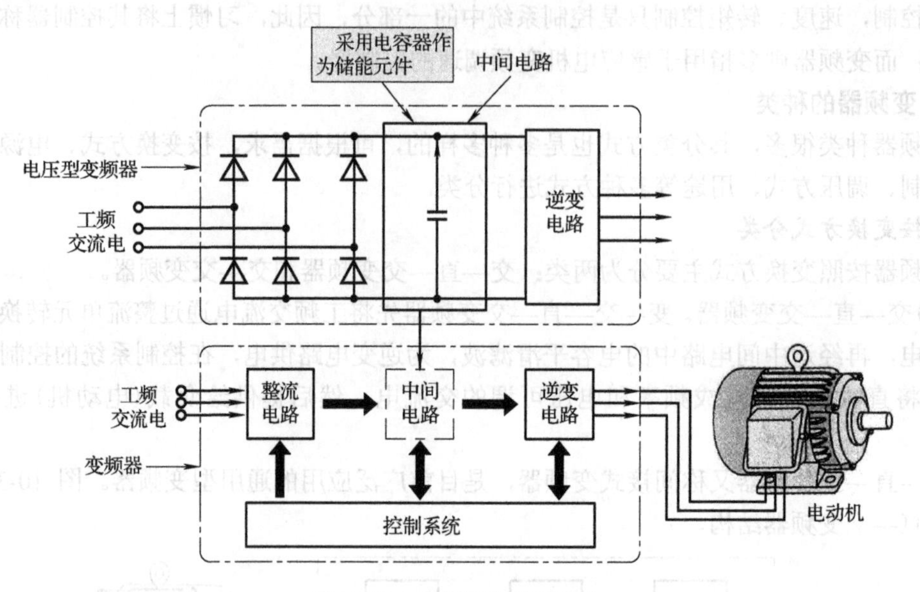

图 10-33 电压型变频器结构

(2) 电流型变频器。电流型变频器的特点是中间电路采用电感器作为直流储能元件，用缓冲负载的无功功率，即扼制电流的变化，使电压接近正弦波，由于该直流内阻较大，可扼制负载电流频繁而急剧的变化，故电流型变频器常选用负载电流变化较大的场合。图 10-34 所示为电流型变频器结构。

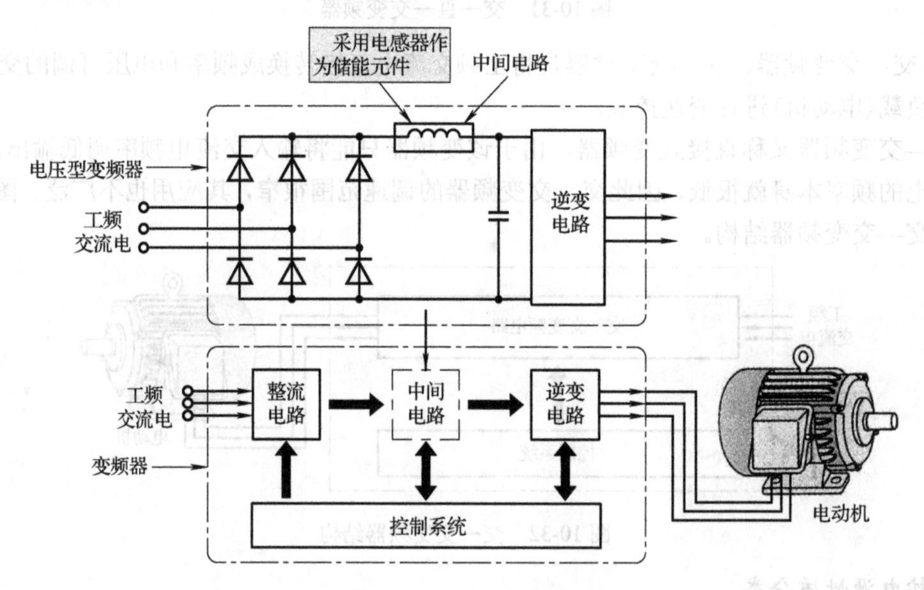

图 10-34 电流型变频器结构

3) 按变频控制分类

由于电动机的运行特性，其对交流电源的电压和频率有一定的要求，变频器作为控制电需满足对电动机特性的最优控制，从不同应用目的出发，采用多种变频控制方式。

(1) 压/频控制变频器。压/频控制变频器又称 U/f 控制变频器，是通过改变电压实现变频的方式。这种控制方式的变频器控制方法简单、成本较低，被通用型变频器采用，但又由于精确度较低，使其应用领域有一定的局限性。

(2) 转差频率控制变频器。转差频率控制变频器又称 SF 控制变频器，它是采用控制电动机旋转磁场频率与转子转速率之差来控制转矩的方式，最终实现对电动机转速精度的控制。

SF 控制变频器虽然在控制精度上比 U/f 控制变频器高。但由于其在工作过程中需要实时检测电动机的转速，因此整个系统的结构较为复杂，导致其通用性较差。图 10-35 所示为 SF 控制变频器控制方式。

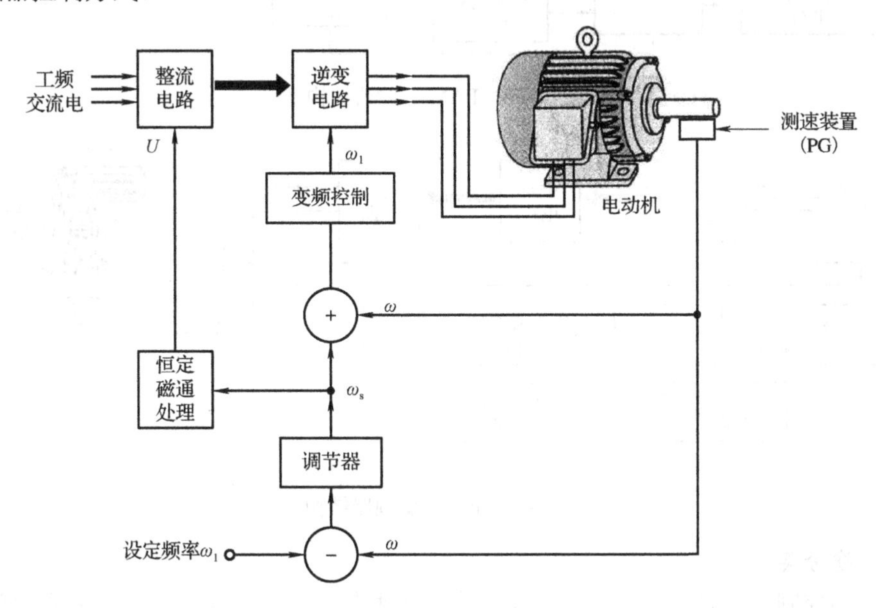

图 10-35 SF 控制变频器控制方式

(3) 矢量控制变频器。矢量控制变频器又称 VC 控制变频器，是通过控制变频器输出电流的大小、频率和相位来控制电动机的转矩，从而控制电动机的转速。

(4) 直接转矩控制变频器。直接转矩控制变频器又称 DTC 控制变频器，是目前最先进的交流异步电动机控制方式，非常适合重载、起重、电力牵引、大惯性电力拖动、电梯等设备的拖动。

4) 按调压方法分类

变频器按照调压方法主要分为两类：PAM 变频器和 PWM 变频器。

(1) PAM 变频器。PAM (Pulse Amplitude Modulation，脉冲幅度调制) 变频器是按照一定规律对脉冲列的脉冲幅度进行调制，控制其输出的量值和波形。实际上就是能量的大小用脉冲的幅度来表示，整流输出电路中增加开关管(门控管 IGBT)，通过对该 IGBT 管的控制改变整流电路输出的直流电压幅度(140V、390V)，这样变频电路输出的脉冲电压不但宽度可变，而且幅度也可变。图 10-36 所示为 PAM 变频器结构。

(2) PWM 变频器。PWM (Pulse Width Modulation，脉冲宽度调制) 变频器同样是按照一定规律对脉冲列的脉冲宽度进行调制，控制其输出量和波形。实际上就是能量的大小用脉冲的宽度来表示，此种驱动方式，整流电路输出的直流供电电压基本不变，变频器功率模块的输出电压幅度恒定，脉冲的宽度受微处理器控制。图 10-37 所示为 PWM 变频器结构。

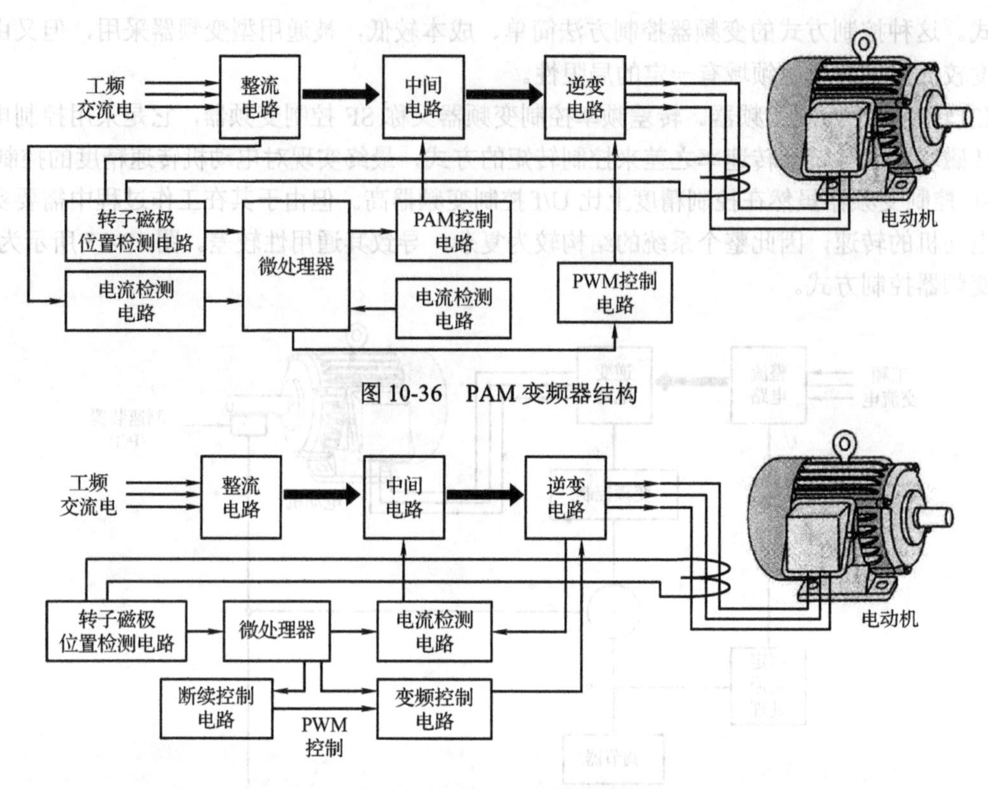

图 10-36　PAM 变频器结构

图 10-37　PWM 变频器结构

5) 按用途分类

变频器的控制对象是感应电机，它可分为通用型与专用型两类。通用型变频器就是人们平时常说的变频器，只要容量允许，它对感应电机的生产厂家、电气参数原则上无要求。专用变频器则用于对调速性能有较高要求的控制系统，数控机床的主轴控制即属于此类情况；这样的变频器需要配套专门的主轴电机，称为交流主轴驱动器。

(1) 通用变频器。通用变频器是用于普通感应电机的调速控制的控制器，它可以用于不同生产厂家、不同电气参数的感应电机控制。

从系统控制的角度看，建立控制对象的数学模型是实现精确控制的前提条件，它直接决定了系统的控制性能。由于变频器是一种通用控制装置，其控制对象为来自不同厂家生产、不同电气参数的感应电机，依靠目前的技术水平，还不能做到一个通过控制器本身来精确测试、识别任意控制对象的各种技术参数。因此，变频器在设计时需要进行大量的简化与近似处理，它的调速范围一般较小，调速性能也较差。

随着技术的发展，先进矢量控制变频器一般设计有自动调整(自学习)功能，通过自动调整操作来自动测试一些必需的、简单的电机参数，可在一定范围内提高模型的准确性，其性能与早期的 V/f 控制变频器相比，已经有了很大的提高。常见通用变频器如图 10-38 所示。

(2) 交流主轴驱动器。交流主轴驱动器的控制对象是驱动器生产厂家专门设计的交流感应电机，这种电机经过严格的测试与试验，其电气参数非常接近。交流主轴驱动器采用的是闭环矢量控制技术，它不但调速性能大大优于通用变频器控制普通感应电机的系统，而且还能够实现较为准确的转矩与位置控制。

(a) ABB 变频器　　　(b) 西门子变频器　　　(c) 三菱变频器

图 10-38　通用变频器

交流主轴驱动器的调速性能好、生产成本高，但它一般需要与计算机数控系统(CNC)配套使用，且不同公司产品的性能、使用等方面的差别较大，其专用性较强，本书不再对此进行专门介绍。

2. 伺服驱动器

伺服驱动器是用于交流永磁同步电机(交流伺服电机)位置、速度控制的装置，它需要实现高精度位置控制、大范围的恒转矩调速和转矩的精确控制，其调速要求比变频器、交流主轴驱动器等以感应电机为对象的交流调速系统更高，因此，它必须使用驱动器生产厂家专门生产、配套提供的专用伺服电机。

根据使用场合和控制系统要求的不同，伺服驱动器可分为通用型和专用型两类。通用型伺服驱动器是指本身带有闭环位置控制功能，可独立用于闭环位置控制或速度、转矩控制的伺服驱动器；专用型伺服驱动器是指必须与上级位置控制器(如 CNC)配套使用，不能独立用于闭环位置控制或速度、转矩控制的伺服驱动器。

1)通用伺服驱动器

通用伺服驱动器对上级控制装置无要求。驱动器用于位置控制时，可直接通过如图 10-39 所示的位置指令脉冲信号来控制伺服电机的位置与速度，只要改变指令脉冲的频率与数量，即可改变电机的速度与位置。伺服驱动器外形如图 10-40 所示。

为了增强驱动器的通用型，通用伺服驱动器一般可接收线驱动输出或集电极开路输出的正/反转脉冲信号、“脉冲+方向”信号及相位差为 90° 的 A/B 两相差分脉冲等，先进的驱动器还利用 CC-Link、PROFIBUS、Device-NET、CANopen 等通用与开放的现场总线通信，实现网络控制。

通用伺服驱动器进行位置控制时，不需要上级控制器具有闭环位置控制功能，因此，上级控制器可为经济型 CNC 装置或 PLC 的脉冲输出、位置控制模块等，其使用方便、控制容易，对上级控制装置的要求低。但是，这种系统的位置与速度检测信号没有反馈到上级控制器，因此，对上级控制器(如 CNC)来说，其位置控制是开环的，控制器既无法监控系统非实际位置与速度，也不能根据实际位置来协调不同轴间的运动，其轮廓控制(插补)精度较差。从这一意义上说，通用型伺服的作用类似于步进驱动器，只是伺服电机可在任意角度定位、也不会产生“失步”问题。

然而，由于通用伺服也可以用于速度控制，因此，它也可以通过上级控制器进行闭环位置控制，驱动器只承担速度、转矩控制功能，在这种情况下，它就可实现与下述专用伺服同样的功能，系统定位精度、轮廓加工精度将大大高于独立构成位置控制系统的情况。

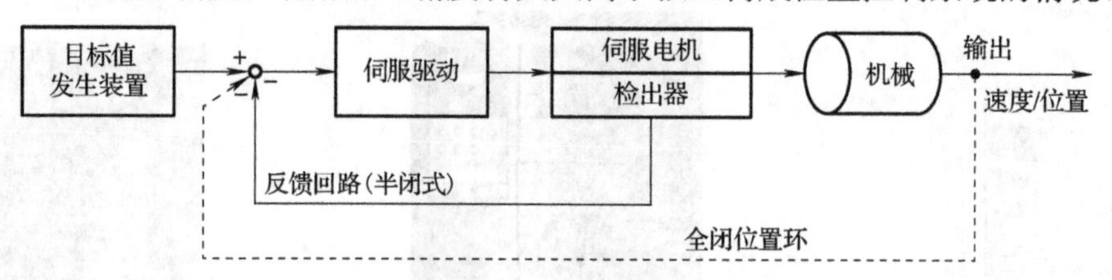

图 10-39　通用伺服驱动

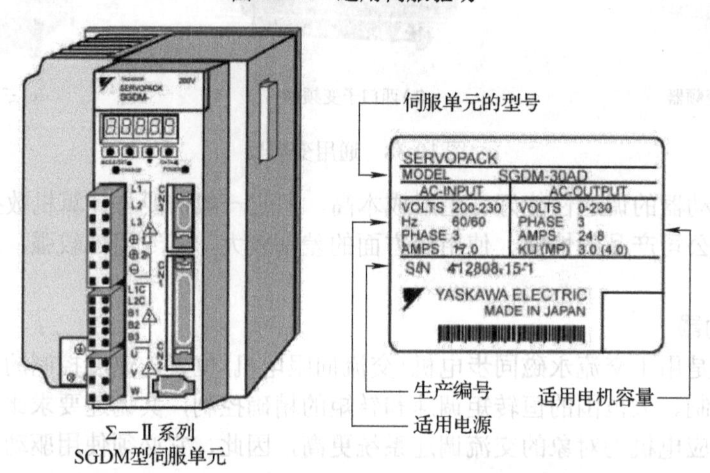

图 10-40　伺服驱动器外形

2) 专用伺服驱动器

专用伺服驱动器的位置控制只能通过上级控制器实现，它必须与特定位置控制器（一般为CNC）配套使用，不能独立用于闭环位置控制或速度、转矩控制。专用伺服多用于数控机床等需要高精度轮廓控制的场合，FANUC 公司 αi / βi 系列交流伺服以及 SIEMENS 公司的 611U 系列交流伺服等都是数控机床常用的典型专用型伺服产品。

为了简化系统结构，当代专用型伺服驱动器与 CNC 之间一般都采用了图 10-40 所示的网络控制技术，两者使用专用的现场总线进行连接，如 FANUC 的 FSSB 总线等，目前，这种系统所使用的通信协议还不对外开放，故驱动器必须与 CNC 配套使用。

3. 交流调速系统

变频器与交流伺服是新型的交流电机速度调节装置，传统意义上的调速指标已不能全面反映调速系统的性能，需要从静、动态两方面来重新定义技术指标。

调速系统不但要满足工作机械稳态运行时对转速调节与速度精度的要求，而且还应具有快速、稳定的动态响应特性，因此，除功率因数、效率等常规经济指标外，衡量交流调速系统技术性能的主要指标有调速范围、调速精度与速度响应三方面。

1) 调速范围

调速范围是衡量系统速度调节能力的指标。调速范围一般以系统在一定的负载下，实际可达到的最低转速与最高转速之比（如 1∶100）或直接以最高转速与最低转速的比值（如 $D=100$）来表示。但是，对通用变频器来说，调速范围需要注意以下两点。

(1) 变频器参数中的频率控制范围不是调速范围。频率控制范围只是变频器本身所能够达到的输出频率范围，但是，在实际系统中还必须考虑电机的因素。一般而言，如果变频器的输出频率小于一定值(如 2Hz)，电机将无法输出正常运行所需的转矩，因此，变频器调速范围要远远小于频率控制范围。以三菱公司最先进的 FR-A740 系列变频器为例，其频率控制范围可达 0.01～400Hz(1∶40000)，但有效调速范围实际只有 1:200。

(2)变频器的调速范围不能增加传统的额定负载条件。因为，如果变频器采用 V/f 控制，实际只能在额定频率的点上才能输出额定转矩。目前，不同的生产厂家，对通用变频器调速范围内的输出转矩规定有所不同，例如，三菱公司一般将变频器能短时输出 150%转矩的范围定义为调速范围；而安川公司则以连续输出转矩大于某一值的范围定义为调速范围等。

2)调速精度

交流调速系统的调速精度在开环与闭环控制时有不同的含义。开环控制系统的调速精度是指调速装置控制 4 极标准电机，在额定负载下所产生的转速降与电机额定转速之比，其性质和传统的静差率类似，计算式如下：

$$\delta=\frac{\text{空载转速}-\text{满载转速}}{\text{额定转速}}\times 100\%$$

对于闭环调速系统和交流伺服驱动系统，计算式中的“额定转速”应为电机最高转速。

调速精度与调速系统的结构密切相关，一般而言，在同样的控制方式下，采用闭环控制的调速精度是开环控制的 1/10 左右。

3)速度响应

速度响应是衡量交流调速系统动态快速性的新增技术指标。速度响应是指负载惯量与电机惯量相等的情况下，当速度指令以正弦波形式给定时，输出可以完全跟踪给定变化的正弦波指令频率值。速度响应有时也称频率响应，分别用 rad/s 或 Hz 两种不同的单位表示，转换关系为 $1\text{Hz}=2\pi\text{rad}/\text{s}$。

速度响应是衡量交流调速系统的动态跟随性能的重要指标，也是不同形式的交流调速系统所存在的主要性能差距。表 10-4 是当前通用变频器、主轴驱动器和伺服驱动器普遍可达到的速度响应比较表。

表 10-4 变频器、主轴驱动器和伺服驱动器可达到的速度响应比较

控制装置		速度响应/(rad/s)	频率响应/Hz
通用变频器	V/f 控制	10～20	1.5～3
	闭合 V/f 控制	10～20	1.5～3
	开环矢量控制	20～30	3～5
	闭合矢量控制	200～300	30～50
主轴驱动器		300～500	50～80
交流伺服驱动器		≥3000	≥500

目前市场上各类交流调速装置的产品众多，由于控制方式、电机结构、生产成本与使用要求的不同，调速性能的差距较大；表 10-5 为通用变频器、交流主轴驱动器、交流伺服的技术性能表，使用时应根据系统的要求选择合适的控制装置。

表 10-5 变交流调速系统技术性能表

项目	伺服驱动器	变频器				主轴驱动器
电机类型	永磁同步电机	通用感应电机				专用感应电机
适用负载	恒转矩	无明确对应关系，选择时应考虑 2 倍余量				恒转矩/恒功率
控制方式	矢量控制	开环 V/f 控制	闭环 V/f 控制	开环矢量控制	闭环矢量控制	闭环矢量控制

续表

项目	伺服驱动器	变频器				主轴驱动器
主要用途	高精度、大范围速度/位置/转矩控制	低精度、小范围变速 1: *n* 控制	小范围、中等速度变速控制	小范围、中等速度变速控制	中范围、中高精度变速控制	恒功率变速；简单位置/转矩控制
调速范围	≥1:5000	≈1: 20	≈1: 20	≤1:200	≥1:1000	≥1:1500
调速精度	≤±0.01%	±2%～3%	±0.3%	±0.2%	±0.02%	≤±0.02%
最高输出频率	—	400～650Hz	400～650Hz	400～650Hz	400～650Hz	200～400Hz
最大起动转矩/最低频率（转速）	200%～350%/0r/min	150%/3Hz	150%/3Hz	150%/0.3～1Hz	150%/0r/min	150%～200%/0r/min
频率响应	400～600Hz	1.5～3Hz	1.5～3Hz	3～5Hz	30～50Hz	50～80Hz
转矩控制	可	不可	不可	不可	可	可
位置控制	可	不可	不可	不可	简单控制	简单控制
前馈、前瞻控制等	可	不可	不可	不可	可	可

10.4.2 变频控制技术应用

1. 电动机设备中的变频控制

电动机变频控制系统是指由变频控制电路实现对电动机的起动、运转变速、制动和停机等各种控制功能的电路。电动机变频控制系统主要是由变频控制箱（柜）和电动机构成的，如图 10-41 所示。

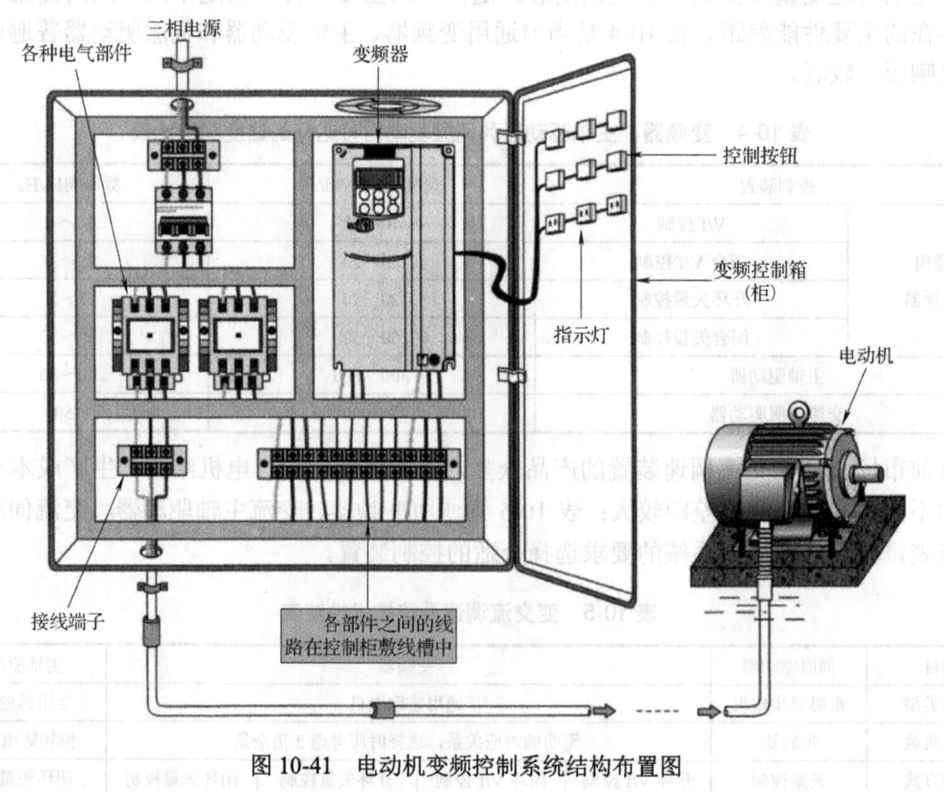

图 10-41 电动机变频控制系统结构布置图

由图 10-41 可以看到，电动机变频控制系统中的各种控制部件(如变频器、接触器、继电器、控制按钮等)都安装在变频控制箱(柜)中，这些部件通过一定连接关系实现特定控制功能，用以控制电动机的状态。

从控制关系和功能来说，不论控制系统是简单还是复杂，是大还是小，电动机的变频控制系统都可以划分为主电路和控制电路两大部分，图 10-42 所示为典型电动机变频控制系统的连接关系。

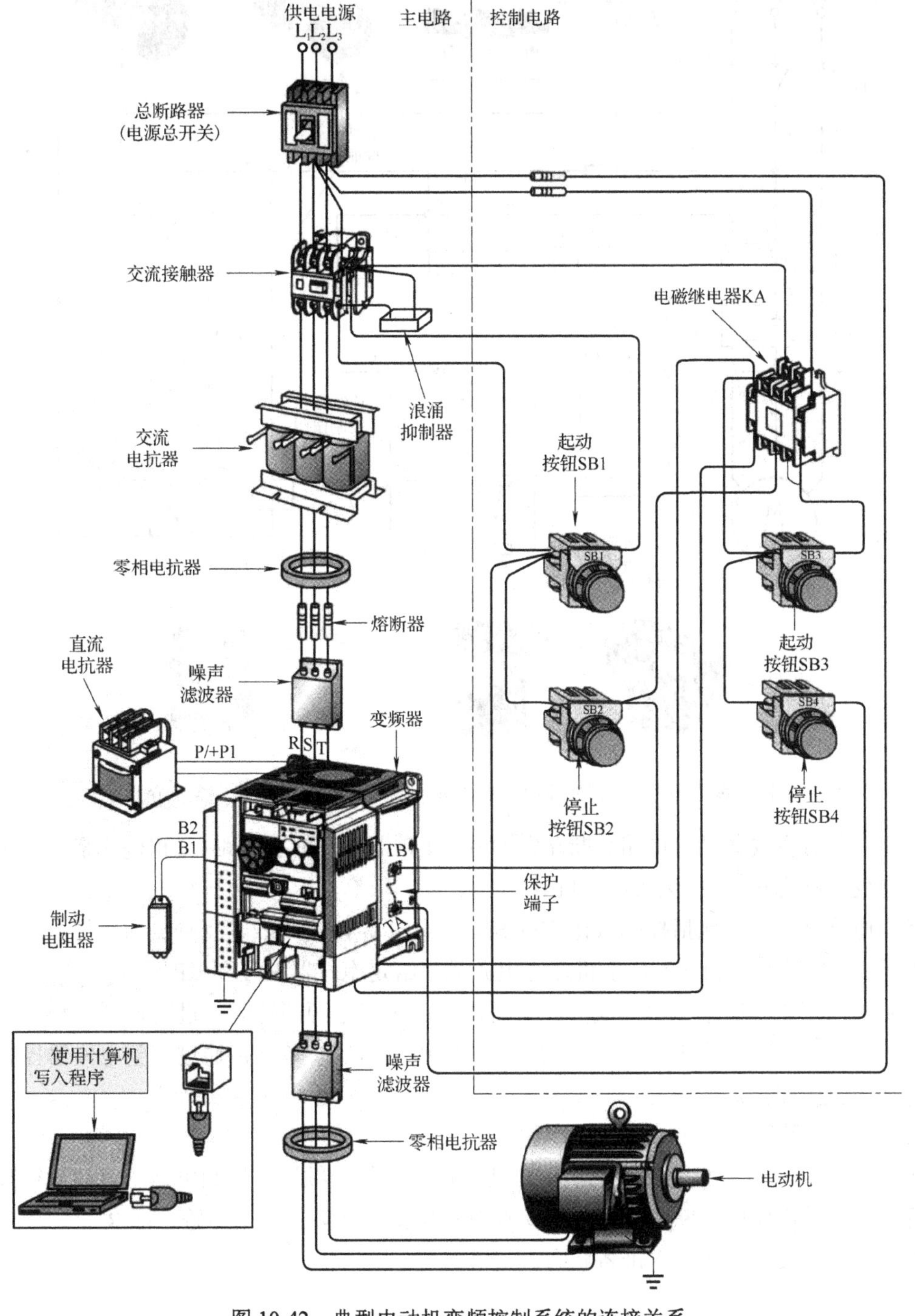

图 10-42　典型电动机变频控制系统的连接关系

2. 电动机设备中的变频控制过程

图 10-43 为典型三相交流电动机的点动、连续运行变频调速控制电路。可以看到，该电路主要是由主电路和控制电路两大部分构成的。

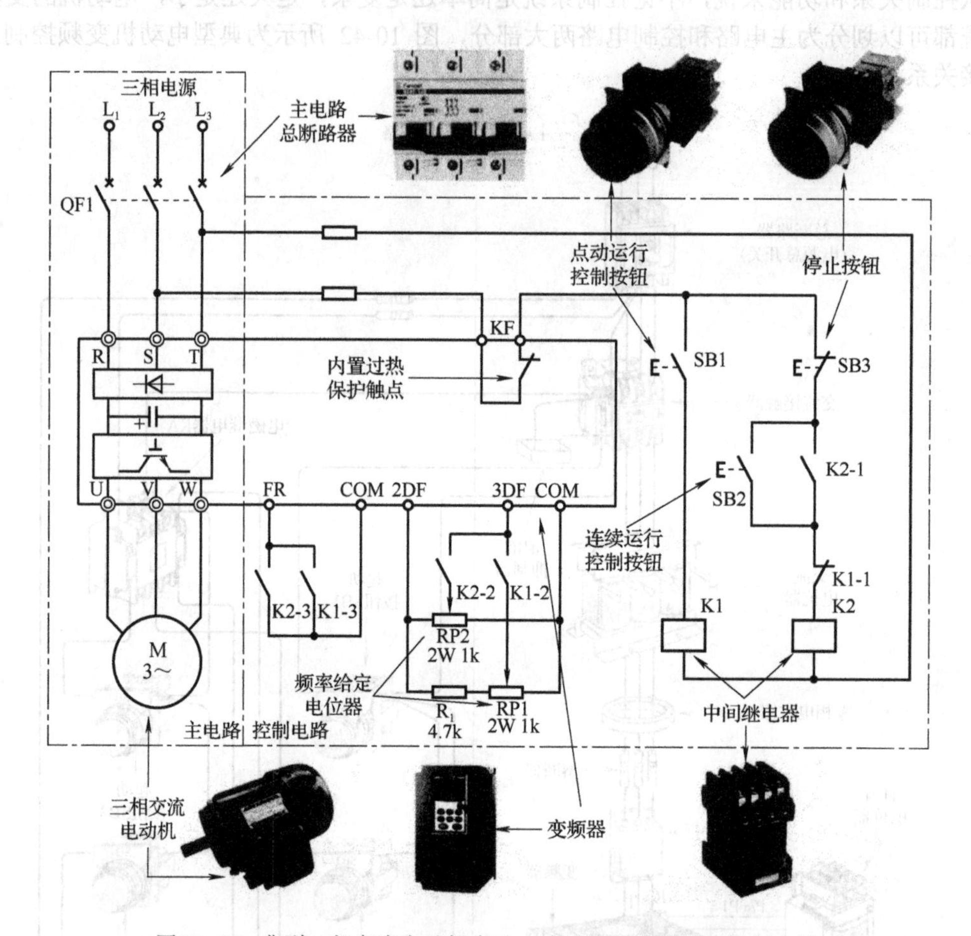

图 10-43　典型三相交流电动机点动、连续运行变频调速控制电路

主电路部分主要包括主电路总断路器 QFl、变频器内部的主电路(三相桥式整流电路间波电路、逆变电路等)、三相交流电动机等。

控制电路部分主要包括控制按钮 SB1-SB3、继电器 K1 和 K2、变频器的运行控制端 FR、过热保护端 KF 以及三相交流电动机运行电源频率给定电位器 RPl 和 RP2 等。

控制按钮用于控制继电器的线圈，从而控制变频器电源的通断，进而控制三相交流电动机的起动和停止；同时继电器触点控制频率给定电位器的有效性，通过调整电位器控制三相交流电动机的转速。

3. 点动运行控制过程

图 10-44 所示为三相交流电动机的点动、连续运行变频调速控制电路的点动运行起动控制过程。合上主电路的总断路器 QP1，接通三相电源，变频器主电路输入端 R、S、T 得电，控制电路部分也接通电源进入准备状态。

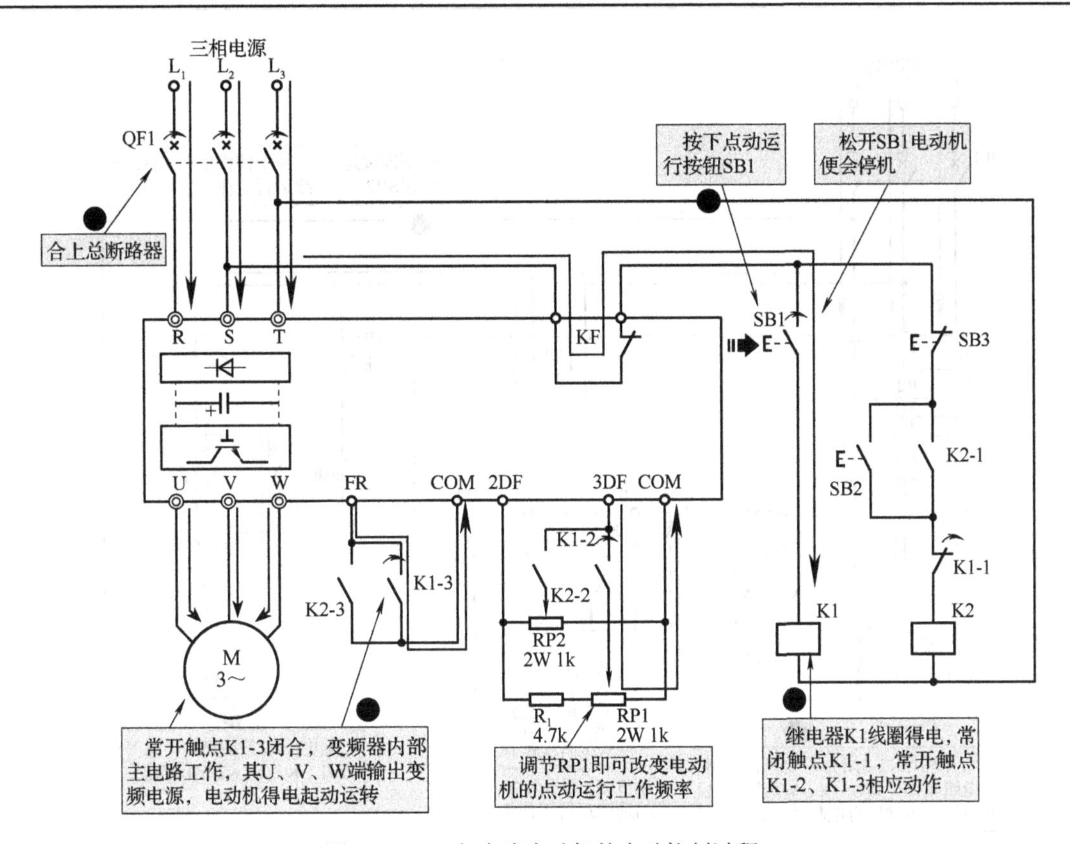

图 10-44　三相交流电动机的点动控制过程

当按下点动控制按钮 SB1 时，继电器 K1 线圈得电，常闭触点 K1-1 断开，实现连锁控制，防止继电器 K2 得电；常开触点 K1-2 闭合，变频器的 3DF 端与频率给定电位器 RP1 及 COM 端构成回路，此时 RP1 电位器有效，调节 RP1 电位器即可获得三相交流电动机点动运行时需要的工作频率；常开触点 K1-3 闭合，变频器的 FR 端经 K1-3 与 COM 端接通。

变频器内部主电路开始工作，U、V、W 端输出变频电源，电源频率按预置的升速时间上升至与给定对应的数值，三相交流电动机得电起动运行。电动机运行过程中，若松开按钮开关 SB1，则继电器 K1 线圈失电，常闭触点 K1-1 复位闭合，为继电器 K2 工作做好准备；常开触点 K1-2 复位断开，变频器的 3DF 端与频率给定电位器 RP1 触点被切断；常开触点 K1-3 复位断开，变频器的 FR 端与 COM 端断开，变频器内部主电路停止工作，三相交流电动机失电停转。

图 10-45 所示为三相交流电动机的点动、连续运行变频调速控制电路的连续运行启动控制过程。

当按下连续控制按钮 SB2 时，继电器 K2 线圈得电，常开触点 K2-1 闭合实现自锁功能(当手松开按钮 SB2 后，继电器 K2 仍保持得电)；常开触点 K2-2 闭合，变频器的 3DF 端与频率给定电位器 RP2 及 COM 端构成回路，此时 RP2 电位器有效，调节 RP2 电位器即可获得三相交流电动机连续运行时需要的工作频率；常开触点 K2-3 闭合，变频器的 FR 端经 K2-3 与 COM 端接通。

变频器内部主电路开始工作，U、V、W 端输出变频电源，电源频率按预置的升速时间上升至与给定对应的数值，三相交流电动机得电起动运行。

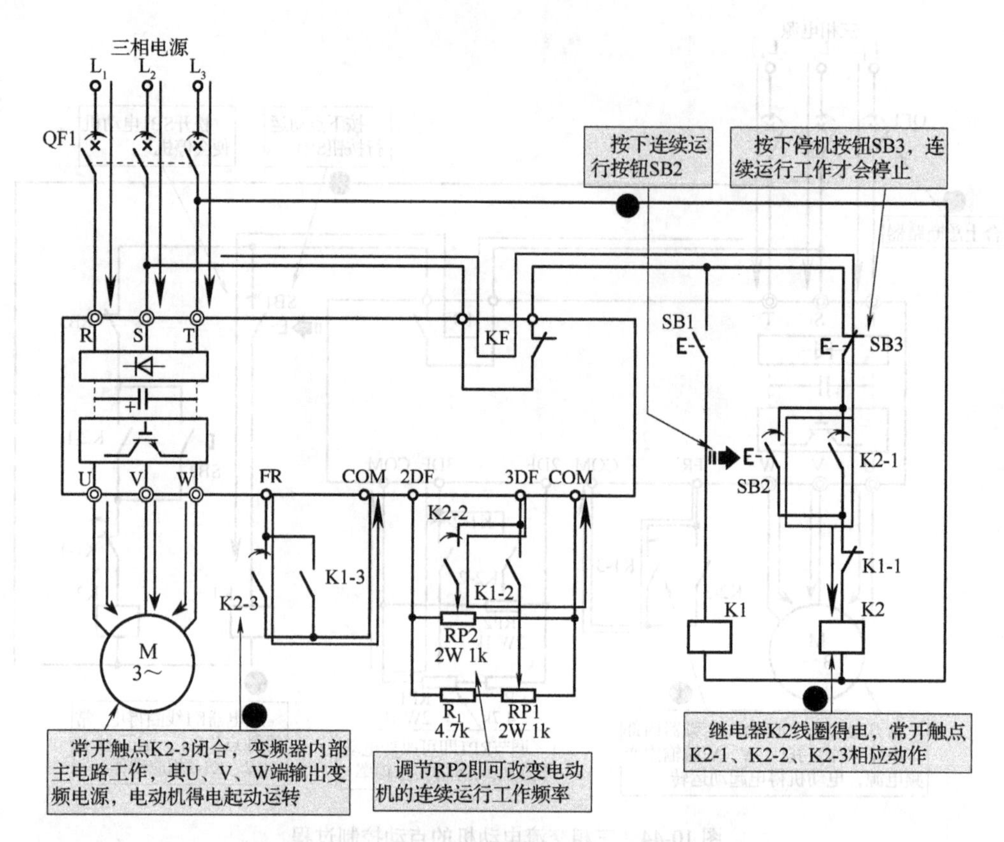

图 10-45　三相交流电动机连续变频调速控制

4. 单水泵恒压供水的变频控制

图 10-46 所示为单水泵恒压供水变频控制原理示意图：在实际恒压供水系统中，一般在管路中安装有压力传感器，由压力传感器检测管路中水的压力大小，并将压力信号转换为电信号，送至变频器中，通过改变变频器来对水泵电动机转速进行变频控制，进而对供水量进行控制，以满足工业设备对水量的需求。

当用水量减少，供水能力大于用水需求时，水压上升，实际反馈信号 XF 变大，目标给定信号 X_T 与 X_F 的差减小，该比较信号经 PID 处理后的频率给定信号变小，变频器输出频率下降，水泵电动机 M1 转速下降，供水能力下降。

当用水量增加，供水能力小于用水需求时，水压下降，实际反馈信号 X_F 减小，目标给定信号 X_T 与 X_F 的差增大，PID 处理后的频率给定信号变大，变频器输出频率上升，水泵电动机 M1 转速上升，供水能力提高，直到压力大小等于目标值、供水能力与用水需求之间达到平衡，即实现恒压供水。

对供水系统进行控制，流量是最根本的控制对象，而管道中水的压力就可作为控制流量变化的参考变量。若要保持供水系统中某处压力的恒定，只需保证该处的供水量同用水量处于平衡状态既可，即实现恒压供水。

图 10-47 所示为典型的单水泵恒压供水变频控制电路。从图中可以看到，该电路主要是由主电路和控制电路两大部分构成的，其中主电路包括变频器、变频供电接触器 KM1 与 KM2 的主触点 KM1-1 与 KM2-1、工频供电接触器 KM3 的主触点 KM3-1、压力传感器 SP 以及水

泵电动机等部分；控制电路则主要是由变频供电起动按钮 SB1、变频供电停止按钮 SB2、变频运行起动按钮 SB3、变频运行停止按钮 SB4、工频运行停止按钮 SB5、工频运行起动控制按钮 SB6、中间继电器 KA1 与 KA2、时间继电器 KT1 及接触器 KMl、KM2、KM3 及其辅助触点等部分组成。

图 10-48 所示为水泵电动机在变频器控制下的工作过程。首先合上总断路器 QF，按下变频供电起动按钮 SB1，交流接触器 KMl、KM2 线圈同时得电，变频供电指示灯 HLl 点亮；交流接触器 KM1 的常开辅助触点 KM1-2 闭合自锁，常开主触点 KM1-1 闭合，变频器的主电路输入端 R、S、T 得电；交流接触器 KM2 的常闭辅助触点 KM2-2 断开，防止交流接触器 KM3 线圈得电(起连锁保护作用)，常开主触点 KM2-1 闭合，变频器输出端与电动机相连，为变频器控制电动机运行做好准备。

然后按下变频运行起动按钮 SB3，中间继电器 KAl 线圈得电，同时变频运行指示灯 HL2 点亮；中间继电器 KA1 的常开辅助触点 KA1-2 闭合自锁，常开辅助触点 KA1-1 闭合，变频器 FWD 端子与 CM 端子短接，变频器接收到起动指令(正转)，内部主电路开始工作，U、V、W 端输出变频电源，经 KM2-l 后加到水泵电动机的三相绕组上。水泵电动机开始起动运转，将蓄水池中的水通过管道送入水房，进行供水。

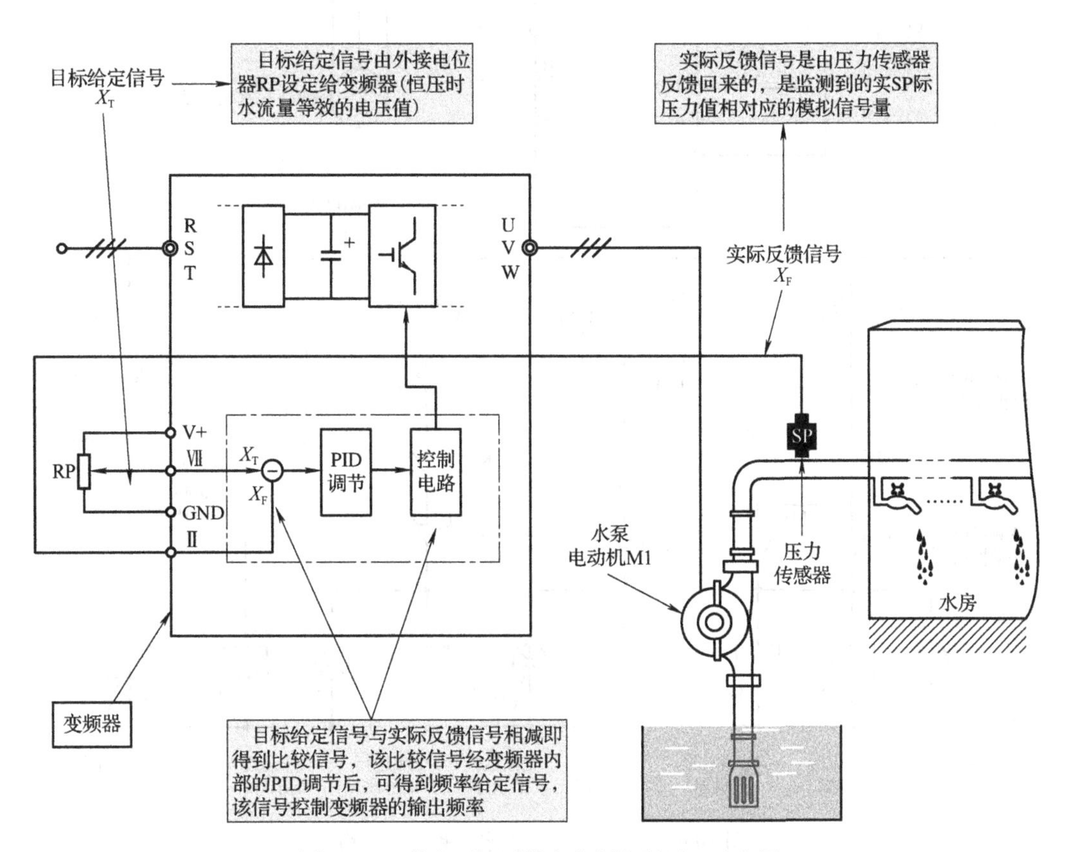

图 10-46　单水泵恒压供水变频控制原理示意图

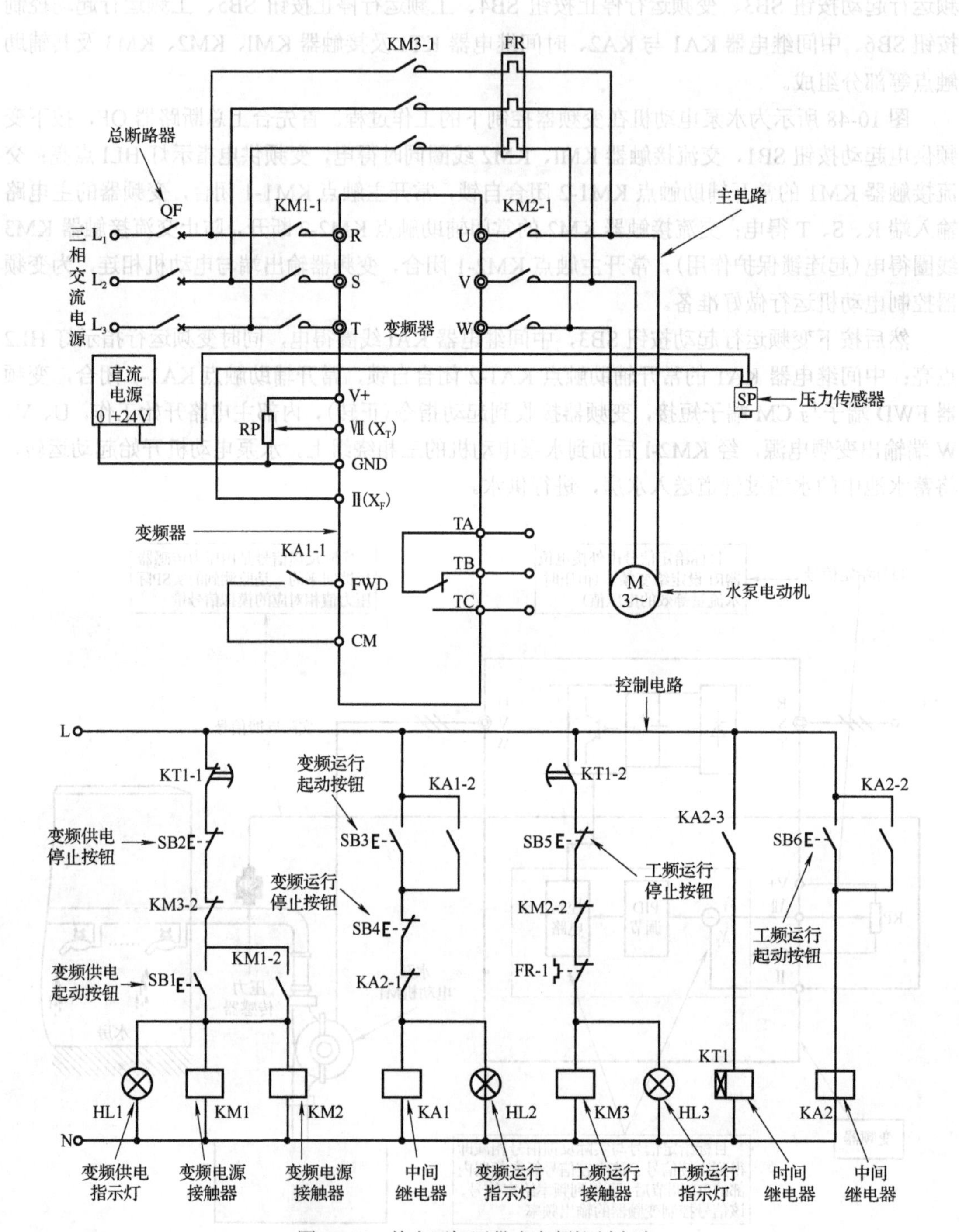

图 10-47　单水泵恒压供水变频控制电路

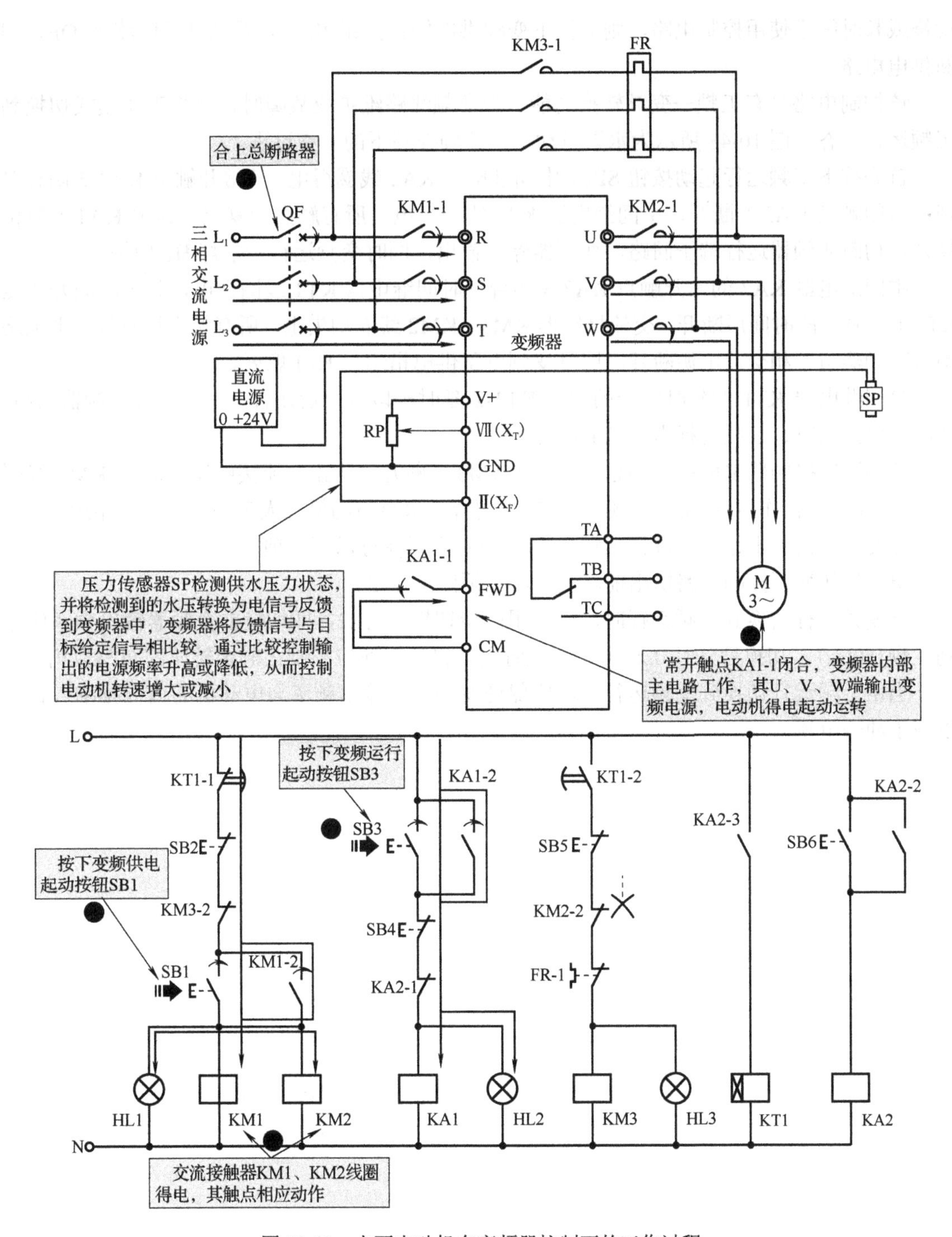

图 10-48　水泵电动机在变频器控制下的工作过程

水泵电动机工作时，供水系统中的压力传感器 SP 检测供水压力状态，并将检测到的水压转换为电信号反馈到变频器端子Ⅱ(X_F)上，变频器将反馈信号与初始目标设定端子 Ⅶ(X_T)给定信号相比较，将比较信号经变频器内部 PID 调节处理后得到频率给定信号，用于控制变频器输出的电源频率升高或降低，从而控制电动机转速增大或减小。

若需要变频控制线路停机，则按下变频运行停止按钮 SB4 即可。若需要对变频电路进行检修或长时间不使用控制电路，则需按下变频供电停止按钮 SB2 以及断开总断路器 QF，切断供电电路。

该控制电路具有工频—变频转换功能，当变频线路维护或故障时，可将工作模式切换到工频运行状态。图 10-48 所示为水泵电动机在工频控制下的工作过程。

首先按下工频运行起动按钮 SB6，中间继电器 KA2 线圈得电，其常开触点 KA2-2 闭合自锁；常闭触点 KA2-1 断开，中间继电器 KAl 线圈失电，所有触点均复位，其中 KA1-1 复位断开，切断变频器运行端子回路，变频器停止输出，同时变频运行指示灯 HL2 熄灭。

中间继电器 KA2 的常开触点 KA2-3 闭合，时间继电器 KT1 线圈得电，其延时断开触点 KT1-1 延时一段时间后断开，交流接触器 KM1、KM2 线圈均失电，所有触点均复位，主电路中将变频器与三相交流电源断开，同时变频电路供电指示灯 HLl 熄灭。

时间继电器 KT1 的延时闭合的触点 KT1-2 延时一段时间后闭合，工频运行接触器 KM3 线圈得电，同时，工频运行指示灯 H13 点亮。

工频运行接触器 KM3 的常闭辅助触点 KM3-2 断开，防止交流接触器 KM2、KM1 线圈得电(起连锁保护作用)；常开主触点 KM3-1 闭合，水泵电动机接人工频电源，开始运行。

在变频器控制电路中，进行工频/变频切换时需要注意以下事项。

电动机从变频控制电路切出前，变频器必须停止输出。

当变频运行切换到工频运行时，需采用同步切换的方法，即切换前变频器输出频率应达到工频(50Hz)，切换后延时 0.2～0.4s，此时电动机的转速应控制在额定转速的 80%以内。

当由工频运行切换到变频运行时，应保证变频器的输出频率与电动机的运行频率一致，以减小冲击电流。

第 11 章　自动化装备与生产线的设计范例

本章重点： 为了帮助读者理解和运用前面介绍的有关自动化装备与生产线设计内容，本章通过激光加工机、键盘外观质量光学智能检测机、汽车水泵自动组装生产线和手机前置摄像头组件自动组装设备这四个设计实例，介绍了一般自动化装备与生产线设计方法及应用步骤。

11.1　概　　述

自动化装备与生产线覆盖面很广，虽然在系统构成上有着不同的层次，但在系统设计方面有着相同的规律。自动化装备与生产线系统设计是根据系统论的观点，运用现代设计的方法构造产品结构、赋予产品性能并进行产品设计的过程。

不论哪一类设计，必须有一个科学的设计程序，才能保证和提高产品设计质量。自动化装备与生产线设计的典型流程图如图 11-1 所示。

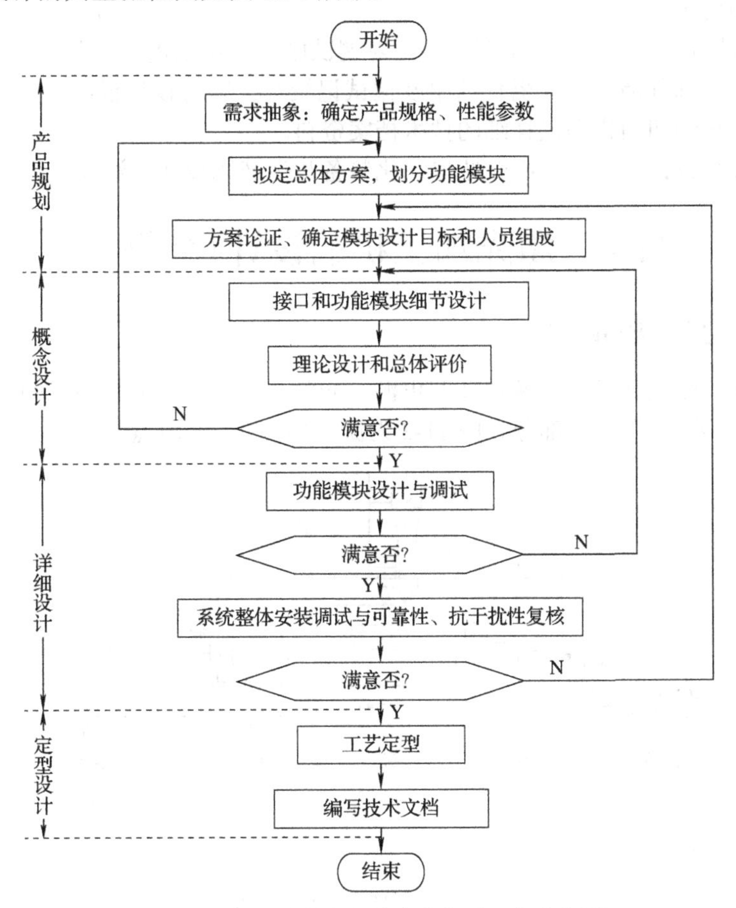

图 11-1　自动化装备与生产线设计一般流程图

从图 11-1 可以看出，自动化装备与生产线开发设计流程可划分为四个阶段。

(1) 产品规划阶段。产品规划要求进行需求分析、市场预测、可行性分析，确定设计参数及制约条件，最后给出详细的设计任务书，作为产品设计、评价和决策的依据。在这个阶段中首先对设计对象进行机理分析和理论抽象，确定产品的规格、性能参数；然后根据设计对象的要求，进行技术分析，拟定系统总体设计方案，划分组成系统的各功能要素和功能模块，最后对各种方案进行可行性评价，确定最佳总体方案。

(2) 概念设计阶段。需求是以产品功能来体现的，功能与产品设计的关系是因果关系。体现同一功能产品可以有多种多样的工作原理。因此，这一阶段的最终目标就是在功能分析的基础上，通过构想设计理念、创新构思、搜索探求、优化筛选取得较理想的工作原理方案。对于自动化装备与生产线来说，在功能分析和工作原理确定的基础上，进行工艺动作构思和工艺动作分解，拟定各执行构件动作相互协调配合的运动循环图，进行机械运动方案的设计(即机构系统的分析和综合)等，这就是产品概念设计过程的主要内容。

(3) 详细设计阶段。详细设计是将自动化装备与生产线方案(主要是机械运动方案、控制方案等)具体转化为产品及其零部件的合理构形。也就是要完成产品的总体设计、部件和零件设计以及电气系统设计。

详细设计时要求零件、部件设计满足机械的功能要求；零件结构形状要便于制造加工；常用零件尽可能标准化、系列化、模块化；设计还应满足功能、人机工程、造型美学、包装和运输等方面的要求。

(4) 定型设计阶段。该阶段的主要任务是对调试成功的系统进行工艺定型，整理出设计图纸、软件清单、零部件清单、元器件清单及调试记录等；编写设计说明书，为产品投产时的工艺设计、材料采购和销售提供详细的技术档案资料。

下面通过几个设计实例来详细介绍自动化装备与生产线设计方法和步骤。

11.2 激光加工机的设计(范例 1)

11.2.1 激光加工机简介

激光加工机一般包括激光振荡器及其电源、光学系统(导光和聚焦系统)、机床本体辅助系统(冷却、吹气装置)等四大部分。图 11-2 为激光切割机结构示意图。

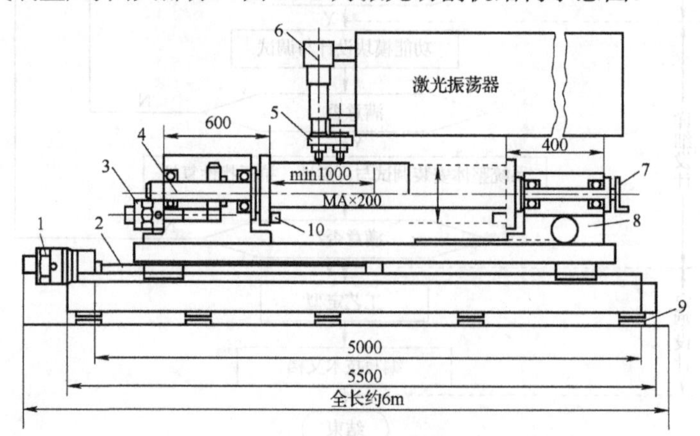

1.x 轴用电动机；2.滚珠丝杠；3. θ 轴用电机；4.主轴；5.转动喷嘴；6.导光辊；7.卡盘手柄；8.压紧移动手柄；9.底座；10.平衡块

图 11-2 激光切割机结构示意图

主要技术参数如下。

(1) θ 轴(主轴)的周向加工速度为 100～300mm/min 可调。

(2) x 轴(进给轴)最大速度为 6000mm/min。

(3) θ 轴与 x 轴的加速时间为 0.5s。

(4) x 向最大移动量为 2000mm。

(5) θ 向最大回转角为 180°。

(6) θ 轴周向和 x 轴的最小设定单位为脉冲当量 0.01mm/p。

(7) 定位精度为±0.1mm 以内。

(8) 传感器(旋转编码器)为 1000p/r。

图 11-3 所示为 θ 轴和 x 轴系的半闭环伺服传动系统。θ 轴系由 AC 伺服电动机通过三级齿轮传动减速，使工件仅在 180° 范围内回转，见图 11-3(a)，电动机轴上装有编码器进行角位移检测和反馈。为了说明直流伺服电动机的选用和计算方法，不妨假设 x 轴系不是用 AC 伺服电动机，用 DC 伺服电动机直接驱动滚珠丝杠、带动装有整个 θ 轴系的工作台往复运动，如图 11-3(b)所示。编码器通过齿轮传动增速与电动机轴相连，以获得所需的脉冲当量。

YA6 固体激光器由高压电源激励，产生的激光束经导光与聚焦系统、由激光头输出的斑照射工件表面进行切割。为了防止加工过程中材料氧化，用转动喷嘴进行吹氮气保护。

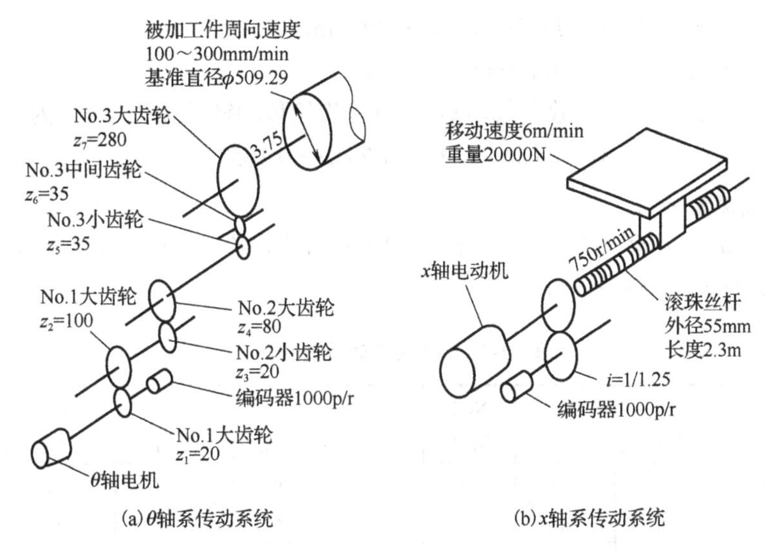

图 11-3　θ轴和 x 轴系的半闭环伺服传动系统

11.2.2　轴的伺服传动系统设计

1. 总传动速比及其分配

(1) 根据脉冲当量确定总传动速比。如图 11-3(a)所示，已知工件直径 D 上的周向脉冲当量 $\delta = 0.01\,\text{mm/p}$，编码器的分辨率 s=1000p/r，工件基准直径 $D = 509.29\,\text{mm}$。根据周向脉冲当量的定义，可知总传动速比 i 为

$$i = \frac{2\pi}{\delta s} \times \frac{D}{2} = \frac{2\pi}{0.01 \times 1000} \times \frac{506.29}{2} \approx 160$$

(2) 传动速比的分配。由于整个 θ 轴系统在 x 轴系的工作台上，且有周向定位精度要求，因此，各级传动速比应按重量最轻和输出轴转角误差最小的原则来分配，故三级传动速比分

别为

$$i_1=\frac{z_2}{z_1}=\frac{100}{20}=5\text{，}\quad i_2=\frac{z_4}{z_3}=\frac{80}{20}=4\text{，}\quad i_3=\frac{z_7}{z_6}\times\frac{z_6}{z_5}=\frac{280}{35}\times\frac{35}{35}=8$$

2. 转速计算

已知：工件直径D的圆周速度$v_1=100\sim300\ \text{mm/min}$，则工件转速$n_1$为

$$n_1=\frac{60v_1}{\pi D}=\frac{60\times(100\sim300)}{\pi\times509.29}=3.75\sim11.25\ (\text{r/min})$$

电动机所需的转速$n_m=n_1\times i=600\sim1800\ \text{r/min}$。

3. 等效负载转矩计算

已知：回转体(含工件及其夹具、主轴及No.3大齿轮等)的重力$W=2000\ \text{N}$。

(1)主轴承的摩擦因数$\mu=0.02$。

(2)主轴承的摩擦力$F=\mu W=40\ \text{N}$。

(3)主轴承直径$D=100\ \text{mm}$。

(4)主轴承上产生的摩擦负载转矩$M_f=(1/2)D\times F=2\ \text{N·m}$。

(5)工件不平衡重力W=100N。

(6)工件重心偏置距离$l=200\ \text{mm}$。

(7)不平衡负载转矩$M_L=Wl=2000\ \text{N·cm}$=20N·m。

(8)传动速比$i=160$或传动比$\mu=1/i=1/160$。

(9)换算到电动机轴上的等效负载转矩M_{eL}(含齿轮传动链的损失20%)为

$$M_{eL}=(M_f+M_L)\times1.2\times\mu=0.165\ \text{N·m}$$

4. 等效转动惯量计算

(1)传动系统J_1。齿轮、轴类和工件的详细尺寸省略，各元件的J值见表11-1，从该表换算到电动机轴上的$J_1=8.88\ \text{kg·cm}^2$。

表11-1　θ轴传动系统的J值

传动件名称	No.1 小齿轮	No.1 大齿轮	No.2 小齿轮	No.2 大齿轮	No.3 小齿轮	No.3 中间齿轮	No.3 大齿轮	工件
节圆直径D/mm	40	200	40	160	70	70	460	519(内径483)
宽度或长度B/mm	30	20	30	25	40	40	30	2000
材料	钢材	钢材	钢材	钢材	钢材	钢材	钢材	三合板
轴与轴承等的J/(kg·cm²)	1.02	132.77		495.68			31704.13	34485.06
转速n(r/min)	600	120		30			3.75	3.75
减速比N	1/1	1/5		1/20			1/160	1/160
换算到电动机轴上的J值J/(kg·cm²)	1.02	5.03		1.24			1.24	1.36
换算到电动机轴上的J值合计J/(kg·cm²)	8.8							
	10.16							

(2)工件J_2。外径$D_1=519\ \text{mm}$，内径$d=483\ \text{mm}$，长度$l=2000\ \text{mm}$的半圆筒形三合板，其重力$W=450\ \text{N}$，换算到电动机轴的工件$J_2=1.36\ \text{kg·cm}^2$。

(3) 等效转动惯量 J_e。$J_e = J_1 + J_2 = 10.16\ \ \text{kg·cm}^2 = 0.1016\times10^{-2}\ \ \text{kg·cm}^2$。

5. 初选伺服电动机

由于该伺服电机长期连续工作在变负载之下，故先按方均根负载初选电动机，其工作循环如图 11-3 所示（已知 $t_1 = t_2 = 0.5\text{s}$）。

$$M_{Lr} = \sqrt{\frac{M_{eL}^2 t_1 + (-M_{eL})^2 t_2}{t_1 t_2}} = \sqrt{\frac{0.165^2\times0.5 + 0.165^2\times0.5}{0.5+0.5}} = 0.165\ (\text{N·m})$$

据式 (4-9) 计算所需伺服电动机功率（已知传动系统 $\eta = 0.95$，$n_{Lr} = n_m = 1800\,\text{r/min}$）。

$$P_m \approx (1.5\sim2.5)\frac{0.165\times n_{Lr}}{159\times0.95} = (1.5\sim2.5)\frac{0.165\times1800}{159\times0.95\times60} = 0.049\sim0.082\ (\text{kW})$$

查有关手册初选 IFT50，～2 型交流伺服电动机，其额定转矩 $M_N = 0.75\ \text{N·m}$，额定转速 $n_N = 2000\ \text{r/min}$，转子惯量 $J_m = 1.2\times10^{-4}\ \text{kg·m}^2$，显然 $J_2 / J_m > 3$，影响伺服电动机的灵敏度和响应时间。决定改选北京凯奇拖动控制系统有限公司生产的中惯量交流伺服电动机 SM02 的功率 0.3kW，额定转矩 $M_N = 2\ \text{N·m}$，最高转速 $n_{\max} = 2000\ \text{r/min}$，$J_m = 4.2\times10^{-4}\ \text{kg·m}^2$，$J_e / J_m = 2.4 < 3$。

6. 计算电动机需要的转矩 M_m

已知：加速时间 $t_1 = 0.5\text{s}$，电动机转速 $n_m = 600\ \text{r/min}$，根据动力学公式，电动机所需的转矩 M_m 为

$$\begin{aligned}M_m &= M_a + M_{eL} = \frac{2\pi}{60}(J_m + J_e)\frac{n_m}{t_1\eta} + M_{eL}\\ &= \frac{\pi}{30}\left(4.2\times10^{-4} + 0.1016\times10^{-2}\right)\times\frac{600}{0.5\times0.95} + 0.165\\ &= 0.355(\text{N}\cdot\text{m})\end{aligned}$$

7. 伺服电动机发热校核

已知：$M_1 = -M_2 = M_M$，参见图 11-4，其方均根转矩 M_{Lr} 为

$$M_{Lr} = \sqrt{\frac{M_1^2 t_1 + (-M_2)^2 t_2}{t_1 + t_2}} = M_m = 0.355\sim0.735\ (\text{N·m})$$

故有　$$\frac{M_N}{M_{Lr}} = \frac{2}{0.355}\sim\frac{2}{0.735} = 5.6\sim2.7 > 1.26$$

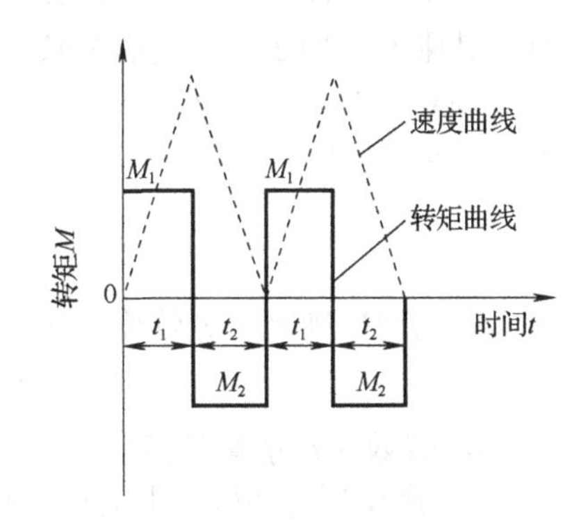

图 11-4　激光加工机工作循环图

这表明该电动机的转矩能满足要求。

8. 定位精度分析

θ 轴伺服系统虽然是半闭环控制，但除了电动机以外，仍是开环系统。因此，其定位精度主要取决于 θ 轴的齿轮传动系统，与电动机本身的制造精度关系不大。

根据误差速比原理，仅要求末级齿轮的传动精度较高。当要求周向定位精度 $\varDelta = \pm0.1\,\text{mm}$ 时，相当于主轴上的转角误差 $\Delta\theta$ 为

$$\Delta\theta = \frac{\varDelta}{D/2}\times\frac{180}{\pi} = \frac{0.1\times2}{509.92}\times\frac{180^\circ}{\pi} = 135(')$$

由此可选择齿轮的传动精度。

11.2.3 x 轴的伺服传动系统设计

1. 根据脉冲当量确定丝杠导程 t_{sP} 或中间齿轮传动速比 i

如图 11-3(b)所示，已知：线位移脉冲当量 $\delta = 0.01\,\text{mm/p}$，编码器的分辨率 s=1000p/r，相当于该轴上的每个脉冲步距角 $\theta_b = 360^\circ/1000 = 0.36(^\circ/\text{p})$，换算到电动机轴上 $\theta_m = \theta_b \times 1.25 = 0.45(^\circ/\text{p})$，电动机接驱动丝杠时，其中间齿轮传动速比 $i = 1$。根据线位移脉冲当量的定义，可知

$$t_{sP} = \delta i \times (360^\circ/\theta) = 0.01 \times 1 \times (360^\circ/0.45^\circ) = 8(\text{mm})$$

2. 所需的电动机转速计算

已知：线速度 $v_2 = 6000\,\text{mm/min}$，所需的电动机转速 n_m 为

$$n_m = v_2 / v_1 = 6000/8 = 750(\text{r/min})$$

因此，编码器轴上的转速 $n = n_m / 1.25 = 600\text{r/min}$。

3. 等效负载转矩计算

已知：移动体(含工件、整个 θ 轴系和工作台)的重力 $W = 20000\,\text{N}$，贴塑导轨的摩擦因数 $\mu = 0.065$，移动时的摩擦力 $F_1 = \mu W = 1300\,\text{N}$，滚珠丝杠传动副的效率 $\eta = 0.9$，根据机械效率公式，换算到电动机轴上所需的转矩 M_1 为

$$M_1 = \frac{\mu W t_{sP}}{2\pi\eta} = \frac{0.065 \times 20000 \times 0.8}{2\pi \times 0.9} = 1.839\ (\text{N·m})$$

由于移动体的重量很大，滚珠丝杠传动副必须事先预紧，其预紧力为最大轴向载荷的 1/3 时，其刚度增加 2 倍，变形量减小 1/2。

预紧力 $F_2 = (1/3)F_1 = 433.33\,\text{N}$，螺母内部的摩擦因数 $\mu_m = 0.3$，因此，滚珠丝杠预紧后的摩擦转矩 M_2 为

$$M_2 = \mu_m \frac{F_2 t_{sP}}{2\pi} = 0.3 \times \frac{433.33 \times 0.8}{2\pi} = 0.1656\ (\text{N·m})$$

在电动机轴上的等效负载转矩 M_{eL} 为

$$M_{eL} = M_1 + M_2 = 2.0056\,\text{N·m}$$

4. 等效转动惯量计算

(1) 换算到电动机轴上的移动体 J_1。根据运动惯量换算的动能相等原则，J_1 为

$$J_1 = \frac{W}{g}\left(\frac{t_{sP}}{2\pi}\right)^2 = \frac{20000}{9.81} \times \left(\frac{0.8}{2\pi}\right)^2 = 0.3308 \times 10^{-2}\ (\text{kg·m}^2)$$

(2) 换算到电动机轴上的传动系统 J_2。该传动系统(含滚珠丝杠、齿轮及编码器等)的 J_2，其计算结果为

$$J_2 = 2.12\,\text{kg·m}^2$$

因此，换算到电动机轴上的等效转动惯量 J_e 为

$$J_e = J_1 + J_2 = (0.3305 + 2.12) \times 10^{-2} = 2.45 \times 10^{-2}\ (\text{kg·m}^2)$$

5. 初选伺服电动机的型号

由于 $M_{eL} = 2.0056\,\text{N·m}$ 和 $J_e = 2.45 \times 10^{-2}\,\text{kg·m}^2$，查表 11-2，初选电动机型号为 CN-800-10，$M_N = 8.30\,\text{N·m}$，$J_m = 0.91 \times 10^{-2}\,\text{kg·m}^2$，则有

$$J_e / J_m = 2.45/0.91 = 2.69 < 3$$

$$n_N = 1000\ \text{r/min},\quad n_{\max} = 1500\ \text{r/min}$$

表 11-2　日本三洋直流伺服电动机规格参数

参数	C-100-20	C-200-20	C-400-20	C-800-20
额定输出功率 P_R / kW	0.12	0.23	0.45	0.85
额定电枢电压 E_R / V	70	60	105	100
定转矩 M_N / (N · cm)	117	225	440	830
额定电枢电流 I_N / A	3.1	5.8	5.6	11
额定转速 n_N / (r · min^{-1})	1000	1000	1000	1000
连续失速转矩 M_s / (N · cm)	145	290	550	1050
瞬时最大转矩 M_{Ps} / (N · cm)	1300	2600	4000	8000
最大转速 $n_{\max}$ / (r/min)	2000	2000	1500	1500
比功率 QI (kW/s)	1.32	2.92	3.22	74
转矩常数 K_1 / (N · cm / A)	46	46	92	92
感应电压常数 K_E / (V · kr / min)	47.5	47.5	95	95
转子惯量 J_m / (kg · m^2)	0.10×10^{-2}	0.17×10^{-2}	0.59×10^{-2}	0.91×10^{-2}
电枢阻抗 R_a / Ω	4.7	1.65	2.2	0.78
电枢电感 L_a / mH	11	4.5	8	3.7
机械时间常数 t_m / ms	23	15	16	10
电气时间常数 t_m / ms	2.4	2.7	3.8	4.7
稳定常数 h_{th} / min	45	50	60	70
热阻杭 R_{th} / (℃ · W^{-1})	1.5	1.0	0.75	0.6
电枢线圈温度上限/℃	130	130	130	130
绝缘等级	F 级			
励磁方式	永久磁铁			
冷却方式	全封闭制冷			

6. 计算电动机需要的转矩 M_m

已知：加速时间 $t_1 = 0.5\text{s}$，电动机转速 $n_m = 750\ \text{r/min}$，滚珠丝杠传动效率 $\eta = 0.9$，电动机所需的转矩 M_m 为

$$M_m = M_a + M_{eL} = \frac{2\pi}{60}(J_m + J_e)\frac{n_m}{t_1\eta} + M_{eL}$$

$$= \frac{2\pi}{60}(0.91\times10^{-2} + 2.45\times10^{-2})\frac{750}{0.5\times0.9} + 2.0045 \approx 7.87(\text{N}\cdot\text{m})$$

7. 伺服电动机的确定

(1) 伺服电动机的安全系数检查。与 θ 轴系相同，$M_{Lr} = M_m = 7.87\ \text{N·m}$，故有

$$M_N / M_{Lr} = \frac{8.30}{7.78} = 1.055 > 1.26$$

由于该电动机的安全系数很小，必须检查电动机的温升。

(2) 热时间常数检查。已知：$t_P = 1\text{s}$，$t_{th} = 70\,\text{min}$，故 $t_P << 1/4t_{th}$。

(3) 电机的 ω_n 和 ς 检查。已知：$t_m = 10\,\text{ms}$，$t_e = 4.7\,\text{ms}$，则有

$$\omega_n=\sqrt{\frac{1}{t_m t_e}}=\sqrt{\frac{1}{10\times10^{-3}\times4.7\times10^{-3}}}\approx145.9\text{rad/s}>80\text{rad/s}$$

$$\varsigma=\frac{1}{2}\sqrt{\frac{t_m}{t_e}}=\frac{1}{2}\sqrt{\frac{10\times10^{-3}}{4.7\times10^{-3}}}\approx0.729$$

该ς值比较接近最佳阻尼比$\varsigma=0.707$。

8. 电动机温升检查

在连续工作循环条件下，检查电动机的温升。

(1)加速时的电枢电流I_e

$$I_e=\frac{M_m}{K_T}$$

式中，K_T为电动机转矩常数，查表 11-2，$K_T=92\ \text{N·cm/A}$，所以

$$I_e=\frac{M_m}{K_T}=\frac{787}{92}=8.55\ (\text{A})$$

(2)温升的第一次估算。当温度为t_1时，对应的电枢电阻R_{at}为

$$R_{at}=R_{20}\left[1+3.93\times10^{-3}(t_1-20)\right]$$

式中，R_{20}为20℃时的电枢电阻。

由表 11-2 查得$R_{20}=0.78\Omega$。

设$t_1=60$ ℃，则有

$$R_{at}=0.78\times\left[1+3.93\times10^{-3}\times(60-20)\right]=0.9(\Omega)$$

在该温度下的电功率损耗P_e为

$$P_e=I_a^2R_{at}=(8.55)^2\times0.9=65.79(\text{W})$$

由表 11-2 查得热阻抗$R_{th}=0.6^{\circ}/\text{W}$。因此，电枢的温升$\Delta t_1=P_eR_{th}=65.79\times0.6=39.47$℃。若环境温度为25℃，则电枢温度为64.47℃，以此温度作为第二次估算的基础。

(3)温升的第二次估算。设$t_1=65$℃，则有

$$R_{at}=0.78\times\left[1+3.93\times10^{-3}\times(65-20)\right]=0.917(\Omega)$$

电功率损耗$P_e=I_a^2R_{at}=67.1\text{W}$。

电枢温升$\Delta t_2=P_eR_{th}=40$℃。若环境温度为25℃，则电枢温度为65℃，与假设温度一致。

(4)温升的第三次估算。设$t_1=83$℃（热带地区），则有

$$R_{at}=0.78\times\left[1+3.93\times10^{-3}\times(83-20)\right]=0.973(\Omega)$$

电功率损耗$P_e=I_a^2R_{at}=71.16\text{W}$。

电枢温升$\Delta t_3=P_eR_{th}\approx43$℃。若环境温度为 40℃，则电枢温度为 83℃，与假设温度基本一致。

查手册可知，对于电枢绕组绝缘等级为 F 级的电动机，当环境温度为 40℃时，电动机的温升限值可达 100℃。因此，该电动机的安全系数虽然较小，在设计参数范围内，仍正常使用。

9. 电动机起动特性检查

(1)直线运动中的加速度计算。在等加速的直线运动过程中，其加速度a为

$$a = \frac{v - v_0}{60t_n}$$

式中，v 为加速过程的终点速度(m/min)；v_0 为初始速度(m/min)。

已知：$v = 6\,\text{m/min}$，$v_0 = 0$，$t_a = 0.5\text{s}$，则有

$$a = \frac{v}{60t_a} = \frac{6}{60 \times 0.5} = 0.2\ (\text{m/s}^2)$$

(2)加速距离计算。在等加速运动中，其移动距离 S 为

$$S = v_0 t_a + \frac{1}{2} a t_a^2$$

已知：$v_0 = 0$，$a = 0.2\,\text{m/s}^2$，$t_a = 0.5\text{s}$，则有

$$S = \frac{1}{2} a t_a^2 = \frac{1}{2} \times 0.2 \times (0.5)^2\,\text{m} = 0.025\,\text{m} = 25\text{mm}$$

(3)等加速运动的调节特性。若 $a = 0.2\,\text{m/s}^2$ 保持不变，则对电动机所需的转矩毫无影响。对于不同的线速度要求，其加速时间与距离是不同的，即具有调节特性。例如

① $v = 100\,\text{mm/min}$，则有 $t_a = 8.33 \times 10^{-3}\,\text{s}$，$S = 6.94 \times 10^{-3}\,\text{mm}$。

② $v = 600\,\text{mm/min}$，则有 $t_a = 0.05\text{s}$，$S = 0.25\,\text{mm}$。

10. 定位精度分析

与 θ 轴系精度分析相同，x 轴系的定位精度主要取决于滚珠丝杠传动的精度和刚度，它与电动机制造精度的关系不大。

已知定位精度 $\varDelta = 0.1\,\text{mm}$，一般按 $\varDelta_S = \left(\frac{1}{3} \sim \frac{1}{2}\right)\varDelta = 0.033 \sim 0.05\,\text{mm}$ 选择丝杠的累积误差。其次，计算丝杠的刚度所产生的位移误差。

激光加工机的工艺力是非常小的，但要重视滚珠丝杠的精度和刚度，以免产生过大的变形误差，这常是激光加工机设计失败的重要原因。

11.3　键盘外观质量视觉智能检测(范例 2)

11.3.1　系统设计案例

自动光学检测(AOI)系统按功能划分为机械运动模块、图像采集模块、图像处理模块、数据存储模块以及控制模块，是一种集光学传感、运动控制和信号处理等多种技术于一体的技术密集型工业智能检测设备。在工业生产中主要用于执行产品的测量、外观检测、识别和引导等任务。如第 6 章图 6-25 所示，自动光学检测(AOI)系统的硬件部分主要包括运动系统、运动控制卡、光照系统、相机、镜头、偏振片、图像采集卡、传感器以及计算机等；其软件部分主要包括运动控制模块、图像采集模块、图像处理模块、数据存储模块以及软件的图形交互界面等。以苏州日和科技有限公司(以下简称“日和科技”)的自动光学检测产品为例，图 11-5 为日和科技研发的 RKB-1450A 型键盘 AOI 外观检测设备；图 11-6 为日和科技研发的 RIQ4-10A 型全自动 LCD 光学检测设备。

图 11-5　RKB-1450A 型键盘 AOI 外观检测设备

图 11-6　RIQ4-10A 型全自动 LCD 光学检测设备

11.3.2　光源设计

LCD(Liquid Crystal Display，液晶显示器)是非主动发光器件，需要借助外界光源被动发光。正向照明的光照系统设计方案对 LCD 产品检测的影响比较大，如反光板容易划伤、灰尘不容易清理等，这些问题会给图像采集过程带来较多的噪声，增大了图像处理的难度。因此，日和科技的 LCD 光学检测设备采用了背光照明的光照系统设计方案(图 11-7)，背光源和摄像机分别位于待检测 LCD 模组的两侧，LCD 使用投射式发光。

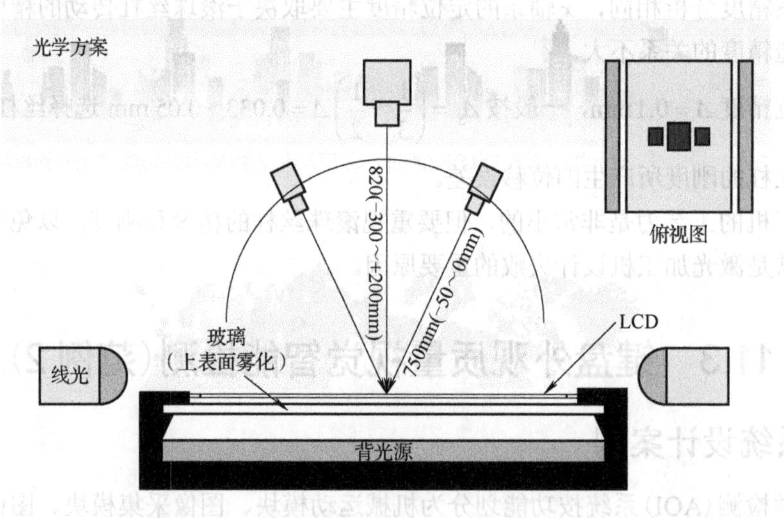

图 11-7　LCD 光学检测设备光照系统设计方案

LCD 产品一般需要采用多光谱进行检测，自动光学检测设备通过切换多种不同光谱的偏振片对 LCD 产品进行检测，多光谱检测装置一般包括一个装置本体，本体上设有用于放置待检测 LCD 产品的检测工位，当 LCD 产品放置在检测工位上以后，利用压合机构固定 LCD 产品从而进行后续检测。然而在实际的检测中发现，LCD 产品在检测装置上检测时，不可避免地会沾染到灰尘、颗粒等杂物，这些杂物的存在会影响检测结果。LCD 光学检测设备在 LCD 产品检测工位上设置有测光机构，该测光机构可相对于检测工位上下运动且其发射的光线与 LCD 产品的表面平行，方便检测出 LCD 产品上的杂物，进行清洁。

11.3.3 相机选择

工业相机按照图像传感器的不同主要分为 CCD 相机和 CMOS 相机。CCD 图像传感器的主体部分由对于光线敏感的光电传感器阵列组成，光电传感器一般为光栅晶体管或光电二极管。通过光电传感器，进入的光被转换为电荷，这些电荷按照行的顺序依次送入串行读出寄存器读出。

CMOS 图像传感器通常采用光电二极管作为光电探测阵列的组成单元，与 CCD 图像传感器的工作原理不同，探测阵列中的电荷不是按顺序依次转移到串行读出寄存器中的，而是可以通过行列选择电路直接选择需要读出的特定行中的电荷值读出。因此可以把 CMOS 图像传感器的探测阵列看作一个随机存取存储器。CMOS 图像传感器的输出可以接上模数转换单元从而可以产生数字图像信息共后端处理。

CCD 相机由于其热噪声低、响应灵敏、动态范围广等优点，在机器视觉应用中常用于拍摄连续高速运动状态以及图像分辨率要求较高的场景，而且能够实现无漏采集。在 AOI 系统中应用较多的也是 CCD 相机。CCD 相机又分为线阵 CCD 相机和面阵 CCD 相机，面阵 CCD 相机适合用于小面积的图像采集或检测，如条形码检测用的 CCD 相机是面阵的，但面阵相机不能胜任高速连续大尺寸的无漏图像采集。线阵 CCD 相机的感光器件由一列或多列 CCD 图像传感器组成，图像采集的原理近似于扫描仪原理，每次采集一线图像，多次采集组成多线完整图像，优点是无漏图像采集，适合采集图像分辨率高、连续直线运动状态的物体测量。

11.3.4 硬件平台设计

如图 11-8 所示，LCD 光学检测设备的 AOI 系统的硬件平台主要包括上、下料组件、拍照检测组件、检测转台、转动夹、滤光片自动切换装置等。其中，自动上料工位采用 CST 框架上料，双 CST 入料，装片多，上片速度快，破片率小；自动下料工位采用 TRAY 方式下料，具有空 TRAY、良品 TRAY、不良品 TRAY 三个工位，配有伺服滑台，摆放精度高、速度快，且一次空 TRAY 上料后，1 小时后才需上料；相机工位采用伺服滑台模组，可在操作界面上直接调整相机参数，方便更换机种。

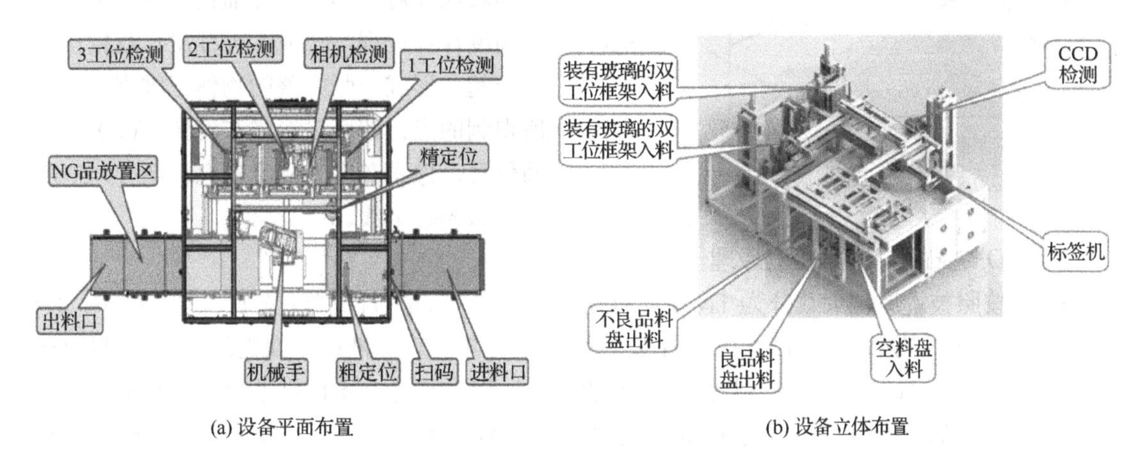

(a) 设备平面布置　　(b) 设备立体布置

图 11-8　LCD 光学检测设备图

11.3.5　系统检测原理

1. AOI 系统三维测量原理

实际工业生产过程中，有二维(2D)和三维(3D)两种测量需求。其中，三维测量对自动光学检测系统的技术要求更高，软、硬件平台的设计也更为复杂，键盘 AOI 外观检测设备为例介绍键盘键高测量的相关原理。如图 11-9 所示，键盘键高测量需要在 AOI 系统中应用辅助的激光器，其主要的测量流程如图 11-10 所示，具体包括以下步骤。

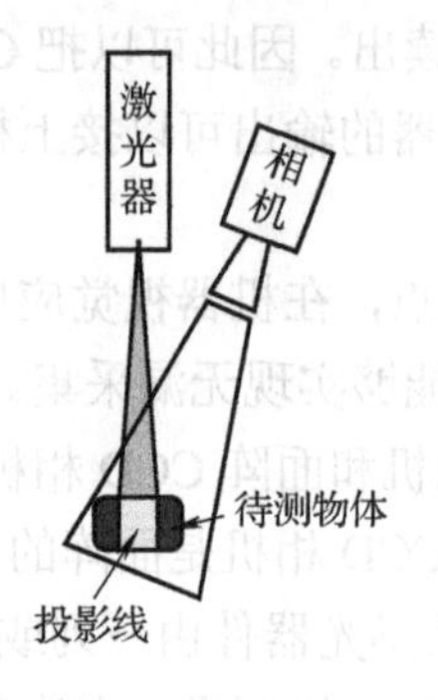

图 11-9　键盘键高 AOI 测量原理图

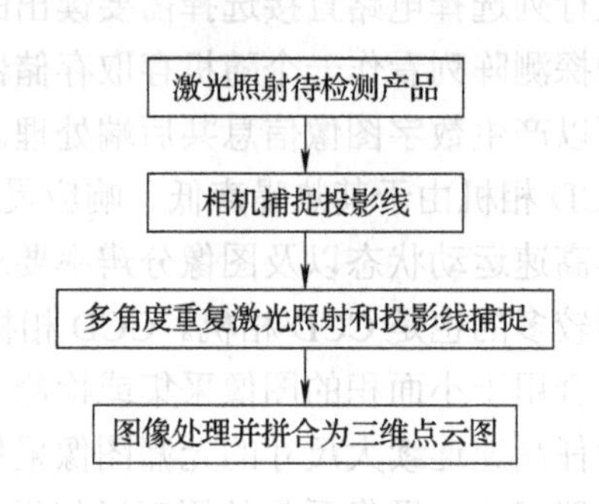

图 11-10　键盘键高 AOI 测量流程图

(1) 激光器发射的激光线在待测量的产品表面形成一条亮的直线。

(2) 相机捕捉上述激光线在待检测产品表面所形成的投影线。

(3) 根据投影线在相机图片中的位置，使用几何三角法算出图像中激光线每个点对应的高度(相对于标定时基准线的高度)，得到物体被激光线投影部分的高度。

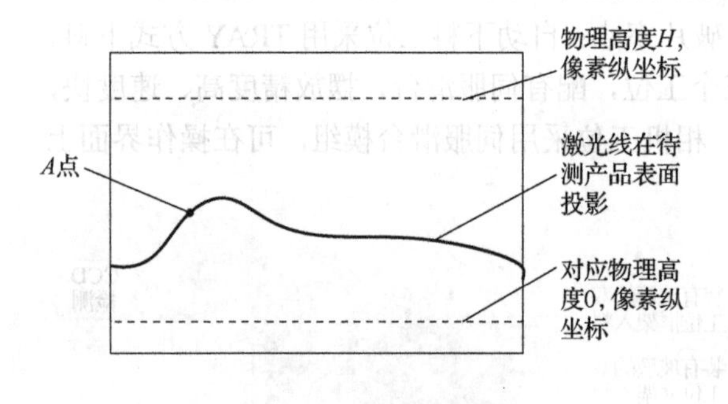

图 11-11　激光投影线

(4) 根据分辨率的要求，通过移动相机、激光器或者待测产品本身多角度照射待测产品表面并对投影线进行捕捉，重复每个点的高度计算过程，把计算到的 N 行数据拼合在一起，形成一张完整的物体三维点云图。所得到的点云图可以看成灰度图，X、Y 为平面信息，像素灰度为高度信息。图 11-11 所示为激光投影线。

2. LCD 缺陷自动光学检测原理

LCD 按照技术原理大致分为 TN 型、STN 型、HTN 型、FSTN 型以及 TFT 型。其中，TN 型 LCD 的基本结构如图 11-12 所示，主要包括 ITO 导电玻璃、液晶、偏光片、封接材料(边框胶)、导电胶、取向层、衬垫料等，LCD 的制造过程就是将上述材料进行加工和组合的过程。LCD 制造的全部过程大体分为 40 多道工序，流程较为复杂，工艺要求也相对较高，且全程需要在无尘室中进行，尽管很多工序已实现自动化，但整个生产流程仍然需要人工参与。因此，人为因素和环境因素在生产流程的任何一个步骤中都可能给最终的 LCD 产品引入缺陷。

LCD 的各种缺陷形状各异，面积不一，发生的位置也不确定，因此很难进行统一归类。从缺陷的聚集状态可大致分为点缺陷(如亮点、暗点等)，线缺陷(如垂直线、水平线、斜线、圆形等)以及面缺陷(如云状、垂直带、水平带、环形面、拱形面等)。在 LCD 缺陷中最为常见的缺陷称为 Mura(国际半导体设备与材料组织将其定义为显示器工作时，像素矩阵表面可见的现实不完美)，按照形状和面积亦可分为点 Mura、垂直带状 Mura、面 Mura、划痕 Mura 和光泄漏 Mura 等。由于 LCD 缺陷的情况较为复杂，人工检测已无法满足实际生产需求，AOI 系统在 LCD 缺陷检测领域的应用显得尤为重要。

LCD 自动光学检测设备可检测出的 LCD 缺陷包括亮点、暗点、CELL 异物、线裂纹以及 12 种 Mura 等，其工作的主要流程如图 11-13 所示，具体包括如下步骤。

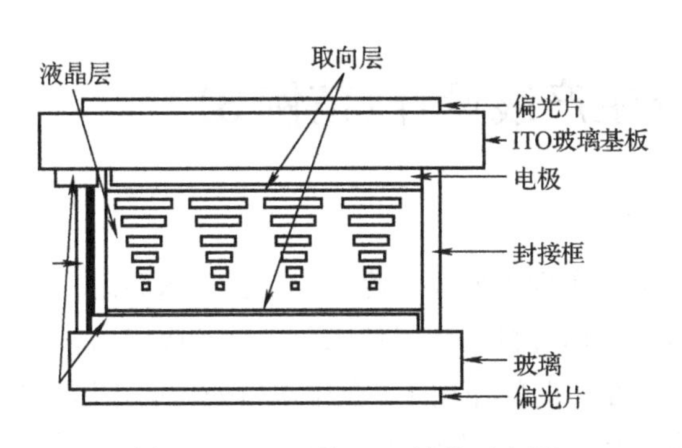

图 11-12　TN 型 LCD 结构示意图

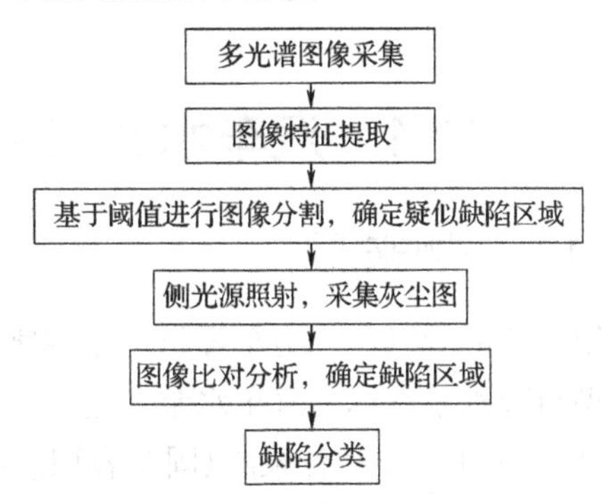

图 11-13　TN 型 LCD 结构光学检测流程图

(1) 点亮待检测的 LCD 产品，通过自动切换滤光片采集不同光谱下的图片(如红、绿、蓝、黑、白、灰等画面)。

(2) 对所采集的图片进行一定的预处理后，根据点亮区域的成片灰度特征自动识别待检测区域(规则区域和不规则区域自适应)。

(3) 依据图像的灰度分布情况选择一个或多个灰度阈值，对上述图像的待检测区域逐像素地使用所选择的阈值进行等级划分，初步锁定疑似缺陷区域。

(4) 利用高亮的侧光源(图 11-14)平行照射待检测的 LCD 产品，将 LCD 表面灰尘以高亮的状态呈现在灰尘图中。

(5) 将疑似缺陷区域和灰尘图的同一区域进行比对分析，出现相同特征的即为灰尘，否则为缺陷。

(6) 根据缺陷的尺寸、形态、亮度等多种特征划分缺陷的种类和等级(检出结果如图 11-15 所示)。

亮点,暗点	>1/3 subpixel,>70μm*70μm (subpixel 大小视产品而异)
亮线,暗线	宽>1/3 subpixel,宽>70μm
刮伤	可辨识滤除,70μm*3mm
灰尘	可辨识滤除,100μm*100μm
Mura	>200μm*200μm
残胶	可辨识滤除,100μm*100μm

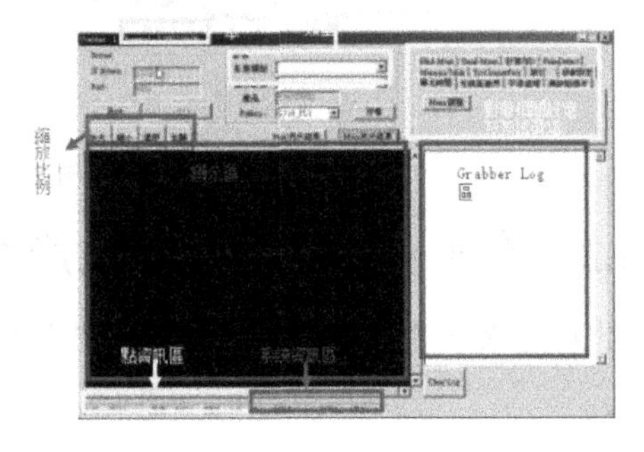

图 11-14　采集不同光谱下的 LCD 检测灰尘图

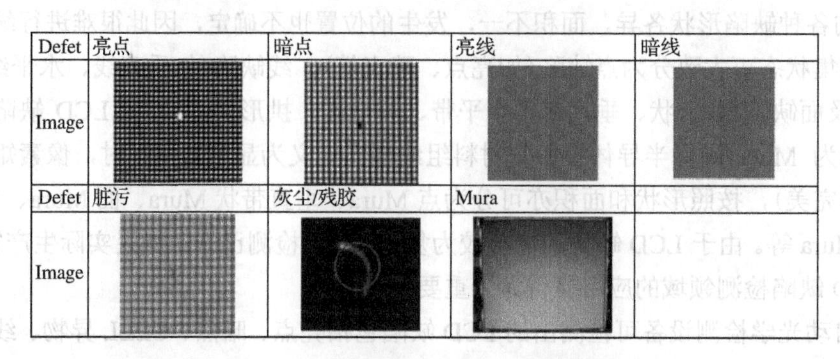

图 11-15　LCD 光学检测特征划分、缺陷种类和等级

11.4　汽车水泵自动装配生产线设计(范例 3)

11.4.1　课题来源

很多新能源汽车、房车等特种车辆常用微型水泵作为水循环、冷却或车上供水系统，这种微型自吸水泵统称为汽车水泵。电机的圆周运动，通过机械装置使水泵内部的隔膜做往复式运动，从而压缩、拉伸泵腔(固定容积)内的空气，在单向阀作用下，在排水口处形成正压(实际输出压力大小与泵排水口受到的助力和泵的特性有关)；在抽水口处形成真空，从而与外界大气压间产生压力差。在压力差的作用下，将水压入进水口，再从排水口排出。在电机传递的动能作用下，水持续不断地吸入、排出，形成较稳定的流量。它综合了自吸泵与化工泵的优点，采用耐腐蚀的多种进口材料合成，具有耐酸、耐碱、耐腐蚀等性能；自吸速度极快(约 1s)，抽吸力强劲，吸程高达 5m，基本无噪声。做工精致、不仅有自吸功能，而且流量超大(最大可达 25L/min)、压力高(最大可达 2.7kg)、性能稳定、安装方便。所以新能源汽车上常用到这款大流量水泵。如图 11-16 所示为一种用于汽车中功率为 60W 的电子水泵。

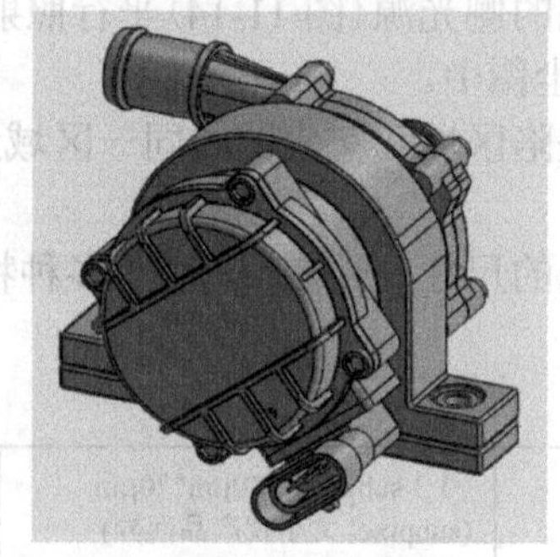

图 11-16　一种用于汽车中功率为 60W 的电子水泵

11.4.2　汽车水泵自动装配生产线总体方案设计

针对此水泵的装配，制定的生产线如图 11-17 所示。

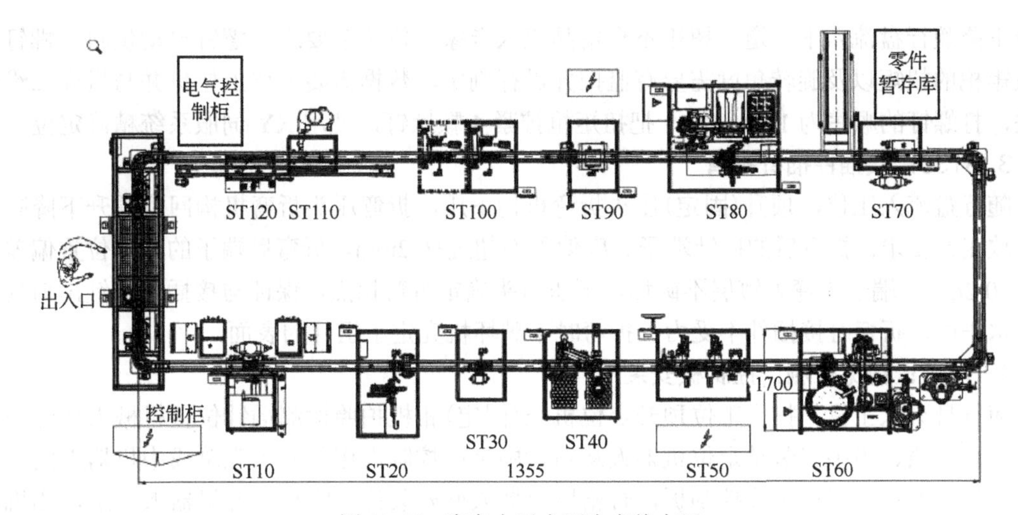

图 11-17　汽车电子水泵生产线布局

该生产线整体布局为 O 形，占地面积约 16m×7m(长×宽)，设备高度为 2500mm，输送线逆时针流动，工位间通过随行板进行工件传递。

该装配线操作人员 4 人，两个操作员在环型线内部，一个操作员在外部，线体左端为入口。设备操作的工作高度为零件的中心高度离地面 900mm，并有 50mm 可调。

生产节拍为 40s，各个工位的节拍不均衡率小于 20%，生产线配有故障统计功能。设备能适合 24 小时工作，设备利用率 TRP≥85%。具体工位介绍如下。

1. ST10：机壳打码，接插件合装上料

随行盘流入，顶升定位；操作者左手从料箱中拿出机壳总成，放入打标机工装底座，双手按下启动按钮，开始打码操作工右手从料盒中拿取异形密封圈，放入工装底座，左手从料箱中拿出接插件，向下放入工装底座，双手按启动按钮，压头下压将接插件压住，顶升压头将密封圈压入接插件并进行预折弯，操作者左手将打完码的机壳取出，右手将接插件取出，双手将接插件扣合进机壳，右手将机壳放到随行盘上，左手取一个 O 形密封圈，双手放入随行盘工装，右手按释放按钮，扫码随行盘顶升下降，释放随行盘。

工艺要求：扫码检查扫不出的产品声音应提醒操作者拿出放入不良品红箱；换料时操作工必须手工输入物料批次号；打标二维码格式和位置如图 11-18 所示。

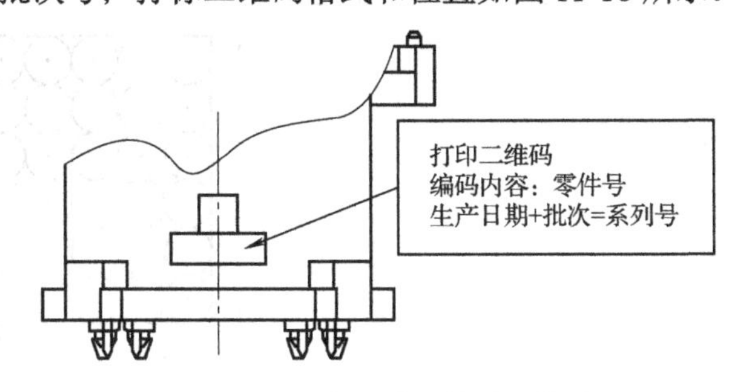

图 11-18　打标二维码格式和位置

2. ST20：接插件打自攻螺钉

随行盘流入工位，扫码线体阻挡器精定位顶升机壳，后阻挡顶出顶住机壳侧向压头伸出将接插件压在机壳安装面上扭矩枪依次将 4 颗自攻螺钉打入紧固侧向压头退回，后阻挡退回，顶升下降随行盘流入下一道，扭矩不合格品流入专家工位工艺要求：螺钉自动供料，螺钉拧紧扭矩枪的扭矩以及旋转角度需要有监控并进行判定，数据需要上传上位机并与机壳二维码关联，打螺钉的顺序为 1324，用一把扭矩枪拧紧 4 颗螺钉，使用 XY 伺服系统精确定位。

3. ST30：接插件插针折弯

随行盘流入工位，顶升(固定)压头折弯机构下压，折弯压头折弯机构回位顶升下降随行盘释放工艺要求：折弯后的插针端子高度偏差不超过±0.2mm，折弯后端子的水平位置偏差不超过±0.2mm，端子折弯处镀层不破坏，下压压头确定折弯拐点，保证与接插件插针出口处在同一水平面，折弯时接插件不受力，折弯时不破坏机壳定子组件的表面。

4. ST40：视觉检测，控制板安装

随行盘流入工位，扫码工位顶升定位机壳(固定)相机拍照检测插针位置机械人移至控制板上方，拍照、抓手工装精定位机器人从料盒中拿取控制板压装入机壳总成中机器人向上一定距离检查卡扣是否已卡住控制板，合格则机器人回安装位，吸盘放开机器人向上，相机拍照检测插针是否穿入机器人回原位随行盘顶升下降，释放工艺要求：工步 3 相机检测不合格则再检测一次，如两次都不合格，当工序停止与后工序跳站，随行盘直接流入专家工位；工序 4 如连续两次检测不出控制板二维码，则将该控制板移至不合格品传送带；工步 8 检测不合格则将控制板再次压入机壳总成，当工序停止与后工序跳站，随行盘直接流入专家工位；工序 8 检测不合格则后工序跳站，直接流入专家工位。

CCD 集成在机器人上，进行吸盘抓手的精定位调整与控制板的二维码识别，位置信号能够输入给机器人进行 X、Y、R 方向上的调整。精定位抓取特征为图 11-19 所示红圈中所示的四个控制板安装孔。

控制板二维码信息与机壳二维码关联并上传上位机该工位使用的物料为控制板 1，来料为防静电包装，控制板在包装内用如图 11-20 所示吸塑盘进行固定，单层数量 54 片。

5. ST50：控制板消静电清洁，插针锡焊，检测

随行盘流入工位，扫码；离子风枪对控制板进行除静电除尘；随行盘流入下一工位，工位顶升定位机壳(固定)；插针锡焊、视觉系统检测，随行盘顶升下降，释放工艺要求：焊头使用次数统计及更换报警功能；焊头使用次数、送丝参数与机壳二维码相连并上传至上位机；有温度实时监控，加热温度波动小于±2℃；视觉系统检测项目为焊点状态，与相邻焊点是否隔离；焊头有自动清理黏附锡料功能；ESD 防静电等级二级。

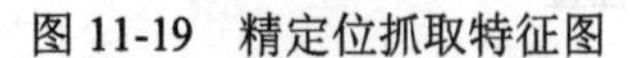

图 11-19 精定位抓取特征图

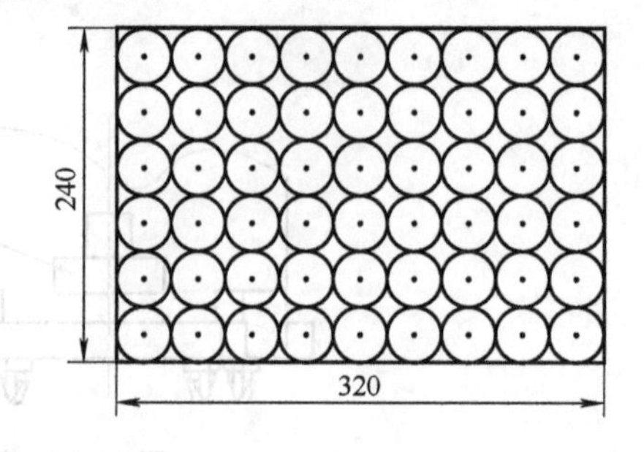

图 11-20 吸塑盘

6. ST60：涂导热胶，装控制器腔盖，拧紧自攻螺钉

控制器盖如图 11-21 所示。随行盘流入工位，扫码；工位顶升定位机壳；机器人从储料区拿取控制器盖机器人移至涂胶工位将导热胶区域对图中蓝色区域进行涂胶。机器人将控制器盖装入机壳总成，压头下压，机器人退回原位两把扭矩枪对向将四个自攻螺钉拧入压头上升，工位顶升下降随行盘释放。

工艺要求：四根自攻螺钉自动供料，扭矩以及旋转角度需要有监控并进行判定，数据要上传上位机并与机壳二维码关联；打螺钉过程中始终保持压头压住控制腔盖，两把枪一起打螺钉，目标扭矩1.5N·m，上下限为1.45～1.55N·m；注胶量为1.6g±0.1g，涂胶厚度1.2～1.3mm，胶桶换料时间小于5min，初次压胶时需要空排1min胶水，注胶系统在停机状态下每10min空排2倍混胶管的胶水，下方有承接盘并方便操作工拿出处理；使用6轴机器人，机器人需要具有物料抓取和空料盒、料盒内固定吸塑板的移栽功能；ESD防静电等级二级。

图 11-21 控制器盖

7. ST70：机壳翻转、叶轮转子充磁、套 O 形圈、装入机壳、放 D 形垫片

随行盘流入，扫码，顶升，操作者左手从料箱中拿出转子转至充磁工位，右手拿取扫码枪扫码；左手将转子放入充磁机中充磁，右手按启动将机壳翻转并从底座工装1移至工装2；左手从料箱中拿一个O形密封圈，双手将密封圈套在机壳上，右手将充磁完成的转子取出；右手将转子套入机壳左手取一片D形垫片套入机壳轴，触碰释放按钮。随行盘释放工艺要求：转子二维码与磁通量数据关联，转子二维码与机壳二维码关联并上传上位机，充磁圆心定位使用转子总成内孔，圆周定位使用底部四个圆柱，如图11-22所示。

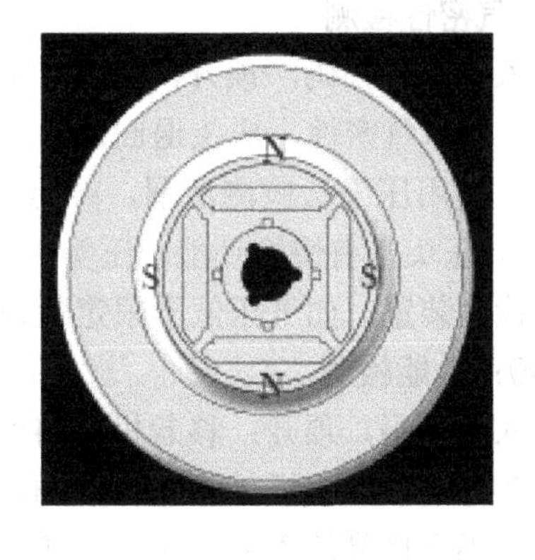

图 11-22 汽车电子水泵机壳

D形垫片供料设备与释放信号关联，未取D形垫片则无法释放随行盘；充磁机与释放信号关联，未充磁则无法释放随行盘；该工位使用的物料为转子总成1，来料使用300×400×150料盒承载，布局如图11-23所示，一层两个料盒，共7层，故420件/车。

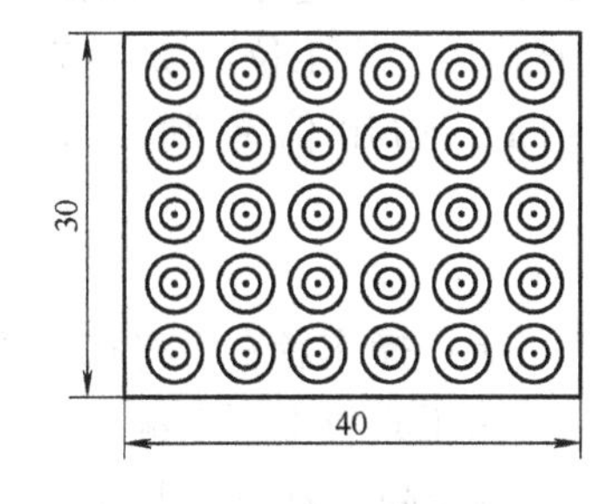

图 11-23 汽车电子水泵机壳承载料盒

8. ST80：装泵壳，拧紧自攻螺钉

随行盘流入工位，扫码，工位顶升定位机壳(固定)；机器人从储料区拿取泵壳放入精定位工位，对泵壳圆心及圆周方向进行精确定位。机器人拿取泵壳放入机壳，压头

下压压住，机器人回位，两把扭矩枪依次将 6 个自攻螺钉拧入压头上升，工位顶升下降随行盘释放。

工艺要求：压头压力适中以保证接插件贴合到机壳面并且机壳不变形；6 个自攻螺钉的扭矩以及旋转角度需要有监控并进行判定，自动螺钉的扭矩与角度数据需要上传上位机并与机壳二维码关联，在打螺钉过程中始终保证压头压住泵壳，需要对向两把枪一起打螺钉，目标扭矩 1.5N·m，上下限 1.45～1.55N·m；该工位使用的物料为 M4×18 自攻螺钉×6，来料盒装，倒入振动料盘；该工位使用的物料为泵壳 1(图 11-24)，使用 300×400×150 料盒摆放，一层两个料盒，放 7 层，共 168 件/车，放置方式如图 11-25 所示。

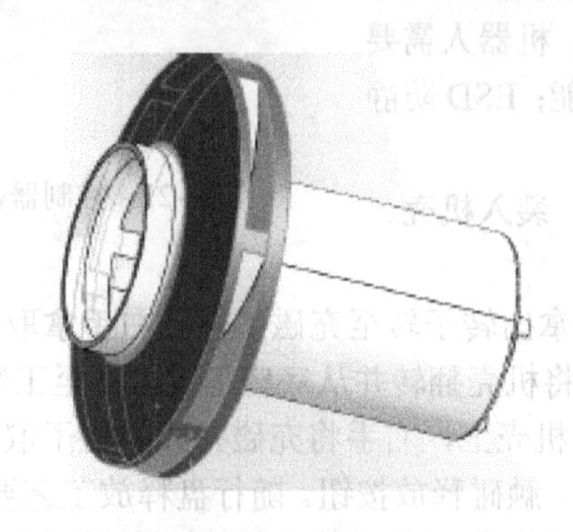
图 11-24　电子水泵泵壳

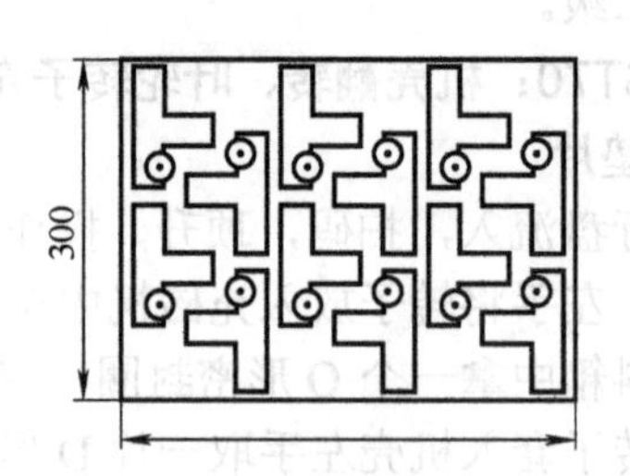

图 11-25　电子水泵泵壳料盒

9. ST90：气密性检测

随行盘流入工位，扫码，顶升，根据产品型号随行盘旋转，两个压头伸出，分别封住进水口与出水口；测量气密性，压头退回，随行盘转至原位，下降随行盘释放。

工艺要求：使用压降法检测泄漏，并将结果转换为 mL/min，压缩空气气压设定范围为 100Pa～500kPa，压头带有快换功能，压头接触面使用橡胶件等软性密封材料；气动三联件处加装电子气压检测装置，如气压低于限定值设备停止报警。

10. ST100：性能检测

随行盘流入，扫码，顶升；移栽机构将产品从随行盘上抓起放入测试底座，压头下压，固定，测试公头伸出插入接插件测量；头与测量公头退出，移栽机构将产品放回随行盘，下降随行盘释放，不合格品流入专家工位。工艺要求：测量数据需要与机壳二维码关联并上传上位机；接插件针脚定义如图 11-26 所示：引脚 GND 接地，VBAT 施加 12V 电压，测试设备与 PWM 引脚相连线路输入 25%、50%与 85%占空比脉冲信号各 2s 对水泵进行磨合(此时如 FTL 输出 39%～41%占空比脉冲信号，则停止并直接按堵转不合格流入专家工位)，磨合完成后 PWM 引脚输入 15%、85%占空比脉冲信号，依据 FTL 输出信号判定结果(PWM15%-FTL89%～91%；PWM85%- FTL 非 79%～81%)。

11. ST110：装支架

随行盘流入工位，扫码，操作者左手将下卡箍支架放入定位工装；操作者右手将水泵放入定位工装；操作者左手将上卡箍放入定位工装；操作者右手拿专用工具将上下卡箍压装在一起，将完成品放入成品箱。工艺要求：成品箱配自动升降机，以调整高度方便人工操作。

12. ST120：专家工位

不合格品随行盘流入工位，扫码，操作者取出不良品，根据不合格品原因判定回用情况将不合格部件拆下，将合格部分放入随行盘在屏幕上设置在线开始回用工位，触碰释放开关，释放随行盘。

工艺要求：在此工位能够查看所有工位的参数，能够调换整条线体的程序；该工位只允许授权人进行操作；不合格品集满 5 件则报警呼叫操作者处理；报废品红箱与释放开关联动，不投入不合格品则无法释放随行盘。

11.4.3　汽车水泵性能检测

1. 工艺要求

测量数据需要与机壳二维码关联并上传上位机；接插件针脚定义如图 11-26 所示。

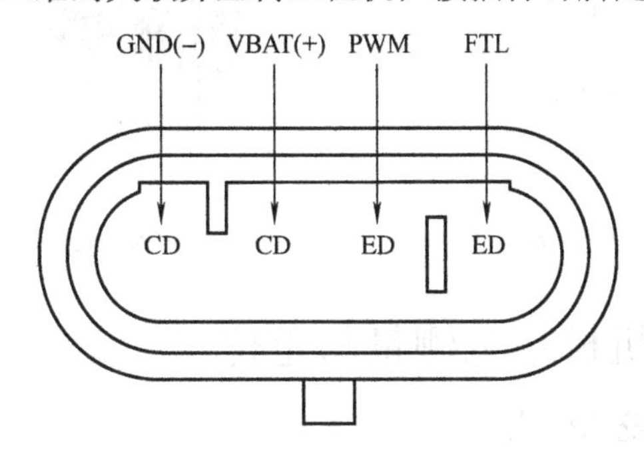

图 11-26　接插件针脚定义

(1) 引脚 GND 接地，VBAT 施加 12V 电压。

(2) 测试设备与 PWM 引脚相连线路输入 25%、50%与 85%占空比脉冲信号各 2s 对水泵进行磨合(此时如 FTL 输出 39%～41%占空比脉冲信号，则停止并直接按堵转不合格流入专家工位)。

(3) 磨合完成后 PWM 引脚输入 15%、85%占空比脉冲信号。

(4) 依据 FTL 输出信号判定结果(PWM15%-FTL89%～91%；PWM85%- FTL 非 79%～81%)。

(5) 直流电源条件能在 8～16V，2～10A 调节。

(6) PWM 引脚连接的脉冲输入能输出 100Hz～1kHz 的频率信号，电压 12V。

(7) FLT 引脚连接线路可以检测 20Hz 频率信号的占空比。

(8) FLT 引脚为开漏输出，需外接上拉电阻，推荐使用 10kΩ 左右电阻。

(9) 流量要求 20±0.2L/min，扬程要求 10±0.5m。

2. 设备自动组装工艺流程

汽车水泵自动装配生产流程如图 11-27 所示。

3. 设备外形

由图 11-28 设备外形图可以看出，汽车水泵自动装配机主要由移栽、顶升、测试和水泵等工序和单元组成。

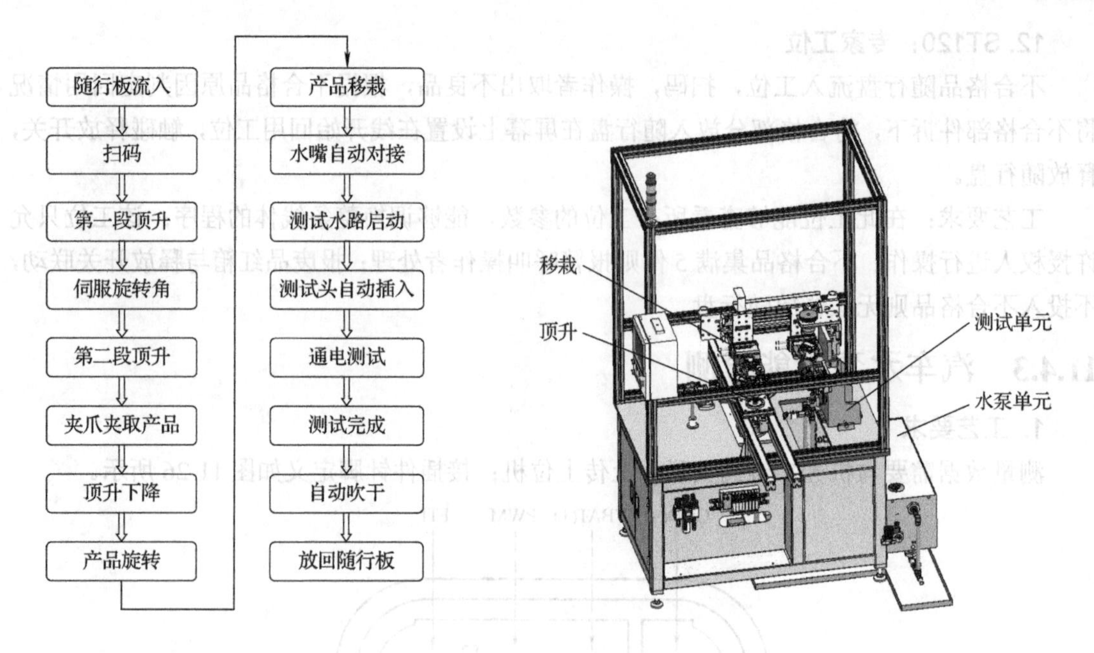

图 11-27 汽车水泵自动装配生产流程

图 11-28 设备外形图

11.4.4 装配生产线机械视觉测量与定位

1. 机器视觉技术及系统的组成

机器视觉技术主要是利用计算机在一定程度上来模仿人类视觉功能，然后提取出物像信息，并对其加以识别及分析，从而对其进行准确检测、测量、有效监控及定位。这一视觉系统经由 CCD 摄像机，将现实中物像向图像进行转换，且把其传入处理系统，然后把图像的一些具体信息如色彩、分布状况等进行分析、整合，并把信息转变为数字信号，并对这些特征加以分析及判断，从而把最后检测结果输出。

指挥系统则按照检测结果来执行有关操作，从而进行实际控制，将其作为执行指标。该技术运行时产生的噪声不大，且测量数据具有较高的准确性，作业十分灵敏且运行较为灵活，具有较长工作时间，即使环境十分恶劣也可以有效利用，具有较高的信息化处理物像信息的能力。

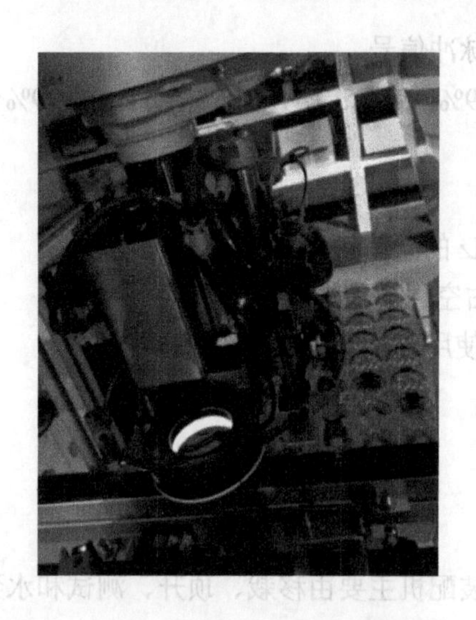

图 11-29 机器人精密装配机械视觉测量与定位

机器视觉系统主要由光源、镜头、工业用相机、图像采集、图像处理系统和其他外部设备等组成。

本课题依据用户需求构建了一套以视觉为引导的汽车电子水泵机器人精密装配系统，本系统由输送线体、定位工装、六轴机器人、真空吸盘和视觉系统等组成。

相机采用移动式安装，固定在机器人手臂上跟随手臂移动拍照，机器人手臂结构如图 11-29 所示，相机平行安装并且垂直于水平面，通过拍照来定位控制板的安装位置和检测。

2. 系统定位

在系统定位工作中，设备启动后，机器人移动产品正上方，PLC 触发拍照后，基于视觉要素的基础上对系统数据进行准确的分析计算，得出拍照结果，如图 11-30 所示。拍照成功后，确定控制板的放置角度，运用 PLC 对各项数据进行分析，掌握当前系统运行的数据状态，若数据状态正常，则依据 PLC 将数据传送至机器人，机器人将控制板旋转至固定的装配角度，从而完成系统定位。

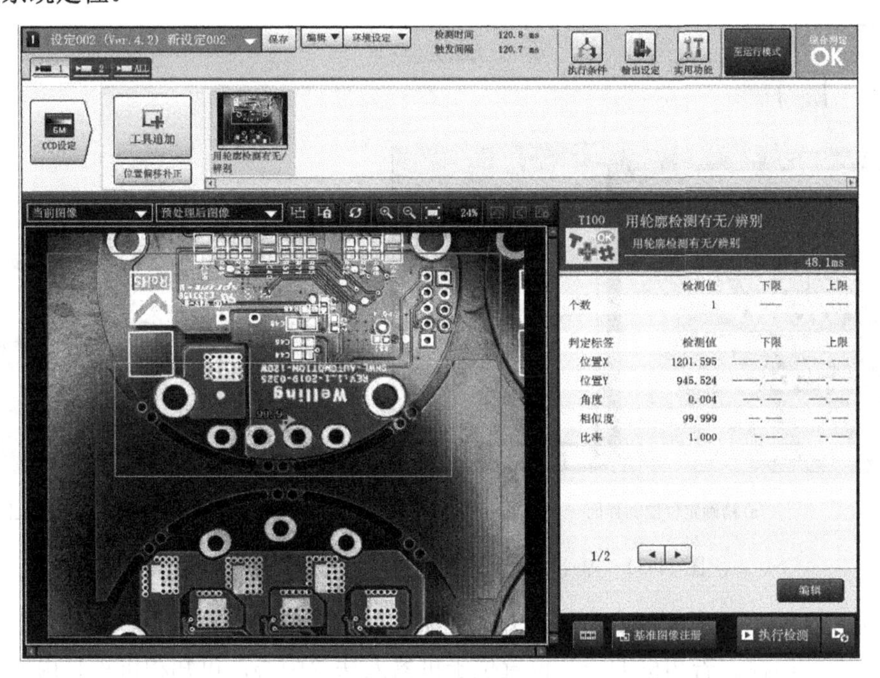

图 11-30　机器人精密装配系统定位控制系统界面

3. 精确定位

1) 图像处理

在系统运行过程中，原始图像质量的好与坏，直接关系着图像数据分析的准确性和可靠性，进一步影响着定位精度。因此在系统运行过程中，若环境光源稳定且背光调节适当，应当对曝光调整、图像与处理等方式进行合理利用，明确图像具体信息，为图像处理质量的提升提供可靠的基础。

2) 坐标系标定

在实际应用中能够保证相机视野和机器人保持良好的水平状态，将视觉系统的二维坐标系转换为装配机器人的二维坐标系，在这一过程中，即实现了坐标系的准确标定。

在坐标系标定的过程中，先将机器人移到拍照点，将标定靶纸置于相机视野内，在明确靶纸上标靶圆心后，找准像素点坐标，并设置标准的坐标点，对机器人的 x、y 轴坐标点进行准确记录，为后期操作提供可靠的数据支撑。在明确坐标点后，设置视觉系统坐标系的基以及机器人 x、y 轴坐标系的基，进一步探索二者之间的对应关系矩阵。

通过分析研究可知，依据任意两组视觉系统坐标系以及机器人坐标系的坐标值，能够明确坐标系的相关数据参数，在坐标系标定的过程中，视觉系统中任意像素点坐标逐渐转换为

机器人 x、y 轴坐标，为装配机器人的定位提供可靠的数据支撑。

3)机器人抓取点的获取

基于视觉的装配机器人精确定位过程中，待坐标系标定后，应当依据相机视野内寻找的工装或工件上的特征点加以深入分析，掌握好机器人坐标系后，明确装配机器人的具体坐标值，依据抓取点的 x、y 轴坐标值和角度补偿进行准确计算与分析，将其转换为装配机器人坐标系下的坐标值后，可得如图 11-31 所示的图形。

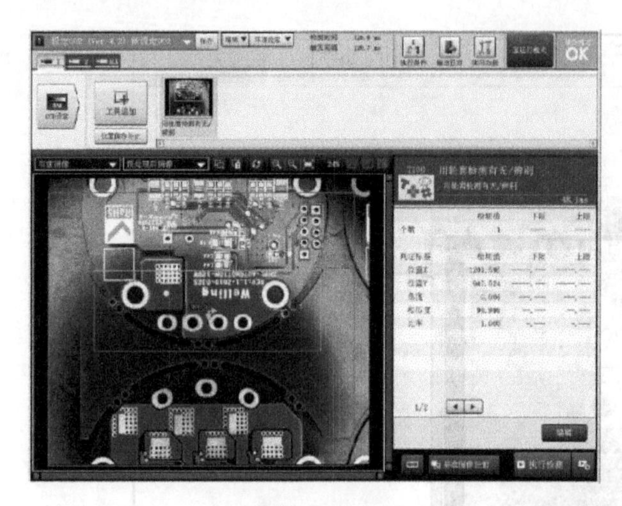

(a)精确定位控制界面

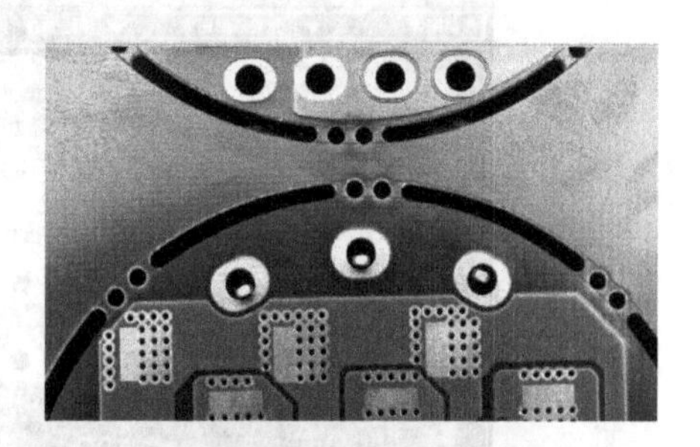

(b)精确定位控制界面放大图

图 11-31 基于视觉的装配机器人精确定位控制界面

通过对图 11-31 进行观察和分析可知，相机安装位置的差异也会在一定程度上影响装配机器人定位的准确性。若相机的安装位置位于机器人法兰中心，可知相机视野内所寻求的特征点不具备可靠性，其难以作为装配机器人的真正抓取点。因此在获取机器人抓取点的过程中，应当结合装配机器人的实际特征点抓取点坐标，在相机视野内寻找两个特征点，从而明确装配机器人的抓取点，将特征点与抓取点的固定角度控制在合理范围内，进而明确视觉系统坐标系下机器人抓取点的坐标，通过转换矩阵的有效运用，明确抓取点在机器人坐标系下的具体坐标值，促进视觉理念下装配机器人定位的精准性。

11.5 手机前置摄像头组件自动组装设备的设计(案例 4)

11.5.1 课题来源

随着社交分享的日益发达，用户对于智能手机的拍照需求更是有增无减，并且随着双摄像头和三摄像头等带来的更多玩法，用户对于智能手机摄像头实现更多的如人像、变焦、微距、广角等这些原本潜在的功能需求，也被激发了出来。所以厂商在看到用户的这些需求后，在智能手机上配备更多的摄像头来迎合用户的这些潜在需求自然是理所应当的。手机前置摄像头顾名思义就是拍前面的摄像头，后置摄像头则是拍对面的摄像头。然而，有时候为了拍出更具创意的画面，单纯的前后摄像头都无法满足我们的需求。手机屏幕的解锁和支付的验证大多依赖前置摄像头，但受制于手机形态的变化，留给安置前置镜头的空间越来越小。如何解决手机前置摄像头的组件到更高的精度就是摆在手机厂商乃至整个产业链面前的课题。

生产制造问题需求描述：将手机前置摄像头组件 Ring 利用工业机器人通过视觉定位，准确无误高精度地安装到手机屏幕组件上。

1. 用户要求

(1) Ring 的安装精度 X 方向，Y 方向定位精度(±0.05mm 以内)。

(2) Ring 的安装精度 θ 转角精度要求小于±0.5°。

(3) 产品在组装前后不允许有任何的划伤。

(4) 设备运行状态噪声小于 60dB。

(5) 设备尺寸要求小于 850mm×850mm×2000mm。

2. 设计工艺、关键零部件计算

设计一套自动组装手机前置摄像头组件 Ring 的设备，主要考虑到以下重点问题。

(1) 如何安装组件，常见的组装形式有螺丝紧固、胶水黏结、卡扣式连接、各种焊接、铆接等，考虑到 Ring 的尺寸不足 2mm，精度要求 0.05mm 以内，故设计胶水黏结最为稳妥，找到合适的 UV 胶水加上柔性的调整固定和 UV 灯照射的固化。

(2) 根据用户对安装精度的要求，Ring 安装在 X 方向，Y 方向定位精度(±0.05mm 以内)，θ转角精度要求小于±0.5°，需要最少四轴驱动的结构来保证，考虑到用户对空间的要求，故优选四轴机械手来作为主要的安装驱动机构单元；通过如下的计算选型合适的机械手，机械手主要有两个参数：一个是负载，一个是精度。

机械手的负载=组装产品 Ring 的重量+Ring 夹爪的重量+机器视觉组件的重量，通过估算总重量在 2kg 以内，加上安全系数余量选取 3kg 以上的负载机械手。

根据用户组件精度要求，保证最佳的效果选取±0.02mm 以内机械手为佳。

(3) 流水线节拍确定，节拍是流水线的最重要的因素，它表明了流水线的生产速度的快慢或生产率的高低。节拍计算公式如下：

$$\text{流水线节拍}=\frac{\text{计划期有效工作时间}}{\text{计划期产品产量}}$$

3. 针对用户要求的设计思路解决办法

通过以上三个主要问题的解决思路定义如下主要组装工艺过程。

(1) 将手机屏幕组件(CG)放置到治具里面，并扫二维码确认来料信息。

(2) 有来料信息确定好手机屏幕组件(CG)的颜色，打开对应颜色的光源。

(3) 激光传感器扫描安装 Ring 区域的高度详细信息，用于点胶头的确认。

(4) 利用工业相机对安装 Ring 区域进行拍照确认点胶水的路径。

(5) 通过伺服龙门组件驱动点胶系统对指定区域点 UV 胶，按照步骤(3)和(4)提供的相关信息。

(6) 机械手将前置摄像头组件 Ring 从供料盘系统中进行抓取，并进行对位动作。

(7) 手机屏幕组件(CG)治具通过传送带传递到组装工位。

(8) 机械手将前置摄像头组件 Ring 移动到手机屏幕组件(CG)，通过工业相机进行拍照和对位，对两者的位置关系进行补偿，按照要求安装到指定位置。

(9) 固定好位置后，机械手将前置摄像头组件 Ring 按压到手机屏幕组件(CG)上，通过力传感器监控压力的变化情况。

(10)机械手保持住相对的位置，UV灯进行胶水的固化。

(11)工业相机再次对前置摄像头组件 Ring 按压到手机屏幕组件(CG)上的位置进行最终确认和判定。

(12)安装完成的手机屏幕组件(CG)和治具(图 11-32、图 11-33)随传送带到下一个工位，相关数据上传服务器，将组装完成组件从治具中取出，完成了本设备工序全过程。

图 11-32 前置相机组件 Ring

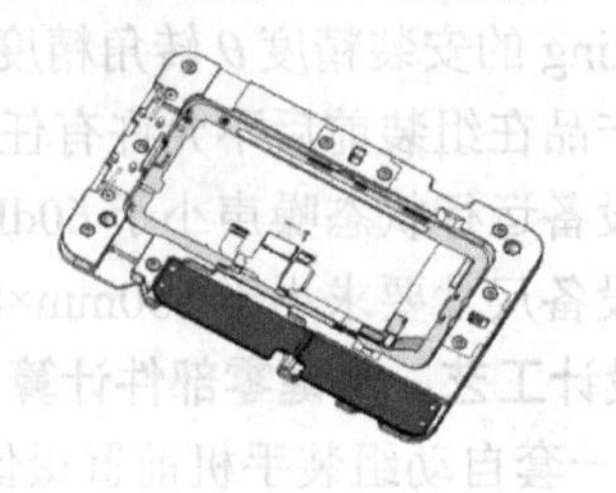

图 11-33 手机屏幕组件(CG)和治具

11.5.2 治具、传动系统、定位机构的布局规划和设计

1. CG 治具的设计

要将产品模组手机屏幕组件(CG)放置到合适的载具当中，做好对 CG 辅助的定位和保护，由于篇幅限制，治具部分详细设计省略。

2. 设备工位的分布

根据生产工艺的要求传送系统分为五个部分，如图 11-34 所示，第一工位扫码工位，第二位点胶工位，第三工位 Ring 对位和组装工位，第四工位胶水固化工位，第五工位出料工位；其中第二和第三工位需要设计精确的机构定位和顶升，设计主要考虑到治具相关的精度要求，顶升的行程要求，对屏幕组件 CG 的支撑和吸附，为了配合工业视觉的定位，背灯箱光源要集成在定位平台里面；其中设计的关键点如下：*XY* 方向通过两个定位销定位产品的位置精度±0.03mm 以内，支撑基板材料 Peek 防止产品划伤，基板平面度 0.02mm，柔性 CG 真空吸盘略高于基板平面 0.5mm，将 CG 可以平整地吸附到支撑基板上面，背光源能够通过治具清晰打光到 Ring 安装区域，实现清晰图像的取像，达到 CG 和 Ring 精确的对位精度±0.05mm 以内，滑台气缸(图 11-35)6bar 气压下面 110N 的输出力，20mm 的全行程。

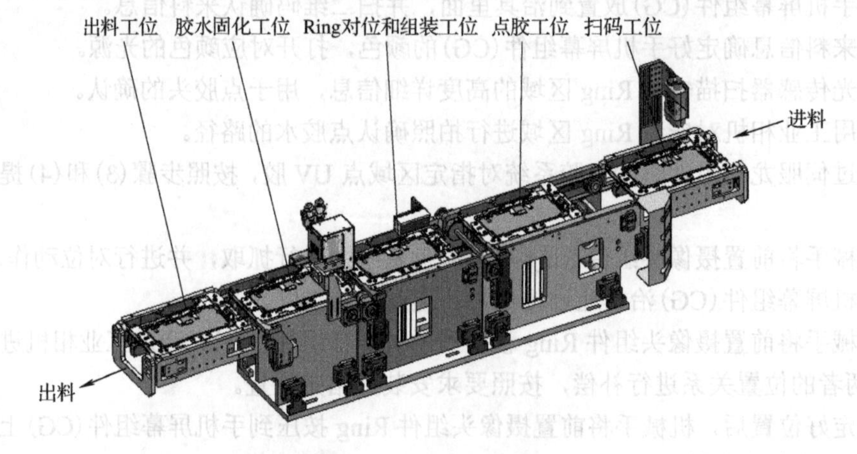

图 11-34 设备工位的分布图

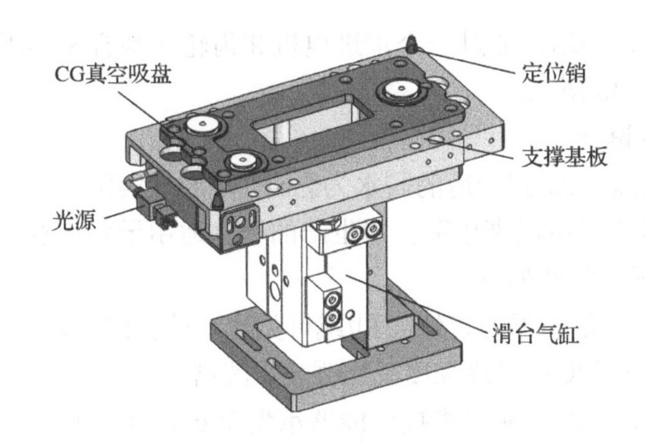

图 11-35　定位顶升组件

11.5.3　前置相机组件 Ring 的自动供料系统设计

1. Ring 托盘

根据手机前置相机定位 Ring 的来料情况托盘如图 11-36 所示，托盘的具体长宽高尺寸为 180mm×180mm×8.5mm，设计相关的供料系统，为了达到更高的生产节拍保证机器人自动工作不停机，所以有必要设计双通道供料装置。

2. 供料系统布局图

根据所需要的空间设计和规划四个托盘运动与存放的区间，用来分别存放待料的料盘，空料盘，再一组料盘使用完毕，切换到另外一组已经准备好的备用的供料组；如图 11-37 所示，供料区域 1 为正常工作取料区域，机械手在区域 1 取完整盘料后，去往区域 3 备用区域取料，同时 1 号区域的空料盘传送到 2 号区域，2 号区域为多层传送设计，将满盘的物料传送到 1 号区域，完成空料盘和满料盘的切换，区域 3 和区域 4 也是同样的设计，所以如此往复交替进行互为备份工作区域，实现不停机的换料盘上下料。

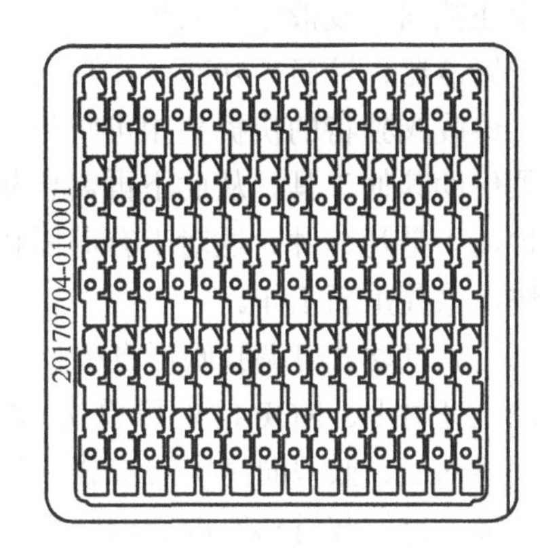

图 11-36　Ring 托盘

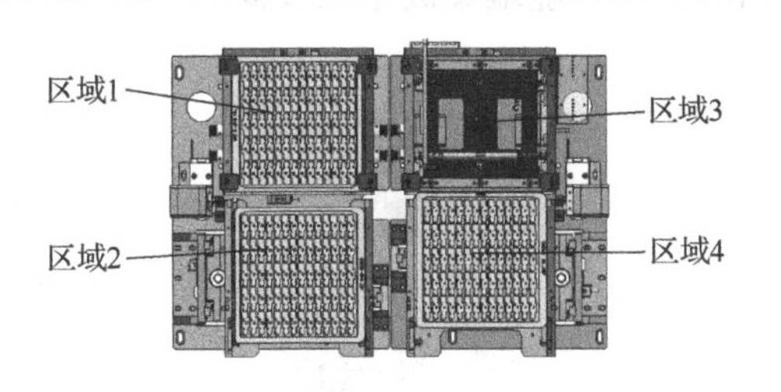

图 11-37　供料系统布局图

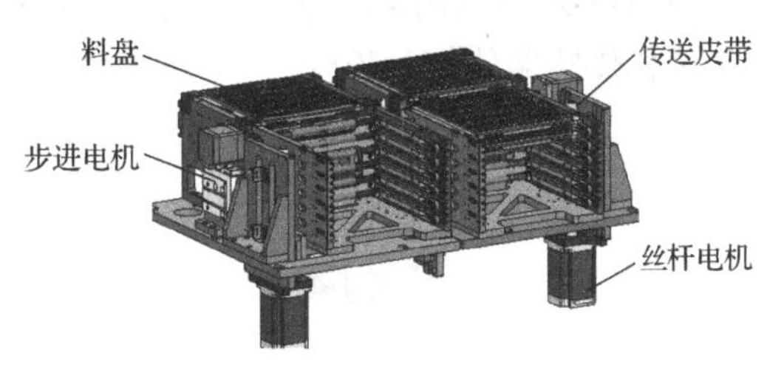

图 11-38　Ring 供料系统

3. 供料单元的整体细节设计

由以上的布局可以看出区域 2 和区域 4 的层数越多越好，可以较长时间不需要清理空的料盘，但是由于设备空间的限制和机构部分的需要，本案例设计为 6 层料盘设计，整个料仓需要根据料盘的使用情况进行升降，选用伺服电机加丝杆的驱动结构，更加精确和稳定，另外每一层都设计有皮带传动轴，通过一个步进电机和齿轮的啮合来实现每一层传送的离合驱动传送与返回，如图 11-38 所示。

4. 点 UV 胶水工位设计

(1) 根据产品工艺的需求找到合适的胶水为黏合剂，通过实验和尝试最终选定胶水为乐泰 190024(图 11-39)，该胶水是由汉高乐泰公司生产的一款适用于各种普通材料的紫外线固化胶水；乐泰 190024 典型固化特性如下。

LOCTITE®190024 在足够强的紫外线和/或可见光下就会固化。使用 220～260nm 的紫外光有利于表面固化。固化速度和最终深度受光强度、波谱分布、照射时间和基材透光的影响。将涂有胶的试片搭接后在光源下照射直接到能够承受 3kg 重物 10 秒不破坏的光照时间即为固定时间。它由两片 2.54m×10.16cm 的玻璃片重叠搭接形成 3.2cm²的黏接面积。受力是拉向剪切方式的。UV 固定时间，标准@ 365 nm ≤10LMS。

(2) 对应胶水胶阀的选择。根据验证该案例选择了诺信 EFD 的新型 XQR41 胶阀长 66mm，直径 23.7mm (2.60in×0.93in)，小巧的外形使得多个胶阀能够更紧密地安装在一起，以提高每批次产出，继而增加产量。该撞针阀可在更密闭空间内从更复杂的角度进行点胶，非常适合用于自动化装配工艺。XQR41 胶阀仅重 141.4g，可减少工具有效载荷。这不仅意味着可加快致动臂移动，提高定位稳定性，还可降低台式自动化 (TTA) 电机和皮带磨损。XQR41 的小型外观还能缩小浸液路径面积，从而减少流体残留，进而最大限度地减少流体浪费。它可以从各种储液器、针筒、外部卡式胶筒或储罐供料。

该胶阀独特的快拆夹扣可将流体槽固定到空气驱动器，并可通过旋转翼形螺钉拆下——无须借助其他工具。从此不再需要从安装夹具上拆下整个驱动器或胶阀组件。完全拆换只需数秒而不是几分钟。这对于有着固化时间的流体应用尤其重要，在这些应用中，浸液件必须尽快拆除并重新工作。

这款气动式可调胶阀可将小至 150μm (0.15mm) (0.006in) 的低黏度至高黏度流体精密微量涂敷到基材上。XQR41 的可更换式模块化设计可配置行程可调或不可调的阀盖、BackPack™ 胶阀驱动器、低型面高度的安装架和 90° 进气进料接头。该流体槽可 360° 对准并锁定，以满足安装、定位和进料对准需求。可以满足该自动化平台上的应用。

(3) UV 点胶系统整体设计。该部分设计使用了传统的三轴伺服电机加精密丝杆模组平台来实现 *X-Y-Z* 方向的运动驱动，重复精度为±0.01mm，在功能端集成了点胶阀，工业相机和激光位移传感器 (图 11-40)。

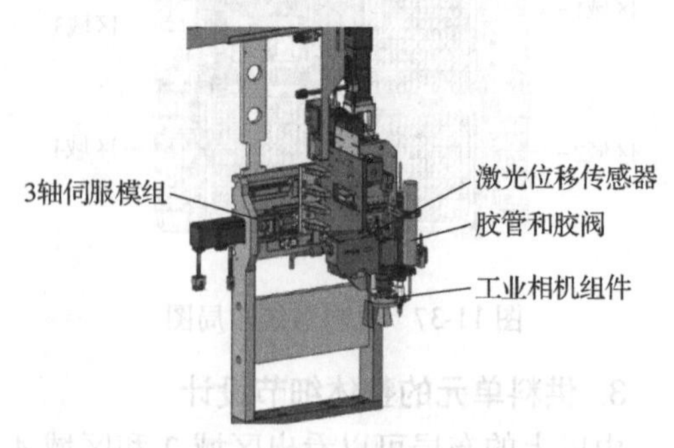

图 11-39　UV 胶水乐泰 190024　　　　图 11-40　点胶单元

5. Ring 组装对位系统设计

(1) 工业机器人的选型。由于设备空间的限制，本案例选择了吊装 4 轴机械手，型号 EPSON RS3-351，定位重复精度±0.01mm，最大负载 3kg，机械手具体尺寸图纸框架如图 11-41 所示。

(2) 机械手末端抓取设计。该机械手末端机构为该设备的核心工艺部分，直接决定了设备的性能，要求兼具高精度高柔性，易调整，易安装；由于该机构要求在三维空间的各个方向都有可能需要做微调，由四轴机械手可以对 *X* 轴、*Y* 轴、*Z* 轴和 *C* 旋转方向进行软件的补偿和调整，因此对于 *A* 和 *B* 旋转方向设置了相应的紧密螺旋调整机构如图 11-42 所示，每旋转一圈机构组件调整 0.1°。

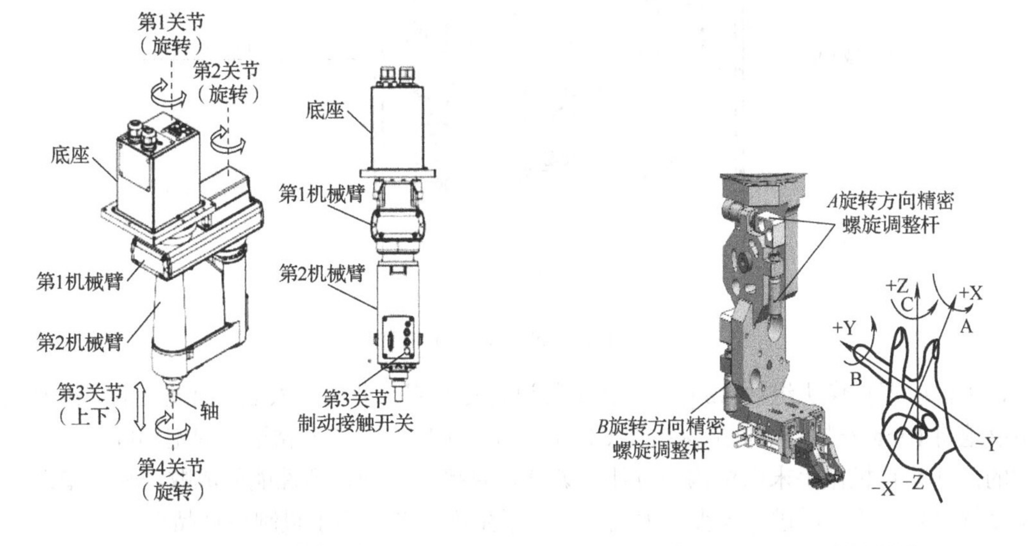

图 11-41　EPSON 机械手　　　图 11-42　Ring 抓取机构

(3) 机械手末端机器视觉组件。该套机械手工业视觉主要有三个功能，第一个功能是通过拍照找到料盘上 Ring 位置信息，从而保证机械手可以顺利地抓取到对应的 Ring；第二个功能是对位功能，将机械手上面抓取的 Ring 和定位治具中的产品 CG 进行准确的对位和安装；第三个功能是复检功能，Ring 安装到 CG 上面以后，对 UV 胶水进行初步的固化，对位置可能产生的变化做一次复检，确保 Ring 准确无误地安装到相应的位置；具体视觉组件的设计和参数如图 11-43 所示。

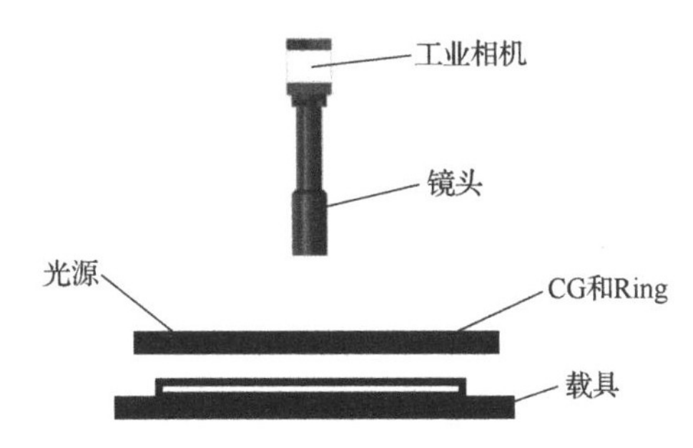

图 11-43　机械手末端机器视觉组件

主要的参数如下：相机的分辨率 500 万像素。镜头的视野：36mm×30m。单个像素尺寸大小：0.007mm。

6. 整台设备的布局设计

再加上UV紫外光固化单元将Ring和CG进一步固化和下料单元将组装完成的产品从传送治具中取出，整个设备的工艺工程就算完成了，将整个设备的工序进行梳理得到如下的布局图，如图11-44所示。

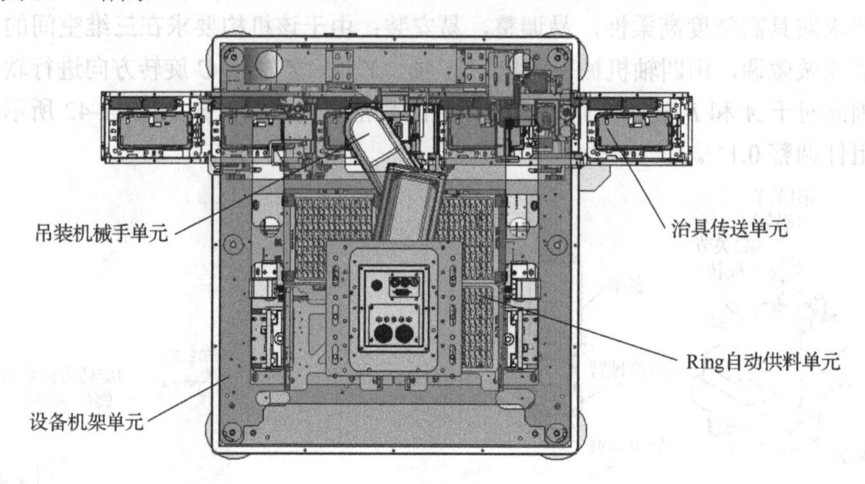

图11-44　设备整体布局图

该手机前置摄像头组件Ring自动化组装设备是利用工业机器人通过视觉定位，准确无误高精度地将Ring安装到手机屏幕组件CG上，并用UV胶水作为黏结剂固定和固化，其中最关键的部分就是机械手末端机构的设计和调整，直接关系到设备性能的成败，另外借助工业视觉系统对黏结的品质进行检查，大大地提高了生产的效率和手机制造良品率。

参考文献

车洪麒，张素辉，2017．非标准机械设计实例详解[M]．北京：机械工业出版社．

陈海永，方灶军，徐德，等，2013．基于视觉的薄钢板焊接机器人起始点识别与定位控制[J]．机器人，35(1):90-97．

陈继文，王深，于复生，2019．机械自动化装配技术[M]．北京：化学工业出版社．

陈健，2015．面向动态性能的工业机器人控制技术研究[D]．哈尔滨：哈尔滨工业大学．

陈立松，2013．工业机器人视觉引导关键技术的研究[D]．合肥：合肥工业大学．

邓勇军，吴明辉，陈锦云，等，2012．移动焊接机器人的工件识别及焊缝起始位置定位[J]．上海交通大学学报，46(7): 1054-1058．

范狄庆，杜向阳，2010．现代装备传输系统[M]．北京：清华大学出版社．

哈尔滨工业大学，哈尔滨市教育局《专用机床设计与制造》编写组，1979．专用机床设计与制造[M]．哈尔滨：黑龙江人民出版社．

韩雪涛，吴瑛，韩广兴，2017．自动化综合技能从入门到精通[M]．北京：机械工业出版社．

李伟，魏国丰，2011．数控技术[M]．北京：中国电力出版社．

刘德忠，费仁元，Hesse S，2011．装配自动化[M]．2 版．北京：机械工业出版社．

龙伟，2011．生产自动化[M]．北京：科学出版社．

卢泽生，2010．制造系统自动化技术[M]．哈尔滨：哈尔滨工业大学出版社．

全燕鸣，2010．机械制造自动化[M]．广州：华南理工大学出版社．

芮延年，2017．机电一体化系统设计[M]．苏州：苏州大学出版社．

芮延年，2020．机电传动控制[M]．北京：机械工业出版社．

芮延年，卫瑞元，2017．机械制造装备设计[M]．北京：科学出版社．

尚久浩，张淳，李思益，2017．自动机械设计[M]．2 版．北京：中国轻工业出版社．

王建国，刘彦臣，2010．检测技术及仪表[M]．北京：中国电力出版社．

王义斌，2018．机械制造自动化及智能制造技术研究[M]．北京：中国原子能出版社．

辛宗生，魏国丰，2012．自动化制造系统[M]．北京：北京大学出版社．

姚福来，田英辉，孙鹤旭，2019．自动化设备和工程的设计、安装、调试、故障诊断[M]．北京：机械工业出版社．

殷国富，2010．机械 CAD/CAM 技术基础[M]．武汉：华中科技大学出版社．

游楼弼，冯爱新，薛伟，等，2017．组合机床及自动化加工装备设计与实践[M]．南京：东南大学出版社．

余文勇，石绘，2019．机器视觉自动检测技术[M]．北京：化学工业出版社．

张冬泉，鄂明成，2017．制造装备及其自动化技术[M]．北京：科学出版社．

张根保，2017．自动化制造系统[M]．4 版．北京：机械工业出版社．

周骥平，2018．自动化制造系统 机械制造自动化技术[M]．4 版．北京：机械工业出版社．

竺志超，2015．非标自动化设备设计与实践[M]．北京：国防工业出版社．

AZPILGAIN Z, ORTUBAY R, BLANCO A, et al, 2008, Servomechanical press: a new press concept for semisolid forging[J]. Solid State Phenomena, 141: 261-266.

GROBMANN K, WIEMER H, 2005. Simulation of the process influencing behaviour of forming machines[J]. Steel Research International, 76(2): 205-210.